微米纳米技术丛书·MEMS与微

空间微系统与微纳卫星

Space Microsystem and Micro/Nano Satellite

尤政　等著

国防工業出版社

·北京·

图书在版编目(CIP)数据

空间微系统与微纳卫星/尤政等著. —北京:国防工业出版社,2013.6
(微米纳米技术丛书. MEMS 与微系统系列)
ISBN 978-7-118-08871-7

Ⅰ. ①空… Ⅱ. ①尤… Ⅲ. ①微电子技术—应用—人造卫星—研究 Ⅳ. ①V474

中国版本图书馆 CIP 数据核字(2013)第 163841 号

※

国防工业出版社出版发行
(北京市海淀区紫竹院南路 23 号 邮政编码 100048)
三河市腾飞印务有限公司印刷
新华书店经售

*

开本 787×1092 1/16 **印张** 27 **字数** 432 千字
2013 年 6 月第 1 版第 1 次印刷 **印数** 1—3000 册 **定价** 139.00 元

国防书店:(010)88540777　　发行邮购:(010)88540776
发行传真:(010)88540755　　发行业务:(010)88540717

致　读　者

本书由国防科技图书出版基金资助出版。

国防科技图书出版工作是国防科技事业的一个重要方面。优秀的国防科技图书既是国防科技成果的一部分，又是国防科技水平的重要标志。为了促进国防科技和武器装备建设事业的发展，加强社会主义物质文明和精神文明建设，培养优秀科技人才，确保国防科技优秀图书的出版，原国防科工委于1988年初决定每年拨出专款，设立国防科技图书出版基金，成立评审委员会，扶持、审定出版国防科技优秀图书。

国防科技图书出版基金资助的对象是：

1. 在国防科学技术领域中，学术水平高，内容有创见，在学科上居领先地位的基础科学理论图书；在工程技术理论方面有突破的应用科学专著。

2. 学术思想新颖，内容具体、实用，对国防科技和武器装备发展具有较大推动作用的专著；密切结合国防现代化和武器装备现代化需要的高新技术内容的专著。

3. 有重要发展前景和有重大开拓使用价值，密切结合国防现代化和武器装备现代化需要的新工艺、新材料内容的专著。

4. 填补目前我国科技领域空白并具有军事应用前景的薄弱学科和边缘学科的科技图书。

国防科技图书出版基金评审委员会在总装备部的领导下开展工作，负责掌握出版基金的使用方向，评审受理的图书选题，决定资助的图书选题和资助金额，以及决定中断或取消资助等。经评审给予资助的图书，由总装备部国防工业出版社列选出版。

国防科技事业已经取得了举世瞩目的成就。国防科技图书承担着记载和弘扬这些成就，积累和传播科技知识的使命。在改革开放的新形势下，原国防科工委率先设立出版基金，扶持出版科技图书，这是一项具有深远意义的创举。此举势必促使国防科技图书的出版随着国防科技事业的发展更加兴旺。

设立出版基金是一件新生事物，是对出版工作的一项改革。因而，评审工作需要不断地摸索、认真地总结和及时地改进，这样，才能使有限的基金发挥出巨大的效能。评审工作更需要国防科技和武器装备建设战线广大科技工作者、专家、教授，以及社会各界朋友的热情支持。

让我们携起手来，为祖国昌盛、科技腾飞、出版繁荣而共同奋斗！

国防科技图书出版基金

评审委员会

国防科技图书出版基金
第六届评审委员会组成人员

《微米纳米技术丛书·MEMS与微系统系列》

编写委员会

序

1994 年 11 月 2 日，我给中央领导同志写信并呈送所著《面向 21 世纪的军民两用技术——微米纳米技术》的论文，提出微米纳米技术是一项面向 21 世纪的重要的军民两用技术，它的出现将对未来国民经济和国家安全的建设产生重大影响，应大力倡导在我国及早开展这方面的研究工作。建议得到了当时中央领导同志的高度重视，李鹏总理和李岚清副总理均在批示中表示支持开展微米纳米技术的跟踪和研究工作。

国防科工委（现总装备部）非常重视微米纳米技术研究，成立国防科工委微米纳米技术专家咨询组，1995 年批准成立国防科技微米纳米重点实验室，从“九五”开始设立微米纳米技术国防预研计划，并将支持一直延续到“十二五”。

2000 年的时候，我又给中央领导写信，阐明加速开展我国微机电系统技术的研究和开发的重要意义。国家科技部于当年成立了“863”计划微机电系统技术发展战略研究专家组，我担任组长。专家组全体同志用一年时间圆满完成了发展战略的研究工作，这些工作极大地推动了我国的微米纳米技术的研发和产业化进程。从“十五”到现在，“863”计划一直对微机电系统技术给以重点支持。

2005 年，中国微米纳米技术学会经民政部审批成立。中国微米纳米学术年会经过十几年的发展，也已经成为国内学术交流的重要平台。

在总装备部微米纳米技术专家组、“863”专家组和中国微米纳米技术学会各位同仁的持续努力和相关计划的支持下，我国的微米纳米技术已经得到了长足的发展，建立了北京大学、上海交通大学、中国科学院上海微系统与信息技术研究所、中国电子科技集团公司第十三研究所等加工平台，形成了以清华大学、北京大学等高校和科研院所为主的优势研究单位。

十几年来，经过国防预研、重大专项、国防“973”、国防基金等项目的支持，我国已经在微惯性器件、RF MEMS、微能源、微生化等器件研究，以及微纳加工技术、ASIC 技术等领域取得了诸多突破性的进展，我国的微米纳米技术研究平台已经形成，许多成果获得了国家级的科技奖励。同时，已经形成了一支年富力强、结构合理、有影响力的科技队伍。

现在，为了更有效、有针对性地实现微米纳米技术的突破，有必要对过去的研究工作做一阶段性的总结，把这些经验和知识加以提炼，形成体系传承下去。为此，在国防工业出版社的支持下，以总装备部微米纳米技术专家组为主体，同时吸收国内同行专家的智慧，组织编写一套微米纳米技术专著系列丛书。希望通过系统地总结、提炼、升华我国“九五”以来微米纳米技术领域所做出的研究工作，展示我国在该技术领域的研究水平，并指导“十二五”及以后的科技工作。

丁衡高

2011 年 11 月 30 日

致　谢

本书是在清华大学精密仪器与机械学系智能微系统研究室的各位老师及同学的多年努力支持下完成的。书稿在多次交流与沟通中不断改进、完善，每次修改的经历点点滴滴都历历在目。空间微系统与微纳卫星技术能够通过这本书进行总结，也体现了科研不断吐故纳新、稳步提高的规律和特点。在本书的撰写过程中我的学生及同事们，如任大海、张高飞、李滨、杨建中、邢飞、阮勇、赵开春、李伟及张帆等，给了我有力的支持和帮助，在文献资料的搜集和文稿的校对方面做了很多工作，在此一并致谢。

本书序

微纳卫星是以微机电一体化系统(MEMS)技术和由数个 MEMS 组成的专用集成微型仪器(ASIM)为基础的一种全新概念的卫星。采用多维集成技术,利用大规模集成电路的设计思想和制造工艺,不仅把机械部件像电子电路一样集成起来,而且把传感器、执行机构、微处理器以及其他电学和光学系统都集成在一个极小的空间内,形成机电一体化的具有特定功能的卫星部件或系统。

20 世纪 80 年代末,以微纳卫星为代表的微小型航天器以一种全新的概念、崭新的设计思想成为航天领域最活跃的研究方向。由于微纳卫星采用了大量的高新技术,具有功能密度与技术性能高、投资与营运成本低、灵活性强、研制周期短、风险小等优点,使它既能以单星廉价快速完成多项航天任务,又能以多星组网、编队飞行与虚拟卫星的方式,完成大卫星难以胜任的空间任务。微纳卫星现已广泛应用于数据通信与传输、地面与空间环境监测、导航定位以及科学试验等诸多领域。

我于 1994 年撰写了《面向 21 世纪的军民两用技术——微米纳米技术》的论文,指出微米纳米技术是一项面向 21 世纪的重要的军民两用技术,它的出现将对未来国民经济和国家安全的建设产生重大影响,特别指出 MEMS 技术将在微卫星中发挥重大作用。

清华大学尤政教授及其团队及时把握住发展机遇,通过与英国萨里(Surrey)大学空间中心的合作,在吸收消化国外先进技术的同时,立足国内微米纳米技术,特别是 MEMS 的进步,自主创新研制了 NS-1/NS-2、MEMSat 等微纳卫星,在高校走出一条通过引进—消化吸收—再创新的微纳卫星技术发展之路。一方面,作者探索以 MEMS 技术为代表的微米纳米技术在航天领域的应用,运用以 MEMS 技术为代表的微电子、光电子及微机械、超精细加工等新技术、新材料,研究适合于空间环境工作的航天器主要功能部件微型化、智能化的新原理、新工艺、新方法,研制出若干适合于航天领域使用的 MEMS 器件与微组件;另一方面,作者以适合航天领域使用的 MEMS 器件与微系统为基础,研制以微型化、轻量化、低成本、短周期与高性能为特征的空间微系统——微纳卫星等。本书系统介绍他们自主研发的我国第一颗纳卫星(NS-1)以及基于 MEMS 技术高性能微型化卫星功能部件等科研成果。这些成果曾获得国家技术发明二等奖 2 项,国家科技进步二等奖 2 项,获国家发明专利20余项，为微纳卫星技术与MEMS技术的空间应用做出了重要贡献。

希望该书的出版对有志从事微纳卫星技术，特别是MEMS在航天领域应用技术研发的科技人员有所帮助与启发。

丁衡高

2012年10月

前　言

1. 绪言

随着计算机、新材料、微纳米、微电子机械、高密度能源以及空间推进技术的迅速发展,微小型航天器的重量和尺寸显著减小。从20世纪80年代末开始,以微纳卫星为代表的微小型航天器以一种全新的设计理念成为航天领域最活跃的研究方向,并已广泛应用于数据通信与传输、地面与空间环境监测、导航定位以及科学试验等诸多领域。

随着航天技术的飞速发展,国家安全和军事战略对空间的依赖也越来越强,从而对微纳卫星提出了更高的要求。军方对卫星利用的第一目的就是通信和侦察,即战术通信、战略侦察、战场摄影、监视导弹发射、收集战术情报、支援飞机和舰艇作战等。微纳卫星对于军事应用来讲最大的优点是适应性强、可移动和机动发射,能按需要对固定区域进行全天时、全方位监视。现代高技术战争,战场向外层空间的延伸是必然的趋势,利用微纳卫星作为空间攻防武器平台,具有明显的优势。第一,成本低,适合军事航天装备的承受能力。第二,重量轻,可利用一箭多星等方式进行快速机动发射,因而具有快速反应能力和很强的生存能力。第三,研制周期短,一般可以在几个月的时间内完成设计与研制。第四,价格低廉,对敌方价格高昂的大型卫星进行破坏和干扰,达到以较小的投入有效抵抗敌方空间优势的效果,符合非对称战略的构想。以微纳卫星为代表的微小型航天器是军事强国空间控制条件下,进入空间和利用空间的一条必要途径。

国内外微小卫星的发展现状和技术实践证明,利用现有的微加工设备及工艺条件,采用专用集成模块化的微电子机械制造技术,可以开发研制出微纳卫星或芯片级卫星,从而促使卫星向更小型、更廉价的方向发展。以美国喷气推进实验室为代表的一批国外研究机构,在微纳卫星的设计与研制方面,已经取得了可喜的进展。

21世纪初将是微纳卫星迅速发展的新时期,重量轻、体积小、性能好、成本低、研制周期短、可进行编队和组网的微纳卫星将成为保障国家经济建设、社会发展及国家安全的一类重要航天装备。为此,跟踪国外微纳卫星的发展趋势,利用微电子机械、计算机和新材料等领域的最新成果以及新的设计理念与方法，发展我国自己的微纳卫星及其相关技术，可以为国家安全和经济建设提供有力的保障，同时推进我国卫星技术及其应用的产业化进程。

1.1 微纳卫星的概念

美国宇航公司(Aerospace) 在1993年对小卫星、微卫星和纳卫星做了以下定义：小卫星是一种可用常规运载器发射的航天器，质量为10kg~500kg；微卫星为所有的系统和子系统都全面体现微电子机械系统(MEMS)技术，并可实现一种或几种实用功能，质量为0.1kg~10kg的卫星；纳卫星是一种尺寸减小到最低限度的微卫星，其功能有赖于一种分布式星座或编队结构来实现，质量小于0.1kg。目前，国内外的文献报道和技术实践对英国萨里大学提出来的分类方法更普遍认同(表1)。

表1 小卫星的分类

名 称	质量(含燃料)/kg
小卫星(MiniSat)	100~500
微卫星(MicroSat)	25~100
纳卫星(NanoSat)	1~25
皮卫星(PicoSat)	0.1~1
飞卫星(FemtoSat)	<0.1

其中微纳卫星不仅是一个重量的概念，最主要的是在结构设计和功能应用上与其他卫星有根本的区别。到目前为止，现有的微纳卫星还没有采用纳米技术，而是大量采用建立在现有技术水平上的MEMS技术。

1.2 微纳卫星的技术特点

微纳卫星具有以下几个鲜明的技术特点：

(1) 微纳卫星是以MEMS技术和由数个MEMS组成的专用集成微型仪器(ASIM)为基础的一种全新概念的卫星。采用多维集成技术，利用大规模集成电路的设计思想和制造工艺，不仅把机械部件像电子电路一样集成起来，而且把传感器、执行机构、微处理器以及其他电学和光学系统都集成在一个极小的空间内，形成机电一体化的具有特定功能的卫星部件或分系统。

(2) 在应用上多采用分布式结构，由多颗卫星组成卫星阵列完成一个总体功能。如在太阳同步轨道的18个等间隔轨道面上，各自以一定的方式等间隔地分布排列功能不同的36颗卫星(共计648颗)，就可保证在任何时刻都能覆盖全球，相当于3颗地球同步观测卫星的功能。采用分布式的星座结构或编队飞行，可使卫星系统的可靠性显著提高。卫星可以分批多次发射，其中某一部分失效后，很容易利用新发射的其他卫星将他们替换,承受大的经济损失和系统失败的风险大大降低。从军事上说,分布式系统将使系统的生存能力提高。微纳卫星在战时应急通信、侦察和星座组网应用方面具有极大的优势。

(3) 由于微纳卫星重量轻,可以不使用高成本的大型运载工具进行发射,其发射成本显著降低,并且可以实现灵活、机动、快速发射。

(4) 有利于批量化生产。微纳卫星采取的集成设计方法使得设备更加轻巧坚固,可靠性得以提高,而且可以进行工业化的批量生产,从而明显降低卫星及其部件的研制费用。

(5) 由于微纳卫星的技术含量高,研制成本低,从而更适合大学参与研究与研制。这也从另一个侧面降低了它的研制费用,并且有利于高新技术成果的应用与飞行验证。目前,国内外许多著名大学都在参与微纳卫星的研究与研制,卫星的技术性能不断提高,应用方式和领域也在不断扩充。美国空军和航天局正大力支持美国大学的微纳卫星研究计划。微纳卫星研究计划是美国军用微纳卫星技术开发的一个重要组成部分,特别是编队飞行是微纳卫星进入实际应用的关键。一旦微纳卫星全面用于军事目的,则将从根本上改变军事力量的对比。

作为航天军事装备的重要组成部分,微纳卫星尤其是纳卫星具有以下技术优势:极强的空间生存能力、更高的性能价格比、可以批量部署、研制周期短、易于快速响应,同时还可采用分布式系统改变其功能,重组系统。

1.3 基于微纳卫星的分布式卫星的概念和内涵

由多颗微纳卫星按一定要求分别部署在一种或多种轨道上,共同完成某些空间飞行任务,称为分布式卫星。这样也从本质上区别于单颗卫星,在空间应用方面,从单颗卫星发展成为分布式卫星。

根据分布式卫星的上述概念,可以进一步把分布式卫星细分为星座、编队飞行、虚拟卫星。

1) 星座

由若干颗卫星按要求分布在单轨道或多轨道平面而构成。星座能提高地面覆盖范围直到全球和缩短重访时间,达到单颗卫星难以达到的目的。

2) 编队飞行

以某一点为基准,由若干颗卫星构成一个特定形状,这个特定形状的各颗卫星,一方面保持特定形状,同时又能绕地球中心旋转,它们当中每颗卫星绕地球飞行的轨道周期都是相同的。编队飞行各颗卫星互相协同工作来实现单颗大卫星的功能。每颗卫星都同其他卫星保持联系,共同承担信号处理、通信、有效载荷等,任务功能由整个编队飞行的星群来完成。

编队飞行与星座虽然都是由多颗卫星组成,但两者有较大差别:

(1) 编队飞行在应用上构成一个新概念,而星座仅增加地面覆盖区域,甚至连续覆盖,不出现空隙。

(2) 编队飞行星间距离短,各星之间是紧密型的,星间有通信和信息交换,各星是协同工作的,而星座各星之间是稀疏的。

(3) 从控制观点来看,编队飞行一般要求自主、实时、多个航天器协同控制,但星座控制一般达不到这种自主级别的实时协调控制,而只要求星座中各航天器的位置保持在规定精度的控制区内,不致相撞,或者在某种意义上不改变对地球的总体覆盖特性。

3)“虚拟卫星”或“分离模块航天器”

分离模块航天器国外研究项目以F6系统为代表。F6系统(Future, Fast, Flexible, Fractionated, Free - Flying Spacecraft, System)是美国国防高级研究计划局(DARPA)于2007年9月提出并实施的一项创新性航天器体系结构设计试验计划。“F6”代表“未来、快速、灵活、自由飞行、模块化信息交换合成航天器”中6个英文词的词头“F”,其中“6”还源自“信息交换合成航天器”(Spacecraft united by Information Exchange, SIX)。

F6系统的主要目的是演示和发展一种基于多个相对独立的模块、通过无线网络实现有机结合的新型航天器体系结构。F6计划将建立一种面向未来的航天器体系结构,将传统的整体式航天器分解为可组合的分离模块,各分离模块可以快速批量制造和独立发射,在轨运行时通过无线数据连接和无线能量传输,构成一个功能完整的虚拟航天器系统。该系统在全寿命周期都具备系统重构和功能再定义的能力,以此有效降低航天器全寿命周期中各种不确定因素对天基系统在设计、制造和运行阶段造成的严重影响,使航天器能够实现在轨故障修复、功能更换和扩展,提高航天器执行任务的范围和能力,增强航天器的灵活性和可靠性,降低全寿命周期费用和风险。同时,该无线连接松散结构和可灵活调节的飞行构型能够大大降低航天器被攻击的概率,并且即使部分模块销毁,也可以通过模块更换的方式快速廉价地进行补充和系统恢复,从而提高空间攻防对抗中的存活能力。模块的批量生产、分离发射入轨和在轨自主组网技术能够大大降低航天器从研制到投入使用的时间,甚至可以直接通过发射载荷模块对已有航天器进行任务更换和扩展以满足任务要求,从而大大提高空间任务响应能力。

与卫星星座和卫星编队飞行相比,F6系统存在本质区别。卫星星座和卫星编队飞行是当前分布式空间系统的两种主要工作模式。组网形成星座,可以提高时间分辨力、加大覆盖范围。将若干颗小卫星按一定的方式组织进行星间协同工作,可以使卫星星座达到单颗卫星独力工作难以达到的性能,但其代价是由卫星数目增加带来的整个系统的费用增高。编队飞行是多颗小卫星在围绕地球运动的同时，彼此之间形成特定的编队构型。在运行过程中，各颗小卫星间始终保持较近的距离，彼此联系密切，通过星间通信和信息耦合互相协同工作，就像一颗大卫星一样共同完成某项空间任务。F6 系统与上述两者最大的本质差异是，它不是多卫星系统，准确地说，它不是参照常规卫星设计模式来形成功能完备的多个卫星的集合体，而是将航天器整体分解成若干个独立的功能模块，多个模块组成集群的方式在轨运行。单个模块虽然可以自由飞行，但不能独立完成常规航天器所具有的全部功能，只有多个模块通过无线网络协同工作才能共同实现一颗整星的功能。

F6 系统之所以能够得到美国政府、工业部门和学术界的如此重视，原因在于该项研究的进行将为航天器设计思想、工程技术、运营理念、空间应用等多个方面注入新鲜血液与活力，进而推进航天事业的快速发展和巨大进步。特别是在军事应用方面，该项目的研究将大大提高美国军方的空间作战响应能力和空间攻防对抗水平。它的研制成功将带来未来航天器设计理念、体系结构、运行管理、制造和发射模式甚至航天产业的组织结构的革命性变革，空间军事应用和对抗的方式也会随之发生重大变化。

微纳卫星及其相关技术已经成为当前航天领域的重点研究对象，并在军事应用和经济生活中展现出纳卫星技术带来的诸多革命性成果。

微纳卫星技术的发展和成熟，使以微纳星座、卫星编队飞行与虚拟卫星为代表的分布式空间系统（DSS）的发展成为可能，DSS 成为微纳卫星应用的重要发展方向。微纳卫星编队飞行有广泛的用途或潜在应用领域，包括立体成像、合成孔径、空间探测、物理探测、精确定位、空间信息集成（综合）等。若干微纳卫星编队飞行（虚拟卫星）组成功能更为强大的卫星星座，引起微小卫星技术及应用的深刻变革。因此，美国的 NASA、DARPA、AFOSR，欧洲 ESA、日本、俄罗斯等都在积极发展以微纳卫星为典型代表的微小卫星研制计划，并且已经开始将微纳卫星技术大量投入空间试验。

2. 国际微纳卫星航天发射的情况

随着世界各国对微纳卫星技术的不断探索和研究，研制出了众多的微纳卫星并实现了在轨飞行试验，微纳卫星技术正在迅速得到积累和提升。微纳卫星在科技、国民经济和军事等各方面的应用也越来越受到各国的关注和重视。

美国、欧洲各国、日本、俄罗斯以及加拿大、印度、韩国等国家纷纷开展了自己的微纳卫星研究和军民两方面的应用探索。

早期的微纳卫星及其应用领域如表 2 所列。

表2 早期的微纳卫星及其应用

名称	任务	主持单位	质量/kg	尺寸/cm(每维)
MightySat	技术演示	美国空军	64	48×69
Orsted	磁场和带电粒子测绘	丹麦空间研究所	60.7	68×45×34
SNAP-1	技术演示,目标飞行器监视	Surrey 空间中心,Surrey 大学,英国	6.5	34×23
ST-5	磁场测绘	NASA Goddard 航天中心	20	42×20
PROBA	自主控制技术演示	ESA	100	60×60×80
FalconSat	研究带电粒子对飞行器影响	美国空军研究院	50	46×46×43
3Corner Sat	3星编队飞行演示,立体成像,蜂窝电话通信	亚利桑那州立大学,科罗拉多大学,新墨西哥州立大学	10	45×25
ION-F	3星编队飞行演示,电离层研究,微型PPT推进器试验	犹他州立大学,华盛顿大学,弗吉尼亚理工大学	10/3	45×12/ 45×25
Emerald	双星编队飞行,电离层研究,微型胶体推进器试验	斯坦福大学,圣克拉拉大学	15	45×30
Constellation Pathfinder	3星编队飞行,1kg飞行器研制和飞行试验	波士顿大学	1	20×14
Solar Blade Heliogyro	太阳帆技术演示	卡内基梅隆大学	5	

2004—2007年具有代表性的微纳卫星统计数据如表3所列。

表3 2004—2007年具有代表性的微纳卫星统计

发射日期	卫星名称	研制国家	质量/kg	用途
2004年6月29日	SaudiSat 2	沙特	35	先进卫星组件技术试验
2004年6月29日	Unisat 3	意大利	12	先进卫星组件技术试验
2005年10月27日	CubeSat XI-V	日本	1	先进卫星组件技术试验
2006年2月22日	Cute-1.7+APD I	日本	2	先进卫星组件技术试验
2006年3月22日	ST-5A/B/C	美国	25	先进卫星组件技术试验
2006年9月22日	HIT-Sat 1	日本	2.7	先进卫星组件技术试验
2006年12月10日	MEPSI	美国		先进卫星组件技术试验
2007年4月17日	CSTB 1	美国	1.5	先进卫星组件技术试验
2007年4月17日	MAST	美国	1	先进卫星组件技术试验
2004年6月29日	SaudiComSat1/2	沙特	12	存储转发通信

（续）

发 射 日 期	卫星名称	研制国家	质量/kg	用 途
2004 年 6 月 29 日	LatinSat C/D	阿根廷	12	存储转发通信
2004 年 12 月 18 日	NanoSat 01	西班牙	15	存储转发通信
2007 年 4 月 17 日	CAPE - 1	美国	1	存储转发通信
2007 年 4 月 17 日	Libertad 1	哥伦比亚	1	存储转发通信
2007 年 9 月 14 日	RSat & VSat	日本	45	存储转发通信
2004 年 6 月 29 日	AmSat - Echo	美国	10	业余无线电通信
2005 年 5 月 5 日	HAMSAT	印度	45.5	业余无线电通信
2006 年 12 月 10 日	RAFT - 1、MARScom、ANDE	美国	5	业余无线电通信
2004 年 12 月 21 日	3CS 1&2	美国	15	多功能综合验证
2005 年 10 月 27 日	UWE - 1	德国	1	空间环境测试
2006 年 3 月 24 日	FalconSat - 2	美国	19.5	空间环境测试
2006 年 12 月 10 日	ANDE - MAA	美国	50	空间环境测试
2006 年 12 月 16 日	GeneSat - 1	美国	4	空间环境测试
2007 年 3 月 9 日	FalconSat - 3	美国	50	空间环境测试
2005 年 10 月 27 日	NCUBE - 2	挪威	1	工程教育
2007 年 1 月 10 日	PehuenSat - 1	阿根廷	6	工程教育
2007 年 9 月 14 日	YES2	欧空局	40	工程教育
2007 年 1 月 10 日	LAPAN - TubSat	德国与印尼	56	对地对月观测

近 5 年来，国际上微纳卫星发射任务逐渐增多，主要用于卫星组件技术试验、业余无线电通信、空间环境测试、工程教育、对地对月观测以及军事侦察、空间攻防技术试验等。

由于一箭多星发射能使运载火箭的发射费用大大降低，有助于用大中型运载火箭发射多颗中、小型卫星，因此成为微纳卫星发射的主要方式。火箭多星发射的世界纪录不断刷新，2007 年 4 月 17 日，俄罗斯在哈萨克斯坦境内的拜科努尔航天中心，一枚“第聂伯”运载火箭搭载了 14 颗外国卫星，其中 1 颗埃及卫星 6 颗沙特阿拉伯卫星和 7 颗外国大学的微型教学卫星，火箭采取地下发射井方式发射，14 颗卫星发射成功，创造了世界卫星发射史上新纪录。2008 年 4 月 28 日，印度发射了一箭十星，震惊世界，最大一颗卫星是约 690kg 的遥感卫星，一颗 83kg 的微型卫星，以及加拿大、日本、荷兰等国的 8 颗 3kg ~ 16kg 的卫星。

2009 年以来，国际上一箭多星发射微纳卫星成功的典型任务如表 4 所列。

表4 典型微小卫星一箭多星发射情况列表

序号	发射日期	火箭型号	卫星型号	国别	备注
1	2009年1月23日	H-2A	GOSAT(lbuki) SOHLA-1 SDS-1 SpriteSat(Raijin) PRISM(Hitomi) Kagayaki KKS-1(Kiseki) STARS-1(Kukai)	日本	一箭八星，日本
2	2009年5月19日	"人牛怪"-1	TacSat-3 PharmaSat-1 HawkSat-1 CP-6 AeroCube-3	美国	一箭五星，美国
3	2009年9月16日	"联盟"-2	Metror-M1 Sterkh-2 Universitetsky-2 UGATUSAT Sumbandila BLITS IRIS	俄罗斯	一箭七星，俄罗斯
4	2009年9月23日	PSLV-C14	Oceansat-2 UWE-2 SwissCube-1 BeeSat IT-pSat-1 Rubin9-AIS	印度	一箭六星，分别来自印度、美国、瑞士、德国等的卫星
5	2010年5月20日	H-2A-202	UNITEC 1(Shin'en) Waseda-SAT2 IKAROS Negai Kagoshima satellite (K-SAT, Hayato) Akatsuki(VCO,Planet C)	日本	一箭六星，日本

（续）

序号	发射日期	火箭型号	卫星型号	国别	备注
6	2010 年 6 月 15 日	"第伯聂"－1	Picard Prisma－Mango Prisma－Tango BPA－1	俄罗斯	一箭四星，分别来自法国、瑞典和乌克兰的卫星
7	2010 年 7 月 12 日	PSLV－C15	NLS 6.1（AISSat－1） NLS 6.2 STUDSAT CARTOSAT－2B ALSAT－2A	印度	一箭五星，分别来自加拿大、印度、阿尔及利亚的小卫星
8	2010 年 11 月 20 日	"米诺陶"－4	STPSat－2 FalconSat－5 FASTSAT－HSV01 FASTRAC STPSat－2－SPEX STPSat－2－ODTML	美国	一箭 7 星发射，有效载荷来自美国 NASA、军方以及高校
9	2011 年 10 月 12 日	PSLC－C18	热带云气象卫星 SRMSAT 卫星 Juqnu 卫星 VesselSat1 卫星	印度	一箭四星，来自印度、卢森堡的微小卫星
10	2011 年 10 月 28 日	"德尔它" 2－7920－10C	NPP 地球观测卫星 RAX2/DICE1 微卫星 DICE2 微卫星 AudieSat1 微卫星 M－Cubed 微卫星 E1PF2 微卫星	美国	一箭六星，美国
11	2011 年 12 月 17 日	ST－A	ELISA1/ELISA2/ELISA3/ELISA4 太空电子情报卫星	欧盟	一箭四星，欧盟
12	2012 年 2 月 13 日	"织女"星	AlmaSat－1 卫星和其他 7 颗皮卫星	欧盟	一箭八星

（续）

序 号	发射日期	火箭型号	卫 星 型 号	国 别	备 注
13	2012 年 5 月 17 日	H－2A 火箭	“水珠”卫星（GCOM－W1） 多功能卫星（KOMPSAT－3） SDS－4 Horyu－2	日本	一箭四星，来自日本和韩国的微小卫星

除了先进技术试验和空间探测等民用领域以外，美国长期以来就非常重视微纳卫星在空间攻防中的应用，并为此开展了一系列卫星计划。XSS 微小卫星验证计划的目的是为美国空军研究实验室的“模块化在轨服务”概念进行相关关键技术的演示验证。按照规划，XSS 系列包括 XSS－10、XSS－11 和 XSS－12。美国空军已于 2003 年和 2005 年发射了 XSS－10 和 XSS－11，并进行了大量关键技术的试验验证。XSS－12 是在 XSS－11 的基础上用于验证交会对接技术、基于交会对接的在轨服务技术以及用于非对接卫星维修的精确绕飞技术的小型演示卫星。XSS－12 由 2 颗小卫星（XSS－12A 和 XSS－12B）以及一个小型空间平台组成，用于交汇对接、在轨服务、精确绕飞、再补给技术验证。

美国在空间攻防领域的微纳卫星飞行计划还包括 FREND 计划、F6 计划、“自主纳卫星护卫者”（ANGE－LS）计划、TICS 计划等。美国近年来的主要空间对抗卫星计划如表 5 所列。

表 5　美国近年来主要空间对抗计划/卫星项目

卫星/计划名称	任　　务
XSS－12	交汇对接，在轨服务，精确绕飞，再补给技术验证
FREND	在轨自主卫星服务的能力以及太空机器人活动有效性验证，对非合作目标的捕获
F6	模块化新型卫星系统和组合技术验证，微卫星星群和空间无线网络互联
ANGELS	静止轨道，太空态势感知，太空气象状况检测，空间反卫武器探测等
TICS	验证星簇改变编队，执行多种任务的能力，任务范围从太空监视到卫星维修

3. 空间微系统与微纳卫星技术的进展

微纳卫星及其编队是针对解决那些高精度、高自主和低成本的任务而提出的，同时带动和促进了一些相关技术的快速发展。由于相关学科新的研究成果的介入，又使得一些基于微纳卫星的新任务得以实现。但在微纳卫星的技术发展中，也还存在着一些关键问题：

(1) 多学科的优化的微纳卫星总体技术与数字化仿真设计环境的建立。

(2) 微纳卫星组成分布式卫星过程中的低功耗通信技术。

(3) 高性能商用器件的航天应用技术。

(4) 功能部件的微型化技术,如微推进系统、微敏感器等。

(5) 面向编队、虚拟卫星的星间与集群内的导航与控制技术。

(6) 面向任务的星上能源和推力技术。

(7) 多星分离与发射技术。

清华大学从“航天清华”1 号(TH－1)开始全面研究微纳卫星技术,迄今已经成功制造出“航天清华”1 号、“NS－1”等多颗微纳卫星并实现在轨运行,一直秉承消化吸收、大力发展国内独立自主知识产权和以功能部/组件技术发展的路线,结合多年来的技术积累,纳卫星及其相关技术已经处在第三代技术创新和突破性的进展。

1) 在国内率先建立了微纳卫星多学科优化与数字化设计仿真一体化环境

基于 isight 将软件 ug + ideas + ansys + stk 等卫星设计分析软件集成,在统一环境下完成任务分析,总体设计,结构与能源流、信息流的多学科优化以及卫星系统仿真(姿态与编队飞行控制),如图 1 所示。

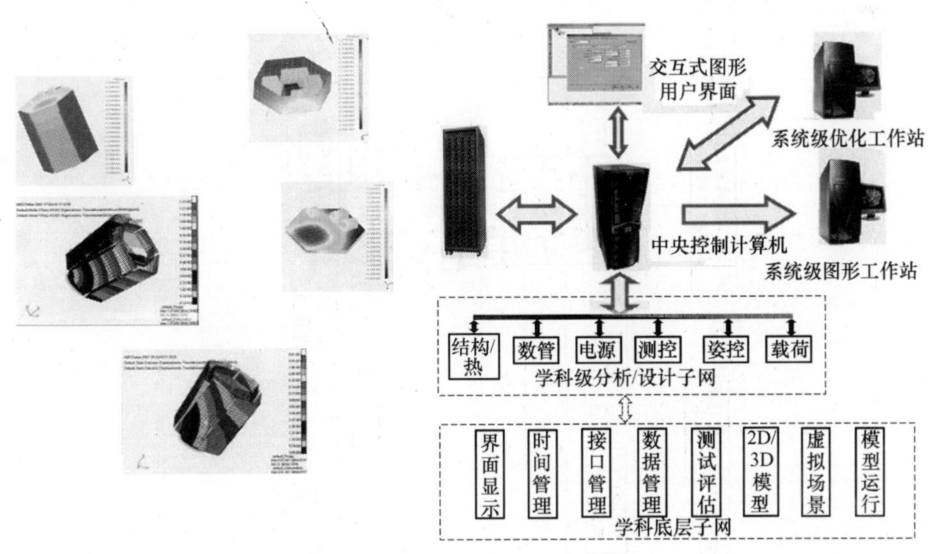

图 1　卫星多学科优化及仿真系统

2) 在国内首次建立了微纳卫星研制规范(图 2)

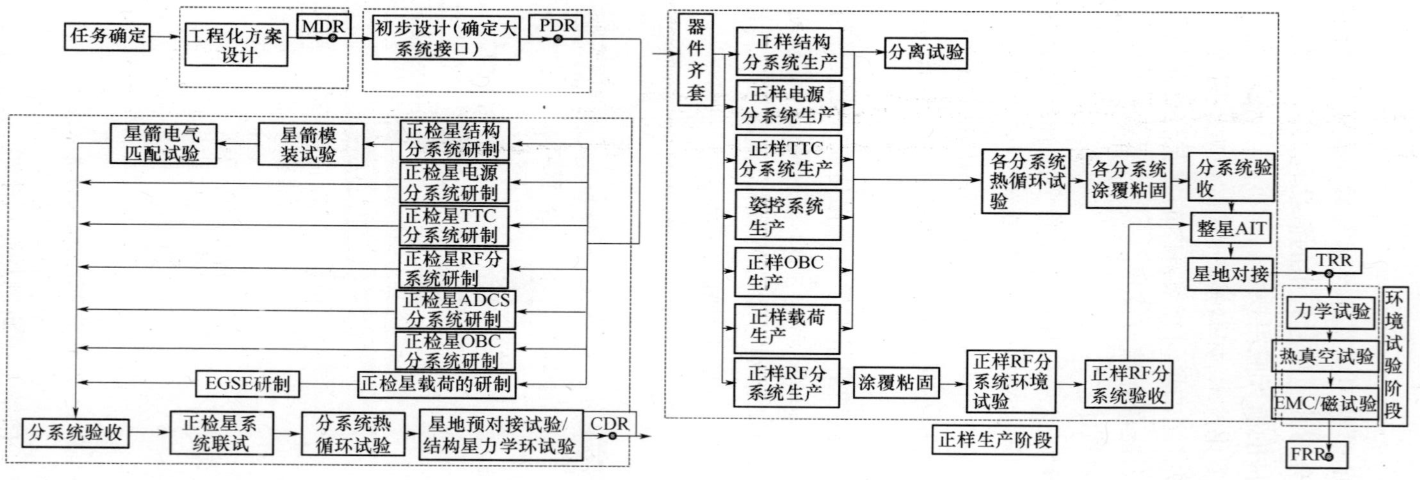

图2 微纳卫星研制规范流程

3）在国内建立并成功应用空间微系统数字化设计仿真平台(图 3)

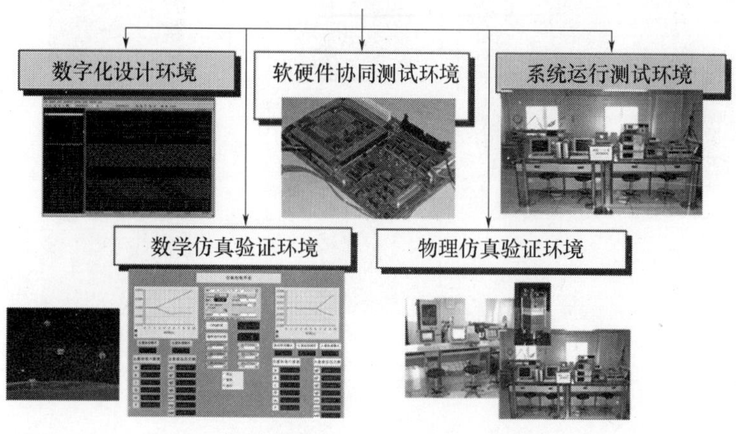

图 3　空间微系统数字化设计与仿真平台

4）在国内首次建立了微纳卫星的地面环境试验规范(图 4)

图 4　微纳卫星环境试验

5）微纳卫星的研制取得突破与进展(图 5)

6）完成了一批基于微米纳米技术的微型功能部件的研制

基于微米纳米技术的微型功能部件的研制也是本书重点介绍的内容,我们选择先进空间光学姿态敏感器的工作新原理和新方法、MEMS 及微系统制造新工艺等作为突破口,进行了基于 MEMS 的微型太阳敏感器,如低功耗微型双轴模拟太

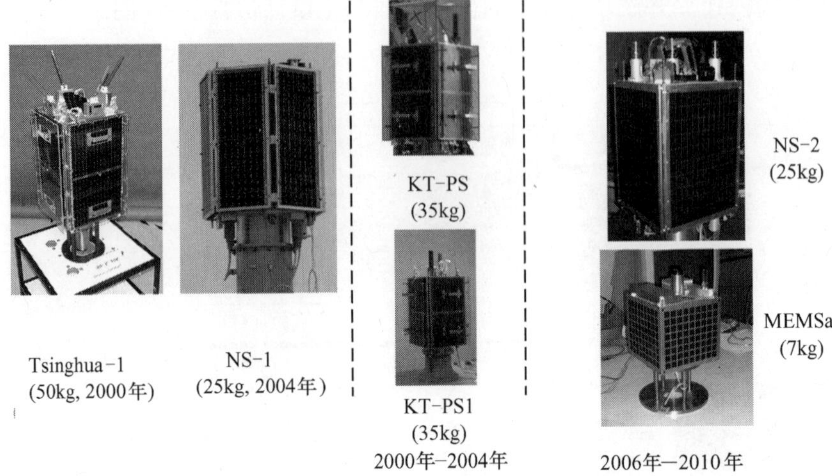

图5 清华微纳卫星发展历程

阳敏感器、高精度数字太阳敏感器,微型惯性测量组合(MEMS 陀螺仪与加速度计),高精度 MEMS 磁强计,高精度轻型星敏感器与 MIMU 组合,微推进器等的基础研究、技术创新和工程应用;突破相关核心技术,使我国空间光学敏感器件及系统达到国际领先水平并实现在航天领域中的成功应用,开辟一条我国航天领域核心器件与系统独立自主与跨越发展的新途径。

(1) 新一代高精度成像式数字太阳敏感器技术。创新性地提出基于位置和能量二维函数的数字成像太阳敏感器工作新原理,发明了新型多孔阵列式 MEMS 光线引入器,首次提出了太阳成像点阵列的预测提取和图像相关算法,彻底解决了小孔堵塞、地球返照光等空间环境干扰的瓶颈性难题,实现了在部分小孔缺失或图像受到杂光干扰情况下系统高精度、高可靠工作,将太阳敏感器的测量精度从 0.1°提高至 0.02°(3σ)。发明了一种分级优化迭代的自适应曝光算法,解决了太阳敏感器在测试标定、卫星联试、在轨飞行等不同环境中的兼容性难题,实现了太阳敏感器在 0.1 个 ~1 个太阳常数下宽视场内高精度自适应工作。建立了成像点位置、能量参数与太阳入射角的函数关系,提出了精确识别真实太阳图像的判据,在国际上首次实现了太阳敏感器在卫星进/出地影区过程中正常工作。成果对我国同类产品的更新换代具有重要意义。

① 太阳敏感器工作的新原理。传统太阳敏感器皆采用成像点位置来进行太阳入射角的判别方法,当卫星在进出地球阴影区或者地球返照光进入太阳敏感器视场时均会造成太阳敏感器的输出错误,成为目前太阳敏感器的一个共性问题。我们首次探究了太阳光谱、感光探测器和光线引入器三者之间的相互关系,建立了

多孔阵列式太阳敏感器的精确成像模型，构建了太阳光入射角、光强度、光线衰减程度、二次反射强度与感光探测器、衰减材料之间的函数关系，提出通过在感光探测器上获取的太阳成像点的位置、能量值二维参数的成像点能量值来对太阳入射角进行准确识别的太阳敏感器工作新原理；提出了分级优化迭代的自适应曝光算法，实现了多种工况下系统成像点能量的精确控制；结合太阳成像点位置和能量二维联合标定的方法，通过对不同入射角下太阳成像点的位置和能量高精度标定，精确地计算出入射光的能量密度，从根本上解决了传统太阳敏感器无法克服的受强杂光干扰而造成错误的难题。

② 光线引入器的新结构与加工新工艺。发明了在耐辐射石英玻璃基底上依次溅射衰减层、掩膜层和防止二次反射层的 MEMS 光线引入器新结构，发明了光线引入器 Cr/Au/Cr 三层复合金属膜新工艺。建立了基于光线引入器小孔尺寸的太阳光成像衍射模型，优化了光线引入器光阑阵列间距等关键参数，发明了太阳成像点初始位置的快速算法。突破了大尺度下微型阵列光阑的高精度制造的关键技术。

③ 高精度太阳成像点确定的新方法。建立了太阳成像点在感光探测器上的位移与太阳入射角的关系，发明了在不同的卫星运行模式下连续图像中太阳成像点的预测提取方法，首次实现了阵列式太阳成像点在感光探测器上分布特征的精确提取。项目发明了二值化模板图像与二值化压缩图像进行相关匹配的方法，实现了对太阳成像点的初始位置高精度快速捕获，从根本上解决了在部分小孔缺失等干扰下系统正常工作的难题；项目构建了单个太阳成像点的能量分布函数模板，首次采用能量相关的方法对函数模板和预测提取的太阳成像点进行运算，解决了太阳成像点位置的高精度提取问题，精度优于 0.01 个像素。

（2）微型化太阳敏感器的新原理、新技术、新方法。针对传统线阵数字太阳敏感器只能输出一维太阳角的弊端，提出了 N 形光线引入器的设计方法，建立了含有玻璃结构的 N 形缝太阳成像模型，构建了线阵感光探测器上的三个太阳成像峰点与两维入射角的关系函数，实现了高精度两轴太阳角的计算，研制的 N 形数字太阳敏感器质量为 130g，功耗为 300mW，测量范围 $120° \times 120°$，精度优于 $0.1°$。

（3）微型高精度星敏感器技术。首次提出了导航星域的概念及变换方法，发明了基于此方法的快速全天自主星图识别算法，实现星敏感器初始姿态捕获速度显著提高 10 倍；创新性地提出一种新型双视场星敏感器及其星图识别与姿态确定方法，突破了单视场星敏感器滚转精度难以提高的技术瓶颈；发明了基于逆地球运动的星敏感器精度测试方法和系统，解决了长期以来星敏感器的精度测试方法缺少客观依据的技术难题，为星敏感器的精度测试标准的建立奠定了理论基础。研制的微型高精度星敏感器，质量 1.1kg，功耗 1.2W，精度 $7''(3\sigma)$，且首次实现了月亮或云层进入视场情况下的正常工作，总体性能相对于国际同类产品显著提高。

针对我国下一代高精度载荷对星敏感器的迫切需求，提出了高精度双视场星敏感器的工作原理及其实现方法，将传统星敏感器的滚转轴精度提高了一个量级，实现了三轴姿态角的等精度测量。针对现有星敏感器不能满足快响侦察、空间攻防等任务对姿态的快速确定要求，提出了基于导航星域变换方法的全天自主星图识别算法，实现了导航星域的直接二值运算，相比传统的搜索比较匹配法，捕获速度提高了10倍，从敏感器开机到高精度的姿态输出仅需0.5s，为卫星的快速姿态确定提供了重要的参考依据。

(4) 新型空间敏感器创新应用技术。发明了微型一体化自供电无线式太阳敏感器，解决了采用太阳敏感器来实现远离卫星本体的柔性单元的姿态测量难题。提出了星敏感器与MEMS陀螺深耦合的新方法，发明了新型适用于航天器使用的惯性星罗盘，突破了星敏感器的动态性能差的技术壁垒，实现了高精度、高动态、零漂移的姿态和角速率的一体化测量。提出了星敏感器、陀螺与高分辨力遥感载荷一体化的智能遥感载荷概念，发明了一种可实时自主姿态测量、相移补偿和成像策略调整的智能遥感系统，突破了当前卫星平台的姿态性能无法满足高分辨力遥感载荷需求的技术瓶颈。为我国对地遥感载荷技术的跨越式发展奠定基础。

成果以微米纳米技术、先进光学敏感技术和精密测试技术为基础，提出了系列先进空间光学姿态敏感器的新原理、新方法、新工艺，解决了敏感器的高精度、抗干扰、微型化、智能化等多项关键难题，提高了我国空间姿态敏感器自主创新、研发、生产与应用的水平。所研制的敏感器具有独特的优势和性能，已被哈尔滨工业大学SY－3卫星、上海小卫星工程中心TS－3卫星、航天东方红卫星有限公司SJ－9卫星、长春光机所光学小卫星、北京航空航天大学日地监测卫星等广泛使用，多项技术填补了国内空白，具有国际领先/先进水平，同时打破了国际上对我国在该领域的技术封锁，对我国航天同类产品的更新换代具有重要意义。

应用于SY－3卫星的新一代高性能太阳成像敏感器已经在轨稳定运行超过三年，总装备部航天研发中心组织专家对其在轨性能进行了测试和评估，其性能为：视场角128°×128°，精度0.02°(3σ)，且首次成功实现了卫星在进/出地影区时的敏感器正常工作，圆满完成了在轨飞行任务。

SJ－9卫星的微型星敏感器已完成了整星联试和环境试验，通过了航天东方红卫星公司验收，其性能为指向精度7″(3σ)，更新率5.2Hz，功耗1.3W，质量1.1kg。

法国Soldern公司、德国Jena公司以及意大利Galileo公司是国际上权威的空间光学姿态敏感器研究与生产单位，我们研制的敏感器系列中与之同类技术的敏感器主要性能比较如表6、表7所列。

表6　与国外同类技术太阳敏感器比较

序号	研制单位及型号	精度(3σ)	质量/g	引入器	抗干扰能力
1	太阳成像敏感器(清华大学)	0.02°	350(含热控片)	阵列孔	小孔缺失/污染/进出地影等均正常工作
2	Digital Sun Sensor (Soldern)	0.03°	475	单孔	小孔受干扰不能工作
3	Smart Sun Sensor (Galileo)	0.03°	380	单孔	小孔受干扰不能工作

表7　与国外星敏感器产品比较

序号	研制单位及型号	指向精度	滚转精度	质量/kg	更新率/Hz	捕获时间/s	功耗/W
1	微型星敏感器(清华大学)	7″(3σ)	35″(3σ)	1.1	5.2	0.5	1.2
2①	SED16(Soldern)	10″(3σ)	55″(3σ)	4.3	4	3	10
3①	Astro15(Jena)	7″(3σ)	60″(3σ)	3	5	5	7.5
① 数据分别来自于 Soldern 公司、Galileo 公司、Jena 公司 2011 年产品手册							

从对比参数可以看出敏感器在精度、微型化、动态性能和抗干扰能力方面明显优于国际上同类权威产品。另外,非线性补偿式、光学游标式、自供电式太阳敏感器及惯性星罗盘等未见国外同类技术报道。

4. 小结

未来是空间微系统与微纳卫星迅速发展的重要时期,重量轻,体积小,性能好,成本低,研制周期短,可进行编队、组网以及形成虚拟卫星的微纳卫星将成为保障国家经济建设、社会发展及国家安全的一类重要航天装备。为此,跟踪国外微纳卫星的发展趋势,利用微电子机械、计算机和新材料等领域的最新成果以及新的设计理念与方法,发展我国自己的微纳卫星及其相关技术,加速我国微纳卫星的在轨试验,将大大加快我国微型化高性能空间功能器部件技术、微纳卫星技术的发展速度,可为实现微纳卫星的空间应用相关基础技术验证奠定基础,同时也将促进我国包括纳型、微型、小型、中型、大型卫星在内的卫星系列的整体进步,具有深远的意义。

目　录

第1章　微纳卫星总体技术 …… 1

1.1　NS－1纳卫星任务分析 …… 1

1.2　NS－1纳卫星总体方案 …… 2

1.3　NS－1纳卫星初始轨道分析 …… 5

1.3.1　纳卫星入轨初始姿态特性 …… 7

1.3.2　初始轨道特性分析 …… 7

1.3.3　轨道光照情况分析 …… 13

1.4　NS－1纳卫星分系统设计 …… 16

1.4.1　电源分系统 …… 16

1.4.2　遥测遥控(TTC)分系统 …… 18

1.4.3　纳卫星上计算机(OBC)分系统 …… 19

1.4.4　姿态确定与控制分系统(ADCS) …… 21

1.4.5　结构分系统 …… 24

1.4.6　射频(RF)分系统 …… 26

1.4.7　GPS分系统 …… 31

1.4.8　相机分系统 …… 34

1.4.9　推进分系统 …… 36

1.5　电磁兼容性设计与推进分系统安全设计 …… 36

1.5.1　电磁兼容性设计 …… 36

1.5.2　推进分系统安全设计 …… 37

1.6　NS－1纳卫星的技术特征和特征参数分配 …… 38

1.6.1　主要技术特征 …… 38

1.6.2　特征参数分配 …… 41

1.7　NS－1纳卫星研制技术流程 …… 45

参考文献 …… 46

第2章　微纳卫星总体多学科设计优化 …… 47

2.1　概述 …… 47

2.1.1 复杂系统建模方法 …… 48
2.1.2 国内卫星系统设计与优化技术现状 …… 49
2.2 微纳卫星多学科设计优化方法 …… 50
2.2.1 微纳卫星多学科设计优化方法概述 …… 50
2.2.2 MDO 方法的发展方向 …… 52
2.2.3 国内 MDO 方法研究及应用 …… 53
2.2.4 微纳卫星 MDO 方法的特点 …… 53
2.3 微纳卫星多学科优化算法 …… 54
2.3.1 协作优化方法简述 …… 54
2.3.2 协作优化方法的不足 …… 56
2.3.3 协作优化方法的改进途径 …… 56
2.4 微纳卫星总体 MDO 构架研究 …… 57
2.4.1 理想的卫星总体 MDO 开发环境 …… 57
2.4.2 MDO 构架 …… 58
2.5 微纳卫星多学科优化平台 …… 59
2.5.1 SDIDE 1.0 系统的基本构架 …… 60
2.5.2 SDIDE 的多学科优化改进 …… 63
2.5.3 SDIDE 2.0 系统构架特点和功能 …… 65
2.5.4 CAD/CAE 软件的集成与二次开发 …… 66
参考文献 …… 69
第3章 微纳卫星姿态控制系统 …… 71
3.1 微纳卫星的空间环境 …… 71
3.1.1 重力环境 …… 71
3.1.2 大气环境 …… 72
3.1.3 电磁环境 …… 73
3.2 微纳卫星的姿态动力学 …… 74
3.2.1 坐标系 …… 74
3.2.2 姿态的表征 …… 74
3.2.3 姿态动力学 …… 79
3.3 微纳卫星姿态控制系统 …… 81
3.3.1 NS-2 纳卫星 ADCS 任务分析 …… 81
3.3.2 NS-2 纳卫星 ADCS 的技术指标 …… 82
3.3.3 姿态确定与控制系统设计 …… 82
3.4 姿态确定与控制系统软件模块设计 …… 83

3.4.1 姿态确定模块 …… 83
3.4.2 姿态控制模块 …… 89
3.5 NS－2 纳卫星 ADCS 分系统仿真验证 …… 92
3.5.1 控制模式 1 …… 93
3.5.2 控制模式 2 …… 94
3.5.3 控制模式 3 …… 96
3.5.4 控制模式 4 …… 97
3.5.5 控制模式 5 …… 99
3.5.6 仿真结论 …… 102
参考文献 …… 103
第 4 章 微纳卫星综合电子技术 …… 104
4.1 概述 …… 104
4.2 微纳卫星综合电子系统 …… 105
4.2.1 高集成度 …… 105
4.2.2 高处理性能 …… 105
4.2.3 高模块化程度 …… 105
4.2.4 高智能化程度 …… 105
4.2.5 较高可靠性 …… 106
4.3 微纳卫星综合电子系统结构 …… 106
4.4 技术指标 …… 107
4.5 计算机体系结构的选择 …… 108
4.6 星载计算机设计 …… 109
4.6.1 星载计算机系统框图 …… 109
4.6.2 总线结构 …… 109
4.6.3 存储系统设计 …… 110
4.6.4 通信控制器 …… 110
4.6.5 CAN 节点 …… 111
4.6.6 电源单元 …… 112
4.7 遥测遥控工作原理 …… 112
4.7.1 系统功能和工作流程 …… 112
4.7.2 遥控单元工作原理 …… 114
4.7.3 遥测单元工作原理 …… 117
4.7.4 FPGA 模块配置 …… 119
4.7.5 电压变换模块 …… 120

4.8 星载计算机软件需求分析 …… 120
4.8.1 需求说明 …… 120
4.8.2 上行遥控命令和程序数据上载 …… 120
4.9 软件系统设计 …… 122
4.9.1 引导程序设计 …… 122
4.9.2 OBC 上电引导过程 …… 122
4.9.3 引导程序流程 …… 123
4.9.4 应用程序设计 …… 123
4.9.5 任务划分 …… 123
4.9.6 任务描述 …… 125
4.9.7 任务设计 …… 126
参考文献 …… 138
第5章 微纳卫星地面测试 …… 139
5.1 卫星研制中的测试阶段 …… 139
5.1.1 桌面联试 …… 140
5.1.2 环境试验中的卫星测试 …… 140
5.1.3 发射场技术区测试 …… 140
5.1.4 发射场发射区的测试 …… 141
5.2 卫星综合测试系统配置 …… 141
5.2.1 卫星综合测试系统的设计要求 …… 141
5.2.2 卫星综合测试系统组成 …… 141
5.2.3 地面电性能测试的环路选择 …… 143
5.3 卫星地面综合测试方案 …… 149
5.3.1 地面综合测试步骤 …… 150
5.3.2 地面电性能综合测试内容 …… 152
参考文献 …… 154
第6章 先进空间光学姿态敏感器 …… 155
6.1 先进空间光学姿态敏感器概述 …… 155
6.1.1 太阳敏感器和星敏感器简介 …… 155
6.1.2 航天器姿态敏感器综述 …… 156
6.1.3 太阳敏感器综述 …… 158
6.1.4 星敏感器综述 …… 162
6.1.5 内容安排 …… 168
6.2 微型 APS 太阳敏感器技术研究 …… 168

6.2.1 微型 APS 太阳敏感器的总体情况 …… 168
6.2.2 微型 APS 太阳敏感器的组成 …… 169
6.2.3 微型 APS 太阳敏感器光学系统设计研究 …… 170
6.2.4 曝光时间计算 …… 177
6.2.5 微型 APS 太阳敏感器 FEIC 算法研究 …… 181
6.3 微型 APS 星敏感器技术研究 …… 188
6.3.1 微型 APS 星敏感器总体概述 …… 188
6.3.2 APS 技术的发展趋势 …… 188
6.3.3 APS 星敏感器的总体设计 …… 189
6.3.4 微小型 APS CMOS 星敏感器系统软件 …… 202
6.3.5 微小型 APS CMOS 星敏感器样机 …… 204
6.3.6 真实星空测试 …… 206
参考文献 …… 207
第 7 章 微型惯性测量系统 …… 211
7.1 惯性组合的历史和发展 …… 211
7.1.1 传统惯性器件及其发展 …… 211
7.1.2 MIMU 的发展 …… 213
7.1.3 最优估计理论的发展及其在惯性系统中的应用 …… 214
7.2 MIMU 系统集成及姿态测量算法 …… 215
7.2.1 MIMU 集成 …… 215
7.2.2 MIMU 测量原理 …… 215
7.2.3 MIMU 模型误差分析 …… 219
7.3 MIMU 整体标定技术的研究 …… 225
7.3.1 惯性器件误差模型 …… 226
7.3.2 MIMU 整体误差系数的标定 …… 227
7.4 MIMU 组合导航技术 …… 232
7.4.1 滤波算法的研究 …… 233
7.4.2 MIMU 与磁强计组合 …… 241
7.4.3 MIMU 与 GPS 组合 …… 246
7.4.4 MIMU/GPS/磁强计集中组合 …… 249
7.4.5 MIMU 组合导航的仿真 …… 249
7.5 MIMU 模块搭载飞行试验 …… 255
7.5.1 试验目的 …… 255
7.5.2 MIMU 组合安装 …… 255

7.5.3 工程实现 …… 256
参考文献…… 258
第 8 章 微推进技术 …… 260
8.1 概述 …… 260
8.1.1 发展微推进系统的必要性 …… 260
8.1.2 国内外微推进技术研究概况 …… 261
8.1.3 微推进系统比较 …… 270
8.2 固体化学微推进器设计与仿真 …… 272
8.2.1 结构与工作原理 …… 272
8.2.2 燃烧室结构力学和传热仿真 …… 273
8.2.3 工艺流程及加工结果 …… 274
8.2.4 推进剂选择 …… 277
8.3 性能仿真建模与分析 …… 278
8.3.1 铂膜电阻桥点火器传热分析与建模 …… 278
8.3.2 燃气流动的集总参数模型与仿真计算 …… 285
8.4 微推进器测试 …… 288
8.4.1 微推进器测试概述 …… 288
8.4.2 激光干涉刚性摆测量系统原理 …… 291
8.4.3 微冲量测试及数据分析 …… 292
参考文献…… 296
第 9 章 磁强计技术 …… 298
9.1 概述 …… 298
9.1.1 磁强计的概念、功能和应用 …… 298
9.1.2 磁强计的原理和分类 …… 298
9.2 地磁场模型 …… 301
9.3 微小型化磁强计在纳星中的应用 …… 305
9.4 AMR 磁强计 …… 307
9.4.1 AMR 磁强计原理和实现 …… 307
9.4.2 系统主要参数的标定 …… 309
9.5 磁强计定轨和定姿原理 …… 310
9.5.1 利用该系统进行轨道确定 …… 310
9.5.2 利用该系统进行姿态确定 …… 311
参考文献…… 313

第10章 MEMS继电器 …… 315
10.1 概述 …… 315
10.1.1 发展MEMS继电器技术的背景与意义 …… 315
10.1.2 国内外MEMS继电器技术研究概况 …… 315
10.1.3 不同驱动方式MEMS继电器简介 …… 317
10.2 MEMS继电器设计 …… 324
10.2.1 MEMS电磁继电器材料 …… 324
10.2.2 结构设计 …… 329
10.2.3 接触设计 …… 333
10.3 MEMS继电器动力学建模与仿真分析 …… 334
10.3.1 静电型MEMS继电器 …… 334
10.3.2 电磁型MEMS继电器 …… 341
10.4 MEMS继电器加工工艺 …… 347
10.4.1 静电驱动型 …… 347
10.4.2 电磁驱动型 …… 348
10.5 MEMS继电器测试 …… 356
10.5.1 测试目标及设备 …… 356
10.5.2 测试电路及参数 …… 356
参考文献 …… 358
缩略语 …… 360

Contents

Chapter 1 System Technology of Micro/Nano Satellite ······ 1
1.1 Task Analysis of Nano Satellite 1 ······ 1
1.2 System Scheme of Nano Satellite 1 ······ 2
1.3 Initial Orbit Analysis of Nano Satellite 1 ······ 5
1.3.1 Initial Attitude Character of Entering Orbit ······ 7
1.3.2 Initial Orbit Character Analysis ······ 7
1.3.3 Orbital Illumination Condition Analysis ······ 13
1.4 Subsystem Design of Nano Satellite 1 ······ 16
1.4.1 Power Subsystem ······ 16
1.4.2 Telemetry, Tracking and Command Subsystem ······ 18
1.4.3 On – board Computer Subsystem ······ 19
1.4.4 Attitude Control Subsystem ······ 21
1.4.5 Structure Subsystem ······ 24
1.4.6 Radio Frequency Subsystem ······ 26
1.4.7 Global Position System ······ 31
1.4.8 Earth Imaging Subsystem ······ 34
1.4.9 Propulsion Subsystem ······ 36
1.5 Design of Electric – Magnetic Compatibility and Propulsion Subsystem Safety ······ 36
1.5.1 Electric – Magnetic Compatibility Design ······ 36
1.5.2 Propulsion Subsystem Safety Design ······ 37
1.6 Technical Features and Feature Parameter Distribution of Nano Satellite 1 ······ 38
1.6.1 Main Technical Features ······ 38
1.6.2 Feature Parameter Distribution ······ 41
1.7 Development Technical Process of Nano Satellite 1 ······ 45

References 46

Chapter 2 Multidisciplinary Design Optimization (MDO) Method for Micro/Nano Satellite 47

2.1 Overview 47

2.1.1 Modeling Methods of Complex System 48

2.1.2 Present Satellite Design and Optimization Method 49

2.2 Method of Multidisciplinary Design and Optimization for Satellite 50

2.2.1 Overview of MDO Method 50

2.2.2 MDO Method Introduction and Research Direction 52

2.2.3 MDO Research and Applications in China 53

2.2.4 Features of MDO Method for Micro/Nano Satellite 53

2.3 Multidisciplinary Design and Optimization Algorithms 54

2.3.1 Overview of Collaborative Optimization Method 54

2.3.2 Disadvantages of Collaborative Optimization Method 56

2.3.3 Improvement of Collaborative Optimization Method 56

2.4 Architecture of MDO for Micro/Nano Satellite 57

2.4.1 Development Environment of MDO 57

2.4.2 The Architecture Design 58

2.5 Introduction of One Kind Multidisciplinary Design and Optimization Platform for Micro/Nano Satellite 59

2.5.1 Architecture of SDIDE 1.0 System 60

2.5.2 Improvement of MDO Method in SDIDE 63

2.5.3 Functions and Features of SDIDE 2.0 System 65

2.5.4 Integration and Secondary Development of CAD/CAE in SDIDE 66

References 69

Chapter 3 Attitude Control System of Micro/Nano Satellite 71

3.1 Space Environment of Micro/Nano Satellite 71

3.1.1 Gravity Environment 71

3.1.2 Atmosphere Environment 72

3.1.3 Electric - Magnetic Environment 73

3.2 Attitude Dynamics of Micro/Nano Satellite 74

3.2.1 Coordinate System 74

3.2.2 Attitude Representation 74

3.2.3 Attitude Dynamics 79

3.3 Attitude Control System of Micro/Nano Satellite 81
3.3.1 Task Analysis of Attitude Control System for Nano Satellite 2 81
3.3.2 Technical Specifications of Attitude Control System for Nano Satellite 2 82
3.3.3 Design of Attitude Determination and Control System 82
3.4 Modular Design of Attitude Determination and Control System Software 83
3.4.1 Attitude Determination Module 83
3.4.2 Attitude Control Module 89
3.5 Simulation Verification of Attitude Control System for Nano Satellite 2 92
3.5.1 Control Mode 1 93
3.5.2 Control Mode 2 94
3.5.3 Control Mode 3 96
3.5.4 Control Mode 4 97
3.5.5 Control Mode 5 99
3.5.6 Simulation Conclusion 102
References 103
Chapter 4 Technology of Micro/Nano Satellite Avionics 104
4.1 Overview 104
4.2 Characteristics of Micro/Nano Satellite Avionics 105
4.2.1 High Integration 105
4.2.2 High Processing Performance 105
4.2.3 High Degree of Modularity 105
4.2.4 High Degree of Intelligence 105
4.2.5 Higher Reliabilty 106
4.3 System Structure of Micro/Nano Satellite Avionics 106
4.4 Technical Sepcifications 107
4.5 Selection of Computer System Structure 108
4.6 Design of OBC 109
4.6.1 Distribution Block Diagram of OBC 109
4.6.2 Bus Structure 109
4.6.3 Design of Storage System 110
4.6.4 Communication Controller 110

4.6.5 Node of CAN …… 111

4.6.6 Power Unit …… 112

4.7 Working Principle of TLC&TLM …… 112

4.7.1 System Function &Work Flow …… 112

4.7.2 Working Principle of TLC …… 114

4.7.3 Working Principle of TLM …… 117

4.7.4 Configuration on FPGA …… 119

4.7.5 Power Convertion Module …… 120

4.8 Software Requirements Analysis of OBC …… 120

4.8.1 Statement of Requirements …… 120

4.8.2 Uplink TLC Command & Upload of Program …… 120

4.9 Design of Soft System …… 122

4.9.1 Design of Bootloader …… 122

4.9.2 Boot Process of OBC Start …… 122

4.9.3 Process of Boot Program …… 123

4.9.4 Design of Application Software …… 123

4.9.5 Division of Tasks …… 123

4.9.6 Description of Tasks …… 125

4.9.7 Design of Tasks …… 126

References …… 138

Chapter 5 Groud Test of Micro/Nano Satellite …… 139

5.1 Testing Phases …… 139

5.1.1 Desktop Testing …… 140

5.1.2 Testing in Environment Experiments …… 140

5.1.3 Testing in Technical Area of Space Launch Sites …… 140

5.1.4 Testing in Launch Zone of Space Launch Sites …… 141

5.2 Satellite Test System …… 141

5.2.1 Design Requirements of the Testing System …… 141

5.2.2 The Composition of Satellite Test System …… 141

5.2.3 Testing Loops in Ground Electrical Performance Test …… 143

5.3 Ground Testing Scheme …… 149

5.3.1 Test Procedures …… 150

5.3.2 Testing Content …… 152

References …… 154

Chpter 6 Advanced Space Optical Attitude Sensor ········ 155
6.1 Introduction of Advanced Space Optical Attitude Sensor ········ 155
6.1.1 Summary of Sun Sensor and Star Sensor ········ 155
6.1.2 Reviews of Spacecraft Attitude Sensor ········ 156
6.1.3 Reviews of Sun Sensor ········ 158
6.1.4 Reviews of Star Sensor ········ 162
6.1.5 Content and Arrangement ········ 168
6.2 Micro APS Sun Sensor Technology Research ········ 168
6.2.1 General Situation of Micro APS Sun Sensor ········ 168
6.2.2 Components of Micro APS Sun Sensor ········ 169
6.2.3 Optical System Design Research of Micro APS Sun Sensor ········ 170
6.2.4 Calculation of Exposure Time ········ 177
6.2.5 FEIC Algorithmic Research of Micro APS Sun Sensor ········ 181
6.3 Micro APS Star Sensor Technology Research ········ 188
6.3.1 General Overview of Micro APS Star Sensor ········ 188
6.3.2 APS Star Sensor Development Tendency ········ 188
6.3.3 Overall Design of APS Star Sensor ········ 189
6.3.4 Micro APS CMOS Star Sensor System Software ········ 202
6.3.5 Micro APS CMOS Star Sensor Model Machine ········ 204
6.3.6 Real Night Sky Measurement ········ 206
References ········ 207
Chapter 7 Miniature Inertial Measurement Unit ········ 211
7.1 History and Development of Inertial Measurement Unit ········ 211
7.1.1 Conventional Inertial Devices and Their Development ········ 211
7.1.2 Development of MIMU ········ 213
7.1.3 Development of Optimal Estimation Theory and Its Applications in Inertial Systems ········ 214
7.2 System Integration of MIMU and Algorithms for Attitude Determination ········ 215
7.2.1 MIMU Integration ········ 215
7.2.2 Measurement Principles of MIMU ········ 215
7.2.3 Error Analyses for MIMU Model ········ 219
7.3 Research on Integrated Calibration of MIMU ········ 225
7.3.1 Error Models of Inertial Devices ········ 226

7.3.2 Calibration of MIMU Error Coefficients 227
7.4 Integrated Navigation Technology of MIMU Systems 232
7.4.1 Research on Filtering Algorithms 233
7.4.2 Integration of MIMU and Magnetometer 241
7.4.3 Integration of MIMU and GPS 246
7.4.4 Integration of MIMU, GPS and Magnetometer 249
7.4.5 Simulation of Integrated Navigation Based on MIMU 249
7.5 Onboard Space Fight Experiments of MIMU Module 255
7.5.1 Experiment Purpose 255
7.5.2 Installation of MIMU 255
7.5.3 Engineering Realization 256
References 258
Chapter 8 Micro Propulsion Techndogy 260
8.1 Overview 260
8.1.1 The Necessity of the Study on Micro Propulsion 260
8.1.2 Overview of Micro Propulsion 261
8.1.3 Comparison of Different Micro Propulsion Systems 270
8.2 Design and Simulation of MEMS based Solid Propellant Propulsion 272
8.2.1 Structure and Principle 272
8.2.2 Structure Mechanics and Heat transfer Simulation for Combustion Chamber 273
8.2.3 Process Flow and Results 274
8.2.4 Propellant 277
8.3 Performance Modeling and Simulation Analysis 278
8.3.1 Modeling and Heat Transfer Analysis of Pt Resistor Igniter 278
8.3.2 Interior Ballistic Lumped Parameter Model and Simulation 285
8.4 Test of Micro Propulsion 288
8.4.1 Summary of Micro Propulsion Measurement 288
8.4.2 Measurement System Based on Laser Interference and Rigid Pendulum Principle 291
8.4.3 Micro Impulse Test and Data Analysis of the MEMS based Solid Propellant Propulsion 292
References 296

Chapter 9 Magnetometer …… 298
9.1 Overview …… 298
9.1.1 Concept, Functions and Applications …… 298
9.1.2 Magnetometer's Principles and Classification …… 298
9.2 Geomagnetic Field Model …… 301
9.3 The Application of Micro Magnetometer in Micro/Nano Satellites …… 305
9.4 AMR Magnetometer …… 307
9.4.1 The Principle and Realization AMR Magnetometer …… 307
9.4.2 The Calibration of System Parameters …… 309
9.5 The Principle of Orbit and Attitude Determination by Magnetometer …… 310
9.5.1 Orbit Determination …… 310
9.5.2 Attitude Determination …… 311
References …… 313
Chapter 10 MEMS Microrelay …… 315
10.1 Overview …… 315
10.1.1 The Background and Meaning of the Development of the Microrelay Technology …… 315
10.1.2 Research Actuality of Microrelay Technology …… 315
10.1.3 Different Driving Mode of Microrelay …… 317
10.2 The Design of Microrelay …… 324
10.2.1 The Electromagnetic Microrelay Materials …… 324
10.2.2 Structural Design …… 329
10.2.3 Contact Design …… 333
10.3 The Dynamic Modeling, Analysis and Simulation of Microrelay …… 334
10.3.1 The Electrostatic Microrelay …… 334
10.3.2 The Electromagnetic Microrelay …… 341
10.4 The Microrelay Processing …… 347
10.4.1 The Electrostatic Microrelay …… 347
10.4.2 The Electromagnetic Microrelay …… 348
10.5 The Test of Microrelay …… 356
10.5.1 The Indicator and Equipment for Test …… 356
10.5.2 The Test Circuit and Parameters …… 356
References …… 358
Abbreviation …… 360

第1章　微纳卫星总体技术

航天器总体设计技术是根据用户需求在航天器研制和飞行过程中与总体紧密相关的设计技术的统称[1-3]。对于微纳卫星来说，就是根据用户的特定任务要求，对其功能和总体技术指标进行综合论证；协调确定与运载火箭、发射场、测控网和地面应用等其他系统之间的接口和约束条件；分析和选择有效载荷的配置；选择和设计能够实现该任务的飞行轨道；完成总体技术方案和卫星的构型设计；在总体统筹和优化的基础上，确定各分系统的研制技术要求；完成结构与机构、热控制、综合电子等与总体密切相关的分系统设计和试验；确定系统集成方案，完成总装设计、总体电路设计以及总装集成后的电性能测试方案制定和实施；制定部件和系统级环境试验条件、地面验证试验方案和航天器建造规范等。

根据总体设计的作业、任务和性质不难理解，微纳卫星的总体方案设计是微纳卫星的顶层设计、是综合性的设计，在实现整个卫星的飞行使命中具有非常重要的地位和作用[4]。总体方案设计是对航天器研制定方向、定大局、定方案、定分系统设计要求的设计，所以，总体方案设计师起着开创性、决策性、先导性和综合性的作用。总体方案设计的优良与否，直接影响到卫星整体的性能和质量，影响到微纳卫星的研制周期和成本。

本章以 NS－1 纳卫星设计为背景，深入研究这颗卫星总体设计中需要解决的关键技术问题。主要内容：纳卫星任务分析；轨道设计与分析；分系统方案选择和论证；纳卫星构型设计；总体性能指标分析与确定；纳卫星系统特征技术参数预算；可靠、安全性分析；纳卫星研制技术流程的制定。

1.1　NS－1 纳卫星任务分析

NS－1 纳卫星是一颗高新技术探索试验卫星，旨在通过一些关键技术的研究，开发纳卫星平台并进行关键载荷的搭载试验，完成航天高技术飞行演示。其试验的主要任务包括以下几个方面：

（1）CMOS 相机对地成像试验[5]：进行 CMOS 相机对地面目标的摄取、存储、传输以及图像信息处理技术的在轨飞行演示试验，CMOS 相机视场角 12°，像素 1024×1024。

(2) 微型惯性测量组合(MIMU)的搭载试验:搭载微型惯性测量组合旨在对微加速度计、微陀螺仪的性能进行在轨测试和试验,了解其对空间环境的适应性,试验 MIMU 与其他敏感器组合进行导航和姿态确定。

(3) 微小卫星的轨道保持和变轨试验:纳卫星上搭载的推进系统以液氨为推进剂,系统相对比较简单,用以验证卫星变轨和轨道保持工作的能力,为微小卫星组网和编队飞行提供经验。

(4) 卫星程序上载与软件试验:通过卫星操作系统和应用程序上载,使得星上软件具有在线升级能力,同时利于减小对飞行前软件开发和测试的压力。

(5) 部分元器件的搭载试验:对于有些性能优越但无飞行经历的器件,安排了搭载试验,用以了解其空间环境的适应性,为后续型号的选取提供参考。

1.2 NS-1 纳卫星总体方案

NS-1 纳卫星是高新技术演示验证卫星,在卫星设计过程中,借鉴了国内外同类卫星的技术成果[6-9],并融合了国内微电子、新工艺等高新技术成果,与国外同类卫星相比,其功能比较齐全,性能指标是先进的。该卫星由有效载荷和服务系统两部分组成,有效载荷部分包括 CMOS 相机及其控制电路、MIMU、GPS 接收机和新型化学推进系统,服务系统由结构、电源、热控制(简称热控)、姿态控制(简称姿控)、数据管理(简称数管)和测控通信等功能模块组成。

NS-1 纳卫星采用了一体化设计技术,即围绕有效载荷进行构型、结构、布局与热设计[10-13]。采用了以星上计算机网络为核心的星上电子一体化技术,对星上电子系统进行集成,对星上设备和资源进行统一管理和调度,由于采用了星上计算机网,具有软件上载和重构功能,可实现故障状态恢复,系统的可靠性高。系统的组成框图如图 1.1 所示。

结构分系统将各分系统组成一个整体,承受并传递运载火箭的动静载荷,提供卫星稳定的工作平台。系统的主体结构为板式和框架组合体,考虑系统减重的要求,采用铝蜂窝结构,太阳电池的基板采用铝蜂窝结构。

电源分系统的功能是,在卫星的各个飞行阶段,包括星箭分离后的自由飞行阶段和卫星正常运行阶段,为有效载荷及各分系统提供充足的直流功率。卫星电源分系统采用高效砷化镓太阳电池阵—镍镉电池组联合供电的方式。在光照区,由太阳电池阵和蓄电池组联合供电,同时太阳电池阵为蓄电池组充电;在轨道阴影区,由蓄电池组供电,保证星上系统在星蚀期间能够不间断工作。

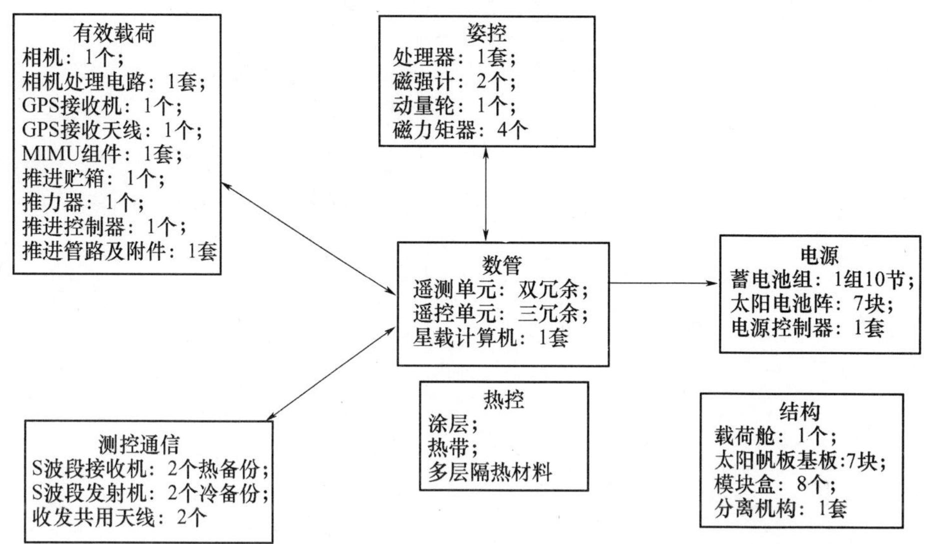

图 1.1　系统组成框图

考虑微小卫星测控通信的特点，将遥测通道与数传通道合并，卫星采用 GPS 定轨，由 S 波段收发信机进行上、下行通信，提供卫星遥测、遥控、数据注入的上、下行信道。射频通道除传送、接收卫星上、下行信号外，还可提供地面天线跟踪信标，引导地面天线对卫星进行自动跟踪以及其他简单通信功能，形成多任务的复用模块。

数据/星务管理是整星星务管理的核心，负责卫星状态管理以及有效载荷数据的处理、传输，它是维持卫星正常工作和与地面保持有效联系的核心。它由星载计算机、遥控单元、遥测单元通过 CAN 数据总线和异步通信通道连接而成。遥控单元和遥测单元作为独立的一个子系统完成卫星直接遥控指令的译码、分配，卫星状态数据的采集、A/D 转换、编码和发送，完成有效载荷数据的发送。中央控制计算机对遥测遥控、上行软件注入、载荷运行与数据处理以及数据传输、存储转发通信、姿态控制等功能进行监控、管理和调度。中央控制计算机对分系统的管理采用分布式管理的方式，中央计算机与下位机采用统一的 CAN 总线进行管理和调度。

卫星采用三轴稳定的姿态控制方案，采用三轴磁强计进行姿态测量，以动量轮作为执行机构实现中等精度的姿态控制。

卫星的热控以被动热控为主，采用涂漆和包扎多层隔热材料的方法，对推进系统进行主动热控。

卫星的信息流程如图 1.2 所示。

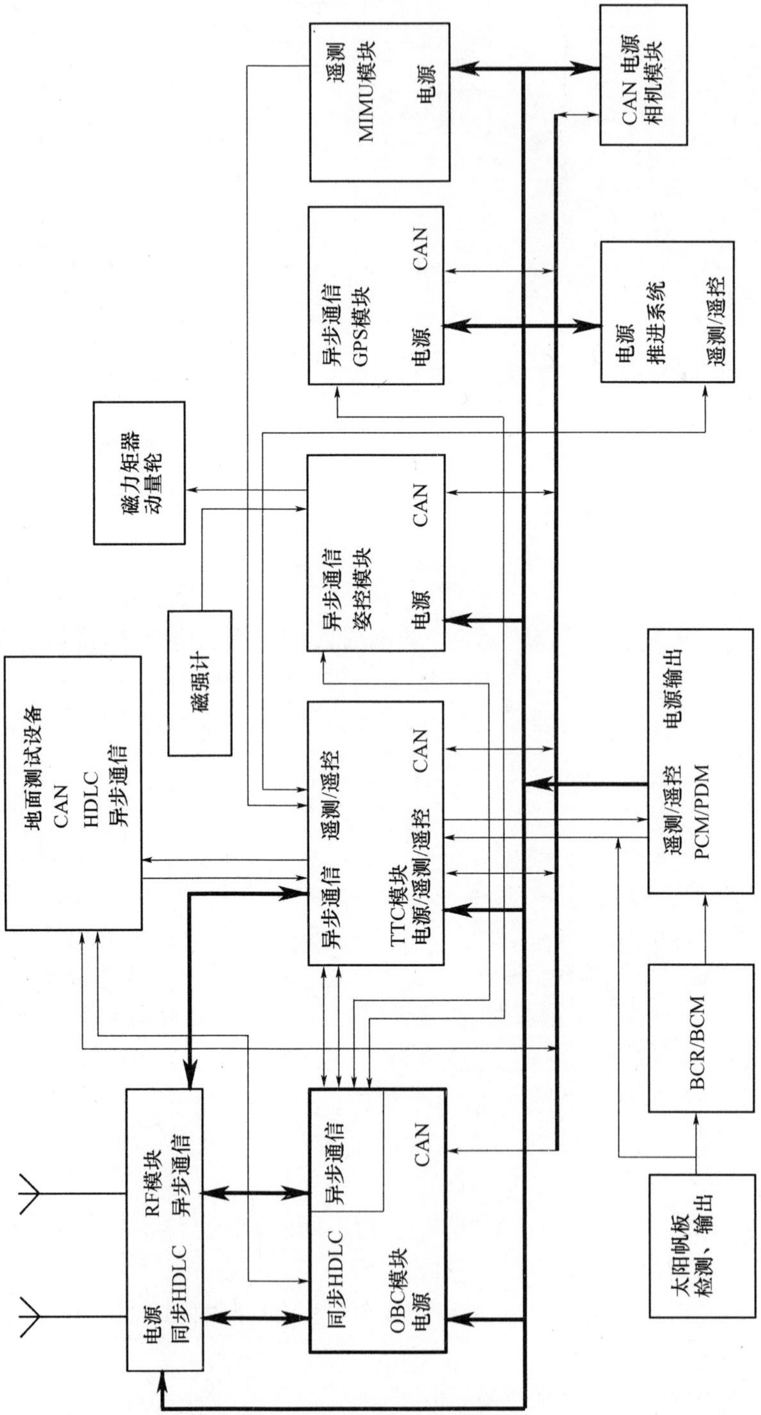

图1.2 NS-1纳卫星信息流程框图

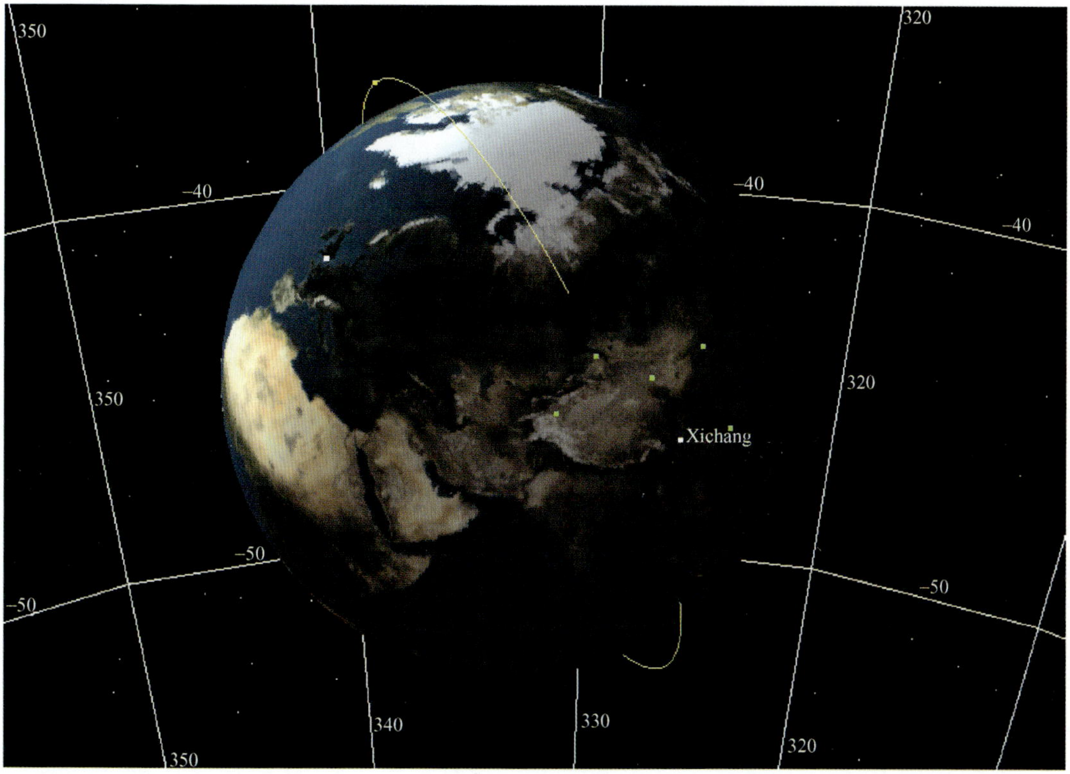

图 1.4　初始轨道

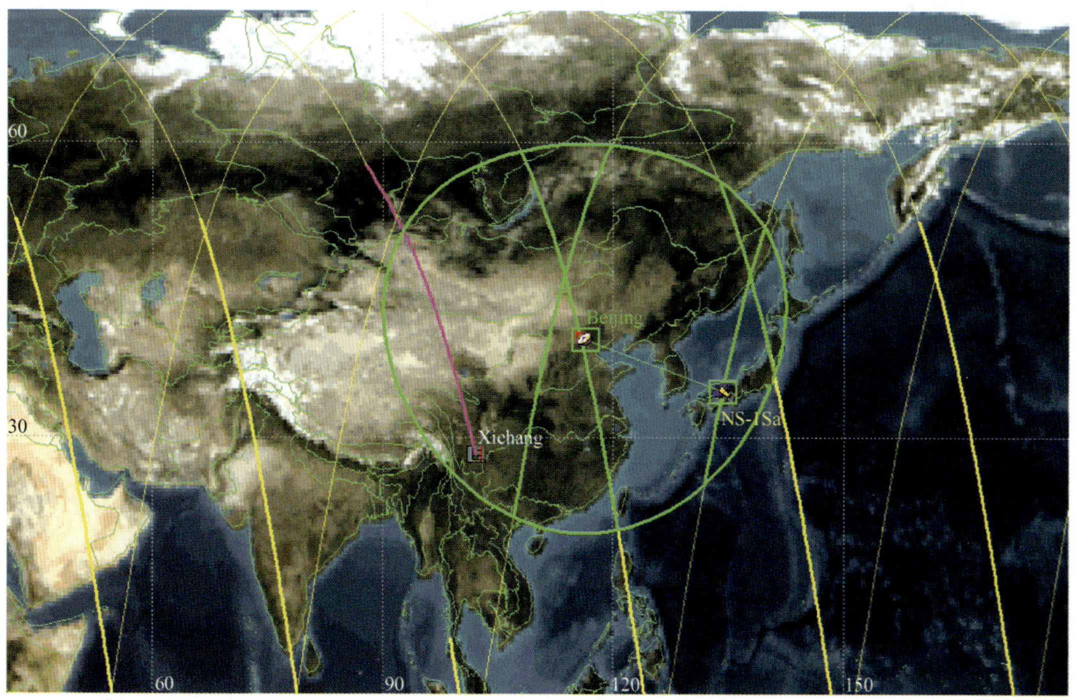

图 1.5　纳卫星入轨 24h 内北京主测控站的地面可测控弧段

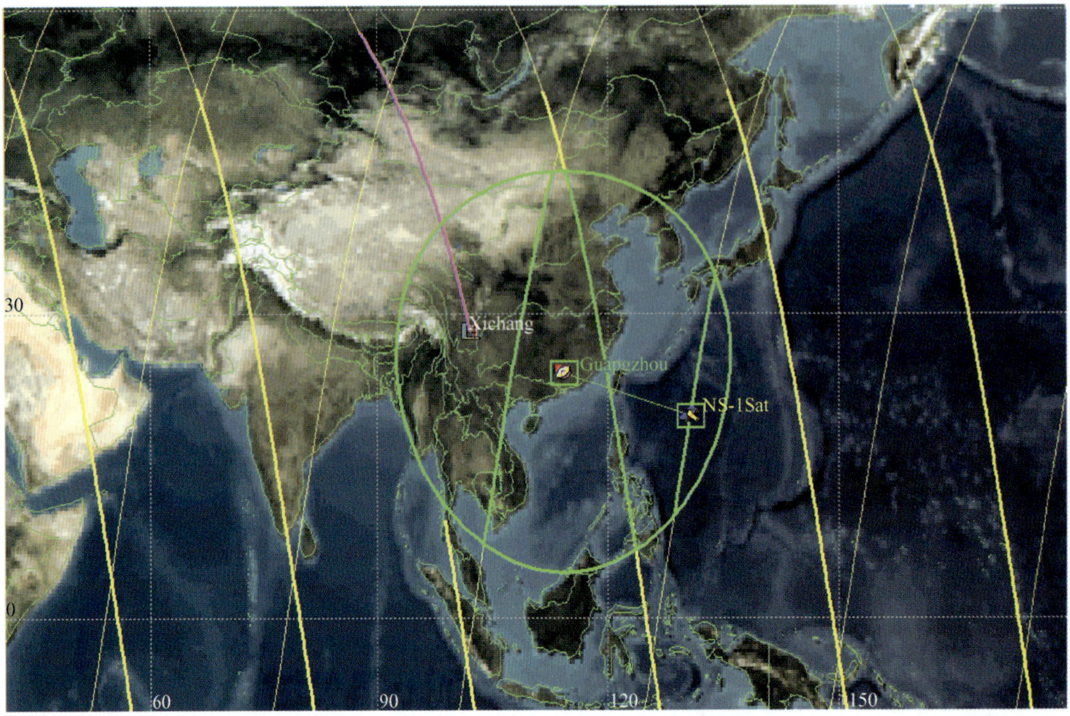

图 1.6　纳卫星入轨 24h 内广州站可遥测弧段

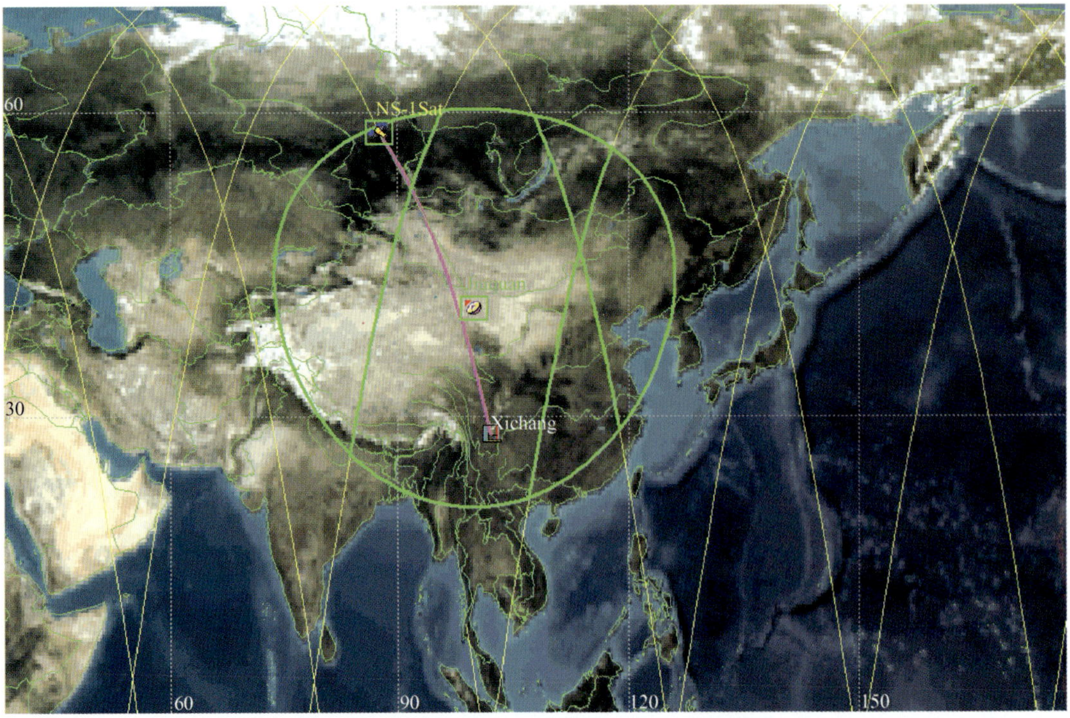

图 1.7　纳卫星入轨 24h 内东风站可遥测弧段

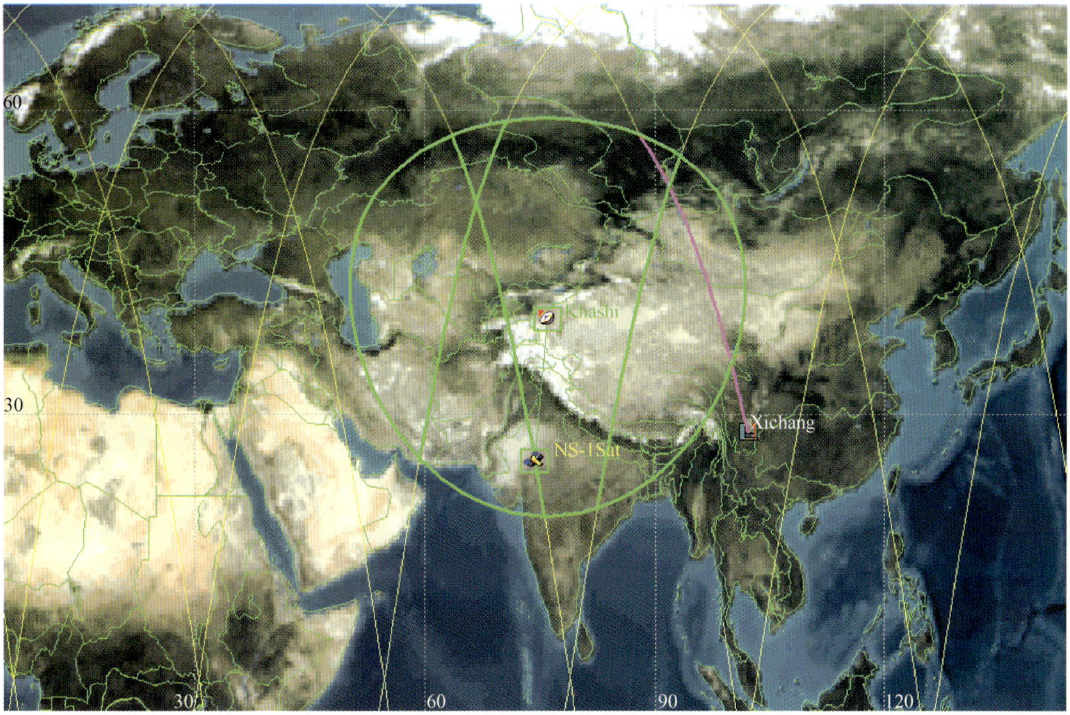

图 1.8　纳卫星入轨 24h 内喀什站可遥测弧段

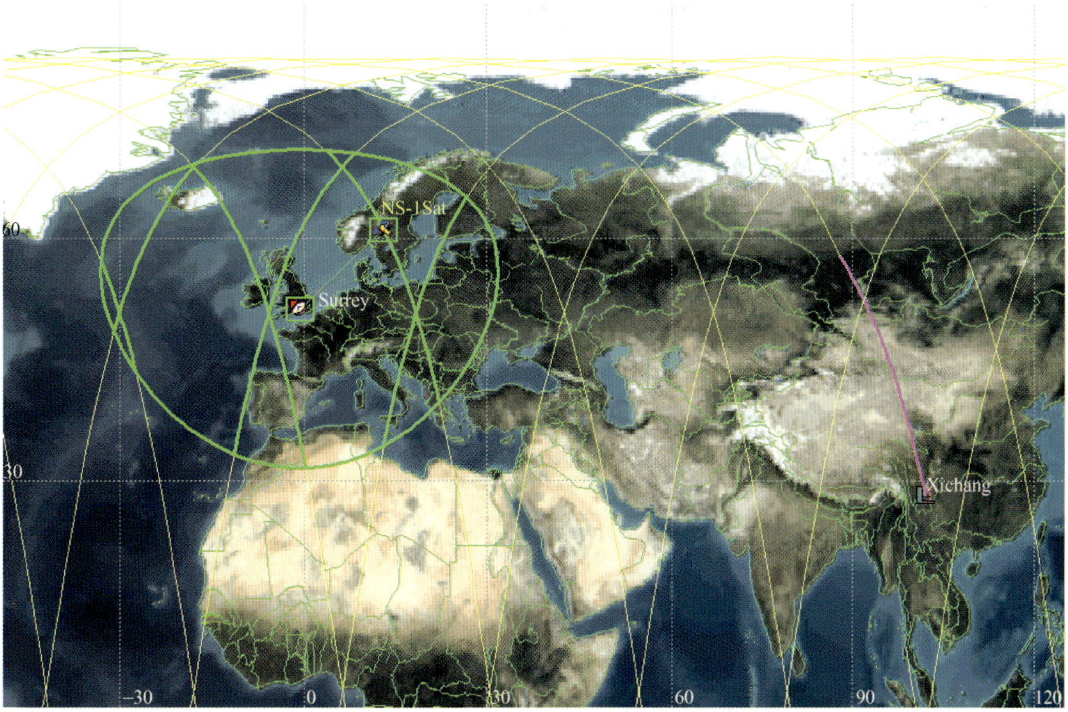

图 1.9　纳卫星入轨 24h 内 Surrey 站可遥测弧段

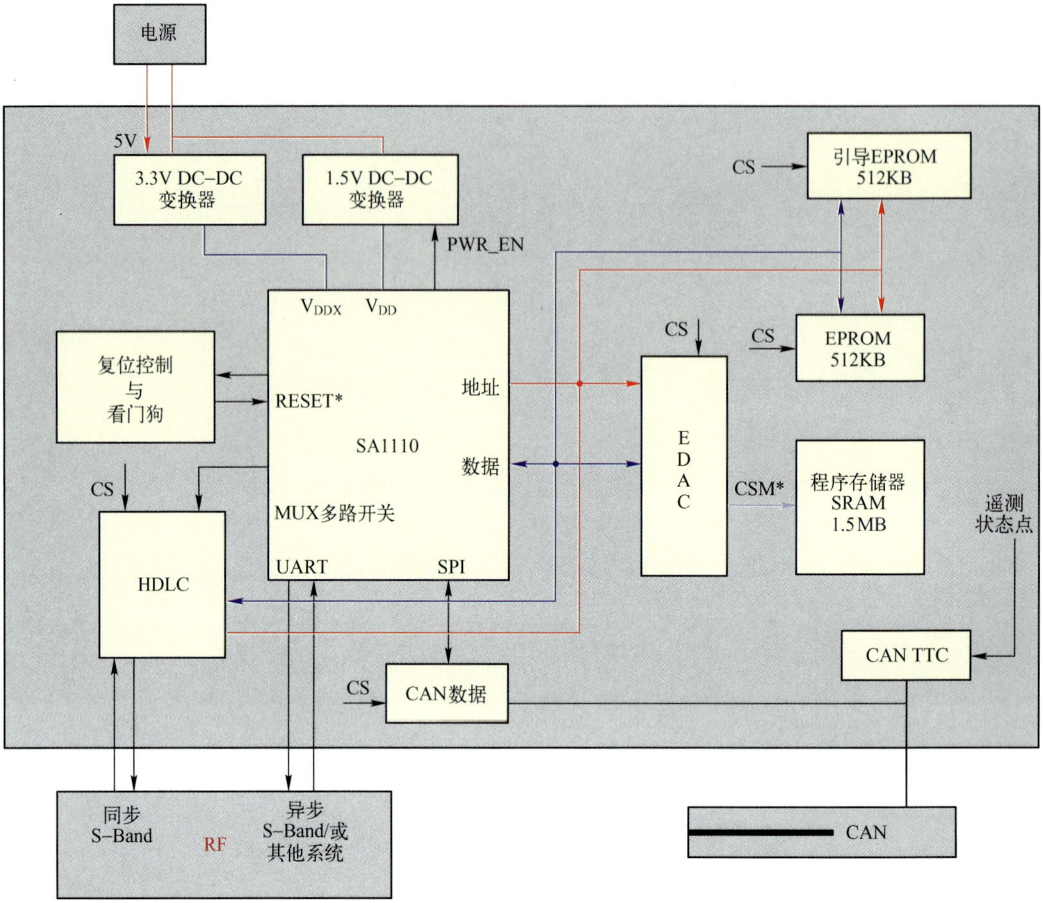

电源
5V
3.3V DC–DC
变换器
1.5V DC–DC
变换器
PWR_EN
CS
引导EPROM
512KB
CS
EPROM
512KB
CS
VDDX
VDD
复位控制
与
看门狗
RESET*
地址
SA1110
数据
E
D
A
C
CSM*
程序存储器
SRAM
1.5MB
遥测
状态点
CS
MUX多路开关
HDLC
UART
SPI
CAN TTC
CS
CAN数据
同步
S-Band
RF
异步
S-Band/或
其他系统
CAN

图 1.13　纳卫星 OBC 结构框图

电源分配模块
MM1
MM2
MM
处理电路
MCU1
MCU2
串
口
CAN
CAN
串
口
MW
驱动电路
MT
驱动
电路
MW
MTX1
MTX2
MTY
MTZ
CAN
RS–232
OBC

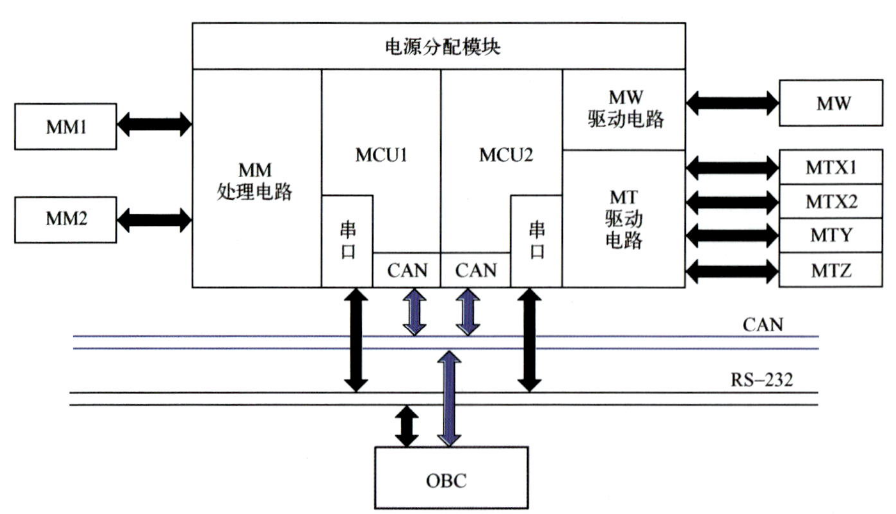

图 1.14　NS–1 纳卫星 ADCS 结构示意图

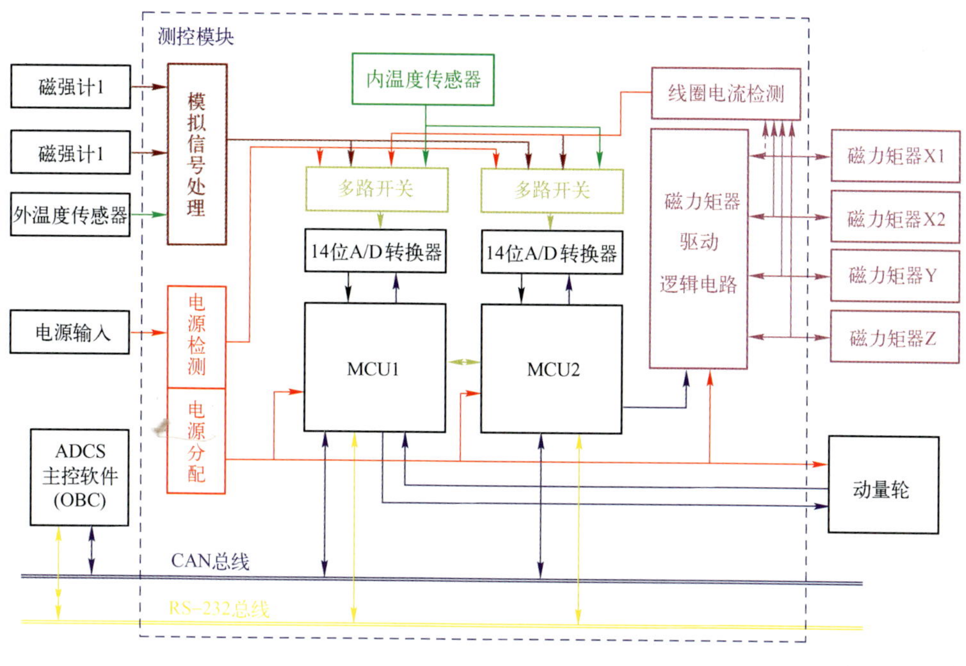

图 1.15　ADCS 测控模块信号流图

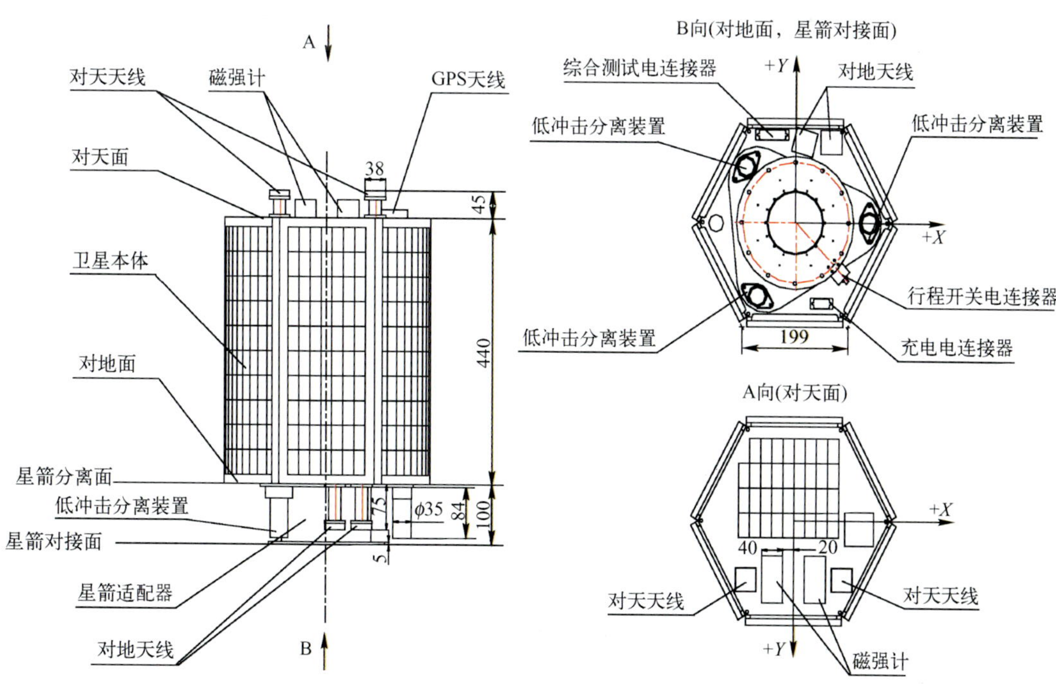

图 1.18　纳卫星外形

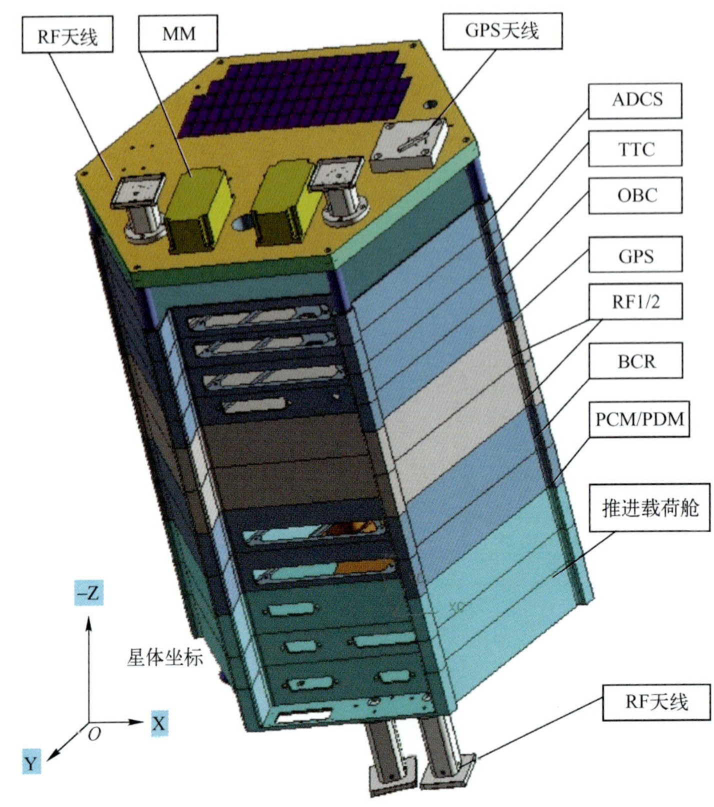

图 1.19　纳卫星分解图

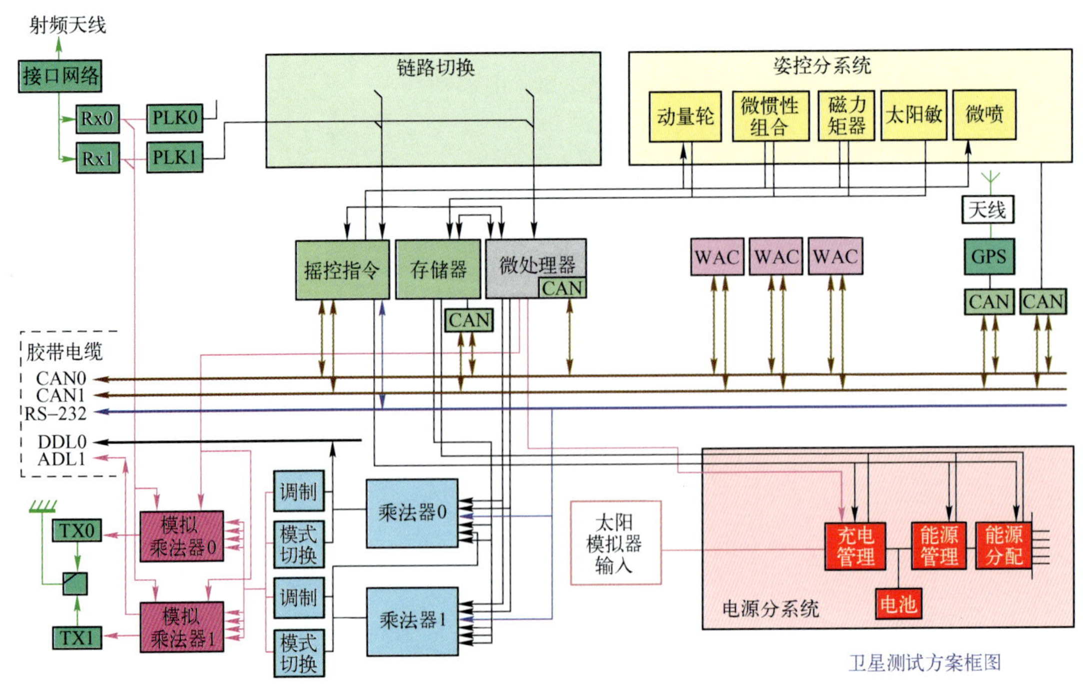

图 5.13　卫星数据流图

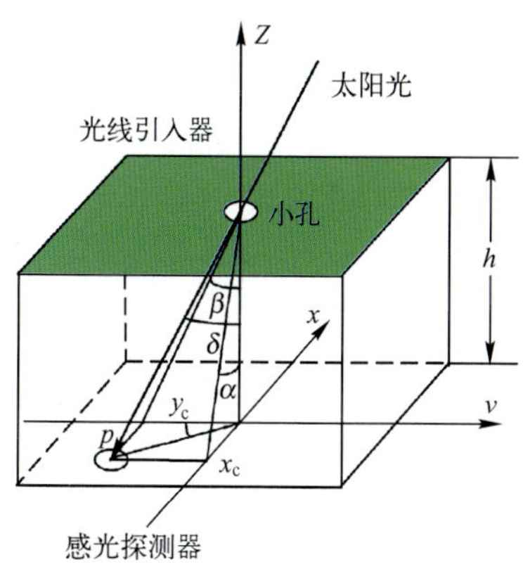

（a）单孔式光线引放入器

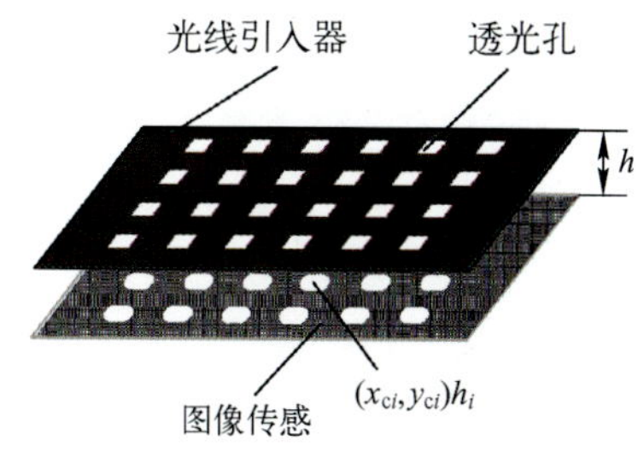

（b）阵列式光线引入器

图 6.3　面阵太阳敏感器示意图

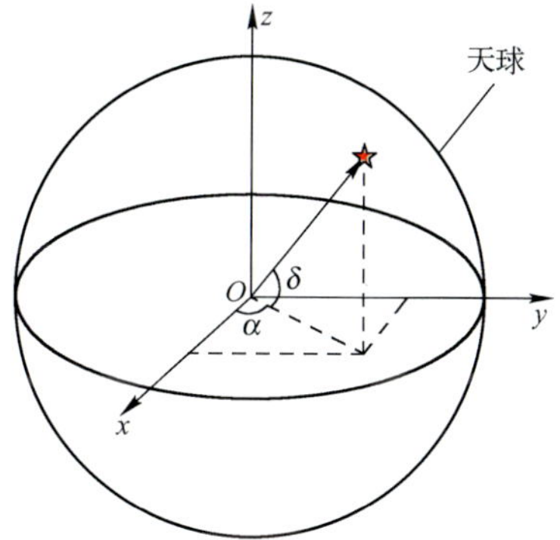

图 6.5　导航星在天球球面坐标系和笛卡儿坐标系中的描述关系

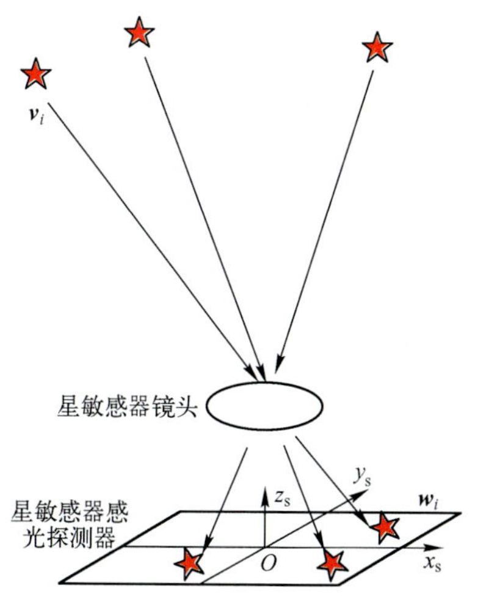

图 6.6　星敏感器成像原理图

图 6.8　Miniature Star Tracker 模型图

（a）原理模型

（b）原理样机

图 6.9　ASTRO 系列 APS MCOS 星敏感器原理样机

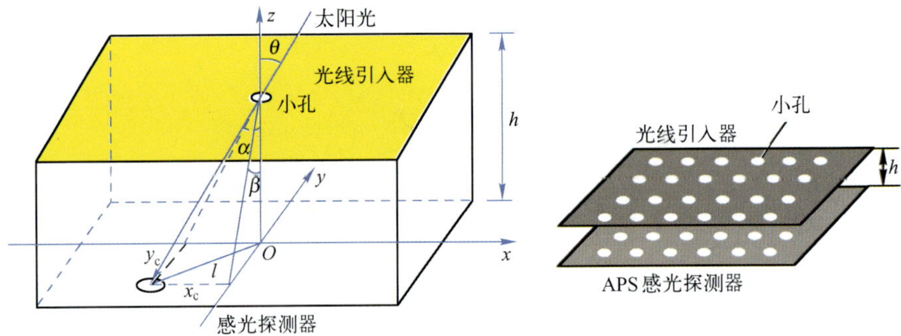

（a）单孔太阳敏感器　　（b）多孔太阳敏感器

图 6.10　太阳敏感器工作原理

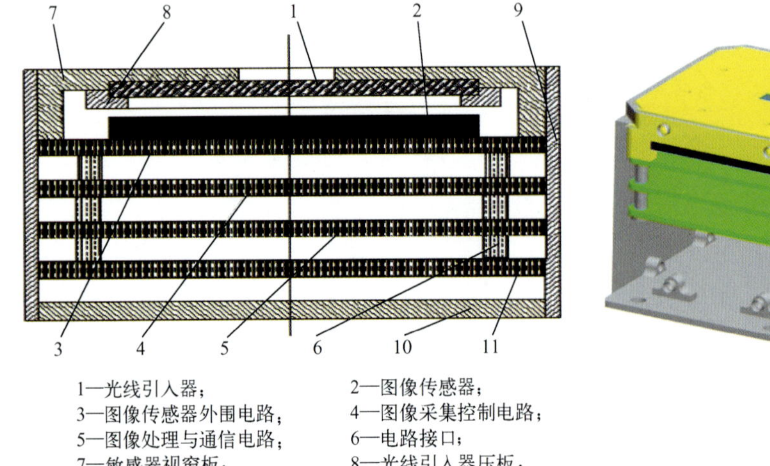

1—光线引入器；　2—图像传感器；
3—图像传感器外围电路；　4—图像采集控制电路；
5—图像处理与通信电路；　6—电路接口；
7—敏感器视窗板；　8—光线引入器压板；
9—敏感器电路板盒；　10—底盖板；
11—监测系统与CAN总线通信系统电路。

图 6.12　结构示意图和总装图

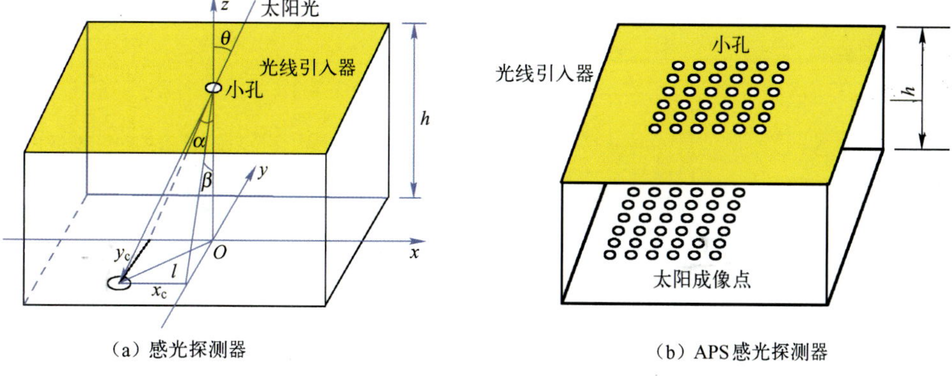

（a）感光探测器

（b）APS感光探测器

图 6.15 单孔、多孔阵列式太阳敏感器成像示意图

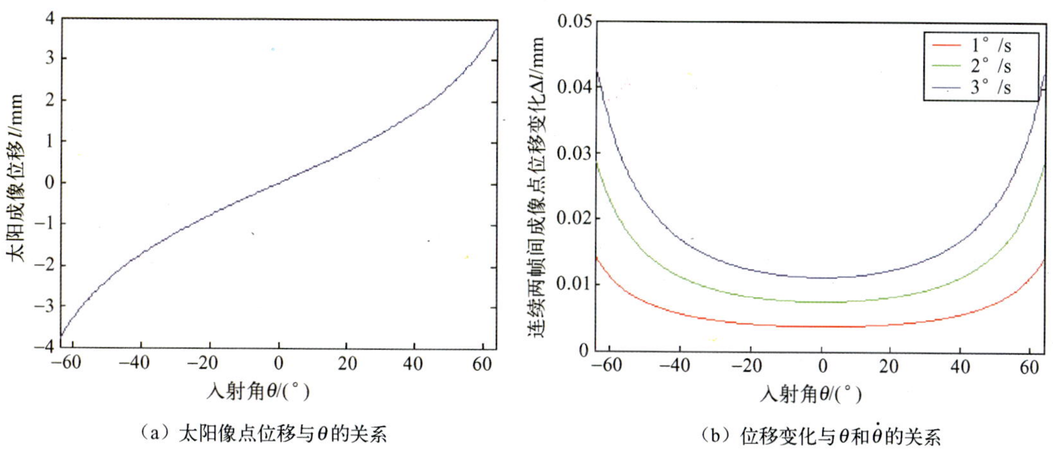

（a）太阳像点位移与θ的关系

（b）位移变化与θ和$\dot{\theta}$的关系

图6.27 $l, \Delta l$与$\theta, \dot{\theta}$之间的关系

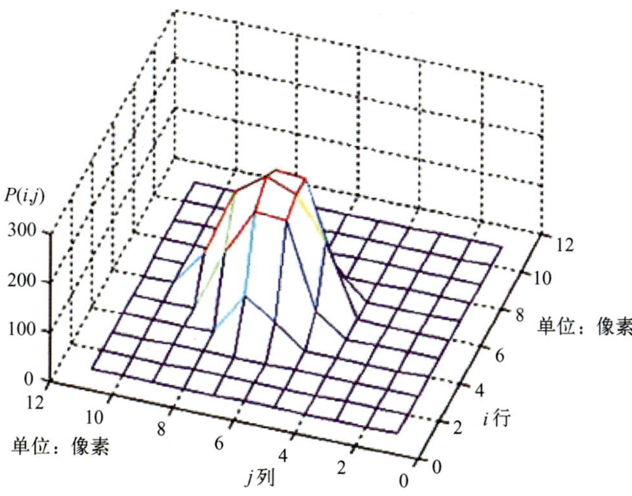

图 6.30 传统的质心算法

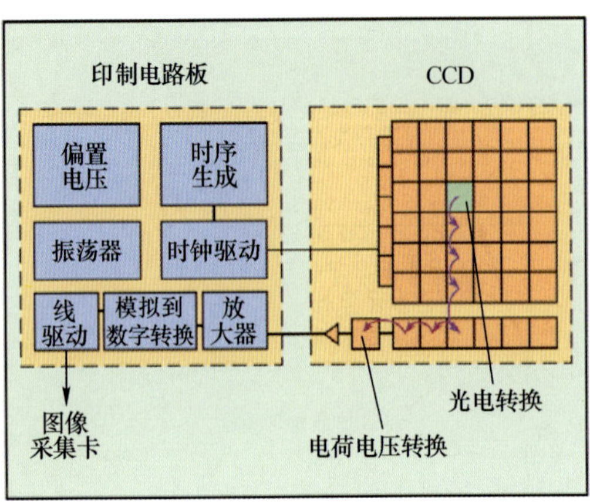

（a）CCD读出原理图

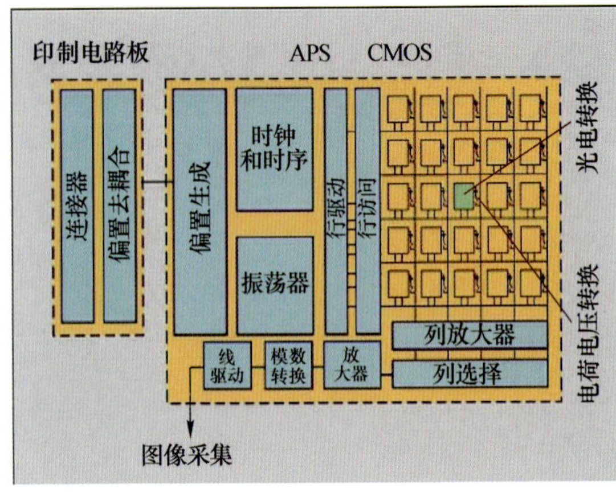

（b）APS读出原理图

图 6.31　CCD 与 APS 读出原理比较

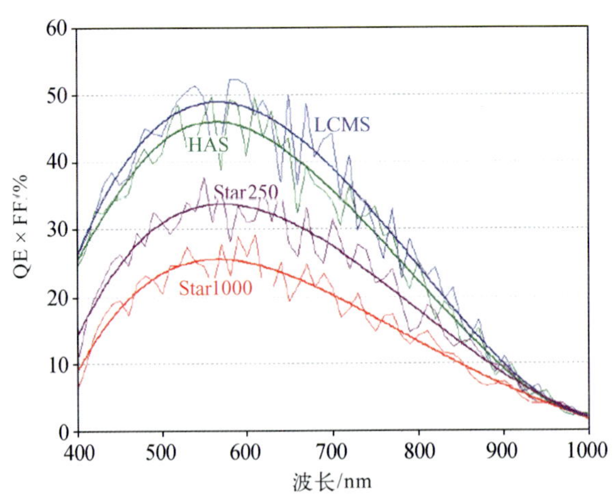

图 6.32　Star1000,Star250,HAS,LCMS 四种 APS 量子效率图

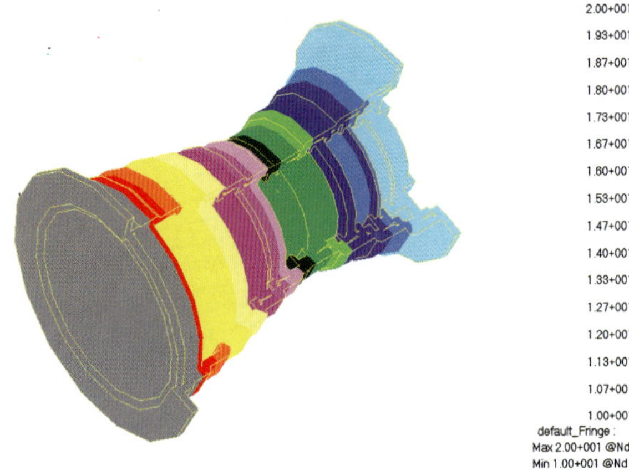

图 6.38　存在温度梯度时用的温度分布工况

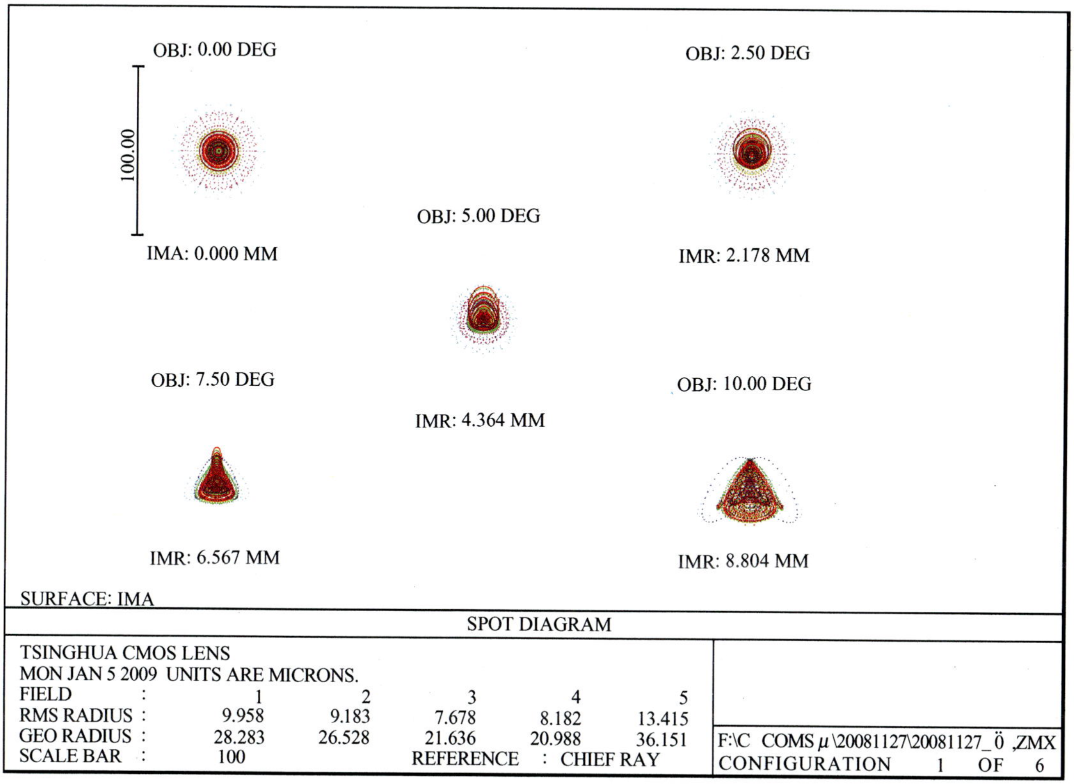

OBJ: 0.00 DEG
100.00
IMA: 0.000 MM
OBJ: 2.50 DEG
IMR: 2.178 MM
OBJ: 5.00 DEG
IMR: 4.364 MM
OBJ: 7.50 DEG
IMR: 6.567 MM
OBJ: 10.00 DEG
IMR: 8.804 MM
SURFACE: IMA
SPOT DIAGRAM
TSINGHUA CMOS LENS
MON JAN 5 2009 UNITS ARE MICRONS.
FIELD : 1 2 3 4 5
RMS RADIUS : 9.958 9.183 7.678 8.182 13.415
GEO RADIUS : 28.283 26.528 21.636 20.988 36.151
SCALE BAR : 100 REFERENCE : CHIEF RAY
F:\C COMS μ \20081127\20081127_ö ,ZMX
CONFIGURATION 1 OF 6

图 6.39　轴向温度梯度 10℃情况下的系统点列图

0.00 DEG
2.50 DEG
5.00 DEG
7.50 DEG
8.50 DEG
10.00 DEG
45.00
-60
-30
0
30
60
SURFACE: IMA
THROUGH FOCUS SPOT DIAGRAM
LENS HAS NO TITLE.
MON DEC 29 2008 UNITS ARE MICRONS.
FIELD : 1 2 3 4 5 6
RMS RADIUS : 9.943 9.145 7.634 8.346 9.867 13.737
GED RADIUS : 28.880 26.992 21.886 29.960 36.871 55.007
BOX WIDTH : 45 REFERENCE : CHIEF RAY
F:\C COMS μ \20081223EAE ± \LENS.ZMX
CONFIGURATION 1 OF 1
500nm
600nm
650nm
700nm
800nm
850nm

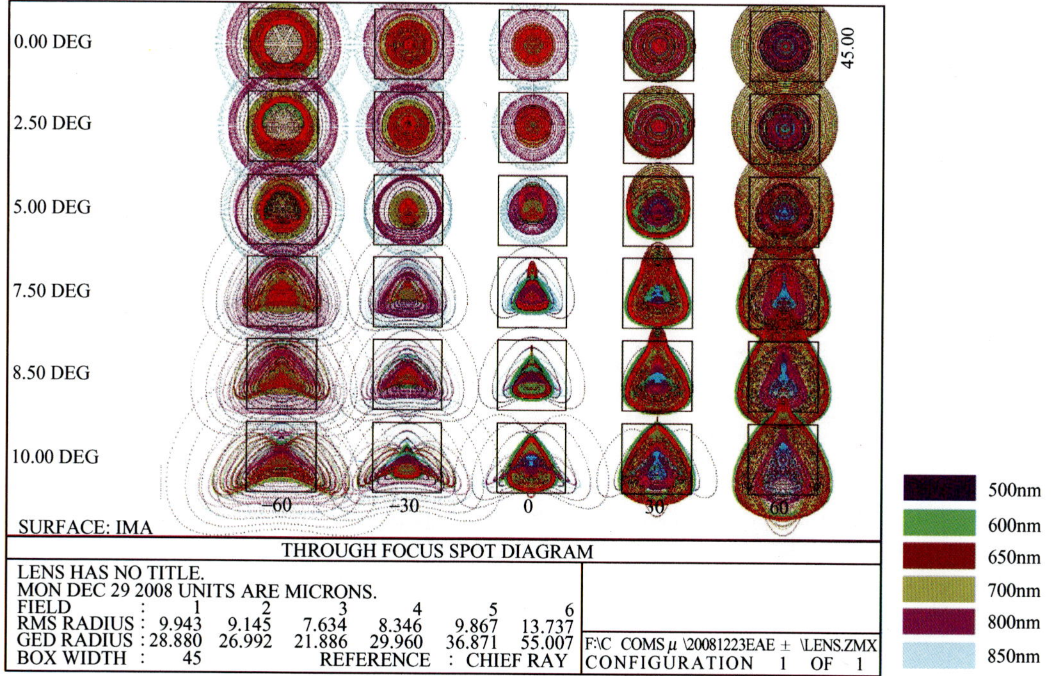

图 6.42　离焦点列图

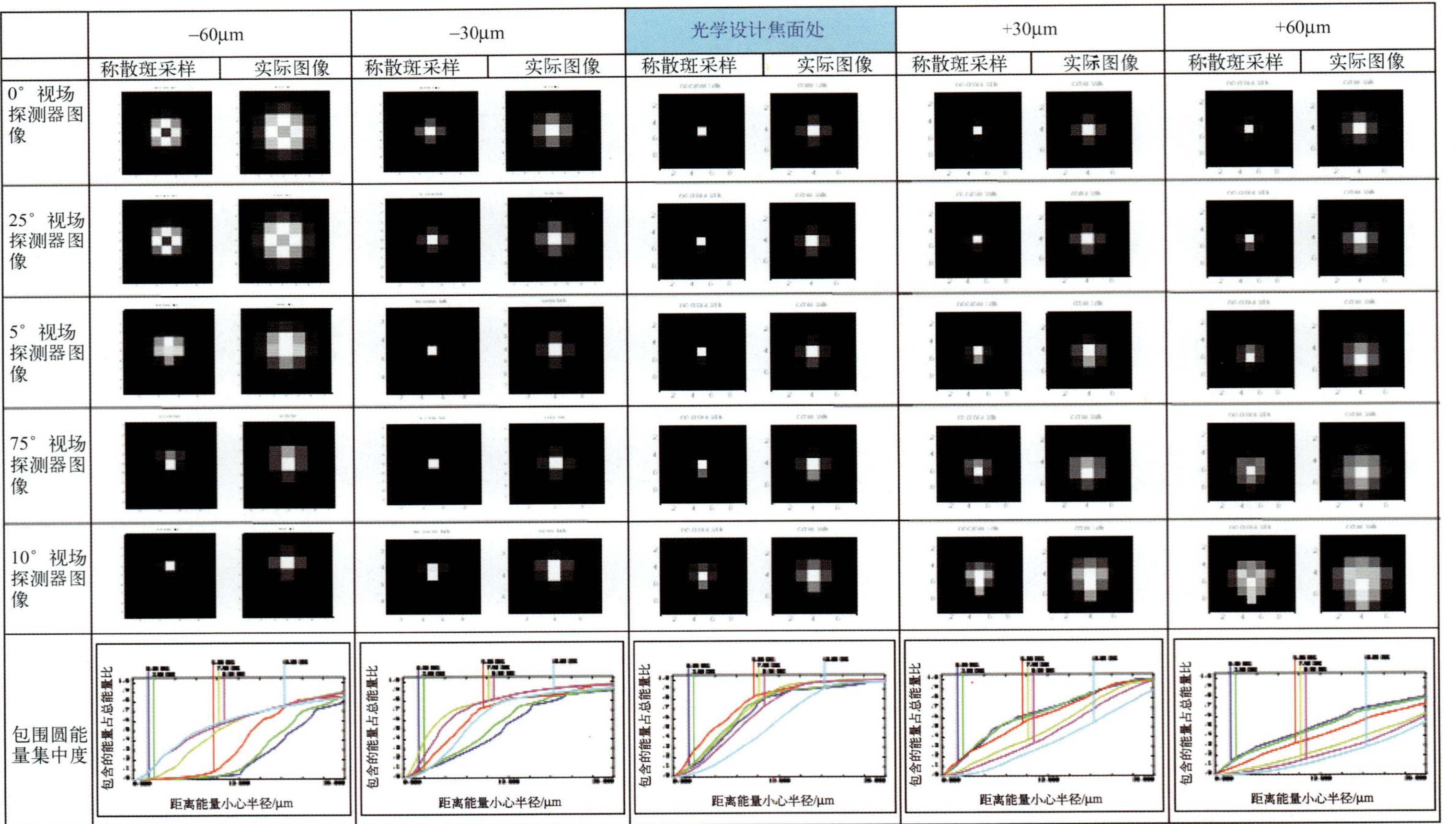

图 6.43　光学面位置变化与星点成像关系曲线

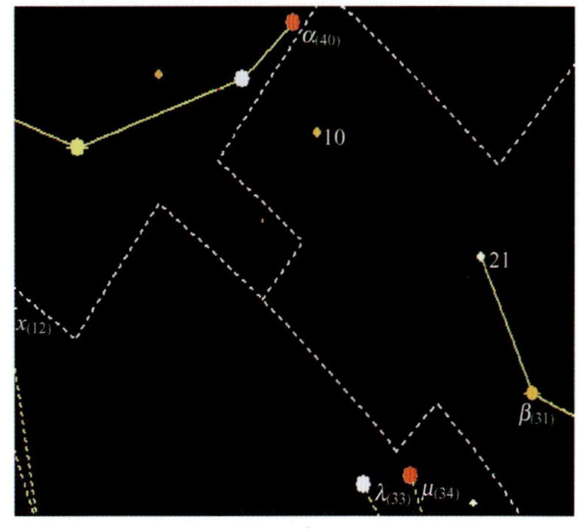

图 6.50 星敏感器捕获的星图（左）与之对应天区的 Skymap 图片（右）

图 7.6 完成的 MIMU 实物照片

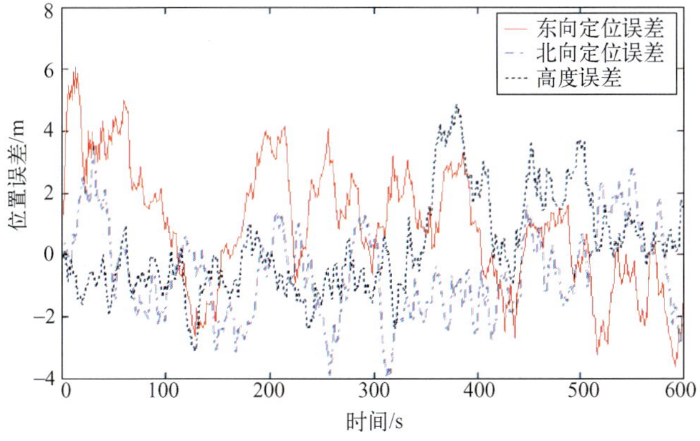

图 7.21 轨道高度为 400km 的地磁场等值曲线

图 7.28 位置误差曲线

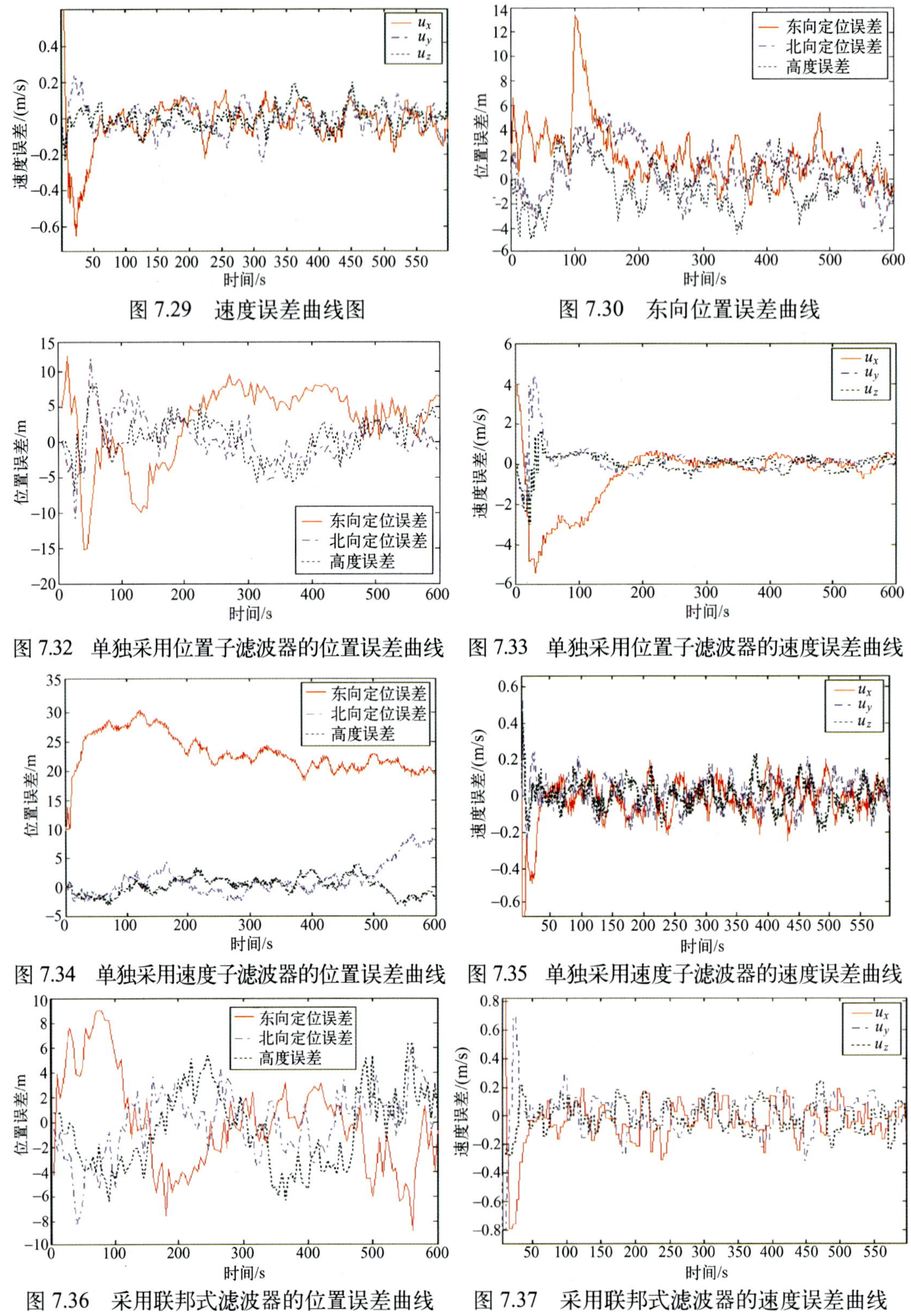

图 7.29　速度误差曲线图

图 7.30　东向位置误差曲线

图 7.32　单独采用位置子滤波器的位置误差曲线

图 7.33　单独采用位置子滤波器的速度误差曲线

图 7.34　单独采用速度子滤波器的位置误差曲线

图 7.35　单独采用速度子滤波器的速度误差曲线

图 7.36　采用联邦式滤波器的位置误差曲线

图 7.37　采用联邦式滤波器的速度误差曲线

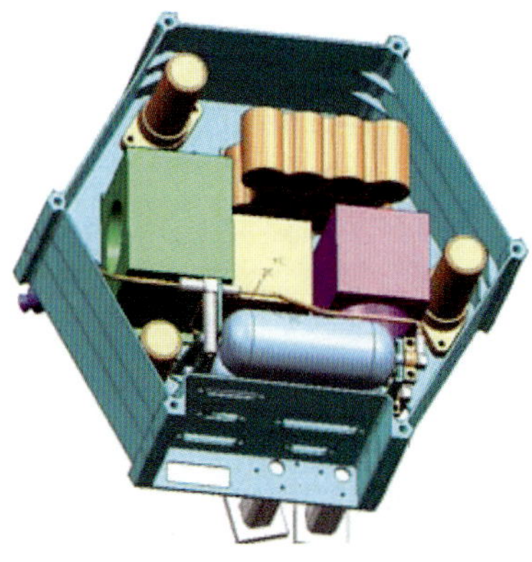

图 7.38　虚拟装配图

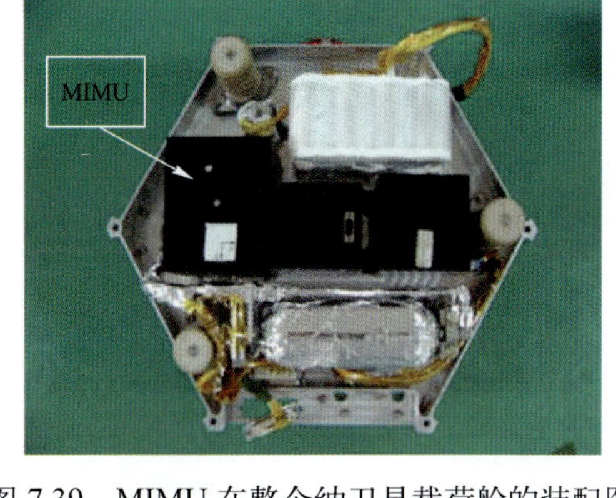

图 7.39　MIMU 在整个纳卫星载荷舱的装配图

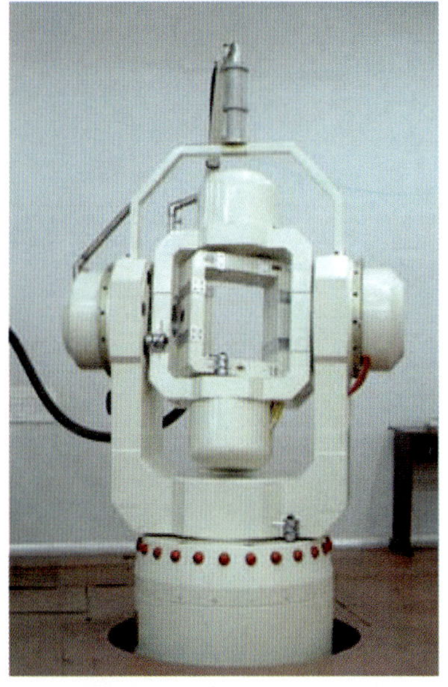

图 7.40　三轴转台

图 7.41　整星热循环实验

图 7.42　整星振动实验

图 7.43　整星热真空实验

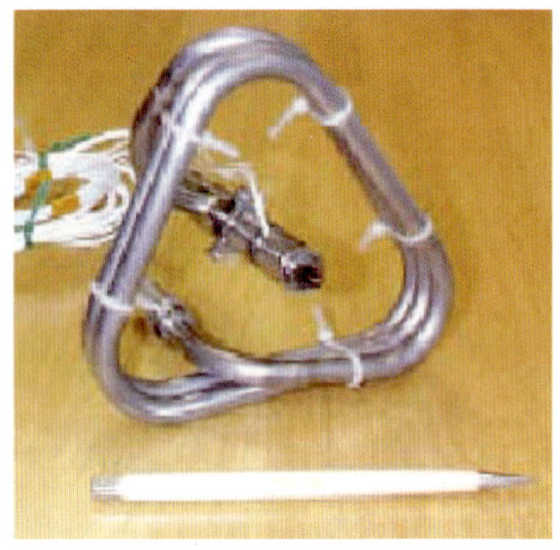

图 8.1 SNAP-1 卫星气体推进器（右图为局部拆开视图）

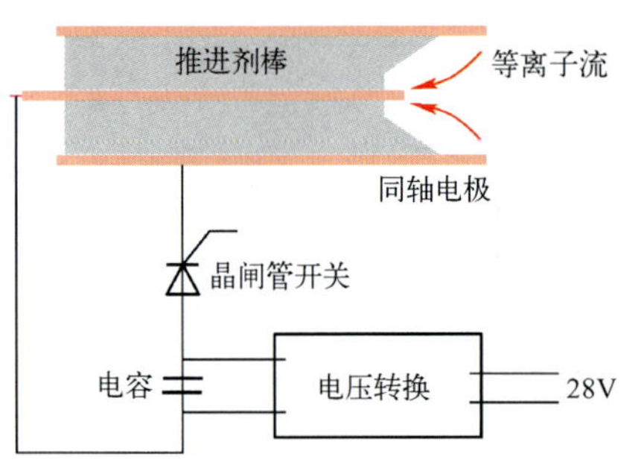

图 8.2 脉冲等离子推进器原理

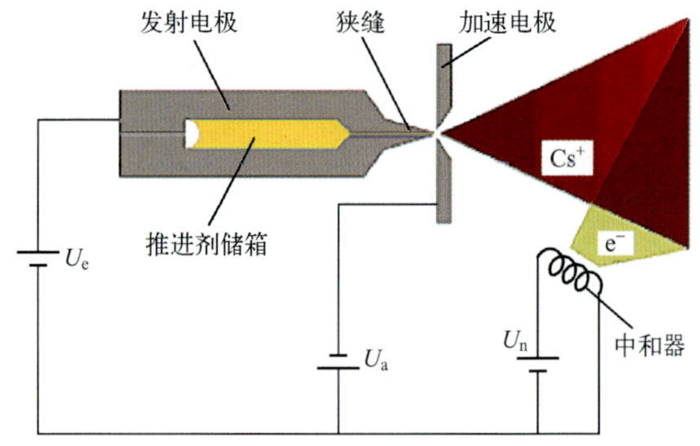

图 8.4 场效应离子推进器原理

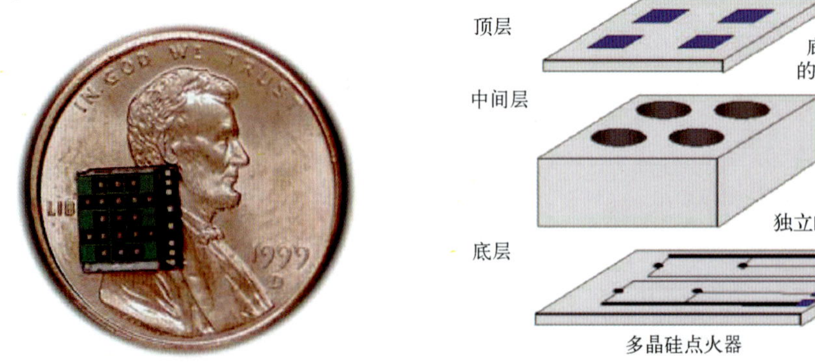

图 8.13 数字微型推力器样机及单元结构图

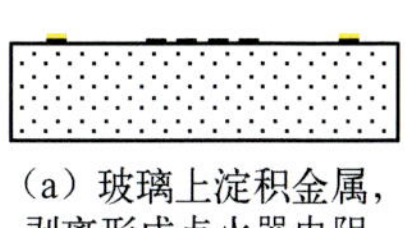

（a）玻璃上淀积金属，剥离形成点火器电阻

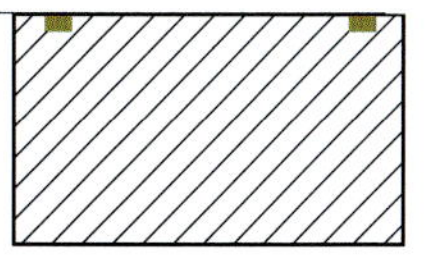

（b）p型硅片上扩散Sb，形成n型岛

（c）ICP刻蚀形成燃烧室

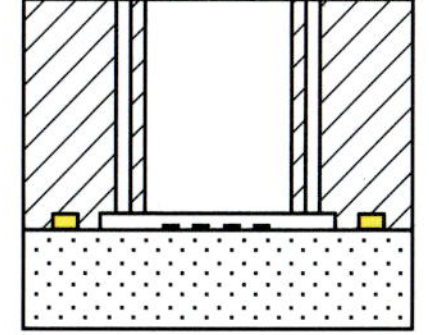

（d）点火器层和燃烧室层静电键合

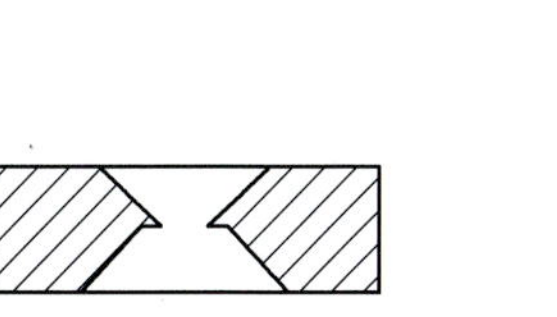

（e）双面腐蚀硅片形成收敛扩张型喷嘴

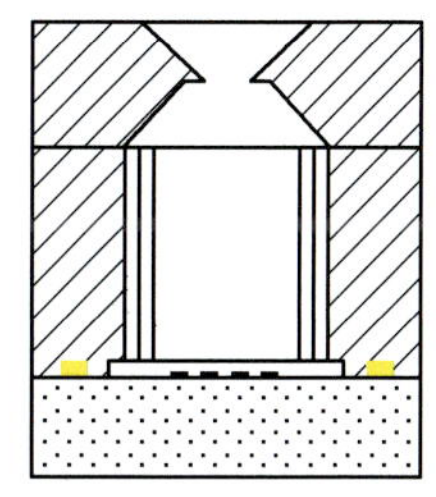

（f）喷嘴层与加注推进剂后的燃烧室黏接

玻璃

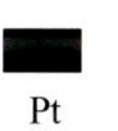
Pt

Au

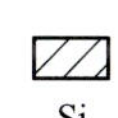
Si

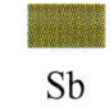
Sb

图 8.19　微推进器阵列工艺流程

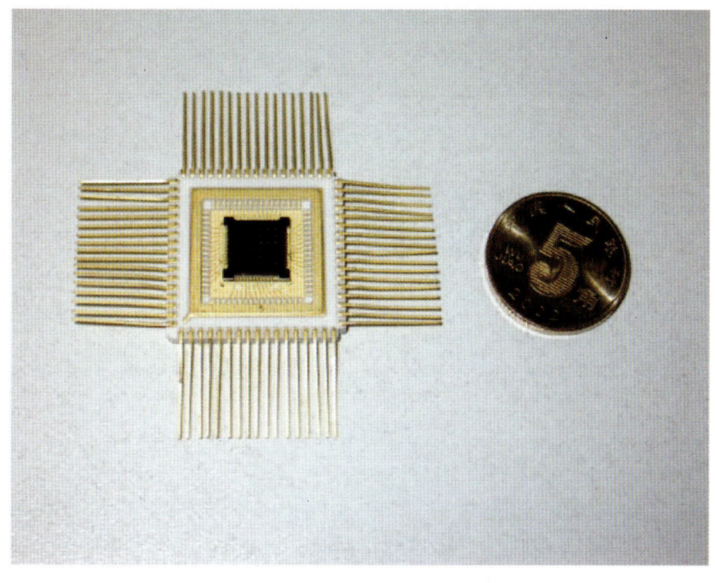

图 8.20　封装好的推进器芯片

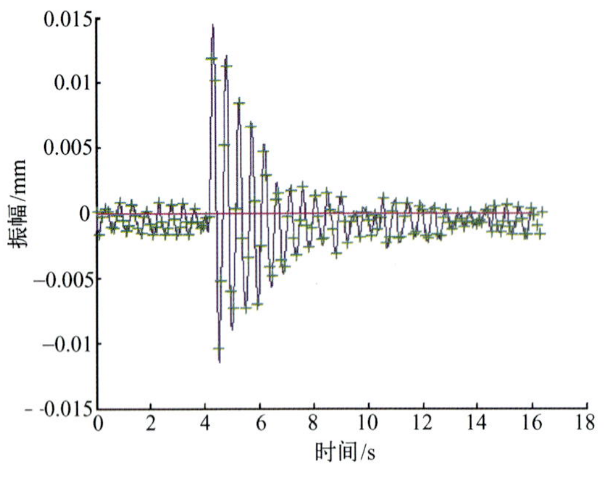

图 8.27　测量曲线 a（3 单元）

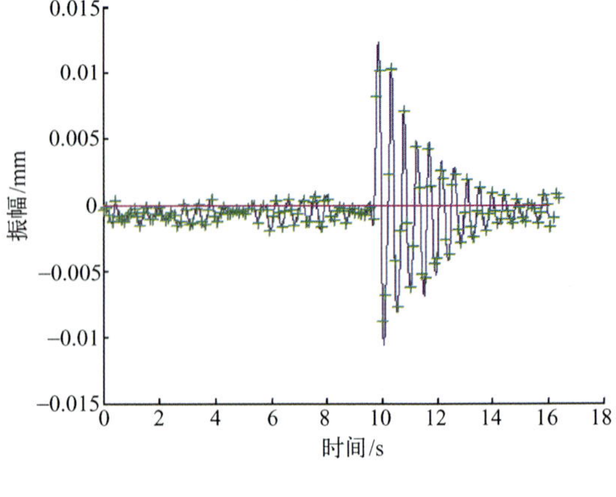

图 8.28　测量曲线 b（3 单元）

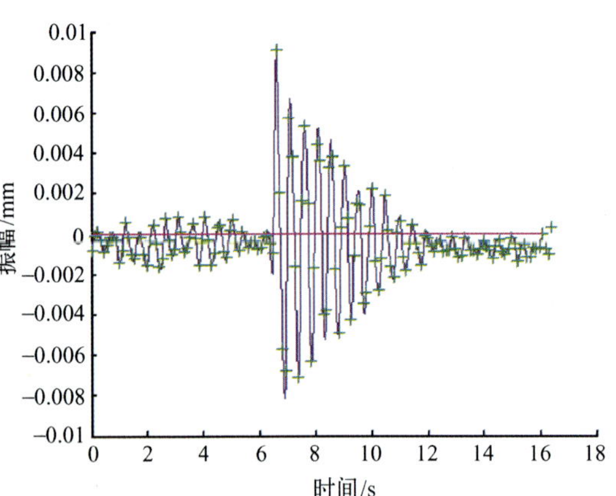

图 8.29　测量曲线 c（3 单元）

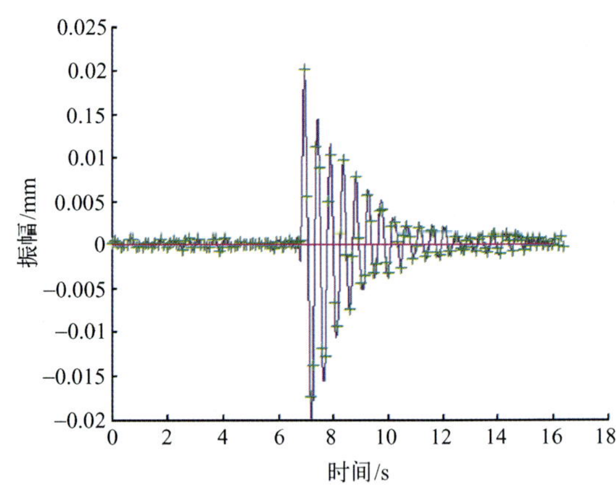

图 8.30　测量曲线 d（4 单元）

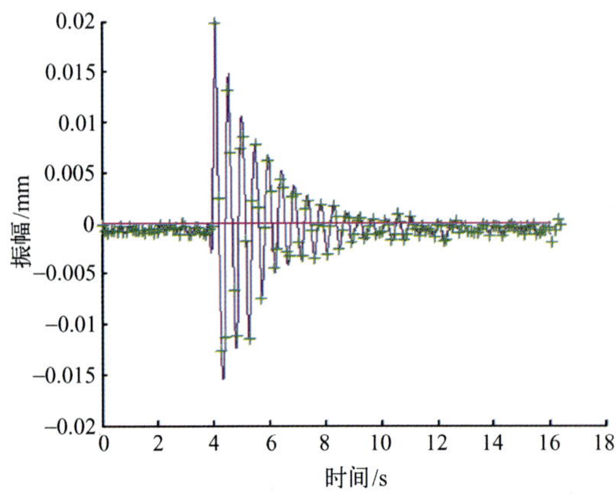

图 8.31　测量曲线 e（4 单元）

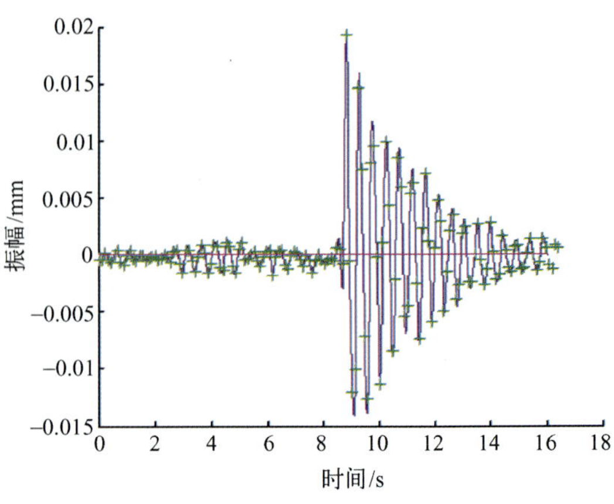

图 8.32　测量曲线 f（4 单元）

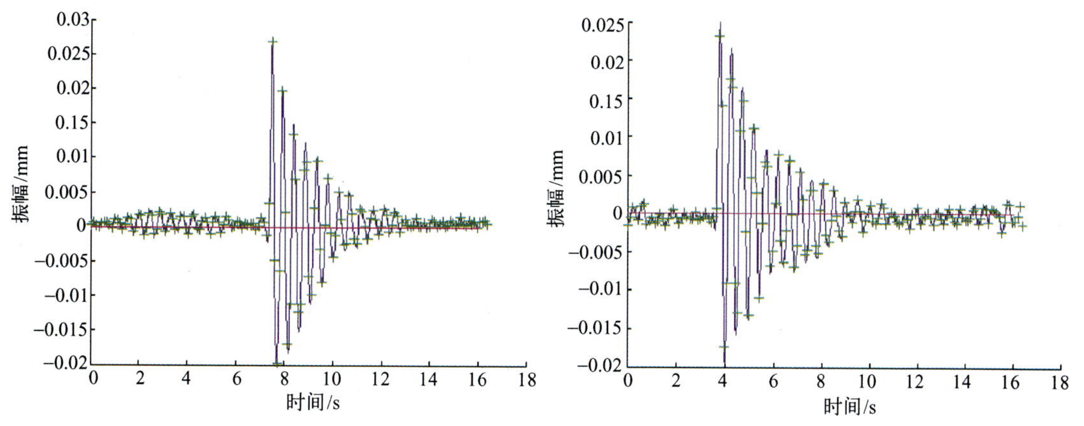

图 8.33　测量曲线 g（5 单元）

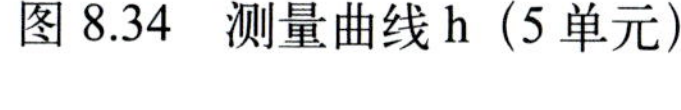

图 8.34　测量曲线 h（5 单元）

图 8.35　测量曲线 i（5 单元）

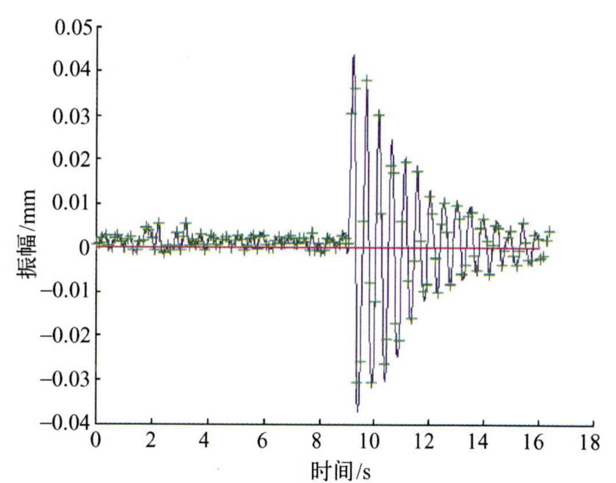

图 8.36　测量曲线 j（7 单元）

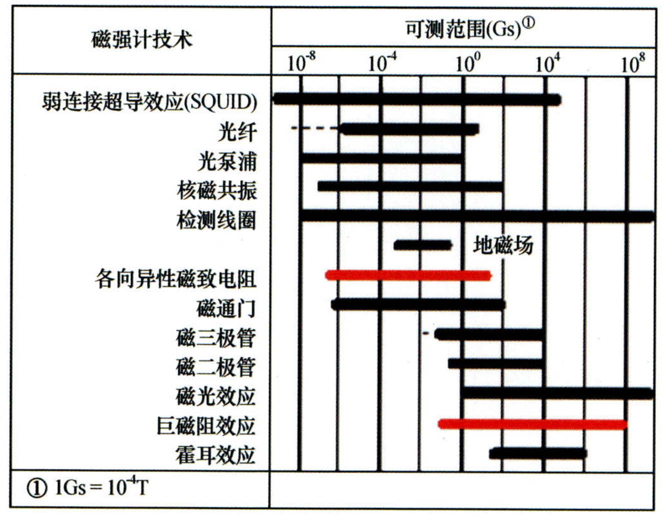

图 9.1　各类磁强计的敏感范围

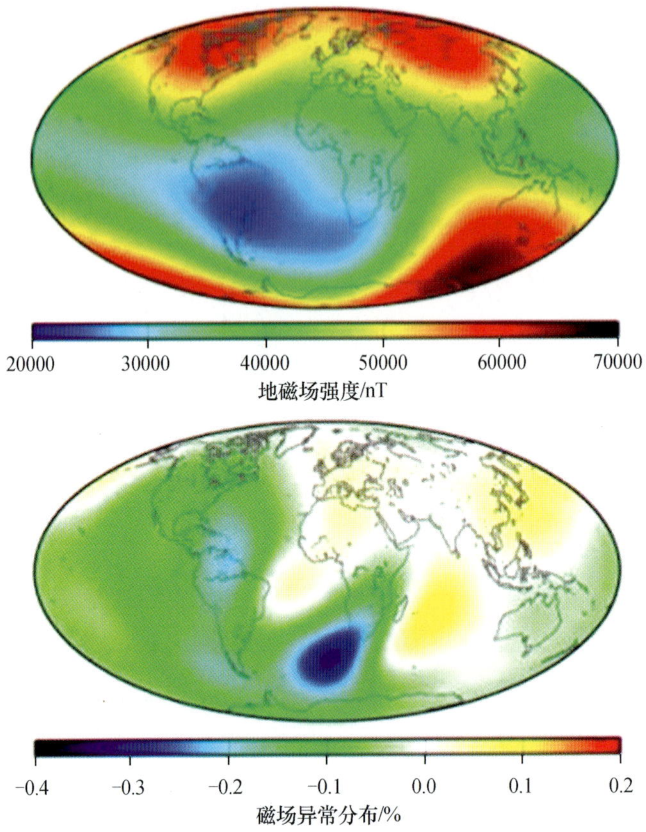

图 9.3　当前的地磁场模型和地磁场强度

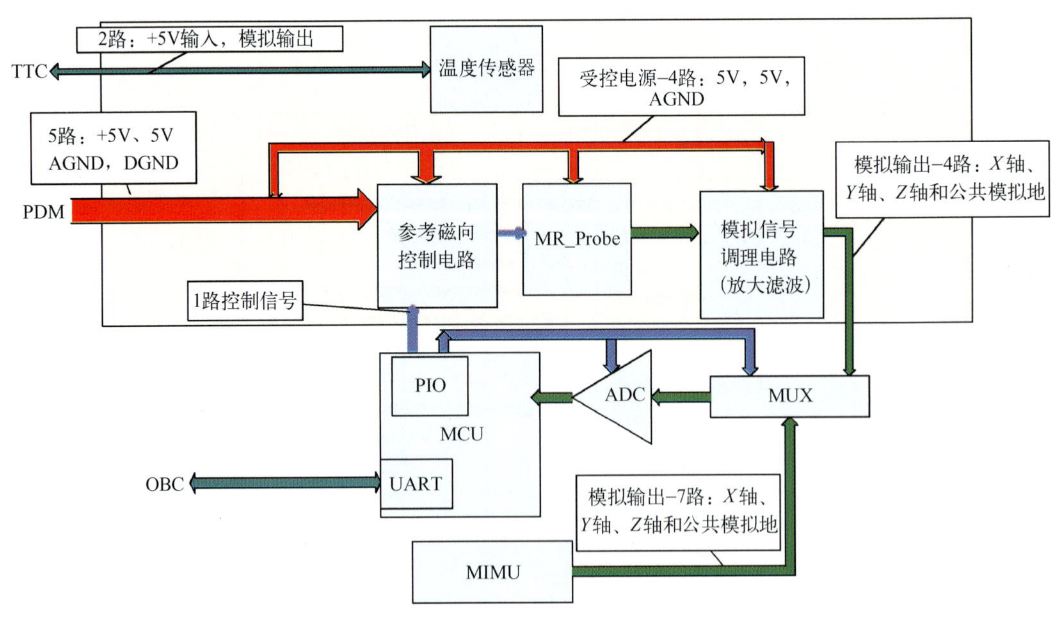

图 9.8　磁敏感器模块的工作原理图

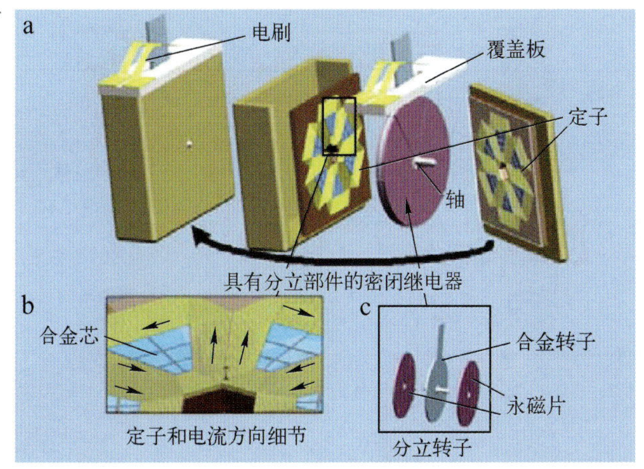

图 10.11　一种新式的双稳态式电磁微继电器结构原理图

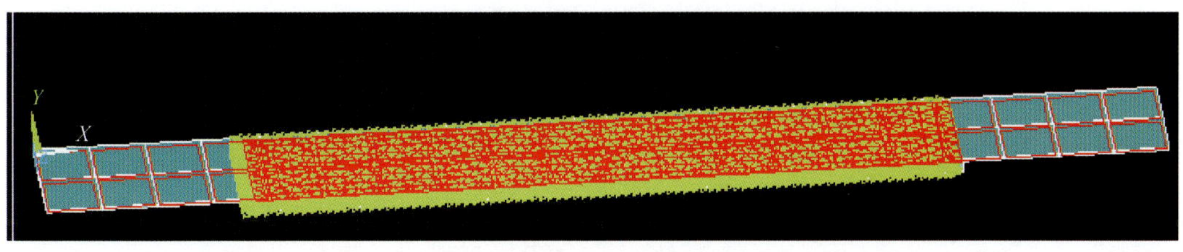

图 10.28　耦合场模型

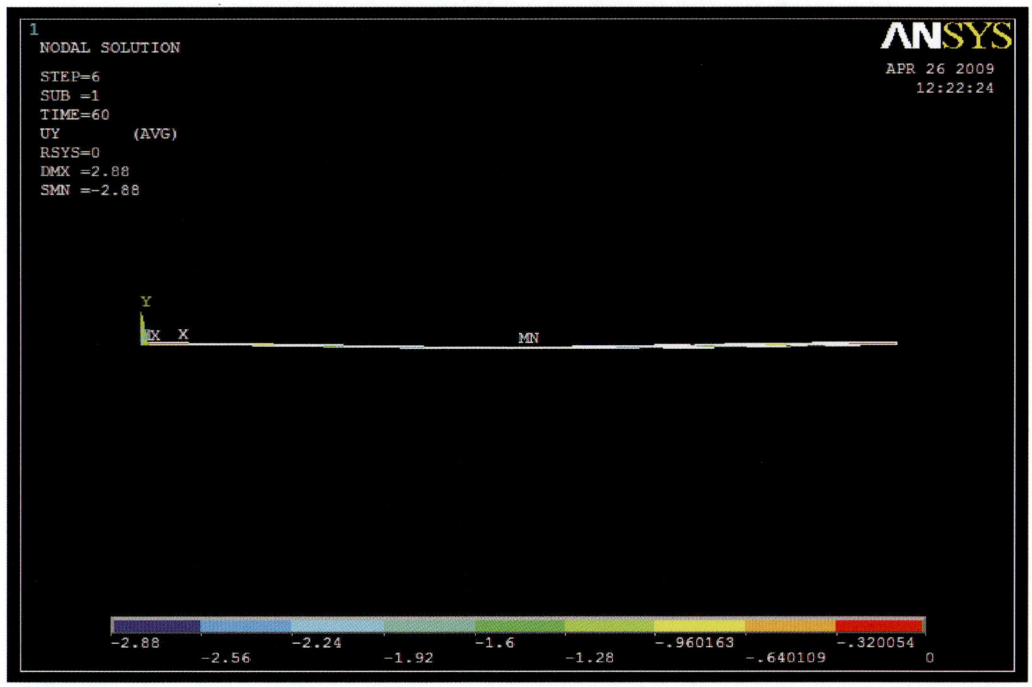

图 10.29　上极板位移

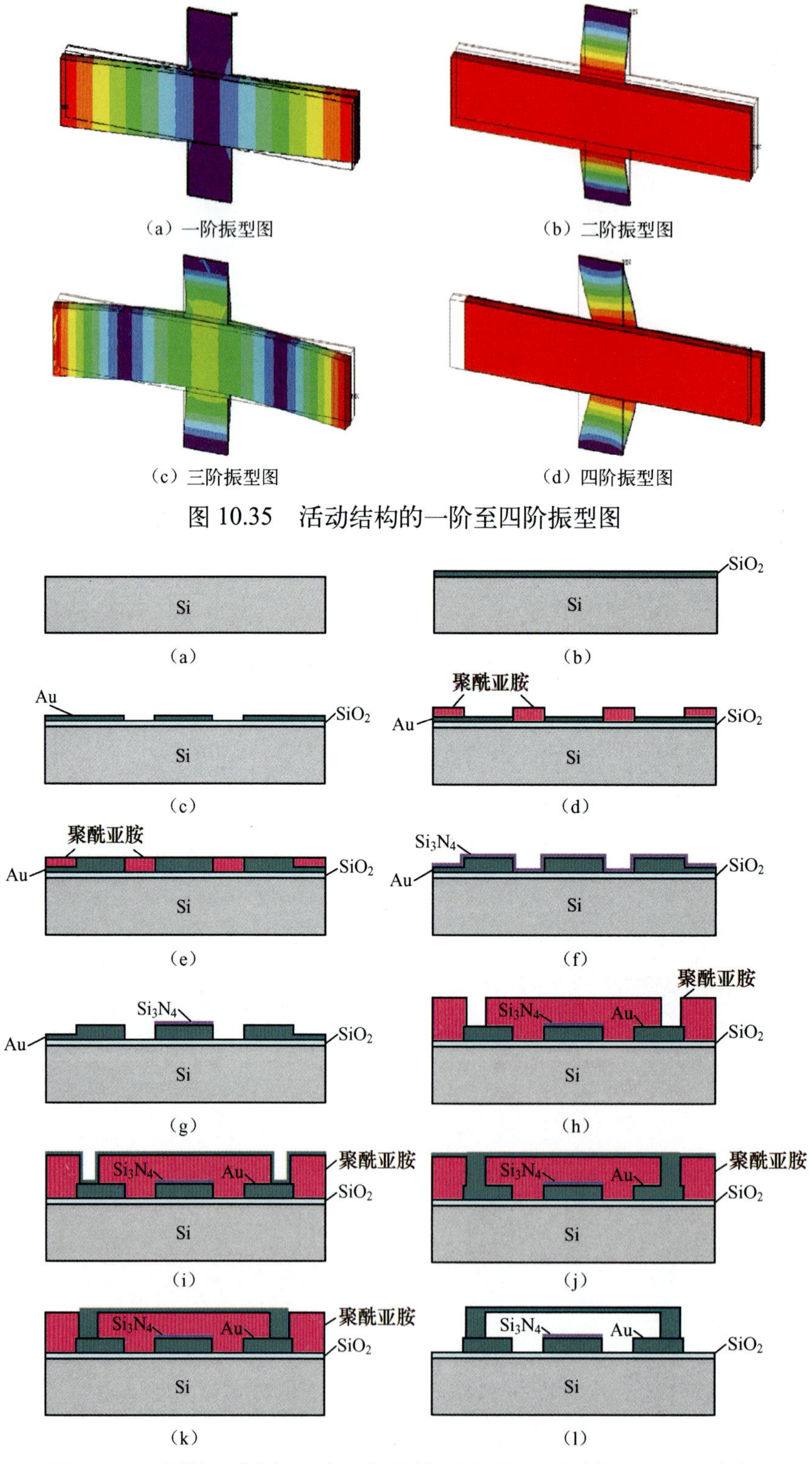

（a）一阶振型图
（b）二阶振型图
（c）三阶振型图
（d）四阶振型图

图 10.35　活动结构的一阶至四阶振型图

（a）（b）（c）（d）（e）（f）（g）（h）（i）（j）（k）（l）

图 10.37　高阻 Si 衬底工艺流程设计（此处小图题略，可见正文）

图 10.38　版图设计

图 10.39　包含多种结构梁的版图

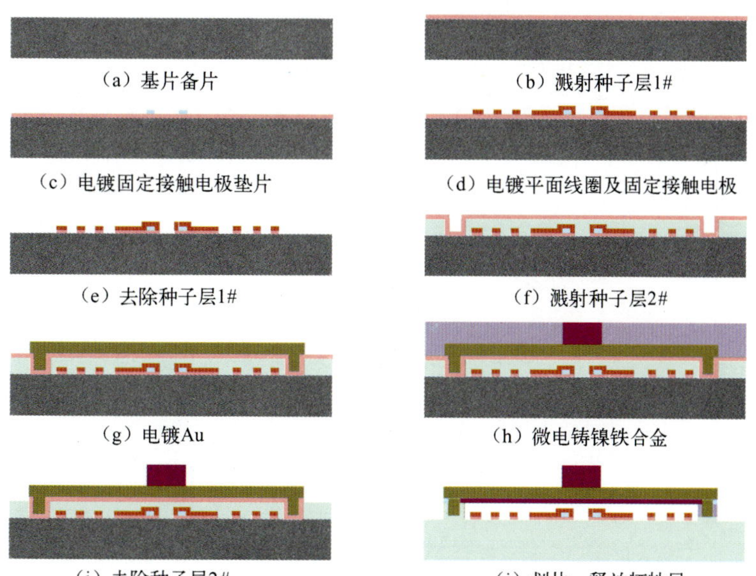

图 10.46　微加工工艺

图 10.47　对准符号

图 10.48　版图图形全局

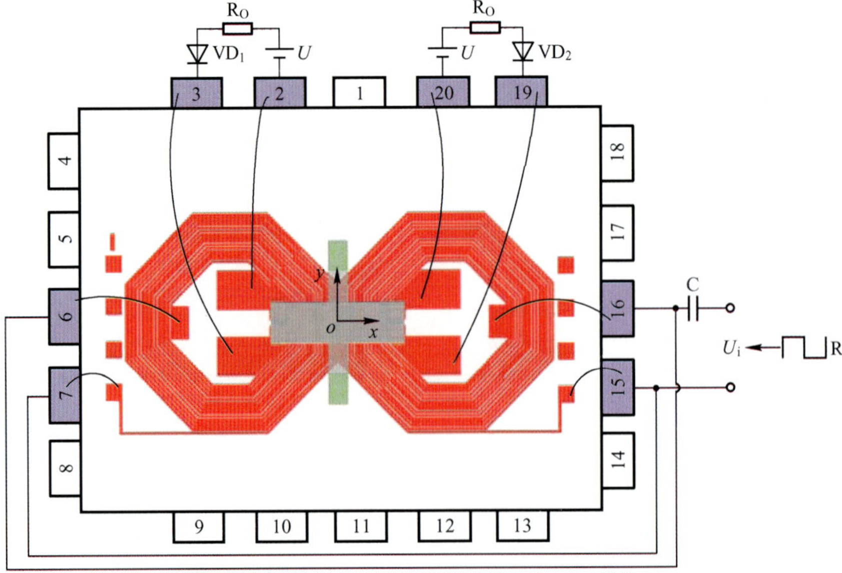

图 10.50　LCC20 封装管脚与测试电路连接示意图

NS-1纳卫星在星箭分离后,最小系统自动加电。卫星自星箭分离入轨后,先后经历了入轨后的自由飞行、在轨测试、建立正常运行状态和有效载荷试验等阶段,卫星具体工作模式包括以下几种:

(1) 入轨模式(最小系统模式)。

(2) 平台测试模式。

(3) 姿态捕获模式。

(4) 正常模式。

(5) 载荷试验模式。

NS-1纳卫星部分子系统具有备份能力,局部异常的情况下可以进行切换和部件级重构。在一般情况下,正常和异常各种模式的关系如图1.3所示,最终的安全模式为入轨模式。

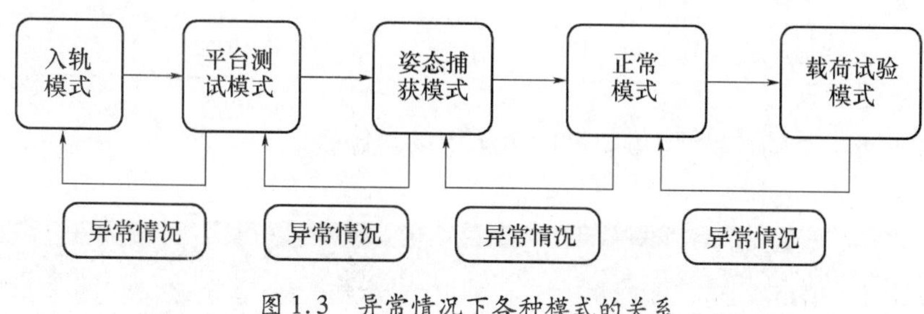

图1.3 异常情况下各种模式的关系

1.3 NS-1纳卫星初始轨道分析

NS-1纳卫星在星箭分离点的轨道根数以及相关参数如表1.1所列。

表1.1 星箭分离点的轨道根数以及相关参数

轨道半长轴	6977093.957m
轨道偏心率	0.000166475
轨道倾角	97.70029°
近地点幅角	263.02387°
升交点经度	104.04348°
真近点角	155.46242°
近地点高度	597792.4m
远地点高度	600115.5m
绝对速度	7557.28614m/s
绝对速度当地方位角	345.496873°

（续）

绝对速度当地倾角	0.003962°
地心矢径	6978150.5m
经度	91.716070°
地心纬度	57.653462°
高度	615295.5m
航程	3384948.8m
近地点地心纬度	-79.6237130°
从起飞零点算起的累计时间	746.9085s
平近点角	155.45449757°

根据表 1.1 的参数，可以得到图 1.4 中的初始轨道。

图 1.4　初始轨道

1.3.1 纳卫星入轨初始姿态特性

由火箭飞行时序和飞行程序角可知，NS－1 纳卫星与 CZ－2C 运载火箭分离瞬间的入轨初始姿态角如下：

俯仰角 $\Phi = -62.1736°$；

偏航角 $\Psi = 0°$；

滚动角 $\Gamma = 0°$。

星箭分离瞬间 NS－1 纳卫星的初始姿态角速率为三轴均不大于 4°/s。

1.3.2 初始轨道特性分析

地面可测控情况分析如下。

1.3.2.1 主测控站(北京)可测控弧段

根据 NS－1 纳卫星的初始轨道数据和主测控站参数，计算得出 NS－1 纳卫星入轨后 24h 内，位于北京的主测控站的地面可测控弧段(图 1.5)，具体的可测控弧段预报值见表 1.2。为了表述方便，表 1.2 中的时间数据均采用 UTC 时间，方位角指由正北方向顺时针旋转的角度。

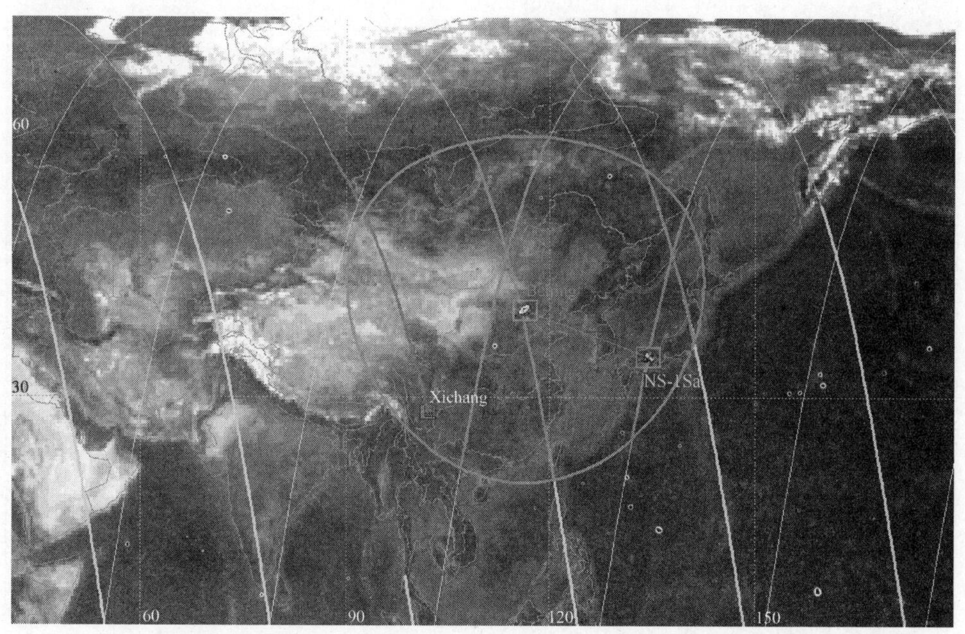

图 1.5　纳卫星入轨 24h 内北京主测控站的地面可测控弧段

表 1.2　北京站测控弧段预报值

进站次序	时间信息		空间信息			过顶持续时间/s
	时间(UTC)	事项	方位角/(°)	俯仰角/(°)	距离/km	
1	**13 Apr 2004 02:03:50.99**	进站	**47.411**	**5.000**	**2379.134273**	**427.644**
	13 Apr 2004 02:04:50.59	站内	56.804	7.882	2135.761585	
	13 Apr 2004 02:05:50.59	站内	68.459	10.369	1951.462910	
	13 Apr 2004 02:06:50.59	站内	82.104	11.919	1847.357295	
	13 Apr 2004 02:07:50.59	站内	96.686	12.045	1837.799911	
	13 Apr 2004 02:08:50.59	站内	110.618	10.694	1924.444941	
	13 Apr 2004 02:09:50.59	站内	122.686	8.298	2095.250678	
	13 Apr 2004 02:10:50.59	站内	132.517	5.403	2331.337992	
	13 Apr 2004 02:10:58.63	出站	**133.673**	**5.000**	**2366.908626**	
2	**13 Apr 2004 03:38:23.81**	进站	**5.098**	**4.999**	**2381.154871**	**620.893**
	13 Apr 2004 03:39:23.59	站内	2.850	10.062	1976.386257	
	13 Apr 2004 03:40:23.59	站内	359.195	16.699	1582.391016	
	13 Apr 2004 03:41:23.59	站内	352.506	26.108	1215.022186	
	13 Apr 2004 03:42:23.59	站内	337.591	40.015	909.678572	
	13 Apr 2004 03:43:23.59	站内	297.633	53.934	748.656884	
	13 Apr 2004 03:44:23.59	站内	245.486	46.378	822.409424	
	13 Apr 2004 03:45:23.59	站内	223.631	30.833	1083.802937	
	13 Apr 2004 03:46:23.59	站内	214.702	19.818	1432.877322	
	13 Apr 2004 03:47:23.59	站内	210.103	12.270	1818.804644	
	13 Apr 2004 03:48:23.59	站内	207.340	6.673	2221.235163	
	13 Apr 2004 03:48:44.70	出站	**206.616**	**5.000**	**2364.916387**	
3	**13 Apr 2004 12:57:24.27**	进站	**91.705**	**5.000**	**2349.779466**	**314.554**
	13 Apr 2004 12:58:23.59	站内	81.208	7.040	2178.142643	
	13 Apr 2004 12:59:23.59	站内	69.095	8.307	2080.960482	
	13 Apr 2004 13:00:23.59	站内	56.297	8.461	2071.910102	
	13 Apr 2004 13:01:23.59	站内	43.962	7.461	2152.241815	
	13 Apr 2004 13:02:23.59	站内	33.021	5.574	2312.424775	
	13 Apr 2004 13:02:38.82	出站	**30.523**	**5.000**	**2363.968953**	

（续）

进站次序	时间信息		空间信息			过顶持续时间/s
	时间(UTC)	事项	方位角/(°)	俯仰角/(°)	距离/km	
4	**13 Apr 2004 14:29:58.08**	进站	**167.772**	**4.999**	**2336.234753**	**625.578**
	13 Apr 2004 14:30:57.59	站内	168.170	10.242	1925.027026	
	13 Apr 2004 14:31:57.59	站内	168.749	17.360	1519.022219	
	13 Apr 2004 14:32:57.59	站内	169.739	28.156	1133.328629	
	13 Apr 2004 14:33:57.59	站内	172.153	47.109	800.611291	
	13 Apr 2004 14:34:57.59	站内	196.256	80.904	616.141945	
	13 Apr 2004 14:35:57.59	站内	340.342	57.961	708.018406	
	13 Apr 2004 14:36:57.59	站内	344.474	34.093	1002.592398	
	13 Apr 2004 14:37:57.59	站内	345.812	21.066	1374.374455	
	13 Apr 2004 14:38:57.59	站内	346.556	12.914	1774.356679	
	13 Apr 2004 14:39:57.59	站内	347.080	7.098	2185.814076	
	13 Apr 2004 14:40:23.65	出站	**347.273**	**5.000**	**2366.239406**	

1.3.2.2 辅助可遥测弧段

辅助可遥测弧段，根据 NS－1 纳卫星的初始轨道数据和辅助测控站的参数，计算得出 NS－1 纳卫星入轨后 24h 内，广州站、东风站、喀什站以及 Surrey 站等辅助接收站的地面可遥测弧段（图 1.6～图 1.9），进而获得相应的可遥测弧段预报值（数据省略）。

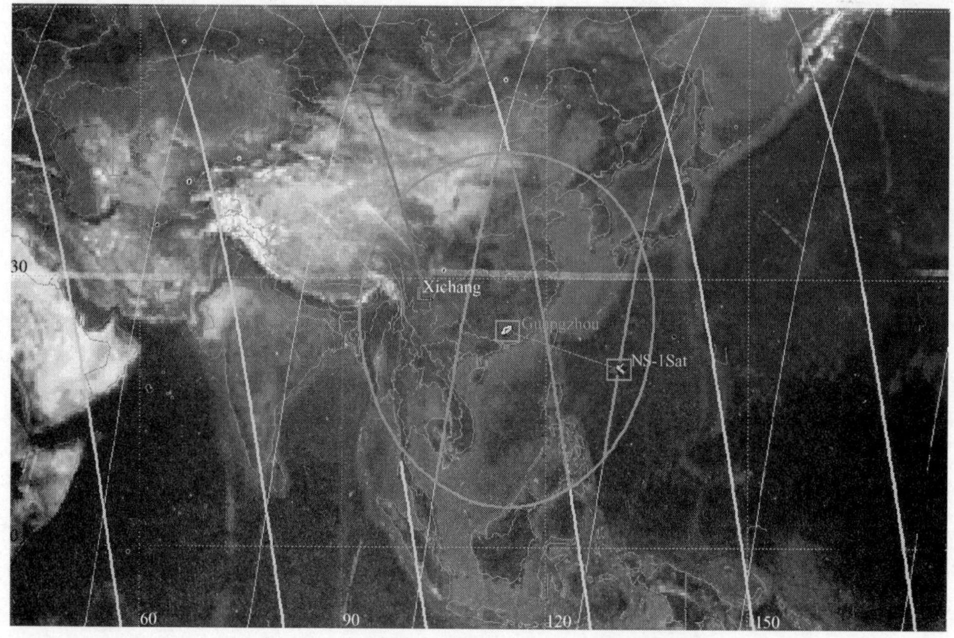

图 1.6　纳卫星入轨 24h 内广州站可遥测弧段

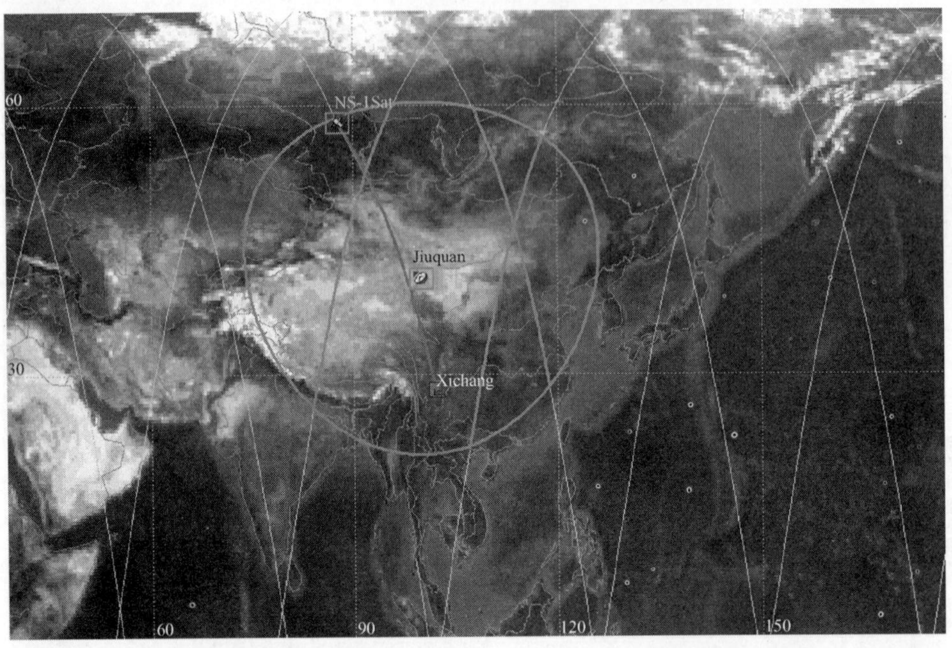

图 1.7　纳卫星入轨 24h 内东风站可遥测弧段

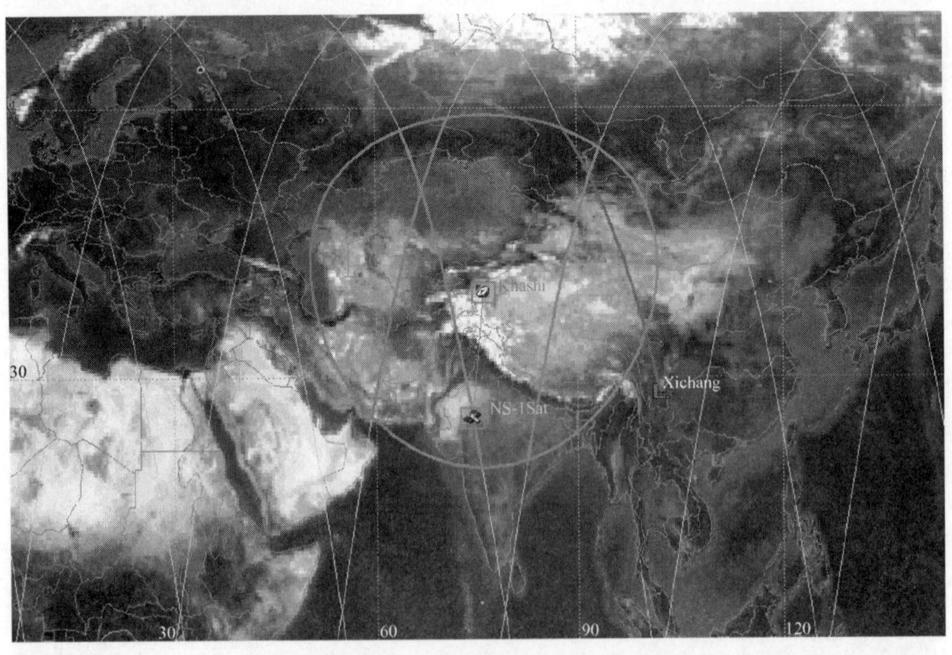

图 1.8　纳卫星入轨 24h 内喀什站可遥测弧段

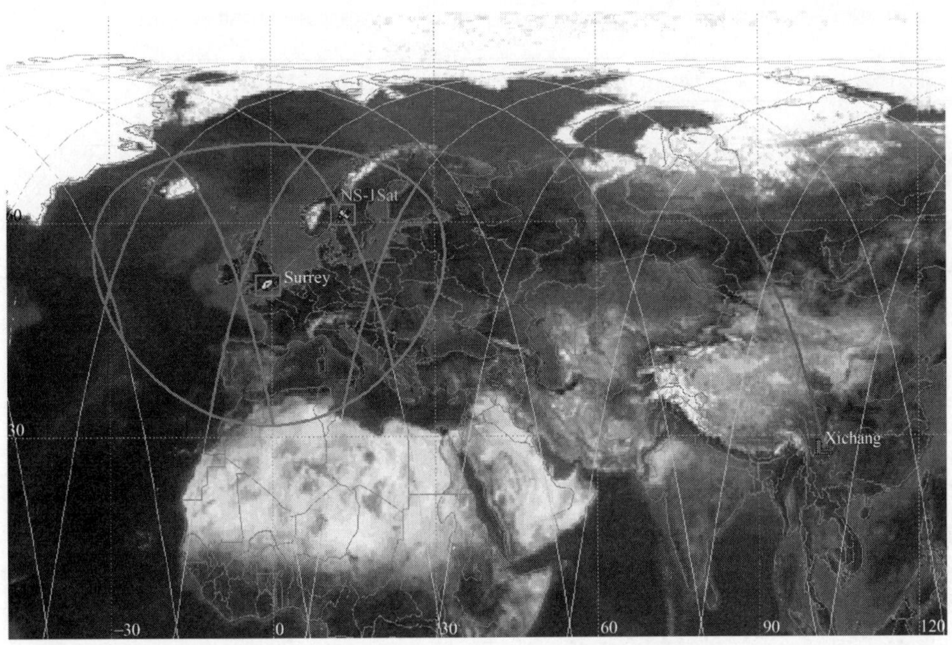

图1.9　纳卫星入轨24h内Surrey站可遥测弧段

根据各地面站可测控弧段预报值，得到表1.3中的NS-1纳卫星经过各地面站的过顶动作时序。

表1.3　纳卫星过顶动作时序

动作顺序	时间(UTC)	过顶动作说明
1	12 Apr 2004 16:03:49.59	东风站首次进站
2	12 Apr 2004 16:04:03.09	东风站首次出站
3	12 Apr 2004 17:30:23.10	喀什站首次进站
4	12 Apr 2004 17:40:36.77	喀什站首次出站
5	12 Apr 2004 20:49:29.76	Surrey 站首次进站
6	12 Apr 2004 20:58:10.92	Surrey 站首次出站
7	12 Apr 2004 22:24:10.81	Surrey 站二次进站
8	12 Apr 2004 22:34:32.10	Surrey 站二次出站
9	13 Apr 2004 00:04:15.31	Surrey 站三次进站
10	13 Apr 2004 00:08:02.60	Surrey 站三次出站
11	13 Apr 2004 02:03:50.99	北京站首次进站
12	13 Apr 2004 02:08:37.00	广州站首次进站

（续）

动作顺序	时间(UTC)	过顶动作说明
13	13 Apr 2004 02:10:58.63	北京站首次出站
14	13 Apr 2004 02:15:05.08	广州站首次出站
15	13 Apr 2004 03:38:23.81	北京站二次进站
16	13 Apr 2004 03:39:15.69	东风站二次进站
17	13 Apr 2004 03:42:43.42	广州站二次进站
18	13 Apr 2004 03:48:44.70	北京站二次出站
19	13 Apr 2004 03:48:45.58	东风站二次出站
20	13 Apr 2004 03:52:42.80	广州站二次出站
21	13 Apr 2004 05:15:05.90	东风站三次进站
22	13 Apr 2004 05:16:23.98	喀什站二次进站
23	13 Apr 2004 05:24:27.36	东风站三次出站
24	13 Apr 2004 05:25:58.45	喀什站二次出站
25	13 Apr 2004 06:52:19.42	喀什站三次进站
26	13 Apr 2004 07:01:30.02	喀什站三次出站
27	13 Apr 2004 10:04:19.50	Surrey 站四次进站
28	13 Apr 2004 10:12:54.98	Surrey 站四次出站
29	13 Apr 2004 11:39:38.28	Surrey 站五次进站
30	13 Apr 2004 11:50:03.54	Surrey 站五次出站
31	13 Apr 2004 12:57:24.27	北京站三次进站
32	13 Apr 2004 13:02:38.82	北京站三次出站
33	13 Apr 2004 13:16:51.09	Surrey 站六次进站
34	13 Apr 2004 13:22:48.85	Surrey 站六次出站
35	13 Apr 2004 14:26:13.00	广州站三次进站
36	13 Apr 2004 14:29:58.08	北京站四次进站
37	13 Apr 2004 14:32:07.10	东风站四次进站
38	13 Apr 2004 14:36:14.39	广州站三次出站
39	13 Apr 2004 14:40:23.65	北京站四次出站
40	13 Apr 2004 14:40:36.69	东风站四次出站

由上面的数据可以看出，如果能够利用位于喀什和 Surrey 的 S 波段地面站进行遥测信号的接收，将大大提高 NS－1 纳卫星入轨初期地面接收星上遥测信号的可靠性。

1.3.3 轨道光照情况分析

卫星的轨道光照情况决定了卫星的电源供应能力,由于 NS-1 纳卫星的蓄电池容量有限,因此轨道光照情况更对卫星寿命有致命的影响。为此对 NS-1 纳卫星入轨后的轨道光照情况进行了分析计算。

1.3.3.1 轨道光照时间

NS-1 纳卫星在入轨后 6 个月寿命期内,每一圈的轨道光照时间在 3709.044s ~ 3732.963s 之间波动,即轨道光照因子在 0.6395 ~ 0.6436 之间微幅变化。其中入轨后 3 天内的轨道光照时间如表 1.4 所列。

表 1.4 轨道光照时间(入轨后 3 天内)

光照开始时间(UTC)	光照结束时间(UTC)	光照持续时间/s
12 Apr 2004 16:03:49.59	12 Apr 2004 17:04:26.08	3636.488
12 Apr 2004 17:39:09.86	12 Apr 2004 18:41:18.25	3728.395
12 Apr 2004 19:16:02.07	12 Apr 2004 20:18:10.39	3728.315
12 Apr 2004 20:52:54.26	12 Apr 2004 21:55:02.43	3728.173
12 Apr 2004 22:29:46.36	12 Apr 2004 23:31:54.45	3728.086
13 Apr 2004 00:06:38.44	13 Apr 2004 01:08:46.46	3728.023
13 Apr 2004 01:43:30.50	13 Apr 2004 02:45:38.51	3728.008
13 Apr 2004 03:20:22.58	13 Apr 2004 04:22:30.67	3728.09
13 Apr 2004 04:57:14.76	13 Apr 2004 05:59:22.89	3728.126
13 Apr 2004 06:34:07.00	13 Apr 2004 07:36:15.02	3728.024
13 Apr 2004 08:10:59.15	13 Apr 2004 09:13:07.06	3727.917
13 Apr 2004 09:47:51.24	13 Apr 2004 10:49:59.09	3727.852
13 Apr 2004 11:24:43.31	13 Apr 2004 12:26:51.08	3727.773
13 Apr 2004 13:01:35.36	13 Apr 2004 14:03:43.09	3727.733
13 Apr 2004 14:38:27.45	13 Apr 2004 15:40:35.20	3727.748
13 Apr 2004 16:15:19.59	13 Apr 2004 17:17:27.38	3727.789
13 Apr 2004 17:52:11.78	13 Apr 2004 18:54:19.53	3727.75
13 Apr 2004 19:29:03.98	13 Apr 2004 20:31:11.64	3727.653
13 Apr 2004 21:05:56.13	13 Apr 2004 22:08:03.65	3727.512
13 Apr 2004 22:42:48.21	13 Apr 2004 23:44:55.65	3727.44
14 Apr 2004 00:19:40.28	14 Apr 2004 01:21:47.65	3727.372
14 Apr 2004 01:56:32.32	14 Apr 2004 02:58:39.68	3727.368

（续）

光照开始时间(UTC)	光照结束时间(UTC)	光照持续时间/s
14 Apr 2004 03:33:24.39	14 Apr 2004 04:35:31.85	3727.46
14 Apr 2004 05:10:16.56	14 Apr 2004 06:12:24.04	3727.471
14 Apr 2004 06:47:08.77	14 Apr 2004 07:49:16.14	3727.372
14 Apr 2004 08:24:00.90	14 Apr 2004 09:26:08.17	3727.267
14 Apr 2004 10:00:52.97	14 Apr 2004 11:03:00.17	3727.199
14 Apr 2004 11:37:45.02	14 Apr 2004 12:39:52.14	3727.126
14 Apr 2004 13:14:37.06	14 Apr 2004 14:16:44.15	3727.093
14 Apr 2004 14:51:29.14	14 Apr 2004 15:53:36.25	3727.115
14 Apr 2004 16:28:21.27	14 Apr 2004 17:30:28.42	3727.15
14 Apr 2004 18:05:13.45	14 Apr 2004 19:07:20.55	3727.102
14 Apr 2004 19:42:05.63	14 Apr 2004 20:44:12.62	3726.989
14 Apr 2004 21:18:57.75	14 Apr 2004 22:21:04.60	3726.85
14 Apr 2004 22:55:49.80	14 Apr 2004 23:57:56.59	3726.791
15 Apr 2004 00:32:41.84	15 Apr 2004 01:34:48.57	3726.721
15 Apr 2004 02:09:33.86	15 Apr 2004 03:11:40.59	3726.726
15 Apr 2004 03:46:25.92	15 Apr 2004 04:48:32.75	3726.828
15 Apr 2004 05:23:18.09	15 Apr 2004 06:25:24.91	3726.816
15 Apr 2004 07:00:10.27	15 Apr 2004 08:02:16.99	3726.72
15 Apr 2004 08:37:02.37	15 Apr 2004 09:39:08.99	3726.617
15 Apr 2004 10:13:54.42	15 Apr 2004 11:16:00.96	3726.542
15 Apr 2004 11:50:46.44	15 Apr 2004 12:52:52.92	3726.476
15 Apr 2004 13:27:38.46	15 Apr 2004 14:29:44.92	3726.452
15 Apr 2004 15:04:30.53	15 Apr 2004 16:06:37.01	3726.484

由表1.4可以看出，NS-1纳卫星在星箭分离之前即已处于光照区，且星箭分离后仍将有超过1h的光照时间，这对卫星电源分系统是非常有好处的。

1.3.3.2 轨道太阳角

由于NS-1纳卫星采用了近中午太阳同步轨道，因此轨道太阳角（轨道法线方向与太阳方向的夹角）保持在比较小的范围，在6个月的时间内，其轨道太阳角在14.494°~19.497°之间波动（图1.10）。为了便于考察入轨初期的轨道太阳角及其变化情况，图1.11还给出了纳卫星入轨后3天内的轨道太阳角变化的放大曲线。

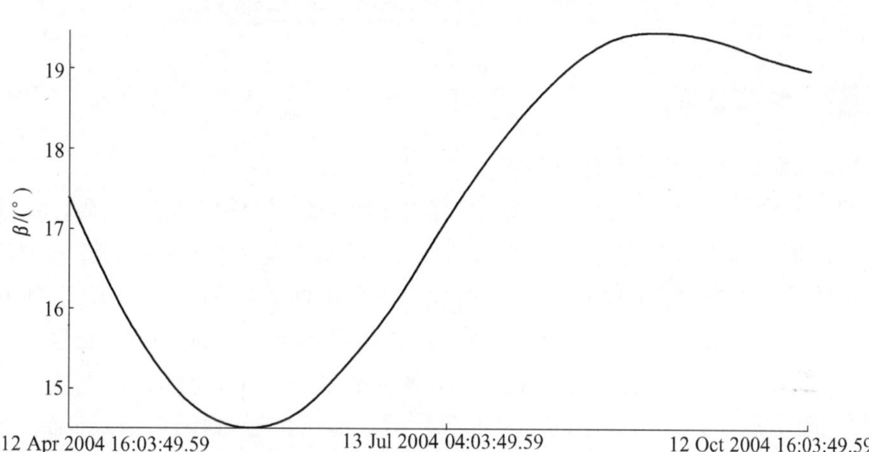

图 1.10　轨道太阳角变化(6 个月)的仿真图

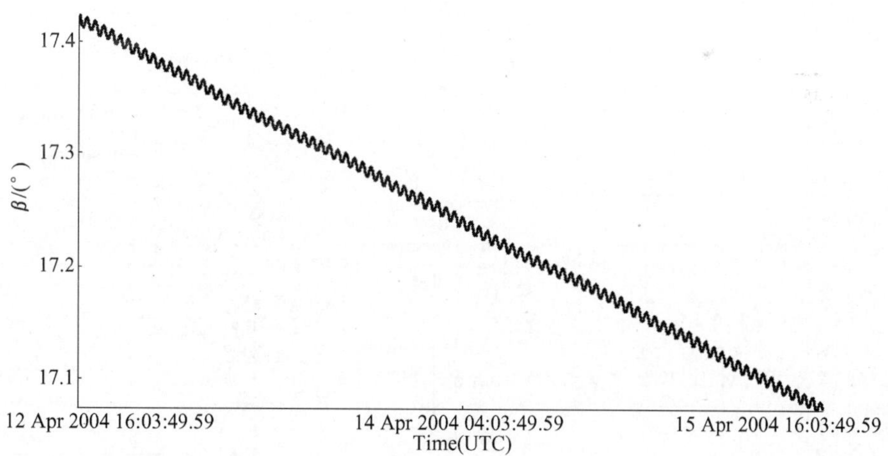

图 1.11　轨道太阳角的变化(3 天)

由轨道光照情况分析结果可以看出,在入轨后 6 个月的时间内,NS－1 纳卫星的轨道光照条件较稳定,有利于卫星电源分系统的工作。但是由于轨道太阳角较小,同时星箭分离时卫星俯仰方向具有一定的初始姿态,所以应在制定飞行程序时予以足够的考虑,以保证卫星侧面太阳电池阵充分受晒。

1.4 NS-1纳卫星分系统设计

1.4.1 电源分系统

1.4.1.1 系统功能概述及原理框图

NS-1纳卫星的电源分系统由砷化镓太阳电池阵、镉镍电池组、电源控制器组成。电源控制器由电池充电调节器(BCR)、电源调节模块(PCM)、电源分配模块(PDM)和电压、电流监测电路(BCM)组成。太阳电池阵采用体装的形式,在6个侧面和顶面各安装一块太阳电池板。每块太阳电池阵的输出端串联二极管与母线隔离。太阳能电池阵作为发电装置,经BCR完成功率调节、电池充放电调节和控制,并与蓄电池联合作为卫星的一次电源。蓄电池组由经过特别测试和筛选的镉镍电池组成,为载荷和平台在星蚀期间工作供电,并能提供一定限度的峰值功率以补充太阳电池阵输出的不足。对瞬时大功率工作用电,由一次电源直接供电。各分系统所需的二次电源由一次电源经PCM进行DC-DC变换产生。电源分系统原理框图如图1.12所示。

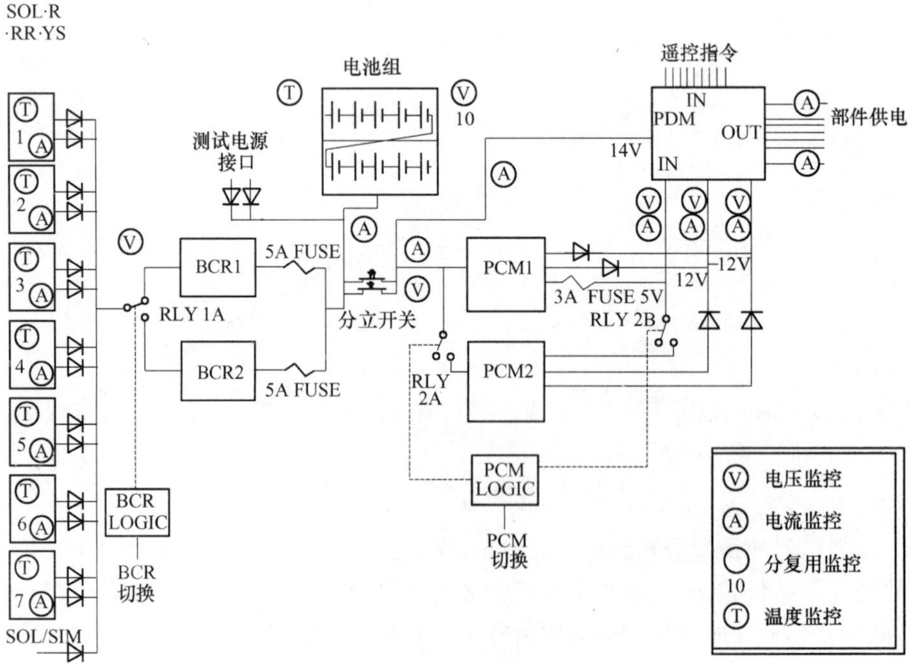

图1.12 电源分系统原理框图

1.4.1.2 电源分系统主要技术参数

(1) 平均输出功率：10W。

(2) 一次电源电压:14V。

(3) 二次电源电压：±12V,5V。

(4) 供电性能指标:见表1.5。

(5) 效率:BCR 的效率大于 85%；PCM 的效率大于 70%；蓄电池的效率为 90%左右。

(6) 阻抗:电源阻抗低,允许短时间大电流脉冲负载。

(7) 体积:2 个标准模块盒(不包含蓄电池组)。

表1.5 电源分系统技术指标

标称电压/V	电压范围/V	纹波电压峰—峰值/mV
14V	11~15	150
5V	5~5.5	50
12V	11.5~12.5	120
-12V	-12.5~-11.5	120

(8) 环境温度:电源控制器,-25℃~+55℃;蓄电池组,0℃~40℃;太阳帆板,-80℃~+80℃。

(9) 太阳电池阵:为单体电池片;型号为单结砷化镓太阳电池;尺寸为 40mm×20mm×0.175mm;平均转换效率为 EFF=18.5%(25℃,AM0),EFF_{min}≥17.0%(25℃,AM0)。

(10) 太阳帆板:太阳帆板的侧面由 6 块基板组成,尺寸为 440mm×182.5mm×10mm,由 9.4mm 蜂窝铝和上下各 0.3mm 厚的铝板制成,上表面贴 50μm 厚的聚酰亚胺膜。每块帆板上平整贴装 70 块太阳电池片。电池片由 35 串 2 并组成。太阳电池阵最大功率点输出电压为 30.1V 左右(25℃,AM0),在-80℃~+80℃范围内,最大功率点电压约 26.25 V~37.45V(AM0)。每块帆板输出功率大于13.4W(AM0,25℃);每块帆板基板下面装有三个温度传感器,分别独立测量太阳电池片的温度。其中两路用做 BCR 帆板温度补偿,另一路用做温度遥测。

太阳帆板的顶面基板有 1 块,是边长为 182.5mm的正六边形(厚度为 15mm),由 14.0mm 蜂窝铝和上下各 0.5mm 厚的铝板制成,上表面贴 50μm 厚的聚酰亚胺膜。每块帆板上平整贴装 35 块太阳电池片。电池片由 35 串 1 并组成。帆板输出功率大于 6.7W(AM0,25℃);帆板基板下面装有一个温度传感器,用于测量太阳电池片的温度。

(11) 镉镍蓄电池组:单体蓄电池进行一系列的测试和试验,筛选、匹配出 10 节并封装成电池组,如表1.6 所列。

表1.6 镉镍蓄电池

型 号	商用型镉镍电池
单体总数	10
额定容量	3A·h
最大放电深度	40%
单体额定电压	1.2V

1.4.1.3 电源可靠性设计

采取以下措施,用以保护电源分系统及其供配电的星上设备:

(1) 采用冗余设计。主要体现在 PCM 和 BCR 均带有备份。当发生故障时以自主控制切换为主,遥控切换为辅。电源调节和分配子系统的设计排除出现单点失效的可能。给星上用电设备配电采用双点双线。

(2) 充电制式设计有防过充保护功能。供配电有过载保护功能,电源分配开关有限流功能。电源线路中串有熔断器,保护电源在负载短路的情况下不被损坏。

(3) 元器件选用方面,大部分采用军品及或美军标 883 级,一部分采用工业级和商用级的器件(在"航天清华"1 号上应用过)。

(4) 变压器和电感器按国军标 I 级要求进行降额设计,验收时要求检测耐压、电感量、电阻、阻抗等值,并进行元器件级温度冲击试验。

1.4.2 遥测遥控(TTC)分系统

TTC 分系统主要技术指标如下。

1.4.2.1 遥控单元

工作电压: +5V ~ +5.5V;指令通道:34 路;单片机:3 片 87C52;通信口:码速率为 9.6kbit/s。

与射频分系统的接口:01 解码器和 02 解码器的异步串行输入分别接至射频分系统的两个接收机的异步串行端口 RX0、RX1。03 解码器的异步串行输入由多路选择开关通过轮询对来自射频分系统的 RX0、RX1、OBC、TLM1、地面测试设备的异步串行输入信号进行选择。

1.4.2.2 遥测单元

工作电源电压:① +5V ~ +5.5V;② +11.5V ~12.5V;③ -11.5V ~ +12.5V。

遥测通道: 模拟通道 46 路,数字通道 16 路,遥控指令回采通道 34 路。

模拟量正常工作输入电压范围:0 ~5V。

模拟量最大允许输入电压范围: -0.6V ~ +11V。

双机热备份:TLM0 的微控制器采用 87C52 单片机,TLM1 的微控制器采用带 CAN 控制器的 SAH - C515C 单片机。

通信口:码速率为 9.6kbit/s。TLM0、TLM1 可以将遥测数据异步串行口输出到 OBC、RF 和地面测试设备。TLM1 还可以将从 CAN 总线上接收到的遥控数据帧通过异步串行口输出到 03 解码器,也可通过 CAN 总线通信总线传送信息。

TTC 分系统的组成和原理见第 4 章。

可靠性是 TTC 分系统的主要技术问题。为了达到高可靠性,在设计上提供必要的设计措施,加强薄弱环节,避免单点失效,提高元器件的质量等级,采用有效的软件可靠性措施,使 TTC 分系统具有高可靠性。

采用的主要技术和措施如下:

(1) 冗余设计技术;

(2) 降额设计技术;

(3) PCB 的电磁兼容性设计技术;

(4) 选用标准化接口电路设计;

(5) 关键器件选用军品及以上级别元器件;

(6) 硬件看门狗技术;

(7) 软件可靠性设计:由于 TLM0 通道任务特点,将遥测 0 通道的程序设计成为无中断的顺序式结构,使得 TLM0 可靠性得以大幅提高。

1.4.3 纳卫星上计算机(OBC)分系统

1.4.3.1 OBC 分系统主要功能

OBC 分系统承担的主要任务如下:

星载 GPS 接收设备接收到的时标和测轨信息必须送到 OBC,由 OBC 组帧、打包,送卫星 RF 分系统下传至地面。

CMOS 相机生成的图形数据经过 CAN 送到 OBC,由 OBC 缓存、组帧、打包,经纳卫星 RF 分系统下传至地面。

作为姿态控制系统的控制器,控制系统的应用软件要在 OBC 上运行,姿态控制需要大量的数学计算工作,这部分计算工作必须由 OBC 完成。

纳卫星的姿态参数和其他遥测参数经 OBC 下传至地面,提供测量纳卫星工作状态的手段。

间接遥控命令由 OBC 接收、分析,然后经 CAN 总线,送 TTC 子系统,由遥控单元发出指令。

时钟管理任务,无论遥测参数还是遥控命令,都需要时钟来配合,任务的有效调度也需要有时间标签。

卫星操作系统和应用程序应能重载,以完成卫星功能的重构。

1.4.3.2 OBC 分系统总体设计

OBC 系统采用 Intel 公司的 32 位 RISC 处理器 SA1110 作为 CPU,其低功耗特点适合低功率空间应用,系统运行频率可达 133MHz/206MHz。OBC 系统研发主要分为硬件系统和软件系统两部分。硬件设计包括处理器、内存、中断、RAMDISK、ISCC(集成串行通信)、EDAC(错误纠检)、总线控制器、遥控遥测节点等部分。软件开发包括系统引导固件、底层驱动、操作系统内核和应用软件等。为了保持系统的柔性和提高卫星容错能力,操作系统和全部应用软件均采取在轨上载和星上驻留两种方式。

1）纳卫星 OBC 硬件系统（图 1.13）

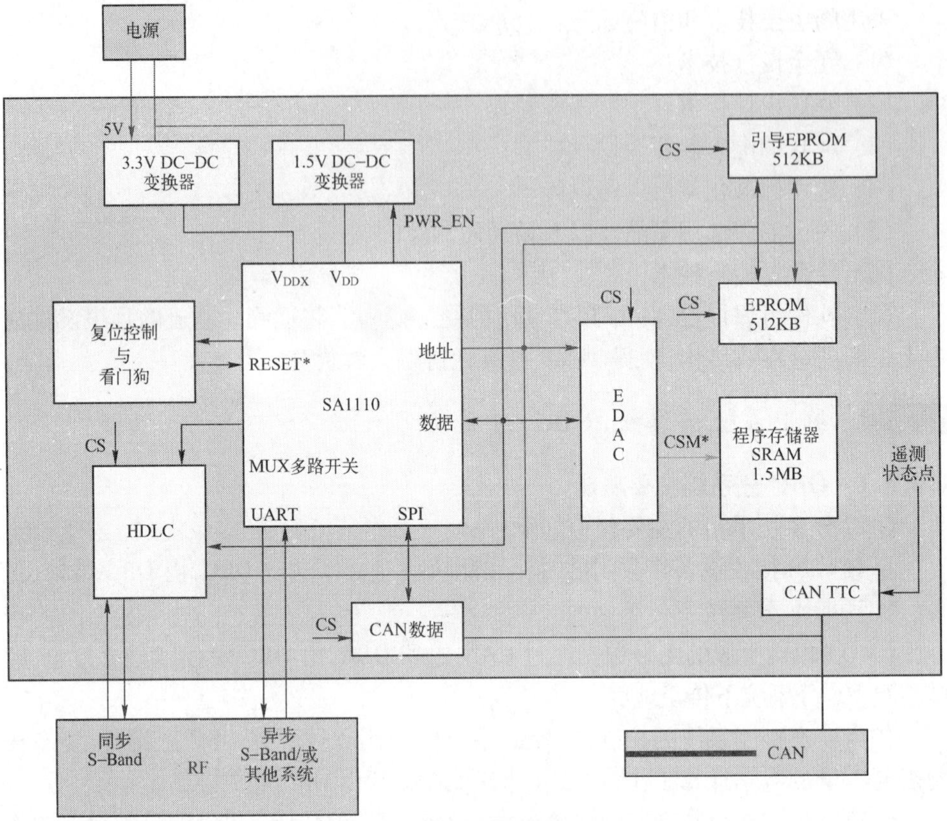

图 1.13 纳卫星 OBC 结构框图

系统具体配置如下：

① CPU 采用 Intel SA 1110 处理器，频率 206MHz@400mW。

② 512KB EPROM 存储器。

③ 带 TMR 纠检错的程序存储器（1.5MB）。

④ 6MB 数据存储器。

⑤ 定时器看门狗技术。

⑥ CAN 总线控制节点。

⑦ 与 RF S-Band 之间的同步 HDLC 通信链路。

⑧ 与 RF、ADCS、GPS、TTC 的异步通信链路。

2）纳卫星上软件系统

纳卫星软件系统采用 UCOS-II 操作系统，因此整个软件系统的开发包括操作系统、驱动程序和应用软件三个部分。

(1) 操作系统。采用 UCOS－II 操作系统。

(2) 驱动程序。针对底层硬件操作(包括异步串口、同步串口、CAN),软件系统将分别设计驱动程序,上层的特定应用软件调用这些驱动程序即可完成特定功能。

(3) 应用软件。基本覆盖了纳卫星的所有功能要求,只是不支持 FAT 格式的文件(为二进制数据流)。应用软件计划采用标准 C 语言。

主要的软件模块有:

(1) 引导程序。

(2) 操作系统主程序。

(3) 异步串口驱动程序。

(4) 同步串口驱动程序。

(5) CAN 驱动程序。

(6) QAX.25 通信服务。

(7) CAN 通信协议服务。

(8) 异步通信协议服务。

(9) 文件存储服务。

(10) 程序上载服务。

(11) 星务管理服务。

(12) 姿态测量和控制模块。

(13) 有效载荷服务程序。

1.4.4 姿态确定与控制分系统(ADCS)

1.4.4.1 ADCS 主要技术指标与功能

根据 NS－1 纳卫星的任务,总体提出的 ADCS 技术指标如表 1.7 所列。

表 1.7 NS－1 纳卫星 ADCS 技术指标

项 目	指 标
稳定方式	对地三轴稳定
姿态确定精度	1°
姿态控制精度	2°
姿态稳定度	0.02°/s
消旋能力	5°/s

ADCS 主要功能:

依据对 ADCS 的任务分析和技术指标,确定 ADCS 的控制方式为偏置动量轮加磁控的三轴稳定控制方式。姿态测量部件为磁强计,姿态控制器由 OBC 承担,执行部件为动量轮和磁力矩器。这样的方式可以用较低的成本实现对地定向三轴稳定,满足总体的技术指标。

ADCS 的主要任务是保证卫星姿态的稳定，满足卫星指向要求、并协同卫星有效载荷飞行试验任务的顺利完成。由于卫星采用的是全向天线，因此通信系统只要求卫星姿态能基本保持对地指向就可以了。卫星有效载荷的飞行任务是对地照相和飞行试验。其中飞行演示试验任务对卫星的姿态控制精度没有特殊要求，因此 ADCS 将主要以对地照相这一飞行任务为设计依据，以确保 ADCS 的控制精度能够满足 CMOS 相机这一有效载荷的正常工作。

1.4.4.2 ADCS 主要工作模式

根据以上分析，可以确定 NS－1 纳卫星 ADCS 的主要工作模式如表 1.8 所列。

表 1.8 NS－1 纳卫星 ADCS 的主要工作模式

模 式	构 成	功 能
速率阻尼模式	平台设备＋磁力矩器	消除卫星与运载分离时的较大的角速率
起旋模式	平台设备＋磁力矩器	建立 Y－Thomson 自旋，抑制章动
消旋模式	平台＋磁力矩器＋动量轮	动量轮启动，星体消旋，减小俯仰轴角速率
三轴稳定模式	平台＋磁力矩器＋动量轮	建立并保持对地定向的三轴稳定姿态

1.4.4.3 ADCS 设计方案

1）ADCS 组成结构

NS－1 纳卫星 ADCS 的硬件结构如图 1.14 所示。

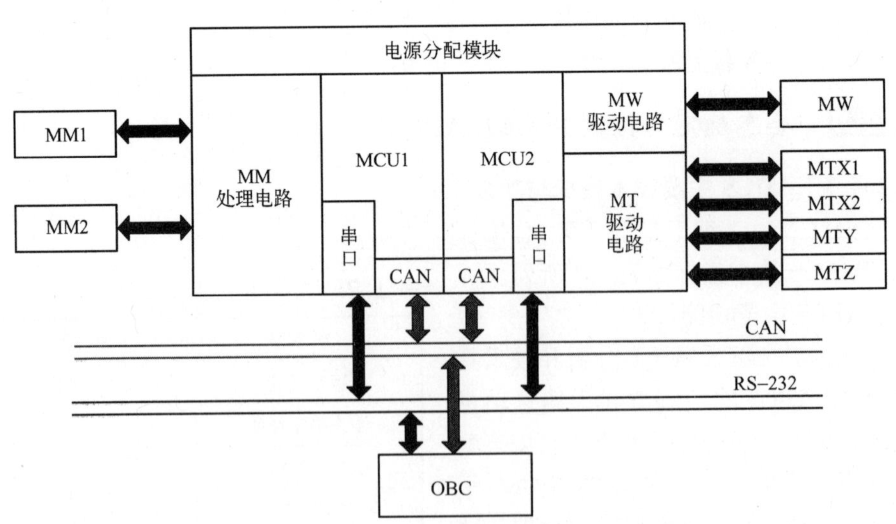

图 1.14 NS－1 纳卫星 ADCS 结构示意图

ADCS 的硬件包括以下几部分：

(1) 2 个底层 MPU(C515C)。

(2) 2 个三轴磁强计及相应的处理电路。

(3) 4 个磁力矩器及相应的驱动电路。

(4) 1 个偏置动量轮及相应的驱动、控制电路。

其中 MCU 及其外围电路、磁强计的处理电路、磁力矩器和动量轮的驱动控制电路共同构成了 ADCS 的测控模块。测控模块采集相应的数据上传给上位机 OBC 的 ADCS 主控软件，接收主控软件的指令，控制、驱动相应的硬件。

NS－1 纳卫星的测控模块有两个微控制器，分别为 MCU 和 ATC。两个微控制器可以通过其内置的 CAN 与星上其他分系统通信；控制系统相互之间则通过串口(UART)进行通信。

2) ADCS 测控模块信号流

ADCS 测控模块信号流如图 1.15 所示。

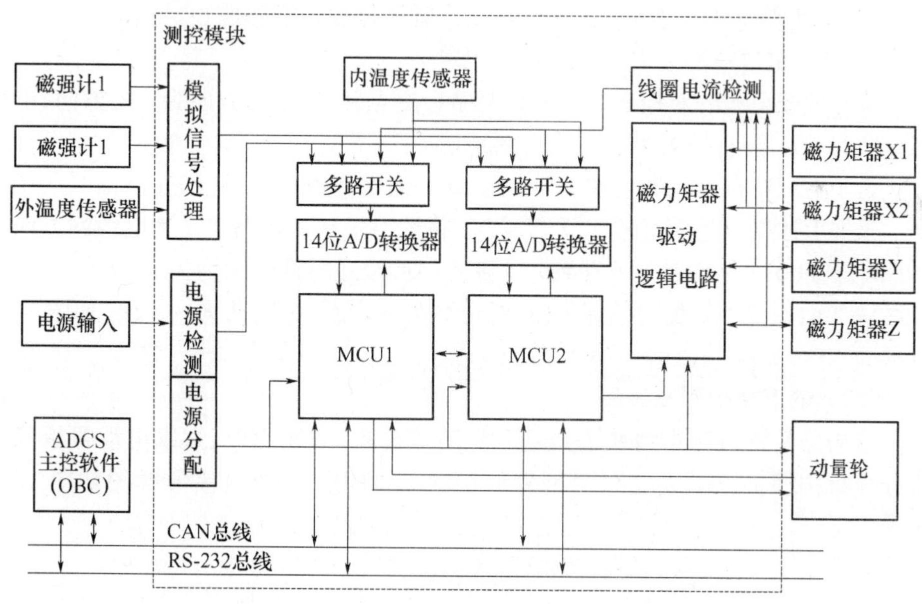

图 1.15 ADCS 测控模块信号流图

3) ADCS 软件方案

NS－1 纳卫星 ADCS 的软件由两部分构成：

(1) ADCS 主控软件(运行于 OBC)。

(2) ADCS 下位机软件(运行于 MCU、ATC)。

ADCS 主控软件在上位机 OBC 中运行，是 ADCS 的核心，负责整个 ADCS 的管理调度、大运算量的算法处理、收集底层数据、接收地面控制指令等。下位机软件运行在微控制器中,负责直接采集、处理有关数据,控制、驱动相关的部件等。

1.4.5 结构分系统

1.4.5.1 纳卫星坐标系

纳卫星在设计时,需要用到多种坐标系,如结构坐标系和星体质心坐标系,上述坐标系的转换可以通过坐标原点的平移来实现。

1) 结构坐标系 $O-XYZ$

结构坐标系的原点为星箭分离对接环对接面的圆心。Y 轴垂直于侧板且指向电缆网面,Z 轴指向卫星的底面安装板,X 轴与 Y 轴、Z 轴组成右手坐标系。

2) 星体坐标系 $O_1-X_1Y_1Z_1$

本体坐标系原点定义为卫星运行期间的平均质心,X_1、Y_1、Z_1 三个坐标轴分别平行于结构坐标系对应的 X、Y、Z 三个坐标轴。X_1 轴为滚动轴与卫星的速度方向一致;Y_1 轴为俯仰轴与卫星轨道面垂直,Z_1 轴为偏航轴指向地心。

3) 纳卫星电缆网方向及侧面板标识定义

以有效载荷舱的对地面的中心点为坐标原点,以对地面方向为 $+Z$ 方向,电缆网方向为 $+Y$ 方向,按右手定则确定 $+X$ 方向,如图 1.16 所示。

为了太阳帆板安装和定位的唯一性,6 个侧面和两个顶面也应定义。

根据上述纳卫星坐标系 X、Y、Z 定义,将纳卫星 6 个侧面定义为电缆网方向为 $+Y$ 面,其余 5 个侧面从 $+Z$ 轴到 $-Z$ 轴方向看按逆时针分别为 $+X+Y$ 面、$+X-Y$ 面、$-Y$ 面、$-X-Y$ 面、$-X+Y$ 面,对地面为 $+Z$ 面,对天面为 $-Z$ 面,如图 1.17 所示。

1.4.5.2 纳卫星构型及布局

结构分系统由基本模块盒、载荷舱、对天面板、对地面板、太阳电池帆板和星箭分离机构等部分组成。纳卫星外形如图 1.18 所示,纳卫星分解图如图 1.19 所示。

脐带电缆在 $+Y$ 面;磁强计装在 $-Z$ 面;相机、分离机构在 $+Z$ 面安装。

纳卫星系统采用模块化设计思路,把卫星的有效载荷和服务系统分开构成不同的模块。采用模块化设计的优点是,可平行地对不同模块同时进行组装和测试,缩短了总装和测试的周期;另外从公用舱的角度考虑,对任务相同的纳卫星,在不同有效载荷的要求下,可以采用大致相同的服务系统模块,从而使微小卫星平台的服务模块通用化,一方面便于及时调整卫星方案;另一方面有利于功能的调整,有利于在此基础上发展新的型号。

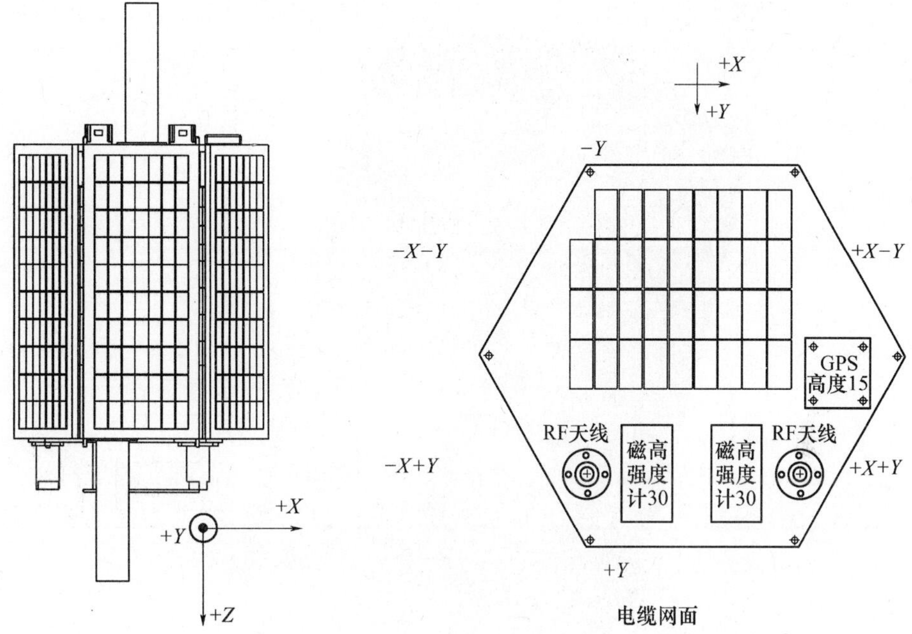

图 1.16 纳卫星坐标系定义

图 1.17 纳卫星各侧面和顶面定义

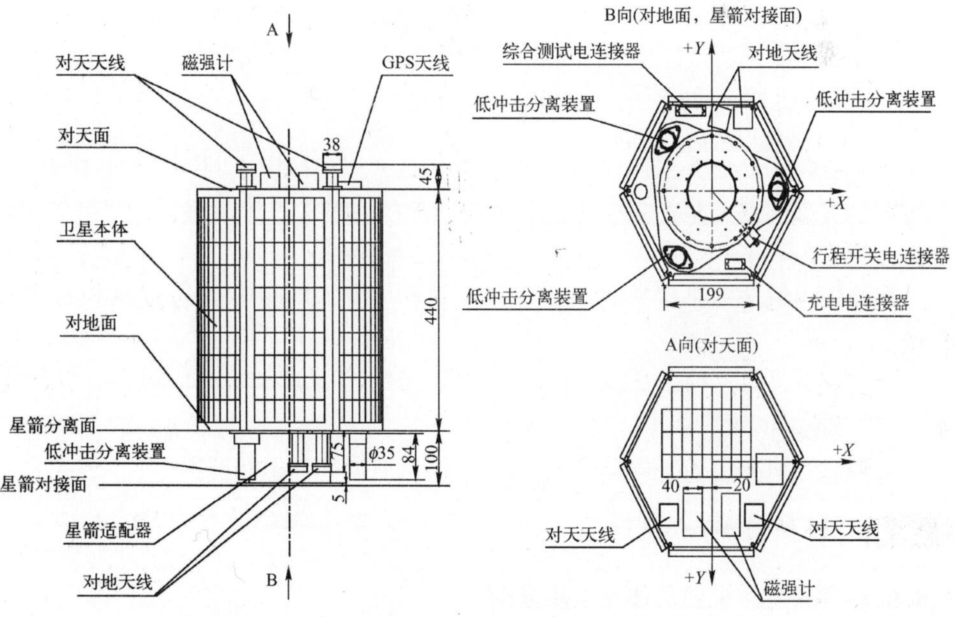

图 1.18 纳卫星外形

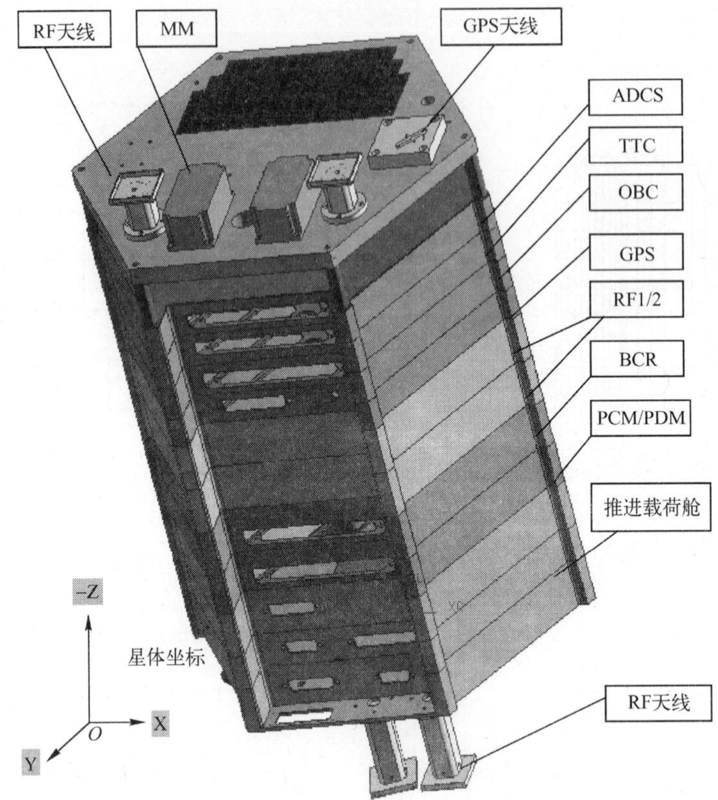

图 1.19 纳卫星分解图

卫星平台从上至下包括:ADCS、TTC、OBC、GPS、RF1、RF2、PCM/PDM、BCR 等 8 个模块,经过穿接形成卫星的主承力结构。平台的每个模块基本呈正六边型,其边长为 182.5mm。

载荷舱内包括相机模块、推进模块、动量轮、磁力矩器 1 个、蓄电池和 MIMU 模块。

为实现卫星收发的准全向性,在卫星的底面板($+Z$)安装 RF 天线 2 个和顶面板($-Z$)安装 RF 天线 2 个,GPS 天线 1 个。

太阳电池帆板由 7 块板组成,包括卫星的顶面板和 6 个侧面板。

1.4.6 射频(RF)分系统

1.4.6.1 RF 分系统的功能与性能指标

NS-1 纳卫星 RF 分系统为星地联络的通道,由接收通道和发射通道组成。发射通道完成卫星工程遥测参数调制、发送,转发 GPS 轨道数据、存储转发通信数据和卫星搭载载荷的数据，接收通道完成工程遥控指令的接收、解调，以及卫星数据管理分系统软件的注入、存储转发通信数据的接收。RF 分系统除发送、接收卫星上、下行信号外，发射机可作为信标机用，提供地面天线跟踪信号，引导地面天线对卫星进行捕获和自动跟踪，形成多任务的复用模块。

遥测、遥控和数据通信的频段、调制体制、传输速率和通信距离要求见表 1.9。

表 1.9 遥测、遥控通道基本特性

	频段	频点/MHz	调制体制	传输速率/(kbit/s)	通信距离/km
遥测	S	2274.48	PCM/DPSK	19.2	2760
遥控	S	2094.417	PCM/2FSK/FM	9.6	

遥测帧格式采用 GJB 1198.2 PCM 遥测标准以及 GJB 1198.6 分包遥测标准。遥控帧格式采用 GJB 1198.1 PCM 遥控格式。

接收子系统主要技术指标如表 1.10 所列。

表 1.10 接收子系统主要技术指标

工作频率	S 频段
频点	2094.417MHz
天线	增益：≥ -1.5dB 方向性：全向 极化：圆极化 阻抗：50Ω 驻波比：优于 1∶1.5
网络(含双工器、滤波器、四端口网络和馈线)	插入损耗：≤5dB 阻抗：50Ω 驻波比：优于 1∶1.5
调制体制	PCM/CPESK
最大线性频偏	5kHz
G/T 值	优于 -30dB/K
接收机灵敏度(保证数据误码率优于/等于 10^{-6})	优于 -108dBm
动态范围	优于 50dB
频率跟踪范围	优于 ±110kHz
码速率	9.6kbit/s
误码率(在遥控解调灵敏度条件下)	优于 10^{-6}
扰码多项式	$1+X^{12}+X^{17}$

(续)

工 作 频 率	S 频 段
基带成型升余弦滤波器滚降系数 α	=1
输出 PCM	NRZ - L
系统功耗(一次电源)	≤1.4W(单机)
体积	250mm×240mm×30mm
工作环境温度	-25℃ ~ +55℃

发射子系统主要技术指标如表 1.11 所列。

表 1.11　发射子系统主要技术指标

载 波 频 率	2274.48MHz
天线	增益:≥ -1.5dB 方向性:全向 极化:圆极化 阻抗:50Ω 驻波比:优于 1:1.5
网络(含双工器、滤波器,四端口网络和馈线)	插入损耗:≤5dB 阻抗:50Ω 驻波比:优于 1:1.5
调制体制	PCM/DPSK
发射频率稳定度	优于 $\pm 1 \times 10^{-5}$(寿命期间)
发射频率准确度	优于 $\pm 5 \times 10^{-6}$
发射机输出谐波抑制	≥40dB
发射机输出杂波抑制	≥60dB
射频输出阻抗	50Ω
输入 PCM 码型	NRZ - L
码元不对称度	0 码元宽度与 1 码元宽度不对称度:≤10%
纠错编码	卷积码(2,1,7)和 RS 码(255,223)级联
扰码多项式	IESS308
纠错编码器输入码速率	19.2kbit/s

（续）

载波频率	2274.48MHz
基带成型升余弦滤波器滚降系数 α	=1
载波信号相位噪声	偏离载频　相位噪声 100Hz　-55dBc/Hz 1kHz　-70dBc/Hz 10kHz　-77dBc/Hz 100kHz　-82dBc/Hz 1MHz　-100dBc/Hz
功放输出功率	≥320mW
最大功耗(一次电源)	≤3.6W
体积	250 mm×240 mm×30mm
工作环境温度	-25℃～+55℃

1.4.6.2 RF 分系统的组成

纳卫星 RF 分系统由收发天线(含双工器、收/发滤波器、分路/合路器)、同频热备份的接收机、同频冷备份的发射机组成。发射机双机切换由地面测控站上行指令控制。

1）收发共用天线及网络

(1) 安装在对天面和对地面的 1 套收发共用全向天线。

(2) 2 个双工器。

(3) 2 个 RF 接收前端(接收带通滤波器和低噪声放大器)。

(4) 1 个四端口网络。

(5) 2 个发射滤波器。

2）接收机

(1) 2 个接收机 RF 模块。

(2) 2 个中频 FM 接收机。

(3) 2 个 FSK 基带处理单元。

3）发射机

(1) 2 个 RF 发射模块。

(2) 2 个纠错编码及基带加扰处理单元。

4）原理框图

遥控接收机原理框图如图 1.20 所示。

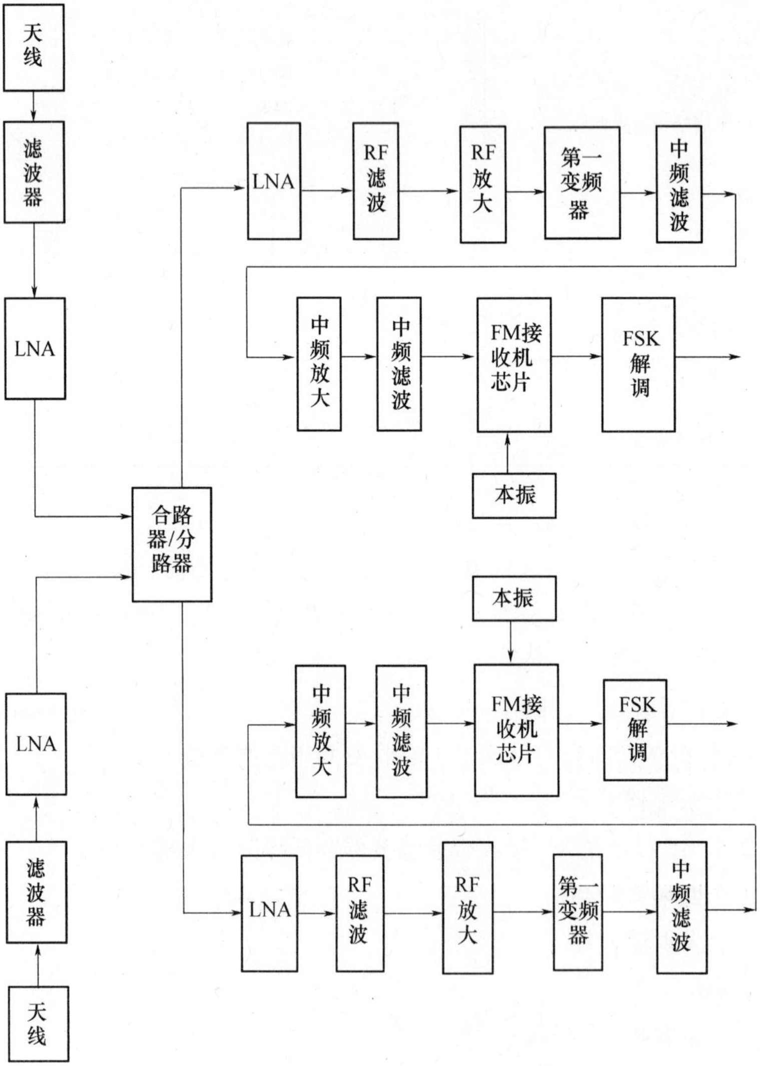

图 1.20　遥控接收机原理框图

遥测发射机是双机冷备份，遥测发射机原理框图如图 1.21 所示。

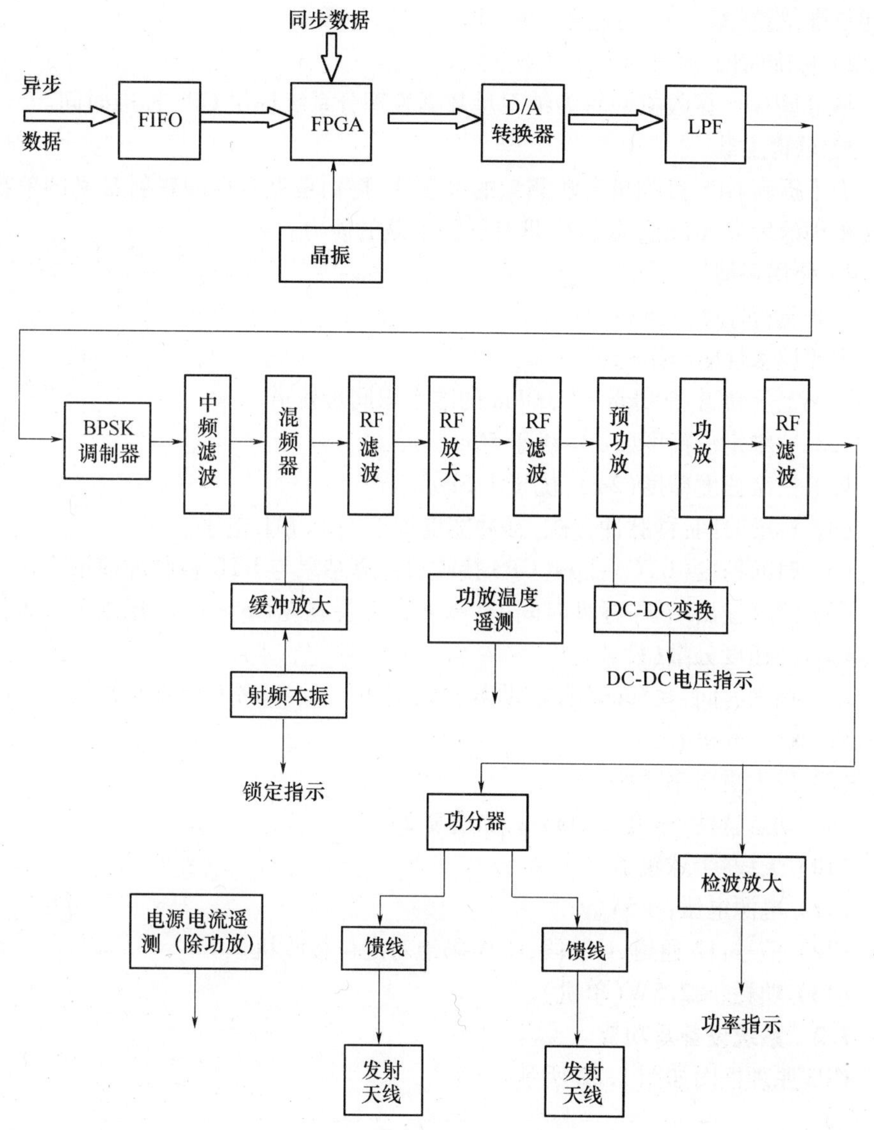

图 1.21 遥测发射机原理框图

1.4.7 GPS 分系统

1.4.7.1 系统功能要求与使用环境

1）定位与测轨

纳卫星 GPS 接收机为纳卫星进行轨道位置测量，并解算获得卫星当前位置，包括三维位置(X、Y、Z)与速度分量(V_x、V_y、V_z)等数据。

2) 标准时间

纳卫星 GPS 接收机同时为纳卫星数据管理分系统提供 GPS 标准时间。

3) 软件上载

为了提高 GPS 接收机定轨测量的可靠性,特别是克服空间辐射带来的单粒子翻转事件的后果,GPS 接收机应具有软件上载的能力。

4) 使用环境

在轨飞行速度:7.8km/s。

主要技术性能与指标:

(1) 卫星轨道:600km~1100km 的准太阳同步轨道。

(2) 三维定位精度(2σ):优于 50m。

(3) 三维速度精度(2σ):优于 1.5m/s。

(4) 标准时间:秒脉冲方式,脉冲宽度大于 1ms,TTL 电平。

(5) 时间精度(UTC):1μs(GPS 接收机计算结果与 UTC 秒脉冲前沿之差)。

(6) 解算输出结果:标准时间(秒脉冲),卫星在 WGS-84 坐标系下三维位置(X、Y、Z)与速度分量(V_x、V_y、V_z)。

(7) 捕获时间:≤3min(有辅助数据情况下);≤40min(无辅助数据且长时间关机后的首次开机)。

(8) 数据更新率:1Hz。

(9) 动态特性:速度 7.8km/s,加速度 $2g$。

(10) 天线:半球覆盖。

(11) 电源电压:+5V。

(12) 信号:12 通道,L 波段,C/A 码绝对定位接收机。

(13) 功耗:≤2.5W(单机)。

1.4.7.2 系统设备及功能

GPS 原理框图如图 1.22 所示。

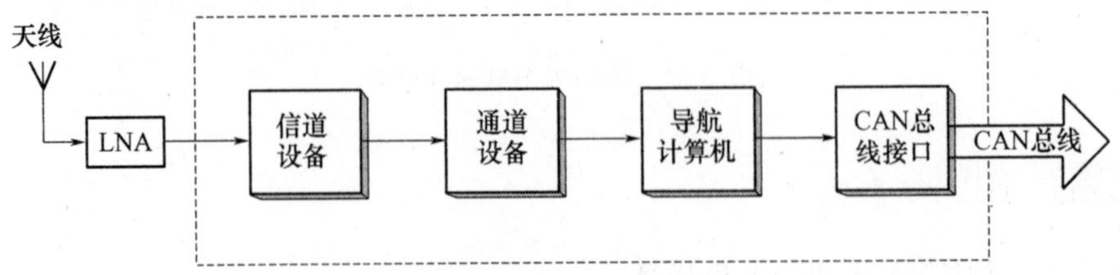

图 1.22 GPS 原理框图

1）信道设备

信道设备完成信号的放大、滤波、变频及 A/D 转换功能，主要由基准源、下变频组合、宽带中频组合等组成。其中 GPS 接收机信道原理图如图1.23 所示。

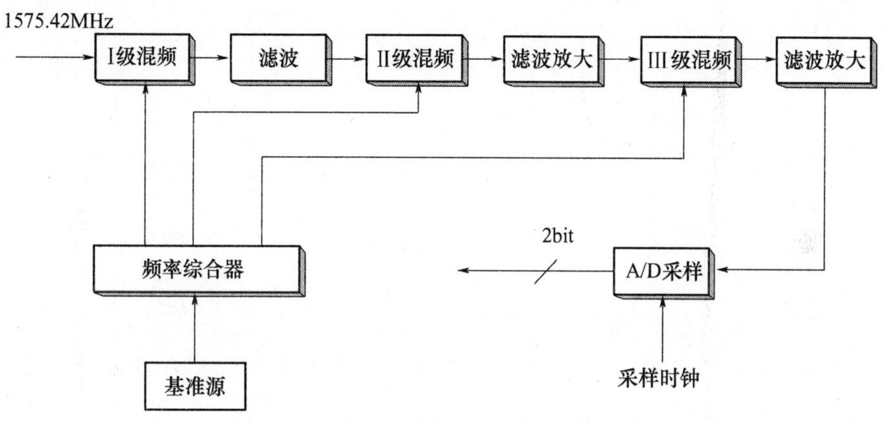

图 1.23　GPS 接收机信道原理图

2）通道设备

通道设备包括扩频解扩的通道处理器，通道处理器包含 12 个通道。每个通道包含如下功能模块：载波 NCO、码 NCO、C/A 码产生器、载波相关器、码相关器。

GPS 接收机通道设备原理图如图 1.24 所示。

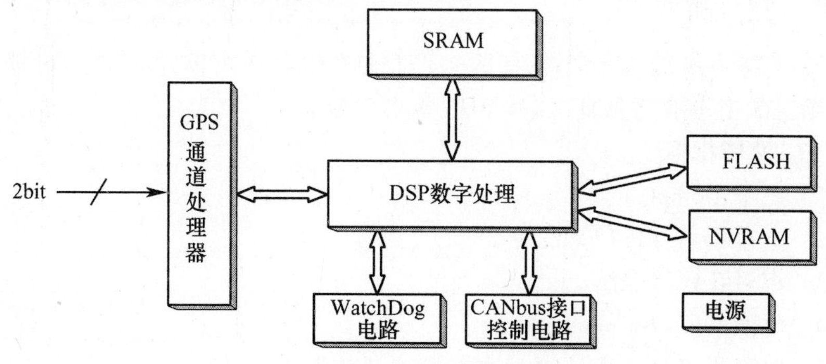

图 1.24　GPS 接收机通道设备原理图

GPS 通道处理器内部原理框图如图 1.25 所示。

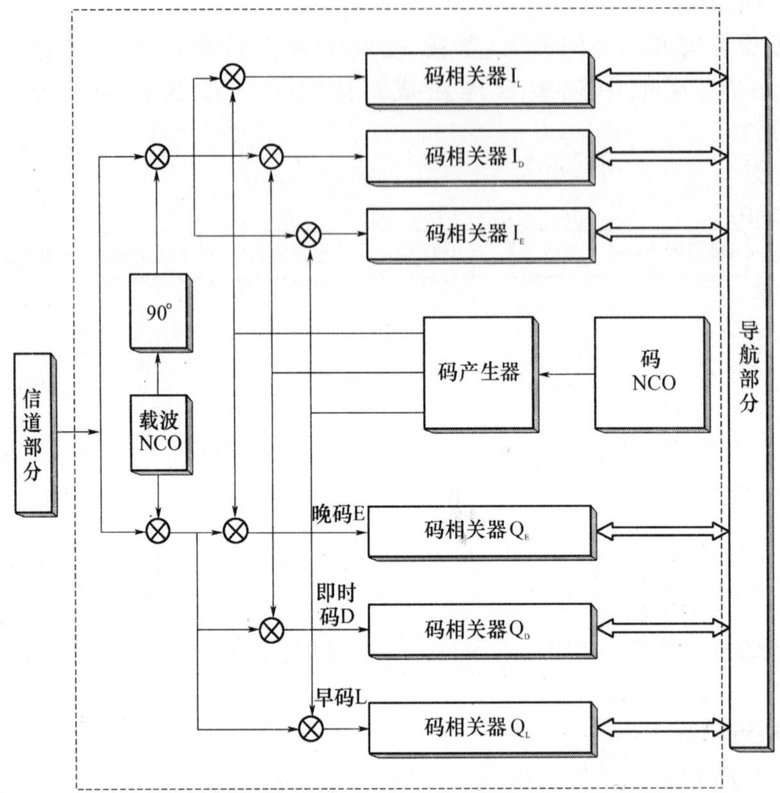

图 1.25 GPS 通道处理器内部原理框图

1.4.8 相机分系统

NS－1 纳卫星的飞行任务有两个：对地照相和飞行演示试验。对地照相由 NS－1纳卫星上的有效载荷——CMOS 相机完成。

1.4.8.1 性能指标

(1) 焦距：50mm。

(2) 全视场角：11.7°×11.7°。

(3) 相对孔径：1∶4。

(4) 成像谱段：400nm～800nm。

(5) 地面像元分辨力：110m(与轨道高度有关)。

(6) 地面覆盖：113km×113km(与轨道高度有关)。

(7) 功耗：<0.7W。

(8) 体积：<140mm×80mm×80mm。

1.4.8.2 相机结构

由于纳卫星结构尺寸的限制，相机体积必须小于 140 mm × 80 mm × 80mm，其中镜头部分约 ϕ70mm ×80mm，电子系统尺寸小于 60mm ×80mm ×80mm。因此电路板尺寸不大于 80mm ×80mm，必须采用多块电路板叠装在一起才能实现。初步定为 3 块电路板。相机总体结构如图 1.26 所示。

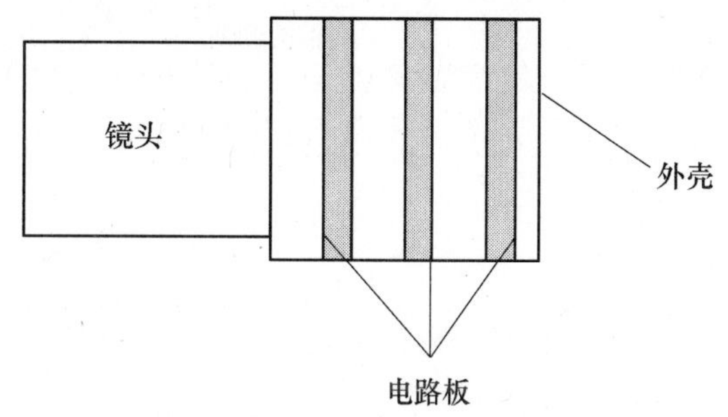

图 1.26 相机总体结构

1.4.8.3 光学模块

相机的镜头是整个相机的关键部件之一，其成像质量、调焦能力、自身结构力学与热力学稳定性、光学和结构材料组成等都关系到最终成像质量，从商业镜头中筛选时要严格把关。对其要求如下：

(1) 性能参数和成像质量满足指标要求。

(2) 结构均由金属材料构成。

(3) 光学零件均由玻璃材料构成，且温度在 -200℃ ~ +500℃ 正常工作。

(4) 调焦环的螺丝与镜筒上的螺丝之间不能有柔性耐磨材料。

(5) 质量小于 250g。

1.4.8.4 相机电子系统设计

纳卫星 CMOS 相机电路组成模块如下：

(1) 成像模块：根据微控制器的指令，在 FPGA 控制下完成对地成像和图像数据的存储功能，并在 TTC 控制器要求下输出图像数据。

(2) 微控制器：完成相机系统的电源开关控制及温度、电流的检测，并与 OBC 通信，完成相机控制和数据传输功能，相机电子系统框图如图 1.27 所示。

整个相机系统包括镜头、CMOS 传感器、FPGA、SRAM 和控制器共 5 部分。其中 FPGA 负责 CMOS 传感器的控制和数据存储输出工作。控制器负责接收外部控制指令并按照指令内容控制 FPGA 的动作，同时负责图像的对外输出。控制器与外部的通信接口为 CAN 总线。

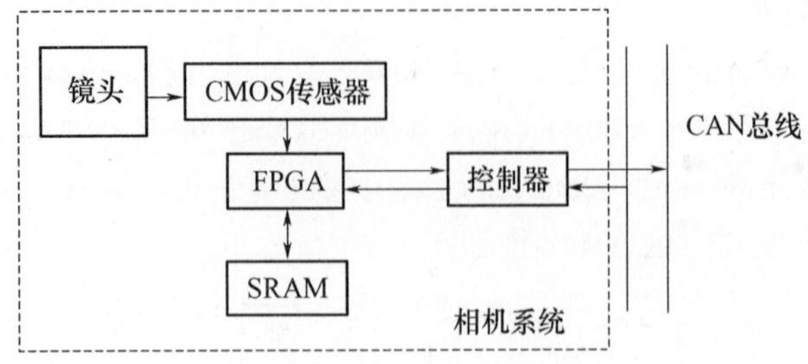

图1.27 相机电子系统框图

1.4.9 推进分系统

NS－1纳卫星推进分系统的任务：提供速度增量，以保持卫星轨道或实现卫星变轨。

性能要求如下：

(1) 系统：液化推进系统，系统总冲不小于200N·s。

(2) 系统质量(含推进剂)：(1.3±0.1)kg。

(3) 系统配置：贮箱1个，推力器组合1主1备，其他部件若干(加注阀1个、压力传感器2个、温度传感器2个、过滤器1个、系统隔离阀2个、管路若干)。

(4) 推力器推力大小：50mN～100 mN。

(5) 系统工作方式：脉冲工作(t_{10}，t_{90})，最小冲量0.75mN·s，开关次数不小于10^5；连续工作(最长开机时间5min)，开关次数不小于10^4。

(6) 功耗：工作时平均功耗2.6W，峰值6W。

(7) 温度：－25℃～＋55℃。

(8) 安全性：充分考虑安全系数、相容性要求，具有2个或以上禁止功能。

(9) 可靠性：0.99(半年末)。

1.5 电磁兼容性设计与推进分系统安全设计

1.5.1 电磁兼容性设计

纳卫星电磁兼容性设计是保证星上各分系统互相协调工作，满足各项电性能指标的重要措施之一，这主要通过接地、屏蔽、隔离、电源输出阻抗、分系统间的接口协调和控制来实现。电磁兼容性测试是检验设计效果的重要手段。

电磁兼容性设计要求如下。

1）接地和隔离

（1）系统使用以二次电源为主，各设备要分清模拟地和数字地，二者在设备内回线单点接地，再以最短通路将此点与卫星系统接地点连接。

（2）屏蔽电缆，一般通过尾罩接地，特殊时可使用插针连接到设备机壳的接地点上。

2）搭接

在金属结构中往往采用搭接的方法来减少它们中的地基准面的阻抗。

星体结构件间搭接时的阻抗不大于 2.5mΩ。

电器设备的外壳应成等电位，并与星体结构搭接。搭接处电阻不大于 10mΩ，插座的外壳也应保证与星体结构间的搭接电阻不大于 10mΩ，太阳帆板与结构间的搭接界面电阻不大于 30Ω。

曝露在星体外的部件应防止由绝缘外表引起空间等离子体充电。也可以采用搭接来使机械部件和热控包敷层与星体结构间的接触电阻满足要求。

3）电缆铺设

为了满足辐射发射和敏感度的要求，应使用屏蔽、双绞电缆以及正确的电缆，应尽量将线缆束分类；将这些线数分类绑扎，分开走向，并在必要时将其隔离；设备内部的走线也应使信号线与电源线分开。

4）屏蔽

对电子设备的连线应加以屏蔽，以减少电磁干扰的影响，应对机壳、电缆采取不同的屏蔽方法。

5）信号电接口设计要求

对于接收机型的接口电路和发射机型接口电路分别采用不同的抗扰电路，以保证最小的干扰。

6）电源输入滤波器的要求

在滤波器设计时应考虑各种因素产生的纹波电压和纹波电流所引起的干扰。

7）电磁兼容性试验

关于电磁兼容性测试要求与测试对象、测试项目、传导发射和敏感度及辐射发射和敏感度所规定的极值大小等有关，具体要求见相关文件[14]。

1.5.2 推进分系统安全设计

推进分系统是一个高压、有毒系统，为了保证人员、整星、运载火箭以及卫星发射场地的安全，分系统必须进行安全设计。

1）关键部件结构及材料

贮箱、承压管道及部件必须留有一定的安全系数。

直接暴露或由于单点故障暴露到有害推进剂中的材料，压力传感器、阀门等与推进剂接触的材料，必须考虑相容性设计要求。

2）电源通断与保险

卫星加电时应不产生误指令启动推力器。

推力器不会在意外电干扰和误动作时启动。

为防止系统在卫星入轨前出现故障，在系统和分系统设计上必须保证有两个以上串联、独立的保险（禁止功能）。

3）加注

推进分系统的挤压气体与推进剂的加注在发射场地的加注间完成，以避免在加注过程中可能出现的推进剂泄漏污染。

1.6 NS－1 纳卫星的技术特征和特征参数分配

1.6.1 主要技术特征

NS－1 纳卫星主要总体技术指标见表 1.12。

表 1.12 总体技术指标

轨道	类型	太阳同步轨道
	高度	599km
	偏心率	0.00017
	周期	96.66min
	降交点地方时	11:00AM
发射	运载火箭	CZ－2C
	发射方式	搭载发射
构型	本体包络尺寸	ϕ400mm×440mm（不含星箭适配器）
质量与功耗	质量	（25±1）kg（不含星箭适配器）
	长期功耗	约 10W（正常模式）
寿命与可靠性	工作寿命	6 个月
	设计可靠性	大于 0.65（6 个月末，最小系统）
相机	传感器	CMOS
	光谱范围	0.4μm ～0.78μm
	像素数目	1024×1024
	光学镜头焦距	50mm
	光学 F 数	2.8～4
	图像灰度等级	256
	视场角	11.7°
	星内传输方式	CAN 总线

（续）

GPS 接收机	12 通道	通道数
	测距精度（2σ）	优于 50m
	测速精度（2σ）	优于 1.5m/s
	时间精度	1μs
	捕获时间	≤3min（有辅助数据情况下）
	数据更新率	1Hz
电源	供电体制	太阳电池阵—蓄电池组联合供电
	母线电压	14 V
	太阳电池阵	体装，共 7 块帆板（六侧面、一顶面）
	单块帆板尺寸	182.5mm×440mm（侧面），182.5 mm（顶面，六边形）
	太阳电池片尺寸	40mm×20mm×0.175mm
	太阳电池片类型	单结砷化镓
	太阳电池片平均转换效率	18.5%
	太阳电池片数量	455 片
	每块帆板输出功率	侧面：>13.4W，顶面：>6.7W（AM0，25℃）
	蓄电池类型	NiCd 电池
	蓄电池单体个数	10 节
	蓄电池单体容量	3 Ah
	蓄电池放电深度	40%（最大）
	二次电源	+5V/+12V/-12V
姿态控制	控制方式	三轴稳定（偏置动量稳定+磁控）
	姿态测量精度（3σ）	±1°
	姿态控制精度（3σ）	±2°
	姿态稳定度（3σ）	0.02°/s
	执行机构	动量轮（1 个）和磁力矩器（4 个）
	敏感器	磁强计（2 个）
推进	推进剂贮箱数目	1
	推力大小	50mN～100mN
	推进剂类型	液氨
	系统质量（含推进剂）	(1.3±0.1)kg
	推力器数量	1
	总冲	≥200N·s

（续）

数据管理	TTC 分系统 指令容量 模拟量遥测通道数 状态量遥测通道数 模拟量测量精度	 34 路 46 路 16 路 1%
	OBC CPU 主频 EPROM RAM 星内通信方式	 SA1110 133MHz 512KB 6MB(数据)+1.5MB(程序) CAN 总线,UART,HDLC
MIMU	加速度计零偏	< ±7mg
	加速度计零偏稳定性	30μg (3 个月)
	加速度计标度因子	(1.25 ±0.10)mA/g
	加速度计标度因子稳定性	80×10^{-6}(3 个月)
	加速度计测量范围	±25g
	加速度分辨力	<10 -5g
	陀螺线性度	<0.05% 量程
	陀螺标度因子	50mV/((°)/s)
	陀螺分辨力	<0.004/((°)/s)
	陀螺输出噪声	<0.02°/(s · $\sqrt{\text{Hz}}$)
	陀螺测量范围	±100°/s
测控与通信	遥控 接收机数量 载波频率 调制体制 码速率 误码率 接收机指令解调灵敏度	 双机热备份 2094.417MHz PCM/CPFSK 9.6kbit/s 1×10^{-6} -108dBm
	遥测 调制体制 发射机数量 载波频率 频率稳定度 纠错编码 码速率 发射功率	 PCM/DPSK 双机冷备份 2274.480MHz 优于 $\pm1\times10^{-5}$ 卷积编码(2,1,7),RS(255,223) 19.2kbit/s ≥320mW

（续）

测控与通信	天线 天线形式 增益 方向性 极化 阻抗 驻波比	发收各 2 个 ≥ -1.5dB 全向 圆极化 50Ω 优于 1:1.5
	网络（含双工器、滤波器，四端口网络和馈线）	插入损耗：≤5dB 阻抗 50Ω 驻波比优于 1:1.5
结构	基本承力方式 太阳电池基板 模块盒	穿接模块盒 铝蜂窝夹芯铝面板 铝合金
热控	方式 温度范围（舱内） 蓄电池 星外组件	被动和主动相结合 -25℃ ~ +55℃ 0℃ ~ +40℃ -80℃ ~ +80℃

1.6.2 特征参数分配

1.6.2.1 纳卫星质量分配及质量特性

纳卫星的质量分配表见表 1.13。

表 1.13 纳卫星质量分配

组件名称	质量/g	数量	总计/g	备 注
有效载荷舱	7052	1	7052	包括：有效载荷舱模块盒，推进系统，MIMU 模块，电池组，动量轮，相机，RF 天线
BCR 模块盒	1408	1	1408	包括：BCR 模块盒，BCR 电路板，模块盒底板，Z 轴磁力矩器
PCM/PDM 模块盒	1458	1	1458	包括：PCM/PDM 模块盒结构件，PCM/PDM 电路板
RF 模块组件	4902	1	4902	包括：RF0 模块和 RF1 模块
GPS 模块盒	724	1	724	
OBC 模块盒	878	1	878	包括：OBC 模块盒结构件，OBC 电路板

(续)

组件名称	质量/g	数量	总计/g	备　注
TTC 模块盒	1052	1	1052	包括:TTC 模块盒结构件,TTC 电路板
ADCS 模块盒	1016	1	1016	包括:ADCS 模块盒结构件,ADCS 电路板
模块盒盖板组件	968	1	968	包括:推进系统线路盒,模块盒盖板,侧面帆板固定角架
顶面帆板组件	994	1	994	包括:顶面帆板,磁强计,GPS 天线,RF 天线
侧面帆板(带磁力矩器)	610	3	1830	
侧面帆板(不带磁力矩器)	418	3	1254	
电缆网	930	1 套	930	包括:总线电缆网和推进电缆
其他结构连接件		若干	438	包括:连接螺杆,套筒,定位销
卫星飞行质量总计			24904	
星箭适配器	4266	1	4266	
卫星运载质量总计			29170	

1.6.2.2 纳卫星电源系统动态仿真

NS-1 构型为正六棱柱,模拟计算出的转动惯量为[0.67,0.68,0.44]。

安装的太阳电池阵面积如下:

(1) 侧面(6 块):40mm×20mm×70mm。

(2) 顶面(1 块):40mm×20mm×35mm。

动态模拟电源供求状况时的输入条件如下:

(1) 轨道高度:600km。

(2) 降交点地方时:11:00AM。

(3) 侧面电池阵输出功率(实测):14.16W。

(4) 顶面电池阵输出功率(实测):7.08W。

卫星与运载分离时,星体的三轴角速率均不大于4°/s,姿态角不确定。据此确定仿真计算的初值如下:三轴角速率取4°/s 或 -4°/s;三轴姿态角在 -180°~180°之间任意取值。计算的结果显示(图1.28),当卫星处于自由翻滚状态时,以上所有情况中电源供应较差的初始姿态为(40°, -40°, -40°),初始角速率为(4°/s,4°/s,4°/s)。

此初始条件下帆板能够提供的光照区平均功率为21.8W,全轨道平均功率为13.9W。帆板在三轴稳定后能够提供的光照区平均功率为23.8W(图1.29),全轨道平均功率为15.2W。

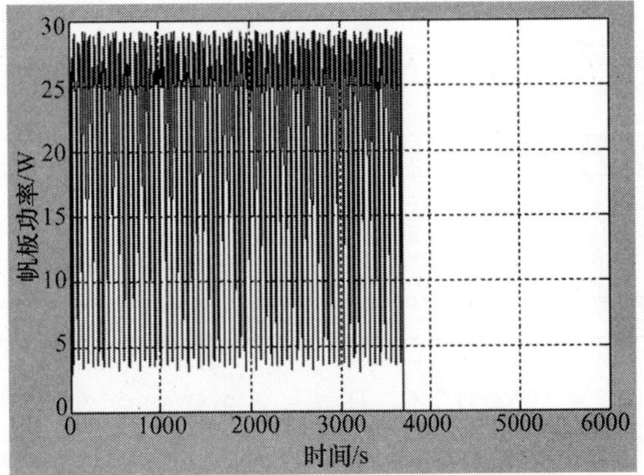

图1.28　自由翻滚状态一个轨道周期的帆板功率输出

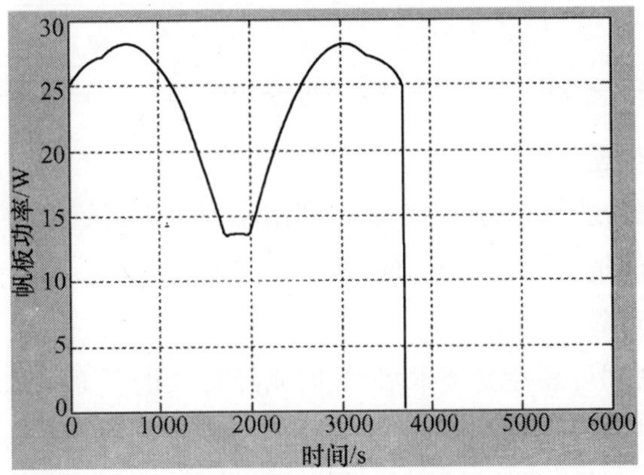

图1.29　三轴稳定状态一个轨道周期的帆板功率输出

1.6.2.3　纳卫星功率分配和能源裕度

纳卫星功率分配和能源裕度见表 1.14 和表 1.15。

表 1.14　纳卫星功率分配

分系统或仪器	长期功耗分配值/W	短期功耗	
		功耗/W	工作时间/min
电源	<2.5		
TTC			
RX(双机热备份)	4		
TX(单机)	2.6		分离后及每次过顶
OBC	<1.5		

（续）

分系统或仪器	长期功耗分配值/W	短期功耗	
		功耗/W	工作时间/min
姿态控制	<2.9		
相机		0.41(照相)0.65(传输)	<10min/次
MIMU		<2.4	<2min/次
推进		2.65	<5min/次
GPS 接收机		2.5	<5min/次

表 1.15 纳卫星能源裕度

工作状态	等效一次电源需求/W	帆板输出需求/W	能源裕度/W	说 明
最小系统（发射机常开）	<9.1	10.71	3.19	入轨模式使用
平台（发射机不常开）	<10.9	12.82	2.38	平台测试和姿态捕获模式使用

1.6.2.4 推进剂分配

纳卫星推进系统为试验载荷，主要为利用小卫星进行组网做技术储备，可以用于卫星轨道修正、轨道保持等任务，推进剂为 0.3kg。

1.6.2.5 纳卫星可靠性分配

纳卫星的寿命和可靠性受技术水平、研制经费及进度等制约，因此必须确定一个既有一定的先进性，又通过努力可能实现的可靠性指标。纳卫星是技术密度非常高的小卫星平台，为此必须采用可靠性设计，设计原则如下：

(1) 加强电子线路的一体化设计，增强电子系统的集成度。

(2) 采用经过筛选的高集成高可靠电子元器件，减少电子元器件使用数目。

(3) 充分利用经过飞行验证和地面严格环境考核的设计。

(4) 在电子线路中采用冗余设计。

纳卫星分系统可靠性指标如表 1.16 所列。

表 1.16 纳卫星分系统可靠性指标

分系统或仪器	飞行可靠性	分系统或仪器	飞行可靠性
结构	0.995	数管	0.97
热控	0.995	相机	0.98
电源	0.97	GPS 接收机	0.98
测控通信	0.97	MIMU	0.99
姿态控制	0.95	整星	>0.65(最小系统)
推进	0.99		

1.7 NS-1纳卫星研制技术流程

NS-1纳卫星的研制技术流程,如图1.30所示。

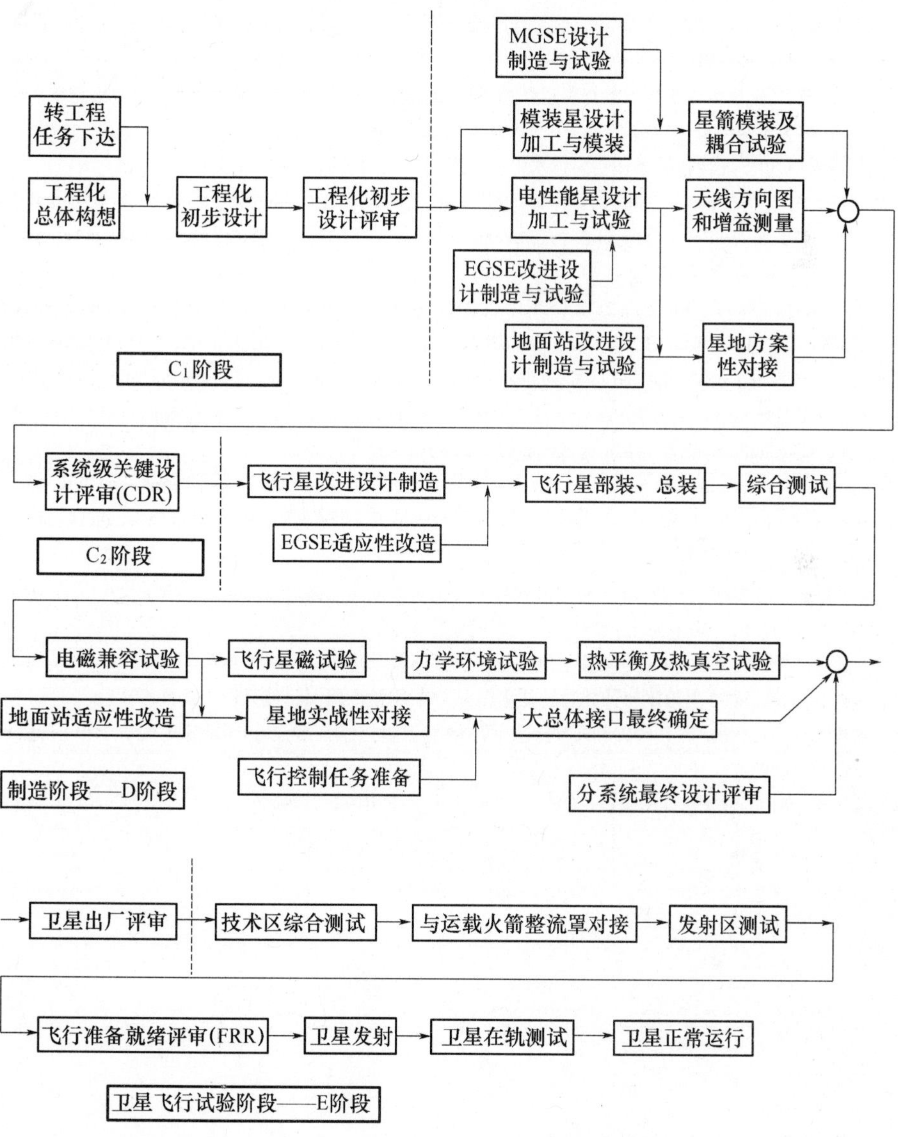

图1.30 纳卫星研制技术流程框图

参考文献

[1] 王希季,李大耀. 卫星设计学[M]. 上海:上海科学技术出版社. 1997.

[2] (美)Janes R Wertz, Wiley J Larson. 航天任务的分析与设计(上册、下册)[M]. 王长龙,等译. 北京:航空工业出版社,1992 年.

[3] 余后满,范含林. 航天器总体设计技术成就与展望[J]. 航天器工程,2008,17(4).

[4] 彭成荣. 航天器总体设计[M]. 北京:中国科技出版社,2010.

[5] 尤政,李涛. CMOS 图像传感器在空间技术中的应用[J]. 光学技术,2002,28(1):31 -35.

[6] Sweeting M N, Chen Fang - yun. Network of low cost small satellites for monitoring & mitigation of natural disasters[C]. 47th International Astronautical Congress, Beijing 7 - 11 October 1996, paper number IAF -96 - C. 1.09.

[7] Yuksel G, Ozkaptan C, Orlu U, et al. BILSAT -1: A low - cost, agile, earth observation microsatellite for Turkey [C]. IAF -01, IAA, 11. 4. 01, 53rd International Astronautical Congress, Houston TX, USA, October 2002.

[8] Sweeting M N. Micro satellite and mini satellite programmes at the University of Surrey for Effective Technology Transfer & Training in satellite engineering[C]. Xi' an, China: Proceedings of the International Symposium on Satellite Communications and Remote Sensing, 20 -22 September 1995.

[9] Underwood C, Richardson G, Savignol J. SNAP -1: A low cost modular COTS - based nano - satellite—design, construction, launch and early operations phase[C]. Logan UT, USA: 15th Annual Small Satellite Conference, August 2001.

[10] 蒋洵,熊剑平,尤政. 利用 FPGA 实现模式可变的卫星数据存储器纠错系统[J]. 电子技术应用,2002,28(8).

[11] 丁延卫,付俊明,尤政. 纳卫星热控系统设计与仿真[J]. 系统仿真学报,2006(1).

[12] 熊剑平,尤政. 微小卫星平台公共总线技术——CAN 网络应用[J]. 航天器工程,2000(1).

[13] 尤政,于世洁,林杨. 基于 CMOS 图像传感器的纳型卫星遥感系统设计[J]. 清华大学学报(自然科学版),2004(8).

[14] 吕仁清,等. 电磁兼容性结构设计[M]. 南京:东南大学出版社,1990.

第 2 章　微纳卫星总体多学科设计优化

2.1　概　述

目前,卫星技术发展的一个趋势就是利用新技术新思想来设计研制越来越轻、越来越小的卫星,即微纳卫星。随着卫星一体化、柔性化设计等方法的应用,微纳卫星集成度越来越高,各学科之间的耦合关系越来越强,因此微纳卫星和传统卫星一样,其设计不可避免地成为一个反复迭代的过程。

如何充分利用卫星各分系统之间的协同作用、获得卫星的整体最优设计、有效降低卫星研制成本、提高卫星性能,一直是卫星设计和使用部门关心的主要问题。然而对于微纳卫星而言,其快速、低成本的特性决定了微纳卫星的设计和传统卫星有显著的区别。传统的卫星总体设计在处理此类问题时,常将卫星各个分系统、卫星本体与卫星大系统等割裂开来,过多地依赖专家经验;这在微纳卫星的设计过程中,则对系统的整体设计性能极为不利,使卫星设计周期加长,开发成本增加。

为了实现微纳卫星设计快、好、省、可靠的目标,在不断开发和应用新技术的同时,必须改变传统的设计模式,研究和应用新的设计方法。多学科设计优化方法提供了一种充分实现各学科间的综合协调来设计优化卫星系统的崭新思路。

微纳卫星总体设计思想的两个基本出发点可以表述为:获得所需的功能和适应外部环境。实现一种卫星所要求的功能可以有多个总体设计方案,因此必须进行多方案比较、综合和选优。而满足功能要求的卫星总体设计方案不一定都能适应卫星所处的外部环境,因此还必须使卫星适应其所处的工程系统环境和社会环境以及自然、人工环境等,这就给卫星总体设计带来了很多约束和限制性条件。

微纳卫星系统设计与优化技术是根据卫星系统的任务需求和约束条件,采用系统工程的方法优选卫星系统总体方案,研究确定卫星系统的构成及其各组成分系统的特性,确定各分系统间相互作用和相互影响的功能、性能和接口,并拟定、协调、优选和控制系统的各项技术状态参数和性能指标,使系统方案达到设计要求的过程。卫星系统设计与优化技术中包括系统结构描述与设计优化的方法论及各种规范[1]。

本章讨论的微纳卫星多学科设计优化方法,最终目的是要建立一个人机协同、能有效帮助卫星总体设计与优化的综合计算系统,可以大大缩短微纳卫星的设计周期、有效降低风险。相关思想和方法经过改进后也可以用于传统卫星的设计过程之中,实现技术的深入应用和发展,从而促进航天器设计技术的进步。

2.1.1 复杂系统建模方法

对复杂系统进行分析和设计的科学方法对于系统分析、设计、集成、运行的成败具有重要意义。随着研究问题复杂度的增加和考察对象规模的增大,产生了一系列新的复杂系统分析设计方法,如 IDEF0 系列方法、体系结构框架技术,以及 OODM(面向对象的数据模型方法)[2]等多种建模方法。

2.1.1.1 IDEF 系列建模方法[3]

IDEF 系列方法是美国空军在 20 世纪 70 年代末在结构化分析和设计方法基础上发展的一套系统分析和设计方法,目前已广泛用于制造系统、航空航天系统的分析设计。常用的 IDEF0 ~ IDEF4 的建模方法组成见表 2.1。

表 2.1　IDEF 系列建模方法

IDEF0	系统结构或功能建模
IDEF1	系统信息建模
IDEF2	系统仿真模型设计
IDEF3	系统过程流及对象状态描述获取
IDEF4	面向对象设计

其中,IDEF0 建模方法用来描述复杂系统的功能活动及其联系,其基本思想来自于结构化分析方法以及系统论和信息论。

IDEF0 方法能同时描述系统及其各部分之间的相互关系。用 IDEF0 建模方法对复杂系统分析设计形成的描述系统结构及功能的模型,称为 IDEF0 图。IDEF0 方法用自顶向下逐层分解的方式构造模型,通过层层分解后,系统的结构、各子系统之间复杂的相互关系通过规范的图形描述就逐渐清晰。

2.1.1.2 体系结构框架技术 AFT

“体系结构”指系统的组成结构及其相互关系,是指导系统设计和开发的原则。“体系结构框架”是用于规范体系结构设计的指南。

美国总结了以 C^4ISR 为代表的复杂军事系统开发经验，于 1996 年颁布了《C^4ISR 体系结构框架标准》[4]，2003 年美国又颁布了《DoDAF 体系结构框架标准》[5]，为军事系统的开发提供了具有划时代意义的系统工程思想。AFT 已成为美军进行武器装备系统顶层设计的重要手段，有力支持了军队转型和信息化装备体系的建设。一些国家和地区纷纷效仿并开展 AFT 研究，推动了研究和实践的不断深入，体系结构工具、数据模型、知识库等也不断发展和完善。

目前，美国等一些国家已经建立了一整套实用的系统工程技术，形成了配套的支撑工具、软件平台，如 DOORS、System Architect、TAU G2、DOCExpress 等，并取得了许多复杂系统开发实践经验。

2.1.2 国内卫星系统设计与优化技术现状

我国的空间技术历经 50 多年的发展，已经形成了一套长期实践证明可行的系统设计方法、标准和规范，如卫星总体设计规范、通信卫星通用规范、卫星轨道设计准则、航天器系统设计评审数据包指南、卫星可靠性设计指南等标准。在我国卫星系统不同的研制阶段里，基本的系统工程过程包括系统任务分析、功能分析与分配、设计综合、系统验证，以及相应的系统工程管理活动。其中，设计综合就是开展系统设计与优化，即按照从功能分析与分配过程中得到的系统功能性能描述，在综合考虑各种相关工程技术影响的基础上，发挥工程创造力，研制出一个能够满足要求的、优化的系统物理结构。我国已具备的验证方法包括分析（建模和仿真）、演示验证和试验（地面和在轨飞行）。

国内新型号航天器的研制一般分为 7 个阶段：立项论证阶段、可行性论证阶段、方案设计阶段、初样研制阶段、正样研制阶段、应用试验阶段、改进阶段。

下面以清华大学设计并实现发射和在轨运行的 NS－1 纳卫星的研制流程为例，对一种有代表性的微纳卫星设计流程进行简要介绍。

NS－1 纳卫星于 2004 年 4 月 18 日发射，其研制流程如图 2.1 所示。根据研制总要求制定纳卫星总体技术方案后，并行开展纳卫星平台设计、有效载荷设计、可靠性设计和发射轨道方案设计。其中纳卫星平台和有效载荷设计由各个分系统及部件的设计制造组成，在其中融入可靠性设计思想，进而进行整体安装和测试。最终根据任务要求选择适当的轨道方案和发射工具，并进行测试和发射。

如图 2.2 所示，微纳卫星系统是一个具有多个子系统、涉及多个学科计算的复杂体系，而各子系统、各学科之间存在大量的耦合关系，需要统筹考虑，使综合设计在可行的基础上达到最优。各分系统的耦合关系可用系统设计结构矩阵表示。

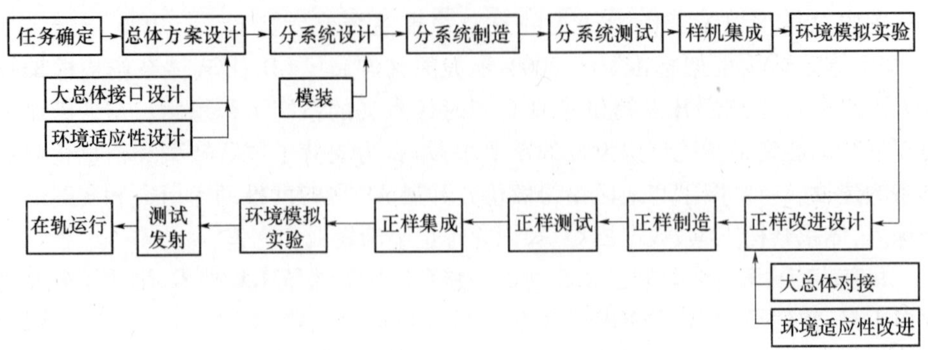

图 2.1　NS－1 纳卫星研制流程

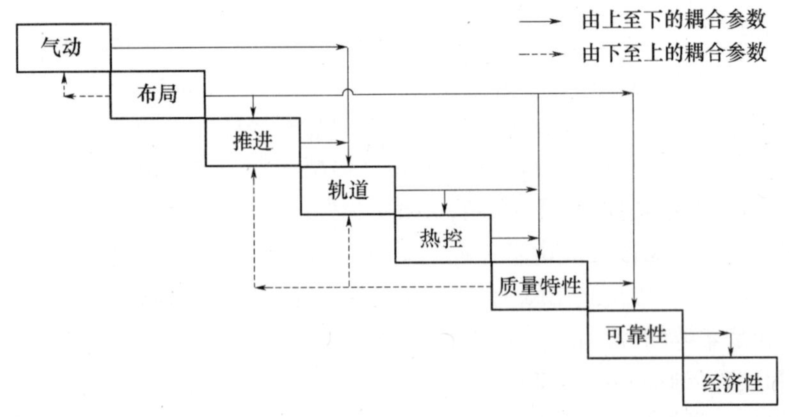

图 2.2　某纳卫星设计结构矩阵

因此,微纳卫星总体设计优化实质上是一个多学科综合设计与优化的过程,它根据卫星总体和各分系统或学科设计参数之间的相互作用与相互联系,考虑从微纳卫星整体性质和功能出发得出的优化准则,以及整星的各个组成要素对总体的约束,对微纳卫星总体和分系统(或学科)进行设计与优化。近年来迅速发展的多学科设计优化技术,在处理复杂耦合系统的多目标优化设计方面具有突出的优点,特别适用于微纳卫星系统的总体设计。

2.2　微纳卫星多学科设计优化方法

2.2.1　微纳卫星多学科设计优化方法概述

微纳卫星多学科设计优化(MDO)作为一个研究领域,于 20 世纪 80 年代后期逐渐形成。从 1986 年第一届“多学科分析与优化”研讨会[6]（至今每两年一次）开始，国际上已经形成了 MDO 的研究热潮，包括大学、研究所、公司等在内的许多研究机构都投入到了对 MDO 技术的研究中来，得到了众多的研究成果，并且从理论研究不断向工程应用转化。AIAA/NASA/USAF/ISSMO 等多家机构成功举办了 MDO 领域的多个国际性学术会议，如每两年举办一次的世界结构与多学科优化大会等。

1991 年，AIAA 多学科设计优化技术委员会（MDO TC）发表了 MDO 研究现状的白皮书，阐述了 MDO 的各个方面，为 MDO 的研究指明了方向。所给出的 MDO 定义为：一种通过充分探索和利用系统中相互作用的协同机制来设计复杂系统和子系统的方法论。MDO 的主要思想：$\Delta_{\text{Design}} = \left(\sum_{i} \Delta_{\text{Discipline},i}\right) + \Delta_{\text{MDO}}$，即整体大于各部分之和[7]。

一般来说，微纳卫星总体设计优化问题可以在数学上描述为

$$\begin{aligned} &\max/\min F(X) \\ &\text{s.t. } a_i \leqslant g_i(X) \leqslant b_i \end{aligned} \tag{2.1}$$

式中：$F(X)$ 为目标函数；$g_i(X)$ 为约束条件；X 为设计变量。

美籍波兰裔科学家 Sobieski 最早对 MDO 的概念单元进行了阐述[8]，之后 MDO 技术委员会对其进行了修改[9]，增加了“管理和文化实施”类，全面概括了 MDO 研究与工业应用的各个方面，如表 2.2 所列。国防科技大学的陈琪锋[10]总结并详尽阐述了各概念单元的具体内容和要求。

表 2.2　MDO 的概念单元

信息管理与处理	分析能力与近似	设计程式与求解	管理与文化实施
MDO 构架与体系结构； 数据库、数据流及标准； 计算需求； 设计空间可视化	分析和灵敏度能力； 参数化几何建模； 近似与修正过程； 广度与深度要求； 高逼真度分析和试验的有效集成	设计问题的目标； 设计问题分解与组织； 优化过程和假设	组织结构； 一体化产品开发团队中 MDO 的实施； 接受、确认、成本和收益培训

如图 2.3 所示[11]，方框显示出各个设计阶段在微纳卫星设计周期中所占的比重，“卫星已知信息”曲线表示随着设计进程的推进，各种信息不断被确定，设计自由度则不断减少。多学科设计优化方法使用后期望使曲线上移至虚线位置。在总体方案和初步设计阶段需要引入更多的知识以提出更加合理的设计，设计后期需要更多的自由度并使对于微纳卫星设计方案的修改成为可能。

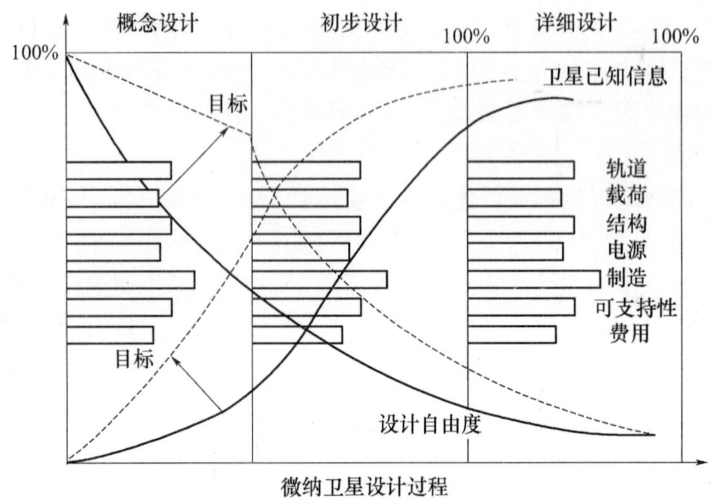

图 2.3　MDO 方法在微纳卫星设计过程中的作用

2.2.2　MDO 方法的发展方向

微纳卫星 MDO 技术通过充分探索和利用微纳卫星系统中的相互作用的协同机制，考虑各学科（子系统）之间的相互作用，从整个系统的角度优化设计复杂的微纳卫星系统。该技术的基本指导思想为：利用合适的优化策略组织和管理优化设计过程，通过分解、协调等手段将复杂系统分解为与现有工程设计组织形式相一致的若干子系统，利用工业界现有的各学科分析设计工具，在分布式计算机网络环境中集成各学科或子系统已有的丰富知识与经验，对复杂系统进行综合设计，以达到缩短设计周期、降低开发成本、提高产品品质和竞争力的目的[12]。

概括起来，MDO 的研究主要分为三大方面：面向设计的多学科分析设计软件的集成；有效的 MDO 方法，实现多学科并行设计，获得系统最优解；MDO 分布式计算的支持环境。

作为 MDO 技术的一个重要的研究方向，MDO 开发环境的研究取得了很大的进展，一系列基于 MDO 思想的工程开发系统先后投入使用，有的还进入了商业市场。国外的软件企业在实现了部分学科的综合优化设计基础上，开发出了如 iSIGHT、Modelcenter、Optimus、BossQuaur 等世界著名的可完成 MDO 过程集成的商业多学科优化软件并广泛应用。表 2.3 列出了部分热门的 MDO 商业软件和相应的开发商。

表 2.3　部分可进行 MDO 计算的商业软件

通用计算工具	嵌入式优化工具	过程集成工具
Excel(Microsoft) MATLAB(Mathworks) Mathematica(Wolfram)	SolidWorks – Cosmos GENESIS(VRD)	ModelCenter,CenterLink(Phoenix Int.) iSIGHT,FIPER(Engineous) model FRONTIER(Esteco) Optimus BossQuaur

2.2.3 国内 MDO 方法研究及应用

相比国外,国内 MDO 方面的研究起步较晚。但近些年随着航空、航天、船舶等领域的大发展,MDO 越来越受到政府和企业界的关注和重视,国防科技大学、哈尔滨工业大学、北京航空航天大学、南京航空航天大学、西北工业大学、清华大学等高校开展了较多的基础性研究和相关应用研究工作。

MDO 在国内工业界的应用研究仍较多地集中在飞机、导弹、火箭、船舶等复杂系统,在卫星尤其是微纳卫星的总体设计方面应用 MDO 技术是值得研究的重要问题。中国航天发展"十一五"规划中明确将卫星系统总体优化技术列为待攻关的关键技术之一。MDO 在卫星总体设计中的应用可归纳为三个方面:

(1) 卫星总体参数建模研究;

(2) 卫星数字仿真平台研究;

(3) 基于具体任务目标(如覆盖面积、卫星重量、燃料量)的优化设计算法研究。

2.2.4 微纳卫星 MDO 方法的特点

对于微纳卫星这一卫星的特殊分支来说,其 MDO 过程具有自身的特点:

(1) 区别于一般大卫星,微纳卫星的有效载荷比较单一。所以在一般卫星 MDO 过程中更多考虑卫星平台,而微纳卫星的优化设计则需要将有效载荷系统完全纳入计算体系。

(2) 微纳卫星通常并非独自发射运行,而经常由若干颗星组成星座或编队来完成特定功能,在大系统层面上需要进行统筹设计优化,增加了分析的复杂性。

(3) 微纳卫星重量很小,相比一般卫星对运载火箭发射系统的要求较低,往往被顺带搭载发射,在设计计算时一般不需要考虑运载火箭的成本变化。

(4) 微纳卫星设计周期短,技术更新速度快,需要建立成熟的微纳卫星优化设计平台和环境,以进行大量而快速的设计。

2.3 微纳卫星多学科优化算法

优化算法,本质上是一种搜索过程或规则,它基于某种思想和机制,通过一定的途径或规则来得到满足用户要求的问题的解。

多学科设计优化算法,又称 MDO 方法或 MDO 策略。它主要研究多学科设计优化问题的表述形式,包括问题的分解与协调、设计信息的传递方式等,目的是通过对特定问题建立合理的优化体系、选择适当的优化策略来减少优化时的计算和通信负担,从结构上解决多学科设计优化技术所面临的计算复杂性和组织复杂性难题。当确定了所采用的 MDO 方法之后,可以将该方法的优化器与优化算法结合起来求解 MDO 问题。因此,MDO 算法是整个 MDO 的核心,是 MDO 领域内最为重要、最为活跃的研究课题。本节将介绍协作优化方法及其改进。

2.3.1 协作优化方法简述

协作优化(CO)是 20 世纪 90 年代中期由斯坦福大学的 Kroo 教授等人[13-15]提出的一种 MDO 方法。它的出现在某种程度上可以说应归功于一致性约束优化方法,因为 CO 也利用一致性约束来处理系统分解/协调问题。但是 CO 与一致性约束优化方法有着最根本的区别:一致性约束优化方法是一种单级优化方法,在执行时每个子系统只进行分析;而 CO 是一种多级优化方法,每个子系统不仅进行分析,而且进行设计优化。

2.3.1.1 协作优化方法的基本思想

多学科系统中的每个学科(或者说每个子系统)在设计优化时可以暂时不考虑其他学科的影响,只需要满足本学科的地方约束,学科优化的目标是使该学科设计优化方案与系统级优化提供给该学科的目标方案的差异达到最小;而各个学科设计优化结果的不一致性由系统级优化过程来协调,通过系统级优化和学科级优化之间的多次迭代,最终得到一个符合学科间一致性要求的系统最优设计方案。

2.3.1.2 协作优化方法的基本构架

按照 CO 的基本思想,构造出它的基本构架,如图 2.4 所示。

可以看出,在 CO 中,按照便于分析的原则,将原来的系统优化问题沿各学科分析子模块的边界层次化地分解为 N 个学科优化子问题,每个学科优化子问题都包含一个学科级优化器和相应的学科分析子模块。在分解时,原来的设计变量集合 X 按学科被划分为 N 个子集$[X_1, X_2, \cdots, X_N]$,每个设计变量子集由只与本学科有关的变量 $\bar{x}_i$(单学科设计变量)和与多个学科有关的变量 x_i(多学科设计变量)两部分组成;原来的约束条件集合 c 也按相关学科被划分为 N 个互不相交的部分

$[c_1, c_2, \cdots, c_N]$，每个部分都转交给对应的学科优化子问题处理，称为学科优化子问题的地方约束条件；同时由学科分析子模块可以得到会对其他学科产生影响的耦合输出变量 y_i（多学科输出变量）。由于各个学科的设计优化是并行执行的，因此在得到系统级最优解之前各学科的设计结果很不一致，这种差异就由系统级优化器来协调。系统级优化器在最小化原目标函数 F 的同时将系统级设计变量 $\boldsymbol{z}$ 划分为 N 个子集 $[z_1, z_2, \cdots, z_N]$，每个子集都与多学科设计变量 x_i 和多学科输出变量 y_i 相对应，作为学科优化时的参照指标，因此称为学科优化指标。

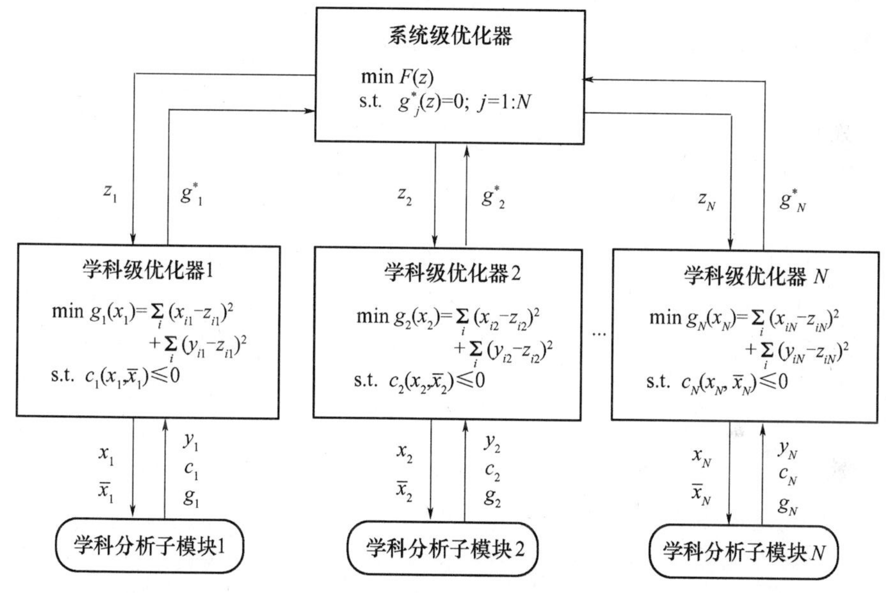

图 2.4　协作优化方法基本构架

2.3.1.3　协作优化方法的求解过程

当进行协作优化时，学科级优化器首先从系统级优化器中得到输入的学科优化指标 z_i，并在本学科设计优化过程中将 z_i 看作固定参数；随后与该学科级优化器相连的学科分析子模块根据前者提供的单学科设计变量 $\bar{x}_i$ 和多学科设计变量 x_i 进行学科分析，得到多学科输出变量 y_i、地方约束 c_i、该学科设计方案与学科优化指标之间的差异 g_i；学科级优化的目标就是要在满足地方约束条件 $c_i(x_i, \bar{x}_i) \geqslant 0$ 的前提下使 $g_i(x_i)$ 最小；学科优化完成后，最优目标值 g_i^* 被传送到系统级优化器中，系统级优化器将 $g_i^* = 0$ 作为约束条件进行优化决策，得到更新后的系统级设计变量 $\boldsymbol{z}$，并将其重新分别传送给各学科级优化器进行学科优化，这个迭代过程不断重复直至最终产生满足一致性约束条件的系统级最优解。

2.3.2 协作优化方法的不足

CO 由于其本身的优点,特别适合卫星 MDO 问题。但经过大量算例的比较和对 CO 数学原理的分析,发现它存在下述几个不足:

(1) CO 通过将复杂的系统分析工作分解到各个子系统中来减少系统分析,但子系统优化的目标并不直接涉及整个系统的目标值。这样在系统级优化的目标函数值逐步趋向最优的同时,子系统的优化目标值却可能发生大幅度的振荡,使子系统分析的次数大大增加,而总的计算量很有可能并不减少。

(2) CO 通过系统级等式约束来保证学科间的一致性,并试图依靠底层优化问题使这种不一致性最小。但是由于在系统级优化问题中引入了高度非线性的一致性等式约束,容易使得拉格朗日乘子不存在、或者在最优解处一致性约束的 Jacobi 矩阵不连续,即 CO 的系统级优化问题无法满足标准的 Kuhn - Tucker 条件。因此 CO 往往得不到全局最优解,甚至有时无法收敛。

(3) CO 只有当系统级所有的等式约束都满足时才能找到一个可行的优化解,而不像某些其他方法每次迭代都能在可行域内找到一个更好的设计结果。

(4) CO 只能解决连续变量的优化问题,而空间飞行器设计中存在大量离散变量(决策变量),这是 CO 无法处理的。

2.3.3 协作优化方法的改进途径

CO 存在以上的一些不足,只有对它进行必要的改进,才能使其有效地应用于卫星总体 MDO 问题。目前主要有两种改进途径,即协作优化表述的改进和在优化器中应用现代优化算法。

2.3.3.1 协作优化表述的改进

上面提到,协作优化的系统级非线性一致性等式约束经常令优化问题陷入局部最优或无法收敛,同时子系统优化目标与系统优化目标无直接关系也造成了子系统分析次数过多,这是 CO 独特的数学表述所带来的固有缺陷。为此首先要对 CO 的表述进行改进。

重写 CO 的系统级优化问题:

$$
\begin{aligned}
&\min F(z)\\
&\text{s.t. } J_i^*(z) = \sum (x_j^* - z_j)^2 + \sum (y_j^* - z_j)^2 = 0
\end{aligned}
\qquad (2.2)
$$

式中:$F(z)$ 为与子系统优化目标无关的系统级目标函数;$J_i^*(z)$ 为第 i 个子系统的优化目标。

正是 $J_i^*(z) = 0$ 这个等式约束给 CO 带来了很多麻烦。很明显,要想消除系统级非线性一致性等式约束的影响，并使子系统的优化目标与整个系统的优化目标相关联，最有效的做法就是将 $J_i^*(z)$ 纳入系统级目标函数的表达式之中，这时可以采用罚函数法进行处理，即系统级优化问题变为

$$\min F'(z) = F(z) + \sum \omega_i J_i^*(z) \tag{2.3}$$

对于这样一个无约束的非线性优化问题，在求解时就相对容易多了。

2.3.3.2 现代优化算法的应用

标准的协作优化方法一般采用传统的数值优化算法，如序列二次规划(SQP)算法，但是这些算法对优化问题的结构要求严格，而且不能对离散问题进行求解。由于传统优化算法所固有的缺点，在 CO 中引入先进的现代优化算法[16]。

遗传算法(GA)[17-22]是目前流行的一种高度并行、随机和自适应的通用优化算法。它借用生物遗传学的观点，通过自然选择、遗传、变异等作用机制，实现各个个体的适应性的提高。这一点体现了达尔文的进化理论——自然界中“物竞天择、适者生存”的进化过程。

GA 将问题的求解表示成“染色体”的适者生存过程，从代表问题的可能的潜在解集的一个种群开始，而种群则由经过基因编码的一定数目的个体组成。每个个体实际上是带有“染色体”特征的实体。初始种群产生后，通过“染色体”群的一代代不断进化，包括复制、交叉和变异等操作，优良的品质被逐渐保留并加以组合，最终收敛到“最适应环境”的个体，从而求得问题的最优解或近似解。

2.4 微纳卫星总体 MDO 构架研究

卫星系统的设计往往包含地理上分散的多个学科设计小组，每个小组使用自己的分析设计软件代码等进行设计优化。MDO 为了实现各个学科设计优化之间的协同，同时保持各学科设计的自治性以充分发挥各学科专家的经验，必须充分利用现代计算机网络，来有效组织各学科的设计优化，实现卫星设计的并行化以及搜索系统设计的最优解。因此，研究合理的卫星总体 MDO 构架，开发实用的卫星总体 MDO 分布式计算环境，是解决卫星总体 MDO 问题的重要手段，也是并行工程思想在产品设计阶段的体现和要求。

2.4.1 理想的卫星总体 MDO 开发环境

卫星总体设计问题的上述特点，即求解困难性、计算复杂性和组织分布性，对卫星总体 MDO 开发环境提出了极高的要求，主要包括卫星总体 MDO 开发环境的体系结构、MDO 问题的构造、优化方法的选择、构架的执行、设计信息的获取这 5

个方面,如表2.4所列。

表2.4 理想MDO开发环境应具备的条件

开发环境的体系结构	MDO问题的构造	优化方法的选择	构架的执行	设计信息的获取
具有良好的图形用户界面(GUI); 面向对象技术; 结构可扩展性; 能够处理大规模问题; 支持分布式协同设计; 实现构架要素标准化	避免底层编程; 易于进行重构; 支持代码重用; 避免完全集成; 提供调试手段	适应MDO问题的数学结构; 支持多种优化方法; 允许成本昂贵的函数估算; 具有鲁棒性; 可以对设计空间特征化; 提供敏感性信息	使优化过程自动执行; 可以并行执行多个过程; 支持异构分布式网络; 允许高性能计算; 提供交互式过程控制; 具有批处理能力	提供数据库管理能力; 提供结果的可视化能力; 可以监测执行状态; 提供容错机制

2.4.2 MDO构架

当前MDO构架主要有3类,包括FIDO、iSIGHT、LMS、Optimus等通用MDO构架,Fiper、CSD、Caffe等针对某一特定MDO方法的构架,以及AMESim、CJOopt等基于某一MDO方法针对某类特定优化问题的构架。

1) iSIGHT

iSIGHT是一个仿真分析流程自动化和多学科多目标优化工具,它提供了一个可视化的灵活的仿真流程搭建平台,同时提供与多种主流CAE分析工具的专用接口。利用此工具,用户可以方便地以拖拽的方式可视化地快速建立复杂的仿真分析流程,设定和修改设计变量以及设计目标,自动进行多次分析循环。同时提供了试验设计、优化方法、近似模型和六西格玛设计等一套完整的优化软件包,来帮助用户深入全面地了解产品的设计空间,明晰设计变量与设计目标之间的关系。

2) Fiper

Fiper(企业级多学科仿真流程集成与优化平台)是iSIGHT在企业级的扩展应用,其平台构架及功能如图2.5所示。用户可以方便地通过网页的形式修改仿真设计参数,提交仿真分析流程,可统一管理整个分析中的工作流、组件库、运行环境等核心内容,人员之间可以共享不同的分析流程,或者协同工作完成复杂的分析流程,而不同组织间可以通过信息交换来实现企业级别的多学科仿真协同。Fiper可与企业产品生命周期管理系统及仿真生命周期管理系统相集成，具有良好的开放性和可扩展性，支持与企业的产品数据管理系统集成，能够从产品数据管理系统中提取相关的 CAD 设计模型，进行仿真数据的有效管理，快速查询检索相关仿真数据，实现多仿真方案结果快速对比等。

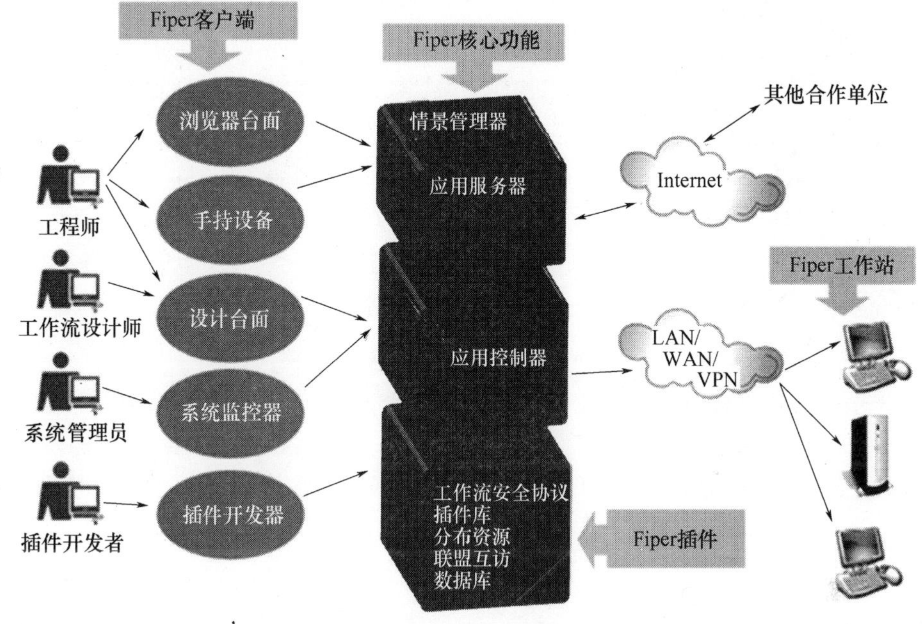

图 2.5　Fiper 平台构架及功能

3）AMESim

AMESim 多学科领域复杂系统建模仿真解决方案是 IMAGINE 公司于 1995 年推出的专门用于液压/机械系统的建模、仿真及动力学分析的软件，该软件包含了 IMAGINE 的专门技术并为工程设计提供交互能力。AMESim 为流体动力（流体及气体）、机械、热流体和控制系统提供一个完善、优越的模拟环境及灵活的解决方案，提供了一个系统工程设计的完整平台，使得用户可以在一个平台上建立复杂的多学科系统模型，并在此基础上进行仿真计算和深入的分析。

2.5　微纳卫星多学科优化平台

清华大学开发了微纳卫星分布式设计优化环境系统（SDIDE）[23] 1.0 版，这是一种基于协作优化方法和分布式对象技术的微纳卫星卫星总体 MDO 并行设计构架。SDIDE 利用通用 MDO 设计环境 iSIGHT 来集成各学科分析工具，包括

STK5.0、MATLAB7.0、UG NX3.0、I－DEAS10.0、ANSYS9.0 等软件；同时，利用 iSIGHT 软件中的分布式计算机制，即 iSIGHT－Net 模块，实现分布式计算。该平台既可以将不同学科的设计工具集成起来协同工作，又能够分布执行，避免计算过度集中；最主要的目标是通过设计过程的自动化来缩短研制周期，通过设计方案的自动寻优来提高设计质量。在该平台上基于遗传算法和局部搜索技术对协作优化算法进行改进，针对已发射的"航天清华"一号和 NS－1 的总体设计，以合理的温度场分布和质量最轻为目标进行了优化计算，取得了比较理想的结果。

2.5.1 SDIDE 1.0 系统的基本构架

该系统的拓扑结构由 7 个主要部分组成，分别是中央数据管理模块、中央任务控制模块、系统数据监测模块、系统设置模块、系统优化模块、系统级数据库和学科分析/设计子网，如图 2.6 所示。

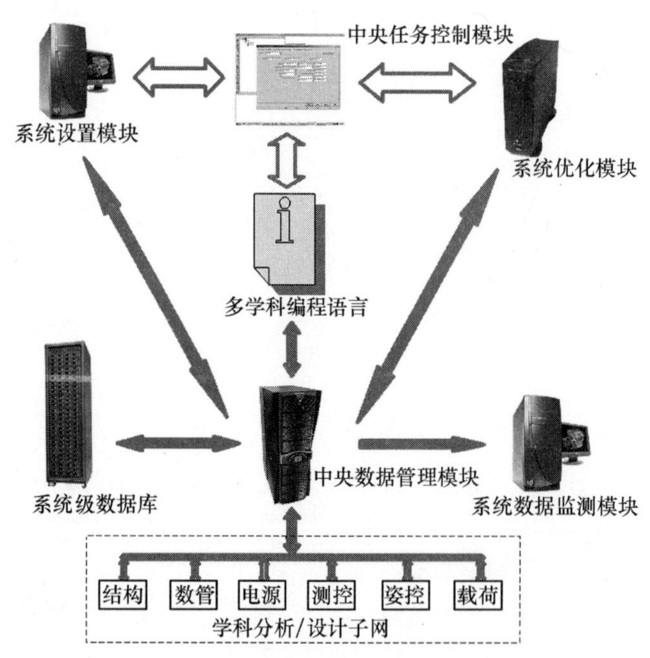

图 2.6　SDIDE 1.0 系统构架方案

下面详细介绍各部分在 MDO 构架中的作用以及实现方案。

1）中央数据管理模块

中央数据管理模块是整个系统设计信息流传递的通道，担负着在系统运行过程中发送、接收设计数据并对这些数据进行相关管理的工作。为了保证构架中的各个学科都能利用最新的设计信息，中央数据管理模块可以自动接收学科发来的更新数据,将更新后的设计信息存入系统级数据库中。同时,中央数据管理模块也会定时向构架中的所有部件发出信息更新指令,将当前状态的所有最新数据保存下来,以增强容错能力。

2）中央任务控制模块

中央任务控制模块对整个系统的设计过程进行管理、监测和控制,负责监控整个系统的工作状态、启动各种系统服务或学科分析模块。

中央任务控制模块具有友好的交互式 GUI,当卫星总体 MDO 问题设置完毕后,用户就可以利用这个 GUI 启动整个设计过程。中央任务控制模块会根据初始设置时已定义好的系统过程,依次或同步启动学科分析/设计程序(称为子过程)。在系统运行的过程中,子过程的运行状态以不同的方式显示在 GUI 上。用户通过 GUI 观察系统当前的运行状态,发现有问题时可以暂停整个系统过程的执行,对初始设置进行修改,也可以只暂停出问题的子过程来予以纠错,然后再继续进行计算。

为了在过程重新开始后充分利用已有的设计信息,当用户暂停系统过程或子过程时,中央任务控制模块自动通知中央数据管理模块和/或相应学科的数据管理单元,将当时最优的设计点保存进数据库,待过程重新启动后,中央任务控制模块再自动通过中央数据管理模块读取保存过的设计信息,作为随后过程的初始设计点。

3）系统数据监测模块

系统数据监测模块用来监测系统设计信息,以各种可视化手段显示卫星总体设计问题的中间或最后结果。

对卫星总体设计优化问题而言,优化迭代的中间过程与最优解是同样重要的,因此系统数据监测模块除了在优化迭代结束后提供给用户最优设计方案之外,还允许用户在系统运行期间的任意时刻得到当前和过去的设计信息,包括系统设计变量、约束条件、目标函数以及用户所关心的其他任何参数的值。

在很多情况下,除了最优设计方案之外,用户还需要对设计过程中得到的数据进行分析,以发现设计空间的特性,判断最优设计方案的可行性。为此,系统数据监测模块还提供了数据分析功能。当用户发出“数据分析”请求后,系统数据监测模块会调用相关数据分析程序,对当前已读取到系统监测模块中的计算数据进行统计分析和后处理,并可以根据用户的特殊需要建立系统设计空间的数值近似或响应面近似模型。系统数据监测模块的这一功能,使用户能够更全面地掌握整个设计空间的特性,增强对最优设计方案的获取能力。

4）系统设置模块

系统设置模块是整个系统构架运行的先头兵,它的主要功能是在卫星总体设计优化开始前进行优化问题的设定,包括设计变量、目标函数、约束条件以及运用的优化策略等,并对系统的过程流和信息流进行定义。

当所有的系统设定工作完成后,用户将设定好的优化问题存盘,系统设置模块会自动将图形化的描述转换为用多学科编程语言表达的文本文件,随后优化问题的执行就根据这些文件进行。

在系统运行时,如果用户需要对设计信息流或过程流进行调整,可以通过中央任务控制模块的 GUI 暂停优化过程,然后在系统设置模块的 GUI 中进行相应的改动并存盘。用户重新开始系统运行后,就会按照最新的系统设置文件来执行。

5）系统优化模块

系统优化模块是整个系统进行优化迭代的动力,它的主要功能是为构造优化问题提供基本的优化策略,并为各优化器提供算法支持。从这个意义上来讲,系统优化模块实际上就是一个 MDO 方法与优化算法库。

对于用户而言,系统优化模块所提供的 MDO 方法与优化算法是一个黑盒。在这个黑盒内,除了前面已经提到过的由其他外部模块完成的工作外,所有剩下的计算任务,包括优化的各种逻辑、迭代计算、改进解的生成等,都由系统优化模块来承担。

系统优化模块提供的 MDO 方法主要是常见的标准单级优化、同步分析设计优化、分布式协同进化、并行子空间优化、协作优化等;而提供的优化算法包括可行方向法、梯度下山法、顺序线性规划法、顺序二次规划法等数值算法,以及随机搜索法、遗传算法、模拟退火算法等搜索算法。系统优化模块能够很方便地集成各种 MDO 方法和优化算法,供将来扩展使用。

6）系统级数据库

系统级数据库是整个 SDIDE 构架的信息存储中心,用来储存卫星总体设计过程中产生的所有多学科共用数据,以及相关参考信息等。

系统级数据库接受中央数据管理模块的调度指挥,其保存、检索、读取数据等工作都在中央数据管理模块的指令下进行。但有时,中央数据管理模块也会将数据库文件的指针传给系统构架的其他部件,由它们通过文件指针获得数据库的间接读取权限。考虑到这种间接读取或写入工作是在异构分布式网络中进行的,因此系统级数据库采用网络数据库来实现。

在卫星总体设计优化过程中,产生的多学科共用数据的数量非常巨大,比如结构学科和热控学科都用到的有限元模型,所包含的节点少则几百、多则成千上万。如此繁多的数据,又需要频繁地读/写,要求选择的数据库具有极强的数据存储和检索能力。

7）学科分析/设计子网

学科分析/设计子网是由地理位置分散的异构计算机平台所组成的松散网络，其中的每台计算机只负责根据中央数据管理模块和本学科设计人员提供的输入数据，在中央任务控制模块的调动下并行地进行本学科的分析/设计，并将结果反馈给中央数据管理模块。

在学科分析/设计子网内部，包含了卫星总体设计过程中所有参与设计工作的学科，以及这些学科的分析/设计软件、计算机平台。所谓“松散网络”，是指不同学科的平台之间没有直接的物理和逻辑联系，任何一个学科要想获得其他学科的设计数据及当前状态，或是向其他学科发送本学科信息，都必须通过中央数据管理模块进行。这样做一方面可以避免系统内信息传递途径的混乱，增强用户对系统信息流的控制能力；另一方面也比较符合目前卫星设计工作的组织形式，保证了信息的安全和分发对象的可控性。

学科分析/设计子网还包含了用来存储本学科专用数据的学科数据库、进行具体分析/设计的计算机群等组成部分。

8）多学科编程语言

多学科编程语言运行在整个系统的最底层，是构架其他部件与计算机平台交流的桥梁，它将系统构架的所有指令和信息转换成操作系统能够理解的低级语言的形式，以便计算机平台执行。

多学科编程语言是 SDIDE 构架的内核，也是整个系统运行的基础。多学科编程语言也是一种高级编程语言，提供应用编程接口（Application Programming Interface），利用这个工具，用户可以对需要加入到 SDIDE 构架的应用程序（如学科分析设计软件的新版本）或用户自己开发的优化算法等进行封装，形成即插即用的模块。

当系统开始运行后，系统设置文件中的指令语句会被逐条翻译成计算机操作系统所能理解的形式并被执行。如果在系统运行的过程中，用户暂停了执行过程，并利用系统设置模块的 GUI 对优化问题的设置进行了改动，那么原设置文件中的多学科编程指令语句也会自动得到相应的修改；系统恢复运行后，将按照修改后的指令逐条翻译执行。

2.5.2 SDIDE 的多学科优化改进

结合近几年国内外在系统集成、构架平台、优化方法等方面的新技术、新成果，在 SDIDE1.0 系统基础上开发了 SDIDE2.0 系统平台，其构架如图 2.7 所示。

与原有 SDIDE1.0 系统相比，SDIDE2.0 系统改进如下：

（1）SDIDE2.0 主要基于 Fiper 平台集成各分析软件进行多学科协同设计，优

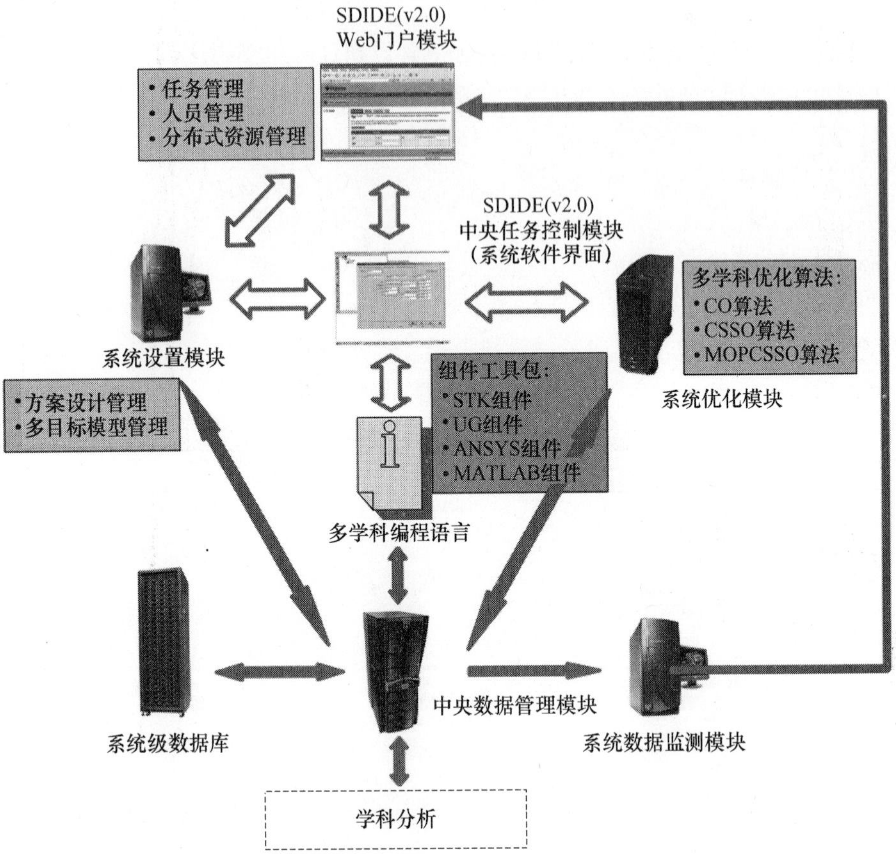

SDIDE(v2.0)
Web门户模块
• 任务管理
• 人员管理
• 分布式资源管理
SDIDE(v2.0)
中央任务控制模块
(系统软件界面)
多学科优化算法:
•CO算法
•CSSO算法
•MOPCSSO算法
系统设置模块
系统优化模块
•方案设计管理
•多目标模型管理
组件工具包:
•STK组件
•UG组件
•ANSYS组件
•MATLAB组件
多学科编程语言
中央数据管理模块
系统级数据库
系统数据监测模块
学科分析

图 2.7　SDIDE2.0 系统构架方案

化算法除利用 Fiper 和 MATLAB 中已有的算法外,在系统优化模块中自主集成了 CO 算法、CSSO 算法,以及适用于多目标 MDO 过程的 MOPCSSO 算法,增强了原有系统的自主研发比例和可扩展性。

(2) 在概念设计阶段,SDIDE2.0 系统增加了卫星总体的方案选择比较、优化分析功能。同时针对卫星设计优化目标的多样性,SDIDE2.0 实现了多目标模型的管理功能。

(3) 针对卫星设计过程中涉及众多 CAD/CAE 分析软件的特点,SDIDE2.0 系统专门开发了基于 Fiper 平台的组件工具包,其中包括:STK 组件、UG 组件、ANSYS 组件和 MATLAB 组件,实现了将 CAD/CAE 分析软件的有效仿真分析结果及时反馈至中央处理模块参与优化迭代,进一步提高了优化过程的自动化程度。

（4）SDIDE2.0 开发了系统 Web 门户模块，使得卫星总体设计涉及的不同学科、不同领域的工程师可以在分布式异地环境下进行协同设计；增加了工程设计人员管理、卫星设计知识管理、项目任务管理等功能，在界面友好性方面做了诸多改进。

（5）SDIDE2.0 系统增加了集成本地资源单元服务和分布式资源单元服务功能，方便总体设计人员进行本地或异地的知识服务集成，及时地获取各学科最新设计进展，使得对学科的变化能够做出快速的响应。

2.5.3 SDIDE2.0 系统构架特点和功能

2.5.3.1 主要特点

（1）技术特点：基于 Microsoft .NET Framework，以 C#为开发语言，采用当前先进的面向服务（SOA）的 WCF 技术，进行分布式资源环境下的资源单元服务发布，实现资源单元服务调用。

（2）功能特点：集性能需求管理、设计人员管理、解决方案生成、集成本地资源单元服务、集成分布式资源单元服务等功能于一体，实现了卫星各学科知识集成、卫星设计评估和决策以及面向设计参与者本人、团队及在分布式资源环境中获取知识的功能。

（3）可集成特点：采用模块化方法对功能进行划分，同时尽量降低各模块之间的耦合度，为用户集成与二次开发提供了方便。同时，系统具有界面友好、易操作、模块化和易扩展等特点。

（4）组件化特点：具有卫星各学科资源单元知识服务的发布组件、发现组件和知识集成组件，可以进行分布式资源环境下的卫星各学科资源单元知识服务的发布、发现与集成。

（5）隐性知识显性化特点：支持面向设计者获取其隐性知识，当设计者使用 SDIDE2.0 系统进行设计时，设计者的隐性知识以“解决方案”为载体显性固化并由系统进行管理，以备知识重用。

2.5.3.2 主要功能

（1）卫星设计过程中的需求分析建模。系统提供定量和定性的需求建模方法，并将需求自动映射到卫星设计过程中，实现了以性能需求驱动卫星总体设计。

（2）面向需求的设计团队组建和卫星各学科知识获取功能。本系统分配设计任务时,提供了设计人员管理功能,系统支持面向设计者本人、设计者所在团队以及分布资源获取设计所需知识。

(3) 卫星各学科知识服务资源的发布、发现及使用功能。知识服务提供者,即分布式的卫星各学科知识拥有者可以采用本系统进行知识服务的描述与发布,知识服务消费者可以通过系统进行资源单元知识服务的发现与知识获取。

(4) 知识集成的功能。本系统充分考虑了用户的不同需求,为用户提供了面向本地和面向分布式资源环境的知识集成功能,并具备从分布式知识服务资源单元获取所需知识的功能。

2.5.4 CAD/CAE 软件的集成与二次开发

与各 CAD/CAE 软件的深度集成是 SDIDE2.0 系统的特点,集成了数字化产品建模开发软件 UG、有限元分析软件 ANSYS、卫星任务分析软件 STK、数学计算软件 MATLAB 等在实际科学与工程领域得到广泛应用的商业软件系统,实现了优化设计过程的参数化建模、全命令流控制和过程自动化。各工具软件与平台集成的计算过程如图 2.8 所示:用户通过系统平台建立优化计算数学模型,通过命令流控制,在各工具软件中进行参数化建模并分配相应的设计参数,各工具软件进行仿真分析后将所需的状态参数反馈至系统平台;系统平台将设计变量、状态参数等通过优化计算数据库输入 MATLAB 软件,利用特定的算法流程进行优化计算;其后不断重复,完成对设计变量和优化目标的迭代过程后获得最优解组合。

各工具软件在平台中集成的实施过程如下。

1) 与 UG 的集成和二次开发

与 UG 软件的集成和二次开发主要通过 UG/Open API 模块,又称 User Function。它是一个允许程序访问并改变 UG 对象模型的程序集。UG/OpenAPI 封装了近 2000 个 UG 操作的函数,通过它可以在 C 程序和 C + + 程序中以库函数的形式调用 UG 内部的近 2000 个操作函数,来对 UG 的图形终端、文件管理系统和数据库进行操作。几乎所有能在 UG 界面上的操作都可以用 UG/Open API 函数实现。

2) 与 ANSYS 的集成和二次开发

ANSYS 是一个功能强大、通用性好的有限元分析程序,同时它还具有良好的开放性。在使用 SDIDE2.0 平台进行微纳卫星的多学科设计优化过程中,使用了参数化程序设计语言(APDL)。用户可以利用程序设计语言将 ANSYS 命令组织起

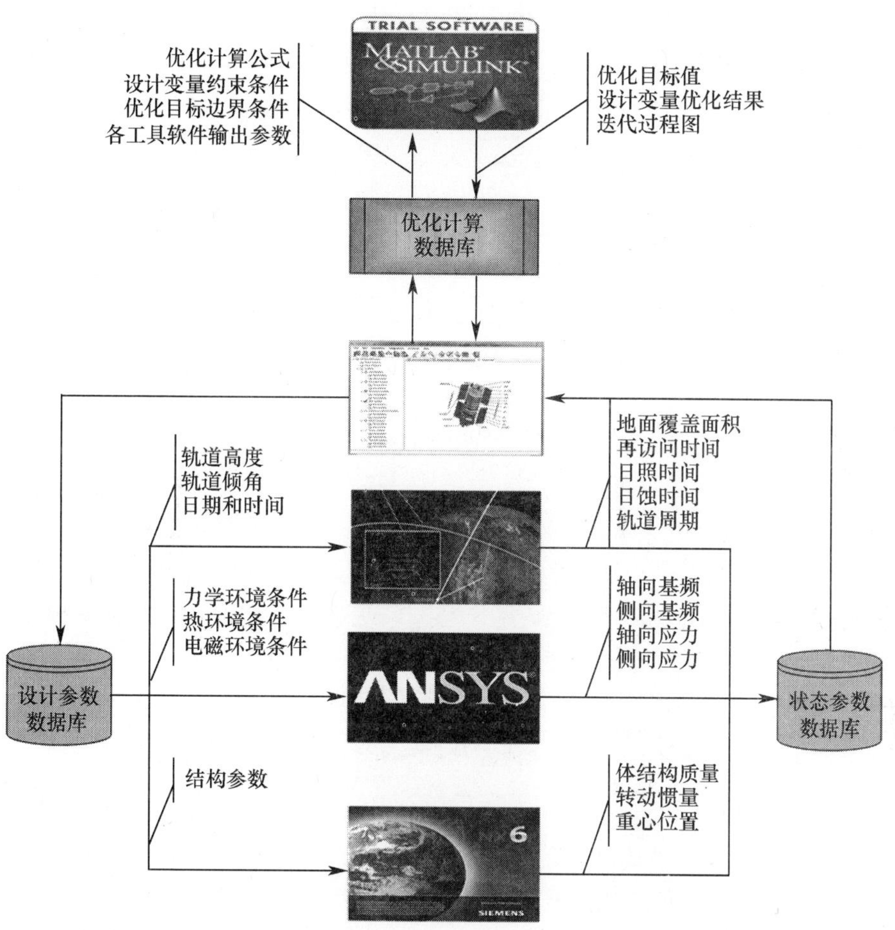

图 2.8　SDIDE2.0 系统与各工具软件集成图

来,编写出参数化的用户程序,从而实现有限元分析的全过程,包括建立参数化的CAD 模型、参数化的网格划分与控制、参数化的材料定义、参数化的载荷和边界条件定义、参数化的分析控制和求解以及参数化的后处理。

与 ANSYS 软件的集成与二次开发,主要体现在可对力、热、电磁及其耦合作用等方面进行有限元分析,并将分析结果及时反馈至平台数据库中,用以比较分析和迭代优化计算,同时可以产生分析图样,供设计过程参考。

3）与 STK 的集成和二次开发

图 2.9 为系统与 STK 进行集成计算的流程框图,主要作用是计算和显示卫星

在轨运行情况,反馈覆盖率、日照时间等优化所需关键信息。

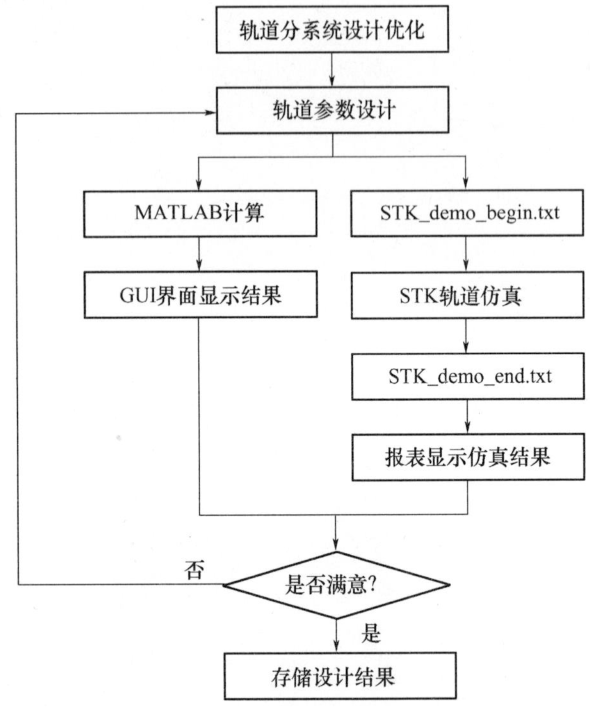

图 2.9 集成 STK 软件的轨道分系统计算流程

利用 VC 程序对 STK 应用程序进行二次开发的直接途径是利用 STK 扩展模块中的 STK/Connect 模块。STK 提供的连接库是一套较完整的 API 函数,且与 VC 程序环境无缝结合,VC 程序通过配置项目头文件和库文件,即可以调用 STK 的连接库 API 函数,而 SDIDE2.0 平台则可借此通过 VC 程序来实现与 STK 的集成。

4）与 MATLAB 的集成和二次开发

在微纳卫星总体多学科设计优化过程中,要进行大量的科学计算。SDIDE2.0 系统采用 MATLAB Web Services 技术实现了无缝集成 MATLAB 软件,将 MATLAB 作为计算引擎在服务器端单独运行。客户端使用 SDIDE 2.0 系统通过 MATLAB Web Services 技术将计算所需要的输入参数发送至服务器端,并在服务器端进行计算,运算完成后将计算得到的输出参数返回至客户端。其中如图 2.10 所示 Data Exchanger 组件对本地文件中的输入、输出参数进行解析,参数文件可以是结构化的,也可以是非结构化的,通过分解技术对参数进行提取,并以 Name – Value 对的形式保存在 SDIDE2.0 的设计参数数据库中。

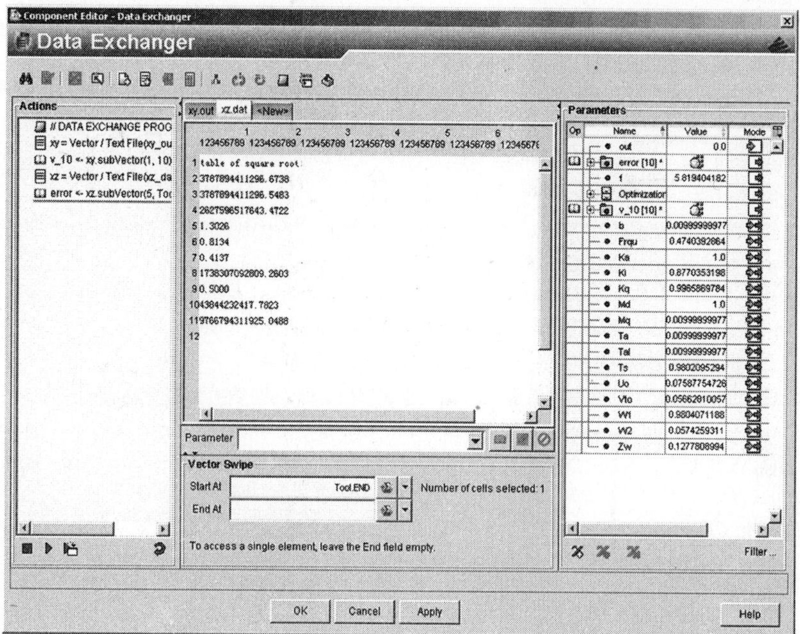

图 2.10 MATLAB 系统 Data Exchanger 模块

参 考 文 献

[1] Wertz J R, Larson W J. Space mission analysis and design[M]. California: Microcosm Press, 1999.

[2] Heijenga W. View Definition in OODBS without Queries: A Concept to Support Schema - like Views[C]. Proceedings of 2nd international conference on databases and information systems, 1996.

[3] Mayer R J, Painter M K, Dewitte P S. IDEF Family of Methods for concurrent engineering and business re - engineering applications[R]. Knowledge Based Systems Inc., 1994.

[4] C4ISR Architecture Working Group. C4ISR Architecture Framework Version 2.0[R]. Pittsburgh: Carnegie Mellon University, 1997.

[5] Wood W G, Barbacci M Clements, et al. DoD Architecture Framework and Software Architecture Workshop Report [EB/OL]. (2003 - 3) [2008 - 2]. http://www.ichnet.org/DODAF %20SEI%20report.pdf.

[6] [OL]. http://www.aiaa.org/content.cfm? pageid = 230&lumeetingid = 1384.

[7] AIAA Multidisciplinary Design Optimization Technical Committee. Current State of the Art on Multidisciplinary Design Optimization (MDO)[R]. An AIAA White Paper, 1991.

[8] Sobieszczanski - Sobieski J, Haftka T. Multidisciplinary Aerospace Design Optimization: Survey of Recent Developments[J]. Structural Optimization, 1997, 14(1):1 - 23.

[9] Kodiyalam S. Multidisciplinary Aerospace Systems Optimization—Computational AeroSciences (CAS) Project [R]. NASA/CR - 2001 - 211053, 2001.

[10] 陈琪锋. 飞行器分布式协同进化多学科设计优化方法研究[D]. 长沙: 国防科学技术大学, 2003.

[11] 王振国, 陈小前, 罗文彩, 等. 飞行器多学科设计优化理论与应用研究[M]. 北京: 国防工业出版社, 2006.

[12] Taylor E R. Evaluation of multidisciplinary design optimization techniques as applied to spacecraft design[C]. Proceedings of Aerospace Conference. Oakland , USA: IEEE, 2000: 371 -384.

[13] Braun R D,Moore A A,Kroo I M. Collaborative Approach to Launch Vehicle Design[J]. Journal of Spacecraft and Rockets,1997,34(4):478 -486.

[14] Braun R. Collaborative Optimization: An architecture for large - scale distributed design[D]. Stanford University,Department of Aeronautics and Astronautics,May 1996.

[15] Braun R D,Kroo I M. Development and application of the collaborative architecture in a multidisciplinary design environment[R]. Virginia:NASA Langley Technical Report Seroer,1995.

[16] 王凌. 智能优化算法及其应用[M]. 北京:清华大学出版社,2004.

[17] 刘勇,康立山,陈毓屏. 非数值并行算法 - 遗传算法[M]. 北京:科学出版社,2000.

[18] Marc A Stelmack, Nari Nakashima, Stephen M Batill. Genetic Algorithms for Mixed Discrete/Continuous Optimization in Multidisciplinary Design[C]. AIAA:Symposium on Multidiscip linary Analysis and Optimization, 1998:984771.

[19] Makinen R A E,Periaux J,Toivanen J. Multidisciplinary Shape Optimization in Aerodynamics and Electromagnetics using Genetic Algorithms [J]. International Journal for Numerical Methods in Fluids, 1999, 30: 149 -159.

[20] Gunter Rudolph. Convergence Analysis of Canonical Genetic Algorithms[J]. IEEE Transaction on Neural Networks,5,(1),January 1994.

[21] Thomas Back, Hans - Paul Schwefel. Evolution Strategies Ⅰ:Variants and their computational implementation [M]. In: Genetic Algorithms in Engineering and Computer Science. John Wiley & Sons Ltd,1995.

[22] Jason Morrison,Franz Oppacher. A General Model of Co - evolution for Genetic Algorithms.

[23] 付俊明. 协作优化方法在卫星总体多学科设计优化中的应用研究[D]. 北京: 清华大学, 2006.

第3章 微纳卫星姿态控制系统

微纳卫星飞行使命的实现一方面依赖于所搭载仪器的性能；另一方面取决于卫星姿态控制的精度，所以高精度、高性能的姿态确定与控制系统（ADCS）是其高效工作的基础条件。从国际发展的趋势来看，ADCS 作为微小卫星的核心部分，其研制经费约占总费用的 40%，是微小卫星发展中的关键技术之一。

微小卫星由于重量、功耗以及体积等限制，其高性能 ADCS 的实现途径：一要利用新技术，发展轻型化、高性能的姿态测量敏感器件与执行部件[1-5]，二要从系统设计[6-10]的角度入手，进行整体优化，一物多用充分挖掘各器件的潜能，来提高微小卫星的功能密度，尤其是后者，研究新的姿态确定信息融合算法和控制方法，通过软件补偿来降低对硬件的需求，是有效而又更具有实际意义的措施。

本章以 NS-2 纳卫星设计为背景，针对其 ADCS 方案设计中需要解决的关键技术进行了深入研究，建立系统的卫星模型，包括环境干扰、运动学、动力学、姿态敏感器以及执行机构等各种数学模型，在此基础上进一步研究各种姿态确定和控制方法，满足控制任务的需要，并提高 ADCS 的整体性能，提出了合理有效的姿态控制方案，最大限度地使用软、硬件手段保证系统可靠运行，为工程应用提供了必要的论证和指导。

3.1 微纳卫星的空间环境

卫星 ADCS 设计师不仅要透彻了解受控对象的动力学特性，还要知道卫星所处的工作环境与外扰动情况。熟悉卫星所处环境的环境[11]作用，不但对控制规律的选取，以及采用执行机构的类型与容量等问题有重要意义，同时还可以充分利用环境因素实现被动与半主动的姿态控制。

空间环境力矩主要有4种：重力梯度力矩、太阳辐射力矩、气动力矩以及地磁力矩。这些力矩的大小主要取决于卫星运行的轨道高度、质量分布、几何形状、表面特性、太阳活动情况、大气密度、星上磁体以及姿态运动。

3.1.1 重力环境

在与距离平方成反比例的引力场内作轨道运动的任意物体，只要其质量分布是非对称的,都将受梯度力矩作用,这种效应最初由达朗贝尔与欧拉从1749年进行研究。1780年,拉格朗日利用这种效应成功地解释了月球何以总是一面朝向地球,随后拉普拉斯等人在研究月球天平动时,给出了重力梯度力矩的表达式。重力与重力矩的计算公式相当复杂,不仅与卫星质量分布、吸引体质量分布有关,而且还依赖于卫星所处的位置与姿态。为了得到工程上实用而且足够精确的计算公式,根据以下合理的假设:引力场中吸引体是单体,即地球;吸引体质量分布为球对称形式;卫星的尺寸与吸引体质心至卫星质心之距离相比要小得多;卫星本身也是单体。重力梯度力矩的表达式为

$$\boldsymbol{N}_{\mathrm{d,g}} = \frac{3\mu}{r^3}\boldsymbol{R} \times \boldsymbol{I}\boldsymbol{R} \tag{3.1}$$

式中:μ 为地球引力常数,$\mu = 398600.44\mathrm{km}^3/\mathrm{s}^2$;$r$ 为卫星质心到地心的距离;$\boldsymbol{R}$ 为地心指向卫星质心的单位矢量;$\boldsymbol{I}$ 为卫星的转动惯量矩阵。

在姿态角是小量时,略去二阶及二阶以上小量,有

$$\boldsymbol{N}_{\mathrm{d,g}} = 3\omega_0^2\begin{bmatrix}(I_z - I_y)\varphi + I_{yz} - I_{xz}\theta \\ (I_z - I_x)\theta - I_{xz} - I_{xy}\varphi \\ I_{yz}\theta + I_{xz}\varphi\end{bmatrix} \tag{3.2}$$

当惯量阵是对角阵时,式(3.2)简化为

$$\boldsymbol{N}_{\mathrm{d,g}} = 3\omega_0^2\begin{bmatrix}(I_z - I_y)\varphi \\ (I_z - I_x)\theta \\ 0\end{bmatrix} \tag{3.3}$$

3.1.2 大气环境

海拔高度超过120km的大气运动,可以看成自由分子流,即大气分子的平均自由程远大于卫星的特征尺度。此时,卫星所受的气动力与力矩依赖于多种因素:大气密度,卫星大小与外形,表面材料特性,气流速度及卫星的姿态等。从物理机制看,气动力矩是由大气分子撞击卫星表面进行动量交换而产生的。撞击到卫星表面上的气体分子被二次发射出来,但在自由分子流情况下,二次发射的分子与入射的大气分子不发生互相作用,因而在计算总动量交换时,可以对入射流与二次发射流的动量交换进行独立的计算,而后再相加即可。同时自由分子流允许把复杂气动外形的卫星分解成几个简单外形的叠加,使得计算工作得以简化。

为得到计算气动力矩的实用公式,作如下简化假设:达到表面的大气分子,把动量完全交给卫星表面;大气热平均运动的速度用麦克斯韦概率最大速度计算约1km/s量级,这小于卫星速度;从表面离开的大气分子所产生的动量交换略去不

计。气动力矩简化表达式为

$$N_{d,a} = \frac{\rho V_R^2}{2} C_D A_p \cdot \boldsymbol{c}_p \times \boldsymbol{v} \tag{3.4}$$

式中：$\frac{\rho V_R^2}{2}$为动压头；C_D 为空气阻力系数且其取值范围为2.2～2.6；A_p 为迎流面面积；$\boldsymbol{c}_p$ 为卫星质心到压心的矢径；$\boldsymbol{v}$ 为来流方向的单位矢量；ρ 为卫星所在处大气密度；V_R 为大气相对于卫星速度。

3.1.3 电磁环境

地磁力矩的物理机制是卫星的有效偶极子磁矩与当地地磁场相互作用而产生的。卫星的偶极子磁矩是由回路电流（包括涡流）、磁性材料的永磁与剩磁等产生的。卫星所在点的地磁场（大小与方向）与其轨道高度、经纬度以及卫星姿态及太阳活动情况等因素有关。磁力矩作为干扰力矩，对卫星姿态起不好的作用，但它作为环境场力矩可以被利用，例如，用于章动阻尼、消旋、进动控制、动量调节等。

为了估计地磁力矩，就要了解地磁场的性质并建立地磁场的数学模型。地磁场按其起源可分为内源场与外源场。内源场是地球内部结构产生的，而外源场则起源于地球附近电流体系的磁场，如电离层电流、环电流、磁层顶电流等产生的磁场，它受多种因素影响而不断变化，诸如太阳活动，磁暴等。内源场包括基本磁场与感应磁场。基本磁场是由地球内核熔岩电流产生的磁场，十分稳定，即使由电流变化引起地表磁极的迁移也是非常缓慢的长期变化。地磁场的调和函数模型或是描述地磁场中这个主要部分的模型。

剩磁力矩是由星体的剩磁和地球磁场相互作用产生的。基本磁场在地球以外的空间是位势场且满足拉普拉斯方程，其在球坐标系中用球谐函数表达为

$$\phi = R_e \sum_{n=1}^{\infty} \sum_{m=0}^{\infty} \left(\frac{R_e}{r}\right)^{n+1} (g_n^m \cos m\lambda + h_n^m \sin\lambda) P_n^m(\cos\theta) \tag{3.5}$$

式中：$R_e = 6378.14\text{km}$ 为地球赤道半径；g_n^m 和 h_n^m 为谐波系数；λ 为地理经度；θ 为地心余纬；$P_n^m(x)$为缔合 Legendre 函数，其表达式为

$$P_n^m(x) = (-1)^m \frac{(1-x^2)^{\frac{m}{2}}}{2^n n!} \frac{\mathrm{d}^{n+m}}{\mathrm{d}x^{n+m}} (x^2-1)^n \tag{3.6}$$

在地理坐标系中，地球磁场磁感应强度 $\boldsymbol{B}_\lambda$ 定义为

$$\boldsymbol{B}_\lambda = -\nabla\phi = \left[\frac{1}{r} \cdot \frac{\partial\phi}{\partial\theta} \quad -\frac{1}{r\sin\theta} \cdot \frac{\partial\phi}{\partial\lambda} \quad \frac{\partial\phi}{\partial r}\right]^{\mathrm{T}} \tag{3.7}$$

根据地理系、惯性系、本体系之间的转换关系，可以得到本体系内的磁感应强

度为 $\boldsymbol{B}_b = \boldsymbol{A}_{bi}\boldsymbol{A}_{i\lambda}\boldsymbol{B}_\lambda$，设卫星剩磁矩为 $\boldsymbol{M}_b(\mathrm{Am}^2)$，则剩磁力矩为

$$\boldsymbol{N}_{d,m} = \boldsymbol{M}_{residual} \times \boldsymbol{B}_b \tag{3.8}$$

3.2 微纳卫星的姿态动力学

卫星姿态运动可以由一系列微分方程描述，这些微分方程确定了卫星的姿态参数随时间的变化过程。姿态运动方程可以分为两组，即运动学方程和动力学方程。运动学方程只研究卫星的运动，而不考虑引起运动的力矩；而动力学方程描述卫星姿态的变化与外力矩的关系。本节介绍卫星运动的坐标系和姿态的表征方法，在此基础上建立了微纳卫星的运动学和动力学方程。

3.2.1 坐标系

根据微纳卫星的任务要求和姿控系统的工作模式，在描述其姿态运动时，需要用到以下坐标系。

1）地心惯性坐标系 $O_eX_iY_iZ_i$（简称地心惯性系）

地心惯性坐标系原点 O_e 位于地心，O_eX_i 轴指向春分点，O_eY_i 轴在赤道面内指向赤经90°的方向，O_eZ_i 轴指向北天极。

2）卫星本体坐标系 $OX_bY_bZ_b$（简称本体系）

卫星本体坐标系原点位于卫星的质心。OX_b、OY_b、OZ_b 三轴固连于星体上。OZ_b 轴指向卫星观测方向，OX_b 轴垂直于安装太阳帆板的侧面，并指向飞行方向，OY_b 轴垂直于没有安装太阳帆板的侧面，和 OX_b、OZ_b 轴构成右手正交关系。

3）飞行坐标系（星体惯性坐标系）$OX_fY_fZ_f$（简称飞行系）

飞行坐标系原点位于卫星的质心。OZ_f 轴指向观测目标，三轴形成惯性坐标系。它相对地心惯性坐标系是匀速运动的，两者之间的关系可以通过一个常值转换矩阵描述。当卫星处于三轴稳定惯性定向模式时，飞行坐标系是卫星的参考坐标系，且姿控系统的目标要让飞行坐标系和本体坐标系重合。

4）地球轨道坐标系 $OX_oY_oZ_o$（简称地球轨道系）

地球轨道坐标系原点位于卫星的质心。OZ_o 轴指向地心，OY_o 轴垂直于轨道面，指向卫星轨道角速度的负方向。OX_o 轴与 OY_o、OZ_o 轴成右手正交关系。对于圆轨道，OX_o 轴指向卫星运动速度方向。当卫星处于对地定向的辅助定向模式时，地球轨道坐标系是卫星的参考坐标系。

3.2.2 姿态的表征

利用数学公式对刚体姿态进行描述的问题称为姿态表示问题，经过长期的发

展,先后产生了多种姿态表示参数,常见的代表性姿态描述法有方向余弦阵、欧拉角、四元数、修正罗德里格参数(MRPS)等。上述方法各有其优势、缺点及适用场合,本书主要采用四元数法描述姿态状态,同时在必要的场合也用到了方向余弦阵、欧拉角和修正罗德里格参数作为辅助。

3.2.2.1 方向余弦矩阵

考虑如下的两套右手笛卡儿坐标系

$$\{\hat{\boldsymbol{r}}\} \equiv \begin{Bmatrix} \hat{\boldsymbol{r}}_1 \\ \hat{\boldsymbol{r}}_2 \\ \hat{\boldsymbol{r}}_3 \end{Bmatrix}, \{\hat{\boldsymbol{b}}\} \equiv \begin{Bmatrix} \hat{\boldsymbol{b}}_1 \\ \hat{\boldsymbol{b}}_2 \\ \hat{\boldsymbol{b}}_3 \end{Bmatrix} \tag{3.9}$$

式中:$\{\hat{\boldsymbol{r}}\}$ 表示参考坐标系,$\{\hat{\boldsymbol{b}}\}$ 表示本体坐标系,且 $\hat{\boldsymbol{r}}_i$ 和 $\hat{\boldsymbol{b}}_i(i=1,\ 2,\ 3)$ 为各坐标系 3 个坐标轴方向的单位矢量。

若令参考坐标系 $\{\hat{\boldsymbol{r}}\}$ 到本体坐标系 $\{\hat{\boldsymbol{b}}\}$ 的转换矩阵为 $\boldsymbol{A}_{\mathrm{br}} = \{A_{\mathrm{br},ij}\}_{3\times 3}$,则

$$A_{\mathrm{br},ij} = \cos\alpha_{ij} = \langle \hat{\boldsymbol{b}}_i, \hat{\boldsymbol{r}}_j \rangle \tag{3.10}$$

式中:$\alpha_{ij} \in [-\pi,\pi)$ 为 $\hat{\boldsymbol{b}}_i$ 和 $\hat{\boldsymbol{r}}_j$ 之间的夹角,且 $i,j=1,\ 2,\ 3$。

$\boldsymbol{A}_{\mathrm{br}}$既为方向余弦阵,也称为姿态矩阵。$\boldsymbol{A}_{\mathrm{br}}$是行列式等于 +1 的三维正交矩阵,即 $\boldsymbol{A}_{\mathrm{br}}$必须满足如下约束条件

$$\boldsymbol{A}_{\mathrm{br}}^{\mathrm{T}}\boldsymbol{A}_{\mathrm{br}} = \boldsymbol{A}_{\mathrm{br}}\boldsymbol{A}_{\mathrm{br}}^{\mathrm{T}} = \boldsymbol{I}_3 \tag{3.11}$$

$$\det\boldsymbol{A}_{\mathrm{br}} \equiv +1 \tag{3.12}$$

方向余弦阵与物理姿态之间是一一对应的,其优点是无奇异、不需解三角方程,但是它有 6 个冗余参数。方向余弦阵主要用于理论分析。

3.2.2.2 轴角参数

根据欧拉定理,刚体绕某定点的任意转动状态,都可以视为刚体绕某个瞬时轴转过角 $\varPhi$ 而实现。称该瞬轴为欧拉主轴,并用单位矢量 $\boldsymbol{e}=[e_1e_2e_3]^{\mathrm{T}}$ 表述,称 $\varPhi$ 为主轴转角,于是本体坐标系相对于参考坐标系的姿态可以由从参考坐标系到本体坐标系的旋转给出,由此可以定义轴角参数为

$$\boldsymbol{\varTheta} = \boldsymbol{e}\varPhi \tag{3.13}$$

轴角参数的最大优点在于,它将三轴姿态偏差反映在一个带有方向的转角 $\varPhi$ 上,物理意义比较直观,并且没有冗余,这对于"用单个指标衡量姿态偏差程度"非常方便,因而常用来描述姿态误差矢量。在小转角时,设本体坐标系与参考坐标系的三轴对应的夹角分别是 ϕ_x,ϕ_y,ϕ_z,则整体姿态偏差的程度即可通过

$\boldsymbol{\Phi}$ 表示为

$$\boldsymbol{\Phi} = \sqrt{\frac{\phi_x^2 + \phi_y^2 + \phi_z^2}{2}} \tag{3.14}$$

但是,轴角参数与物理姿态之间不是一一对应的,因此不能用它来表述全局姿态。

3.2.2.3 欧拉角

由欧拉定理可知,刚体绕固定点的转动可以分解为绕该点若干次有限转动的合成。将参考坐标系转动三次可以得到本体坐标系,且三次转动中每次的旋转轴是被转动坐标系的某一个坐标轴,每次转动的角度即欧拉角。记三次转动对应的欧拉角为(ψ,φ,θ)。根据三次转动中旋转轴的不同,一共有 12 种转动顺序。描述三轴稳定卫星时,一般采用 3-1-2 的转动顺序,此时三次转动有特定的几何意义:ψ,φ,θ 分别表示偏航角、滚动角、俯仰角。

在此定义下,由参考坐标系到本体坐标系转换所对应的方向余弦阵为

$$\begin{aligned}
\boldsymbol{A}_{\mathrm{br}} &= \boldsymbol{A}_{312}(\psi,\varphi,\theta) = \boldsymbol{L}_2(\theta)\boldsymbol{L}_1(\varphi)\boldsymbol{L}_3(\psi) \\
&= \begin{bmatrix} \cos\theta & 0 & -\sin\theta \\ 0 & 1 & 0 \\ \sin\theta & 0 & \cos\theta \end{bmatrix}\begin{bmatrix} 1 & 0 & 0 \\ 0 & \cos\varphi & \sin\varphi \\ 0 & -\sin\varphi & \cos\varphi \end{bmatrix}\begin{bmatrix} \cos\psi & \sin\psi & 0 \\ -\sin\psi & \cos\psi & 0 \\ 0 & 0 & 1 \end{bmatrix} \\
&= \begin{bmatrix} \cos\theta\cos\psi - \sin\theta\sin\varphi\sin\psi & \cos\theta\sin\psi + \sin\theta\sin\varphi\cos\psi & -\sin\theta\cos\varphi \\ -\cos\varphi\sin\psi & \cos\varphi\cos\psi & \sin\varphi \\ \sin\theta\cos\psi + \cos\theta\sin\varphi\sin\psi & \sin\theta\sin\psi - \cos\theta\sin\varphi\cos\psi & \cos\theta\cos\varphi \end{bmatrix}
\end{aligned} \tag{3.15}$$

已知姿态矩阵 $\boldsymbol{A}_{\mathrm{br}} = \{A_{\mathrm{br},ij}\}_{3\times 3}$时,对应的欧拉角(3-1-2 顺序)为

$$\varphi = \arcsin(A_{\mathrm{br},23}),\theta = \arctan\left(-\frac{A_{\mathrm{br},13}}{A_{\mathrm{br},33}}\right),\psi = \arctan\left(-\frac{A_{\mathrm{br},21}}{A_{\mathrm{br},22}}\right) \tag{3.16}$$

式中:$\psi,\varphi,\theta \in [-\pi/2,\pi/2]$。

当 $\varphi=\pi/2$ 时,ψ,θ 不能唯一确定,欧拉角奇异。当 ψ,φ,θ 为小角度时,式(2.7)可以简化为

$$\boldsymbol{A}_{\mathrm{br}} = \begin{bmatrix} 1 & \psi & -\theta \\ -\psi & 1 & \varphi \\ \theta & -\varphi & 1 \end{bmatrix} \tag{3.17}$$

欧拉角的一个严重缺点是存在奇异点:当 $\varphi=90°$时,第一次转动与第三次转动方向重合,不能确定 φ,θ 的实际取值,表现为运动学方程中分母出现零值;另外,由欧拉角计算姿态矩阵需要计算大量复杂的三角函数,这对程序实现非常不利。但是该参数具有直观明确的几何意义,且没有冗余参数,适于对输入、输出值

进行直观表达。

3.2.2.4 四元数

由欧拉主轴原理可知:刚体任意一转动可以等效为沿某一主轴的转动,设描述欧拉主轴的单位矢量是 $\boldsymbol{e}=[e_1 e_2 e_3]^{\mathrm{T}}$,并设主轴转角为 Φ,则可以定义四元数(也称欧拉参数)为

$$\bar{\boldsymbol{q}}_{\mathrm{br}}=\begin{bmatrix}\boldsymbol{q}_{\mathrm{br}}\\ q_4\end{bmatrix}=\begin{bmatrix}q_1\\ q_2\\ q_3\\ q_4\end{bmatrix}=\begin{bmatrix}e_1\sin\dfrac{\Phi}{2}\\ e_2\sin\dfrac{\Phi}{2}\\ e_3\sin\dfrac{\Phi}{2}\\ \cos\dfrac{\Phi}{2}\end{bmatrix}=\begin{bmatrix}\boldsymbol{e}\sin\dfrac{\Phi}{2}\\ \cos\dfrac{\Phi}{2}\end{bmatrix}\tag{3.18}$$

式中:$\boldsymbol{q}_{\mathrm{br}}$ 为四元数 $\bar{\boldsymbol{q}}_{\mathrm{br}}$ 的矢部;q_4 为四元数 $\bar{\boldsymbol{q}}_{\mathrm{br}}$ 的标部。根据这一定义,$\bar{\boldsymbol{q}}_{\mathrm{br}}$ 和 $-\bar{\boldsymbol{q}}_{\mathrm{br}}$ 对应相同的物理姿态。为避免该不唯一性,在本书中规定 $q_4>0$。

由于姿态仅需要三个独立参数表示,姿态四元数的各个分量之间不独立,必须满足归一化(模长为 1)约束

$$\|\bar{\boldsymbol{q}}_{\mathrm{br}}\|=\sqrt{\bar{\boldsymbol{q}}_{\mathrm{br}}^{\mathrm{T}}\bar{\boldsymbol{q}}_{\mathrm{br}}}=\sqrt{\|\boldsymbol{q}\|^2+q_4^2}\equiv 1\tag{3.19}$$

即要求其模长恒等于 1,这一约束关系也常被称为四元数的恒模限制,它对采用四元数参数的数值计算提出了严格的要求。

按照代数四元数运算规则,定义四元数 $\bar{\boldsymbol{q}}_{\mathrm{br}}$ 的逆反之,如果已知姿态矩阵 $\boldsymbol{A}_{\mathrm{br}}=\{A_{\mathrm{br},ij}\}_{3\times 3}$,则可以求得四元数为

$$\bar{\boldsymbol{q}}_{\mathrm{br}}^{-1}=\begin{bmatrix}-\boldsymbol{q}_{\mathrm{br}}\\ q_4\end{bmatrix}=\begin{bmatrix}-q_1\\ -q_2\\ -q_3\\ q_4\end{bmatrix}\tag{3.20}$$

由四元数表示的姿态矩阵为

$$\boldsymbol{A}_{\mathrm{br}}=\begin{bmatrix}q_1^2-q_2^2-q_3^2+q_4^2 & 2(q_1q_2+q_3q_4) & 2(q_1q_3-q_2q_4)\\ 2(q_1q_2-q_3q_4) & -q_1^2+q_2^2-q_3^2+q_4^2 & 2(q_2q_3+q_1q_4)\\ 2(q_1q_3+q_2q_4) & 2(q_2q_3-q_1q_4) & -q_1^2-q_2^2+q_3^2+q_4^2\end{bmatrix}\tag{3.21}$$

$$\begin{cases} q_4 = \pm \dfrac{1}{2}\sqrt{A_{\mathrm{br},11} + A_{\mathrm{br},22} + A_{\mathrm{br},33}} \\ q_1 = \dfrac{A_{\mathrm{br},23} - A_{\mathrm{br},32}}{4q_4} \\ q_2 = \dfrac{A_{\mathrm{br},31} - A_{\mathrm{br},13}}{4q_4} \\ q_3 = \dfrac{A_{\mathrm{br},12} - A_{\mathrm{br},21}}{4q_4} \end{cases} \tag{3.22}$$

由式(3.22)可知,根据 $\boldsymbol{A}_{\mathrm{br}} = \{A_{\mathrm{br},ij}\}_{3\times3}$ 求出的四元数不唯一,为避免该不唯一性,规定 $q_4 \geqslant 0$,即取 $q_4 = (1/2)\sqrt{A_{\mathrm{br},11} + A_{\mathrm{br},22} + A_{\mathrm{br},33}}$。

当 $\boldsymbol{\Phi}$ 角很小时,有

$$\boldsymbol{A}_{\mathrm{br}} = \boldsymbol{I}_3 - 2[\boldsymbol{q}_{\mathrm{br}} \times] \tag{3.23}$$

式中:$\boldsymbol{I}_3$ 表示三阶单位阵;$[\boldsymbol{q}_{\mathrm{br}} \times]$ 表示矢量 $\boldsymbol{q}_{\mathrm{br}}$ 的反对称矩阵,又称叉乘矩阵,即

$$[\boldsymbol{q}_{\mathrm{br}} \times] = \begin{bmatrix} 0 & -q_3 & q_2 \\ q_3 & 0 & -q_1 \\ -q_2 & q_1 & 0 \end{bmatrix} \tag{3.24}$$

在小角度情况下,四元数矢部和欧拉角有如下关系

$$\boldsymbol{q}_{\mathrm{br}} \approx \frac{1}{2}\begin{bmatrix} \varphi \\ \theta \\ \psi \end{bmatrix} \tag{3.25}$$

根据方向余弦阵和欧拉角相互转换的关系式可以直接求得四元数到欧拉角的转换关系式

$$\begin{cases} \varphi = \arcsin[2(q_1q_2 + q_3q_4)] \\ \theta = \arctan[2(q_1q_3 - q_2q_4)/(-q_1^2 - q_2^2 + q_3^2 + q_4^2)] \\ \psi = \arctan[2(q_1q_2 - q_3q_4)/(-q_1^2 + q_2^2 - q_3^2 + q_4^2)] \end{cases} \tag{3.26}$$

如果已知欧拉角,可以根据四元数乘法求对应的四元数。从参考坐标系按照 3－1－2 的顺序转到本体坐标系时,三次转动对应的四元数分别为

$$\begin{cases} \bar{\boldsymbol{q}}_z = \left[0 \quad 0 \quad \sin\dfrac{\psi}{2} \quad \cos\dfrac{\psi}{2}\right]^{\mathrm{T}} \\ \bar{\boldsymbol{q}}_x = \left[\sin\dfrac{\varphi}{2} \quad 0 \quad 0 \quad \cos\dfrac{\varphi}{2}\right]^{\mathrm{T}} \\ \bar{\boldsymbol{q}}_y = \left[0 \quad \sin\dfrac{\theta}{2} \quad 0 \quad \cos\dfrac{\theta}{2}\right]^{\mathrm{T}} \end{cases} \tag{3.27}$$

根据四元数定义及四元数乘法规则,有

$$\bar{\boldsymbol{q}}_{\mathrm{br}} = \bar{\boldsymbol{q}}_z \otimes \bar{\boldsymbol{q}}_x \otimes \bar{\boldsymbol{q}}_y \tag{3.28}$$

因此

$$\begin{cases} q_1 = \cos\dfrac{\psi}{2}\sin\dfrac{\varphi}{2}\cos\dfrac{\theta}{2} - \sin\dfrac{\psi}{2}\cos\dfrac{\varphi}{2}\sin\dfrac{\theta}{2} \\ q_2 = \cos\dfrac{\psi}{2}\cos\dfrac{\varphi}{2}\sin\dfrac{\theta}{2} + \sin\dfrac{\psi}{2}\sin\dfrac{\varphi}{2}\cos\dfrac{\theta}{2} \\ q_3 = \sin\dfrac{\psi}{2}\cos\dfrac{\varphi}{2}\cos\dfrac{\theta}{2} + \cos\dfrac{\psi}{2}\sin\dfrac{\varphi}{2}\sin\dfrac{\theta}{2} \\ q_4 = \cos\dfrac{\psi}{2}\cos\dfrac{\varphi}{2}\cos\dfrac{\theta}{2} - \sin\dfrac{\psi}{2}\sin\dfrac{\varphi}{2}\sin\dfrac{\theta}{2} \end{cases} \tag{3.29}$$

3.2.2.5 修正罗德里格参数

四元数姿态表示法存在一个归一化约束条件,这在某些应用场合下限制了其应用能力。为了避免这一问题,需要这样一种参数:它既不存在冗余,又能与物理姿态实现对应。修正罗德里格参数就是满足上述要求的一种姿态表示参数,它是轴角参数的一种降维变换,定义为

$$\boldsymbol{p}_{\mathrm{br}} = \boldsymbol{e}\left[\sin\frac{\Phi}{4}\Big/\left(1 + \cos\frac{\Phi}{4}\right)\right] = \boldsymbol{e}\tan\frac{\Phi}{4} \tag{3.30}$$

修正罗德里格参数与对应的四元数的转换关系为

$$\boldsymbol{p}_{\mathrm{br}} = \frac{\boldsymbol{q}_{\mathrm{br}}}{1 + q_4} \tag{3.31}$$

$$\bar{\boldsymbol{q}}_{\mathrm{br}} = \frac{1}{1 + \|\boldsymbol{p}_{\mathrm{br}}\|^2}\begin{bmatrix} 2\boldsymbol{p}_{\mathrm{br}} \\ 1 - \|\boldsymbol{p}_{\mathrm{br}}\|^2 \end{bmatrix} \tag{3.32}$$

即

$$q_4 = \frac{1 - \|\boldsymbol{p}_{\mathrm{br}}\|^2}{1 + \|\boldsymbol{p}_{\mathrm{br}}\|^2},\boldsymbol{q}_{\mathrm{br}} = (1 + q_4)\boldsymbol{p}_{\mathrm{br}} \tag{3.33}$$

3.2.3 姿态动力学

设姿态运动的参考坐标系为 r(在不同的模式下,参考坐标系可以是地球轨道坐标系、太阳轨道坐标系、飞行坐标系),$\bar{\boldsymbol{q}}_{\mathrm{br}}$ 表示卫星本体相对于参考系的姿态,$\boldsymbol{\omega}_{\mathrm{br}}^{\mathrm{b}}$ 为本体坐标系相对于参考坐标系的角速度在本体坐标系内的表示,记 $\bar{\boldsymbol{q}}_{\mathrm{br}} =$

$\begin{bmatrix} \boldsymbol{q}_{\mathrm{br}} \\ q_4 \end{bmatrix} = \begin{bmatrix} q_1 \\ q_2 \\ q_3 \\ q_4 \end{bmatrix}$，$\boldsymbol{\omega}_{\mathrm{br}}^{\mathrm{b}} = \begin{bmatrix} \omega_x \\ \omega_y \\ \omega_z \end{bmatrix}$。则四元数描述的姿态运动学方程为

$$\dot{\bar{\boldsymbol{q}}}_{\mathrm{br}} = \frac{1}{2}\begin{bmatrix} q_4 & -q_3 & q_2 & q_1 \\ q_3 & q_4 & -q_1 & q_2 \\ -q_2 & q_1 & q_4 & q_3 \\ -q_1 & -q_2 & -q_3 & q_4 \end{bmatrix}\begin{bmatrix} \omega_x \\ \omega_y \\ \omega_z \\ 0 \end{bmatrix} = \frac{1}{2}\begin{bmatrix} 0 & \omega_z & -\omega_y & \omega_x \\ -\omega_z & 0 & \omega_x & \omega_y \\ \omega_y & -\omega_x & 0 & \omega_z \\ -\omega_z & -\omega_y & -\omega_x & 0 \end{bmatrix}\begin{bmatrix} q_1 \\ q_2 \\ q_3 \\ q_4 \end{bmatrix} \tag{3.34}$$

定义四元数 $\bar{\boldsymbol{\omega}}_{\mathrm{br}}^{\mathrm{b}} = \begin{bmatrix} \boldsymbol{\omega}_{\mathrm{br}}^{\mathrm{b}} \\ 0 \end{bmatrix}$，则运动学方程可以简写为

$$\dot{\bar{\boldsymbol{q}}}_{\mathrm{br}} = \frac{1}{2}\boldsymbol{\Omega}(\boldsymbol{\omega}_{\mathrm{br}}^{\mathrm{b}})\bar{\boldsymbol{q}}_{\mathrm{br}} = \frac{1}{2}\bar{\boldsymbol{q}}_{\mathrm{br}} \otimes \bar{\boldsymbol{\omega}}_{\mathrm{br}}^{\mathrm{b}} \tag{3.35}$$

式中

$$\boldsymbol{\Omega}(\boldsymbol{\omega}_{\mathrm{br}}^{\mathrm{b}}) = \begin{bmatrix} 0 & \omega_z & -\omega_y & \omega_x \\ -\omega_z & 0 & \omega_x & \omega_y \\ \omega_y & -\omega_x & 0 & \omega_z \\ -\omega_z & -\omega_y & -\omega_x & 0 \end{bmatrix}$$

进一步，为了推导方便，可以将四元数的矢量部分和标量部分分开表示为

$$\begin{cases} \dot{\boldsymbol{q}}_{\mathrm{br}} = \frac{1}{2}\boldsymbol{\omega}_{\mathrm{br}}^{\mathrm{b}} q_4 - \frac{1}{2}\boldsymbol{\omega}_{\mathrm{br}}^{\mathrm{b}} \times \boldsymbol{q}_{\mathrm{br}} \\ \dot{q}_4 = -\frac{1}{2}\boldsymbol{\omega}_{\mathrm{br}}^{\mathrm{b}} \cdot \boldsymbol{q}_{\mathrm{br}} \end{cases} \tag{3.36}$$

相比其他姿态表示法，四元数表示的运动学方程是线性的、非奇异的。不过四元数有模为 1 的约束条件，会导致姿态确定滤波中方差阵奇异，给滤波算法带来一定问题。

以地心惯性系为参考系，根据刚体动力学原理，可得卫星姿态动力学方程为

$$\boldsymbol{I}\dot{\boldsymbol{\omega}}_{\mathrm{bi}}^{\mathrm{b}} + \boldsymbol{\omega}_{\mathrm{bi}}^{\mathrm{b}} \times (\boldsymbol{I}\boldsymbol{\omega}_{\mathrm{bi}}^{\mathrm{b}} + \boldsymbol{h}) = \boldsymbol{N}_{\mathrm{u}} + \boldsymbol{N}_{\mathrm{d}} \tag{3.37}$$

式中：$\boldsymbol{\omega}_{\mathrm{bi}}^{\mathrm{b}}$ 为本体坐标系相对于地心惯性系的角速度在本体中的投影；$\boldsymbol{I}$ 为卫星的转动惯量矩阵（张量）；$\boldsymbol{N}_{\mathrm{u}}$ 为控制力矩，包括 $-\dot{\boldsymbol{h}}$、磁力矩器力矩等；$\boldsymbol{N}_{\mathrm{d}}$ 为干扰力矩；$\boldsymbol{h}$ 为动量轮的角动量。

式(3.37)必须以惯性系为参考坐标系,该惯性系可以是地心惯性坐标系,也可以是飞行坐标系。

3.3 微纳卫星姿态控制系统

微纳卫星 ADCS[12-17] 的硬件包括姿态敏感器、控制计算机与执行机构三部分,软件包括姿态确定算法与控制律计算两方面,它作为微纳卫星的核心部分,其技术的发展对微小卫星研制水平的提高起到了关键性作用。NS-1 纳卫星采用一体化设计,姿态控制系统与其他子系统紧密联系,尽可能实现结构复用,同时采用新技术和新器件来实现高精度、低功耗以及小型化。NS-2 纳卫星在继承 NS-1 的技术基础上,采用更高精度的姿态敏感器,实现更高的控制精度,增加了新的载荷和试验任务。

本节依据 NS-2 纳卫星的飞行任务、设计指标,对 ADCS 进行详细的设计与仿真验证。

3.3.1 NS-2 纳卫星 ADCS 任务分析

ADCS 的主要任务是保证卫星通信的指向要求和卫星有效载荷飞行任务的顺利完成。

纳卫星有效载荷的主要飞行任务如下:

(1) 星间通信(编队飞行试验任务之一)。

(2) 对地成像。

(3) 星间激光测距。

(4) MEMS 器件飞行试验:MIMU,磁强计和微推进器。

(5) 新型姿态控制敏感器在轨测试试验:星敏感器、模拟太阳敏感器、数字太阳敏感器。

其中星间通信对姿态控制没有特殊要求,因此纳卫星的 ADCS 将主要以对地成像、星间激光测距和 MEMS 器件飞行试验这三个飞行任务为设计依据,以确保 ADCS 的控制精度能够满足 CMOS 相机和激光测距仪这两个有效载荷的正常工作,测量精度能够满足微推进器试验任务的完成。

考虑到 CMOS 相机在正常工作时曝光时间一般都小于 200ms 的特点,卫星的姿态控制精度和姿态稳定度至少要为 2°及 0.02°/s。同时,激光测距任务要求纳卫星有较高的姿态确定精度,以及对于其目标星 MEMSat 有较高的姿态跟随能力,微推进试验要求卫星有较高的角速率测量精度,因此配置星敏感器和 MIMU。

因为卫星是搭载发射,因此卫星与运载分离后的角速率将比较大,可能达到 5°/s。

根据以上分析,可以确定纳卫星 ADCS 的主要任务如下:

(1) 消旋,即消除卫星与运载分离后较大的角速率,建立起基本受控的姿态。

(2) 建立并保持对地定向的三轴稳定姿态,确保卫星与地面的通信和 CMOS 相机任务的顺利完成。

(3) 据有一定的对目标星 MEMSat 的跟踪能力,确保激光测距任务的完成。

3.3.2 NS-2 纳卫星 ADCS 的技术指标

根据 NS-2 纳卫星的任务以及飞行试验要求,ADCS 精度指标定为两个层次。首先是平台基本指标,是要确保的指标。其次是试验指标,是所有飞行试验姿态敏感器开环工作正常,接入闭环后所能达到的指标,详见表 3.1 及表 3.2。

表 3.1　平台基本精度指标

内　容	技术指标
控制方式	对地三轴稳定
姿态确定精度	1°
姿态控制精度	2°
姿态稳定度	0.02°/s

表 3.2　试验精度指标

内　容	技术指标
控制方式	对地三轴稳定
姿态确定精度	0.02°
姿态控制精度	优于 1°
姿态稳定度	优于 0.01°/s

3.3.3 姿态确定与控制系统设计

3.3.3.1 模块划分

依据对 NS-2 纳卫星 ADCS 控制软件的需求分析,把本软件划分为 4 个功能模块:

(1) 指令处理模块。接收、解释、判别并执行来自地面站与 OBC 的控制指令。

(2) 姿态确定模块。采集姿态测量部件的测量信息,并进行相应的滤波计算,确定出星体的当前姿态和角速率,为姿态控制提供依据。

(3) 姿态控制模块。按照一定的控制律产生控制信号,驱动相应的姿态执行机构动作,以控制星体的姿态。

(4) 信息采集模块。采集硬件系统的相关信息,连同部分软件信息送给地面,以确定 ADCS 的工作状态。

4 个功能模块之间的关系如图 3.1 所示。

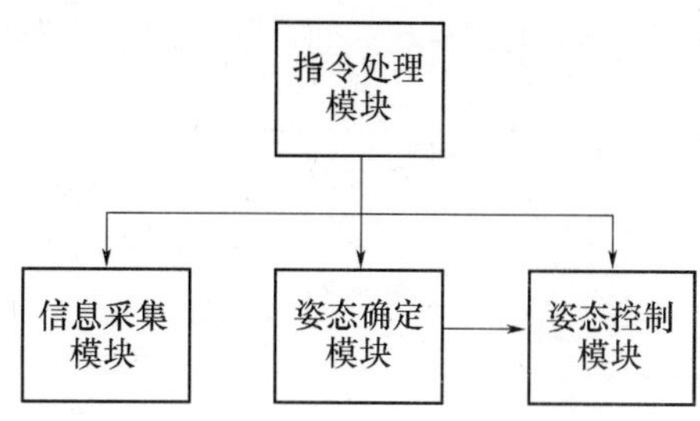

图 3.1　NS－2 纳卫星 ADCS 控制软件

3.3.3.2　工作模式

NS－2 纳卫星 ADCS 控制软件有三种工作模式,分别称为工作模式 1、工作模式 2 和工作模式 3。这三种工作模式的具体含义如下:

(1) 工作模式 1:ADCS 控制软件的姿态确定模式与控制模式由地面遥控选择。

(2) 工作模式 2:ADCS 控制软件的姿态确定模式与控制模式由星上软件按照一定的条件自主判断选择。

(3) 工作模式 3:ADCS 控制软件的姿态确定模式由地面遥控选择;控制律不运行,动量轮转速指令和磁力矩器占空比指令由地面注入。

3.3.3.3　任务阶段

由于 NS－2 纳卫星需要完成对星敏、太阳敏、MIMU 的在轨测试任务,所以本仿真系统设计了两个任务阶段,第一阶段主要实现稳定的三轴对地定向,完成载荷的在轨测试任务;第二阶段,根据在轨测试的结果,将工作正常的载荷接入到控制回路之中实现三轴对地定向以及观测目标指向。

3.4　姿态确定与控制系统软件模块设计

3.4.1　姿态确定模块

NS－2 纳卫星姿态测量的基本部件是磁强计。姿态确定模块的功能是采集磁强计的测量信息并进行相应的滤波计算,以确定出星体的当前姿态和角速率,为姿态控制提供依据。对应不同的控制模式将使用不同的滤波器来进行姿态确定。

ADCS 控制软件姿态确定模块的流程如图 3.2 所示。

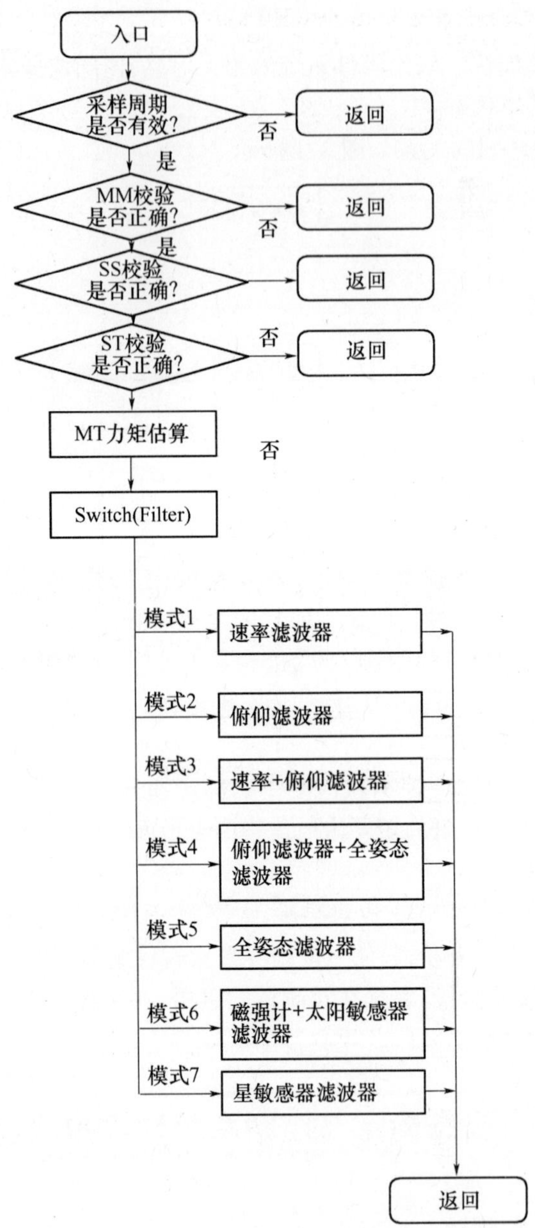

图 3.2 姿态确定模块流程

3.4.1.1 速率滤波器

速率滤波器用于对卫星的角速率进行估计。该滤波器使用磁强计的测量值（星体系下的磁场强度 B_m）作为输入，运行非常稳定。因为速率滤波器对精度的要求不很高,因此在状态方程中没有引入扰动力矩。速率滤波器用于对卫星的三轴角速率(惯性角速率在星体系下的投影)进行估计,状态矢量(惯性角速率)及卫星的动力学方程为

$$X = \boldsymbol{\omega} = [\omega_x \quad \omega_y \quad \omega_z]^{\mathrm{T}} \tag{3.38}$$

$$\boldsymbol{I}\dot{\boldsymbol{\omega}}_{\mathrm{bi}} + [\boldsymbol{\omega}_{\mathrm{bi}} \times](\boldsymbol{I}\boldsymbol{\omega}_{\mathrm{bi}} + \boldsymbol{h}) = \boldsymbol{T} - \dot{\boldsymbol{h}} \tag{3.39}$$

星体采用主轴坐标系后把动力学方程展开为(只考虑了 MT、MW 的控制力矩,扰动力矩则忽略不计)

$$\begin{cases} \dot{\omega}_{\mathrm{bi1}} = \dfrac{I_y - I_z}{I_x}\omega_{\mathrm{bi2}}\omega_{\mathrm{bi3}} + \dfrac{T_x}{I_x} + \dfrac{h_y}{I_x}\omega_{\mathrm{bi3}} \\ \dot{\omega}_{\mathrm{bi2}} = \dfrac{I_z - I_x}{I_y}\omega_{\mathrm{bi3}}\omega_{\mathrm{bi1}} + \dfrac{T_y}{I_y} - \dfrac{\dot{h}_y}{I_y} \\ \dot{\omega}_{\mathrm{bi3}} = \dfrac{I_x - I_y}{I_z}\omega_{\mathrm{bi1}}\omega_{\mathrm{bi2}} + \dfrac{T_z}{I_z} - \dfrac{h_y}{I_z}\omega_{\mathrm{bi1}} \end{cases} \tag{3.40}$$

速率滤波器的观测矢量取为磁强计两次相邻测量值的差值。设磁强计当前测量值和前一次测量值分别为 $\boldsymbol{B}, \boldsymbol{B}_{\mathrm{prev}}$,则观测矢量为

$$\boldsymbol{Z} = \boldsymbol{B} - \boldsymbol{B}_{\mathrm{prev}} = \begin{bmatrix} B_x - B_{\mathrm{prev}x} \\ B_y - B_{\mathrm{prev}y} \\ B_z - B_{\mathrm{prev}z} \end{bmatrix} \tag{3.41}$$

观测方程是磁场 $\boldsymbol{B}$ 在两个坐标系之间通过坐标转换矩阵联系在一起的转换方程。在采样周期 T 的时间段内,卫星从原姿态转动到当前姿态。设在时间段 T 内卫星的角速率为 $\boldsymbol{\omega} = [\omega_x \quad \omega_y \quad \omega_z]$,转动的角度为 $\boldsymbol{\alpha} = [\alpha_x \quad \alpha_y \quad \alpha_z]$,转动前后坐标系之间的转换矩阵为 $\boldsymbol{A}$。则有转换关系为

$$\begin{aligned} \boldsymbol{B} - \boldsymbol{B}_{\mathrm{prev}} &= (\boldsymbol{A} - \boldsymbol{I})\boldsymbol{B}_{\mathrm{prev}} \\ &= \begin{bmatrix} 0 & \omega_z\Delta T & -\omega_y\Delta T \\ -\omega_z\Delta T & 0 & \omega_x\Delta T \\ \omega_y\Delta T & -\omega_x\Delta T & 0 \end{bmatrix} \begin{bmatrix} B_{\mathrm{prev}x} \\ B_{\mathrm{prev}y} \\ B_{\mathrm{prev}z} \end{bmatrix} \\ &= \begin{bmatrix} 0 & -B_{\mathrm{prev}z}\Delta T & B_{\mathrm{prev}y}\Delta T \\ B_{\mathrm{prev}z}\Delta T & 0 & -B_{\mathrm{prev}x}\Delta T \\ -B_{\mathrm{prev}y}\Delta T & B_{\mathrm{prev}x}\Delta T & 0 \end{bmatrix} \begin{bmatrix} \omega_x \\ \omega_y \\ \omega_z \end{bmatrix} \\ &= \boldsymbol{HX} \end{aligned} \tag{3.42}$$

上式就是系统的观测方程。

把状态方程线性化,得到系统的传递矩阵为

$$\boldsymbol{\Phi} = \begin{bmatrix} 1 & \left(\frac{I_y - I_z}{I_x}\omega_z\right)\Delta T & \left(\frac{I_y - I_z}{I_x}\omega_y + \frac{h_y}{I_x}\right)\Delta T \\ \left(\frac{I_z - I_x}{I_y}\omega_z\right)\Delta T & 1 & \left(\frac{I_z - I_x}{I_y}\omega_x\right)\Delta T \\ \left(\frac{I_x - I_y}{I_z}\omega_y - \frac{h_y}{I_z}\right)\Delta T & \left(\frac{I_x - I_y}{I_z}\omega_x\right)\Delta T & 1 \end{bmatrix} \tag{3.43}$$

得到上述系统状态空间后,就可以按照扩展卡尔曼(Kalman)滤波通用算法进行滤波计算了(图3.3)。

3.4.1.2 俯仰滤波器

俯仰滤波器用于对卫星的俯仰角和角速度进行粗略估计。该滤波器使用三轴磁强计的磁场测量值(星体系)和根据当前轨道参数用IGRF模型解算的磁场参考值(轨道系)以及在俯仰轴的控制力矩(MT,MW)作为输入。

设物体绕某转轴的转动惯量为I,受到的力矩为T,绕该轴的初始角速率为ω_0,t时刻的角速率为ω_t。则有

$$\omega_t = \omega_0 + \frac{T}{I}(t - t_0) \tag{3.44}$$

又设物体的角速率为ω,绕该轴的初始转角为θ_0,t时刻的转角为θ_t,则有

$$\theta_t = \theta_0 + \omega(t - t_0) \tag{3.45}$$

根据上面的方程,则对卫星的俯仰角速率ω_y和俯仰角θ,分别有如下的计算公式

$$\begin{cases} \omega_y(k) = \omega_y(k-1) + \dfrac{T_{\mathrm{m}} + T_{\mathrm{w}}}{I_y}t \\ \theta(k) = \theta(k-1) + \dfrac{1}{2}[\omega_y(k) + \omega_y(k-1)]t \end{cases} \tag{3.46}$$

磁场矢量在轨道坐标系和星体坐标系中分别表示为$\boldsymbol{B}_{\mathrm{o}}$、$\boldsymbol{B}_{\mathrm{b}}$,则有

$$\boldsymbol{B}_{\mathrm{b}} = \boldsymbol{A}_{\mathrm{bo}}\boldsymbol{B}_{\mathrm{o}} \tag{3.47}$$

式中:$\boldsymbol{A}_{\mathrm{bo}}$是卫星的姿态矩阵,其表达式为

$$\boldsymbol{A}_{\mathrm{bo}} = \begin{bmatrix} \cos\theta & -\sin\theta \\ \sin\theta & \cos\theta \end{bmatrix} \tag{3.48}$$

把式(3.48)展开移项后,得到

$$\theta = \arctan\left(\frac{B_{\mathrm{oz}}B_{\mathrm{bx}} - B_{\mathrm{ox}}B_{\mathrm{bz}}}{B_{\mathrm{ox}}B_{\mathrm{bx}} + B_{\mathrm{oz}}B_{\mathrm{bz}}}\right) \tag{3.49}$$

由上面的公式,得到俯仰滤波器的算法流程如下:

(1) 估计俯仰角速率:

$$\omega_y(k) = \omega_y(k-1) + \frac{T_m + T_w}{I_y}t \tag{3.50}$$

（2）估计俯仰角：

$$\theta(k) = \theta(k-1) + \frac{1}{2}[\omega_y(k) + \omega_y(k-1)]t \tag{3.51}$$

（3）计算修正值：

$$\Delta_{\text{correct}}(k) = \arctan\left(\frac{B_{\text{oz}}(k)B_{\text{bx}}(k) - B_{\text{ox}}(k)B_{\text{bz}}(k)}{B_{\text{ox}}(k)B_{\text{bx}}(k) + B_{\text{oz}}(k)B_{\text{bz}}(k)}\right) - \theta(k) \tag{3.52}$$

（4）对修正值进行规范：

$$\Delta_{\text{correct}}(k) = \arctan\left(\frac{\sin\Delta_{\text{correct}}(k)}{\cos\Delta_{\text{correct}}(k)}\right) \tag{3.53}$$

（5）修正估计值：

$$\begin{cases}\omega_y(k) = \omega_y(k) + k_1\Delta_{\text{correct}} \\ \theta(k) = \theta(k) + k_2\Delta_{\text{correct}}\end{cases} \tag{3.54}$$

（6）对俯仰角进行规范：

$$\theta(k) = \arctan\left(\frac{\sin\theta(k)}{\cos\theta(k)}\right) \tag{3.55}$$

3.4.1.3 MM 全姿态滤波器

MM 全姿态滤波器可以同时估计出星体的姿态和角速率。考虑到四元素在数值计算方面的优势，姿态表示选择四元素。因此系统的状态矢量取为星体的姿态四元素和星体角速率

$$\boldsymbol{X} = [q_{\text{bo}} \quad \omega_{\text{bi}}]^{\text{T}} = [q_{\text{bo1}} \quad q_{\text{bo2}} \quad q_{\text{bo3}} \quad q_{\text{bo4}} \quad \omega_{\text{bi1}} \quad \omega_{\text{bi2}} \quad \omega_{\text{bi3}}]^{\text{T}} \tag{3.56}$$

卫星的动力学方程为

$$\boldsymbol{I}\dot{\boldsymbol{\omega}}_{\text{bi}} + [\boldsymbol{\omega}_{\text{bi}} \times](\boldsymbol{I}\boldsymbol{\omega}_{bi} + \boldsymbol{h}) = \boldsymbol{T} - \dot{\boldsymbol{h}} \tag{3.57}$$

运动学方程为

$$\dot{\bar{\boldsymbol{q}}}_{\text{bo}} = \frac{1}{2}\boldsymbol{\Omega}(\boldsymbol{\omega}_{\text{bo}})\bar{\boldsymbol{q}}_{\text{bo}} \tag{3.58}$$

由上述两个方程及定义的系统状态矢量，得到系统的状态方程为

$$\begin{cases}\dot{\bar{\boldsymbol{q}}}_{\text{bo}} = \frac{1}{2}\boldsymbol{\Omega}(\boldsymbol{\omega}_{\text{bo}})\bar{\boldsymbol{q}}_{\text{bo}} \\ \dot{\boldsymbol{\omega}}_{\text{bi}} = \boldsymbol{I}^{-1}[\boldsymbol{T} - \dot{\boldsymbol{h}} - [\boldsymbol{\omega}_{\text{bi}} \times](\boldsymbol{I}\boldsymbol{\omega}_{\text{bi}} + \boldsymbol{h}_{\text{w}}]\end{cases} \tag{3.59}$$

式中：$\hat{\boldsymbol{\omega}}_{\text{bo}} = \hat{\boldsymbol{\omega}}_{\text{bi}} + \boldsymbol{A}(\hat{\bar{\boldsymbol{q}}}_{\text{bo}})\boldsymbol{\omega}_{\text{oi}}^{\text{o}}$ 得到 $\hat{\boldsymbol{\omega}}_{\text{bo}}$，系统的量测矢量直接取为磁强计的测量值 $\boldsymbol{B}_{\text{b}}$。则系统的量测方程就是地磁矢量在两个坐标系（星体坐标系和轨道坐标系）

之间通过坐标转换矩阵(姿态矩阵)联系在一起的转换方程,即

$$\boldsymbol{B}_b = \boldsymbol{A}_{\text{bo}}(\boldsymbol{q}_{\text{bo}})\boldsymbol{B}_{\text{o}} = h[\boldsymbol{X},t] \tag{3.60}$$

这里量测矩阵 $\boldsymbol{H}$ 的推导可由下面得到

$$\begin{cases}\hat{\boldsymbol{V}}^{\text{b}} = \boldsymbol{A}(\hat{\bar{\boldsymbol{q}}})\boldsymbol{V}^{\text{r}} \\ \boldsymbol{V}^{\text{b}}_{\text{meas}} = \boldsymbol{A}(\hat{\bar{\boldsymbol{q}}} + \delta\bar{\boldsymbol{q}})\boldsymbol{V}^{\text{r}} + \boldsymbol{\nu}\end{cases} \Rightarrow$$

$$\boldsymbol{z} = \boldsymbol{V}^{\text{b}}_{\text{meas}} - \hat{\boldsymbol{V}}^{\text{b}} = \left[\frac{\partial \boldsymbol{A}(\bar{\boldsymbol{q}})}{\partial q_1}\boldsymbol{V}^{\text{r}}, \frac{\partial \boldsymbol{A}(\bar{\boldsymbol{q}})}{\partial q_2}\boldsymbol{V}^{\text{r}}, \frac{\partial \boldsymbol{A}(\bar{\boldsymbol{q}})}{\partial q_3}\boldsymbol{V}^{\text{r}}, \frac{\partial \boldsymbol{A}(\bar{\boldsymbol{q}})}{\partial q_4}\boldsymbol{V}^{\text{r}}\right]\delta\bar{\boldsymbol{q}} + \boldsymbol{\nu} \Rightarrow$$

$$\boldsymbol{z} = \boldsymbol{H}\delta\boldsymbol{x} + \boldsymbol{\nu}, \boldsymbol{H} = \left[\frac{\partial \boldsymbol{A}(\bar{\boldsymbol{q}})}{\partial q_1}\boldsymbol{V}^{\text{r}}, \frac{\partial \boldsymbol{A}(\bar{\boldsymbol{q}})}{\partial q_2}\boldsymbol{V}^{\text{r}}, \frac{\partial \boldsymbol{A}(\bar{\boldsymbol{q}})}{\partial q_3}\boldsymbol{V}^{\text{r}}, \frac{\partial \boldsymbol{A}(\bar{\boldsymbol{q}})}{\partial q_4}\boldsymbol{V}^{\text{r}}, \boldsymbol{0}_{3\times 3}\right] \tag{3.61}$$

$$\boldsymbol{A}(\hat{\bar{\boldsymbol{q}}} + \delta\bar{\boldsymbol{q}}) \approx \boldsymbol{A}(\hat{\bar{\boldsymbol{q}}}) + \left[\frac{\partial \boldsymbol{A}(\bar{\boldsymbol{q}})}{\partial q_1}, \frac{\partial \boldsymbol{A}(\bar{\boldsymbol{q}})}{\partial q_2}, \frac{\partial \boldsymbol{A}(\bar{\boldsymbol{q}})}{\partial q_3}, \frac{\partial \boldsymbol{A}(\bar{\boldsymbol{q}})}{\partial q_4}\right]\delta\bar{\boldsymbol{q}}$$

式中:$\hat{\boldsymbol{V}}^{\text{b}}$、$\boldsymbol{V}^{\text{b}}_{\text{meas}}$分别表示单位化地磁矢量的估计值、测量值。

根据以上确定的系统状态模型,确定全姿态滤波器的算法流程如图 3.3 所示。

3.4.1.4 MM + SS 全姿态滤波器

全姿态滤波器可以同时估计出星体的姿态和角速率。这里采用与 SS 全姿态滤波器一样的状态变量的选择,以及相同的动力学更新。系统的观测矢量取为磁强计和太阳敏感器的测量值 $B_{\text{b}}, D_{\text{b}}$。则系统的观测方程就是地磁矢量和太阳矢量在两个坐标系(星体坐标系和轨道坐标系)之间通过坐标转换矩阵(姿态矩阵)联系在一起的转换方程。

磁强计量测矩阵 $\boldsymbol{H}$ 的推导已由 3.4.1.3 节得到,太阳敏感器的矩阵 $\boldsymbol{H}$ 推导过程与其类似。

3.4.1.5 ST 全姿态滤波器

星敏感器的量测模型为

$$\bar{\boldsymbol{q}}_{\text{m}} = \bar{\boldsymbol{q}} \otimes \bar{\boldsymbol{q}}_{\text{v}} \tag{3.62}$$

式中:$\bar{\boldsymbol{q}}_{\text{m}}$ 为星敏感器输出四元数;$\bar{\boldsymbol{q}}$ 为真实四元数;$\bar{\boldsymbol{q}}_{\text{v}}$ 为测量误差四元数,表述了星敏感器的测量精度。

星敏感器量测模型是非线性的,下面对星敏感器量测模型按照最优估计处进行展开,并建立起基于误差四元数参数的线性近似模型,为了在最优估计处展开,定义 $\delta\bar{\boldsymbol{q}} = \hat{\bar{\boldsymbol{q}}}^{-1} \otimes \bar{\boldsymbol{q}}$,则

$$\bar{\boldsymbol{q}}_{\text{m}} = \bar{\boldsymbol{q}} \otimes \bar{\boldsymbol{q}}_{\text{v}} = (\hat{\bar{\boldsymbol{q}}} \otimes \delta\bar{\boldsymbol{q}}) \otimes \bar{\boldsymbol{q}}_{\text{v}}$$

$$\Rightarrow \hat{\bar{q}}^{-1} \otimes \bar{q}_{\mathrm{m}} = \delta\bar{q} \otimes \bar{q}_{\mathrm{v}} \tag{3.63}$$

定义 $\bar{z} = \hat{\bar{q}}^{-1} \otimes \bar{q}_{\mathrm{m}}$，则 $\bar{z} = \delta\bar{q} \otimes \bar{q}_{\mathrm{v}}$，注意到 $\delta\bar{q}$，$\bar{q}_{\mathrm{v}}$ 的矢部都是小量，标部接近于1，则 $\bar{z}$ 同样也具有该性质。于是得到星敏感器量测线性模型为

$$z = \delta q + v \tag{3.64}$$

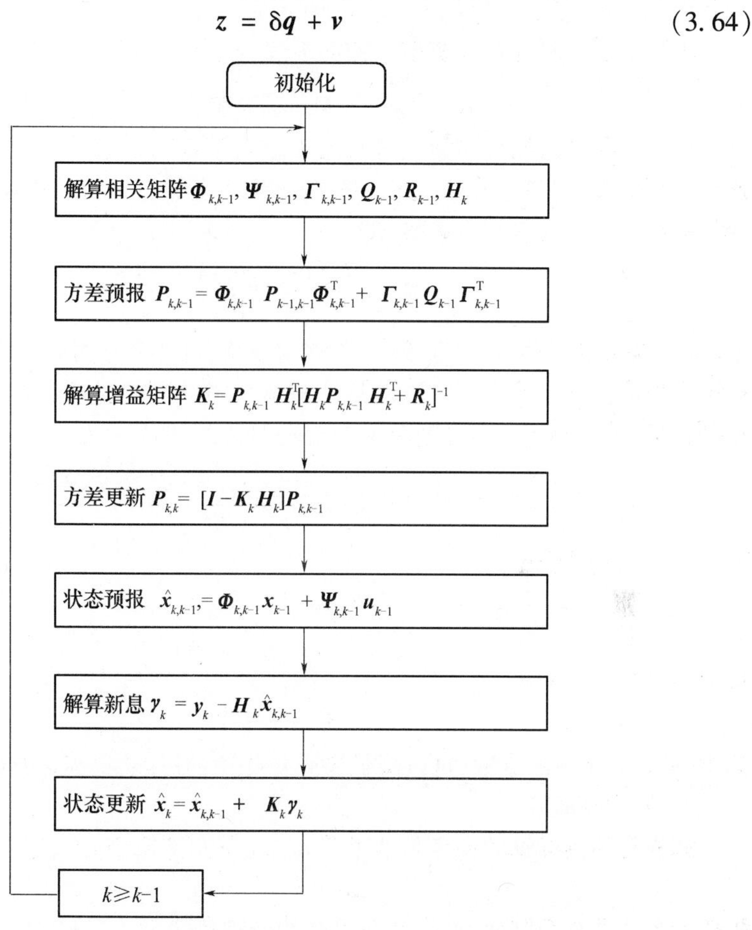

图 3.3　全姿态滤波器算法流程

3.4.2　姿态控制模块

ADCS[12-17]的硬件包括姿态敏感器、控制计算机与执行机构三部分，软件包括姿态确定算法与控制律计算两方面，它作为微纳卫星的核心部分，其技术的发展对微小卫星研制水平的提高起到了关键性作用。目前，微纳卫星趋向于采用一体化设计，姿态控制系统与其他子系统紧密联系，尽可能实现结构复用，同时采用新技

术和新器件来实现高精度、低功耗以及小型化。

本节依据 NS－2 纳卫星的飞行任务、设计指标，对 ADCS[18-21] 进行了详细的设计与仿真验证。

3.4.2.1 磁力矩器控制模块

1）章动阻尼

如果卫星三轴的磁力矩器均按照下式产生

$$M = -K\dot{B} \tag{3.65}$$

则可以实现章动阻尼的功能。式中的 K 是大于零的常数。一般 K 取值较大，即在速率阻尼模式下，磁力矩器一般工作在饱和状态下。式中的地磁场在星体系各轴分量的导数可以直接差分获得，即

$$\dot{B}_i = \frac{B_i(k) - B_i(k-1)}{T} \tag{3.66}$$

上式表示阻尼控制算法运算量小，收敛速度快，对星箭分离后的消旋阶段是比较适用的。但该算法直接受到各轴磁强计测量噪声的影响，控制精度较低。为了提高控制精度，可以先求出各磁场分量与磁场的夹角，即

$$\alpha_i = \arccos\frac{B_i}{\sqrt{B_x^2 + B_y^2 + B_z^2}} \quad (i = x, y, z) \tag{3.67}$$

并求出夹角的导数为

$$\dot{\alpha}_i(k) = \frac{\alpha_i(k) - \alpha_i(k-1)}{t} \tag{3.68}$$

按照下式产生控制律

$$M = -K\dot{\alpha}_i \tag{3.69}$$

式中：K 为大于零的常数，可以降低磁强计噪声的影响，提高控制精度。

2）俯仰轴起旋

如果星体俯仰轴的参考角速率为 ω_y，实际角速率为 ω'_y，定义角速率误差为

$$\Delta\omega_y = \omega'_y - \omega_y \tag{3.70}$$

则按照下式产生控制律，就实现对星体俯仰轴角速率的控制：

$$M_z = \text{sign}(B_x)K\Delta\omega_y \tag{3.71}$$

或者

$$M_x = \text{sign}(B_z)K\Delta\omega_y \tag{3.72}$$

动量轮起旋过程中的磁力矩器控制为

$$\boldsymbol{e} = \begin{bmatrix} e_x \\ e_y \\ e_z \end{bmatrix} = \begin{bmatrix} 0 \\ k_{dy}(\Omega - \Omega') \\ 0 \end{bmatrix} \tag{3.73}$$

磁力矩输出为

$$M = b_b \times e \tag{3.74}$$

3）y 偏置三轴稳定控制（一直对 y 方向的轮子进行卸饱和）

动量轮起旋后，定义三轴磁力矩器的控制误差为

$$e = \begin{bmatrix} e_x \\ e_y \\ e_z \end{bmatrix} = \begin{bmatrix} k_{dx}\omega_x + k_{pz}\psi \\ k_{dy}(\Omega - \Omega') \\ k_{dz}\omega_z + k_{px}\phi \end{bmatrix} \tag{3.75}$$

式中：k 均为控制系数；Ω,Ω'为动量轮的实际转速与额定转速；ψ 为偏航角（yaw）；θ 为俯仰角（pitch）；ϕ 为滚动角（roll）；下角 d 表示微分，p 表示比例。

设地磁场在星体坐标系下的归一化矢量为 b_b，则磁力矩器的三轴稳定控制律为

$$M = b_b \times e \tag{3.76}$$

注意：对于 MT 的控制方式，首先得到要控的力矩大小（应该为负方向），然后由$M = b_b \times e$ 得到相应的磁距应给量。y 轮减速与式（3.73），仅 Ω'设置不同。

零动量控制（三轴磁力距器对三轴轮子卸饱和）为

$$e = \begin{bmatrix} e_x \\ e_y \\ e_z \end{bmatrix} = \begin{bmatrix} h_x \\ h_y \\ h_z \end{bmatrix} = \begin{bmatrix} J_{hx}\omega_{hx} \\ J_{hy}\omega_{hy} \\ J_{hz}\omega_{hz} \end{bmatrix} \tag{3.77}$$

注意：对动量轮的卸饱和是指对动量轮的规定角动量（角速度）进行控制。

MT 控制模块的流程如图 3.4 所示。

3.4.2.2 动量轮控制模块

1）偏置动量状态

动量轮用于控制星体俯仰通道的姿态和角速率。设星体的俯仰角速率和俯仰角分别为 ω_y 和 θ，则按照下式产生需求控制力矩为

$$M = k_p\theta + k_d\omega_y \tag{3.78}$$

式中：k_p，k_d 为控制系数。

NS－2 纳卫星的动量轮为转速控制模式。由式（3.78）得到需求的转速增量为

$$\Delta\Omega = \frac{M \cdot \Delta T}{J} = \frac{(k_p\theta + k_d\omega_y) \cdot \Delta T}{J} \tag{3.79}$$

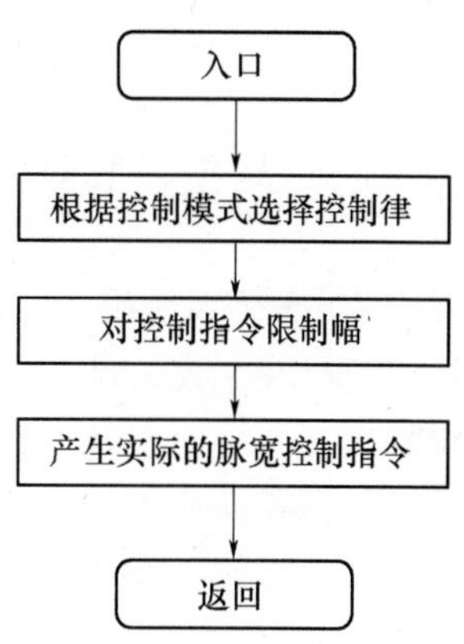

图 3.4　MT 控制模块流程

式中：ΔT 为采样周期。则得到动量轮的控制命令为

$$\Omega = \Omega_{\text{prev}} + \Delta\Omega \tag{3.80}$$

式中：Ω_{prev} 为上一次的转速控制命令。

动量轮控制模块的流程图如图 3.5 所示。

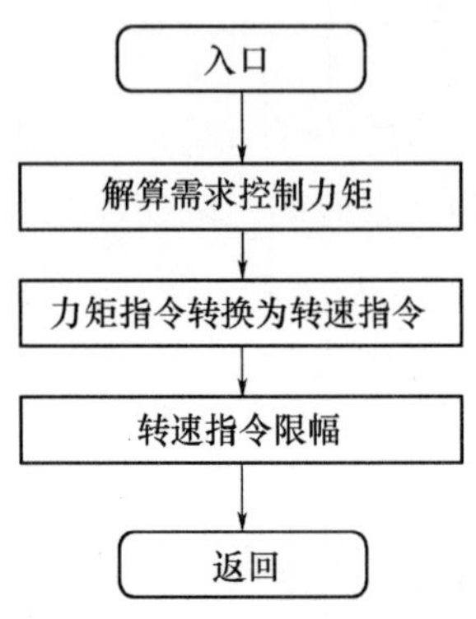

图 3.5 动量轮控制模块流程

2）零动量状态

设星体的欧拉角速率和角度分别为 $\omega_x,\omega_y,\omega_z$ 和 $\theta_x,\theta_y,\theta_z$，则按照下式产生需求控制力矩为

$$\boldsymbol{e} = \begin{bmatrix} e_x \\ e_y \\ e_z \end{bmatrix} = \begin{bmatrix} k_{\text{dx}}\omega_x + k_{\text{px}}\theta_x \\ k_{\text{dy}}\omega_y + k_{\text{py}}\theta_y \\ k_{\text{dz}}\omega_z + k_{\text{pz}}\theta_z \end{bmatrix} \tag{3.81}$$

3.5 NS－2 纳卫星 ADCS 分系统仿真验证

ADCS 分系统设计完成后，必须通过数学仿真来验证正确性、控制精度、控制稳定度以及主控软件的稳定性等。仿真时作用在星体上的环境力矩与卫星所处位置的真实环境力矩基本相同。

仿真验证使用的有关参数如表 3.3 所列。

表 3.3 NS－2 卫星仿真验证使用的相关参数

轨道高度	600km
大气密度(600 km)	2.94×10^{-13}kg/m^3
气动阻力系数	2.5

(续)

星体特性	星体惯量 I	$[0.696\quad 0.696\quad 0.551]\text{kg}\cdot\text{m}^2$	
	MT 最大力矩	0.7Am^2	
	MW 惯量 J	$1.34\times10^{-4}\text{kg}\cdot\text{m}^2$	
	MW 最大力矩	$6.7\times10^{-5}\text{N}\cdot\text{m}$	
	压心质心距离	0.04m	
	卫星剩磁	$0.005\text{A}\cdot\text{m}^2$	
	表面反射系数	$\beta=0.6$	
环境力矩	大气阻力矩	固定值$[0.1\quad 1.6\quad 1.0]\times10^{-7}\text{N}\cdot\text{m}$	
	太阳光压力矩	固定值$[5.6\quad 5.6\quad 5.6]\times10^{-8}\text{N}\cdot\text{m}$	
	地磁力矩	实际仿真	
	重力梯度力矩	实际仿真	
	稳定后总力矩(3σ)	X 轴	$(-2\sim3)\times10^{-7}\text{N}\cdot\text{m}$
		Y 轴	$(-1\sim5)\times10^{-7}\text{N}\cdot\text{m}$
		Z 轴	$(0\sim3)\times10^{-7}\text{N}\cdot\text{m}$
地球磁场	空间环境模拟	地球主磁场取 9×9 阶,不考虑外磁场	
	ADCS 地磁场解算	地球主磁场取 6×6 阶,不考虑外磁场	
初始条件	初始角速率(°/s)	[-4, -4, -4]	
	初始姿态(°)	[40,40,40]	
MM 噪声	常值偏差	$0.1\mu\text{T}$	
	随机噪声(3σ)	$0.4\mu\text{T}$	

3.5.1 控制模式 1

卫星与运载分离后(或者长时间没有进行姿态控制),三轴都可能有一定的角速率存在,姿态也将处于随机状态。根据总体所提供的运载信息,这里假设启动姿态控制时刻的星体三轴角速率均为 -4°/s,姿态角均为 40°。根据 NS-2 纳卫星 ADCS 的飞行程序,ADCS 首先应该进入控制模式 1。控制模式 1 用于对星体 X 轴、Z 轴的角速率进行阻尼,使两轴的角速率足够小,为进入下一控制模式作好准备。控制模式 1 经历的时间段为 0~15000s。在这段时间内星体的轨道角速率和三轴磁力矩器输出的变化曲线分别如图 3.6、图 3.7 所示。

此模式下的控制周期为 1s。

从图 3.6 可以看出,控制模式 1 能够有效地对星体 X 轴、Z 轴的角速率进行阻尼,使之减小到零附近。为进入下一控制模式创造良好的条件,由此可知控制模式 1 是正确有效的。

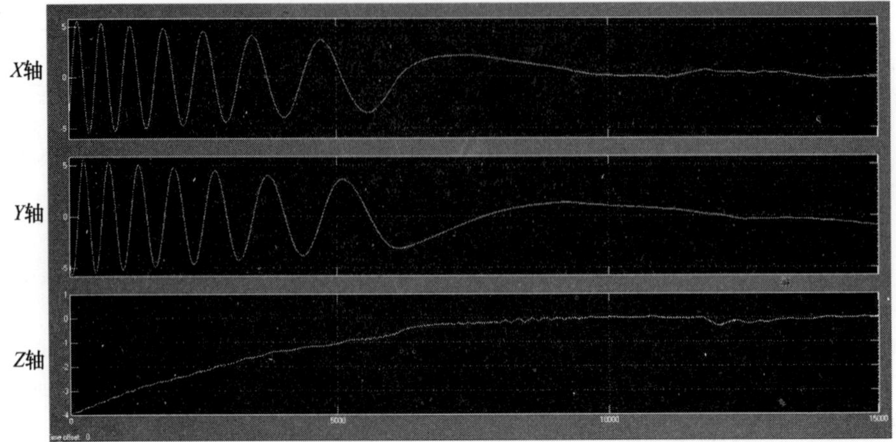

图 3.6　控制模式 1 中星体轨道角速率/(°/s)

控制模式 1 只对 X 轴、Z 轴的角速率进行阻尼，而对 Y 轴的角速率却不加控制。当 X 轴、Z 轴的角速率阻尼到零附近后，Y 轴的角速率将基本保持在某一恒定值上（也可能是零值附近）。

从图 3.7 可以看出，控制模式 1 在阻尼 X 轴、Z 轴角速率阻尼的过程中，Y 轴磁力矩器基本上是满负荷工作的，需求的电源功率较大。此模式下 X 轴磁力矩器不工作，Z 轴的磁力矩器从 10500s 后开始工作。

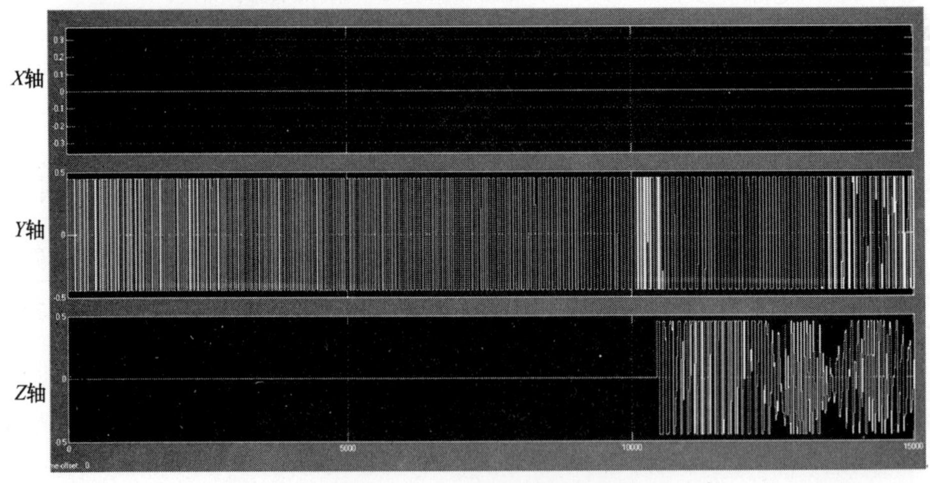

图 3.7　控制模式 1 中三轴磁力矩器输出/$A \cdot m^2$

3.5.2 控制模式 2

控制模式 1 完成后，已经把星体 X 轴、Z 轴的角速率阻尼降至零附近。但此时

星体 Y 轴的角速率和 Y 轴的指向都将处于随机状态,即星体姿态仍然没有捕获。控制模式 2 就是用于使星体建立起粗略的 Y Thomson 姿态。实现过程是使星体绕 Y 轴起旋的同时,继续对 X 轴、Z 轴的角速率进行阻尼。这里使星体绕 Y 轴起旋的目的有两个:一是要使星体 Y 轴进动到与轨道面垂直的位置;二是储备一定的角动量用于吸收动量轮启动时带来的扰动力矩。此模式下的控制周期为 1s。

控制模式 2 完成后,星体 Y 轴的角速率应该处于规定值附近,X 轴、Z 轴的角速率仍然约为零,并且 Y 轴应该处于与轨道面近似垂直的姿态。

仿真中控制模式 2 经历的时间段为 15000s ~ 19000s。此模式下星体的角速率曲线见图 3.8,三轴磁力矩器输出的变化曲线见图 3.9。

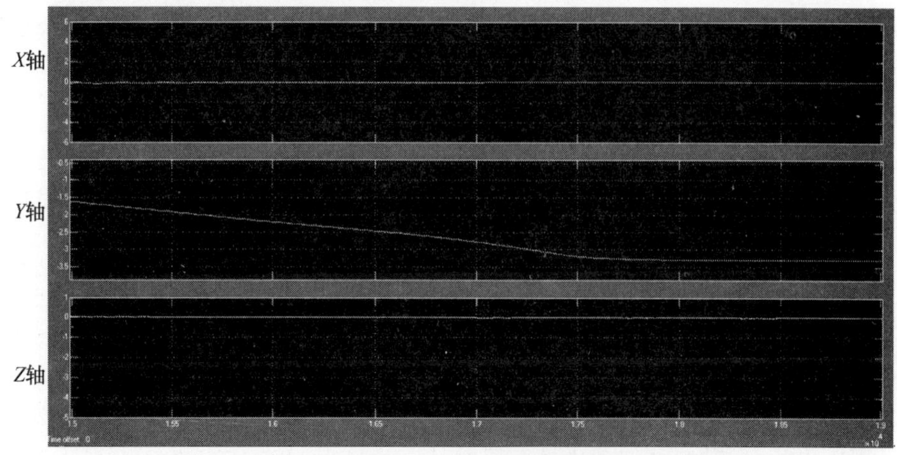

图 3.8 控制模式 2 中星体轨道角速率/(°/s)

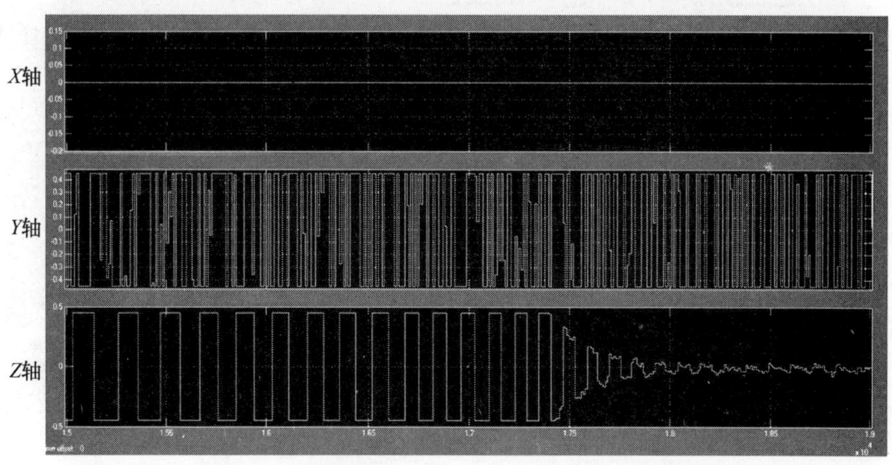

图 3.9 控制模式 2 中三轴磁力矩器输出/A · m^2

从图3.8可以看出,只要控制模式1建立能够实现预期的控制目标,控制模式2就能够顺利地完成任务:使星体绕轴起旋到规定转速;阻尼 X 轴、Z 轴的角速率保持在零附近;使星体 Y 轴近似垂直于轨道面。这就为动量轮的启动准备好了条件。由此可知控制模式2是正确有效的。

从图3.9可以看出,在控制模式2中,Y 轴、Z 轴的磁力矩器基本上是满负荷工作的,也需求较大的电源功率。此模式下 X 轴磁力矩器不工作。

3.5.3 控制模式3

在控制模式2中,已经使星体的 Y 轴近似垂直于轨道面,Y 轴的角速率也保持在规定值附近。这时就可以进入控制模式3,启动动量轮。控制模式3完成的标志是:动量轮保持在额定转速(2800r/min)附近;星体三轴角速率保持在零附近。此模式下的控制周期为1s。

仿真中控制模式3经历时间段为19000s~20000s。此模式下星体角速率变化曲线见图3.10,三轴磁力矩器输出曲线见图3.11,动量轮转速变化曲线见图3.12。

从图3.10可以看出,在动量轮启动的过程中,明显增大了 Y 轴的章动,但因为时间较短,并且又有 Y 轴磁力矩器的阻尼,因此 Y 轴仍能保持与轨道面近似垂直的姿态。

从图3.11可知,动量轮的转速能稳定增加到额定值并保持在额定值附近。

由此可知,控制模式3是正确有效的。

图3.10　控制模式3中星体轨道角速率/(°/s)

图 3.11　控制模式 3 中三轴磁力矩器输出/A · m^2

图 3.12　控制模式 3 中 Y 轮转速/(r/min)

3.5.4 控制模式 4

控制模式 3 完成后，星体三轴角速率都大约为零，Y 轴与轨道面近似垂直，动量轮已经保持在额定转速附近。此时就可以进入控制模式 4——Y 轮偏置动量状态对地定向三轴稳定模式。

在控制模式 4 中，由 Y 轮工作于偏振动量状态控制俯仰轴的姿态；Y 轴磁力矩器用于控制 X 轴、Z 轴姿态；X 轴、Z 轴的磁力矩器对动量轮进行卸载，防止其饱合而失去控制能力。此模式下的控制周期为 10s。

控制模式 4 仿真的时间 20000s ~ 47000s。星体在此控制模式中的三轴姿态角曲线见图3.13，三轴轨道角速率曲线见图3.14，动量轮转速曲线见图3.15，三轴磁力矩器输出曲线见图3.16。

从图3.13可知，NS－2纳卫星在此控制模式下的三轴姿态控制精度均优于3°。

从图3.14可知，NS－2纳卫星在此控制模式下的三轴姿态角速率均小于0.01°/s。

从图3.15可知，在干扰力矩的作用下，动量轮的转速不断改变；但是磁力矩器一直在给动量轮卸载，因此Y轮的转速能够平稳下降，从而在星体对地三轴状态保持比较稳定情况下，完成从Y轮偏置动量工作状态向Y轮反作用轮状态的平稳过渡，为X,Z轴反作用轮启动提供条件。

图3.13　Y轮偏置动量控制模式下星体三轴姿态角/(°)

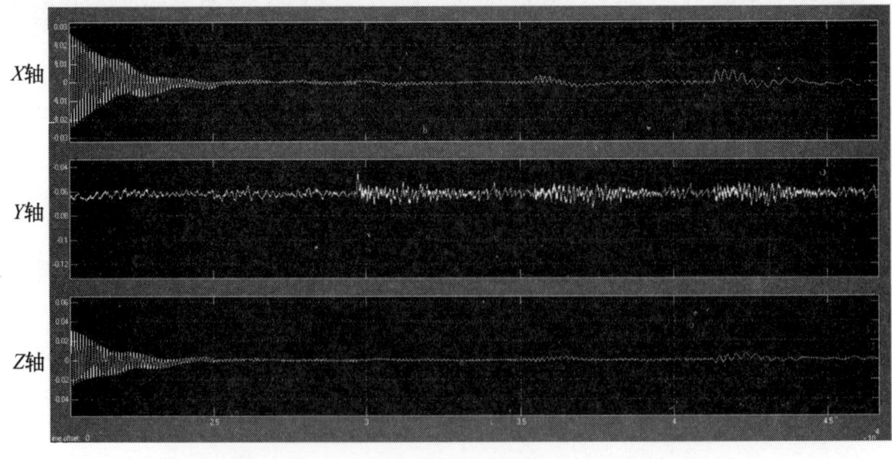

图3.14　Y轮偏置动量控制模式下星体三轴轨道角速率/(°/s)

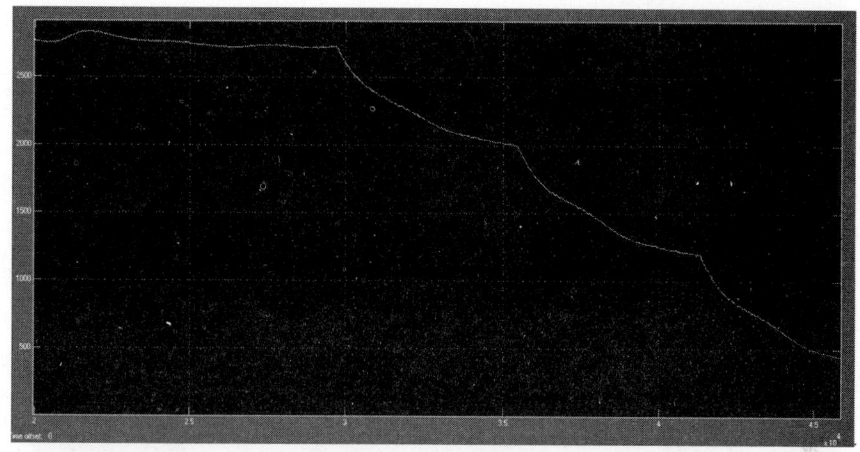

图3.15　控制模式4中Y轮转速/(r/min)

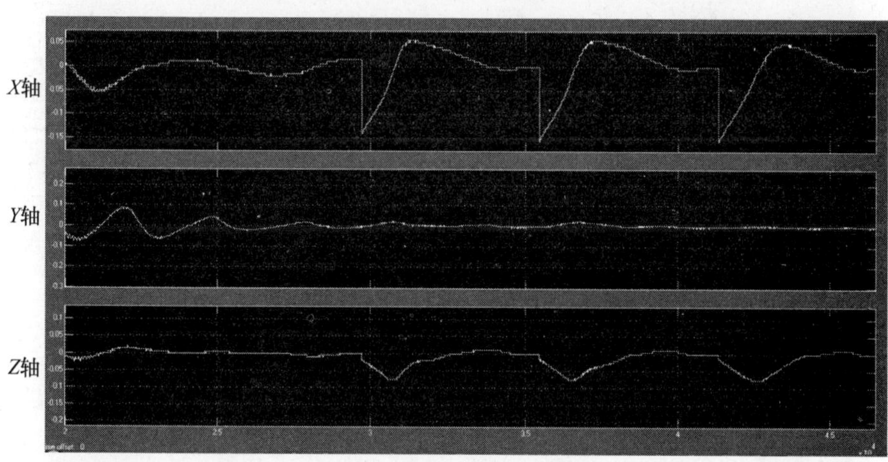

图3.16　控制模式4三轴磁力矩器输出/A·m²

3.5.5 控制模式5

控制模式4完成后,星体已经工作于对地定向三轴稳定模式,三轴稳定度已经能够达到总体的技术指标要求,只是三轴稳定的姿态确定和控制精度没有达到总体要求,而Y轮转速已经降低至500r/min以下,为X,Y,Z轮工作于零动量控制状态提供了充分条件。

此控制模式仿真的时间47000s~100000s。此控制模式中星体的三轴姿态角曲线见图3.17,三轴姿态估计误差曲线见图3.18,三轴轨道角速率曲线见图3.19,动量轮转速曲线见图3.20,三轴磁力矩器输出曲线见图3.21。

从图3.17可知,此控制模式中NS-2纳卫星的三轴姿态控制精度均优于1°,满足总体性能指标要求。

从图3.18可知,此控制模式中NS-2纳卫星的三轴姿态测量误差小于±0.003(3σ),满足总体指标要求。

从图3.19可知,此控制模式中NS-2纳卫星的三轴姿态角速率均小于0.01°/s,满足总体指标要求。

从图3.20可知,在干扰力矩的作用下,动量轮的转速不断改变;但是磁力矩器一直在给动量轮卸载,因此动量轮的转速始终保持在额定转速附近,而不会饱合。

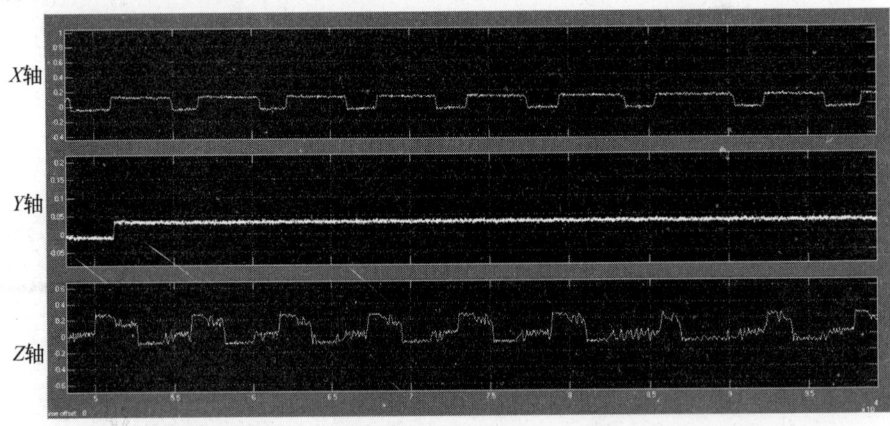

图3.17　控制模式5中星体三轴姿态角/(°)

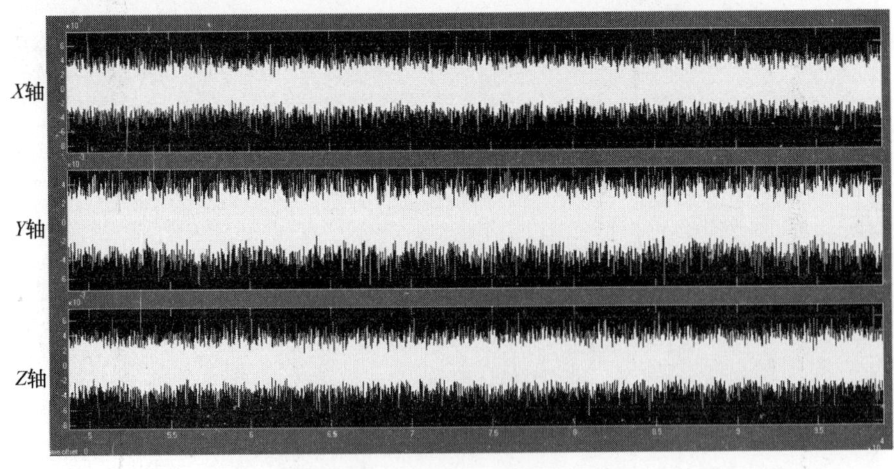

图3.18　控制模式5中星体三轴姿态角度估计误差/(°)

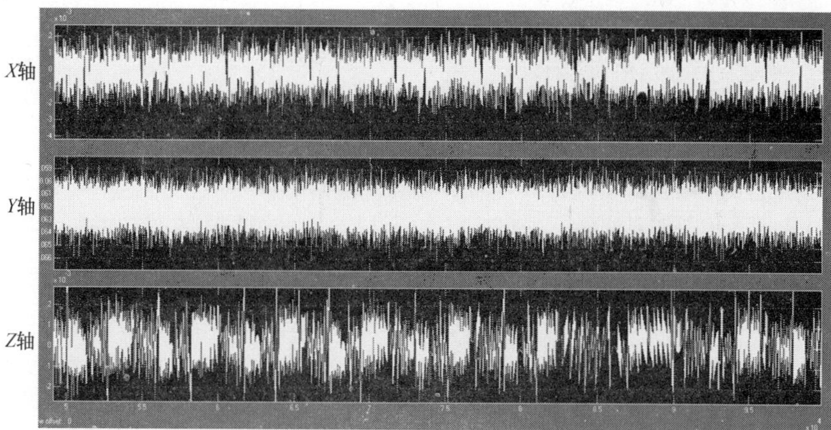

图3.19　控制模式5中星体三轴轨道角速率/(°/s)

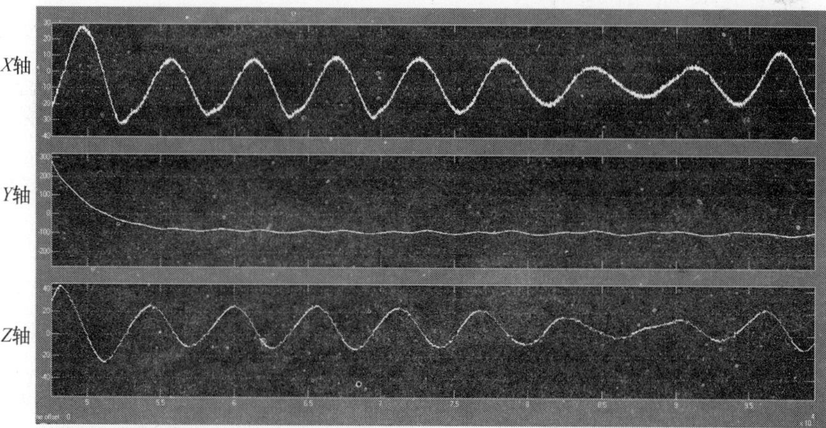

图3.20　控制模式5中 X, Y,Z 轮转速/(r/min)

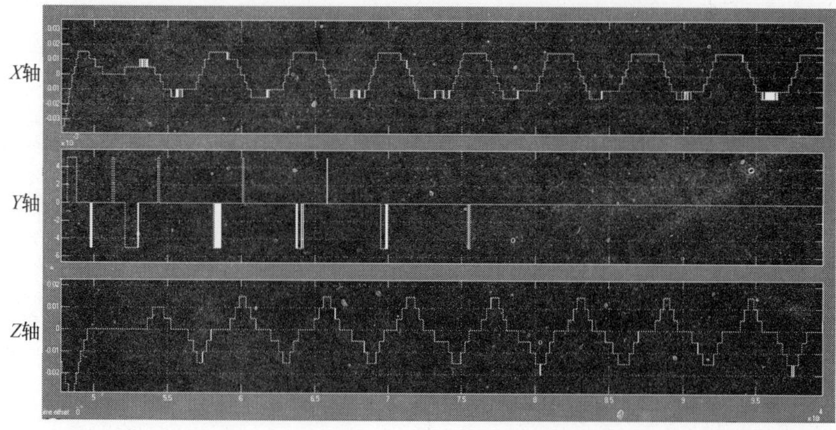

图3.21　控制模式5磁力矩器输出/$A \cdot m^2$

3.5.6 仿真结论

把以上各种控制模式下的仿真结果汇总于表3.4和表3.5中。

表3.4 NS-2纳卫星在正常环境力矩下的仿真结果

控制模式	控制周期/s	控制结果(3σ)	
		角速率/(°/s)	姿态/(°)
1	1	±0.1	
		±0.1	
2	1	±0.1	±3
		-6 ±0.1	
		±0.1	±3
3	1	±0.05	±3
		±0.02	±1
		±0.05	±3
4	10	±0.02	±1
		-0.05 ~ -0.07	0 ~2
		±0.01	0 ~2
5	10	±0.003	±0.2
		-0.006 ~ -0.0065	0 ~0.05
		±0.0025	-0.1 ~0.4

表3.5 NS-2纳卫星在正常环境力矩下稳定后的三轴测量精度

姿态测量精度/(°)(3σ)	±0.003
	±0.003
	±0.003

从以上仿真结果可以得出如下结论:

(1) NS-2纳卫星的磁力矩器能够胜任各种控制模式下的任务。

(2) NS-2纳卫星的动量轮能够胜任姿态控制的任务。这主要指两方面:一是能够提供足够大的偏置动量以使卫星在俯仰轴保持定轴性;二是在有磁力矩器卸载的情况下,其角动量足以吸收卫星在俯仰通道的干扰,从而保证俯仰通道的控制精度。

(3) NS－2 纳卫星 ADCS 的控制精度和稳定度完全能够达到设计的技术指标,满足总体的要求。

(4) NS－2 纳卫星 ADCS 主控软件的各个控制模式都能完成其功能,达到预期目的,为进入下一控制模式创造良好的条件。

(5) NS－2 纳卫星 ADCS 主控软件能够长期运行,具有良好的健壮稳定性。

参考文献

[1] 李太玉. 微小卫星姿态磁控制及三轴被动稳定研究[D]. 长沙:国防科学技术大学,2002.

[2] 郭云飞. 偏置动量微小卫星姿态控制系统研究[D]. 南京:南京航空航天大学,2008.

[3] 谢祥华. 微小卫星姿态控制系统研究[D]. 南京:南京航空航天大学,2007.

[4] 杨艳. 小卫星磁控系统设计仿真研究[D]. 北京:中国科学院空间科学与应用研究中心,2006.

[5] 柏林. 三轴稳定卫星姿态确定和姿态控制系统研究[D]. 西安:西北工业大学,2001.

[6] 王振枫. 某型微小卫星姿态控制系统设计及仿真研究[D]. 南京:南京航空航天大学,2007.

[7] 刘良栋. 卫星控制系统仿真技术[M]. 北京:中国宇航出版社, 2003.

[8] 屠善澄. 卫星姿态动力学与控制[M]. 北京: 中国宇航出版社, 2006.

[9] 余金培. 现代小卫星技术与应用[M]. 上海: 上海科学普及出版社, 2004.

[10] 章仁为. 卫星轨道姿态动力学与控制[M]. 北京: 北京航空航天大学出版社, 1998.

[11] 都亨,叶宗海. 低轨道航天器空间环境手册[M]. 北京:国防工业出版社,1996.

[12] 徐晓云. 卫星轨道姿态动力学仿真软件平台研究与开发[D]. 北京:清华大学,2002.

[13] 周军. 航天器原理[M]. 西安:西北工业大学出版社. 2001.

[14] 赵凯嘉. 航天清华一号卫星及应用[M]. 北京:中国宇航出版社,2002.

[15] 钱勇. 高精度三轴稳定卫星姿态确定和控制系统研究[D]. 西安:西北工业大学导航制导与控制系,2002.

[16] 张新邦,林来兴,索旭华. 卫星控制系统仿真技术[J]. 计算机仿真,2000(2).

[17] 见永刚,王治强,张斌. 三轴稳定卫星姿态控制周期的仿真研究[J]. 计算机工程与设计,2008(3).

[18] 耿云海,崔古涛. 小卫星主动磁控地球捕获姿态控制系统设计[J]. 航空学报,2000,21(2):142－145.

[19] 陈闽,张世杰,邢艳军,等. 飞轮故障时的小卫星轮控与磁控联合控制方法[J]. 哈尔滨工业大学学报,2007,5.

[20] 王文福,张兵,杨俊发. NS－1 卫星的三轴稳定控制技术[C]. 全国第十二届空间及运动体控制技术学术会议论文集,2006 年.

[21] 段晨阳. 小卫星反作用飞轮与磁力矩器联合姿态控制方法研究[D]. 国防科学技术大学. 2007.

第4章　微纳卫星综合电子技术

4.1　概　述

近年来,空间任务日益呈现出多样性和复杂性的特点,这对微纳卫星的发展尤其是其星上电子系统提出了越来越高的要求。随着现代电子技术、计算机技术、控制技术和信息工程的飞速发展,为满足上述要求提供了新的实现途径和可能性。在这一背景下诞生了微纳卫星综合电子技术这一新兴的技术领域。

微纳卫星综合电子系统是指以星载计算机(OBC)为管理核心,以星上数据网为信息纽带连接各类星载电子设备,为微纳卫星上其他平台和有效载荷提供信息管理服务的数据处理和传输系统。综合电子系统是微纳卫星总体级的分系统,是卫星的电总体和信息中枢,对微纳卫星的运行起到重要的支柱作用。

传统的卫星设计把卫星分解成结构、电源、热控制、姿态与轨道控制、测控、数据管理等分系统,各个分系统分别按照卫星总体设计提出的要求和本系统的技术特点进行设计、加工和调试,然后再把所有分系统连接在一起组成卫星,之后再进行测试、试验和调整。卫星的外部设备由多台独立的下位机分别管理,星载计算机通过下位机对外部设备进行间接的管理和控制。这种管理方式的缺点是星上线路复杂,资源无法共享。

综合电子系统的重要思想是资源共享,即超越卫星各分系统电子设备范畴,实现硬软件和信息资源共享。综合电子系统不是像传统的设计那样将卫星的各种功能分配给组成卫星的数据处理、遥测遥控、姿态控制、电源等各个分系统,而是以星载计算机为核心,将卫星上的各单元电子作为一个整体进行考虑,将传统卫星中的下位机合并成数量较少的下位机,通过智能总线进行连接,将以前硬件实现的功能由软件实现。通过采用这种一体化设计达到了功能软件化,不仅可大幅度减少所需的电子部件种类,而且还可以大大减少元器件数量,做到既可以满足卫星的功能方面的要求,又可以把系统所需的各种部件的种类和数量控制在最少,简化了硬件的复杂度,提高了系统的可靠性。

综合电子系统旨在以“通用化、系列化、模块化”为原则,将整个微纳卫星的电子系统进行有机结合,以实现卫星上的信息共享和信息融合,从而达到提高性能、降低成本、加快研制速度和满足空间任务快速响应的要求[1]。

4.2 微纳卫星综合电子系统

根据清华纳卫星一号综合电子系统，可以总结出微纳卫星综合电子系统的先进性主要体现在如下五个方面。

4.2.1 高集成度

采用多重集成技术，利用大规模集成电路的设计思想和制造工艺来设计和制造。它不仅把机械部件像电子电路一样集成起来，而且把传感器、执行器、微处理器以及其他电学和光学系统都集成于一个极小的几何空间内，形成机电一体化的具有特定功能的卫星部件或分系统。这种由分散趋近集成的设计方法，可以使装置轻巧坚固，提高可靠性。

4.2.2 高处理性能

OBC 是卫星上对信息进行采集、处理、分配和存储的关键部件，是一个在苛刻的空间条件下，对密集性很高的复杂卫星综合电子系统进行信息和功能综合的数据处理平台。随着空间任务的复杂化，对 OBC 性能，特别是数据处理能力的要求也不断提高，因此研制高性能且具有重构设计的 OBC 变得非常重要。研制的主要目的是合理选用 OBC 结构，在不大量增加硬件的前提下，通过总线仲裁技术，通过严格的故障检测和提供可替代的资源（软、硬件的冗余度），提高系统的可靠性，以及处理和容错能力，满足微纳卫星的高处理能力、高可靠和长寿命的需求。

4.2.3 高模块化程度

通过模块化技术实现了电子系统甚至整个微纳卫星的模块化，增强了系统的灵活性和可扩展性，使得在极短时间内设计、生产、组装和升级卫星系统成为可能，从而使卫星研制周期大幅缩短，具有十分重要的意义。

4.2.4 高智能化程度

清华纳星一号卫星可以采用自主稳定运行为主，地面遥控介入为辅的控制方式。当发生故障时，系统有自主切换能力，维持正常运行；尽量减少对地面站的依赖，提高卫星的自主运行能力。

4.2.5 较高可靠性

微纳卫星由于体积功耗较小,除必要的硬件冗余以外,还采用了软件的手段,对系统出现的故障进行有效的诊断和处理,更加提高了系统的可靠性。

4.3 微纳卫星综合电子系统结构

微纳卫星组织结构基本上是分级分布式,通过总线对分系统进行连接。

2004 年发射的 NS-1 纳卫星,是一种典型的微纳卫星,图 4.1 是 NS-1 纳卫星的电子系统体系结构。图 4.1 中,OBC 模块、遥测遥控(TTC)模块为星上综合电子系统的核心模块,它们和其他分系统之间通过 CAN 总线以及异步串口进行数据通信。OBC 是微纳卫星综合电子系统的核心,管理整个系统的硬件资源,提供时间管理,存储管理等基本功能,作为关键子系统之一,是实现平台功能和完成卫星有效载荷任务的重要支撑。OBC 系统要求集成度高,尽量简化硬件系统,具有高可靠性和一定的灵活性。OBC 采用典型的嵌入式计算机系统的设计方式,其核心由嵌入式微处理器组成,其性能决定了 OBC 的整体性能。TTC 是微纳卫星综合电子系统基础部分,是地面站和 OBC 对卫星进行控制和管理的途径,是卫星各种工作模式正常运行的基础。TTC 分系统的主要任务是测量卫星的工作参数,观察卫星的工作状态,验证卫星是否正常运行,根据任务的要求对卫星进行工作模式切换和系统重组,完成在轨运行任务。还可以传输有效载荷的数据供地面使用。

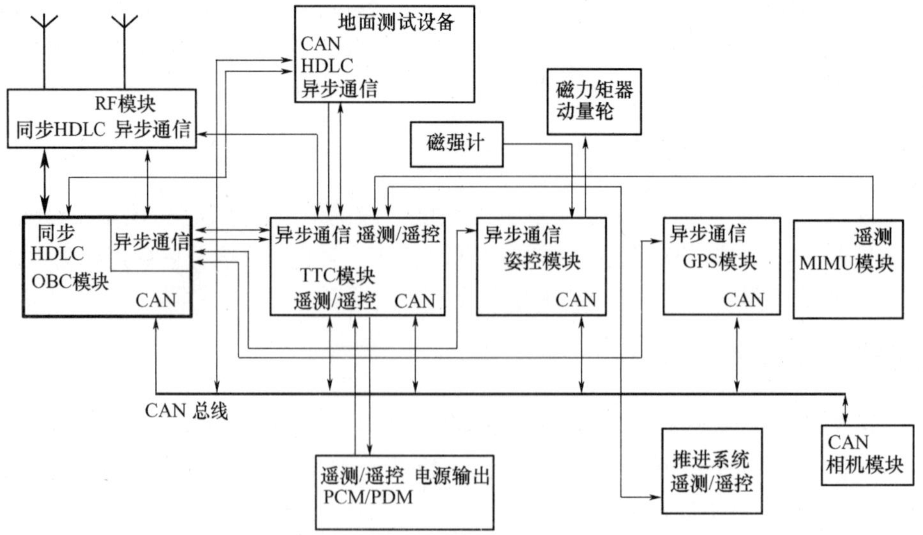

图 4.1 NS-1 OBC 卫星电子系统结构

星上综合电子系统按照卫星在不同阶段任务要求并根据实际情况,在完成自身工作模式调整后,通过星上总线实现对控制各功能模块的控制,进行功能化重组使卫星实现不同的工作模式。综合电子系统的工作模式可分为两种:直接工作模式和间接工作模式。

1) 直接工作模式的几种适用情况

(1) 卫星处于初始状态时,综合电子系统工作在直接工作模式下,OBC 处于关闭状态,遥测/遥控模块处于工作状态,遥测/遥控模块周期性地将卫星平台信息传输给地面站,由地面站对卫星状态进行评估,并根据地面站发出的指令对卫星进行控制并将控制结果反馈给地面站。

(2) 卫星处于节能状态时,当卫星无长时间重要工作时或地面站无大量连续数据需求时,卫星将被切换到节能模式,综合电子系统工作在直接工作模式下,只需要遥测/遥控模块实现卫星默认测控功能。

2) 间接工作模式的几种适用情况

(1) 卫星进行姿态初调阶段:当地面站根据遥测/遥控模块所提供的信息,确定卫星状态正常时,将综合电子系统工作从直接工作模式切换到间接工作模式,遥测/遥控模块处于工作状态,OBC 处于工作状态。OBC 接替遥测/遥控模块的测控核心地位,进行卫星平台的状态测量、模块控制、星地信息交换。OBC 启动姿态控制软件,并通过控制遥测/遥控实现,卫星平台信息收集,处理、实施既定卫星姿态方案、维护卫星平台的姿态,保障卫星载荷正常工作条件的功能。

(2) 卫星进行载荷试验阶段:当卫星完成姿态控制功能后,卫星将对搭载的功能载荷进行功能及性能验证试验。OBC 根据载荷试验的具体要求执行相应的功能软件,控制遥测/遥控对卫星功能模块进行重组,姿态变换,操作载荷进行既定控制,信息采集,数据传输,存储和处理。

4.4 技术指标

1) 指标

CPU:	Intel SA-1110
EPROM:	512KB 引导程序
	512KB 星上驻留程序
程序存储器:	1.5MB (三模冗余)
数据存储器:	6MB
CAN 节点:	666kbit/s
通信控制器:	HDLC 同步上行 9.6kbit/s

下行 19.2kbit/s

功耗：　　　　<1.5W(平均)

2) 遥测/遥控指标

双机热备份遥测编码器。

遥测通道：模拟通道 48 路(AN 0 ~ AN 47)，数字量输入通道 16 路(DIN 0 ~ DIN 15)，遥控指令回采通道 32 路。

ADC 分辨力:12 位。

模拟量正常工作输入电压范围:0 ~ +5V。

模拟量最大允许输入电压范围：-0.5V ~ +10V。

数字量输入:低电平电压 0 ~0.8V，高电平电压 3.5V ~5V。

三机热备份遥控解码器。

设计遥控指令通道 128 路，实际使用 32 路。

通信口:CAN 总线接口　666kbit/s;

异步串行口，9.6KB/s。

遥测/遥控模块功耗：<0.8W。

4.5 计算机体系结构的选择

高性能计算机在商业上已经得到了很多应用，技术也较为成熟，然而微小卫星有其自身特点，与商用计算机在设计和使用上有不同之处。这些区别主要包括：

(1) 微小卫星由于执行太空飞行任务，一旦出现故障代价很大，因此 OBC 除了要求有高处理性能外，更对系统的可靠性的要求很高，这一点与商用计算机主要追求高处理性能有很大区别。

(2) OBC 所执行的星务管理软件除姿态轨道计算需要进行数学运算外，更多的是进行任务调度和任务管理，这意味着星务管理任务不是计算密集型，而是管理密集型(或控制密集型)。

(3) 星务管理软件一般都是以多任务的形式来设计的，这是因为星务管理任务(如数据访问)多是并发的，因此星务任务要保证任务运行有较高的实时性。

从这些不同之处可以归纳出 OBC 设计的目标主要是两点:“更高的系统可靠性”和“更高的管理效率”。这两点也是选择 OBC 的体系结构的原则[2]。

4.6 星载计算机设计

4.6.1 星载计算机系统框图

OBC 系统原理框图如图 4.2 所示。

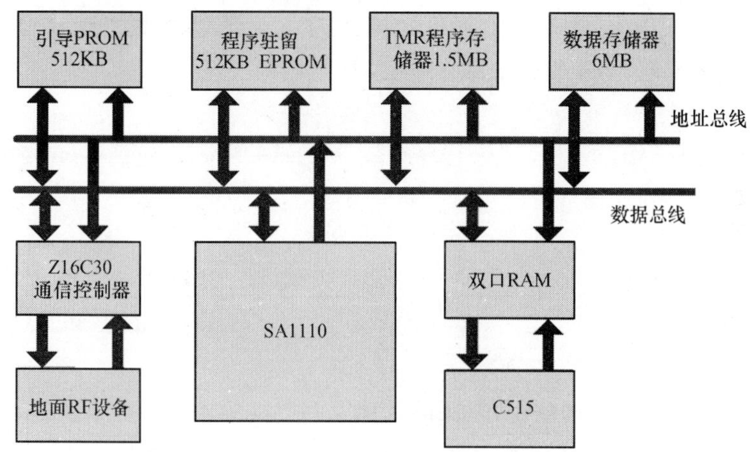

图 4.2 OBC 系统原理框图

4.6.2 总线结构

OBC 系统设计了两个不同的数据总线(非缓冲本地总线、缓冲总线)。

1) 非缓冲本地总线(USA、USD、UnOE、UnWE、URD_nWR)

非缓冲总线没有经过驱动,与其连接的是 Boot PROM,它保证在上电后的启动程序能够顺利完成 SA1110 的初始化和外设的初始化,以及内存检测、外设监测等功能。

2) 缓冲总线(SA、SD、nOE、nWE、RD_nWR)

通常的外设均连到缓冲过的数据总线,包括 EPROM、三模冗余程序存储器、数据存储器、HDLC 通信控制器以及双口 RAM 等。

3) CPU 时钟及复位电路的设计

外接两个晶体 32.768kHz (Y101)和 3.686MHz(Y102),其中 Y101 经过内部驱动作为 Real Time Clock 和 OS Clock 以及外设使用。Y102 经过片内锁相环倍频提供给 SA1110 的核使用。

系统复位有三种形式,即上电复位,来自 TTC 的直接遥控复位,以及 CAN 接点的间接遥控复位。三个信号由“与”门连接,连接到 SA1110 的 Reset 上[3]。

4.6.3 存储系统设计

OBC 系统的存储系统包括 EPROM、TMR 程序存储器、RAMDISK 和数据存储器。

1）EPROM

两片 EPROM 分别存放引导程序和操作系统及应用程序,大小都为 512KB。操作系统可以从 EPROM 直接加载,也可以从地面加载。

2）三模冗余程序存储器

系统包括 1.5MB 的三模冗余程序存储器。SRAM 采用的是 Cypress 公司生产的 CY62146V(256k × 16bits)。

3）数据存储器

本系统设计为 6MB 的数据存储器,它由 12 片 CY62146 组成。数据宽度为 16 位。各片的读/写信号由 BCU 产生,片选信号由 SA1110 的 nCS1 和 SA1110 的地址译码产生。

数据存储器没有硬件校验,系统的存储空间分配如图 4.3 所示。

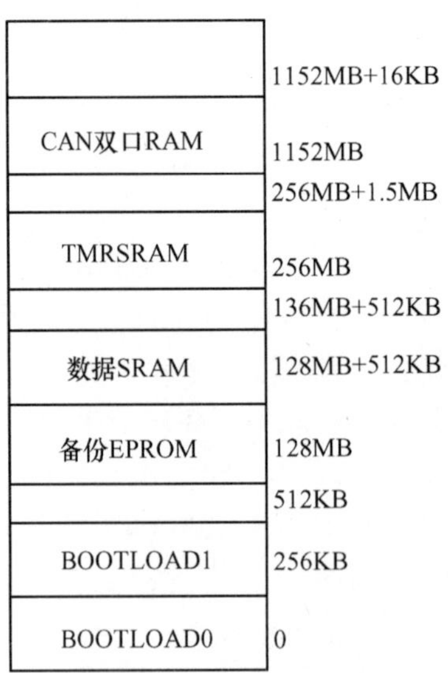

图 4.3 OBC 存储空间分配

4.6.4 通信控制器

OBC 的同步通信采用 HDLC 数据链路控制协议。HDLC 控制芯片采用了

Zilog 公司的通用串行通信控制器 Z16C30。该芯片采用 16 位数据总线,数据接收/发送模块与 CPU 数据缓冲区异步工作,结构先进,使用方便,最大程度地简化了与 CPU 的连接。

本设计采用与总线相对应的数据地址非复用方式,16 位数据线与系统数据总线相连。

当实施寄存器访问时,首先需要访问信道命令/地址寄存器(CCAR)以实现间接寻址。因此每次对一个寄存器的访问,都由两个读/写访问周期组成,第一次写 CCAR 寻址,第二次完成对目标寄存器的内容访问。当实施数据 FIFO 访问时,根据访问模式是读或写,自动寻址到数据接收 FIFO 或数据发送 FIFO。

Z16C30 的总线访问周期(最高 10MHz)比系统总线(66MHz)慢,所以必须在访问 Z16C30 时插入等待周期。

CPU 采用中断方式访问 HDLC 控制器。两个信道产生的中断 INT A 和 INT B 通过 GPIO 进入 CPU,中断矢量直接根据 GPIO 号确定。

4.6.5 CAN 节点

系统采用一片 C515 进行 CAN 节点控制,图 4.4 是 OBC CAN 模块框图。

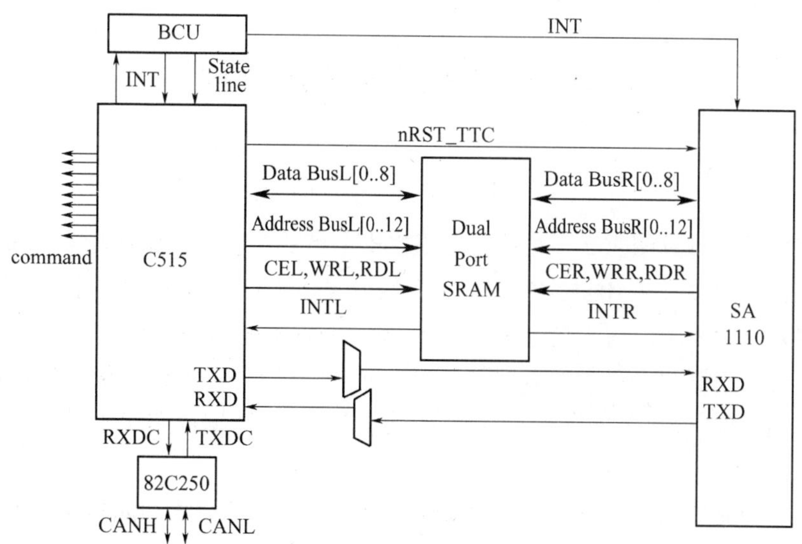

图 4.4 OBC CAN 模块设计

CAN 与 SA1110 的数据交换是通过一片双口 RAM 实现的,双口 RAM 左端由 C515 控制,右端由 SA1110 控制。双口 RAM 选用的是 IDT 公司的 IDT70V06,该双口 RAM 提供了硬件上的 MailBox,保证了数据的安全性。在双口 RAM 的最高位是给右端 CPU 的 MailBox,C515 写该 MailBox 时 INTR 将有效,产生中断,SA1110 可以读取 MailBox,然后对双口 RAM 进行操作,同样的次最高位是给左端 CPU 的 MailBox,SA1110 可以利用它和 C515 进行通信。

C515 的 RXDC 和 TXDC 输出经过 82C250 转换后形成 CAN 的差分信号传输到 CAN 网络上。

4.6.6 电源单元

电源到 OBC 的电压为 +5V。SA1110 需要两种工作电压: +1.5V 和 +3.3V,飞行星上 FPGA 要调整为 ACTEL A54SX16A,它需要两种工作电压 3.3 V 和 2.5V。因此在设计中采用两片 MAXIM 公司的 MAX1775EEE,一片提供 +5V 到 +1.5V 和 +3.3V 的转换,另一片提供 2.5V 电压。MAX1775 为双路高效降压 DC - DC 变换器。 +3.3V 的输出转换效率高达 95%,负载电流为 2A; +1.5V 的输出转换效率高达 92%,负载电流为 1.5A。它的静态电流为 170μA,工作温度为 -40℃ ~ 85℃。为了节省电源,MAX1775 的 SHDNC 引脚接 SA1110 的电源使能脚。当 SA1110 处于 Sleep 模式时,它通过 SA_PWR_EN 引脚关闭 MAX1775 的 +1.5V 电压转换,从而减少 OBC 的功耗。

4.7 遥测遥控工作原理

4.7.1 系统功能和工作流程

TTC 的结构见图 4.5。主要分为遥控指令解码、遥测数据采集两大部分。遥控解码器负责接收从 RF 接收机、CAN 总线或异步串行接口送来的遥控数据帧,译码后将相应的控制位写入指令锁存器,该指令锁存器的每一位对应一路开关状态。遥测数据采集器则将星上的数字信息接收并打包组帧,对于模拟量则先通过 A/D 转换,然后将所得数据进行打包组帧,提供给 RF 下行数据链路发送地面站或 OBC 进行处理。

TTC 的遥控和遥测均有两种工作模式。分别是直接模式和间接模式。

1) 直接模式

直接遥控模式:由地面发送基本遥控指令(采用异步简单数据帧格式)通过 RX0 或 RX1 到 01、02、03 解码器,解码器解码后输出控制字到锁存区,进行锁存并输出。01、02 解码器只工作于直接遥控模式。

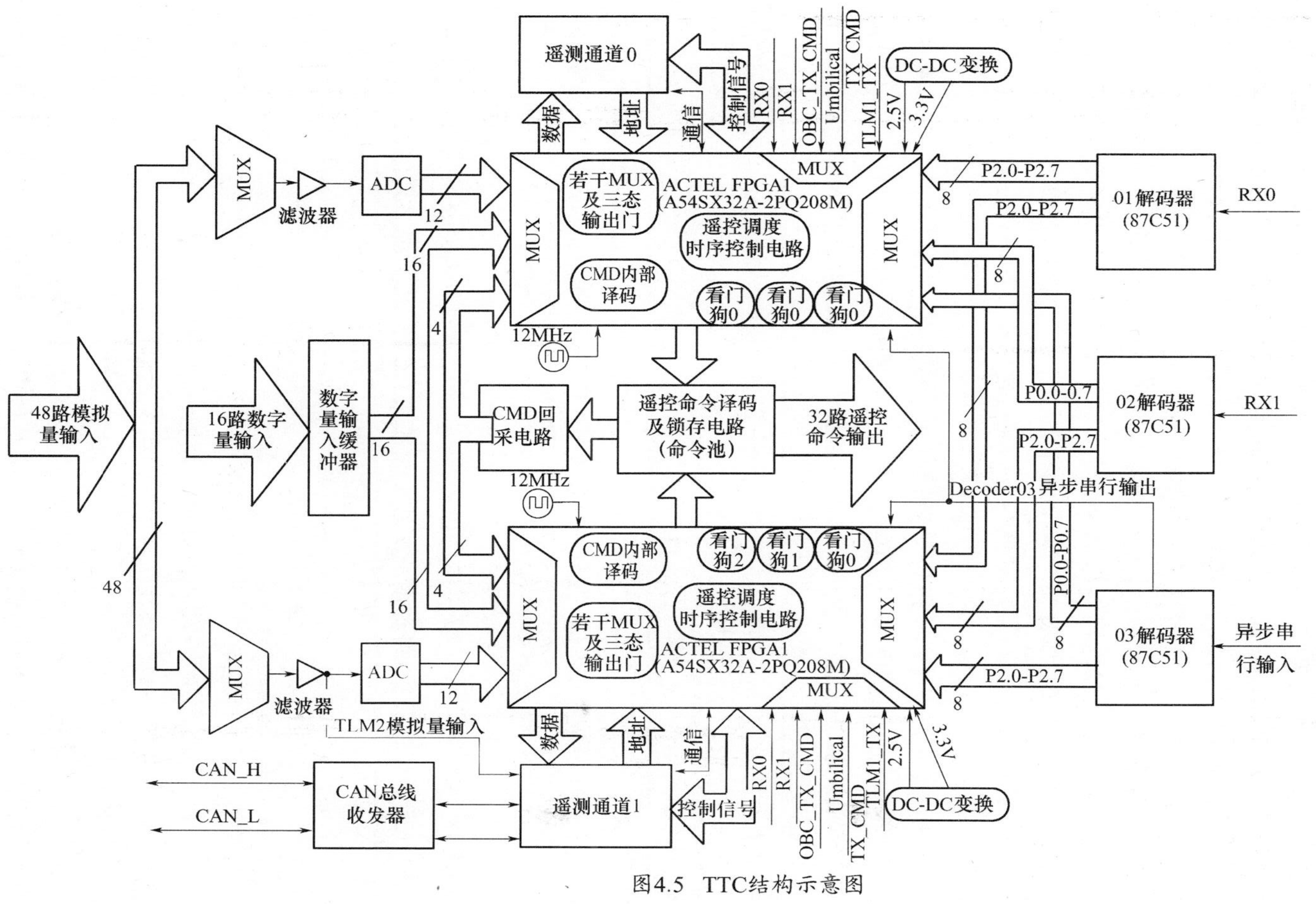

图4.5 TTC结构示意图

直接遥测模式:地面发出基本遥控指令做出遥测通道(TLM0 或 TLM1)选择,然后经由所选中的 TLM0 或 TLM1 通道的微处理器将遥测量顺序采集组帧后通过异步链路送 RF 下行链路。

该种模式主要在卫星分离后的初始运行阶段使用。

2) 间接模式

当 OBC 开始运行后,星地数据通信建立起异步和同步两种链路。该模式下星地间的遥控和遥测数据通过 OBC 以同步帧格式传送,所以 TLM0 和 TLM1 微处理器的直接输出都不使用。但此时基本遥控通道仍可以使用。以下分遥控和遥测两种情况来论述。

(1) 间接遥控模式:只有 03 解码器可工作于间接遥控模式。由 OBC 通过 CAN 总线(异步串口则直接送多路选择开关)传递给 TLM1 中的 CAN 节点,TLM1 接收并转成异步串行格式,通过异步串口将异步数据帧输出给 03 解码器的多路选择开关,03 解码器通过异步串口输入,将指令译码锁存并输出。

(2) 间接遥测模式:OBC 通过 CAN 总线向 TLM1 中的 CAN 节点发出,TLM1 将所有遥测数据通过 CAN 总线发给 OBC。

4.7.2 遥控单元工作原理

整个系统的框架结构主要由三个解码器(01 解码器、02 解码器、03 解码器)、FPGA(FPGA0、1)芯片及输出接口组成。

1) 01、02 解码器(图 4.6)

01、02 解码器工作于直接遥控模式,它们的电路结构和功能完全相同,由两片 8 位微处理器 87C52、两路时钟及两片 FPGA 内部门阵列实现。具体设计如图 4.6 所示。为更好地实现冗余,指令经单片机译码后同时由单片机的两个口输出给所对应的 FPGA 进行处理。P0、P2 口用于 8 位指令数据总线输出,P1 口用于控制线输出。

处理流程:RX0(或 RX1)来的遥控指令经异步串口进入 01 解码器(或 02 解码器)的单片机异步串口,经单片机处理后数据由 P0、P2 口输出,为实现从解码单片机到 FPGA 电路部分的完全冗余,P0 口和相关控制信号接至 FPGA0,P2 口和相关控制信号接至 FPGA1。

FPGA0(或 FPGA1)内部的时序逻辑使三个遥控解码器循环取得总线控制权,得到控制权的解码器将有效数据放到数据总线上,由 FPGA0(或 FPGA1)输出给数据译码锁存器,这一数据被译码并锁存,经内部缓冲后形成控制指令,再经 4.7kΩ 保护电阻输出至接插件。

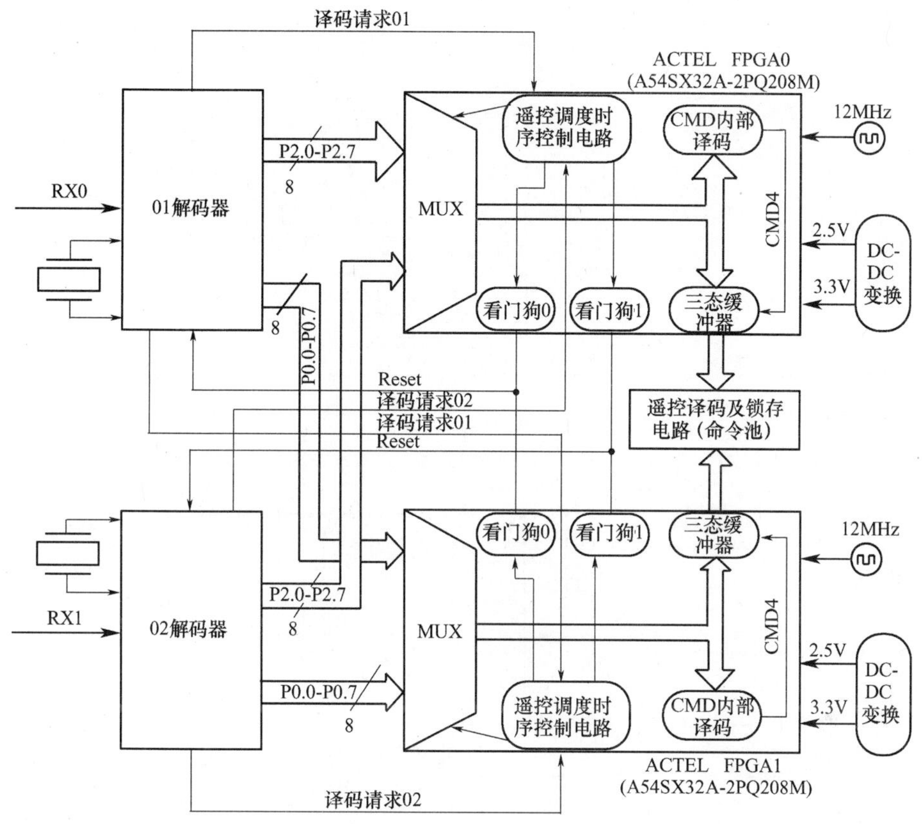

图 4.6　01、02 解码器原理图

2）03 解码器

03 解码器通过控制一个多路开关，可以从 RX0、RX1、OBC、Umbilical、TLM1 等 5 个串行输入数据中选择一个进行处理，选择方式可以是轮询或通过遥控指令设定停留在某一通道上，选择方式的控制由遥控指令控制。轮询工作方式时，每一通道上的停留时间为 70ms，当一个指令译码成功后，再在本通道增加 70ms 停留时间，以满足指令串解码需要，03 解码器原理图如图 4.7 所示。

03 解码器的单片机也使用 87C52，其 P0 口和 P2 口作为指令数据输出总线，P1、P3 口用于控制信号输出，所输出的数据完全相同。P1 口（或 P3 口）的 P1.5、P1.6、P1.7（P3.5、P3.6、P3.7）通过控制 FPGA0（FPGA1）中的 5 选 1 开关来选择 5 个串行通道中的 1 个，通道选择可由软件轮询或遥控指令指定的方式来确定，03 解码器对有效数据进行解码。对 03 解码器来说，在通信通道上（除单片机）也实

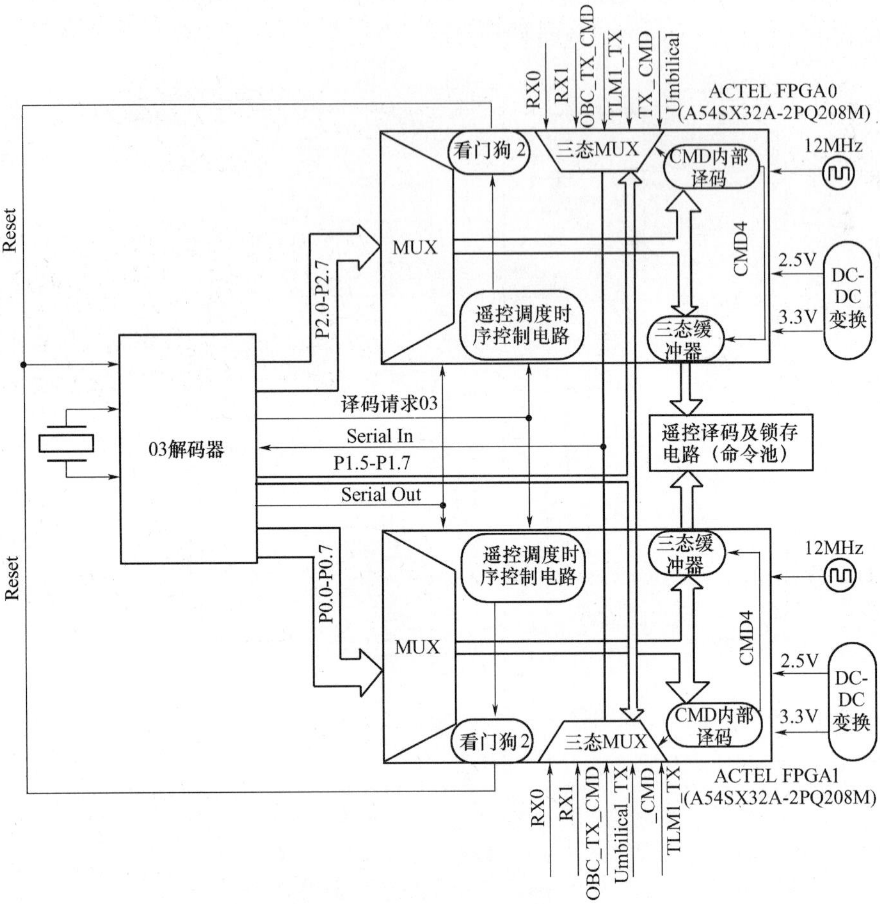

图 4.7 03 解码器原理图

现了冗余。

多路开关上的 5 个串行输入通道如表 4.1 所列。

表 4.1 串行输入通道表

输 入	来 源	码速率/(kbit/s)
0	RX0	9.6
1	RX1	9.6
2	OBC	9.6
3	Umbilical	9.6
4	TLM1(CAN)	9.6

解码后的结果通过 P0(P2)口送入 FPGA0(FPGA1),用 P1(P3)口的低 4 位端口向 FPGA0(FPGA1)提出译码申请信号,与 01、02 解码器的解码结果一起等待 FPGA0(FPGA1)作出处理。后续的处理过程和 01、02 解码器一样。

4.7.3 遥测单元工作原理

遥测单元工作原理如图 4.8 所示,主要由 TLM0 和 TLM1 构成冗余。单片机 87C52、ADC(A/D 转换器)及 FPGA0 相关电路组成 TLM0,单片机 C515C 、ADC 及 FPGA1 相关电路组成 TLM1。测量时,通过遥控指令(CMD4 的 0 和 1)选择 TLM0 或 TLM1 有效。模拟通道由单片机 P2 口的低 6 位地址线来选择,控制几个模拟多路开关,保证从 48 个模拟通道中选出一个通道来测量,被选中的模拟量进入 ADC,生成的数字量分别送入相对应的 FPGA 中。数字量包括两部分,一部分来自卫星其他分系统(后面简称数字输入量),经输入缓冲器同时进入两片 FPGA;另一部分为遥控指令回采,经编码后同时进入两片 FPGA。FPGA 中的逻辑电路根据有效遥测通道的要求,将模拟遥测量、数字输入量和遥控指令回采量提供给相应的单片机进行组帧,并按要求通过异步串口或 CAN 通道输出。

1) 模拟量的测量

在 48 个模拟待测量中,有 9 个信号是从电阻型温度传感器上直接过来的,为了得到该信号,对它们提供一个恒压电源,将电阻信号转变成电压信号。

经过选择的模拟电压量为了保证冗余而分成两路,分别送入两路 ADC。单片机 87C52、C515C 分别控制处理器外部的两个 ADC。两个 AD7880 的转换时钟由相应的 FPGA 提供。

单片机 C515C 内部的 ADC(10 位),构成第 3 路遥测通道,作为 TLM1 的补充。在 TLM1 通道的 AD7880 失效的情况下可以通过指令切换,起到替代作用。

A/D 转换后的结果送入 FPGA0(或 FPGA1),单片机通过控制多路开关,选择模拟量转换结果、数字量输入或遥控指令的回采数据三路数据中一路,供微处理器中处理。

处理结果可以通过异步串行口输出到 OBC、RF 或 Umbilical,也可通过 CAN 总线送 OBC 或 Umbilical。

这两个处理器都能接收从 OBC、Umbilical 过来的异步串行遥测请求,具体使用 TLM0 还是 TLM1 则由遥控指令决定。选中的有效遥测通道,可以按异步串行遥测请求,选择相应的模拟或数字通道进行采样,将数据打包按异步串行协议送给 OBC 或 Umbilical。

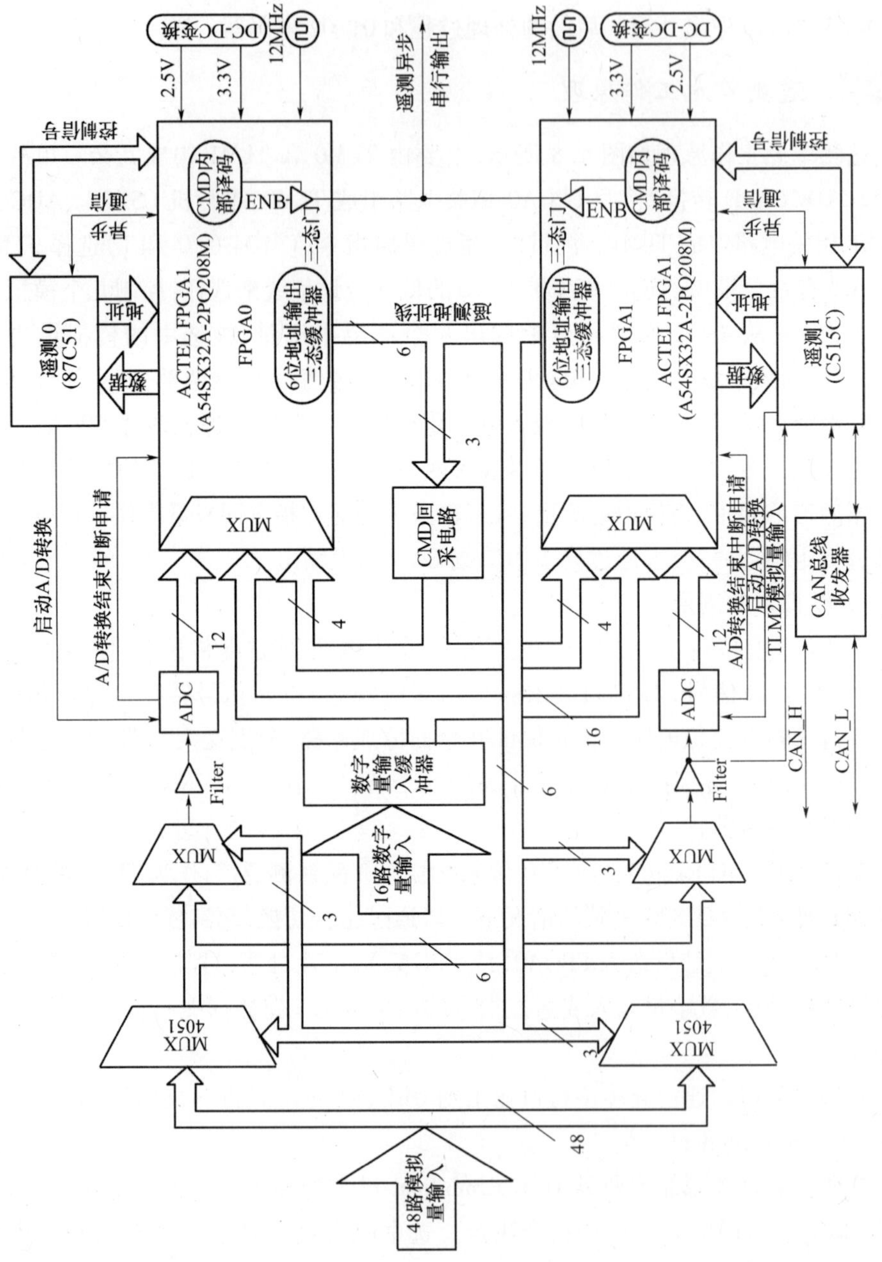

图4.8 遥测单元工作原理图

TLM1 通道的单片机 C515C 自身带有 CAN 处理器，通过一个 CAN 收发器 82C250 从 CAN 总线上接收遥测请求，TLM1 按 CAN 总线的遥测请求，选择相应的模拟或数字通道，进行采样并将数据按 CAN 协议打包，经 CAN 收发器 82C250 送入 CAN 总线。

单片机 C515C 还有一个功能，从 CAN 总线上接收遥控指令，重新组织后按异步串行协议，通过异步串行口输出到遥控系统中的 03 解码器，供 03 解码器解码后输出指令。

2）数字量的测量和遥控指令回采

数字输入量经缓冲后同时进入 FPGA0 和 FPGA1。遥控输出指令经编码，形成 8 位数据，同时进入 FPGA0 和 FPGA1。在 FPGA 内部将 A/D 转换的数据、遥控指令回采值以及输入数字量通过一个多路数据复用器由相应的地址控制进行选择，提供给相应的遥测单片机进行数据组帧。

4.7.4 FPGA 模块配置

FPGA0 和 FPGA1 是本系统的核心部分，除接口外，所有的数字逻辑电路、工作时序电路都是通过对其进行编程来实现的。FPGA 采用 ACTEL 公司的 A54SX32A - 2PQ208M 反熔丝型器件，保证系统的稳定。FPGA0 与 FPGA1 在所实现的逻辑基本上一样，设计两片的主要目的是实现冗余。其与遥控及遥测的连接部份在前面分别已经介绍，这里主要介绍其电路配置。FPGA 的配置电路如图 4.9 所示。

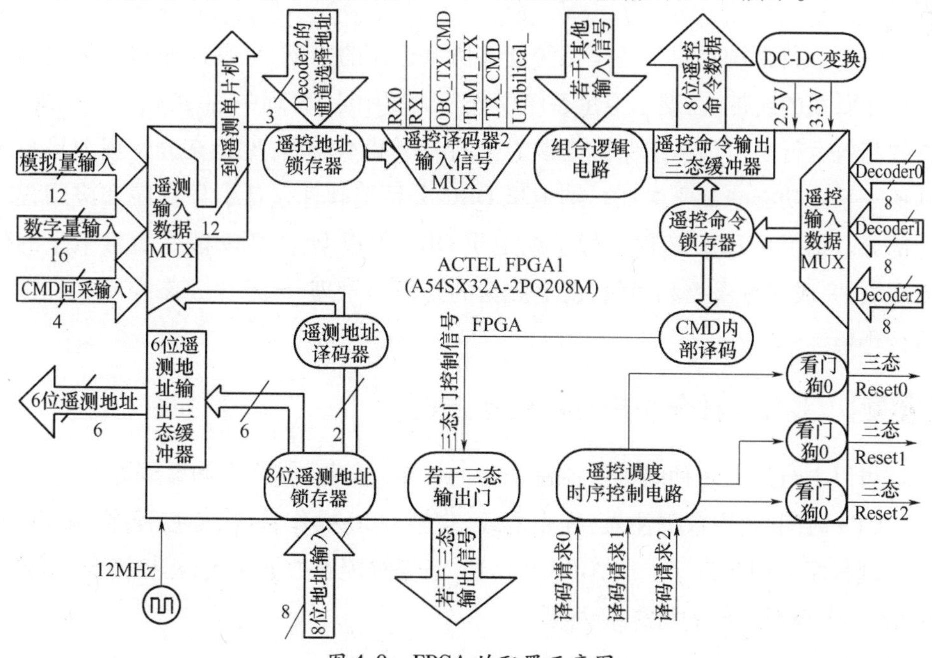

图 4.9 FPGA 的配置示意图

两片 FPGA 内部都设计了三个独立的看门狗电路,用来对三个解码器进行复位。相对应的看门狗输出经三态门接在一起给单片机。如果某个解码器在设定的时间内没有指令输出,则看门狗发出一个复位脉冲,复位该解码器。

两片 FPGA 的切换靠指令对其输出的三态门进行控制,指令为 0 时,FPGA0 的输出有效,FPGA1 的输出为高阻态。指令为 1 时,FPGA1 的输出有效,FPGA0 的输出为高阻态。为了减小两片 FPGA 中任何一片失效对另一片产生影响,在两片 FPGA 的共同相连引脚上都串接 4.7kΩ 电阻后再连接。

4.7.5 电压变换模块

由于 FPGA 的内核采用 2.5V 电压供电,而电源分系统提供电压为 5V,所以设计两路相同的 2.5V ~5V 的电源变换电路。两片 FPGA 分开供电,FPGA 的供电也是采用双冗余设计。

4.8 星载计算机软件需求分析

4.8.1 需求说明

OBC 软件系统是星上各子系统能够协调运作的中枢,也是地面与卫星之间进行有效联系的纽带,在整个卫星系统中处于调度中心、管理中心、通信中心的地位。它的高效运行是卫星系统保持正常工作的一个基本前提,更是充分发挥卫星系统其他子系统功能的重要保证。纳卫星 OBC 分系统软件包括引导程序和应用程序两部分。纳卫星 OBC 软件运行于纳卫星 OBC 单板上,主要功能是负责卫星的任务规划,完成遥测遥控和通信,星上数据的处理与管理,以及为姿态控制软件提供运行环境。

4.8.2 上行遥控命令和程序数据上载

可以上行发送多种间接遥控命令和上行注入数据,其命令和数据如下 :

GPS 时间/轨道数据注入;程序上载(包括 OBC 操作系统、姿控程序、MIMU 数据处理程序);GPS 程序上载;GPS 数据注入;姿控配置数据注入;程控指令;间接遥控指令;下面对它们进行详细说明。

4.8.2.1 GPS 时间/轨道数据帧

（1）时间帧：OBC 收到地面发送的 GPS 时间后，校准 OBC 时钟；同时作为 GPS 的初始时间。

（2）轨道数据帧：OBC 收到地面发送的轨道数据后，把它转送给姿态控制软件，同时做为 GPS 注入数据的初始值。

4.8.2.2 程序上载

操作系统和应用程序可以上载，这样可以防止程序运行失败，以及不能从 OBC EPROM 中引导，也可以给应用程序增加新的功能模快。

4.8.2.3 GPS 程序上载

OBC 接收 GPS 程序，然后通过 CAN 总线，发给 GPS 接收机。

4.8.2.4 GPS 接收机注入数据

OBC 接收地面发送的 GPS 注入数据，经过 CAN 总线，送交 GPS 接收机。

4.8.2.5 姿态控制系统注入数据

OBC 收到地面发送的姿态控制系统注入数据后，把它送给姿态控制软件。

4.8.2.6 程控命令

程控指令指定一个绝对 GPS 时间，执行一些开关机指令。这些命令是通过星载计算机的 CAN 总线发向 TTC 的遥控设备，或者由 OBC 执行一些操作。

4.8.2.7 间接遥控指令

OBC 收到地面上发的间接遥控指令后，交给分系统执行。

4.8.2.8 请求数据包下传

请求下传的数据包括：

（1）GPS 数据请求。

（2）相机数据请求。

（3）姿控配置数据请求。

（4）WOD 数据请求。

（5）MIMU 数据请求。

（6）当前位置/速度矢量请求。

（7）姿控日志文件。

（8）OBC 日志文件。

4.8.2.9 数据流图

OBC 软件正常运行后，数据流图见图 4.10。

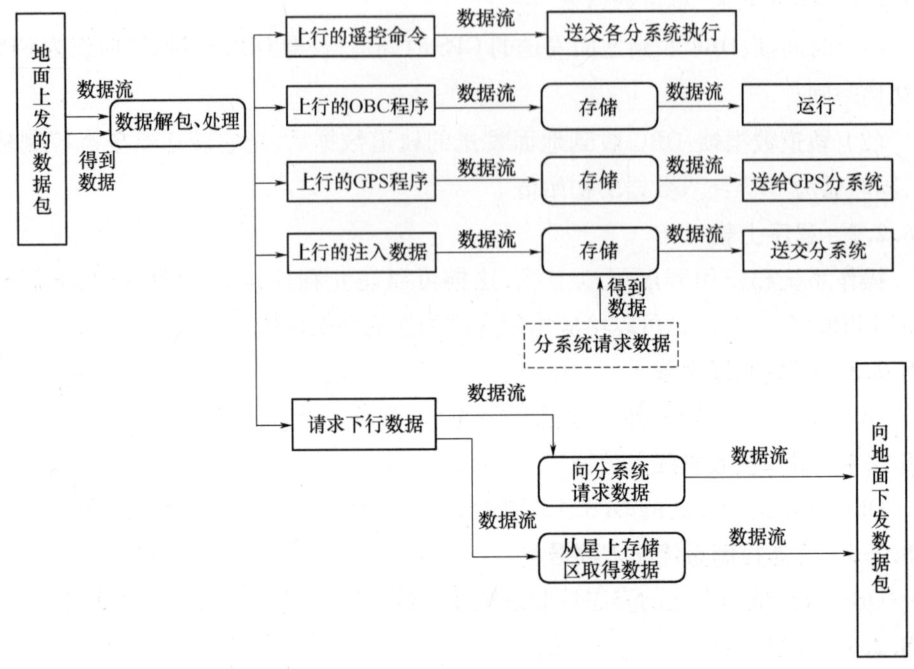

图 4.10　星上数据流程图

4.9　软件系统设计

OBC 软件分为引导程序和应用程序两部分,下面分别描述。

4.9.1　引导程序设计

引导程序的主要作用是初始化 OBC 硬件,接收地面的引导方式命令,使 OBC 的操作系统和应用程序正常运行起来。由于引导程序固化在星上的 PROM 中,不可更改,更由于引导程序对 OBC 应用程序的正常运转起重要作用,所以引导程序不采用操作系统,而采用面向过程的基本编程方式。

4.9.2　OBC 上电引导过程

OBC 上电以后,从 PROM 中开始执行初始化程序,初始化程序包括初始化 CPU 的寄存器等工作。做完必要的硬件初始化后,将 PROM 中的引导程序搬到 RAM 中(图 4.11),并开始运行引导程序。引导程序将自检状态不断下发到地面,地面收到 OBC 的自检状态后,通过同步串口发指令给 OBC,通知 OBC 从 PROM 引

导操作系统和应用程序还是从地面上载:

若从星上 PROM 引导,则把 PROM 中的操作系统和应用程序拷贝到 RAM 中,然后跳到 RAM 中执行。

若是从地面加载程序,则运行同步通信协议,开始从地面接收操作系统和应用程序,并将接收到的程序放到 RAM,然后跳到 RAM 中执行。由于卫星过顶时间有限,如果一次过顶时间较短,在该时间段内不能加载完所有程序,则可将程序分成若干数据块,分块上载,在星上进行整合。

PROM 和程序存储区的空间分配如图 4.11 所示。

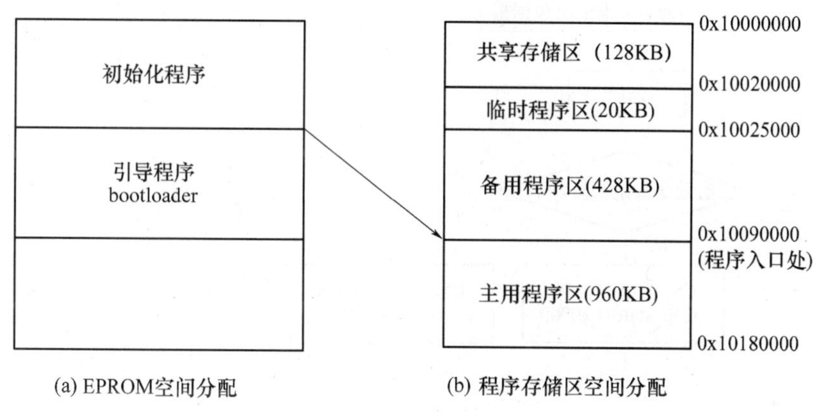

图 4.11 存储空间的分配

4.9.3 引导程序流程

引导程序流程如图 4.12 所示。

4.9.4 应用程序设计

OBC 软件中的应用程序以 uc/os 嵌入式实时多任务操作系统为平台开发,图 4.13 为主函数流程。

4.9.5 任务划分

软件运行后,创建了 9 个任务:

(1) 时间处理任务。

(2) 同步数据派发任务。

(3) 姿态控制任务。

(4) 同步接收任务。

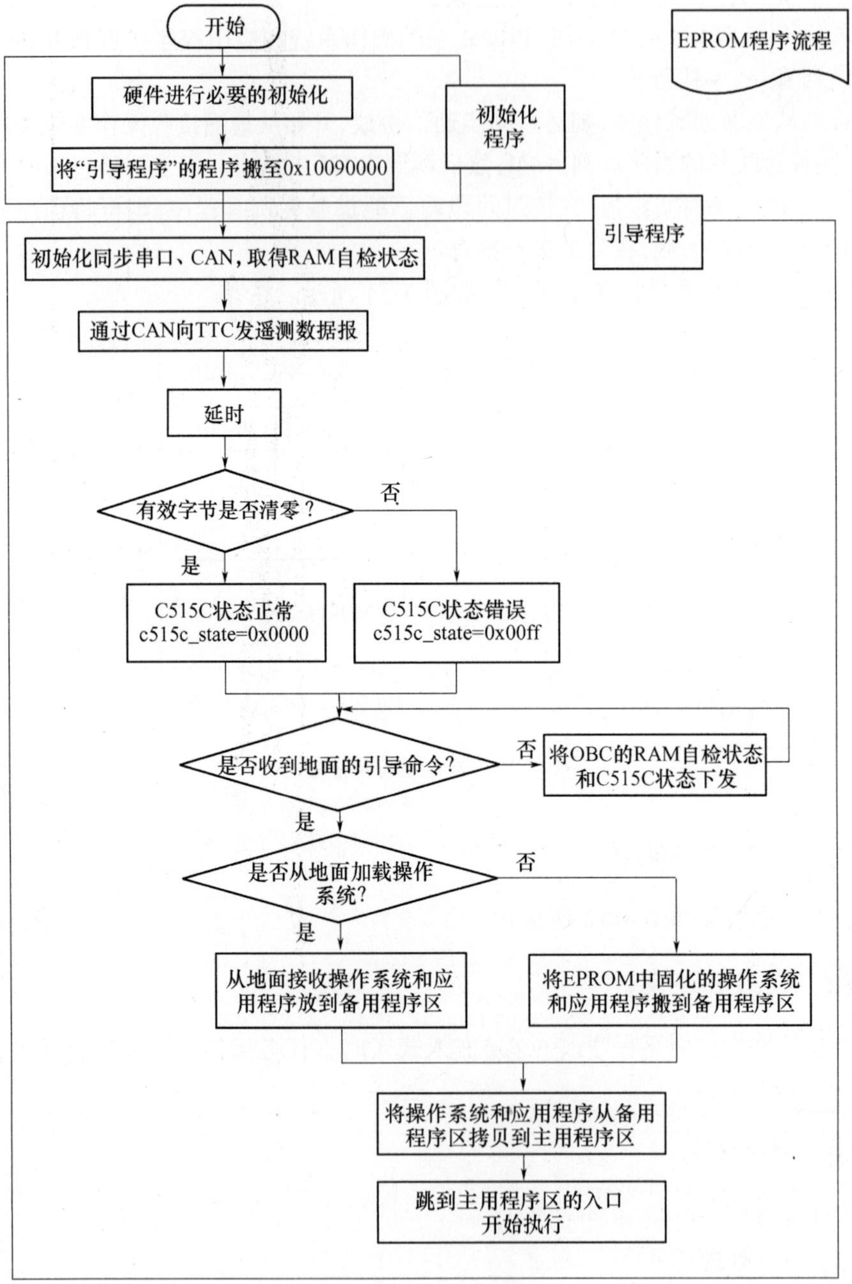

图 4.12　引导程序流程图

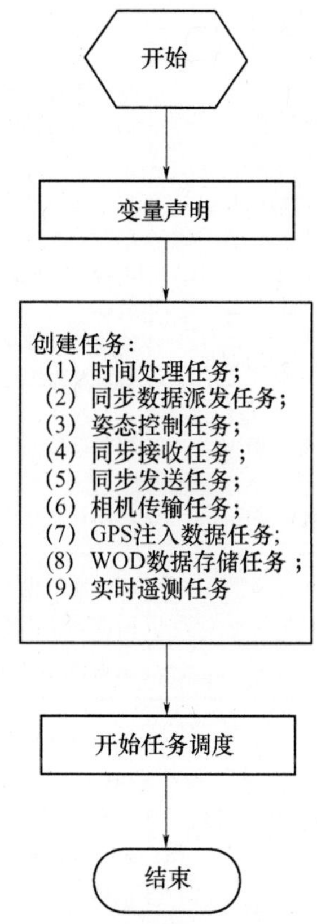

图 4.13 主函数流程

(5) 同步发送任务。

(6) 相机传输任务。

(7) GPS 注入数据任务。

(8) WOD 数据存储任务。

(9) 实时遥测任务。

它们的优先级依次降低[4]。

4.9.6 任务描述

任务功能描述如表 4.2 所列。

表 4.2 任务功能描述表

模块名称	运行条件	功能描述
时间处理任务	1s 时间到	完成所有和时间相关的操作:检查是否有发送数据的超时;检查是否有程控指令执行时间到
同步数据派发任务	同步串口有数据收到	将不同类型的数据包发到不同的消息队列中
姿态控制任务	姿控运行周期到(1s~10s)	进行姿态控制的计算
同步接收任务	收到地面上行数据包	接收上行数据,并对数据进行解包处理,根据上行数据是命令还是注入的程序数据进行不同的处理
同步发送任务	向地面发送数据	将数据按同步通信协议下发到地面
相机传输任务	相机照相完毕	将照片从相机传输到 OBC 的内存中保存
GPS 注入数据任务	GPS 请求 OBC 为其注入数据	GPS 在上电/复位后,会请求 OBC 为其注入 GPS 时间和轨道根数,该任务监听 GPS 的请求,若有请求,则把数据通过 CAN 注入 GPS
WOD 数据存储任务	WOD 存储周期定时到	按照 WOD 的存储周期定时采集,采集的数据包括 TTC 间接遥测数据和姿控的遥测数据,采集后将数据存到 WOD 存储区(1MB 的空间);在地面有 WOD 请求时,将请求时间范围内的数据包下发至地面
实时遥测任务		将实时采集的 TTC 间接遥测数据和姿控的遥测数据下发到地面

4.9.7 任务设计

1) 时间处理任务(图 4.14、图 4.15,表 4.3)

表 4.3 时间处理任务说明

任务名称	Timer_isr
功能描述	置姿控运行标志;检查是否有同步发送超时;检查是否有程控指令需要执行
运行条件	1s 时间到

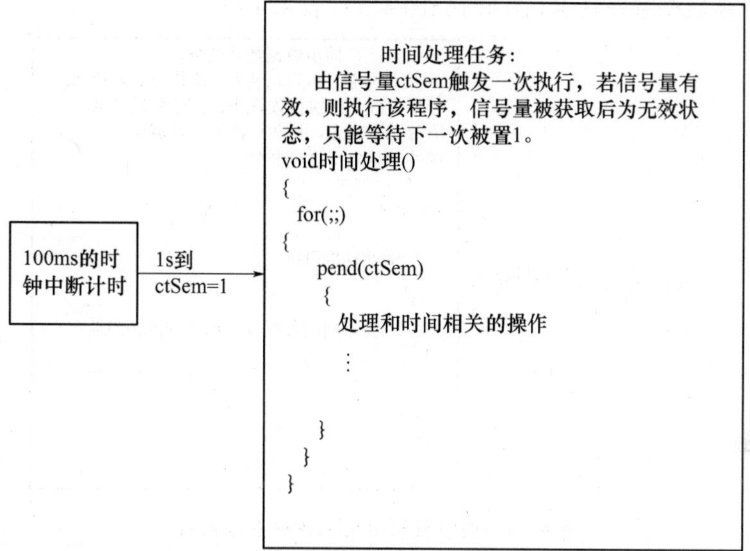

图 4.14　时间处理任务静态结构图

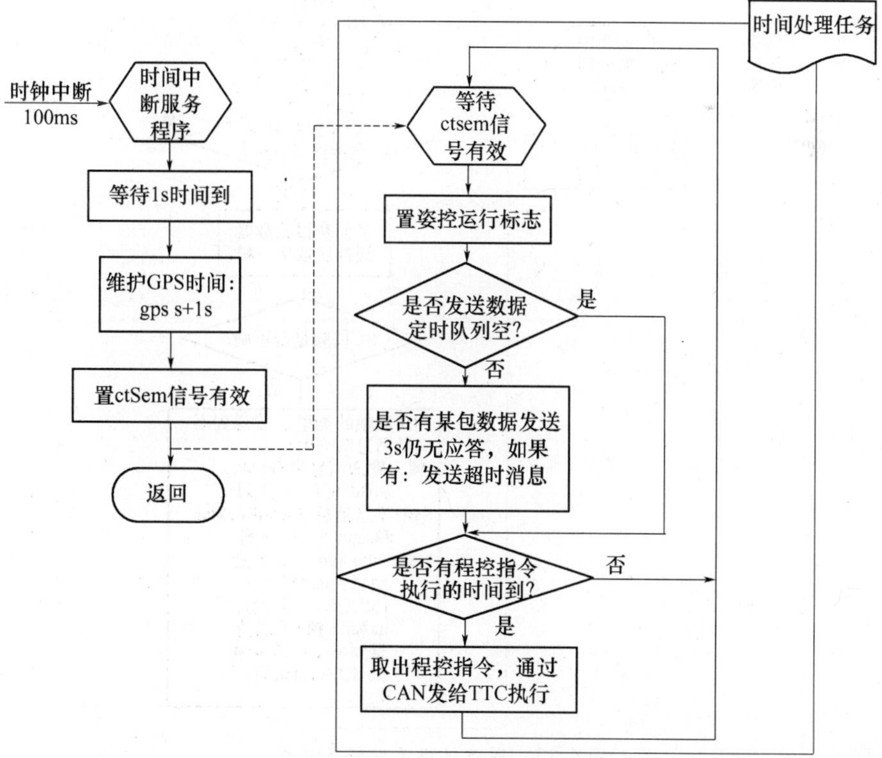

图 4.15　时间处理任务流程图

2）同步数据派发任务（图4.16、图4.17，表4.4）

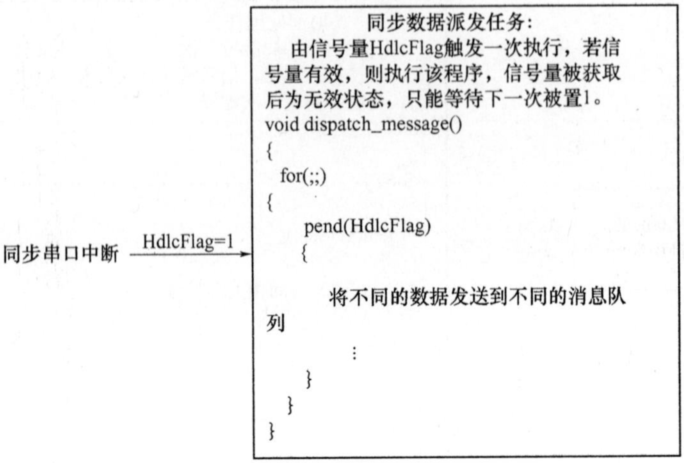

同步数据派发任务：
由信号量HdlcFlag触发一次执行，若信号量有效，则执行该程序，信号量被获取后为无效状态，只能等待下一次被置1。
void dispatch_message()
{
for(;;)
{
pend(HdlcFlag)
{
将不同的数据发送到不同的消息队列
⋮
}
}
}
同步串口中断
HdlcFlag=1

图4.16　同步数据派发任务静态结构图

同步串口中断
同步中断处理程序
置HDLC_FLAG信号有效
等待HDLC_FLAG有效
同步接收数据缓冲区是否空?
是
否
从同步接收数据缓冲区取出一帧
CRC校验是否正确?
否
是
判断该帧的类型，发送到不同的消息队列中：
I帧：发送消息到RecMsg和HdlcQEvent队列
S帧：发送消息到sendRecMsg和sendQEvent队列
U帧：sabm和disc帧(发送消息到RecMsg和HdlcQEvent队列)，ua和dm帧(发送消息到sendRecMsg和sendQEvent队列)

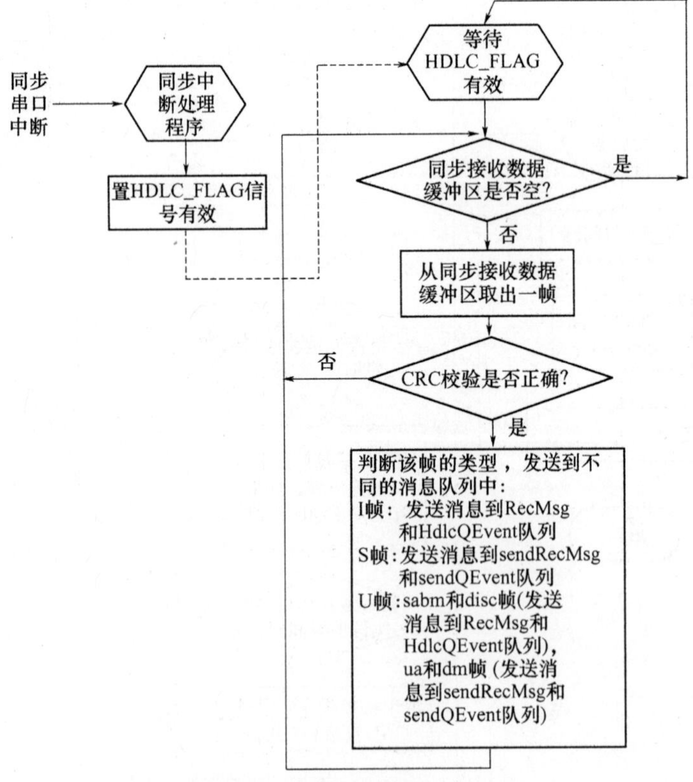

图4.17　同步数据派发任务流程

表4.4 同步数据派发任务

任务名称	Dispatch_message
功能描述	解析同步数据帧,根据是数据帧、监控帧还是无编号帧,发送不同的消息队列
运行条件	同步串口有数据

3）姿态控制任务(图4.18、图4.19,表4.5)

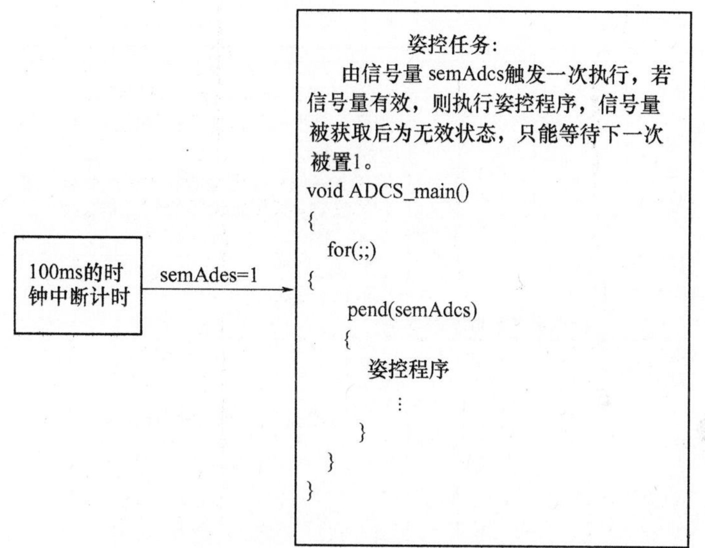

图4.18 姿态控制任务静态结构图

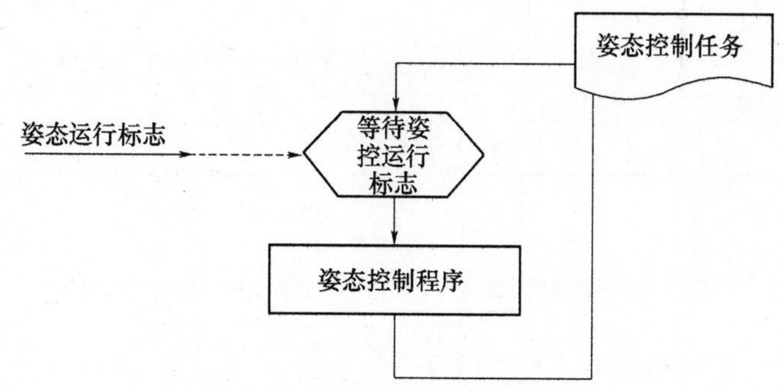

图4.19 姿态控制任务流程图

表 4.5 姿态控制任务

任务名称	ADCS_main
功能描述	进行姿态控制,详见相关姿控软件文档
运行条件	一个控制周期到

4) 同步接收任务(图 4.20、图 4.21,表 4.6)

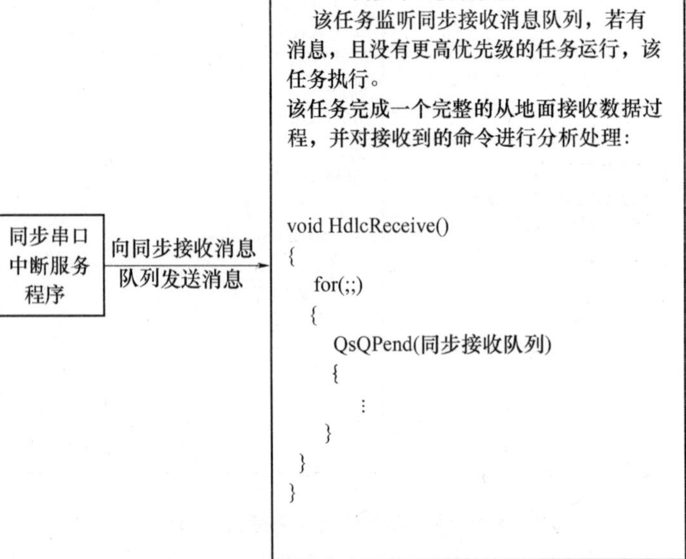

图 4.20 同步接收任务静态结构图

表 4.6 同步接收任务

任务名称	HdlcReceive
功能描述	运行同步通信协议,接收一个完整的数据流,并对数据进行解析
运行条件	同步接收消息队列中有消息

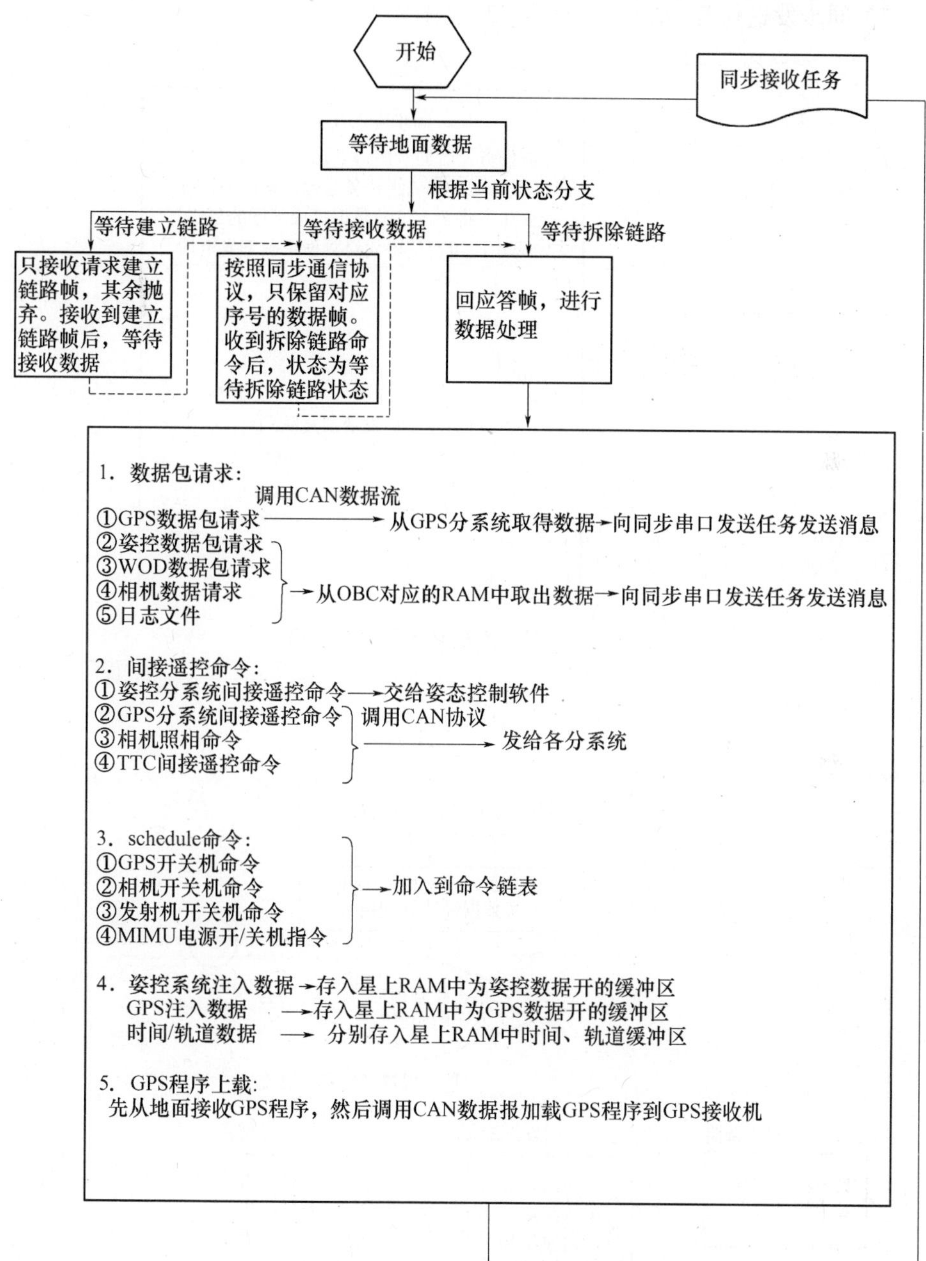

图 4.21　同步接收任务流程图

5）同步发送任务（图4.22、图4.23，表4.7）

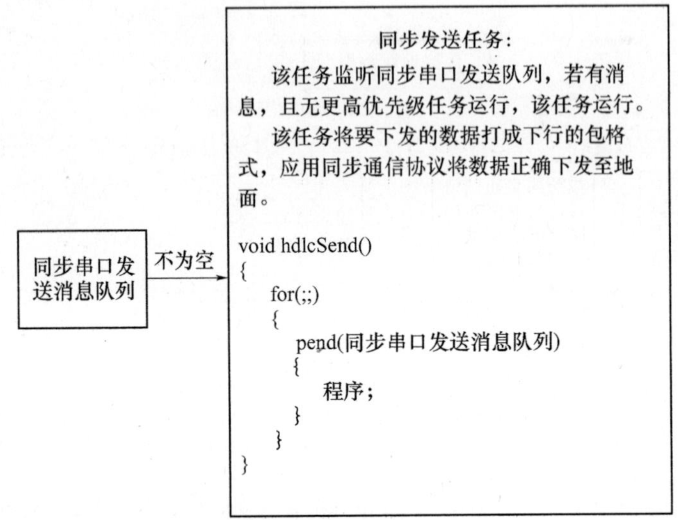

图4.22 同步发送任务静态结构图

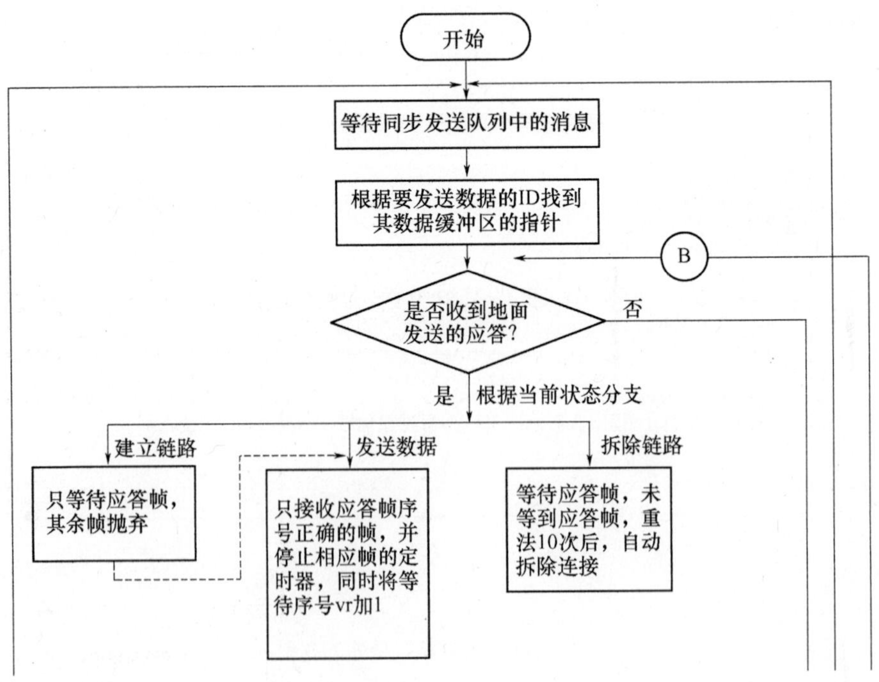

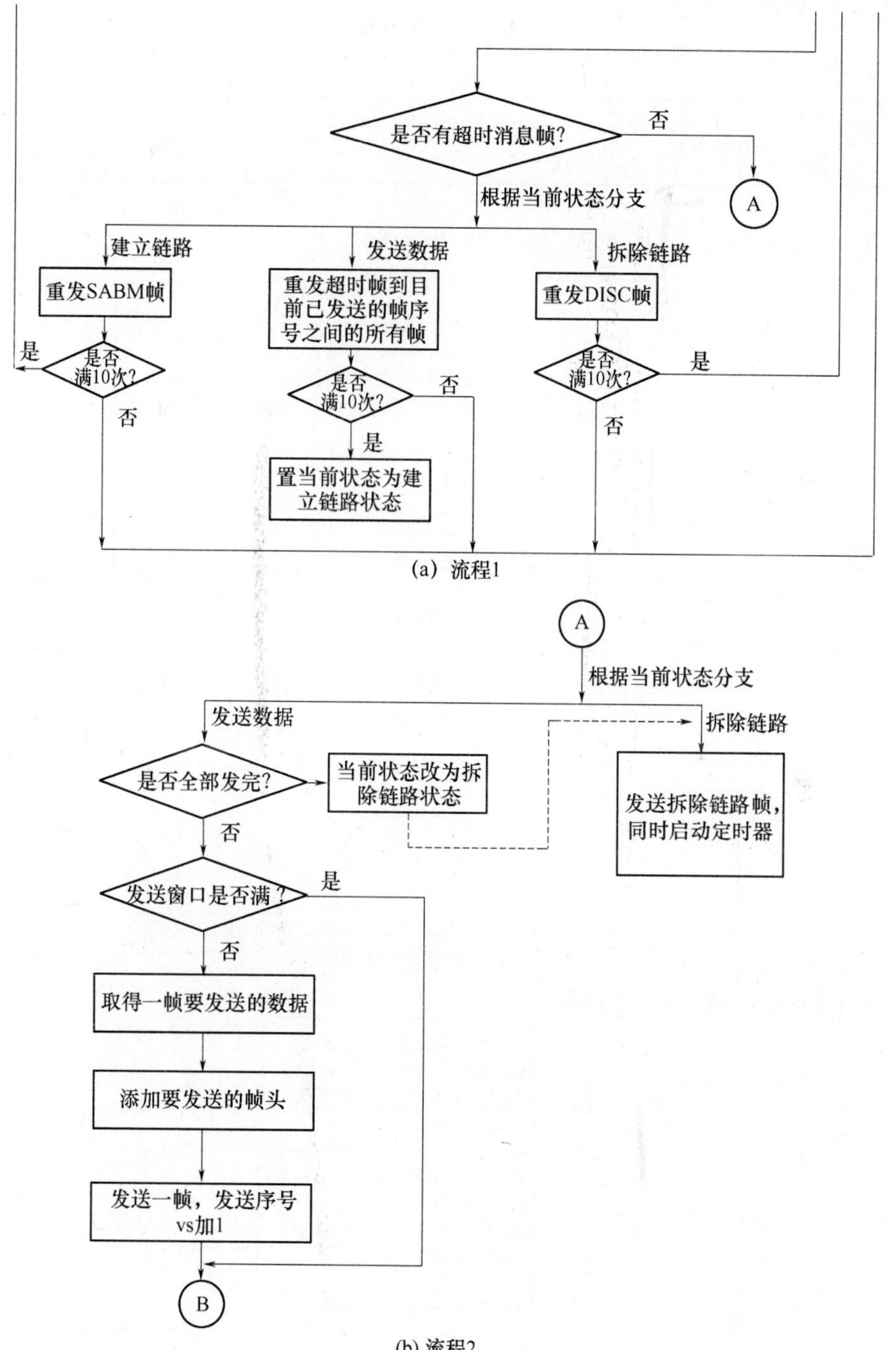

(a) 流程1

(b) 流程2

图 4.23 同步发送任务流程

表 4.7　同步发送任务

任务名称	HdlcSend
功能描述	运行同步通信协议,将要下发的数据发至地面
运行条件	同步串口发送队列有消息

6）相机传输任务(图 4.24、图 4.25,表 4.8)

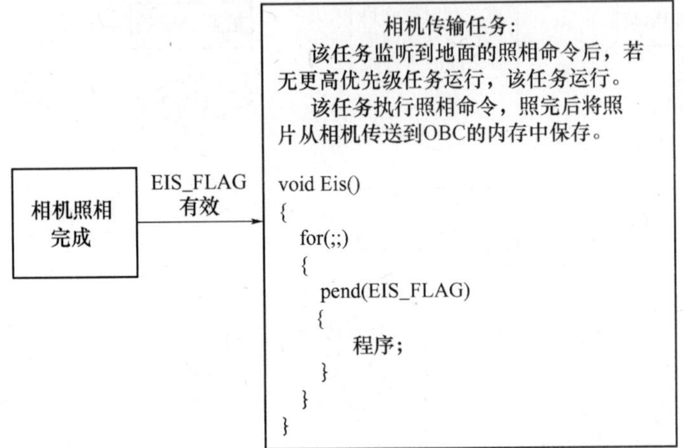

图 4.24　相机传输静态结构图

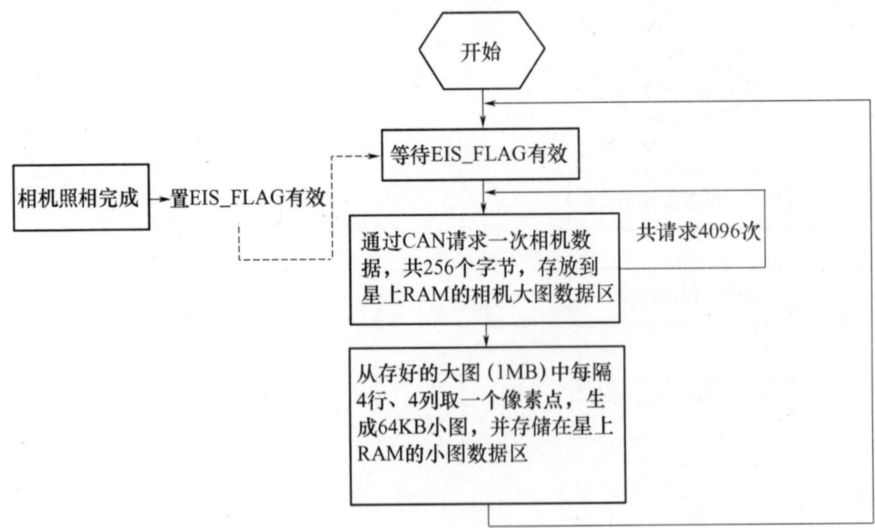

图 4.25　相机传输任务流程图

表 4.8　相机传输任务

任务名称	eis
功能描述	等待照相标志,执行照相命令,将照片从相机传输到 OBC 内存中存储
运行条件	照相标志有效

7) GPS 注入数据任务(图 4.26、图 4.27,表 4.9)

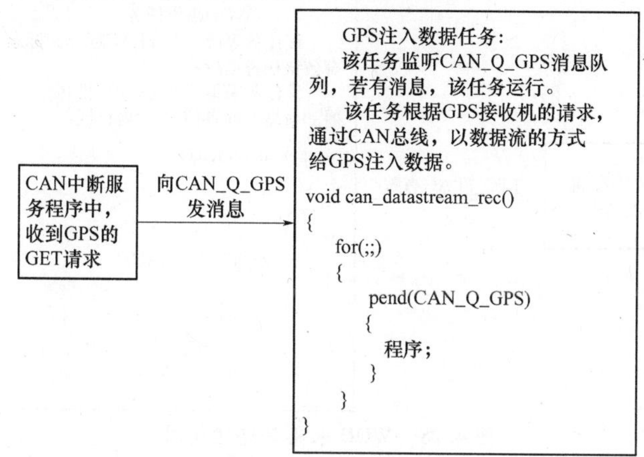

图 4.26　GPS 注入静态结构图

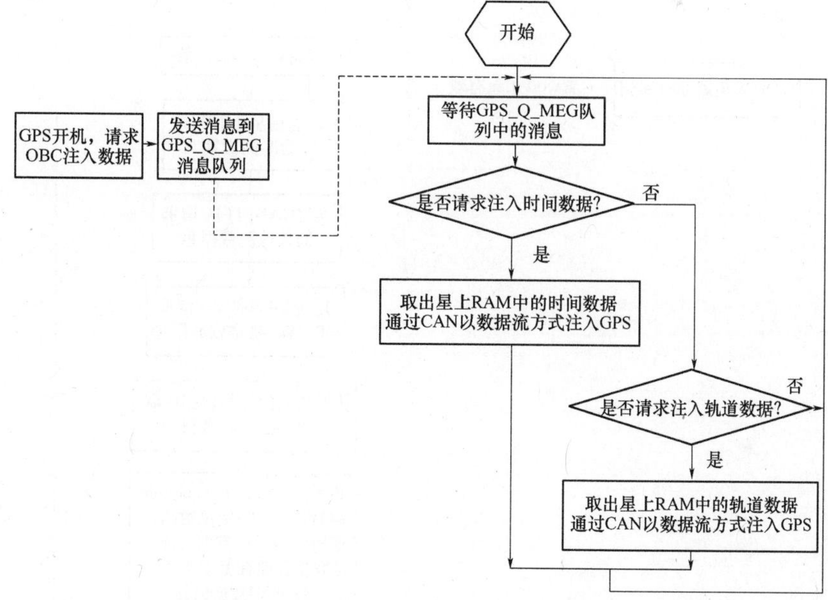

图 4.27　GPS 注入数据任务流程图

表 4.9 GPS 注入数据任务

任务名称	Can_datastream_rec
功能描述	根据 GPS 接收机发出的注入数据请求,给 GPS 接收机注入时间数据或轨道数据
运行条件	GPS 接收机请求注入数据

8) WOD 采集任务(图 4.28、图 4.29,表 4.10)

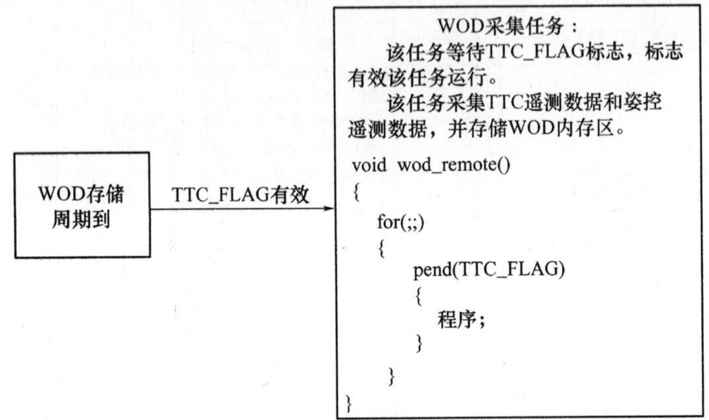

图 4.28 WOD 采集静态结构图

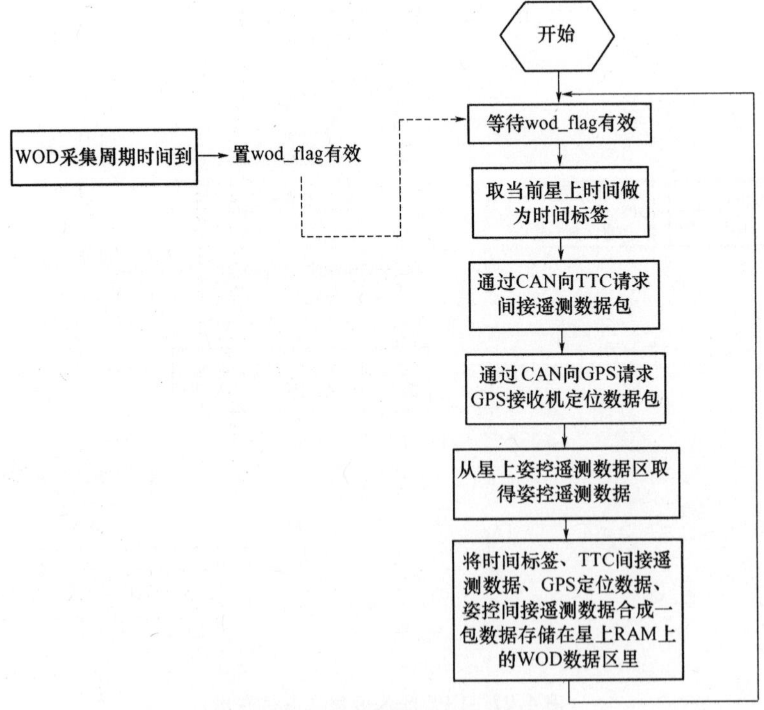

图 4.29 WOD 采集任务流程图

表 4.10 WOD 采集任务说明

任务名称	Wod_remote
功能描述	按照 WOD 的存储周期,定时采集 TTC 遥测数据和姿控遥测数据,并加时间标签存储在 OBC 内存
运行条件	WOD 存储周期到

9）实时遥测任务(图 4.30、图 4.31,表 4.11)

实时遥测任务：
该任务在没有其他任务运行时执行。
OBC应用CAN总线数据报协议从TTC获得遥测数据，并存储在星上RAM中的遥测数据缓冲区。

```
void ttc_remote ( )
{
   for(;;)
   {
    程序;
   }
}
```

图 4.30 实时遥测任务静态结构图

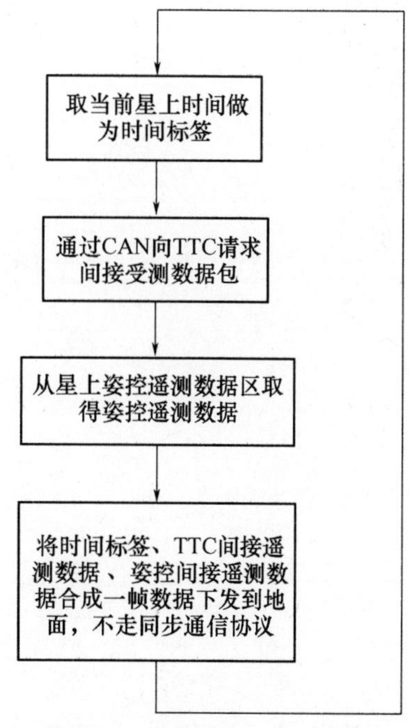

图 4.31 实时遥测任务流程图

表 4.11　实时遥测任务说明

任务名称	ttc_remote
功能描述	实时采集 TTC 间接遥测数据和姿控遥测数据,并打包下发
运行条件	无其他高优先级任务运行

参考文献

[1] 田贺祥. 微小卫星综合电子系统及其关键技术研究[D]. 北京:清华大学,2009.
[2] 金芝,刘璘,金英. 软件需求工程:原理和方法[M]. 北京:科学出版社,2008.
[3] 何加铭. 嵌入式 32 位微处理器系统设计与应用[M]. 北京:电子工业出版社,2006.
[4] 王晓薇. 嵌入式操作系统 μC/OS - Ⅱ及应用开发[M]. 北京:清华大学出版社,2012.

第5章 微纳卫星地面测试

微纳卫星的各个分系统和部件通过分系统级验收后,联试合格,将总装在卫星本体上,对卫星规定的性能和功能做全面的检测,对各分系统之间电气接口的匹配性和电磁兼容性进行多项综合检查,通常称为地面电性能综合测试。

地面电性能综合测试的目的如下。

(1) 检验卫星分系统的主要性能和功能是否满足设计要求。

(2) 检验卫星各分系统接口的正确性和兼容性。

(3) 检验地面电性能综合测试设备(EGSE)与星上各系统的接口与通信协议的正确性。

(4) 协调地面综合测试软件运行的正确性。

(5) 检测卫星是否达到所要求的总体技术指标,特别是卫星经受各种地面模拟环境考验后,检测其性能是否恶化。

地面电性能综合测试,是卫星研制流程中不可缺少的重要环节,通过卫星电性能综合测试使不符合技术条件的性能、不完善的功能、不匹配的电气接口以及设计缺陷都得到暴露,加以改进。有效地提高整星的匹配性、兼容性和可靠性,消除隐患,是确保卫星飞行成功、完成既定任务的保障要素[1]。

5.1 卫星研制中的测试阶段

按照卫星研制技术流程,将卫星地面测试划分为从桌面联试到发射场发射区测试等9个阶段。综合测试流程图如图5.1所示。

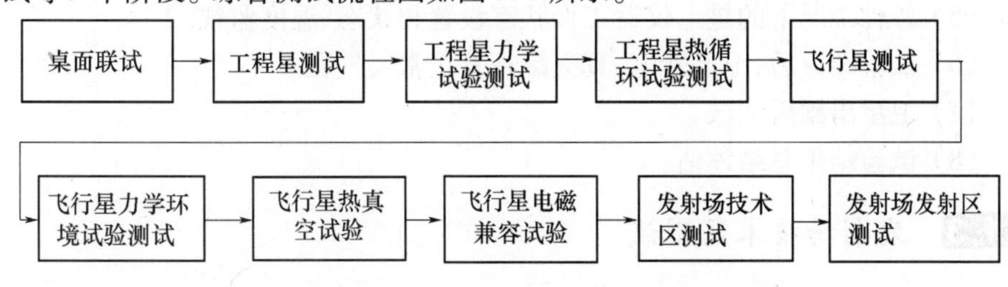

图5.1 综合测试技术流程图

5.1.1 桌面联试

桌面联试的目的是检查和验证测试文件所规定的各子系统仪器设备的功能和性能指标是否符合设计要求;检查各分系统间电性能接口的正确性和匹配性;检查和验证卫星和地面测试设备系统接口设计的正确性和合理性;充分暴露卫星与地面测试系统的设计缺陷和工艺缺陷,为修改设计提供依据;检验测试技术流程的正确性和合理性。

桌面联试主要包括:分系统的验收测试、分系统与 EGSE 的匹配测试、最小系统的测试以及卫星的系统级测试。

5.1.2 环境试验中的卫星测试[2,3]

1) 力学环境试验中的卫星测试

力学环境试验主要检查卫星上各种仪器设备及所有部件对各种力学环境的适应能力,掌握各关键部位的力学环境数据。考虑火箭在飞行的过程中卫星不工作,而在与火箭分离后加电工作,因此,力学环境试验时卫星不加电。电性能测试的主要工作是配合力学环境试验前功能测试和状态设置、试验中不监视和试验后测试复查。要注意下列几个环节:

(1) 卫星振前通电测试。

(2) 试验后状态恢复和卫星通电测试。

2) 热平衡、热真空试验中的卫星测试

热平衡、热真空试验检查卫星上各种仪器设备及所有部件对热真空环境的适应能力,掌握各关键部位的温度数据和变化规律。主要工作如下:

(1) 试验前卫星总检查,通电测试。

(2) 卫星进真空罐,连接穿墙高、低频电缆。

(3) 状态设置,真空罐抽真空,监视抽真空过程中有无真空放电现象。

(4) 卫星进工况前总检查及设置。

(5) 各种工况下的星上仪器工作状态设置和状态、温度监视。

(6) 试验结束后,卫星断电,真空罐恢复正常大气压。

(7) 卫星出罐后测试。

(8) 试验结果总结评估。

5.1.3 发射场技术区测试

(1) 卫星运输后的功能、系统的主要功能、性能参数和接口进行检查和复验;火工品阻值测量、压控开关的通断以及蓄电池的充电。

(2) 装在火箭上的卫星电性能测试。

(3) 确认卫星功能、性能及状态符合设计和转场要求。发射场技术区测试的任务是对运输后的卫星各子系统的功能、主要性能参数和接口进行检查和复验。

5.1.4 发射场发射区的测试[4]

火箭运输至发射场后需要对卫星系统的主要功能、性能参数和接口进行检查和复验;并对蓄电池组进行充电。

5.2 卫星综合测试系统配置

5.2.1 卫星综合测试系统的设计要求[5]

为了完成卫星的电性能测试任务,必须配置必要的卫星电性能测试设备。卫星地面综合测试设备由专用 EGSE 和各通用测试设备组成,包括:EGSE、测试软件和测试数据库、供配电专用测试设备、姿控分系统专用测试设备、卫星等效器、太阳模拟器、通用测试设备、信号源、频谱仪等。其中最重要的是 EGSE。

系统配置的硬件应本着“标准化,通用化,小型化”的设计原则,采用成熟的技术,配置的通用接口进行电气连接。根据总体测试任务的要求,EGSE 的主要功能如下:

(1) 能正确有效地验证星上各分系统软硬件设备电气功能的正确性。

(2) 对卫星模块进行供电控制。

(3) 验证星上各分系统之间的兼容性和接口的正确性;发送遥控指令和注入数据,验证星上仪器对指令的执行情况。

(4) 接收解调遥测信号、处理遥测数据,具有数据实时显示、连续记录工作过程和测试数据、数据离线回放、分析数据归档、数据打印功能。

(5) 设备具有自校、自检功能。

(6) 可实现手动操作,执行供电和应急断电。

(7) 运行各个阶段的整星测试程序。

(8) 模拟卫星空间运行状态,运行模飞测试程序。

(9) 有误码检测功能。

(10) 设备具有“模块化”设计、携带方便、维修性强。

5.2.2 卫星综合测试系统组成

卫星地面综合测试系统主要由 EGSE 和专用或通用检测设备组成。卫星总装配间各状态统一由地面 EGSE 经电源继电器盒(Switchbox)给主母线模拟电源供电外,并由地面太阳模拟器经电源继电器开关给蓄电池充电。卫星由 EGSE 遥控计算机发送指令和遥测计算机进行参数监测。地面计算机间联网进行信息交换。

卫星地面检测设备基本配置见图 5.2 和表 5.1。中间方框内部为 EGSE 构成,EGSE 可以支持两种测试环路的测试,分别是:通过地面测试电缆对卫星进行测试、通过射频通道对卫星进行测试。下一节将详细介绍卫星不同测试环路的测试设备方案。

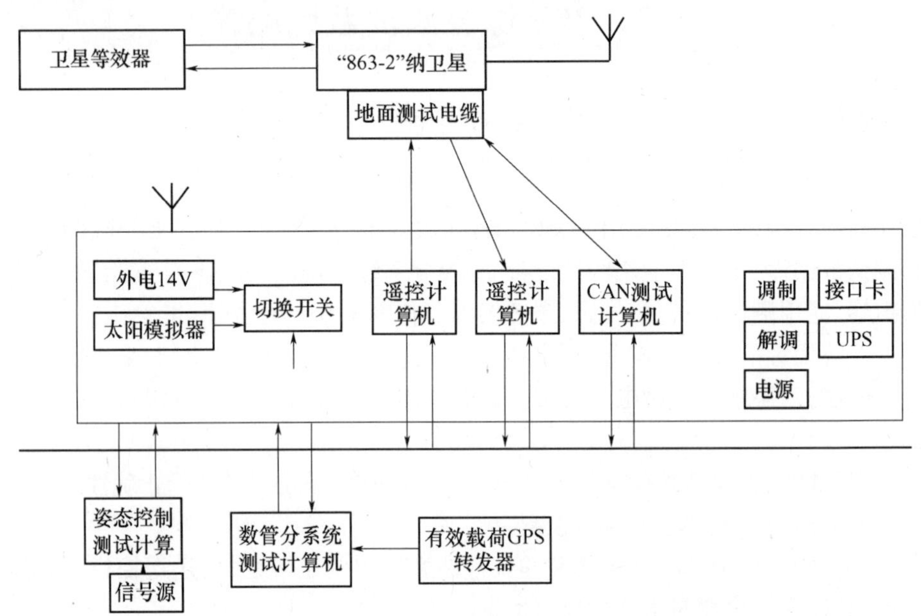

图 5.2 地面测试设备 EGSE 基本配置简图

表 5.1 地面测试设备组件明细表

序号	名 称	功 能
1	基带信号处理单元	• 完成(255,223)纠错编码和 R - S 编码(1/2,7)卷积码级联。 • 完成数据转发功能
2	收发机	• 接收 2200MHz ~ 2300MHz 频段内 100 个频点的信号,可实现频率跟踪。调制体制 PCM/CPPSK,接收机噪声系数优于 1.5dB。 • 接收机输入动态范围大于 60dB。 • 发射 2025MHz ~ 2125MHz 频段内 100 个频点,频率步进 1MHz。调制体制 PCM/DPSK/PM,载波调制度 0.5rad ~ 1.5rad,可调。功放 1dB 压缩点最大输出功率不小于 0dBm

（续）

序号	名称	功　能
3	综合功能机箱	• 综合控制机箱主要完成遥控数据上行调制（232 - PCM - BPSK）、遥测下行数据接收（PCM - 232）、遥控、遥测传输通道切换（232 - 422 或 TTL）、伪随机码产生和误码测试、遥测同步信号源等
4	蓄电池充电机箱	• 稳压电源后加恒流源，生成恒流输出。 • 充电计时
5	电源继电器控制机箱	• 控制卫星外供电和蓄电池涓流充电的开关。 • 显示稳压电源输出电压
6	机柜	为 EGSE 设备提供载体

5.2.3 地面电性能测试的环路选择

卫星电性能测试都是通过上行链路对被测对象进行控制和激励，通过下行链路对其相应情况进行采集，并对仪器、设备输出的数据进行收集和处理，从而达到测试目的。地面综合测试是采用最小的测试路径完成对卫星系统的逐级的标定过程。

不同性质的上行链路和下行链路构成不同的测试环路，具有不同的特点和应用场合，下面分别介绍几种典型的测试环路。

5.2.3.1 遥测/遥控（TM/TC）测试环路

这是卫星测试的主环路，各分系统应尽量使用 TM/TC 测试环路，这种测试环路接近卫星轨道运行状态，地面测试设备（EGSE）的测试遥测/遥控计算机也主要负责处理这个环路的数据。

地面测试的测控设备与卫星的测控通信（TTC + RF）分系统组成环路。上行实施 EGSE 遥控指令的直接发送，并验证指令的正确性，如注入遥控命令，时间/轨道数据、上载姿控配置文件数据包及有关设备状态量等。下行 EGSE 能正确接收卫星的遥测数据，实时处理，有完善的测试记录手段。

为了保证这个环路的正常运转，要求通过两种途径检查上下行链路的畅通。

（1）星上发射机发送的 BPSK 载波信号，通过 EGSE 无线测控分系统提供解调出的视频遥测 PCM 码信号给 EGSE 遥测前端，由遥测计算机处理显示；同时 EGSE 遥控前端送来的 BPSK 信号调制到载波 PM 上送卫星；这是星地大环路测试（RF + TTC）。卫星地面该环路测试主要用于完成遥测数据的接收和处理，遥控命令的生成和发送，对星上遥测设备和遥控设备进行测试，通过星上遥测设备转发的数据对整星各分系统的遥测数据和工作状态进行监视和测试，通过星上遥控设备将相关的命令传送到各分统,并进行环路比对,了解星上设备的执行情况;并通过程序上载、比对,检查星上计算机,姿控分系统的控制是否正确。RF 无线联试原理见图 5.3。

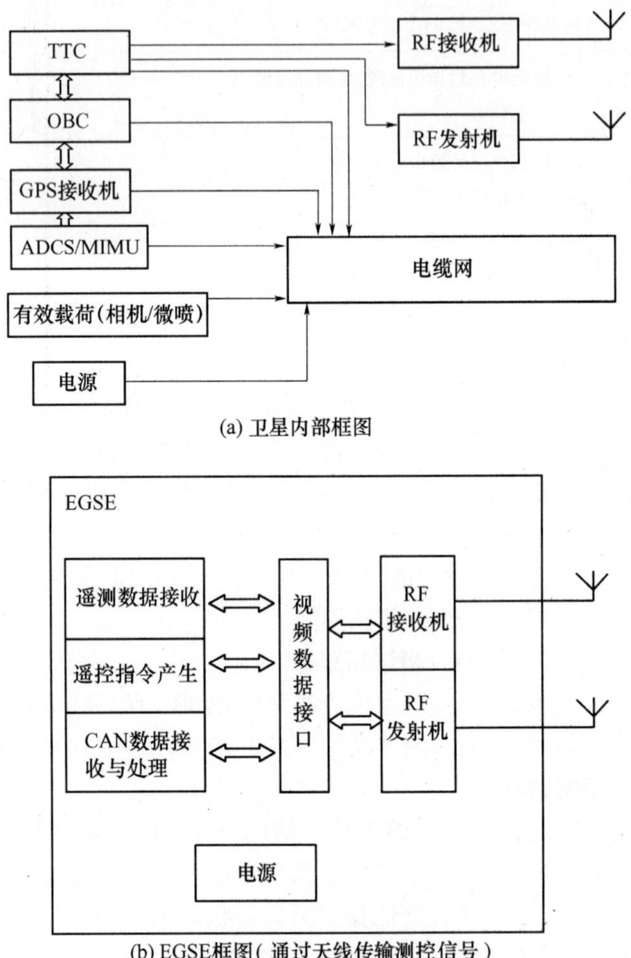

(a) 卫星内部框图

(b) EGSE框图(通过天线传输测控信号)

图 5.3　RF 无线联试原理框图

(2) 在无线通道有干扰的情况下,EGSE 通过信号衰减器和电缆将遥测 BPSK 信号直接从卫星连接到遥测前端,同时通过电缆将 EGSE 遥控前端的遥控 BPSK 信号直接送给卫星平台。这部分主要用于测试 RF 天线入口前的高频性能,天线本身的性能测试在前期特定条件下进行(要求在分系统测试),如图 5.4 所示。图上部为卫星内部框图,下部为 EGSE 框图,通过 RF 电缆传输 RF 信号。

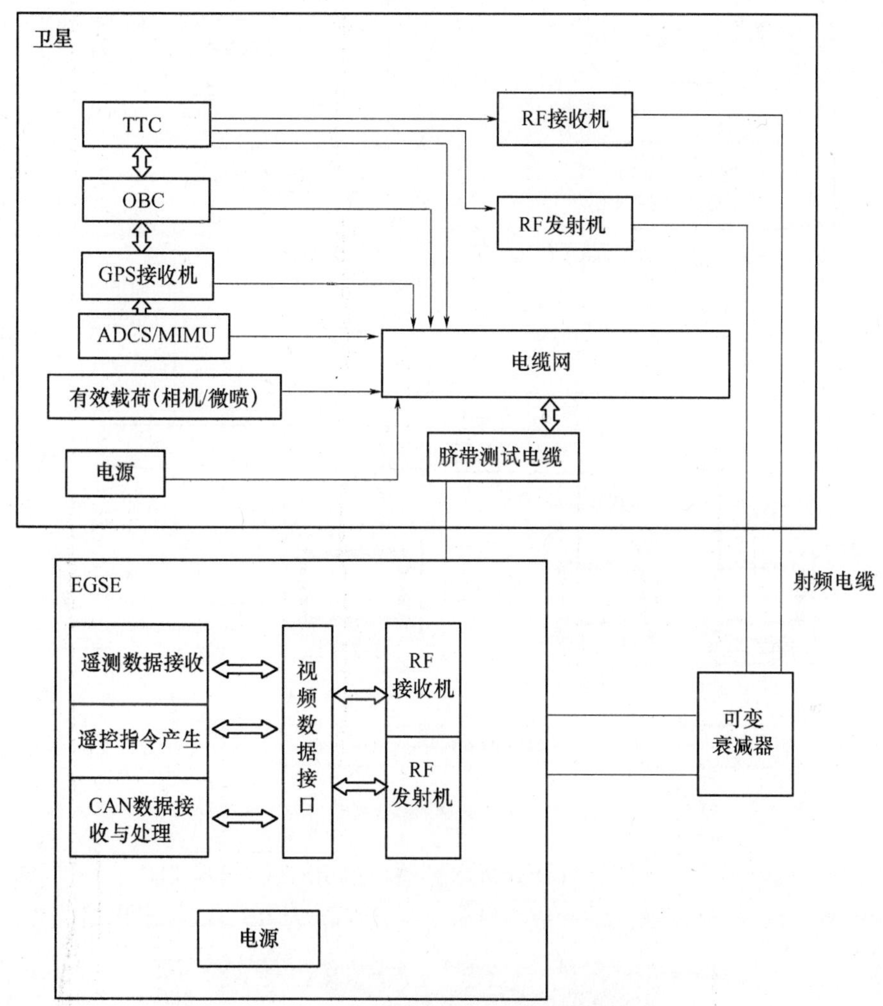

图 5.4　RF 系统有线联试原理框图

遥测/遥控测试环路的测试设备需要通过无线通道对卫星进行测试,其内部具体的构成如图 5.5 所示。

5.2.3.2　上行通道组成

上行通道的主要功能是为无线测试系统提供发射通道,主要包括:同步卡、异步/同步转换器、加扰成型设备、FM 发射机。

(1) 同步卡。通过 PCI 插槽与通信链路服务器连接,将 OBC 上行同步信号发送给加扰设备。

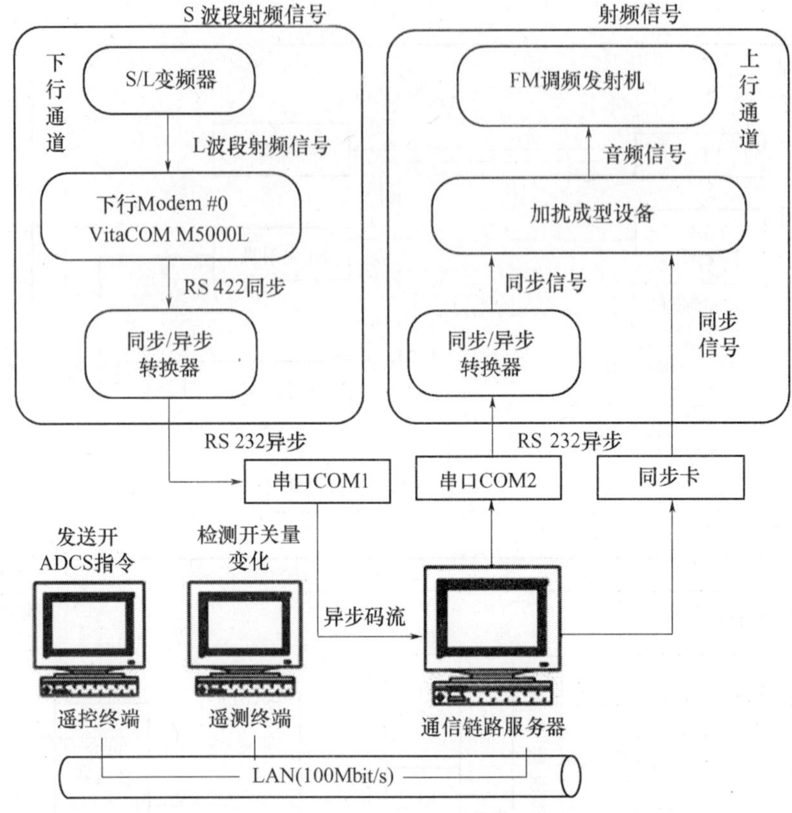

图 5.5　无线测试系统(遥测/遥控测试环路)原理框图

(2) 异步/同步转换器。将计算机串口输出的 RS 232 异步 TTC 上行信号转换成同步数字信号,然后送入加扰成型设备。接口标准为 RS 232 标准串口。

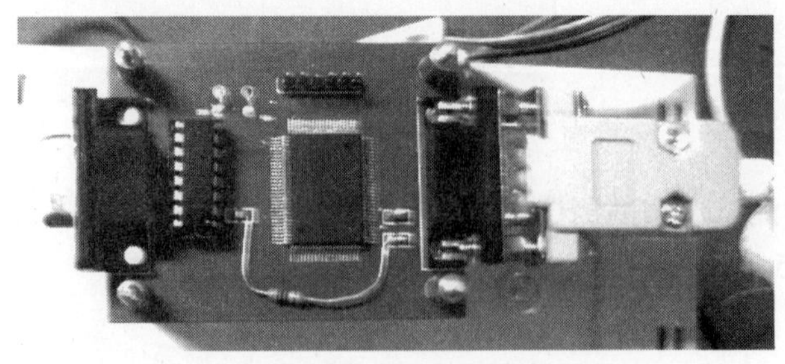

图 5.6　异步/同步转换器

(3) 加扰成型设备。该设备是星地测控分系统地检设备(图 5.7)。主要完成来自 ASYNC 或同步卡上行基带数据的加扰和成型滤波处理,处理后的音频基带

信号送至 FM 发射机。相关指标如下:

输出码速率:9.6kbit/s。

输出电平:1V ±0.5V 可调(成型正弦波)。

输出阻抗:≤1kΩ。

输出加扰扰码多项式:$1+X^{12}+X^{17}$。

工作环境温度:0℃ ~40℃。

接口:莲花头输出音频信号(孔),外部数据输入 CD-9(孔)。

图 5.7 星地分系统地检设备(加扰成型设备)

(4) FM 发射机(与下行 S/L 变频器在一个机柜中)(图 5.8)。对基带信号进行 FM 调制。发射频点:2094.417MHz。接口:输入音频信号 BNC;输出 FM 信号 BNC。

图 5.8 纳卫星发射机箱(包括 FM 发射机和下变频器)

5.2.3.3 下行通道组成

下行通道的主要功能是为无线测试系统提供接收通道,主要包括 S/L 波段变频器、卫星 BPSK 调制解调器和同步/异步接口转换器。

(1) S/L 波段变频器(集成在纳卫星发射机箱中,见图 5.8)。由于调制解调器波段的要求,需要变频器将 S 波段信号变换到 L 波段。变频器本振频率为 3490MHz,输入 S 波段中心频率为 2274.48 MHz,输出 L 波段中心频率为 3490 - 2274.48 = 1215.52 MHz。

接口:输入 S 波段下行信号 BNC 输出 L 波段下行信号 BNC。

(2) 卫星 BPSK 调制解调器(MODEM)。针对低轨卫星还要求下行的解调器有很好的抗 Doppler 频移能力,由于这台 MODEM 在 A 卫星地面站中继续使用,所以选择该设备时,要对其在 Doppler 频移下的误码率性能进行测试,备选的 Modem 有 CDM570L、Vitacom M5000L、Vitacom M5500L(图 5.9)。

系统最终确定的Modem是Vitacom公司的M5500L,其主要功能是L波段下变频、中频放大、解调、解差分、解扰和Viterbi译码。解调类型为BPSK,解扰方式为IESS308。

图5.9 调制解调器Vitacom M5500L

(3) 同步/异步接口转换器(图5.10)。同步/异步接口转换器实现下行MODEM的同步RS 422接口与计算机异步RS 232接口的转换。

接口:RS 422(25针)转换成RS 232(9针)。

图5.10 同步/异步转换器

5.2.3.4 测控终端和网络分系统(图5.11)

图5.11 测控终端和网络分系统

由于测试过程中对遥测遥控数据的连续性要求不高,而且实验室资源有限,实际系统中,测控终端及网络分系统由两台计算机和路由器组成。一台计算机同时实现了通信链路服务器和遥控终端的功能,另一台计算机作为遥测终端。两台计算机之间的数据交换由局域网和串口通信支持。

5.2.3.5 有线电缆测试环路

这是通过卫星测试脐带电缆(Umbilical)形成的环路,主要包括卫星供配电控制和测量、CAN 总线的监视和测量。纳卫星通过测试脐带电缆同卫星上留出的专用测试设备接口,完成对卫星的供电(用太阳模拟器)控制、母线电压测量、蓄电池电压等测量,并提供 TTC、OBC、CAN 总线等的测试接口(图 5.12)。

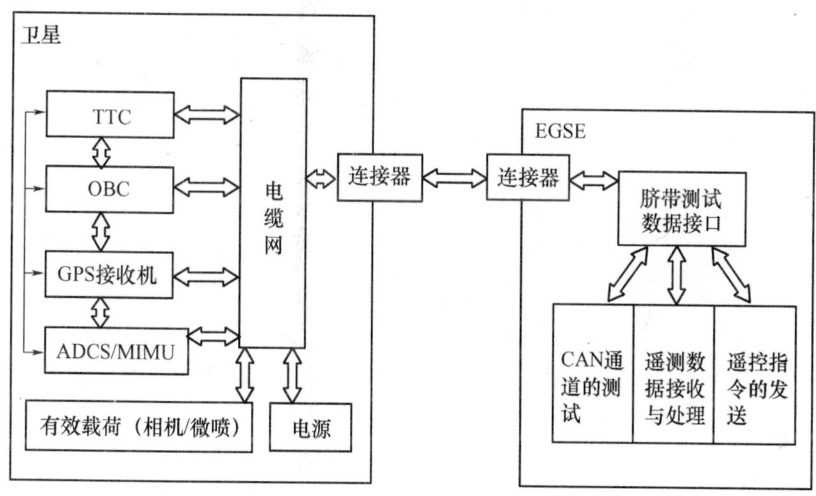

图 5.12 系统脐带测试原理框图

5.3 卫星地面综合测试方案

在测试开始前,要结合卫星总体设计方案和星上数据流情况(图 5.13),详细地制定综合测试方案。

卫星地面测试方案设计的要点如下:

(1) 卫星地面综合测试应以整星的功能和主要部分性能指标测试为重点;测试方案中,对测试环路和测试点进行设计。

(2) 电性能测试分遥控上行、遥测下行链路(无线\有线)测试环路和脐带电缆测试环路两种;测试的前期接口匹配以脐带测试为主, 测试的后期卫星功能测试以 RF 上下行链路为主。

(3) 测试设备应体现"标准化、通用化、小型化"的原则;测试软件要按软件工程化方法研制;测试程序应有故障判别能力。

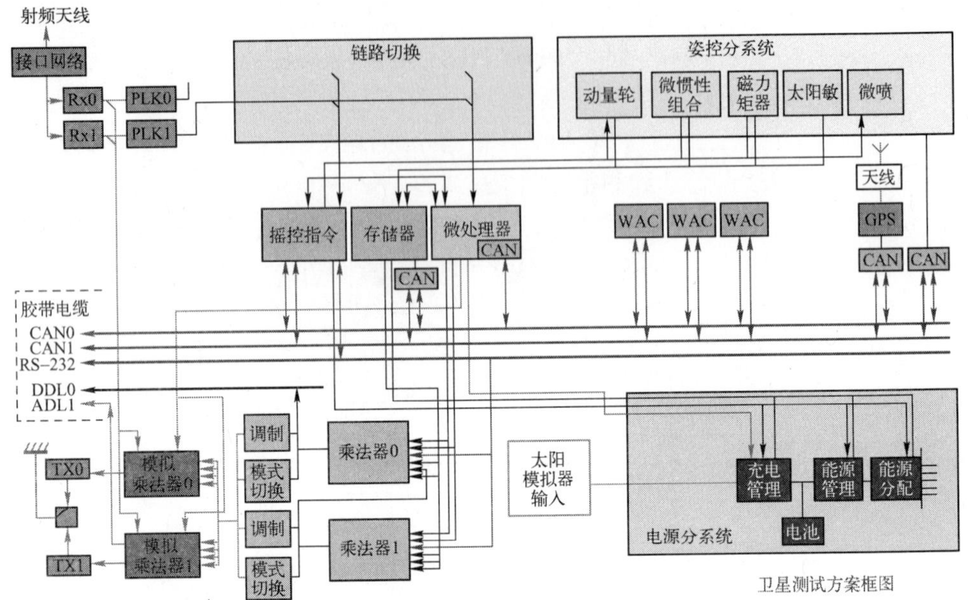

图 5.13 卫星数据流图

(4) 确保测试操作人员和星上仪器设备的安全。

5.3.1 地面综合测试步骤[6,7]

1) 分系统的验收测试

电源分系统、RF 分系统、数管分系统、GPS 分系统、姿控分系统、有效载荷(相机/微喷)验收要求按分系统的验收要求及分系统的验收细则执行。

2) 分系统与 EGSE 的匹配测试(图 5.14)

各分系统分别与 EGSE 的匹配测试，包括上电检查、信号通路检查、接口检查和通信协议检查。

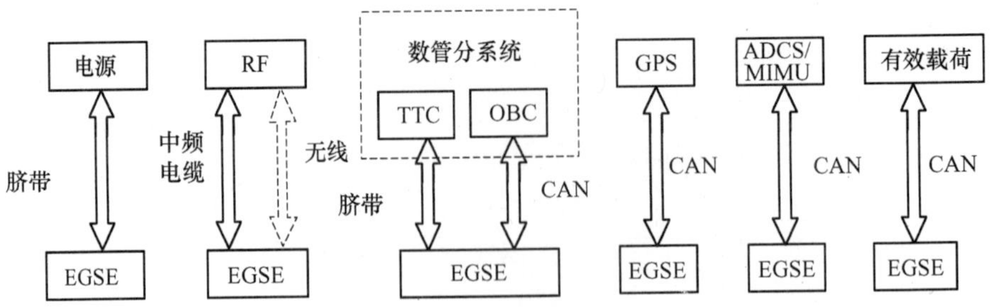

图 5.14 系统与 EGSE 的匹配脐带测试原理框图

3）最小系统的测试（图 5.15）

星上最小系统为电源分系统、RF、TTC 分系统三部分组成。它完成卫星的供电、遥测/遥控通信链路，是卫星存活的最小系统。

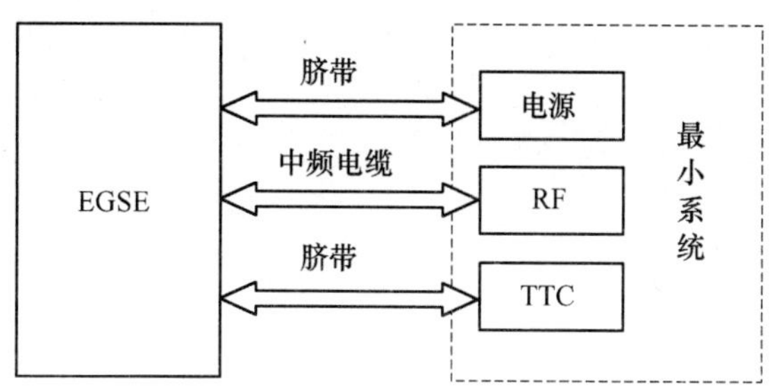

图 5.15　EGSE 与最小系统匹配测试框图

最小系统测试中，要考核以下内容：

（1）卫星系统的上电与最小系统功耗。

（2）上、下行链路的性能。

（3）各系统工作与协调性检查。

（4）遥测数据格式与内容的协调、验证。

（5）遥控指令的接收与执行情况。

4）星的系统级测试

（1）CAN 总线的测试（OBC、GPS、ADCS 有效载荷子系统的测试）。通过 CAN 控制器发上行指令，通过 OBC 接收 CAN 数据流；在 TM/TC 环路未准备好或出现故障时，可以使用从 CAN 总线的 RS 422 测试口通过脐带连接到地面测试设备 CAN 卡转换到的计算机的 RS 232 串口来监测遥测数据，对 OBC、GPS、ADCS/MIMU 和各有效载荷进行测试。它还可以验证 TM/TC 的可靠性（图 5.16）。

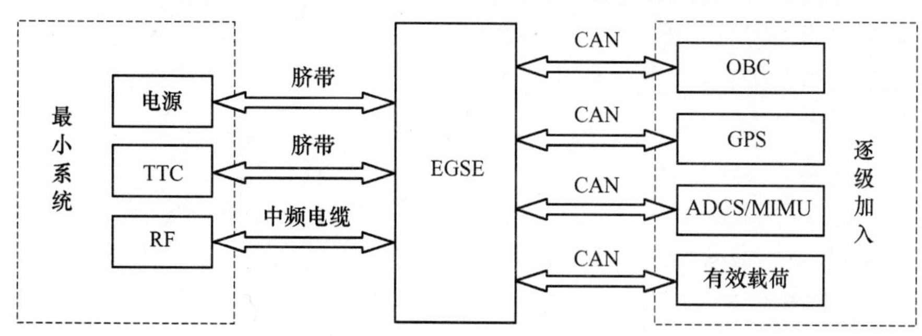

图 5.16　卫星地面测试框图

(2) 模拟飞行 II(飞行控制状态)。飞行控制状态,OBC 工作提供姿控分系统软、硬件运行平台,卫星系统经过速率阻尼,对地捕获,建立三轴稳定对地指向。重点考核内容如下:

① 飞行控制程序。

② 软件模块动态加载功能。

③ 上载功能(飞控参数装订)。

④ 各系统工作与协调性检查。

⑤ 遥测遥控功能。

⑥ 卫星系统功耗。

(3) 模拟飞行 III(自主飞行)。卫星自主飞行,重点考核以下内容:

① 卫星飞行程序的协调、验证。

② 上载功能。

③ 分包遥测功能。

④ 各系统工作与协调性检查。

(4) 应急模式。卫星在故障模式下或应急模式下的飞行程序。

(5) 可靠性试验。为确保联试试验质量,在联试后增加可靠性试验内容。具体做法是按模拟飞行 III 完成联试后,增加三次蓄电池组供电的总检查,三次合格则通过,其中三次总检查中按蓄电池供电峰值电压和蓄电池放电下限各作一次。若出现故障,可根据具体情况确定补做或系统长期烤机。

(6) 模拟光照期一次电源供电试验。

(7) 在不同种工作模式下的模拟峰值负载的联合供电。

5.3.2 地面电性能综合测试内容

1) 电性能综合测试的内容

(1) 检验卫星总体电气设计的正确性、合理性、匹配性及接地系统的正确性。

(2) 检验各子系统电气性能和参数指标是否符合总体提出的要求。

(3) 供电检查。

(4) 检验各分系统在系统级条件下能否完成规定的功能。

测试次序:电源分系统,RF 分系统,数管分系统,姿控分系统(包括 MIMU),GPS 分系统,有效载荷(包括相机和微喷)。

2) 主要测试内容

(1) 检查各子系统之间接口关系的匹配性,包括机电、光电、热电接口在内的正确性。

(2) 检验指令,信息通道传递(上行和下行参数格式定义)的可靠性和准确性。

(3) 卫星所有工作模式下的主要功能和性能测试。

(4) 模拟卫星在空间的飞行程序,检验飞行程序的可行性和正确性。

(5) 整星电性能测试最初阶段,还需检测星—地接口的兼容性,检验控制通道的正确性,测试软件、遥测/遥控参数定义和开关状态的正确性,以及测试大纲和细则的正确性。

(6) 控制、监视星上各仪器、设备的工作状态。

(7) 模拟某些故障工作状况或不同激励信号下的卫星主要功能和性能的检查。

(8) 实时、连续地记录工作过程和测试数据。

卫星各分系统测试内容如表 5.2 所列。

表 5.2 卫星各分系统测试明细表

序号	分系统	测试内容
1	星上电缆网	• 接点导通检查; • 接点绝缘检查; • 核对接口表
2	电源分系统	• 遥控指令检查; • 给各分系统的供电检查; • 遥测参数检查; • 各分系统及系统功耗; • 模拟峰值负载联合供电试验
3	数管分系统 TTC	• 检查遥测/遥控通信协议与帧结构的匹配性能; • 检查遥测数据、遥控指令传输性能等
4	RF 分系统	• 检查 RF 通信链路指标匹配性能
5	ADCS 分系统	• 组件的供电检查; • 太阳敏感器电接口与通信接口协议; • 磁强计电接口与通信接口协议; • 磁力矩器电接口与通信接口协议; • 反作用飞轮电接口,转速; • 太阳敏感器的极性
6	MIMU 分系统	• 陀螺的电接口与通信接口协议
7	GPS 分系统	• GPS 电接口与通信协议; • 检查 GPS 数据传输性能

(续)

序号	分系统	测试内容
8	相机分系统	• 根据TTC节点控制器的指令,在FPGA控制下完成对地成像和图像数据的存储功能,并在TTC控制器要求下输出图像数据; • TTC节点控制器:完成相机系统的电源开关控制及温度、电流的检测,并与OBC通信,完成相机控制和数据传输功能; • 电源开关控制电路及电压变换电路; • 温度、电流监测电路
9	微喷分系统	• A/D采集部分:利用515自己的A/D转换器实现对压力和温度的采集处理; • CAN通信部分:通过CAN将压力、温度数据上传给TTC,获得TTC或OBC的打开推进发动机控制指令; • 发动机控制部分:校验获得的控制指令,并执行通过校验的指令

参考文献

[1] 何国伟. 可靠性试验技术//可靠性、维修性、保障性丛书[M]. 北京:国防工业出版社,1995.
[2] 徐建强. 火箭卫星产品试验[M]. 北京:中国宇航出版社,2012.
[3] 柯受全. 卫星环境工程和模拟试验[M]. 北京:中国宇航出版社,1993.
[4] GJB 152A—97 军用设备和分系统电磁发射和敏感度要求[S].
[5] QJ 2266—92 航天系统电磁兼容性要求[S].
[6] 陆延孝. 可靠性设计与分析[M]. 北京:国防工业出版社,1995.
[7] QJ 1408A—98 航天产品可靠性保证要求[S].

第 6 章　先进空间光学姿态敏感器

6.1　先进空间光学姿态敏感器概述

先进空间光学姿态敏感器主要是指以太阳敏感器、星敏感器为代表的利用敏感天体目标来实现姿态确定的敏感器系列。微小卫星和微小卫星编队飞行技术的发展对卫星的姿态测量和控制系统提出了高精度、微小型和快速性的要求，例如 Grace[1] 计划、Techsat - 21[2] 计划、LISA[3]、ST - 5[4] 等。高精度、高可靠性的姿态敏感系统是这些任务的必然选择。而先进空间光学姿态敏感器具有精度高、无漂移、寿命长等特点，是航天器赖以生存和性能提升的基础性、关键性器件，在对地遥感、深空探测和科学实验等航天应用中具有重要的战略意义。太阳、恒星是两种主要的天文敏感目标，因此，太阳敏感器和星敏感器是目前卫星上应用最为广泛的姿态确定系统，已成为卫星姿态的基础和核心部件。

6.1.1　太阳敏感器和星敏感器简介

太阳是卫星系统能源的最主要来源。当卫星找不到太阳，或者卫星的太阳能帆板不能够准确地进行对日定向时，基本上认为卫星的寿命已经到期。同时，卫星上光学器件、热控系统等设计都会严格参照太阳的入射方向来设计，因此太阳敏感器几乎是卫星上必备的姿态敏感器。由于太阳是一非常明亮的点光源，易于敏感与识别，给敏感器的设计和姿态确定算法的制定带来极大方便。太阳敏感器的视场很大，可以从几分 × 几分到 128° × 128°，而分辨力可以从几度到几角秒。因此，太阳敏感器成为各种航天器首选的姿态敏感部件。在工程技术中姿态确定最方便、最常用的是太阳—地球方式，即一个太阳敏感器和一个地球敏感器的方式。传统的太阳敏感器精度比较低，而且会受到地球反射光等影响。作者设计的太阳敏感器采用了面阵 APS CMOS 技术、MEMS 光线引入器技术，以及预测提取和图像相关算法很好地解决了这一问题。

目前，普遍认为星敏感器是能提供最高精度的航天器绝对姿态测量器件[5]，故无论在地球轨道卫星还是深空探测器，大型空间结构还是小卫星，高精度的姿态确定几乎都采用星敏感器。相对于太阳敏感器等其他姿态敏感器而言，星敏感器具有以下主要优点:①能够提供足够高的指向精度;②能够提供空间飞行器的三轴绝对姿态,而太阳敏感器、磁强计等只能提供一个或者两个参考方向的测量信息。由于天球上布满恒星,一个具有合适视场和灵敏度的星敏感器,几乎在指向任何方位时都能够检测到恒星,提供全方位的姿态信息,这也是其他姿态敏感器所无法比拟的。

在国外,传统星敏感器在航天领域的应用已经成熟,前景看好。但是目前绝大部分星敏感器都是针对大卫星开发的,其很难直接应用到微小卫星领域。因此,很多国际研究机构和星敏感器研制单位也将主要的研究精力放在更加适合于微小卫星发展的新型星敏感器上[6,7],希望在微小型星敏感器及微小卫星领域占有一席之地。在我国今后的航天领域中,随着航天任务和微小卫星技术的发展,对高精度、高动态、轻小型星敏感器有迫切需求。目前,我国许多高精度卫星都引进国外的星敏感器作为主要的姿态测量单元,而国内的星敏感器一般都处于备份或者试验地位[8,9]。这些星敏感器都是针对大卫星开发的,并没有考虑微小卫星的应用特点,基本上都不能直接应用在微小卫星领域。本章主要针对微小卫星对姿态敏感系统的要求,采用新技术、新方法开发微小型、低功耗、高精度、高动态的星敏感器。其研究成果不仅能够提高我国微小卫星的姿态测量精度,而且在提高我国微型航天器的自主能力,减少对国外关键技术的依赖,提高新的光学系统在空间应用等方面具有重要的意义。

6.1.2 航天器姿态敏感器综述

为了清晰和明确航天器进行姿态测量的原理和方法,进一步理解先进空间光学敏感器在航天应用领域的重要性以及与其他姿态敏感器的区别,本节简要介绍目前在航天器上使用的主要姿态敏感器的情况。

航天器姿态的描述通常采用相对某一指定坐标系的指向,最常用的是相对于天球惯性坐标系。为了完成这一过程,通常需要知道一个或者多个方向矢量分别相对于航天器坐标系和指定坐标系的指向,并且这些矢量相对于指定坐标系都是已知的。最常用的矢量包括:太阳矢量、地球中心矢量、导航星矢量以及地球磁场矢量。姿态敏感器只要测量出这些矢量相对于敏感器本身坐标系或者航天器坐标系的指向,就可以进一步计算得到航天器在指定坐标系的姿态。

6.1.2.1 太阳敏感器

太阳敏感器是直接测量太阳在航天器坐标系中矢量的敏感器。太阳敏感器属于光学传感器的一种,是卫星上最常用的姿态敏感器,几乎被用在所有卫星上。因为太阳是在地球附近最亮的恒星,能够很容易将其与背景恒星等其他光源分离,同时,太阳与地球之间的距离能够保证太阳相对于地球卫星来说可以看作一个点,这在很大程度上简化了太阳敏感器的设计。同时绝大多数卫星都需要太阳能作为能源,要求帆板正对着太阳;也有些器件或仪器,需要避开太阳,防止杂光和发热。在这些场合,太阳敏感器是非常重要的。太阳敏感器的设计方法和样式很多,但是其本质上主要包含三种类型:模拟太阳敏感器,太阳出现敏感器以及数字太阳敏感器[10]。

6.1.2.2 红外地平敏感器

红外地平敏感器是直接测量地球在航天器坐标系中矢量的敏感器,也称为地球敏感器,能够直接计算出航天器相对于地球的姿态,故在很多和地球有关的任务中得到广泛应用,例如,通信卫星(TDRSS)、气象卫星(GOES)、地球资源卫星(LANDSAT)等[11]。地球不能够像太阳那样,被看作一个点进行处理,尤其对于近地轨道卫星,地球甚至占据了卫星视场的40%,故只探测地球的出现对于卫星定姿来说是不够的,因此大多数地球敏感器都采取检查地平的方式。地平敏感器属于红外敏感器,可探测温暖的地球表面和寒冷太空的对比度。其难点在于,敏感器区分地球和其周围感光阈值的选择。受到地球大气和太阳反射光等影响,此阈值会发生很大变化。

6.1.2.3 磁强计

磁强计是航天器上一个比较常用的矢量测量敏感器,具有如下特点:能同时测量磁场的方向和强度;功耗低,重量轻;在一定的轨道范围内,测量结果是值得信赖的,能够在很大的温度范围内工作;没有运动部件。但是,地球的磁场模型仅仅是对地球磁场的近似描述,以此作为磁强计的测量基准,将带来较大的误差,因此磁强计不是一种高精度的姿态敏感器。另外,地球磁场强度与地心距的三次方成反比,当航天器的轨道高度达到 1000km 以上时,卫星内的剩余磁偏置将会超过地球磁场的影响。这时地球磁场便不能作为测量基准,使得磁强计的应用受到限制。

6.1.2.4 星敏感器

星敏感器是依靠测量航天器坐标系中导航星的指向来确定航天器姿态的器件。其工作时,首先测量到导航星在航天器坐标系中的矢量,然后通过星图识别,得到其所对应于惯性坐标系的矢量。通过比较两个坐标系统中相应导航星的矢量关系,就可以得到从惯性坐标系到航天器坐标系的变换矩阵,即航天器在惯性坐标系中的姿态。

星敏感器是最高精度的姿态敏感器,其精度可以达到角秒级。但是传统的星敏感器价格昂贵,体积和质量都很大,功耗高,而且星敏感器上的计算机无论是硬件还是软件都比较复杂,相对于其他敏感器来说,其设计和调试难度大。另外,星敏感器相对于其他敏感器来说,比较容易受到干扰。空间的很多杂光都可能导致星敏感器工作失效,星敏感器的安装要避开太阳,地球,月亮等发光体的干扰,同时还要考虑不能受到卫星体本身干涉等问题。尽管其具有上述缺点,但高精度绝对姿态测量的特点使其在卫星等航天器上得到广泛使用。

6.1.2.5 惯性敏感器(陀螺)

惯性敏感器主要是利用加速度计和陀螺来测量载体相对于惯性系统位置和姿态的敏感器,也称为惯性导航系统(简称惯导系统,INS)。利用加速度计测得载体的运动加速度,经过运算求出运载体即时位置,利用陀螺实现此种导航定位计算所需的基准坐标(导航坐标系)。陀螺不需依靠外界任何信息完成导航任务,不和外界发生任何光、电联系,因此隐蔽性好,工作不受气象条件的限制。但是陀螺一般具有高速旋转部件,容易损坏,而且存在漂移,不能够独立高精度地长时间工作,一般需要星敏感器等系统对其进行修正。

对上述5种姿态传感器进行比较,见表6.1。

表6.1 常用姿态敏感器比较[12]

名　称	参考系	优　点	缺　点
太阳敏感器	太阳	低功耗,低重量,太阳清晰,明亮,一般为太阳能电池板和仪器防护所必备	部分轨道内可能不可见,精度约1′
红外地平敏感器	地球	对近地轨道总是可用,边界不清晰,分析容易	一般需要扫描地平线,精度约0.1°,轨道和姿态耦合紧密
磁强计	地磁场	经济,低功耗,近地轨道总是可用	精度差,大于0.5°,只对低轨道可用。卫星需作磁平衡
星敏感器	星体	高精度,角秒级,独立于轨道运动,空间任何位置均可用	重量大,复杂,昂贵,星体识别时间长
陀螺	惯性	无需外部传感器,独立于轨道运动,短时精度好	有漂移,高速旋转部件易磨损,相对功耗和质量大

从表6.1可以看出,微型高精度太阳敏感器和星敏感器是卫星姿态系统的一个必然选择。

6.1.3 太阳敏感器综述

6.1.3.1 太阳敏感器原理

太阳敏感器是卫星上使用得最为普遍和重要的姿态测量器件。早期的太阳敏感器主要是太阳出现敏感器和模拟式太阳敏感器[13],精度一般比较低,在初始太阳捕获和低精度太阳方位角确定时使用[14]。随着近些年来航天技术的发展,尤其是微小卫星技术的发展,对太阳敏感器的要求已经达到了大视场和高精度水平。传统的设计方案和实现方法已经不能满足要求,因此单轴数字太阳敏感器[15]已经出现,精度也大大提高,目前的精度优于0.1°,是当前太阳敏感器应用领域的主流。单轴数字太阳敏感器成像示意图如图 6.1 所示。

太阳光经过光阑小孔在 CCD 上的 x_c 位置成像，这样在 CCD 探测器上的光强分布如图 6.1(b)所示。采用后续处理算法读取图像，计算成像点的能量中心，即可获得 x_c 的精确位置，再根据 CCD 距光阑的高度，计算得到太阳光的入射角：$\tan\theta = x_c/h$。

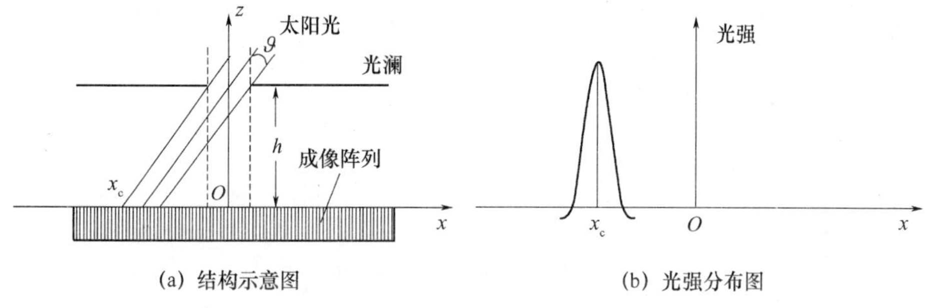

(a) 结构示意图　　(b) 光强分布图

图 6.1　单轴数字太阳敏感器示意图

将同样的两个单轴数字太阳敏感器垂直安装，即可以构成一种传统式两轴太阳敏感器。此类数字太阳敏感器是当前的一种应用主流，国内外的一些典型产品如图 6.2 所示[16-19]。

(a) DSS2（中国）　(b) DSS2（日本）

(c) ASS3 (中国)　(d) DSSS

图 6.2　数字太阳敏感器典型产品示意图

6.1.3.2 太阳敏感器发展趋势和主要问题

随着电子技术发展,面阵感光探测器在空间得到了广泛应用[20],如 CCD 或者 CMOS[21]等。采用面阵图像传感器而构成的太阳敏感器也成为了当前的一个研究热点[22-24]。这种产品精度高,抗干扰能力强,在某些场合可以代替星敏感器应用[25]。太阳敏感器的光线引入器分为单孔式(图 6.3(a))和阵列式(图 6.3(b)),因此,太阳敏感器也相应地分为单孔式和阵列式[26]。

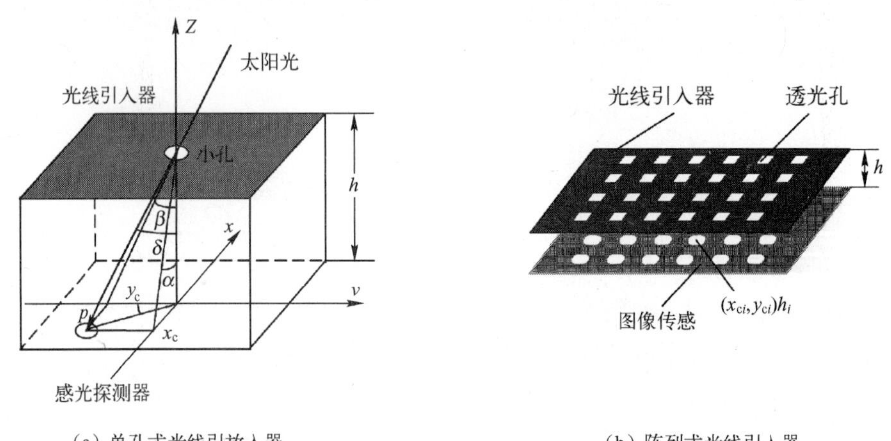

(a) 单孔式光线引放入器　　(b) 阵列式光线引入器

图 6.3　面阵太阳敏感器示意图

单孔式太阳敏感器的基本原理为光线通过小孔在感光探测器上成像,通过质心法求得太阳像点的中心坐标位置 $p(x_c, y_c)$,进一步根据三角函数关系式获得太阳角分别为

$$\alpha = \arctan\left(\frac{x_c}{h}\right), \beta = \arctan\left(\frac{y_c}{h}\right) \tag{6.1}$$

式中:h 表示小孔与感光探测器之间的距离。

从上面的分析来看,h 是一个固定的值,方位角的精度主要决定于系统处理得到的中心坐标(x_c, y_c)的精度。此种太阳敏感器的成像在敏感器的感光探测器上所占据的像素数目可以达到 25 个,与传统的线阵敏感器相比,精度有所提高。但是由于系统只有一个成像点,其提取、识别、处理和运算都相对简单,图像利用率低,精度也难以进一步提高。意大利的 Galileo Avionica 公司最近推出了一款单孔式太阳敏感器产品,称为 Smart Sun Sensor(S^3)[27],如图 6.4 所示。

S^3 太阳敏感器较传统的线阵 CCD 太阳敏感器有了比较大的进步,性能上也占有一定的优势,但在精度和可靠性方面还存在不足,而多孔阵列式太阳敏感器在这两方面则具有突出的优势。与单孔面阵式太阳敏感器相比,多孔阵列在成像面上具有多个像点，可以通过多个像点进行滤波处理，精度要比单孔式太阳敏感器高一个数量级[28]。同时，多个成像点具有多个相关信息，利用多个信息之间的关系，采用一定的信息融合方法，可以大大提高太阳敏感器的环境适应性，保证系统即使在丢失某些像点的情况下，对精度和使用仍然不会造成影响。

图 6.4　Smart Sun Sensor(S^3)

将单孔式太阳敏感器和阵列式太阳敏感器的优缺点比较如下。

(1) 精度：由于单孔式的太阳敏感器的精度主要决定于太阳成像点的中心处理精度，只有一个成像点，所以图像处理精度只能达到 0.1 个像素左右；而采用阵列式光线引入器的太阳敏感器的太阳成像中心的处理精度正比于阵列数目的平方根。假定单个孔的处理精度为 δ，孔的阵列为 $N \times N$，则最终的总成像点中心处理精度为 δ/N，这对于提高太阳敏感器的精度具有非常大的作用。

(2) 可靠性：单孔式太阳敏感器存在一个非常致命的隐患：可靠性。当孔被堵或者部分被堵时，会对精度造成较大的影响，甚至导致系统丧失功能。而阵列式多孔太阳敏感器由于孔的分布面积较大，即使其中部分孔被完全堵塞，采用合理的算法后，系统仍能够保证正常工作，对精度带来的损失比较小。

(3) 对图像传感器的要求：单孔式太阳敏感器对图像传感器的要求比较高，图像传感器的任何一部分存在坏像素或者像素响应不均匀性等都会对精度甚至功能造成较大影响，因为太阳的成像点可能落在此范围；而阵列式光线引入器的太阳敏感器，成像点为 $N \times N$，而且分布在图像传感器上的区域也比较大，个别像素的损坏对系统几乎不会造成影响。

(4) 图像曝光、读取[29]：单孔式或传统线阵 CCD 式太阳敏感器的曝光方法通常采用整体直接曝光的读取模式，由于数据量小，可以直接采用整体曝光、读出、处理、运算的顺序处理方法。而小孔阵列式面阵传感器在这方面要有很大差别。因为其数据量大，处理方法复杂，必须采用更加先进的曝光、读出方法和先进的数据处理方法才能够满足要求。

(5) 算法的复杂性：阵列式太阳敏感器的算法的复杂性要远远大于单孔式的。在面阵图像传感器上存在多个太阳成像点，在保证正确使用之前，必须准确地识别出其中的每个像点。由于图像点都相同，每个像点的成像误差等因素，在识别第一个点时可能会造成错误，若存在第一个点丢失的情况，问题可能更加严重；因此，必须采用一种鲁棒性强，可靠性高的算法来实现。

6.1.3.3 研究意义

无论如何,精度和可靠性是决定太阳敏感器质量的最主要因素,因此,多孔阵列式面阵太阳敏感器代表太阳敏感器的未来。而目前制约多孔阵列式太阳敏感器发展的主要因素是算法的高精度、高可靠性和高的更新率。本章主要介绍一种硬件和软件相结合的先进太阳敏感器算法——预测提取和图像相关算法(FEIC)来攻克多孔阵列式太阳敏感器的关键技术。采用具有窗口曝光和随机读取能力的APS CMOS感光探测器作为图像传感器,根据多孔阵列太阳成像点之间的关系,采用有效区域直接曝光和读取的方法,直接读取图像;为加快初始捕获速度,采用二值化的模板图像与当前的太阳成像图像进行二值的相关匹配,以获取当前图像的初始位置;根据太阳直射时的模板图像与当前太阳光的成像进行能量相关匹配方法,可以获得高精度的当前图像与太阳直射图像的位置差,即高精度的(x_c,y_c),继而得到高精度的太阳角。理论上,对于给定的$N\times N$个孔阵列光线引入器,在缺少任意N个点的情况下,系统都能够保证精度、正常工作。

6.1.4 星敏感器综述

6.1.4.1 导航星

天体之间由于引力和运动,使它们保持相对的平衡。从视觉上看,所有天体似乎都是等距离的,它们与观测者的关系,犹如球面上的点与球心的关系。这个以观测者为中心,以任意长为半径的假想球,称为天球。

恒星是星敏感器进行工作的参考基准。经过多年大量的天文观测,每颗恒星都在天球中具有各自相对固定的位置,一般以天球球面坐标的赤经和赤纬来表示,记作(α,δ),如图6.5所示。根据笛卡儿坐标与球面坐标的关系,可以得到每颗恒星在天球笛卡儿坐标系下的方向矢量为

$$\boldsymbol{v}=\begin{bmatrix}\cos\alpha\cos\delta\\ \sin\alpha\cos\delta\\ \sin\delta\end{bmatrix} \tag{6.2}$$

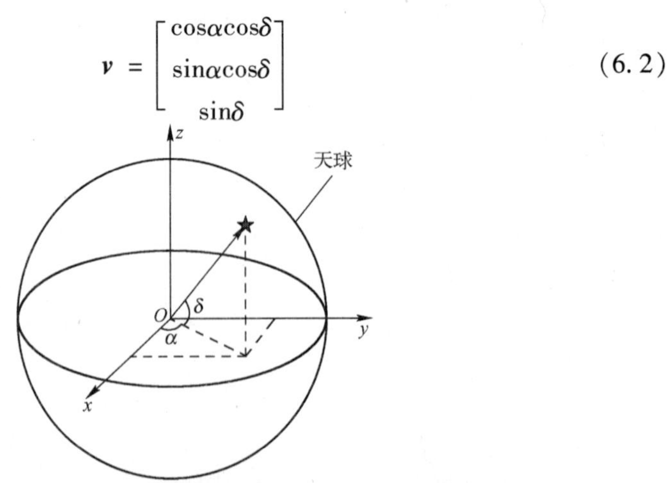

图6.5 导航星在天球球面坐标系和笛卡儿坐标系中的描述关系

从星库中选出满足星敏感器成像条件的恒星组成导航星,构成导航星表,导航星表在地面上一次性固化在星敏感器的存储器中。

6.1.4.2 星敏感器测量原理

当星敏感器处于天球坐标系中的某一姿态矩阵为 $\boldsymbol{A}$ 时,利用星敏感器的小孔成像原理,可以测量得到导航星 s_i(其对应天球坐标系下的方向矢量为 $\boldsymbol{v}_i$),在星敏感器坐标系内的方向矢量为 $\boldsymbol{w}_i$,如图 6.6 所示。星敏感器主轴中心 O 在探测器上的位置为(x_0,y_0);导航星 s_i 在探测器上的位置坐标为(x_i,y_i),星敏感器的焦距为 f,则可以得到 $\boldsymbol{w}_i$ 矢量的表达式为

$$\boldsymbol{w}_i = \frac{1}{\sqrt{(x_i - x_0)^2 + (y_i - y_0)^2 + f^2}}\begin{bmatrix} -(x_i - x_0) \\ -(y_i - y_0) \\ f \end{bmatrix} \tag{6.3}$$

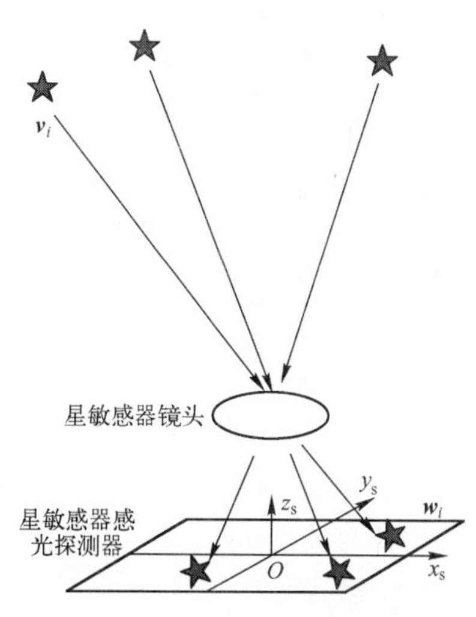

图 6.6 星敏感器成像原理图

在理想情况下具有如下关系

$$\boldsymbol{w}_i = \boldsymbol{A}\boldsymbol{v}_i \tag{6.4}$$

式中:$\boldsymbol{A}$ 为星敏感器姿态矩阵。

当观测量多于两颗星时,可以直接通过 QUEST 方法进行星敏感器的姿态矩阵 $\boldsymbol{A}$ 求解,即求出最优姿态矩阵 $\boldsymbol{A}_{\mathrm{q}}$,使得下面的目标函数 $J(\boldsymbol{A}_{\mathrm{q}})$ 达到最小值[30],即

$$J(\boldsymbol{A}_{\mathrm{q}}) = \frac{1}{2}\sum_{i=1}^{n} \alpha_i \| \boldsymbol{w}_i - \boldsymbol{A}_{\mathrm{q}}\boldsymbol{v}_i \|^2 \tag{6.5}$$

式中:α_i 表示加权系数,满足 $\sum \alpha_i = 1$ 。

这样,可以得到星敏感器在惯性空间中姿态矩阵的最优估计 $\boldsymbol{A}_q$。

6.1.4.3 星敏感器的组成

根据上述的测量原理,可以清晰得知星敏感器首先需要能够进行星图获取(也就是拍照),将导航星 s_i 成像到星敏感器的探测器上;然后进行星点提取,提取星点坐标,结合星敏感器的参数,得到星点在星敏感器坐标系统的方向矢量 $\boldsymbol{w}_i$;再根据星图识别技术,识别出当前在星敏感器坐标平面上的星像点所对应导航星表中的导航星 s_i,进而获得其在惯性坐标系中的方向矢量 $\boldsymbol{v}_i$;最后利用 QUEST 等方法,求得此时星敏感器所对应姿态矩阵的最优估计 $\boldsymbol{A}_q$。星敏感器属于航天器上的一个部件,需要与星上的其他部分发生联系,因此,星敏感器还包括对外接口部分。这样得到星敏感器的工作流程如图 6.7 所示。

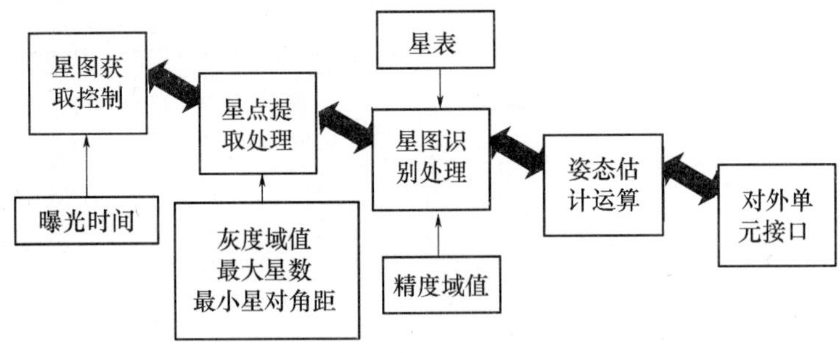

图 6.7 星敏感器工作流程

目前,国际上使用的星敏感器基本上都采用上述的原理和流程来工作。为了和早期跟踪模式的星敏感器相区别,将其称为凝视星敏感器。

6.1.4.4 国内外 CCD 星敏感器发展现状

目前,基于 CCD 的自主星敏感器已发展出多种商用型号,表 6.2 给出几种已在航天器上得到成功应用的商用 CCD 星敏感器。

表 6.2 典型的商用 CCD 星敏感器

CT-633[31](CT-600 系列)(BALL Aerospace & Technology Corp., U.S.A.)	
视场 20°×20° 精度(1σ):10″(指向),40″(滚转) 捕获时间 10s,数据更新率 5Hz 功耗 8W 质量 2.5kg	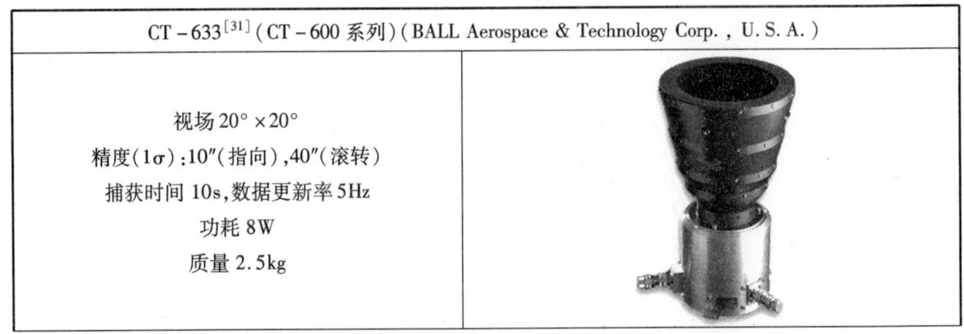

（续）

SED16[32]（SED 系列最新型号）（EADS SODERN Corp.，FRANCE）	
视场 25°×25° 精度 10″（指向）55″（滚转） 捕获时间 3s，数据更新率 10Hz 功耗 7.5W 质量 3kg	
CALTRAC[33] TM（EMS Technologies Inc.，CANADA）	
视场 36°×27° 精度 0.005°（指向），0.02°（滚转） 捕获时间 0.5s 数据更新率 25Hz 质量 3kg	
Astro－15[34]（Astro 系列最新型号）（Jenaoptronik，Germany）	
视场 13.8°×13.8° 精度（1σ）1″（指向），10″（滚转） 数据更新率 4Hz 功耗 10W（max.），9W（norm.） 质量 4.3 kg（不含遮光罩）	
ASC[35] －Tech. University of Denmark（丹麦）	
视场 18°×12° 精度（1σ）1″（指向），5″（滚转） 初始捕获时间 5s 数据更新率 4Hz 功耗 7.8W 质量 1kg（不含遮光罩）	

由表6.2可以看出,目前国外商用CCD星敏感器的基本水平为:质量3kg~5kg;功耗10W左右;数据更新率1Hz~10Hz;在10°×10°视场时,指向精度可以达到1″;滚转精度较低,误差约为指向精度的5倍~10倍;当视场大于20°×20°时,指向精度在10″左右,滚转精度误差一般为指向精度的5倍。

国内CCD星敏感器经过20多年的发展,也取得了一定成果。中国航天科技集团公司502所研制的基于CCD探测器的星敏感器在我国嫦娥等多颗卫星上进行了在轨应用,其精度为18″,具有全天捕获等功能,且很好地完成了在轨任务,标志着我国星敏感器发展处于新的阶段;上海航天控制工程研究所等单位也对其研制的星敏感器进行了在轨飞行试验;此外,成都光电所,国家天文台,长春光机所,北京航空航天大学也都相应进行了大量的星敏感器研究工作,并研制出相应的星敏感器工程样机。尽管如此,国内所研制的星敏感器与国外著名的星敏感器相比还存在着较大的差距,主要体现如下:

① 精度低。在10°×10°视场时,国外的星敏感器精度可以达到1″,国内在同等的视场下,只能达到10″左右,大视场星敏感器的精度更差。

② 初始捕获时间长。国外的初始捕获时间一般在5s,少数可以达到1s,而国内基本上都在30s左右。

③ 抗干扰性差。国内的多数星敏感器在轨运行发生太阳杂散光和地球反射光进入视场内,存在系统工作异常问题;且在南大西洋辐照异常区时,特别容易出现故障。

6.1.4.5 国内外APS CMOS星敏感器现状

目前,CCD星敏感器在国外已经接近成熟,但是APS CMOS星敏感器还处于在研阶段,很少具有在轨应用的例子。CMOS星敏感器相比于CCD星敏感器具有独特优势,使得国际上众多星敏感器研究单位都将主要精力转移到CMOS的研究上,相应推出了一些在研的项目。典型的有美国JPL研制的Miniature Star Tracker,德国的Jenaoptronik公司研制的ASTRO-APS星敏感器。

美国JPL研制的超低功耗(70mW),超高数据更新率(50Hz)和超轻质量(42g)的微型APS星敏感器“Micro APS Star Tracker”[36]如图6.8所示。其电子学系统只有两块芯片:一块专用的APS CMOS芯片和一块集成了I^2C接口、内存和8051微处理器的ASIC芯片。这个微型APS星敏感器实际上只是一个敏感头。利用APS窗口读出特性输出初始像素数据,而将所有的计算压力交给OBC处理,从而获得超小的尺寸、重量和功耗。但是,其相面尺寸还比较小,精度较低,可靠性也没法保证,只是为了演示APS CMOS星敏感器技术概念而已。

图6.8 Miniature Star Tracker 模型图

德国 Jenaoptronik 公司正在研制 ASTRO 系列的 APS CMOS 星敏感器[37]，取得了较大的进展。其研发的基础依然是采用 ASTRO 系列的 Alphabus/Large 平台，其目的是研究经济性和可行性，为后期开发大规模 APS CMOS 星敏感器系列提供前提。技术指标：质量小于1.5kg，功耗小于5W，姿态更新率10Hz，精度为俯仰和偏航小于9″（3σ），滚转方向小于45″（3σ），设计寿命15年。这些技术指标和现有的 CCD 星敏感器几乎一个水平，但其质量和功耗得到了降低，主要是因为 APS CMOS 具有高的集成度，外围电路系统简单，减小了 PCB 的设计尺寸和其他辅助元器件；APS CMOS 集成了芯片内的 AD 转换、采样和读出电路，在减小了系统功耗的同时，提高了可靠性。图6.9为其正在研制的原理样机整体图。

(a) 原理模型

(b) 原理样机

图6.9 ASTRO 系列 APS MCOS 星敏感器原理样机

国内 APS CMOS 星敏感器技术在近年也有一定发展，中国航天科技集团公司 502 所，国家天文台，长春光机所，北京航空航天大学等多家单位参与了此项技术研制，并研发出相应的原理样机，且中国航天科技集团公司 502 所和清华大学的星敏感器已经开始在轨使用。

因此，在今后阶段，国内星敏感器研究的发展方向将主要放在改善精度和提高速度上，达到和国际同一指标水平。同时，目前国内所研究的星敏感器在功耗和质量上都比较大，很难适应于微小卫星的发展需求。本章将上述几点作为主要目标，介绍几种微小型，高精度星敏感器的新技术和新方法等研究成果。

6.1.5 内容安排

本章主要以作者研制的 APS CMOS 太阳敏感器和星敏感器为基础，讲述基于 APS CMOS 图像传感器的微小型、高精度、高动态、高可靠性、全自主太阳敏感器和星敏感器的研制方法和研究思路，为小卫星，特别是微小卫星系统提供高精度实时姿态信息，提高微小卫星导航水平，并为我国实用新型光学姿态敏感器的发展探索新路。

因此，本章将分为两部分来阐述所研制的微小型 APS CMOS 太阳敏感器和星敏感器及其关键技术。

6.2 微型 APS 太阳敏感器技术研究

根据相关的任务要求和清华大学发展微纳卫星的思路，微纳卫星技术重点在星上功能部件的微小型化。清华大学“十五”期间在“973 项目”的支持下进行了 APS CMOS 太阳敏感器的技术研究，并在国家相关部委的安排下，确定在 XX-3 卫星上进行微型 APS 太阳敏感器的搭载试验。下面以此为基础进行介绍。

6.2.1 微型 APS 太阳敏感器的总体情况

单孔式太阳敏感器工作原理类似于日晷(图 6.10)，太阳光通过光线引入器上的小孔在光探测器上的投影为亮斑，亮斑的几何中心与太阳角有关，通过计算亮斑几何中心位置坐标来确定太阳方位角。

多孔式太阳敏感器与多缝式太阳敏感器原理相同。太阳光通过光线引入器上的小孔在光探测器上的投影为亮斑阵列，每个亮斑的几何中心与太阳角有关，通过计算每个亮斑几何中心位置坐标来确定太阳角，全部太阳角的平均值作为敏感器的输出。多孔式太阳敏感器通过在单孔式太阳敏感器的基础上增加孔的数量(图 6.10(b))，即通过光线引入器从单孔到阵列的结构变化来提高测量精度和扩大视场角。

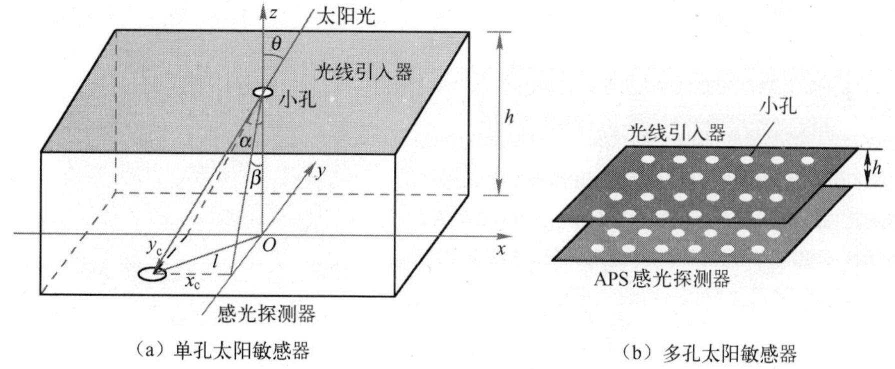

（a）单孔太阳敏感器　　（b）多孔太阳敏感器

图 6.10　太阳敏感器工作原理

6.2.2　微型 APS 太阳敏感器的组成

6.2.2.1　结构组成设计

图 6.11 为微型 APS 太阳敏感器外观示意图，视窗板上开有方形视窗，电路板盒内安装了敏感器的光学系统和电子学系统。

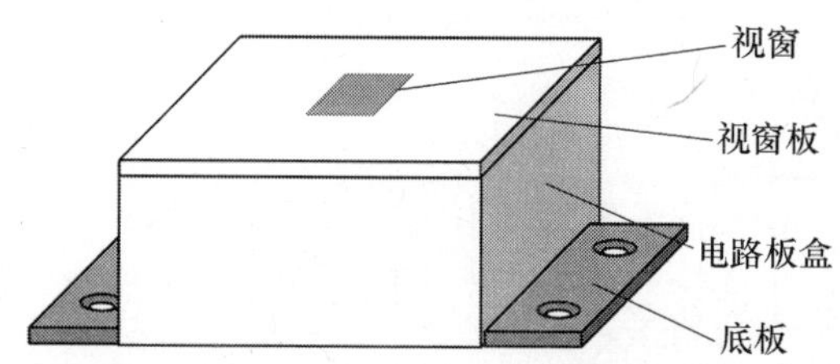

图 6.11　微型 APS 太阳敏感器外观示意图

微型太阳敏感器内部结构如图 6.12 所示，包括图像传感器及其外围电路、光线引入器、图像采集控制电路、图像处理与通信模块、电路接口、敏感器视窗板、敏感器电路板盒和敏感器底盖板。其中的光线引入器将平行入射的太阳光线分光并使之在图像传感器成像为亮斑阵列；由图像传感器及其附属电路、图像采集控制电路组成的图像采集电路用于采集由光线引入器引入的亮斑阵列图像；图像处理与通信电路，用于读取和处理图像采集模块采集到的包含太阳角信息的图像并计算出的太阳角，通过通信接口与 OBC 连接。

6.2.2.2　功能组成

微型 APS 太阳敏感器由 MEMS 工艺多孔光线引入器、APS CMOS 图像传感器和图像采集与处理电路系统组成（图 6.13），其中光线引入器和图像传感器构成敏感器的光学系统。敏感器的光线引入器采用小孔阵列结构，小孔制作成正方形。

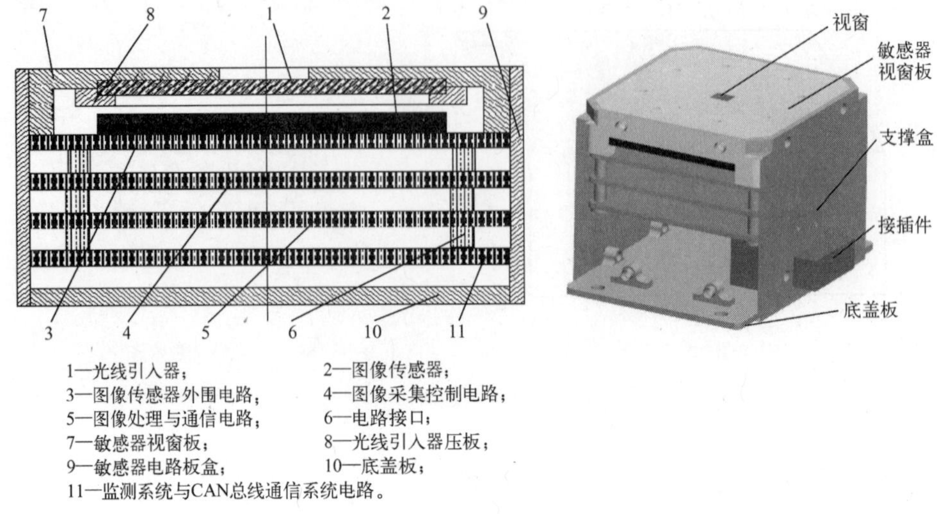

图 6.12　结构示意图和总装图

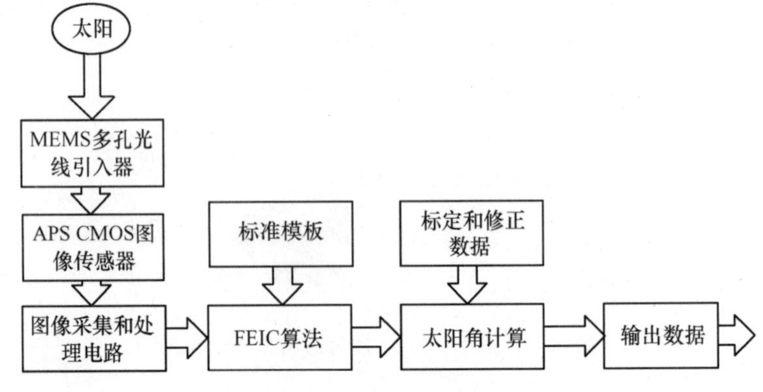

图 6.13　微型 APS 太阳敏感器总体方案

这种敏感器的基本算法：通过数字图像传感器得到图像，采用 FEIC 图像处理方法获取亮斑质心坐标估计值，结合标定数据和误差修正数据，得到两轴方位角；图像采集与处理电路系统作为敏感器的指挥中心，完成图像采集、传输和图像处理与 FEIC 算法。

6.2.3　微型 APS 太阳敏感器光学系统设计研究

微型太阳敏感器的光学系统主要包括 MEMS 光线引入器和图像传感器部分。首先根据 APS CMOS 感光探测器的灵敏度和量子效率等参数确定感光的动态范围，根据此参数设计光线引入器的相应结构参数等。

6.2.3.1 APS 图像传感器选择

根据航天领域的应用情况,考虑到耐辐射、耐高温的技术特点。并根据航天经验等技术要求,采用具有高耐辐射能力的 Star1000 作为感光探测器,图像传感器如图 6.14 所示。

图 6.14 Star1000 APS CMOS 图像传感器

APS CMOS 图像传感器的具体技术指标如表 6.3 所列。

表 6.3 APS CMOS 图像传感器性能指标

性 能	指 标
阵列规格	1024 × 1024
像素尺寸	15μm × 15μm
功耗	100mW ~ 350mW
ADC 输出	10 位并行
感光光谱	400nm ~ 1000nm
像素填充率 × 光电转换率/ FF × QE	20%

Star1000 图像传感器是欧空局的推荐产品,已经成为航天器上使用的典型选择。德国 Jenaoptronik 公司,法国 soldern 公司,意大利伽利略公司等都对此芯片进行了空间应用,并取得了成功。在国内,中国航天科技集团公司 502 所、812 所,清华大学,北京航空航天大学等多家单位也对其进行了空间环境适应性试验,如热真空、高低温等。

6.2.3.2 光线引入器设计

根据 Star1000 图像传感器的特点,对光线引入器结构进行详细设计,包括光线引入器掩模层到感光探测面的距离和光线引入器的参数,光线引入器参数又包括小孔尺寸、小孔间距、小孔阵列数量和曝光时间的计算等。

1）设计指标

光学系统设计是敏感器设计中的关键，直接关系到敏感器的视场角大小和测量精度，光学系统设计则以敏感器的设计指标为依据。

太阳敏感器主要设计指标如下：

视场角 ±64° × ±64°；

精度 0.02°。

首先，根据太阳敏感器设计指标确定单个孔的太阳角输出精度，再对孔阵列的太阳角输出进行平均来达到最终设计指标。

2）设计原则

由小孔和小孔阵列的衍射规律可知，如果条件满足，平行光经过小孔在接收面上会聚成一个亮斑，垂直入射时，亮斑为圆形，斜入射时（入射角度大于 0°），亮斑近似椭圆形，椭圆度随入射角度的增大而增大；平行光经过小孔阵列在接收面上成像为亮斑阵列，即每个小孔在接收面上会聚成一个亮斑，平行光入射角度越大、入射面到接收面距离越大、小孔尺寸越小，相邻小孔相互间光强分布的影响就越大，严重时会形成一条明亮的条纹。

光学系统基本参数设计的原则：单个孔的衍射图样仅有一个会聚亮斑，保证图像识别时每个小孔对应一个光斑质心。为保证 FEIC 算法的质心估计精度，光能量至少分布在 4 ×4 的像素上，同时为避免大量的计算，光能量也不宜分布在过多的像素上。小孔阵列衍射图样中的单个衍射图样应可分辨，单个衍射图样无法分辨时整个图像会形成明暗条纹，每个孔对应的投影中心就无法识别，太阳敏感器也就不能实现太阳角的测量。满足以上条件的同时还要有足够多的阵列数量。依据统计学原理，阵列数量越多，随机误差越小。

3）成像系统建模

单孔和多孔光线引入器的太阳敏感器成像示意图如图 6.15 所示。

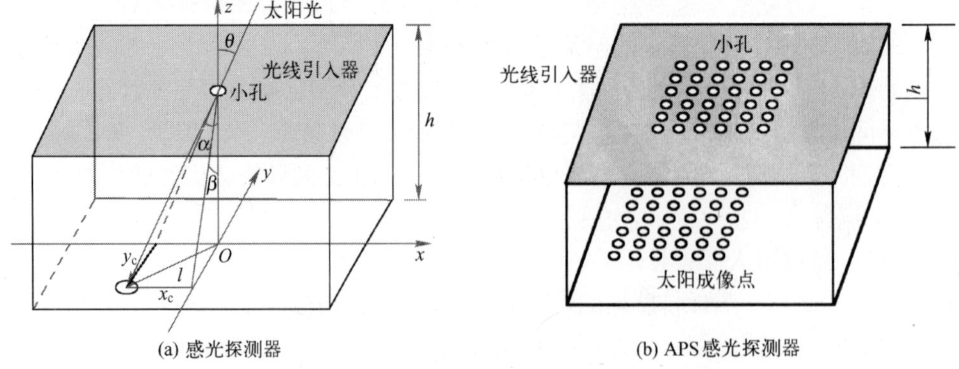

(a) 感光探测器　　(b) APS感光探测器

图 6.15　单孔、多孔阵列式太阳敏感器成像示意图

首先以单孔太阳敏感器成像为例,太阳光线通过小孔在感光探测器上成像,(x_c, y_c)表示太阳成像点中心坐标;l表示太阳成像点与原点的距离;h表示感光探测器与光线引入器的距离;θ表示太阳入射角;α,β分别表示太阳光线相对于太阳敏感器本体坐标系的俯仰角和升角,简称两轴太阳角。对上面的成像模型和关系式进行梳理和总结如下

$$\theta = \arctan\left(\frac{l}{h}\right), \alpha = \arctan\left(\frac{x_c}{h}\right), \beta = \arctan\left(\frac{y_c}{h}\right) \tag{6.6}$$

$$l = \sqrt{x_c^2 + y_c^2} \tag{6.7}$$

$$\tan\theta = \sqrt{(\tan\alpha)^2 + (\tan\beta)^2} \tag{6.8}$$

从上面的分析来看,h是一个固定的值,并且h越大,方位角的精度越高,但是h的高度限度必须保证在128°×128°范围内太阳光的成像依然在图像传感器的感光面范围之内。因此高度h值由图像传感器面阵和太阳敏感器的视场角来决定。当h固定后,系统的精度就主要决定于系统处理时对于中心坐标(x_c, y_c)的精度。为了提高此精度,采取的主要方法是利用多个小孔阵列作平均以消除随机误差。单孔的处理精度一般可以达到亚像素水平,即0.05个~0.1个像素。系统的精度与小孔个数的平方根成反比,小孔个数越多,系统的精度越高,计算量也越大。根据总体考虑,将小孔的个数设计为36个,这样可以使得太阳成像点的位置精度达到0.01个~0.02个像素水平。为了详细阐述系统的工作原理,对太阳敏感器的建模和求解方式阐述如下。

式(6.6)~式(6.8)是太阳成像点的简化描述。在实际中,考虑到大气、玻璃的折射等,实际过程远比上述复杂。如图6.16所示,太阳光线在到达感光探测器之前依次经过真空、石英玻璃、传感器BK7保护玻璃,氮气等介质。

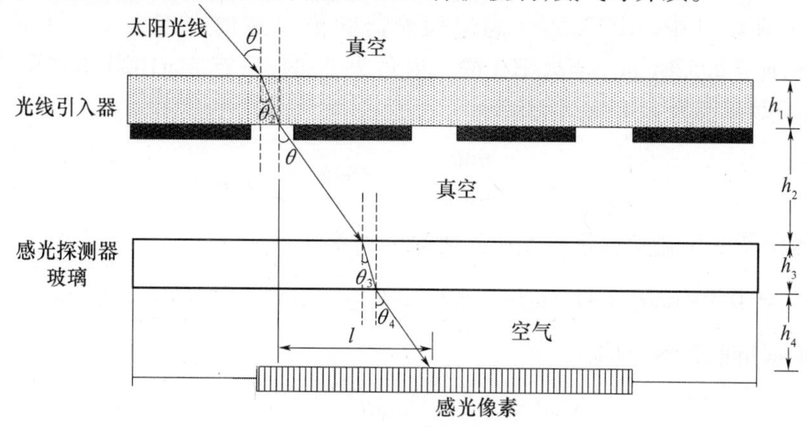

图6.16 太阳敏感器光线追迹图

从图6.16,可以建立函数($l-\theta$)的表达式如下

$$l = h_2\tan\theta + h_3\tan\theta_3 + h_4\tan\theta_4 \tag{6.9}$$

$$\frac{n_{\text{Glass}}}{n_{\text{Vacuum}}} = \frac{\sin\theta}{\sin\theta_3} \tag{6.10}$$

$$\frac{n_{\text{Air}}}{n_{\text{Glass}}} = \frac{\sin\theta_3}{\sin\theta_4} \tag{6.11}$$

式中:n_{Glass}、n_{Vacuum},n_{Air}分别表示传感器保护玻璃 BK7、真空以及空气的折射率($n_{\text{Vacuum}}=1$);将方程(6.10)、方程(6.11)中的θ_3和θ_4代入方程(6.9),可以得到

$$l = h_2\tan\theta + h_3\tan\left(\arcsin\left(\frac{\sin\theta}{n_{\text{Glass}}}\right)\right) + h_4\tan\left(\arcsin\left(\frac{\sin\theta}{n_{\text{Air}}}\right)\right) \tag{6.12}$$

由于h_2、h_3、h_3、n_{Glass}、n_{Air}都是常数,所以l是入射角θ的唯一函数,反过来,也可以认为θ可以被表示为l的函数,如下

$$\theta = f(l) = f(\sqrt{x_c^2 + y_c^2}) \tag{6.13}$$

组合方程式(6.6)、式(6.7)、式(6.8)、式(6.13),可以得到

$$\begin{cases} \alpha = \arctan \dfrac{x_c\tan(f(\sqrt{x_c^2 + y_c^2}))}{\sqrt{x_c^2 + y_c^2}} \\ \beta = \arctan \dfrac{y_c\tan(f(\sqrt{x_c^2 + y_c^2}))}{\sqrt{x_c^2 + y_c^2}} \end{cases} \tag{6.14}$$

方程式(6.12)、式(6.13)、式(6.14)产生了从太阳成像点的中心位置(x_c,y_c)到太阳方位角(α,β)的计算过程。

在实际设计中,APS CMOS 感光探测器的窗口玻璃厚度为$h_3=1\text{mm}$,$h_2=0.94\text{mm}$,$h_4=0.528\text{mm}$。当太阳光的入射角为θ_1时,假定 Star1000 玻璃和掩模板玻璃的折射率都为1.4586,因此有

$$\frac{\sin\theta_1}{\sin\theta_2} = 1.4586$$

故,整体图像的位置偏移量与太阳入射角的关系如下

$$l = 0.94\tan\theta_1 + 1\tan\theta_2 + 0.528\tan\theta_1 = 1\tan\theta_2 + 1.468\tan\theta_1\,(\text{mm})$$

同时,根据折射定律,具有

$$n = \frac{\sin\theta_1}{\sin\theta_2}$$

故，相对位移与入射角的关系为

$$\begin{aligned} l &= 1\tan\theta_2 + 1.468\tan\theta_1 \\ &= 1.486\tan\theta_1 + \tan\left(\arcsin\left(\frac{\sin\theta_1}{n}\right)\right)(\text{mm}) \end{aligned}$$

当 $0 \leqslant \theta_1 < 64°$ 时，相对位移与太阳矢量角正切值的关系如图 6.17 所示。

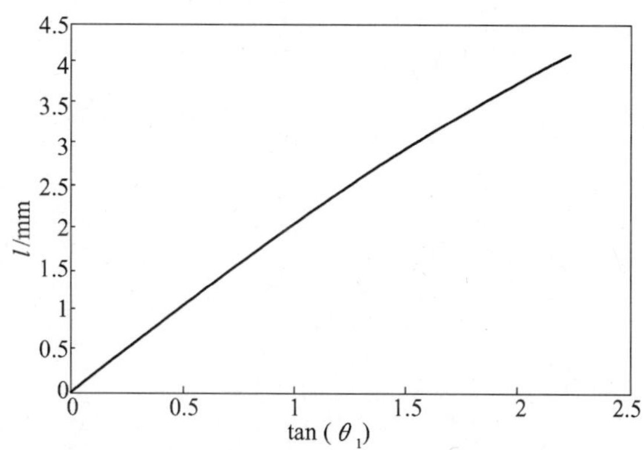

图 6.17　太阳入射角的正切值与成像位移关系

考虑到函数为奇函数，故在 $\theta_1 < 0$ 侧与上述曲线对称。

4）光线引入器的构型和工艺设计

在此设计光阑的单孔尺寸为 45μm，6×6 个孔，孔间距为 480μm，这部分参数与后续太阳成像位置的初始捕获等算法有关，在下面将仔细分析。光线引入器构型尺寸具体如图 6.18 所示。

光线引入器为层叠式结构，由采光面到与光探测器接近面分别是：石英玻璃、铬膜层、金膜层、防二次反射层。

玻璃基板选用符合国军标（GJB 2849—1997）要求的耐辐射石英玻璃；

掩膜层由 2000Å（1Å = 0.1nm）的金膜组成；

衰减层由铬膜构成，铬膜的厚度为 75nm，具体的参数在后面部分介绍；

防二次反射层由 60nm 铬膜构成；

光线引入器的工艺流程图如图 6.19 所示。光线引入器工艺流程图中的掩模板，用 L - edit 工具绘制设计图。

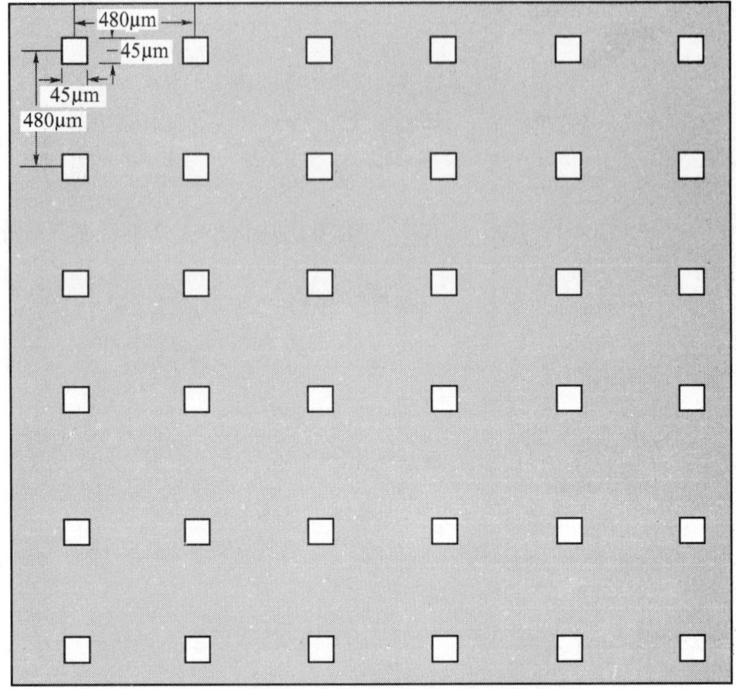

图 6.18 光线引入器掩模板设计图样

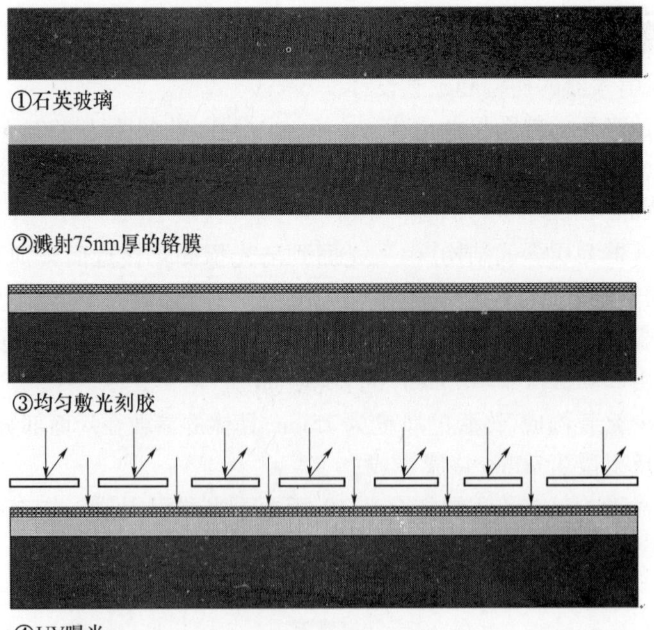

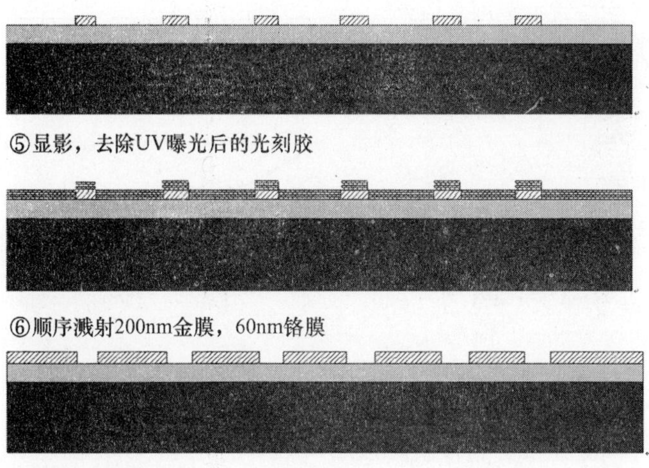

图 6.19　光线引入器工艺流程图

6.2.4 曝光时间计算

太阳的光谱 G2，太阳视星等为 −26.7，表面温度 5800K，其能量流约为 1.4kW/m^2，因此测试太阳的能量大概是 0 等星能量的 $2.512^{26.7} = 4.79 \times 10^{10}$ 倍，这样 0 等星的能量流为 $2.9228 \times 10^{-8}\text{W/m}^2$。

在给定波长和温度条件下，黑体辐射的能量密度函数如下

$$I(\lambda, T) = \frac{2\pi hc^2}{\lambda^5 (e^{hc/(\lambda k_B T)} - 1)}$$

式中：$h = 6.626 \times 10^{-34}\text{J} \cdot \text{s}$；$c$ 表示光速，$c = 2.997 \times 10^8\text{m/s}$；$k_B$ 是 Boltzmans 常数，$k_B = 1.38 \times 10^{-23}\text{J/K}$；$T$ 表示温度，在这里 $T = 5800\text{K}$。

在黑体辐射的情况下，$M_v = 0$ 等星的总能量和为 $2.9228 \times 10^{-8}\text{W/m}^2$，即所辐射的所有波长的能量和。对于 $M_v = 0$ 等星的所有能量按上述黑体辐射进行分布，可以得到对应于不同波长上的能量密度如图 6.20 所示。

Star1000 光谱的响应范围在 400nm ~ 1000nm 谱段，其能量流在波长范围 400nm ~ 1000nm 谱段有效。

根据光子的能量公式

$$E = \frac{hc}{\lambda}$$

式中：E 表示光子能量，单位 J；λ 表示光子的波长，单位 m；h 是普朗克常量，$h =$

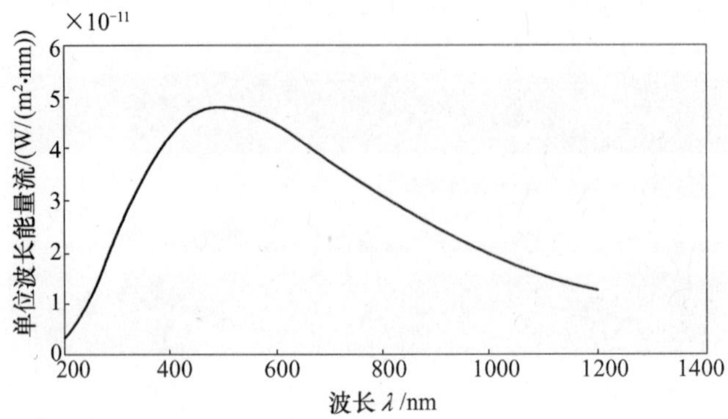

图 6.20 $M_v = 0, T = 5800\text{K}$,对应于各波长的能量密度

6.626×10^{-34},单位 J · s。这样就可以用每秒中的光子数来表示系统的能量流,其结果如图 6.21 所示。

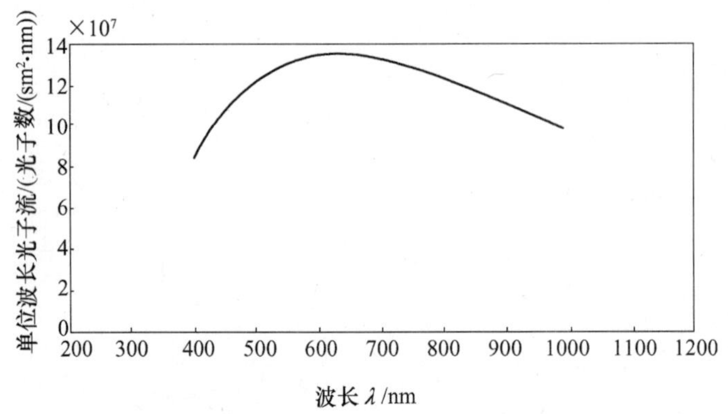

图 6.21 $M_v = 0, T = 5800\text{K}$,对应于 400nm ~ 1000nm 各波长的光子流

在感光探测器上有一部分光子转化为电子,被称为量子效率(QE)。Star1000 对应不同波长下的电流/功率关系曲线如图 6.22 所示。

根据图 6.22,可以计算得到在 400nm ~ 1000nm 波长范围内, $M_v = 0$ 的星,温度 $T = 5800\text{K}$ 的黑体辐射能量流下星敏感器实际产生的电流。并根据电子的电量为 $1.6 \times 10^{-19}\text{C}$, $1A = 1\text{C/s}$,可以得到星敏感器电子流和波长的关系 $I_e(\lambda)$ 如图 6.23所示。

比较图 6.22 与图 6.23 可知,在不同波长下,Star1000 的量子效率如图 6.24 所示。

对图 6.24 进行积分,如下

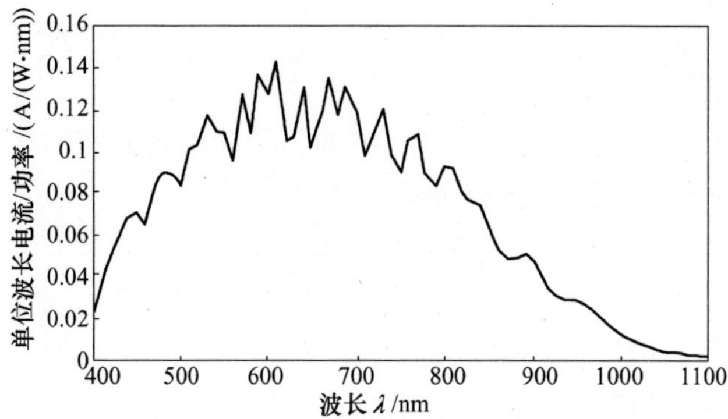

图6.22　APS CMOS Star1000 光谱响应图

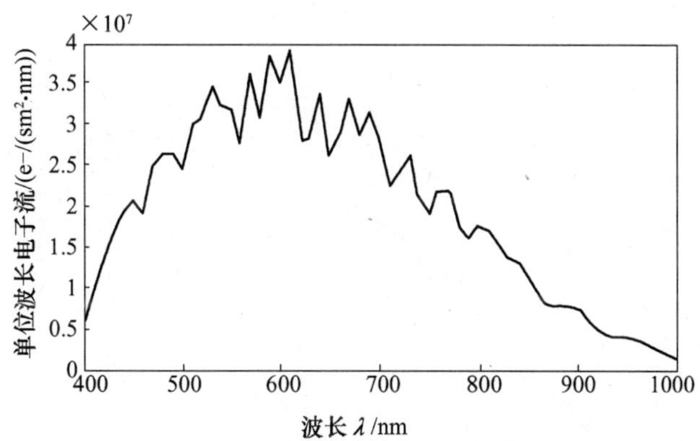

图6.23　$\boldsymbol{I}_e(\lambda)-\lambda$ 的关系曲线($M_v=0, T=5800K, 1m^2$ 的面积上)

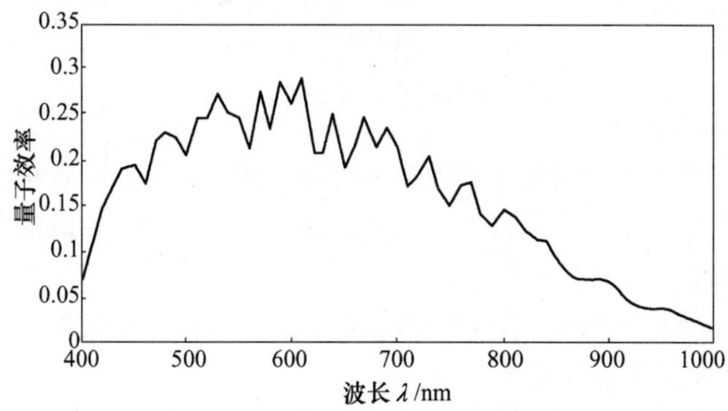

图6.24　Star1000 量子效率与波长关系

$$E_{sum} = \int_{400}^{1000} I_e(\lambda)\mathrm{d}\lambda = 1.192 \times 10^{10} \quad (e - /\mathrm{sm}^2)$$

这个结果说明，对于 G2 光谱的 $M_v = 0$ 星，在面积 $1\mathrm{m}^2$ 的镜头孔径，1s 的时间，在 star1000 的探测器上能够产生 1.192×10^{10} 个电子 e^-。

对于 $M_v = -26.7$ 的太阳，如果曝光时间为 t，光学系统投射率为 T，则在一个像素面积为 $225\mu\mathrm{m}^2$ 上一共能够产生的电子数为

$$N_e = 1.192 \times 10^{10} \times 225 \times 10^{-12} \times 10^{\frac{2}{5}\times(0-(-26.7))} \times Tt\ (e^-)$$

根据 Star1000 传感器的特性，其输出电压与电子数的关系如图 6.25 所示；为了实现线性好的工作特性，其电子数取 120000 个 e^-。这时，取曝光时间为 $t = 1 \times 10^{-3}\mathrm{s}$，则透过率为 $T = 0.85 \times 10^{-3}$，考虑玻璃透过率和镀膜加工等影响，设计铬膜的衰减为 1/1000。

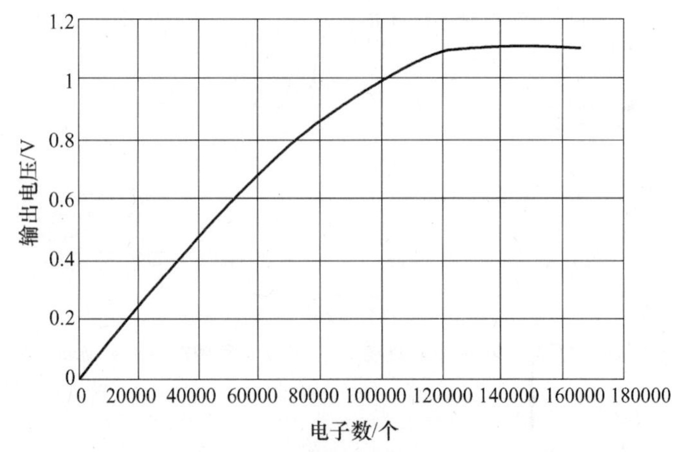

图 6.25　图像传感器电子电压响应曲线

敏感器主要采用光学玻璃表面镀铬的方案实现对太阳光的衰减。这种衰减技术利用铬层表面的反射，能尽可能保证原有光线的特性，包括光谱特性。通过对所镀铬层的厚度进行控制，便能控制光线的透射率。

铬的镀层每增加 7.5nm，光能衰减约 50%。光功率衰减倍数与镀层厚度的增加量 Δ_{Cr} 的关系如图 6.26 所示。

如果要求光学系统透射率为 T，则铬的镀层厚度 m 为

$$m = 7.5\log_2\left(\frac{1}{T}\right) = 75 \quad (\mathrm{nm})$$

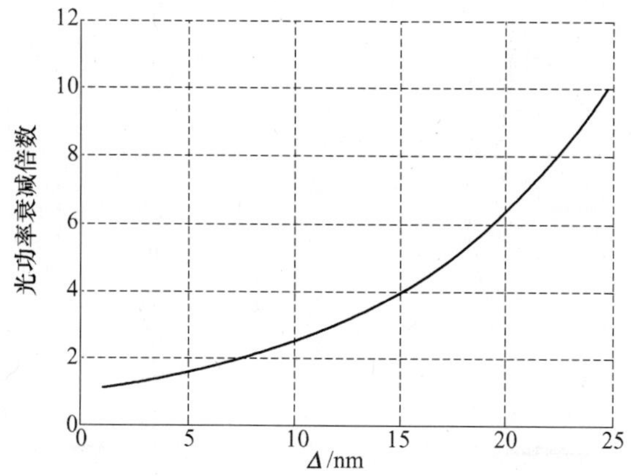

图 6.26　光功率衰减倍数与镀层厚度增加量的关系曲线

6.2.5 微型 APS 太阳敏感器 FEIC 算法研究

太阳成像点的预测算法结合 APS 图像传感器的子采样技术、多窗口提取技术一起成为预测提取技术[38,39]。这种技术是 APS 太阳敏感器尺寸小巧、功耗低、更新率高的基本保证。不同于 CCD 的顺序读出机制，APS 图像传感器可以根据数据的 X 和 Y 地址寄存器直接读出相应的像素。在多孔太阳敏感器中，太阳成像点所占据的像素相对于整个图像面阵来说要小得多。在通常情况下，太阳光线通过单个小孔在感光探测器上的成像点大约占据 9 个 ~25 个像素($3\times3\sim5\times5$)。这样，6×6 个成像点的情况下，整个太阳成像点最多占据 900 个像素，其仅仅是整个 Star1000 图像传感器的 1/1000。

每个太阳成像点被考虑作为一个提取窗口，因此系统总共有 36 个提取窗口，这就已经包含了所有太阳成像点的信息。在正常情况下，在连续的两帧太阳成像点之间有非常小的位置误差。前一帧太阳图像中的每一个太阳成像点都可以按照某一映射规则映射到当前帧当中[40]，因此对于给定的帧之间的时间间隔，卫星平均角速度和太阳成像点的位置是影响预测提取图像窗口的大小和位置的重要因素。为了对系统工作情况进行详细阐述，我们进行定量的分析如下：在连续的两帧图像中，太阳成像点的位置变化 Δl，当前太阳成像点的位置 l 以及太阳敏感器相对于卫星的角度 θ 和卫星运行的角速度 $\dot{\theta}$ 的关系。假定两帧图像之间的时间间隔为 0.1s，太阳入射角 θ 在 0° ~64°范围内，太阳光线相对于卫星的角速度为 1°/s ~3°/s。假定 $h_2=0.94\text{mm}$，$h_3=1.00\text{mm}$ 和 $h_4=0.528\text{mm}$，玻璃和空气的折射率分别为 $n_{\text{Glass}}=1.4586$，$n_{\text{Air}}=1.00027$；在上述条件下，太阳成像点在图像传感器上的位置 l 和它的变化 Δl 与 θ 和 $\dot{\theta}$ 的关系如图 6.27 所示。

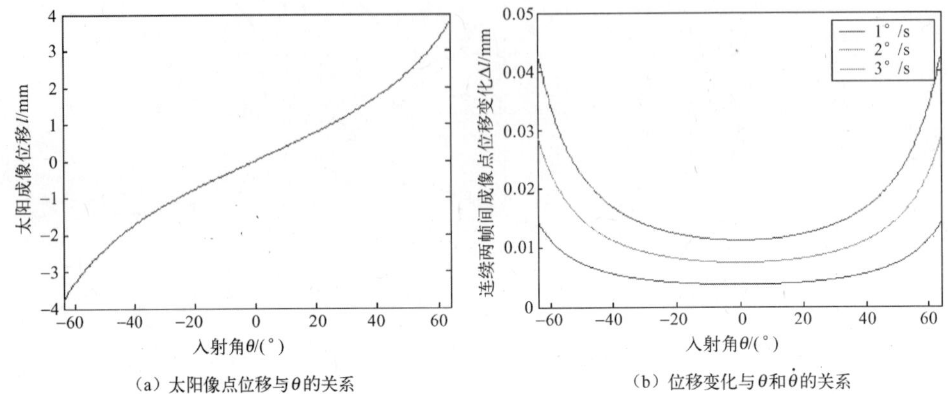

(a) 太阳像点位移与θ的关系

(b) 位移变化与θ和$\dot{\theta}$的关系

图 6.27 $l,\Delta l$ 与 $\theta,\dot{\theta}$ 之间的关系

从图 6.27 中可以看出,在最坏的情况下,连续两帧太阳敏感器的成像点的位置误差不超过 0.06mm,即 4 个像素。而预测提取算法不但要考虑连续两帧图像中的这种位置变化最坏的情况,还要考虑算法对于噪声的鲁棒性,对于硬件实现的递归性和简单性。因此我们所采取的算法是在前一帧计算得到的图像窗口的基础上,在当前帧中将提取的窗口直接扩大,每边扩大 4 个像素,这样就形成了一个(13×13)像素的窗口,使用代号 P 表示,其中心像素的行列坐标使用(x,y)表示,其含义为当前太阳点的位置与太阳为 0°角入射时太阳点的位置差。根据光线引入器结构,在一次提取中,一共可以提取到 36 个窗口,分别为 $P_1,\cdots,P_{36}$,与之对应的中心点的位置分别为$(x_1,y_1),\cdots,(x_{36},y_{36})$。

6.2.5.1 基于图像相关算法的高精度太阳成像点确定技术

这里,将基于太阳成像点的相关算法和基于相关结果的质心算法一起称为太阳敏感器图像相关算法。下面主要阐述这方面的内容。

1) 基于太阳像点模板的图像相关算法

图像相关算法因具有高的精度和可靠性,在模式识别等领域一直发挥着重要作用[41]。但是图像相关技术本身的计算量较大,一般很少在太阳敏感器中使用,尤其是面阵的图像传感器。而 APS CMOS 太阳敏感器具有了预测提取的机制,为快速太阳图像提取和太阳点相关技术提供了一种途径。

通过预测提取算法,可以直接提取包含太阳成像点的窗口。由于单个太阳成像点占据(3×3)个~(5×5)个像素,而太阳成像点的模板我们通常按照 5×5 像素来确定。为了实现全相关技术,预测提取的太阳成像点必须扩大为 13 个×13

个像素,如图6.28所示。

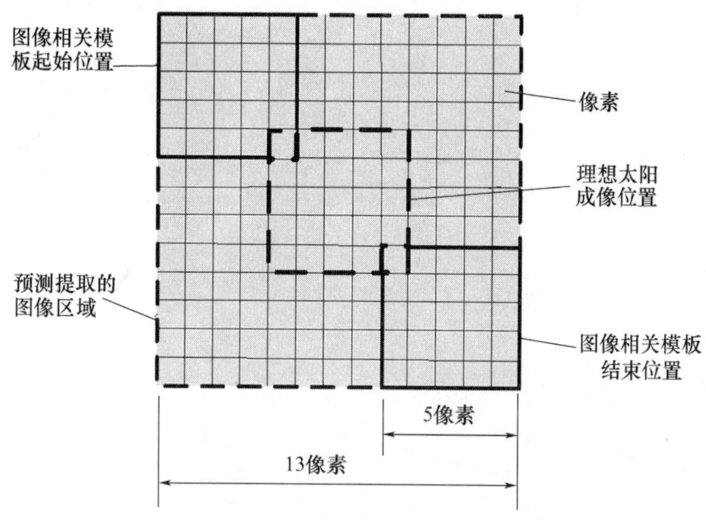

图6.28 单点的预测提取和图像相关算法过程示意图

下面部分将详细阐述单个太阳成像点的相关算法。假定单个太阳成像点的模板为 T_1,其包含(5×5)像素,而预测提取出的图像窗口为 P_1,其包含(13×13)像素,且 $T_1(i,j)$ 和 $P_1(i,j)$ 分别表示 T_1 和 P_1 窗口区域内的第 i 行和第 j 列图像的灰度值,这时单个太阳成像点的相关算法可以表示成如下形式

$$\boldsymbol{C}_1(m,n) = \sum_{i=1}^{5}\sum_{j=1}^{5} P_1(m+i,n+j)T_1(i,j) \quad m,n=0,\cdots,8 \qquad (6.15)$$

式中:$\boldsymbol{C}_1$ 代表单个太阳点的相关结果矩阵,由(9×9)元素构成。图6.29是典型的单个太阳点的相关值矩阵图。

进一步,可以得到每个太阳成像点的相关值矩阵 $\boldsymbol{C}_i$。根据光线引入器的结构形式,一共可以得到36个相关矩阵,分别记作 $\boldsymbol{C}_1,\boldsymbol{C}_2,\cdots,\boldsymbol{C}_{36}$,其对应于36模板 $T_1,T_2,\cdots,T_{36}$ 和36个提取窗口 $P_1,P_2,\cdots,P_{36}$。

2)基于太阳成像点相关值矩阵的质心算法

质心算法是太阳敏感器进行信号处理时提高分辨力的通用算法。在传统的质心算法中,采用包含峰值像素的指定窗口进行[42],如图6.30所示。

假定,峰值像素位于(x_{peak},y_{peak})像素上,且 $P(i,j)$ 表示第 i 行 j 列的灰度值,采用指定窗口的质心算法如下

$$
\begin{cases}
x_c = \dfrac{\sum\limits_{i=x_{\text{peak}}-k}^{x_{\text{peak}}+k} \sum\limits_{j=y_{\text{peak}}-k}^{y_{\text{peak}}+k} P(i,j) \times i}{\sum\limits_{i=x_{\text{peak}}-k}^{x_{\text{peak}}+k} \sum\limits_{j=y_{\text{peak}}-k}^{y_{\text{peak}}+k} P(i,j)} \\
y_c = \dfrac{\sum\limits_{i=x_{\text{peak}}-k}^{x_{\text{peak}}+k} \sum\limits_{j=y_{\text{peak}}-k}^{y_{\text{peak}}+k} P(i,j) \times j}{\sum\limits_{i=x_{\text{peak}}-k}^{x_{\text{peak}}+k} \sum\limits_{j=y_{\text{peak}}-k}^{y_{\text{peak}}+k} P(i,j)}
\end{cases} \tag{6.16}
$$

式中:窗口的大小被假定为$(2k+1)\times(2k+1)$。

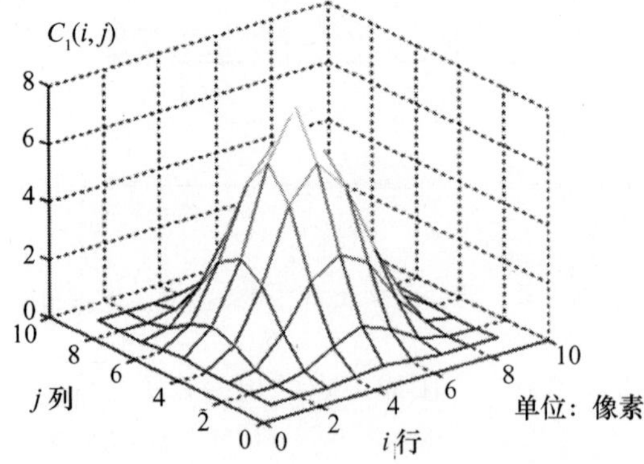

图 6.29 典型相关矩阵 $\boldsymbol{C}$ 图像

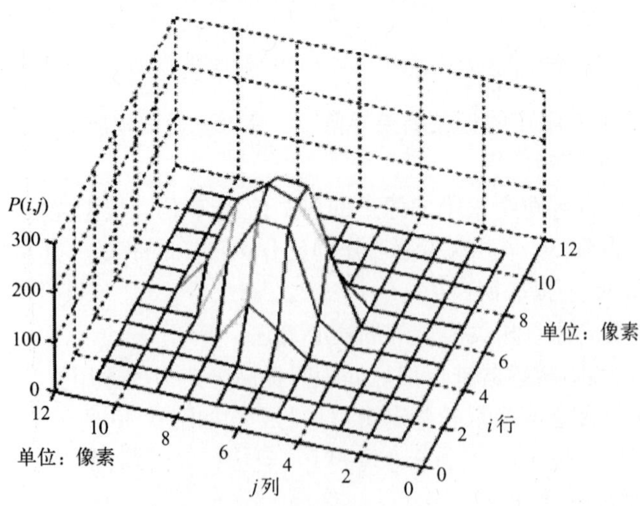

图 6.30 传统的质心算法

这种算法的性能对中心坐标的位置选择非常灵敏,由于图像的噪声,太阳成像过程的散射和照度的变化等因素[43],中心位置的选择将造成一定的误差,尤其当有多个像素处于饱和状态时;同时,窗口的大小也对于系统的精度有一定的影响,如果窗口太大,则过多的噪声直接引入计算;反之,则有用的信号将被忽略。尽管有这些问题,但在大多数情况下质心算法具有简单性和高效率。

基于太阳成像点的相关值矩阵算法,质心窗口直接被简化为 $C_1, C_2, \cdots, C_{36}$。以第一个太阳成像点为例,其质心$(\tilde{x}_1, \tilde{y}_1)$的计算方法如下

$$
\begin{aligned}
\tilde{x}_1 &= \frac{\sum_{m=0}^{8}\sum_{n=0}^{8} C_1(m,n) \times (m-4)}{\sum_{m=0}^{8}\sum_{n=0}^{8} C_1(m,n)} \\
\tilde{y}_1 &= \frac{\sum_{m=0}^{8}\sum_{n=0}^{8} C_1(m,n) \times (n-4)}{\sum_{m=0}^{8}\sum_{n=0}^{8} C_1(m,n)}
\end{aligned}
\tag{6.17}
$$

这时,第一个太阳成像点与模板中心点的位移(x_{c1}, y_{c1})可以按照如下公式计算

$$
\begin{aligned}
x_{c1} &= x_1 + \tilde{x}_1 - \underline{x}_1 \\
y_{c1} &= y_1 + \tilde{y}_1 - \underline{y}_1
\end{aligned}
\tag{6.18}
$$

式中:$(\underline{x}_1, \underline{y}_1)$表示实验室获得的第一个太阳成像点的中心位置,在太阳敏感器的试验章节中会详细描述。同样根据式(6.17)、式(6.18),可以计算每个太阳成像点的中心位置,根据光线引入器特征,一共可以获得 36 个太阳成像点相对于模板对应点的位移,分别记作:$(x_{c1}, y_{c1}), \cdots, (x_{c36}, y_{c36})$。

由于图像噪声等因素,实际的太阳像点相对于太阳垂直入射时的位移(x_c, y_c)可以被认为是每个太阳成像点位移$(x_{c1}, y_{c1}), \cdots, (x_{c36}, y_{c36})$的加权平均值,即可以表示成如下的形式

$$
\begin{aligned}
x_c &= \sum_{i}^{36} a_i x_{ci} \\
y_c &= \sum_{i}^{36} b_i y_{ci}
\end{aligned}
\tag{6.19}
$$

式中:a_i, b_i 表示权重系数,其将满足下面的约束方程 $\sum a_i = 1$,$\sum b_i = 1$。

3)质心算法的优化

根据太阳敏感器成像模型,当太阳敏感器相对于太阳处于某一姿态时,所有的太阳

成像点与对应的太阳光垂直入射时的太阳成像点的位移在理论上是相等的，即

$$\begin{aligned} x_{c1} &= x_{c2} = \cdots = x_{c36} \\ y_{c1} &= y_{c2} = \cdots = y_{c36} \end{aligned} \tag{6.20}$$

实际上，由于成像噪声和计算误差等因素，它们之间会略有一些差别，但差别非常小，通常不会超过0.2个像素。从方程（6.18）中，可以看出位移 x_{c1} 由三部分组成：预测提取窗口的中心像素坐标 x_1，模板中心的质心位置 $\underline{x}_1$ 和相关矩阵的中心位置 $\tilde{x}_1$。其中，$\underline{x}_1$ 是常值，在实验室计算好之后，直接存储在电子设备中，x_1 是一个整数，其单位是像素。通过定义 $\Delta x_1 = x_1 - \underline{x}_1$，可以得出 $\Delta x_1 = \Delta x_2 = \cdots = \Delta x_{36}$ 的结论。其物理意义可以解释成：在预测提取窗口中的每个太阳成像点与模板中对应的太阳成像点之间的位移是相等的，即

$$\begin{cases} \Delta x = \Delta x_1 = \Delta x_2 = \cdots = \Delta x_{36} \\ \Delta y = \Delta y_1 = \Delta y_2 = \cdots = \Delta y_{36} \end{cases} \tag{6.21}$$

将式（6.21）和式（6.20）代入方程（6.19），可以得到如下等式

$$\begin{aligned} x_c &= \Delta x + \sum_{i=1}^{36} a_i \tilde{x}_i \\ y_c &= \Delta y + \sum_{i=1}^{36} b_i \tilde{y}_i \end{aligned} \tag{6.22}$$

从式（6.22）中，可以看出太阳敏感器的精度主要决定于太阳像点相关算法的质心。

权重系数 a_i 和 b_i 的选择主要依靠相关矩阵，一个简单有效的方法是

$$a_i = b_i = \frac{\sum_{m=0}^{8}\sum_{n=0}^{8} C_i(m,n)}{\sum_{i=1}^{36}\sum_{m=0}^{8}\sum_{n=0}^{8} C_i(m,n)} \tag{6.23}$$

将式（6.22），式（6.23）代入方程（6.20），可以得到

$$\begin{aligned} x_c &= \Delta x + \frac{\sum_{i=1}^{36}\sum_{m=0}^{8}\sum_{n=0}^{8} C_i(m,n)(m-4)}{\sum_{i=1}^{36}\sum_{m=0}^{8}\sum_{n=0}^{8} C_i(m,n)} \\ y_c &= \Delta y + \frac{\sum_{i=1}^{36}\sum_{m=0}^{8}\sum_{n=0}^{8} C_i(m,n)(n-4)}{\sum_{i=1}^{36}\sum_{m=0}^{8}\sum_{n=0}^{8} C_i(m,n)} \end{aligned} \tag{6.24}$$

为了降低上面方程乘法运算的次数，对式(6.24)的运算顺序进行调整和重新组合，以提高运算速度，调整后的方程如下

$$
\begin{aligned}
x_c &= \Delta x + \frac{\sum_{m=0}^{8}\left(\sum_{n=0}^{8}\sum_{i=1}^{36} C_i(m,n)\right)(m-4)}{\sum_{i=1}^{36}\sum_{m=0}^{8}\sum_{n=0}^{8} C_i(m,n)} \\
y_c &= \Delta y + \frac{\sum_{n=0}^{8}\left(\sum_{m=0}^{8}\sum_{i=1}^{36} C_i(m,n)\right)(n-4)}{\sum_{i=1}^{36}\sum_{m=0}^{8}\sum_{n=0}^{8} C_i(m,n)}
\end{aligned}
\tag{6.25}
$$

[方程(6.25)表明相关值矩阵质心是所有太阳成像点的加权平均值，是所有相关矩阵和的质心。]本书将太阳成像点的图像相关算法和其质心算法一起被称为图像相关算法。

当求得当前太阳图像的位移(x_c,y_c)时，在下一帧提取的太阳敏感器图像的预测点(Δx,Δy)可以直接考虑成为当前的(x_c,y_c)。这样通过简单以(x_c,y_c)为中心进行 13×13 的窗口提取，就可以获得下一帧图像中太阳成像点的位置，并通过相关算法获取下帧高精度的太阳像点位置信息，这样就可以实现预测提取和图像相关算法在太阳敏感器中的递推。

4）预测提取和图像相关算法流程

根据上面所叙述的 APS 太阳敏感器的预测提取和图像相关算法，现将其实现流程总结如下。

(1) 在实验室中获取太阳光垂直入射时的太阳成像点模板 T_i，以及每个像点的中心位置坐标(x_i,y_i)，$i=1,\cdots,36$。

(2) 假定在捕获中获得了(Δx,Δy)。

(3) 预测下一帧图像中每个太阳成像点窗口的中心像素，预测公式如下

$$
\begin{aligned}
x_i &= \text{int}[\Delta x + x_i + 0.5] \\
y_i &= \text{int}[\Delta y + y_i + 0.5]
\end{aligned}
\tag{6.26}
$$

式中：函数 int[x]表示不大于 x 的最大整数。

(4) 根据(x_i,y_i)的值提取每个太阳成像点窗口的区域 P_i。

(5) 基于 P_i 和 T_i 计算每个太阳成像点的相关矩阵 $\boldsymbol{C}_i$。

(6) 计算(x_c,y_c)，根据相关方程进一步计算两轴太阳角度(α,β)。同时将(x_c,y_c)直接传递给下一帧图像提取中的(Δx,Δy)，转到步骤(3)。即完成整个 APS 太阳敏感器预测提取和图像相关运算。

6.3 微型APS星敏感器技术研究

6.3.1 微型APS星敏感器总体概述

微型APS星敏感器在“十五”973项目“微型航天器功能部件新方法、新原理”的支持下，完成了基本原理和样机的设计，并在相关研究成果的基础上，在“十一五”863项目“微型高性能姿态与轨道一体化确定系统”得到了进一步的完善，重点突破了星敏感器的大口径光学设计、一体化系统设计、低功耗电子学设计等相关内容。实现星敏感器的质量低于1.5kg，功耗低于2W，精度优于7″(3σ)，且对星敏感器的灵活性要求提高，实现系统优于1s的初始捕获时间，满足微小卫星以及微纳卫星等应用需求。

6.3.2 APS技术的发展趋势

星敏感器相对于太阳敏感器具有精度高，敏感光点信号弱的特点，对于APS CMOS感光探测器[44]来说，在成像的实现难度上和抗干扰的能力上都远不及APS太阳敏感器，其研究难度较大。APS星敏感器相比于传统的星敏感器具有功耗低，抗辐照能力强，探测器操作简单等特点，是现在国际上研究星敏感器的一个重要方向和热点[45]。图6.31是典型的APS与CCD的原理示意图[46]。

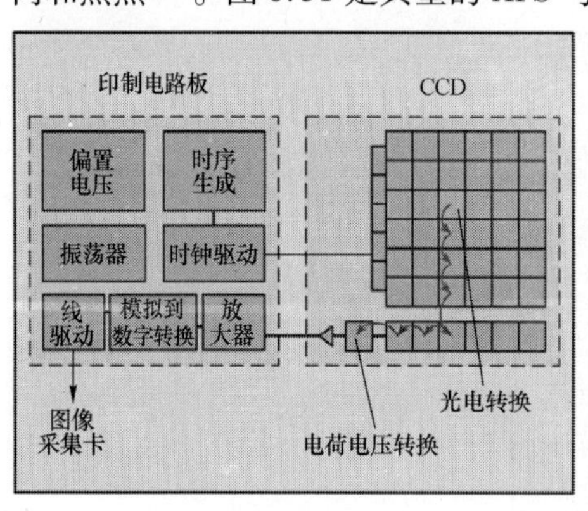

(a) CCD读出原理图

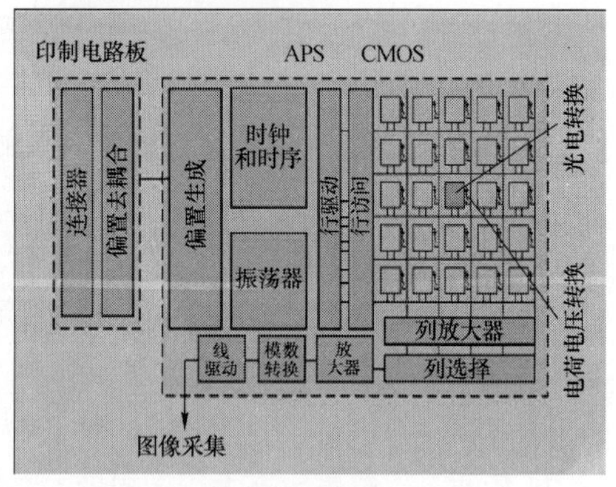

(b) APS读出原理图

图6.31 CCD与APS读出原理比较

APS相对于CCD具有的优缺点[47]主要如下。

优点：

(1) 低功耗，体积小，重量轻。

(2) 窗口曝光,随机访问。

(3) 应用简单,集成方便,单片数字图像,单电源供电。

(4) 适合于超大格式图像,支持与其他电路集成。

(5) 噪声不会随数据传输率增加。

(6) 高抗辐射能力:10Mrad(Si),1000 × CCD。

缺点:

(1) 填充系数比较低,目前一般低于 50%。

(2) 灵敏度相比于 CCD 比较低,量子效率 × 填充系数一般在 20% ~ 30% 左右。

(3) 噪声比较大,尤其是模式噪声。

随着 APS CMOS 技术的不断进步,这些方面已经在逐步改进了。在以后几年有望取得重大突破。目前在 ESA 的支持下,CSCB 公司已经研究出 HAS APS 和 LCMS APS 传感器,其量子效率(QE)和填充系数(FF)等技术指标较 Star1000 有了很大改善。图 6.32 为 CSCB 对 Star 1000,Star 250,HAS,LCMS 四种 APS 实际测量的量子效率 × 填充系数图。从图上可以看出,LCMS 和 HAS 的水平已经接近了 CCD 的水平,其为未来高精度 APS 星敏感器技术的发展提供了基础。

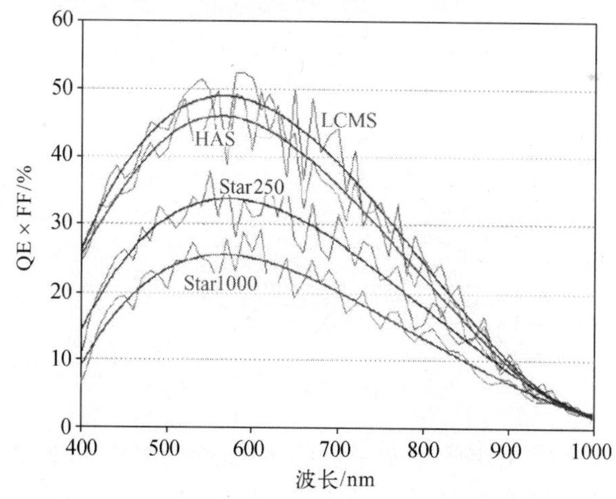

图 6.32　Star1000,Star250,HAS,LCMS 四种 APS 量子效率图[48]

APS 的技术进步为新型星敏感器的研发的提供了基础保证,下面主要介绍作者对于星敏感器核心技术的研究内容,给出 APS 星敏感器的基本设计方法和准则等。

6.3.3 APS 星敏感器的总体设计

星敏感器由遮光罩、镜头、电子学处理单元组成。为了满足可靠性和经常更改的要求,电子学系统采用三块处理板的模式工作,分为 APS CMOS 成像系统,FPGA 图像采集和通信系统,DSP 星图识别和姿态解算系统。其组成如图 6.33 所示。

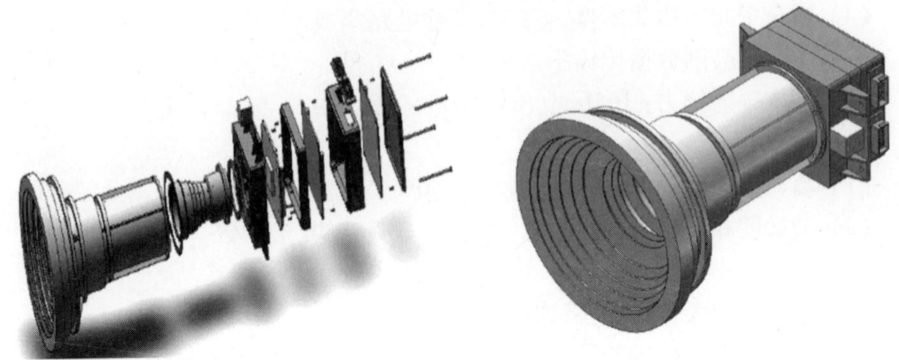

图 6.33　星敏感器组成示意图

6.3.3.1　视场和焦距的确定

通常认为星敏感器的指向精度决定了视场和焦距等参数指标。而星敏感器的视场、焦距和探测器尺寸之间又存在着相互制约关系。如图 6.34 所示。

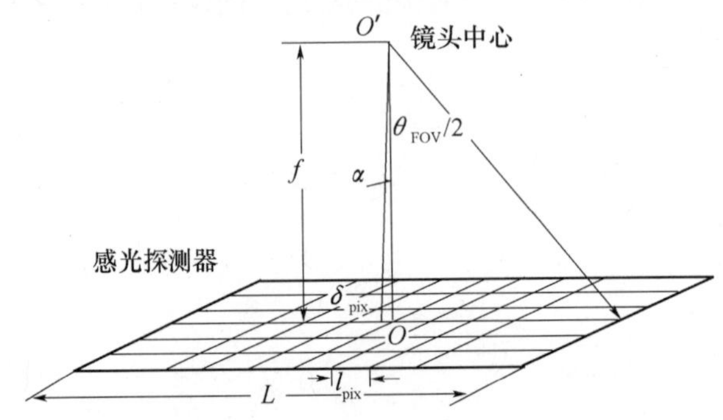

图 6.34　星敏感器精度与焦距、视场等参数关系

如设计微小型 APS CMOS 星敏感器的指向精度为 7″(3σ),根据 APS CMOS 星敏感器的感光探测器像素数目,以及亚像元精度,通常可以设计每个子像素(1/10 像素)对应的角度分辨力为 7″,以 Star1000 图像传感器为例,每个像元 $l_{pix}=15\mu m$,则子像元 $\delta_{pix}=1.5\mu m$;其对应的角度 α 可以被认为是设计的指向精度,如 7″,则可以确定星敏感器的焦距为

$$f \geqslant \frac{\delta_{pix}}{\arctan(\alpha)}$$

上式表示单颗星的精度,理论上焦距 f 越长,单星的精度越高,但是星敏感器的视

场相应减小，星敏感器的焦距、视场和探测器的关系如下

$$f \times \tan\left(\frac{\theta_{FOV}}{2}\right) = \frac{L}{2} \tag{6.27}$$

其中：f，θ_{FOV}分别为星敏感器的焦距和视场；L 为探测器的感光区域长度。

以感光探测器 Star1000 为例，感光像素为 15μm × 15μm，感光阵列 1024 × 1024，感光区域 15.36mm × 15.36mm，实现给定的 7″精度，需要焦距f≥44.2mm，根据光学镜头系统的行业标准，镜头的加工难易程度以及星敏感器视场的约束，选择焦距 f = 50mm，此时星敏感器的视场 θ_{FOV} = 17.46°。

初步设计，单星点的精度优于 7″，设计过程中由于光学畸变、系统装调所带来的误差等对系统精度有一些影响，但考虑到星敏感器在进行姿态运算时，一般都具有多颗星，采用多星平差等融合技术，星敏感器的整体精度达到 7″是有保障的。

6.3.3.2 导航星的星等确定

根据 SKY2000 星表提供的函数[49]，星的平均数目与视星等对应关系为

$$N(M_V) = 6.5e^{1.107M_V} \tag{6.28}$$

式中：$N(M_V)$表示星等小于或等于 M_V 的导航星数目，M_V 表示视星等。

这样，假定星在天球上均匀分布，根据星敏感器视场所对应的球面度，可以计算出视场中的平均星数目满足如下关系

$$N_{FOV} = N(M_V)\frac{2\pi - 4\arccos\left[\sin^2\left(\frac{\theta_{FOV}}{2}\right)\right]}{4\pi} \tag{6.29}$$

式中：N_{FOV}表示视场中星的数目；θ_{FOV}表示视场角。

进行数值仿真，得到三者的关系如图 6.35 所示。

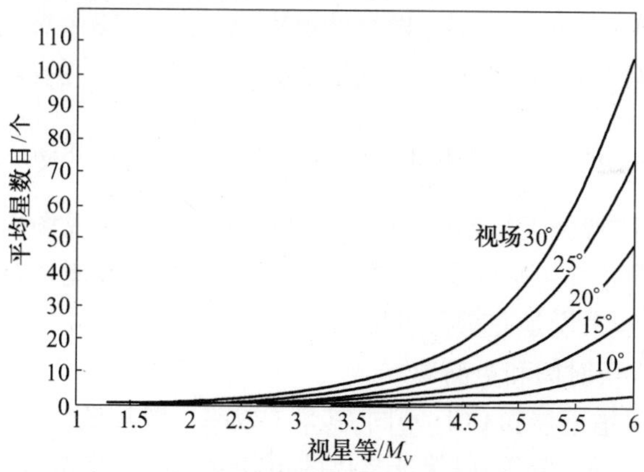

图 6.35 星敏感器视场、视星等和星数目关系

根据设计的 APS CMOS 星敏感器的视场 $\theta_{FOV}=17.5°$,其对应的不同星等下的星数目列表如表 6.4 所列。

表 6.4　在 17.5°×17.5°视场时不同星等所对应的星数目

星等/ M_v	3	3.5	4	4.5	5	5.5	6
视场中星数目/个	1.4	2.4	4.1	7.1	12.6	21.9	38.2

星敏感器在俯仰和偏航方向的精度与星数的关系大致如下

$$\sigma_{\text{pitch,yaw}} = \frac{\sigma_{\text{star}}}{\sqrt{N}} \tag{6.30}$$

式中:σ_{star}表示单颗星的处理精度;N 表示星的数目;$\sigma_{\text{pitch,yaw}}$表示星敏感器在俯仰和偏航方向的精度。

从上面的关系式来看,星的数目越多,星敏感器的精度越高。但是随着星数目的增加,系统跟踪所有导航星所需要的计算量也相应递增。当星的数目大于 15 个时,所带来的星敏感器精度增加已经不特别明显。考虑到地面实验和仪器星等原因将星敏感器的可视星等设定在 5.2 等($M_v=5.2$)是比较合适的。当敏感星等降低时,星敏感器镜头孔径相应就小,有利于减小星敏感器的体积和质量,方便镜头设计。

同时,需要兼顾星敏感器在全天自主识别情况下满足识别条件的概率,在以星对角距为星图识别的条件中要求在星敏感器视场中至少含有四颗星。经过大量研究发现,任一个视场中出现星的数目服从泊松分布[50],其分布规律如下

$$P(X=k) = e^{-\lambda}\frac{\lambda^k}{k!} \tag{6.31}$$

式中:$P(X=k)$表示视场中出现 k 颗星的概率;λ 表示视场中星的平均数目。这里假定 $\lambda=15$,则可以计算出视场中出现星的数目大于等于 4 的概率为

$$P(X\geqslant 4) = 1-\sum_{k=0}^{3}P(X=k) = 99.98\% \tag{6.32}$$

上式说明在进行全天初始捕获时,有 99.98% 的概率视场内出现星数大于等于 4 颗,并且能够进行初始姿态获取,有 0.02% 的概率不能进行初始捕获。这一结果对于星敏感器来说是完全可以接受的。

6.3.3.3　初始捕获时间和更新率

APS CMOS 星敏感器和 CCD 不同,其量子效率一般较低,故需要增大曝光时间,并且尽可能减少处理时间等,以保证整体的更新率。一般来讲,在星敏感器领域中,其整体的姿态更新率与曝光时间成反比关系,典型的星敏感器的姿态更新率为 5Hz。

初始捕获时间是星敏感器的另一项重要技术指标，在采取了实时的星图处理方法和快速全天自主星图识别算法后，星敏感器的初始捕获时间大大降低，现在国际上先进的星敏感器初始捕获时间为 1s 左右。作者采用了低星等大视场和流水型的星敏感器设计方案，其捕获时间为 0.5s。

6.3.3.4 总体技术指标和实现框图

根据上述分析，确定微小型 APS CMOS 星敏感器总体技术指标如表 6.5 所列。

表 6.5 微小型 APS CMOS 星敏感器的主要技术指标

视 场	17.5° ×17.5°
敏感星等	≥5.2M_v
精度(3σ)	优于 7″(俯仰和偏航)，35″(滚转)
数据更新率	≥5Hz
全天自主姿态捕获时间	≤1s
质量	≤1.1kg(不含遮光罩)
功耗	≤1.5W

综合考虑高精度自主星敏感器技术指标，星敏感器的总体实现方案将围绕着如何提高姿态测量精度，如何提高数据处理实时性，以及如何减小体积、重量和功耗来制定，其总体实现框图如图 6.36 所示。

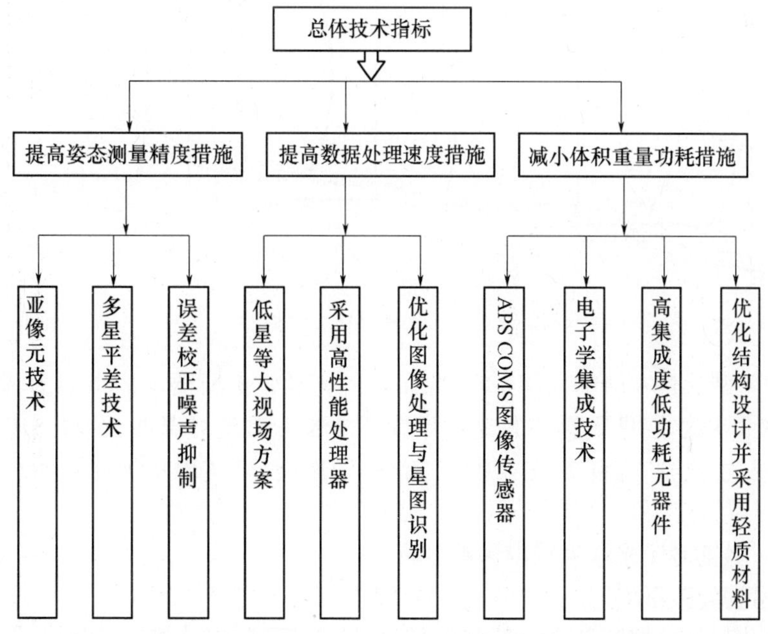

图 6.36 微小型 APS CMOS 星敏感器总体实现框图

根据总体设计和相关的内容规划,每部分的主要研究方案进行详细简介。

6.3.3.5 光学系统

星敏感器属于弱目标探测系统,对于光学成像、杂光抑制等都有严格的要求。根据星敏感器的总体要求,我们对于镜头指标的要求如下:

(1) 焦距 50mm。

(2) 相对孔径:1/1.25。

(3) 谱段:500nm ~ 850nm。

(4) 视场:$2\omega = 20°$,无渐晕。

(5) 相对畸变:小于 0.1%。

(6) 透过率:大于 72%。

经过深入分析研究,为了达到宽视场大相对孔径,选用复杂化双高斯型光学结构进行 CMOS 星敏感器光学系统的设计,为了适于空间环境使用,系统中不使用胶合部件,不选择镧系玻璃。设计结果如图 6.37 所示,光学镜头由 9 片全分离镜片组成,前端加入了石英窗口以提高抗空间辐射能力。

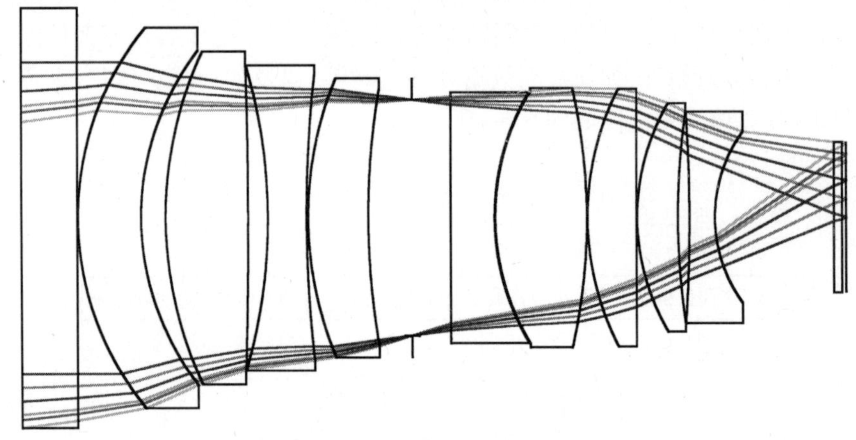

图 6.37 星敏感器镜头结构图

根据星敏感器在轨的应用特点,除了传统光学镜头所要求的点列图、色差、畸变等的技术参数外,星敏感器的光学系统还主要考虑其对温度、在轨适应性等影响,特别要注意这些温度参数对系统工作等的影响,以实现星敏感器的在轨可靠工作。

6.3.3.6 温度对于光学系统的影响分析

1) 温度分布不均匀

一体化星敏感器安装在外部使用,其底部与卫星的机体进行导热设计,温度工况相对比较好,而星敏感器的光学系统中镜头和遮光罩都比较靠外,其温度变化相对比较明显,此外系统的热功耗等对温度也有一定的影响。APS星敏感器的本身功耗较低,在2W以内,故其工作本身的工作温度对镜头的影响相对较小。按照外层空间的规律,假定星敏感器的镜头温度从外至内温度逐渐升高,存在10℃的温度梯度,如图6.38所示。

存在温度梯度分布的工况如图6.38所示,镜头前端和后端温差达到10℃,在此情况下的光学系统点列图如图6.39所示。

图6.38 存在温度梯度时用的温度分布工况

各视场弥散斑RMS半径变化如表6.6所列。

表6.6 温度梯度10℃影响分析(μm)

视 场	0°	2.5°	5°	7.5°	10°
原始弥散斑RMS半径	9.943	9.316	8.094	8.525	14.106
温度梯度影响下弥散斑RMS半径	9.958	9.183	7.678	8.182	13.415
弥散斑RMS半径变化	0.015	-0.133	-0.416	-0.343	-0.691

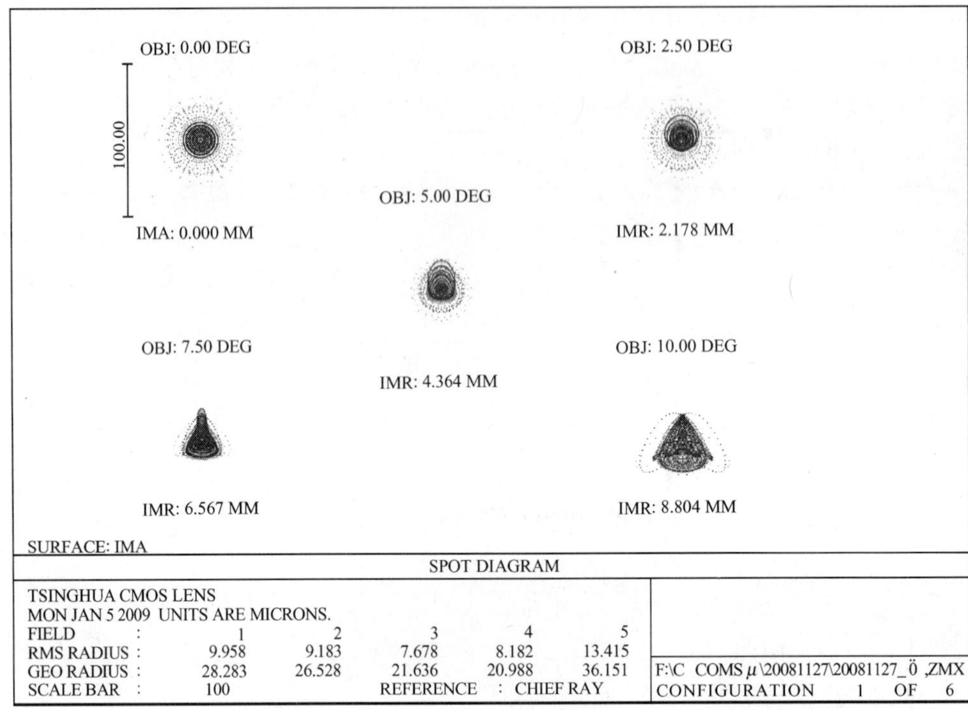

图 6.39 轴向温度梯度 10℃情况下的系统点列图

结论:温度梯度对镜片半径、镜间距和玻璃厚度、镜片倾斜和偏心造成的影响较小,小于系统加工和装调公差、因此不会对弥散斑的大小和形状造成太大影响,即本系统在温度梯度影响下可正常工作。

2) 温度变化

分析温度变化 ±40℃和 ±20℃情况下,弥散斑、能量质心和焦距变化情况如表 6.7 所列。

表 6.7 温度变化影响分析

温度变化/℃	视场/(°)	弥散斑 RMS 半径/μm	能量质心高 /mm	焦距变化量 /μm
-40	0	9.893	0	-9
	2.5	9.152	2.1780	
	5	7.623	4.3632	
	7.5	7.888	6.5648	
	10	13.063	8.7972	

（续）

温度变化/℃	视场/(°)	弥散斑 RMS 半径/μm	能量质心高 /mm	焦距变化量 /μm
-20	0	9.892	0	-4.5
	2.5	9.202	2.1783	
	5	7.823	4.3639	
	7.5	8.167	6.5658	
	10	13.173	8.7984	
0	0	9.943	0	0
	2.5	9.307	2.1787	
	5	8.084	4.3645	
	7.5	8.504	6.5668	
	10	13.327	8.7998	
+20	0	10.044	0	+4.5
	2.5	9.466	2.1790	
	5	8.400	4.3652	
	7.5	8.892	6.5678	
	10	13.477	8.8011	
+40	0	10.193	0	+9
	2.5	9.674	2.1793	
	5	8.765	4.3658	
	7.5	9.324	6.5688	
	10	13.696	8.8024	

弥散斑 RMS 半径和各视场能量质心高度随温度变化的曲线如图 6.40 和图 6.41 所示。在较大的温度范围内，能量质心高度变化小于 3μm(1/5 个像元)，因此，不会影响星敏感器的精度。

3）离焦分析

光学系统的离焦点列图如图 6.42 所示。在靶面 ±60μm 移动过程中，弥散圆变大，能量扩散。

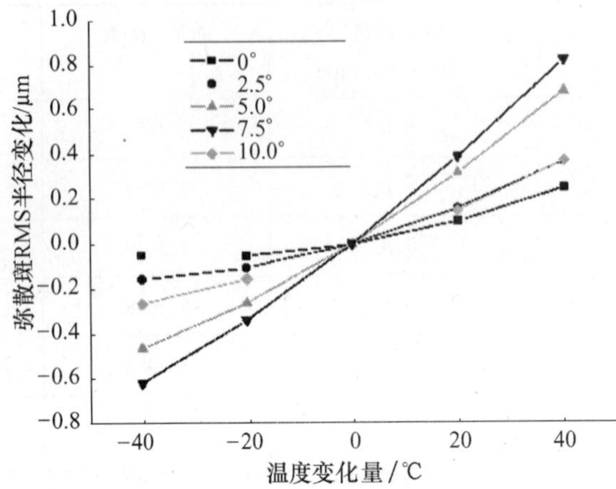

图 6.40　各视场弥散斑 RMS 半径随温度变化

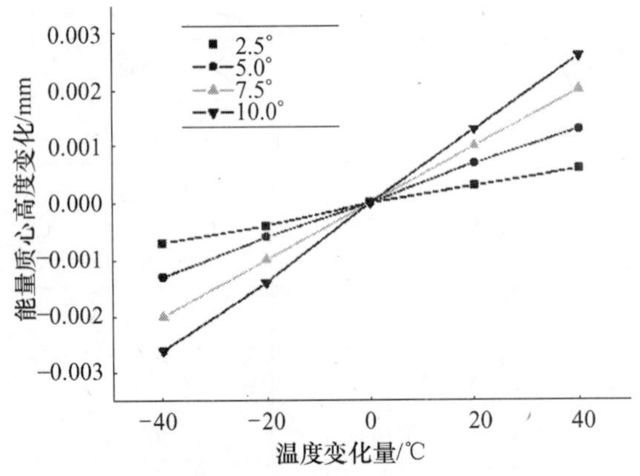

图 6.41　各视场能量质心高度随温度变化

下面对具体的变化情况进行了探测器采样仿真分析，如图 6.43 所示，对弥散斑采样的一个像素为 15μm × 15μm，对应 APS CMOS 器件的一个像元，实际图像仿真考虑了 APS CMOS 器件的串扰效应（按器件手册，串扰按 16% 考虑）。图 6.43 中还给出了各位置处包围圆的能量集中度情况。

分析结论：星敏感器通常采用基于灰度值的能量质心算法，在正常情况下，通常认为其采用(3 × 3)个像素的灰度值作为基础的算法，从上述成像点的分析看，像平面安装在 −30μm 位置比较有利于 3 × 3 算法的实现，且能量集中度在整个温度范围内效果都较好。

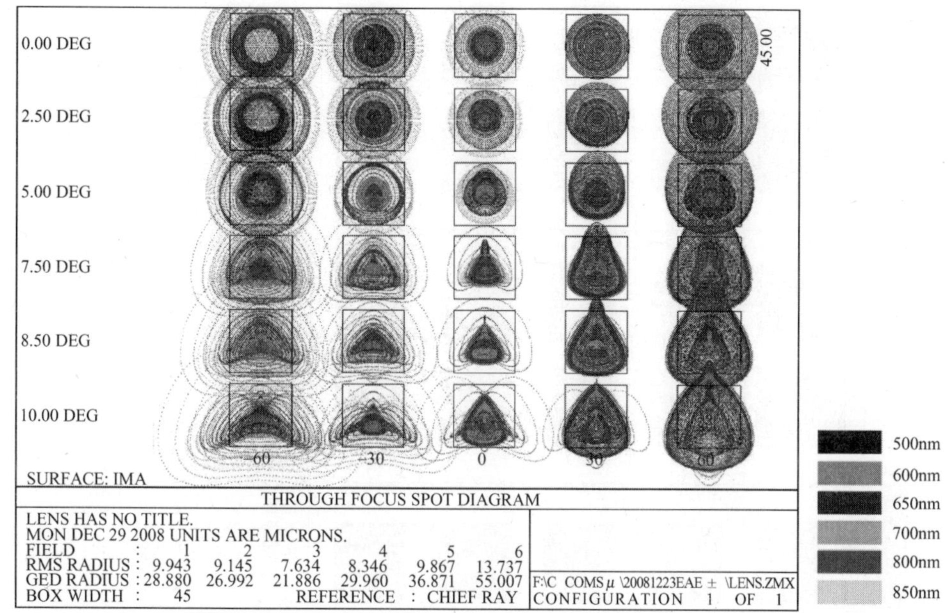

图6.42 离焦点列图

6.3.3.7 电子学部分

根据星敏感器的功能要求,需要Star1000的外围配置电路模块,实现Star1000传感器的曝光和读出的FPGA模块,完成快速的星图识别、星点提取及姿态解算需要DSP模块;考虑灵活的对外接口(RS-232,RS-422或者CAN接口),以及灵活处理多种模式切换,还需要MCU模块,存储星图、中间变量、星表,存储程序和运行程序等所需要的RAM/EPROM模块,以及整个系统的供电模块。

作者所设计的微小型APS CMOS星敏感器在电子学设计上充分利用了上述硬件条件,优化了整个流程,增加了星敏感器高性能处理功能的同时,减少了系统的功能部件,简化了电子学系统设计。主要的特点为:在整体设计上,整个硬件电路以FPGA和DSP系统为核心,以DPRAM(Dual Port RAM-双口存储器)为桥梁,减少了原来在设计时所采用容量大的单口存储器和在FPGA内部进行总线开关切换的工作方式。根据星敏感器图像的特点,其图像的有效信息少,大量的是没有意义的背景噪声,在FPGA内部直接进行数据处理,提取有效像素,存储于容量较小的DPRAM中,DSP直接访问DPRAM,使得读出和写入同时进行,实现了流水操作,提高了整体更新率,省去了大容量的单口RAM和总线开关等器件,降低了系统的功耗。为了实现星敏感器的上述设计思想,其电路硬件结构如下。(图6.44)

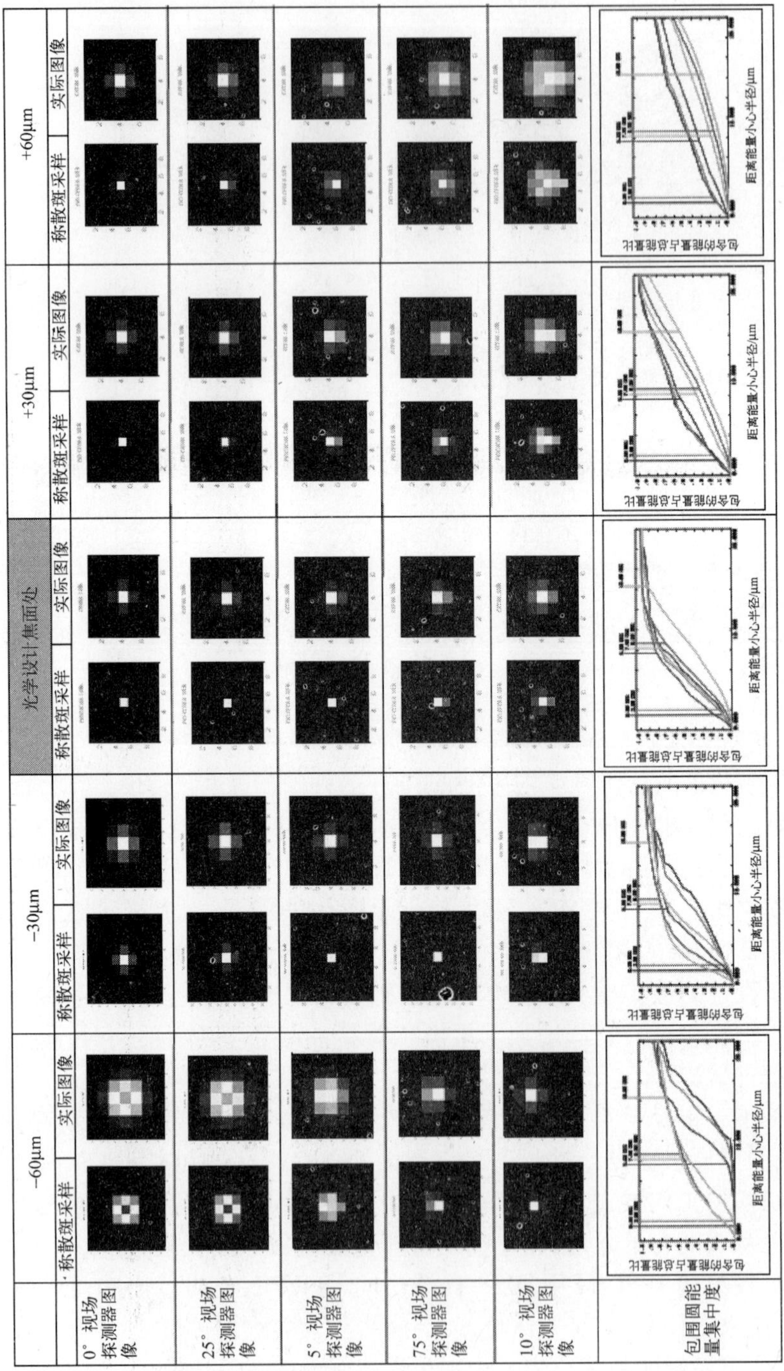

	−60μm		−30μm		光学设计焦面处		+30μm		+60μm	
	称散斑采样	实际图像	称散斑采样	实际图像	称散斑采样	实际图像	称散斑采样	实际图像	称散斑采样	实际图像
0° 视场探测器图像										
25° 视场探测器图像										
5° 视场探测器图像										
75° 视场探测器图像										
10° 视场探测器图像										
包围圆能量集中度	包含的能量占总能量比 距离能量小心半径/μm		包含的能量占总能量比 距离能量小心半径/μm		包含的能量占总能量比 距离能量小心半径/μm		包含的能量占总能量比 距离能量小心半径/μm		包含的能量占总能量比 距离能量小心半径/μm	

图 6.43　光学面位置变化与星点成像关系曲线

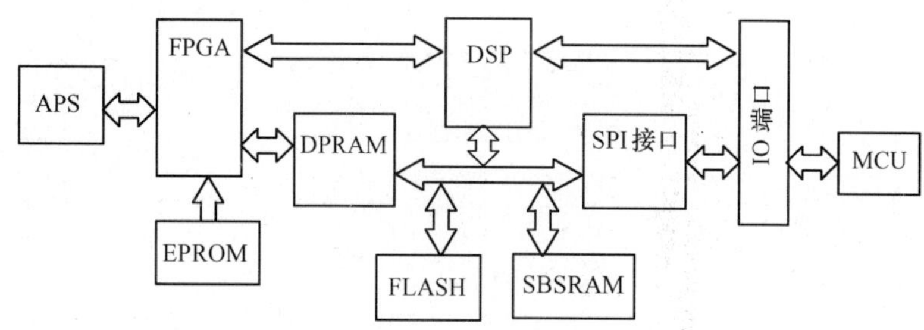

图 6.44 数据处理和电路方案

6.3.3.8 星图识别软件

传统的星图识别算法如三角形法[51-53]或者网格法[54,55]都存在着存储星图模板数据量大以及比较查找速度慢的缺点,近些年人们研究出神经网络算法[56-58],其与传统的算法相比,具有数据库容量低,实时性和鲁棒性好等优点,但这些算法训练需要大量计算,要求很大的训练集合[59],在实际中的应用效果并不理想。

Motori 等人提出了 $\boldsymbol{k}$ 矢量[60,61]的快速索引方法,在已知星对角距基础上确定星对的可能组合。清华大学邢飞等人提出了基于导航星域的星图识别匹配方法,结合 $\boldsymbol{k}$ 矢量等索引方法,实现了快速的全天自主星图识别方法。利用 $\boldsymbol{k}$ 矢量对组成星对角距的两颗导航星所处的星表范围直接定位,结合导航星域算法,将 4 颗星组成的金子塔结构的 6 组星对角距中的 5 组所对应的导航星进行导航星域变换,然后利用第 6 组导航星和 5 组导航星域联合,通过一次循环将构成金字塔结构的 4 颗导航星全部识别出来。利用 $\boldsymbol{k}$ 矢量直接定位,省去搜索的时间,利用导航星域一次 4 颗星全部识别出来的特点,省去了多次循环比较时间。这种算法不但速度快,而且程序设计逻辑简单,可靠性高。

6.3.3.9 高精度三轴姿态确定方法

三轴姿态确定需要的最少信息是两个天体在已知参考系 CRF 和卫星本体坐标系 BCF 中的方向矢量。由于恒星是在星敏感器坐标系 SCF 中被测量的,其在 BCF 中的单位矢量由 SCF 与 BCF 之间的旋转矩阵决定[62]。由星敏感直接输出 SCF 姿态,实际应用时,根据星敏感器在卫星本体上的安装方位,经坐标旋转即给出 BCF 姿态。

为了利用大视场星敏感器的多星观测特点和四元数姿态表示法的便利性,作者采用 QUEST 算法解 Wahba 问题进行星敏感器三轴姿态确定[63-66]。

恒星在 SCF 中的方向矢量用 $\hat{\boldsymbol{W}}_i$ 表示,在 CRF 中的方向矢量用 $\hat{\boldsymbol{V}}_i$ 表示。设 α_i 为加权值,n 为观测的恒星总数。定义以下系数

$$\boldsymbol{B} = \sum_{i=1}^{n} a_i \hat{\boldsymbol{W}}_i \hat{\boldsymbol{V}}_i^{\mathrm{T}}$$

$$\boldsymbol{S} = \boldsymbol{B}^{\mathrm{T}} + \boldsymbol{B}$$

$$\boldsymbol{z} = \sum_{i=1}^{n} a_i \hat{\boldsymbol{W}}_i \times \hat{\boldsymbol{V}}_i$$

$$\sigma = \mathrm{tr}[B]$$

$$\boldsymbol{K} = \begin{bmatrix} S - \sigma I & z \\ z^{\mathrm{T}} & \sigma \end{bmatrix}$$

则 QUEST 算法确定的最优姿态为

$$\boldsymbol{q}_{\mathrm{opt}} = \frac{1}{\sqrt{1 + |y^*|^2}} \begin{bmatrix} y^* \\ 1 \end{bmatrix}$$

式中

$$y^* = [(\lambda_{\max} + \sigma)I - \boldsymbol{S}]^{-1}\boldsymbol{z}$$

用迭代法由 $\boldsymbol{K}$ 的特征方程计算 $\lambda_{\max}$

$$\lambda^4 + a\lambda^3 + b\lambda^2 + c\lambda + d = 0$$

式中

$$a = \mathrm{tr}[\boldsymbol{K}] = 0$$

$$b = -2(\mathrm{tr}[\boldsymbol{B}])^2 + \mathrm{tr}[\mathrm{adj}(\boldsymbol{B} + \boldsymbol{B}^{\mathrm{T}})] - zz^{\mathrm{T}}$$

$$c = -\mathrm{tr}[\mathrm{adj}(\boldsymbol{K})]$$

$$d = \det(\boldsymbol{K})$$

可以证明,当没有测量误差时 $\lambda_{\max}$ 等于 1,因此以 1 为 $\lambda_{\max}$ 的初始值进行迭代计算,可快速求星敏感器的姿态四元数。

6.3.4 微小型 APS CMOS 星敏感器系统软件

电子学系统设计是整个星敏感器实现的基础平台,其主要功能都需要在此平台上来完成。经测试作者设计的微小型 APS CMOS 星敏感器的总体功耗小于 1.5W,在减小功耗的同时,在电子学设计上考虑了空间的辐照、温度等环境要求。

利用此硬件平台,APS CMOS 星敏感器所要实现的主要功能流程框图如图 6.45所示。

其中:①、②、③、④模块主要通过 FPGA 来实现,⑤、⑥、⑦、⑧、⑩模块主要由 DSP 来完成,模块 9 主要是通过 MCU 来实现。FPGA 和 DSP 之间主要是通过

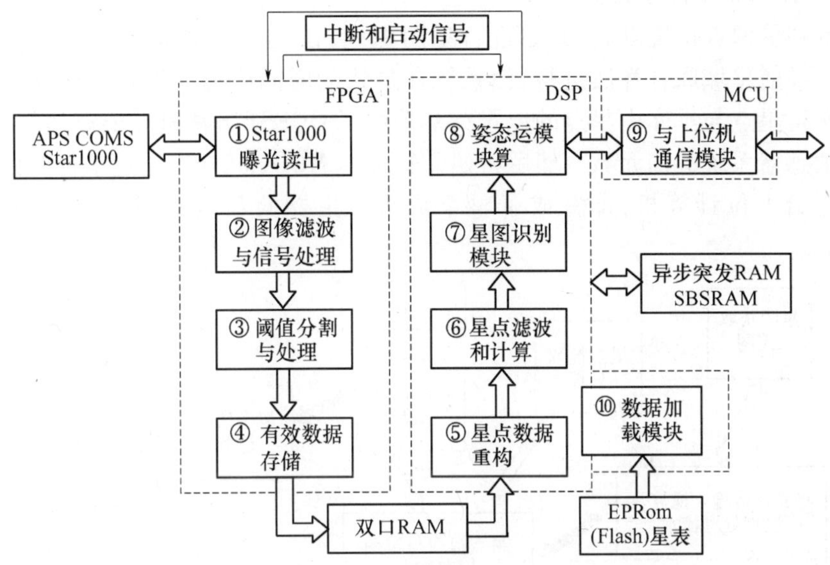

图6.45 APS CMOS星敏感器工作流程框图

64KB的双口RAM进行数据传输,同时DSP的外部中断与FPGA的I/O连接,实现了FPGA与DSP之间的通信以及数据交流。DSP与MCU之间通过SPI(同步串行口)连接来实现双向通信。为了存储星表及一些相关的校正数据,系统使用了512KB的EPROM(实验时使用FLASH),2MB的SBSRAM(异步突发RAM)。

电路总体工作流程:MCU通过串口或者CAN与上位机进行通信,当上位机要求星敏感器工作时,MCU启动DSP开始工作。在工作开始时,首先DSP要进行系统初始化,将EPROM中存储的星表数据转移到DSP的SBSRAM和DSP内部的RAM中。这些数据的搬运主要是通过DSP的DMA方式来进行的。

数据初始化结束后,开始进入星敏感器的正常工作流程。首先是图像获取,FPGA开始进入图像获取流程,启动STAR1000探测器,按照顺序得到像素的灰度值,然后进行数据滤波,阈值分割以及向DPRAM中写入有效数据,其中包括像素的灰度值以及对应像素的行和列坐标,同时记录有效像素的个数。当整幅图像数据全部写完以后,将DPRAM对应半区的最后两个字节写上像素个数,最后触发DSP的外部中断。

DSP在响应外部中断后,立刻启动DMA传输,将DPRAM的数据以DMA的方式传输到DSP内部的RAM中。传输结束后,DSP进入到星点恢复以及星点质心计算模块,这里主要是将得到的星点坐标进行恢复,利用游程编码算法将所有的有效像素进行合并,得到系统的星像点数目及所包含的行列坐标,最后通过亚像元算法,计算出每颗星像点的坐标值。

得到星像点位置以后,开始进行星图识别,在全天自主星图识别时,采用 ***k*** 矢量和导航星域联合算法进行,使系统在最快的时间内完成识别。识别后系统根据所得星点与星库中星点的位置关系采用了 QUEST 方法进行姿态运算,计算出星敏感器系统的四元数。然后将四元数传给 MCU,MCU 再通过串行的方式将结果传给上位计算机,即完成了整个流程。主要的功能实现方法如图 6.46 所示。

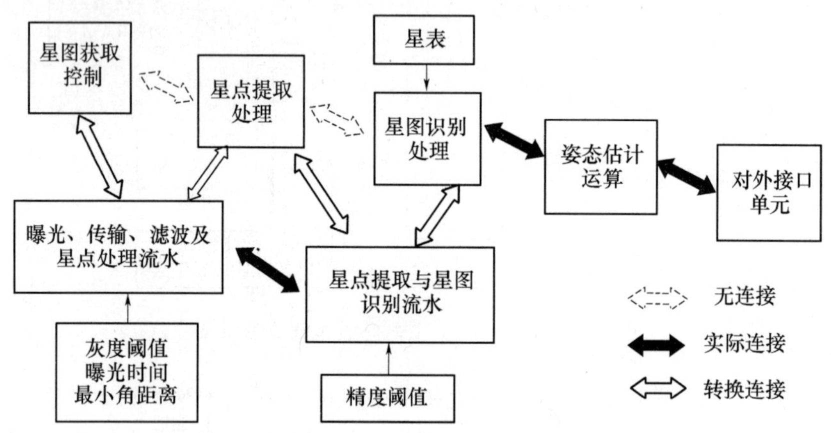

图 6.46 微小型 APS CMOS 星敏感器工作流程图

6.3.5 微小型 APS CMOS 星敏感器样机

本书所介绍的微小型 APS CMOS 星敏感器主要是针对微小卫星使用,考虑微小卫星上的资源情况及一体化的电子系统设计思路,可能采用星上电子集成管理方式,故在整体设计时充分考虑了星敏感器作为独立的姿态元件使用以及配合微小卫星星上电子系统联合使用两种情况。在设计时,将星敏感器表头和处理系统做成可拆分形式。同时,由光学器件和星敏感器的表头部分所采用的 Star1000 探测器都进行了辐照加固处理,将其设计成独立单元,更加适合于空间环境应用,而电子学系统一般抗辐照能力比较弱,将其分离设计更加方便和独立的进行星敏感器电子学系统加固。

作者研制的微小型 APS CMOS 星敏感器样机的总体结构图和实物照片分别如图 6.47 和图 6.48 所示。

在上述的星敏感器平台上,实现了微小型 APS CMOS 星敏感器的所有关键技术,如:流水的能量相关滤波方法,基于导航星域和 ***k*** 矢量的全天自主星图识别算法等。

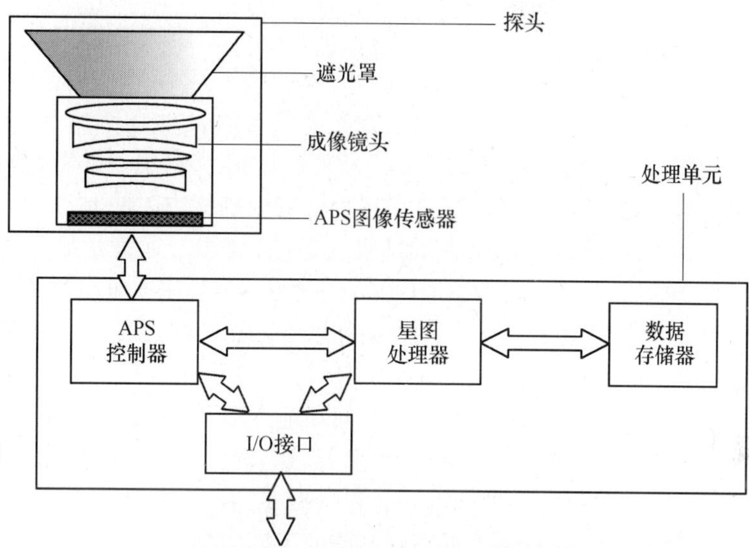

图6.47　微小型APS CMOS星敏感器总体结构图

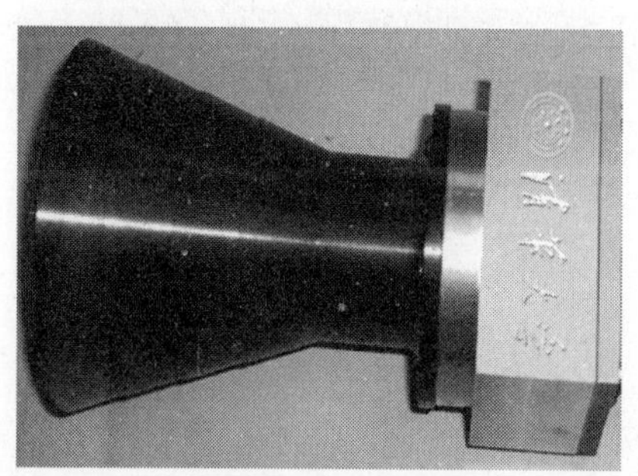

图6.48　微小型APS CMOS星敏感器实物照片

在完成微小型APS CMOS星敏感器的样机研制以后,对其主要性能进行了测试,其结果如表6.8所列。

表6.8　微小型APS CMOS性能测试结果

精度(3σ)	优于7″(俯仰和偏航),35″(滚转)
敏感星等(地面测试)	≥5.5M_v
数据更新率	5.2Hz
全天自主捕获时间	0.5s
质量(包括遮光罩)	1kg
功耗	1.3W

6.3.6 真实星空测试

真实星空实验是在地面上测试星敏感器性能最接近真实情况的实验方法[67,68]。常用的方法是将星敏感器安装在天文望远镜上，利用望远镜的转动来使星敏感器对准不同的天区，以便获得对不同天区的识别能力。同时由于望远镜具有高的转动精度，可以测得星敏感器的精度。但是，使用望远镜是昂贵和不方便的，尤其在研发阶段。为此，我们提出了利用测量地球自转来验证星敏感器的星图识别和精度测试方法，可以在一定程度上验证星敏感器的可行性，尤其是在验证全天星图识别能力方面[69]。

地球自转的精度相当高，而且在任何时间和地点都可用，这为星敏感器的实验提供了很大的便利条件。但是在实验时要避开月亮和云层等影响因素，因此在天气的选择上还要综合考虑。在进行实验时将星敏感器固定在地球上，可以考虑其和地球具有同样的转动，同时为了观测到不同的天区情况，在实际中要通过转台或者可调整的三脚架来进行星敏感器的指向调整，以适应更加广泛的情况。考虑到以上诸多因素，在实际中，进行星敏感器真实星空实验方案时，采用的实验结构如图 6.49 所示。

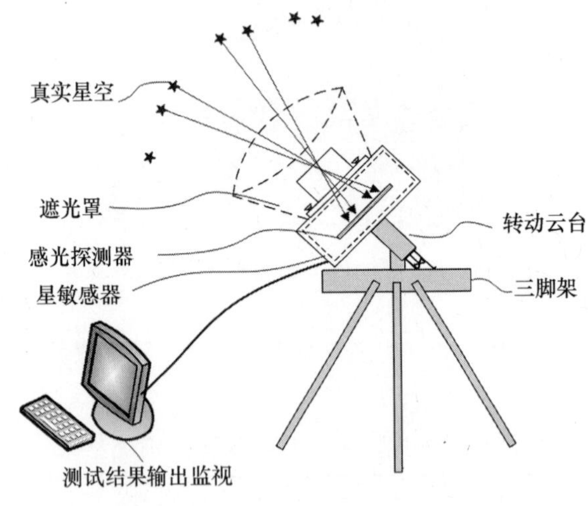

图 6.49 真实星空实验装置示意图

在实验时，选择合适的天气、时间和地点是必需的。下面对实验情况和实验结果进行介绍和分析。在实验中，采用了 180ms 的曝光时间，实验地点选择了国家天文台兴隆观测站。时间为某晚上 11 点开始的一段时间，星图识别完全采用了全天自主的识别模式，获得的典型星图如图 6.50 所示。

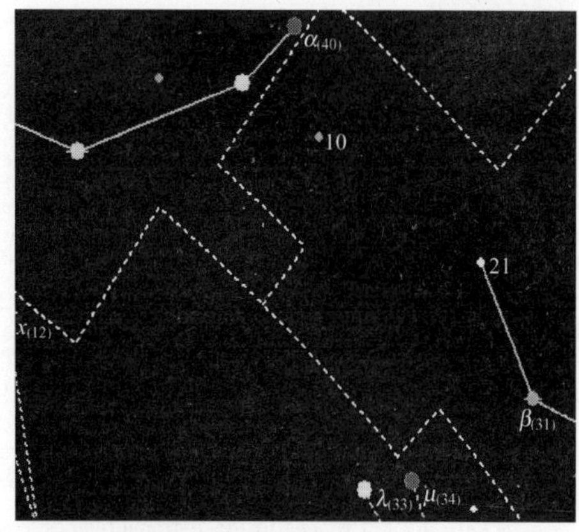

图6.50 星敏感器捕获的星图(左)与之对应天区的Skymap图片(右)

根据真实星空实验结果来看,$M_v=5.5$的导航星在星敏感器探测器上的成像能够得到稳定的提取。考虑到地球上大气的影响,在卫星轨道上使用时,可以探测到的导航星在5.5等以上。

根据星图识别情况,进行姿态估计得到星敏感器三轴的运动曲线如图6.51所示。

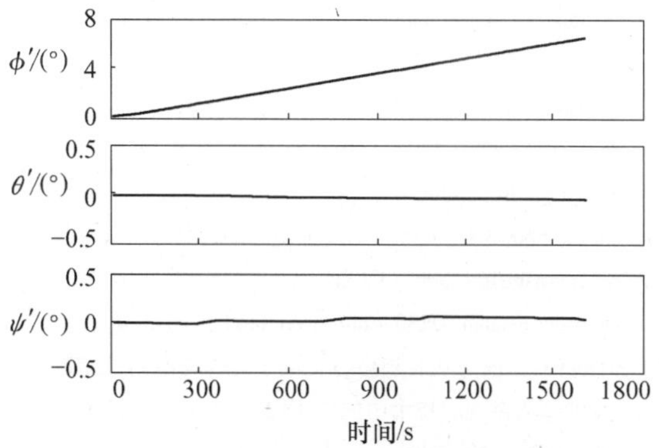

图6.51 星敏感器测得地球转动曲线

从数据上获得,地球的运动曲线ϕ'基本上满足15°/h,θ'和ψ'基本上不变,这和上面的理论分析结果基本一致,其能够验证星敏感器在真实星空的模式下正常工作。

参考文献

[1] Mazanek Daniel D, Kumar Renjith R, Seywald Hans, et al. Grace mission design: Impact of uncertainties in disturbance environment and satellite force models[J]. Advances in the Astronautical Sciences. 2000, 105

(Ⅱ):967 - 986.

[2] Kong Edmund M C, Miller David W. Optimal spacecraft reorientation for earth orbiting clusters: Applications to Techsat 21[J]. Acta Astronautica. 2003. 12, 53(11):863 - 877.

[3] Sanchez Richard, Renard Patrice. Design of a micro - satellite for precise formation flying demonstration[C]. Proceedings of the 5th IAA International Conference on Low - Cost Planetary Missions. 2003. 9, Netherlands.

[4] Ticker R L, McLennan D. NASA's New Millennium space technology 5 (ST5) project[C]. IEEE Aerospace Conference Proceedings. 2000, 7:609 - 617.

[5] 董云峰,章仁为. 利用星敏感器的卫星自主导航[J]. 宇航学报. 1995, 16(4).

[6] Hye - Young Kim. Novel Methods For Spacecraft Attitude Estimation[D]. Texas A&M University, Ph. D. Thesis, 2002.

[7] D. Mortari T C, Pollock J L Junkins. Towards the Most Accurate Attitude Determination System Using Star Trackers[J]. Advances in the Astronautical Sciences, 1998, 99, II, :839 - 850.

[8] 孙才红. 轻小型星敏感器研制方法和研制技术[D]. 中国科学院北京天文台博士论文,2002.

[9] 李葆华. 用于航天器姿态控制的快速星图识别算法研究[D]. 哈尔滨工业大学博士论文,2006.

[10] Wertz J R. Spacecraft attitude determination and control[M]. The Netherlands, 1984.

[11] Malak A S. Toward faster and more accurate star sensor using recursive centroiding and star identification[D]. Texas A&M University, Ph. D. Thesis, 2003.

[12] 武延鹏. HXMT 卫星姿态确定与控制系统设计和实验研究[D]. 清华大学博士论文,2004.

[13] Milton C Phenneger, Jenifer L Knack. Using the Sun Analog Sensor(SAS) data to investigate solar array yoke motion on the GOES - 8 and - 9 spacecraft[C]. SPIE, 1996, 2812: 753 - 763.

[14] 黄圳圭,航天器姿态动力学[M]. 长沙:国防科技大学出版社,1997 .

[15] Chen FeiFan, Jing Feng, Hong Zhiwei. Digital Sun Sensor Based on the Optical Vernier Measuring Principle [J]. Meas. Sci. Technol. 17(2006):2494 - 2498.

[16] http://www. cast. ac. cn/cpyyy/jp_3. htm[OL].

[17] http://www. cast. ac. cn/en/ShowArticle. asp? ArticleID = 135[OL].

[18] http://www. tpd. tno. nl/smartsite469. html [OL].

[19] http://www. ufa. cas. cz/html/magion/DSSS - popisweb. html [OL].

[20] 何丽,胡以华. 太阳敏感器的原理与发展趋势[J]. 电子元件与材料, 2006,25(9):5 - 7.

[21] 尤政,李涛 . CMOS 图像传感器在空间技术中的应用[J]. 光学技术,2002, 28(1):31 - 35.

[22] Hales J H, Pedersen M. Two - Axis MOEMS sun sensor for pico satellites[C]. 16th Annual AIAA/USU Conference on Small Satellites, 2004: 1 - 12.

[23] Liebe C C, Mobasser S. MEMS based Sun sensor[C]. IEEE Aerospace Conference, 2001, 3: 1565 - 1572.

[24] Mark L Psiaki. Autonomous low - earth - orbit determination from magnetometer and sun sensor data[J]. Journal of Guidance, Control, and Dynamics. 1999, 22(2): 296 - 304.

[25] 丁天怀, 郑志敏. 微型数字式太阳敏感器原理实验研究[J]. 清华大学学报(自然科学版), 2005, 45 (2):186 - 189.

[26] http://www. selex - sas. com[OL].

[27] Carl Christian Liebe, Sohrab Mobasser, Youngsam Bae, et al. Micro sun sensor[C]. IEEE Aerospace Conference, 2002, 5: 2263 - 2273.

[28] Orly Yadid - Pecht, Bedabrata Pain, Craig Staller, et al. CMOS Active Pixel Sensor Star Tracker with Regional

Electronic Shutter[J]. IEEE Journal of Solid – state Circuits, 1997, 32(2): 285 –288.

[29] star1000 datasheet v6[OL]. http://www.fillfactory.com.

[30] Wahba G. A Least Squares Estimate of Satellite Attitude[J]. SIAM Review, 8, 3, (1966) 384 –386.

[31] http://www.ballaerospace.com/aerospace/ct633.html[OL].

[32] http://www.sodern.fr/[OL].

[33] http://www.ems – t.com/[OL].

[34] http://www.jena – optronik.de. 2004[OL].

[35] Maurizio B,Jørgensen J L,Jørgensen P S,et al. Advanced Stellar Compass Onboard Autonomous Orbit Determination, Preliminary Performance[J]. Astrodynamics, Space Missions, and Chaos, Volume 1017 published May 2004.

[36] Liebe C C,Dennison E W,et al. Active Pixel Sensor Based Star Tracker[C]. Aerospace Conference, 1998. Proceedings.,IEEE , 1998,1:119 – 127.

[37] http://telecom.esa.int/telecom/object/index.cfm? fobjectid =26326[OL].

[38] Xing Fei,You Zheng,Zhang GaoFei,et al. A novel active pixels sensor (APS) based sun sensor based on a feature extraction and image correlation (FEIC) technique[J]. Measurement Science & Technology,19(12): 125203.

[39] 邢飞,尤政,张高飞,等. 基于预测提取和图像相关算法的 APS 太阳敏感器,ZL200910080081.X.

[40] Harris C G,Stephens M. A Combined Corner and Edge Detector[C]. Manchester, UK:4th Alvey Vision Conference, 31 Aug –2 Sept 1998.

[41] Xing Fei, Dong Ying, You Zheng. Laboratory calibration of star tracker with brightness independent star identification strategy[J]. Optical Engineering,2006,45(6): 063604.

[42] Enright J Godard. Advanced Sun – Sensor Processing and Designed for Super – Resolution Performance[J]. IEEE Transition on Aerospace Systems,Aug. 2005.

[43] De Boom C M,van der Heiden N. A Novel Digital Sun Sensor: Development and Qualification for Flight[C]. 54th international Astronautic Congress, IAC –03 – A.P.20.

[44] 刘智. CMOS 图像传感器在星敏感器中应用研究[D]. 长春:中国科学院长春光学精密机械与物理研究所.

[45] Liebe C C,Dennison E W,et al. Active Pixel Sensor based star tracker[C]. Aerospace Conference, 1998. Proceedings.,IEEE , 1998, 1:119 –127.

[46] Hancock B R, et al. CMOS Active Pixel Sensor specific performance effects on star tracker/Imager position accuracy[C]. SPIE. 2001, 4284: 43 –53.

[47] Hornsey R. Noise in image sensors[R]. Waterloo:course notes presented at the Waterloo Institute for Computer Research,May,1999.

[48] Active Pixels Sensor for Star Tracker: Final Resport[R]. Doc. Nr APS – FF – SC –05 –023, Cypress Corp., 2006.

[49] Lopes R V F, Carvalho G B,Silva A R. Star Identification for Three – Axis Attitude Estimation of French – Brazilian Scientific Micro – Satellite[C]. AAS Paper 98 –366, Proceedings of the AAS/GSFC International Symposium on Space Flight Dynamics,Greenbelt,MD,May 11 –15,1998:805 –819.

[50] VEDDER J D. Star trackers, star catalogs, and attitude determination – Probabilistic aspects of system design [J]. Journal of Guidance, Control, and Dynamics, 1993,16(3):498 –504.

[51] Kosik J. Star Pattern Identification Aboard an Inertially Stabilized Spacecraft[J]. Journal of Guidance, Control, and Dynamics,1991,14(1):230 -235.

[52] Junkins J,White C,Turner D. Star Pattern Recognition for Real - Time Attitude Determination[J]. Journal of the Astronautical Sciences,1997,25:251 -270.

[53] Van Bezooijen R. A Star Pattern Recognition Algorithm for Autonomous Attitude Determination[C]. Automatic Control in Aerospace: IFAC symposium(Tsukuba, Japan), 1989:51 -58.

[54] Padgett C,Kreutz - Delgado K. A Grid Algorithm for Star Identification[J]. IEEE Transactions on Aerospace and Electronucs Systems, 1997,33(1):202 -213.

[55] Liebe C C. Pattern Recognition of Star Constellations for Spacecraft Applications[J]. IEEE Aeronautics and Electronic Systems Magazine,June 1992,10:2 -12.

[56] Clark S Lindsey, Thomas Lindblad. A Method for Star Identification Using Neural Networks[C]. SPIE, 1997, 3077:471 -478.

[57] Aaron J T. Autonomous artificial neural network star tracker for spacecraft attitude determination[D]. University of Illinois at Urbana - Champaign. Ph. D. Thesis. 2002.

[58] 李春艳,李怡,张云龙,等. 基于神经网络技术的星图识别方法[J]. 科学通报 E 辑,2003,48(9): 892 -895.

[59] Jian Hong, Julie A. Dickerson Neural - Network - Based Autonomous Star Identification Algorithm[J]. Journal of Guidance, Control and Dynamics 2000, 23(4): 728 -735.

[60] Mortari D,Neta B. k - vector Range Searching Techniques[C]. Paper AAS 00 - 128 of the 10th Annual AIAA/AAS Space Flights Mechanics Meeting, Clearwaters, FL, Jan,2000:23 -26.

[61] Mortari D. Search - Less Algorithm for Star Pattern Recognition[J]. Journal of the Astronautical Sciences. 1997, 45(2):179 -194.

[62] Shuster M D,Oh S D. Three - Axis attitude determinatin form vector observations[J]. Journal of Guidances, Control, and Dynamics. 1981,14(1): 70 -77.

[63] Markley F L. Attitude determination using vector observations: A fast optimal matrix algorithm[J]. The Journal of the Astronautical Sciences. 1993, 41(2): 261 -280.

[64] Itzhack Y B. REQUST: A recursive QUEST algorithm for sequential attitude determination[J]. Journal of Guidance, Control, and Dynamics. 1996, 19(5): 1034 -1038.

[65] Shuster M D. Kalman filtering of spacecraft attitude and the QUEST model[J]. The Journal of the Astronautical Sciences, 1990, 38(3): 377 -393.

[66] Shuster M D. A simple Kalman filter and smoother for spacecraft attitude[J]. The Journal of the Astronautical Sciences,1989,37(1):89 -106.

[67] Eisenman A R,Jørgensen J L,Liebe C C. Real sky performance of the prototypeørsted Advances Stellar Compass[J]. IEEE Aerospace Application, Snowmass, CO, Feb. 1996,2:103 -113.

[68] Eisenman A R,Jørgensen J L,Liebe C C. Astronomical performance of the engineering model ørsted Advanced Stellar Compass[C]. SPIE 2810: 252 -26.

[69] Thomas B. Characterizing a star tracker with built in attitude estimation algorithms under the night sky[C]. SPIE 3086: 264 -274.

第7章 微型惯性测量系统

7.1 惯性组合的历史和发展

7.1.1 传统惯性器件及其发展

惯性技术按精度水平可分为四个发展阶段:第一代是从20世纪初到第二次世界大战前,这一阶段主要是惯性技术的初步应用;第二代是从第二次世界大战到20世纪60年代,这一时期定位分辨力约为1km/h;随着静电陀螺技术的不断成熟,惯性技术的发展进入第三代,这一时期从20世纪60年代到70年代末,产品的精度大约提高了二到三个数量级;第四代是从70年代末到现在,其中陀螺的精度预期目标可达$(1.5\times10^{-7})°/h$,加速度计的精度可达$10^{-8}g$。从技术手段上看,惯性技术的发展大致可以分为三个阶段:第一阶段是机械陀螺仪发展的阶段(20世纪40年代至60年代),第二阶段是捷联式陀螺仪发展的阶段(20世纪60年代至80年代),第三阶段是微机械陀螺仪发展的阶段(20世纪80年代中期以来)。

微机械技术与传统惯性技术相结合,带来了惯性技术的一次巨大变革。20世纪80年代以来, Draper实验室(美)、JPL(美)、Litton公司(美)、SAGEM公司(法)等相继开展了微型陀螺、微型加速度计等微型惯性器件的研究。与传统的刚体转子陀螺仪相比,由于结构上没有了高速旋转的转子和相应的支撑系统,微型陀螺仪在体积、重量和成本方面都大大降低的同时,在可靠性、稳定性等方面都有了不同程度的提高。1989年Draper实验室首先推出了基于哥氏效应(Coriolis effect)的双框架微型谐振陀螺仪。1993年,其与Rockwell公司联合开发的微型梳状谐振音叉陀螺仪有效尺寸仅为1mm,期望性能为$(10°\sim100°)/h$。BEI公司于1986年开始研制石英音叉微机械振动陀螺(QRS),并于1991年初投产。目前,使用QRS的WSC-6卫星天线稳定系统已经装备在美国海军和荷兰、丹麦等国的舰船上。利用Rockwell公司的数字处理技术,QRS的精度可达1°/h,其性能可与小型光纤陀螺相比,但造价却便宜得多。目前,惯性器件正在向着更加小型化的方向发展,如BEI公司生产的QRS11微机械陀螺,其尺寸仅为$(\phi41.5\times16.5)$mm,分辨力高于0.004°/s,输出噪声小于$0.01°/(s/\sqrt{Hz})$,短期稳定性高于0.002°/s,已可作为传统惯性器件的替代产品应用于飞行器姿态测控、导弹中段制导等军事领域。近年来人们也不断开展微型光纤陀螺等方面开展研究，以有效地提高微型惯性器件的精度。1976 年，美国 Utah 大学的 Vali 教授首先进行了第一个光纤陀螺显示实验[1]。1988 年，Draper 实验室取得了谐振式光纤陀螺仪研究的重大进展。Northrop 公司的谐振式光纤陀螺仪零位稳定性优于 1°/h[2]。与此同时，微型加速度计的研制也在进行。1979 年美国 Stanford 大学首先研制出采用微机械加工技术的开环微型加速度计。之后，硅材料的使用提高了微机械加速度计的承载能力。图 7.1 ~ 图 7.3 是几种微型惯性产品。

AQRS型微机械陀螺

QRS14型微机械陀螺

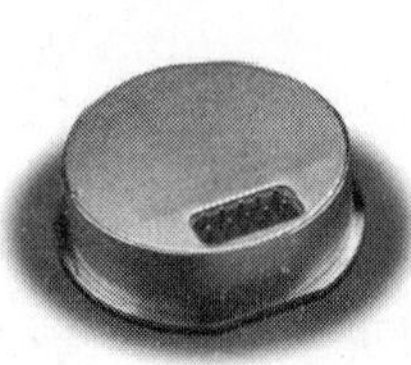
QRS14型微机械陀螺

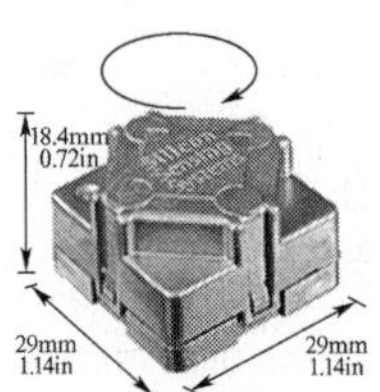

CRS02微硅陀螺(1in=2.54cm)

图 7.1 微机械陀螺

VGS941光纤陀螺

图 7.2 微型陀螺

SA-122SE

SA-107B

SA-120RHT

图 7.3 Columbia 实验室的微加速度计

我国在微型惯性传感器研究领域起步晚，但发展很快。如重庆昕辰电子公司生产的 AR 系列陀螺和 HXA 系列加速度计均已具有较好的集成度。清华大学研制的振动轮式和振动杆式微型陀螺仪以及扭摆式和梳齿式微硅加速度计样机，精度达到国际同类产品水平。

7.1.2 MIMU 的发展

惯性导航系统(INS)是一种不依赖于任何外部信息,也不向外部辐射能量的自主式导航系统,具有很好的隐蔽性,可应用于海、陆、空等各种环境。由于惯性导航系统数据更新率高、短时间精度和稳定性好并具有体积小、重量轻等优点,可以提供载体的位置、速度、航向及姿态等全面的导航数据,因而在军事及民用导航领域起到了巨大的作用[3]。1942 年,德国的 V-2 火箭上第一次安装了用惯性器件组成的制导系统。随着几十年来惯性器件的进步,它在制导方面也发挥了更大的作用。20 世纪 60 年代至今,惯性技术在制导中的应用不断扩展,如“大力神二”LGM-25C、“民兵”系列、“飞鱼”MM-38、MX 弹道导弹、“AGM86C”型巡航导弹、“三叉戟”一型战略导弹等均已采用了惯性制导技术[4]。

惯性测量组合(IMU)的概念大约出现于 20 世纪 70 年代,即由独立的惯性器件测量转变为 IMU 测量。作为独立的惯性器件,陀螺仪和加速度计可以分别测量出物体运动的角速度、加速度等参数,通过积分即可得到物体的位置。从以上惯性器件出发,采用三个正交陀螺、三个正交加速度计及一个坐标转换计算机,可以组成一种惯性测量组合,用以测量物体的姿态、位置和速度信息。目前,惯性测量组合正日趋小型化并已在军事领域得到实际应用。1974 年“鱼叉”导弹系统的 IMU 质量为 3.2kg,1980 年“不死鸟”导弹系统 IMU 的质量为 1.8kg,而 1985 年“先进中程空空导弹”系统的 IMU 的质量则只有 1.4kg。微米纳米技术的发展为惯性器件的改进和提高创造了良好的条件,微型惯性测量组合(MIMU)应运而生。MIMU 就是将多个微惯性传感器、微测控电路和一个坐标转换电路进行综合集成,从而获得运动物体的综合惯性测量参数。国外 MIMU 产品见图 7.4。

YH5000IMU

MotionPak

图 7.4 国外 MIMU 产品

MIMU 已在大地测量、矿产勘测、车辆定位、地震预报等许多方面得到了具体应用。国外对 MIMU 的开发、研制起于 20 世纪 80 年代,并形成了产品。BEI 的 MIMU 产品 MotionPak[5],采用 3 只微机械石英速率传感器和 3 只微机械硅加速度计,其中,陀螺的分辨力为 0.004°/s,质量为 60g,加速度计的分辨力为 10μg,质量为55g。MotionPak整体质量仅为900g。另外，美国德雷珀实验室研制出的低精度微硅MIMU，尺寸为$(2\times2\times0.5)cm^3$，质量约5g，其中陀螺的漂移率约为10°/h，适合于短时间的导航。

目前，我国对MIMU的研究尚处于起步阶段，其需求主要来源于智能制导和引信等军事领域，同时，飞行器和微小卫星ADCS等航天技术将可能成为我国未来MIMU需求的另一个重要领域[6]。

7.1.3 最优估计理论的发展及其在惯性系统中的应用

将最优估计滤波理论应用到MIMU组合导航技术能够提高导航精度。最小二乘法是高斯(Karl Gauss)在1975年为测定行星轨道而提出的参数估计算法。由于使用的最优指标是使量测估计的精度达到最佳，估计中不必使用与被估计量有关的动态信息与统计信息，所以算法简单，但估计精度不高。现代信息论的创始人维纳，运用各态历经定理得到了“在一定条件下，处于统计平衡的时间序列的时间平均等于相平均”的结论，并基于此提出了著名的维纳滤波理论。维纳滤波是线性最小方差估计的一种，适用于对有用信号和干扰信号都是零均值的平稳随机过程的处理。但由于设计维纳滤波器时必须知道有用和干扰信号的自功率谱和互功率谱，这使得在实用中很难保证实时处理，而且对于非平稳过程很难处理。

1960年，卡尔曼针对离散时间系统模型，提出了一种递推的线性最小方差估计算法[7]。卡尔曼成功地将状态变量的概念引入到滤波理论，用信号和干扰的状态空间模型代替了通常的协方差函数，将状态空间的描述与时间更新联系起来。相比维纳滤波，卡尔曼运用的工具是时域中的状态方程，运用表征系统状态估值及其方差的微分方程得到了适于计算机计算的、最小方差准则下的递推算法。由于现实的许多工程问题都是非线性的，这就要求我们找到非线性的滤波算法。Bucy，Snahara等人致力于研究卡尔曼滤波理论在非线性系统和非线性测量情况下的推广，拓宽了适用范围[8,9]。对非线性方程进行线性化处理，再利用线性卡尔曼滤波方法进行估计，便得到了扩展卡尔曼滤波算法。扩展卡尔曼滤波算法是围绕状态估计值将系统和观测方程进行线性化处理的。

然而系统和观测方程在线性化过程中不可避免地引起了一定的线性化误差，导致最终估计精度的下降。如何降低线性化误差的影响，是现在滤波算法研究的重点。Fisher提出了L-D分解算法[10]，Song的变增益扩展卡尔曼滤波器[11]，Ruokonen的并行卡尔曼滤波技术都是对扩展卡尔曼算法某种程度上的改进[12]。另一方面人们还在寻找非线性的新的算法。Algrain提出互耦合的线性卡尔曼滤波器(IKF)[13]，将复杂的非线性模型分解为两个分别描述系统状态变量线性与非线性特征的伪线性模型，通过并行滤波、数据融合得到了一种次优估计。在此基础上,Ruth 提出了一种次优扩展耦合卡尔曼滤波器[14],成功地利用观测矢量的微分方程解决了卫星角速度率估计的问题。Julier 和 Uhlman 提出了 U－卡尔曼滤波算法(UKF)[15],通过 UT 变化,利用一批可表达系统状态均值和方差的采样点,将这些采样点通过非线性变换以三阶精度近似于真实均值和方差。UKF 的提出解决了 EKF 的非线性近似问题。E. A. Wan 和 R. van der Merwe 将平方根方法应用到了 UKF[16],并进行了进一步研究。

针对多传感器组合系统,1979 年至 1985 年间 Speyer,Bierman 和 Kerr 等人先后提出了分散滤波思想[17]。计算机技术的发展为分散滤波的发展创造了有利条件。Carlson 的联邦滤波理论[18]为组合导航系统提供了设计理论。Carlson 通过构造增广矩阵,利用方差上界技术来消除各个局部滤波器之间的相关性,最后按照基于不相关理论的数据融合算法,得到了全局最优估计。由于算法结构十分适用于并行计算,随着计算机并行技术的发展,该算法有着广泛的工程应用前景。

7.2 MIMU 系统集成及姿态测量算法

7.2.1 MIMU 集成

微型惯性测量组合由微加速度计和微陀螺仪构成,选取高性能的陀螺和加速度计是实现高性能 MIMU 的必要条件。MIMU 的基本结构如图 7.5 所示,它由三个微陀螺和三个微加速度计组成,分别安装在正方体的三个正交面上,其三个敏感轴 x,y,z 相互垂直,分别测量沿此三个方向的加速度及角速度。这里,ω_x、ω_y、ω_z 是微陀螺仪输出,a_x、a_y、a_z 为微加速度计输出。图 7.6 为集成后的 MIMU 实物照片。

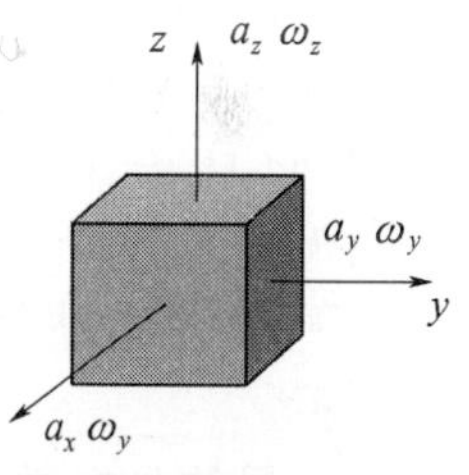

图 7.5 MIMU 基本结构示意

7.2.2 MIMU 测量原理

7.2.2.1 坐标系的建立

为了清楚地描述载体的位置和速度,必须选择正确的参考坐标系[19]。

1) 地心赤道惯性坐标系(S_i)

原点 O 在地球中心,平面 x_iy_i 与地球平面重合。轴 x_i 指向春分点,轴 z_i 沿地球旋转轴,指向北极。

2) 地球坐标系(S_E)

原点 O 在地球中心,平面 x_Ey_E 与地球平面重合。轴 x_E 指向零子午线,轴 z_E

图 7.6　完成的 MIMU 实物照片

沿地球旋转轴指向北极。地球坐标系 S_E 以地球自转角速度 ω_E 旋转。

$$\omega_E = 15.041°/h$$

3）地理坐标系(S_e)

坐标系原点取在运动体在地球表面的位置 O_e 点，O_ex_e 指东，O_ey_e 指北，O_ez_e 与 O_ex_e、O_ey_e 构成右手坐标系，沿当地地垂线方向指向天，也就是"东北天"坐标系。

4）轨道坐标系(S_o)

原点 O_o 在卫星质心，轴 x_o 在轨道平面内，指向卫星运动方向，轴 y_o 垂直于轨道平面，与系统动量矩矢量相反，即指向"右"，z_o 铅垂向下，指向地心。这样的坐标系符合航空技术界采用的"前—右—下"体系。此坐标系也为传统中的第二轨道坐标系。

5）星体坐标系(S_b，载体坐标系)

正常飞行状态，轴 x_b 与轴 x_o 重合，轴 y_b 与轴 y_o 重合，轴 z_b 沿重力梯度杆伸展方向，正常飞行状态与 z_o 重合。正常工作时星体坐标 S_b 和轨道坐标 S_o 重合。

7.2.2.2　测量原理

微型惯性测量组合由三个微陀螺和三个微加速度计组成，其输出轴相互垂直，用以分别敏感沿三个正交方向的角速度和加速度。数据采集系统可实时地将陀螺和加速度计的输出转换为数字信号并可进行存储和实时处理。

根据姿态转换原理，载体坐标系与参考坐标系之间的姿态矩阵表示为

$$\boldsymbol{C}_e^b = \begin{bmatrix} \cos\psi\cos\theta & \sin\psi\cos\theta & -\sin\theta \\ \cos\psi\sin\theta\sin\gamma - \sin\psi\cos\gamma & \sin\psi\sin\theta\sin\gamma + \cos\psi\cos\gamma & \cos\theta\sin\gamma \\ \cos\psi\sin\theta\cos\gamma + \sin\psi\sin\gamma & \sin\psi\sin\theta\cos\gamma - \cos\psi\sin\gamma & \cos\theta\cos\gamma \end{bmatrix} \tag{7.1}$$

式中：θ、γ 和 ψ 分别表示载体相对于参考系的俯仰角、翻滚角和航向角。MIMU 计算原理如图 7.7 所示，下标 b 和 e 分别表示载体坐标系和参考坐标系；$\boldsymbol{a} = [a_x \quad a_y \quad a_z]^{\mathrm{T}}$ 为加速度矢量、$\boldsymbol{V} = [V_x \quad V_y \quad V_z]^{\mathrm{T}}$ 为速度矢量、$\boldsymbol{P} = [P_x \quad P_y \quad P_z]^{\mathrm{T}}$

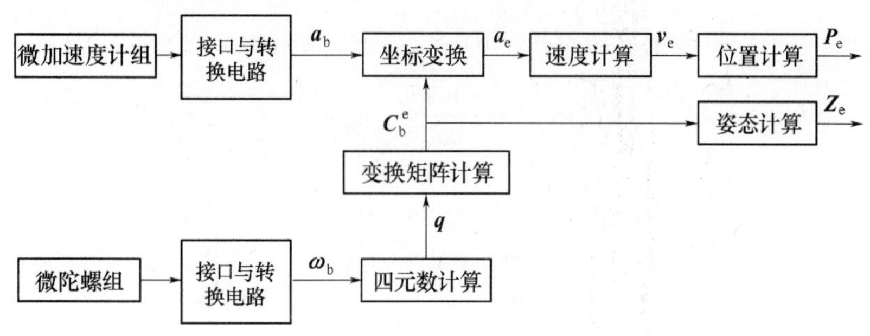

图 7.7 MIMU 测量流程

为位置矢量，其中 x、y 和 z 分别表示载体坐标系的横轴、纵轴和立轴；$\boldsymbol{\omega} = [\omega_x \quad \omega_y \quad \omega_z]^{\mathrm{T}}$ 为角速率矢量、$\boldsymbol{Z} = [\theta \quad \gamma \quad \psi]^{\mathrm{T}}$ 为姿态角矢量；$\boldsymbol{q} = q_0 + q_1 i + q_2 j + q_3 k$ 为载体转动四元数；$\boldsymbol{C}_{\mathrm{b}}^{\mathrm{e}}$ 为由载体坐标系至参考坐标系的姿态矩阵。

在实际工作中，MIMU 敏感载体的转动并由软件系统将其转换到参考坐标系。加速度计组输出沿载体坐标系各轴的惯性加速度 a_{b}，经坐标变换成相对参考坐标系的加速度 a_{e}，然后经过二次积分计算给出相对参考坐标系的速度和位置。陀螺组输出相对载体坐标系的角速率 ω_{b}，经四元数计算，代入变换矩阵公式计算得 $\boldsymbol{C}_{\mathrm{b}}^{\mathrm{e}}$，同时，据此可以计算得到姿态角矢量 $\boldsymbol{Z}$。四元数表示刚体转动的微分方程为

$$\dot{\boldsymbol{q}} = \frac{1}{2}\begin{bmatrix} 0 & -\omega_x & -\omega_y & -\omega_z \\ \omega_x & 0 & \omega_z & -\omega_y \\ \omega_y & -\omega_z & 0 & \omega_x \\ \omega_z & \omega_y & -\omega_x & 0 \end{bmatrix}\boldsymbol{q} \tag{7.2}$$

式中：
$$\boldsymbol{q} = q_0 + q_1 i + q_2 j + q_3 k \tag{7.3}$$

另外，在 MIMU 系统中采用姿态矩阵描述载体的运动时，亦可由如下的微分方程表达

$$\dot{\boldsymbol{C}}_{\mathrm{b}}^{\mathrm{e}} = \boldsymbol{C}_{\mathrm{b}}^{\mathrm{e}}\boldsymbol{\Omega}_{\mathrm{eb}} \tag{7.4}$$

式中：$\boldsymbol{C}_{\mathrm{b}}^{\mathrm{e}}$ 是载体坐标系到参考坐标系的姿态矩阵；$\boldsymbol{\Omega}_{\mathrm{eb}}$是载体坐标系相对参考坐标系的旋转角速度的斜对称矩阵，其具体形式为

$$\boldsymbol{\Omega}_{\mathrm{eb}} = \begin{bmatrix} 0 & -\omega_z & \omega_y \\ \omega_z & 0 & -\omega_x \\ -\omega_y & \omega_x & 0 \end{bmatrix} \tag{7.5}$$

在此,可采用角增量算法直接求解姿态矩阵,其精确解的表达式为

$$\boldsymbol{C}_{\mathrm{b}}^{\mathrm{e}}(t+\Delta t) = \boldsymbol{C}_{\mathrm{b}}^{\mathrm{e}}(t)\left[I + \frac{\sin\Delta\theta_0}{\Delta\theta_0}\Delta\theta_{\mathrm{eb}}^{\mathrm{b}} + \frac{1-\cos\Delta\theta_0}{\Delta\theta_0^2}(\Delta\theta_{\mathrm{eb}}^{\mathrm{b}})^2\right] \tag{7.6}$$

式中:$\Delta\theta_{\mathrm{eb}}^{\mathrm{b}}$为角增量,可由下式求出

$$\Delta\theta_{\mathrm{eb}}^{\mathrm{b}} = \int_{\mathrm{t}}^{t+\Delta t}\omega_{\mathrm{eb}}\mathrm{d}t \tag{7.7}$$

具体计算中,往往采用四阶增量算法,其表达形式为

$$\boldsymbol{C}_{\mathrm{b}}^{\mathrm{e}}(t+\Delta t) = \boldsymbol{C}_{\mathrm{b}}^{\mathrm{e}}(t)\left[\boldsymbol{I} + \left(1-\frac{\Delta\theta_0^2}{6}\right)\Delta\theta_{\mathrm{eb}}^{\mathrm{b}} + \left(\frac{1}{2}-\frac{\Delta\theta_0^2}{24}\right)(\Delta\theta_{\mathrm{eb}}^{\mathrm{b}})^2\right] \tag{7.8}$$

采用上面方法对姿态转换矩阵进行实时更新,并对加速度矢量进行坐标转换,即可把沿载体坐标系方向的加速度矢量转换到沿参考坐标系方向

$$\boldsymbol{a}_{\mathrm{e}} = \boldsymbol{C}_{\mathrm{b}}^{\mathrm{e}}\boldsymbol{a}_{\mathrm{b}} \tag{7.9}$$

式中:$\boldsymbol{a}_{\mathrm{b}}$ 是加速度计输出的加速度矢量;$\boldsymbol{a}_{\mathrm{e}}$ 是参考系内的加速度矢量,表达式为

$$\boldsymbol{a}_{\mathrm{b}} = a_{x\mathrm{b}}i + a_{y\mathrm{b}}j + a_{z\mathrm{b}}k \tag{7.10}$$

$$\boldsymbol{a}_{\mathrm{e}} = a_{x\mathrm{e}}i + a_{y\mathrm{e}}j + a_{z\mathrm{e}}k \tag{7.11}$$

对 $\boldsymbol{a}_{\mathrm{e}}$ 的三个分量进行两次数值积分,即可分别得到载体各个时刻的运动速度和三维位置。

同时可求出载体的姿态角,公式如下

$$\begin{aligned} \theta &= \arcsin(T_{31}) \\ \gamma &= \mathrm{arctg}\left(\frac{T_{32}}{T_{33}}\right) \\ \psi &= \mathrm{arctg}\left(\frac{T_{21}}{T_{11}}\right) \end{aligned} \tag{7.12}$$

式中:$T_{ij}(i,j=1,2,3)$为转换矩阵 $\boldsymbol{C}_{\mathrm{b}}^{\mathrm{e}}$ 的元素。

图 7.8 为 MIMU 导航算法流程。在上述测量过程中,加速度计组和陀螺组不断输出载体的加速度和角速度。以此为基础,依据捷联式惯性导航原理,可得到被测点间的相对位置关系。这里,通过计算机采集样陀螺输出的角速率信号,不断更新系统的姿态转换矩阵并将采

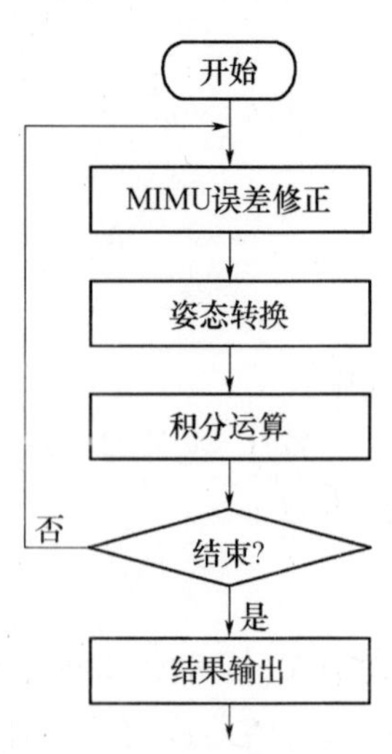

图 7.8 MIMU 导航算法

样得到的加速度信号用转换矩阵转换到沿参考坐标系方向。最后,计算机经积分运算分别求出 MIMU 在参考坐标系中的速度和位置。

7.2.3 MIMU 模型误差分析

7.2.3.1 惯性传感器误差

MIMU 进行惯性测量,测量误差的来源主要包括惯性元件的误差和测量系统误差。其中,惯性元件的误差包括:传感器的零位误差、动态误差、安装误差、标度误差、比力的一次方误差和二次方误差等高阶误差。理论上应该把这些误差全部考虑,这也是我们在标定技术部分所要进行研究的内容。在此,只考虑误差较大的项,得到下面的加速度计及陀螺误差模型公式

$$\begin{aligned}\delta a_x &= \theta_{xz}^a a_y - \theta_{xy}^a a_z + k_x a_x^2 + \Delta a_x + \Delta a_{rx}\\ \delta a_y &= \theta_{yx}^a a_z - \theta_{yz}^a a_x + k_y a_y^2 + \Delta a_y + \Delta a_{ry}\\ \delta a_z &= \theta_{zy}^a a_x - \theta_{zx}^a a_y + k_z a_z^2 + \Delta a_z + \Delta a_{rz}\end{aligned} \tag{7.13}$$

$$\begin{aligned}\delta\omega_x &= \theta_{xz}^g \omega_y - \theta_{xy}^g \omega_z + p_{xx}a_x + p_{xy}a_y + p_{xz}a_z + \varepsilon_x + \varepsilon_{rx}\\ \delta\omega_y &= \theta_{yx}^g \omega_z - \theta_{yz}^g \omega_x + p_{yx}a_x + p_{yy}a_y + p_{yz}a_z + \varepsilon_y + \varepsilon_{ry}\\ \delta\omega_z &= \theta_{zy}^g \omega_x - \theta_{zx}^g \omega_y + p_{zx}a_x + p_{zy}a_y + p_{zz}a_z + \varepsilon_z + \varepsilon_{rz}\end{aligned} \tag{7.14}$$

式中:$\Delta a_i(i=x,y,z)$;$\Delta a_{ri}(i=x,y,z)$分别是加速度计的零位偏差和随机误差;ε_i、ε_{ri}分别是陀螺常值漂移率和随机误差;θ_{ij}^a、$\theta_{ij}^g(i,j=x,y,z)$分别为加速度计和陀螺的安装误差角;k_i 是加速度平方项系数;p_{ij}为加速度有关系数。

7.2.3.2 MIMU 的误差分析

根据 MIMU 测量原理,MIMU 属于捷联惯导系统,通过计算机进行姿态解算来实现惯导平台的功能。由于 MIMU 受陀螺漂移及加速度计偏差等惯性器件误差影响,同时解算过程存在三个通道相互耦合作用,所以长期稳定精度不高,位置和速度的误差会随时间增大。在此,我们基于半解析式惯性系统误差理论,给出了 MIMU 系统误差方程,为构建组合导航系统的状态方程奠定了基础。

1) 惯性系统方程[20]

选取地理坐标系作为参考系。载体系(b)相对地理坐标系(e)的姿态矩阵为

$$\boldsymbol{C}_{\mathrm{e}}^{\mathrm{b}} = \begin{bmatrix} \cos\psi\cos\theta & \sin\psi\cos\theta & -\sin\theta \\ \cos\psi\sin\theta\sin\gamma - \sin\psi\cos\gamma & \sin\psi\sin\theta\sin\gamma + \cos\psi\cos\gamma & \cos\theta\sin\gamma \\ \cos\psi\sin\theta\cos\gamma + \sin\psi\sin\gamma & \sin\psi\sin\theta\cos\gamma - \cos\psi\sin\gamma & \cos\theta\cos\gamma \end{bmatrix} \tag{7.15}$$

式中:ψ,θ,γ 分别代表载体航向角,俯仰角和翻滚角。

采用方向余弦矩阵描述载体运动

$$\dot{\boldsymbol{C}}_{\mathrm{b}}^{\mathrm{e}} = \boldsymbol{C}_{\mathrm{b}}^{\mathrm{e}}\boldsymbol{\Omega}_{\mathrm{be}} \tag{7.16}$$

式中:$\boldsymbol{C}_{\mathrm{b}}^{\mathrm{e}}$ 是载体坐标系到地理坐标系的方向余弦矩阵;$\boldsymbol{\Omega}_{\mathrm{be}}^{\mathrm{b}}$是载体坐标系相对地理坐标系的旋转角速度 $\boldsymbol{\omega}_{\mathrm{be}}^{\mathrm{b}}$的斜对称矩阵。

令 $\boldsymbol{\omega}_{\mathrm{be}}^{\mathrm{e}}$代表地理坐标系相对惯性空间的旋转角速度,其分量表达式

$$\begin{aligned} \omega_x &= -\frac{V_y}{R+h} \\ \omega_y &= \frac{V_x}{R+h} + \omega_{\mathrm{e}}\cos\varphi \\ \omega_z &= \frac{V_y}{R+h}\tan\varphi + \omega_{\mathrm{e}}\sin\varphi \end{aligned} \tag{7.17}$$

式中:$\omega_{\mathrm{e}}, R, \varphi, h$ 分别为地球的自转角速率,地球半径,地理纬度和载体高度;V_x, V_y 表示载体相对地球的运动速度在地理坐标系东向及北向的分量。

$\boldsymbol{\omega}_{\mathrm{bi}}^{\mathrm{b}}$代表角速度陀螺直接测得的绝对角速率,则

$$\boldsymbol{\omega}_{\mathrm{be}}^{\mathrm{b}} = \boldsymbol{\omega}_{\mathrm{bi}}^{\mathrm{b}} - \boldsymbol{C}_{\mathrm{e}}^{\mathrm{b}}\begin{bmatrix} -\dfrac{V_y}{R+h} \\ \dfrac{V_x}{R+h} + \omega_{\mathrm{e}}\cos\varphi \\ \dfrac{V_y}{R+h}\tan\varphi + \omega_{\mathrm{e}}\sin\varphi \end{bmatrix} \tag{7.18}$$

将式(7.18)带入式(7.16),对时间积分即可得到姿态矩阵。

同样,加速度计测得沿载体三个方向的比力。利用姿态矩阵进行坐标转换,并消除哥氏加速度和离心加速度的干扰,可以得到载体相对地理坐标系的加速度,其机械编排方程如下

$$\begin{aligned} \dot{V}_x &= f_x + \left(\frac{V_y}{(R+h)\cos\varphi} + 2\omega_{\mathrm{e}}\right)\sin\varphi V_y - \left(\frac{V_x}{(R+h)\cos\varphi} + 2\omega_{\mathrm{e}}\right)\cos\varphi V_z \\ \dot{V}_y &= f_y - \left(\frac{V_x}{(R+h)\cos\varphi} + 2\omega_{\mathrm{e}}\right)\sin\varphi V_x - \frac{V_y V_z}{(R+h)} \\ \dot{V}_z &= f_z + \left(\frac{V_x}{(R+h)\cos\varphi} + 2\omega_{\mathrm{e}}\right)\cos\varphi V_x + \frac{V_y^2}{(R+h)} - g_{\mathrm{e}} \end{aligned} \tag{7.19}$$

式中:$\dot{V}_x, \dot{V}_y, \dot{V}_z$为载体相对地理坐标系的加速度分量;$f_x, f_y, f_z$ 为加速度计测得的

比力分量；g_e 为重力加速度。

根据经、纬度的定义，对速度项进行积分，即可得到位置方程

$$\begin{cases} \dot{\varphi} = -\dfrac{V_y}{(R+h)} \\ \dot{\lambda} = \dfrac{V_x}{(R+h)\cos\varphi} \\ \dot{h} = V_z \end{cases} \tag{7.20}$$

2）MIMU 系统误差方程式

由于惯性器件存在各种误差，根据上述机械编排方程，利用摄动方程，可以得到惯性导航系统 MIMU 的线性误差模型。

数学平台误差角方程

$$\begin{aligned} \dot{\alpha} &= \left(\frac{V_x}{R+h}\tan\varphi + \omega_e\sin\varphi\right)\beta - \left(\frac{V_x}{R+h} + \omega_e\cos\varphi\right)\gamma \\ &\quad - \frac{1}{R+h}\delta V_y + \frac{V_y}{(R+h)^2}\delta h + \varepsilon_x \\ \dot{\beta} &= -\left(\frac{V_x}{R+h}\tan\varphi + \omega_e\sin\varphi\right)\alpha - \frac{V_y}{R+h}\gamma + \frac{1}{R+h}\delta V_x \\ &\quad - \omega_e\sin\varphi\delta\varphi - \frac{V_x}{(R+h)^2}\delta h + \varepsilon_y \\ \dot{\gamma} &= \frac{V_x}{R+h} + \omega_e\sin\varphi\alpha + \frac{V_y}{R+h}\beta + \frac{1}{R+h}\tan\varphi\delta V_x + \left(\frac{V_x}{R+h}\sec^2\varphi + \omega_e\cos\varphi\right)\delta\varphi \\ &\quad - \frac{V_x}{(R+h)^2}\tan\varphi\delta h + \varepsilon_z \end{aligned} \tag{7.21}$$

速度误差方程

$$\begin{aligned} \delta\dot{V}_x &= -f_z\beta + f_y\gamma - \left(\frac{V_z}{R+h} - \frac{V_y}{R+h}\tan\varphi\right)\delta V_x + \left(\frac{V_x}{R+h}\tan\varphi + 2\omega_e\sin\varphi\right)\delta V_y \\ &\quad - \left(\frac{V_x}{R+h}\tan\varphi + \omega_e\cos\varphi\right)\delta V_z + \left(2\omega_e V_z\sin\varphi + \frac{V_y V_x}{R+h}\sec^2\varphi + 2\omega_e V_x\cos\varphi\right)\delta\varphi \\ &\quad + \left(\frac{V_x V_z}{(R+h)^2} - \frac{V_x V_y}{(R+h)^2}\tan(\varphi)\right)\delta h + \Delta a_x \end{aligned}$$

$$\begin{aligned} \delta\dot{V}_y &= f_z\alpha - f_x\gamma - 2\left(\frac{V_x}{R+h}\tan\varphi + \omega_e\sin\varphi\right)\delta V_x - \frac{V_z}{R+h}\delta V_y - \frac{V_y}{R+h}\delta V_z \\ &\quad - \left(\frac{V_x^2}{R+h}\sec^2\varphi + 2\omega_e V\cos\varphi\right)\delta\varphi + \left(\frac{V_x^2}{(R+h)^2}\tan\varphi + \frac{V_y V_z}{(R+h)^2}\right)\delta h + \Delta a_y \end{aligned}$$

$$\delta\dot{V}_z = -f_y\alpha + f_x\beta + 2\left(\frac{V_x}{R+h} + \omega_e\cos\varphi\right)\delta V_x + 2\frac{V_y}{R+h}\delta V_y - 2\omega_e V_x\sin\varphi\delta\varphi + \frac{V_x^2+V_y^2}{(R+h)^2}\delta h + \Delta a_z \tag{7.22}$$

位置误差方程

$$\begin{aligned}
\delta\dot{\varphi} &= -\frac{1}{R+h}\delta V_y + \frac{V_y}{(R+h)^2}\delta h \\
\delta\dot{\lambda} &= \frac{1}{R+h}\sec\varphi\delta V_x + \frac{V_x}{R+h}\sec\varphi\tan\varphi\delta\varphi - \frac{V_x}{(R+h)^2}\sec\varphi\delta h \\
\delta\dot{h} &= \delta V_z
\end{aligned} \tag{7.23}$$

式中：α、β、γ 分别为计算地理坐标系相对地理坐标系的误差角；δV_x、δV_y、δV_z 为速度误差；$\delta\varphi$、$\delta\lambda$、δh 为地理纬度、经度和高度的误差；$[\Delta a_x \quad \Delta a_y \quad \Delta a_z]^T$、$[\varepsilon_x \quad \varepsilon_y \quad \varepsilon_z]^T$ 分别为加速度计零位误差和陀螺漂移率；R 为地球半径；ω_e 为地球自转角速率；f_x,f_y,f_z 为相应的比力分量。

此处，假定载体处于地面静止状态，即有

$$V_x = V_y = V_z = a_x = a_y = 0, \quad a_z = g$$

以及纬度 φ 的变化 $\delta\varphi\approx 0$，可以得到 MIMU 系统静基座下的简化误差方程如下

$$\begin{bmatrix} \dot{\alpha} \\ \dot{\beta} \\ \dot{\gamma} \\ \delta\dot{V}_x \\ \delta\dot{V}_y \\ \delta\dot{\varphi} \\ \delta\dot{\lambda} \end{bmatrix} = \begin{bmatrix} 0 & \omega_e\sin\varphi & -\omega_e\cos\varphi & 0 & -\frac{1}{R} & 0 & 0 \\ -\omega_e\sin\varphi & 0 & 0 & \frac{1}{R} & 0 & -\omega_e\sin\varphi & 0 \\ \omega_e\cos\varphi & 0 & 0 & \frac{1}{R}\tan\varphi & 0 & -\omega_e\cos\varphi & 0 \\ 0 & -g & 0 & 0 & 2\omega_e\sin\varphi & 0 & 0 \\ g & 0 & 0 & -2\omega_e\sin\varphi & 0 & 0 & 0 \\ 0 & 0 & 0 & 0 & -\frac{1}{R} & 0 & 0 \\ 0 & 0 & 0 & \frac{1}{R}\sec\varphi & 0 & 0 & 0 \end{bmatrix} \cdot \begin{bmatrix} \alpha \\ \beta \\ \gamma \\ \delta V_x \\ \delta V_y \\ \delta\varphi \\ \delta\lambda \end{bmatrix} + \begin{bmatrix} \varepsilon_x \\ \varepsilon_y \\ \varepsilon_z \\ \Delta a_x \\ \Delta a_y \\ 0 \\ 0 \end{bmatrix} \tag{7.24}$$

3）MIMU 系统静态误差仿真

基于静态 MIMU 系统误差方程，设定：

姿态角误差　　$\alpha=\beta=0.01°$，$\gamma=0.03°$。

速度误差　　$\delta V_x=\delta V_y=0$。

经、纬度误差　　$\delta\varphi=\delta\lambda=0.01°$。

加速度计的零位误差　　$\Delta a_x=\Delta a_y=\Delta a_z=10^{-5}g\ (1\sigma)$。

陀螺漂移率　　$\varepsilon_x=\varepsilon_y=\varepsilon_z=0.01°/\mathrm{h}\ (1\sigma)$。

另外，取地球半径 $R=6367.65\mathrm{km}$，地球自转角速度 $\omega_e=15.04107°/\mathrm{h}$，当地（北京）纬度 $\varphi=39.9°$，当地加速度 $g=9.78049\mathrm{m/s^2}$。

用四阶龙格—库塔法求解式(7.24)，即可求出系统静态测量误差。其速度、位置及姿态角测量误差曲线如图 7.9 ~ 图 7.15 所示。

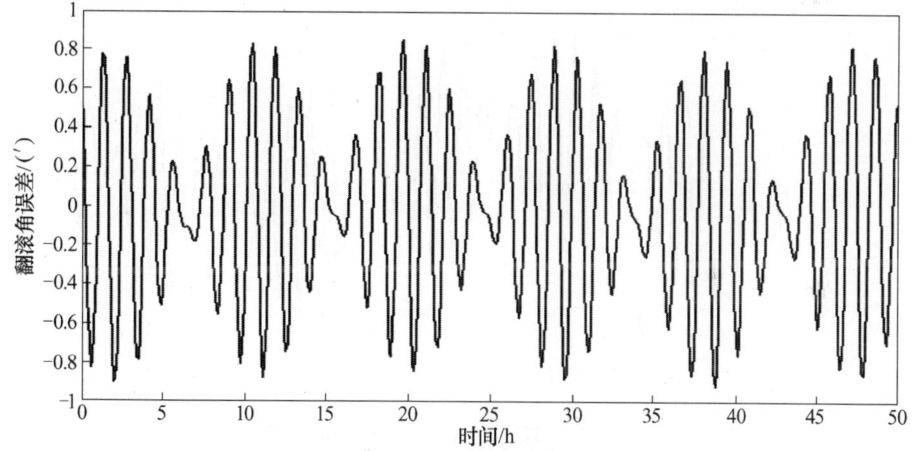

图 7.9　翻滚角误差

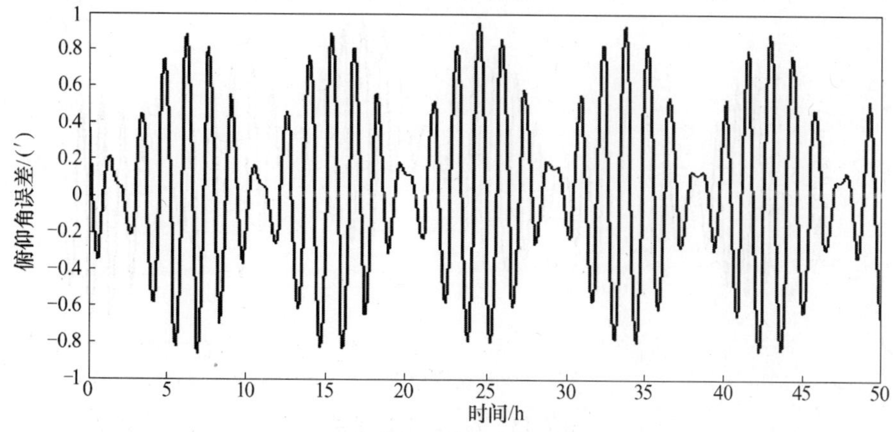

图 7.10　俯仰角误差

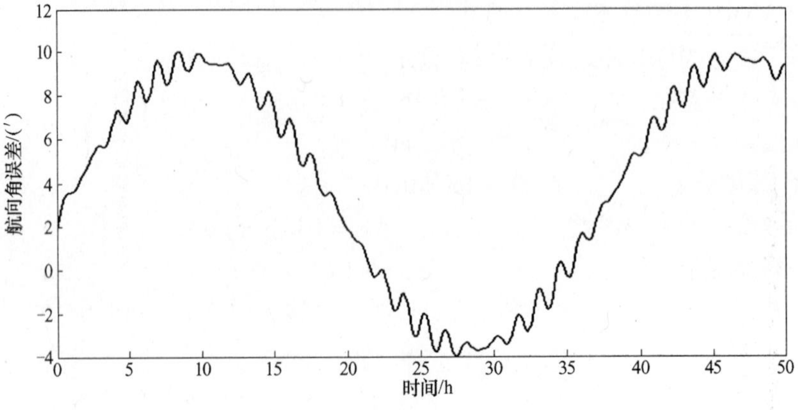

图 7.11　航向角误差

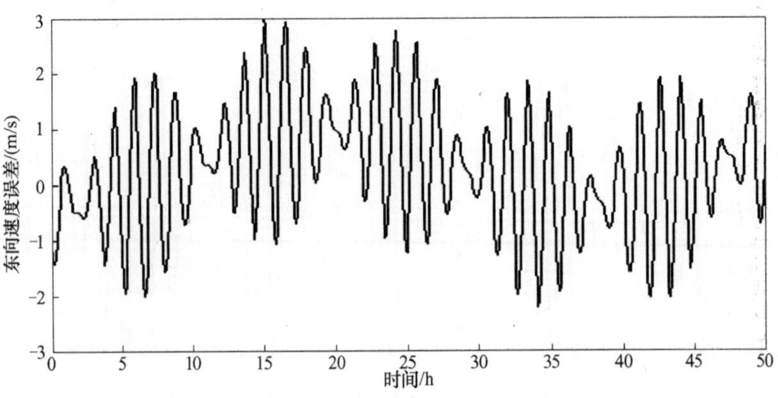

图 7.12　X(东)向速度误差

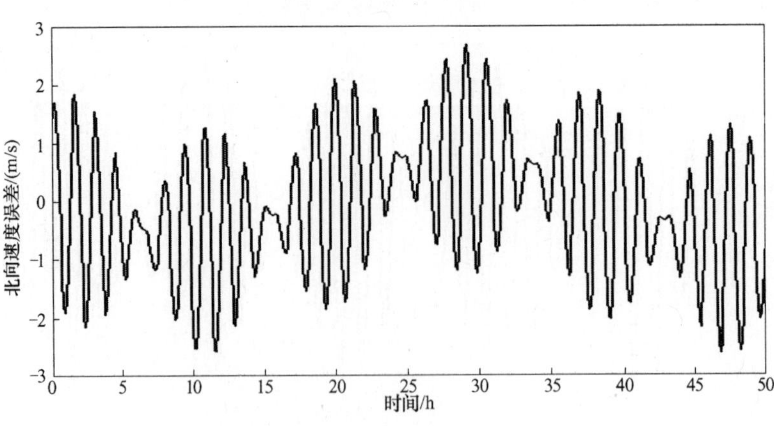

图 7.13　Y(北)向速度误差

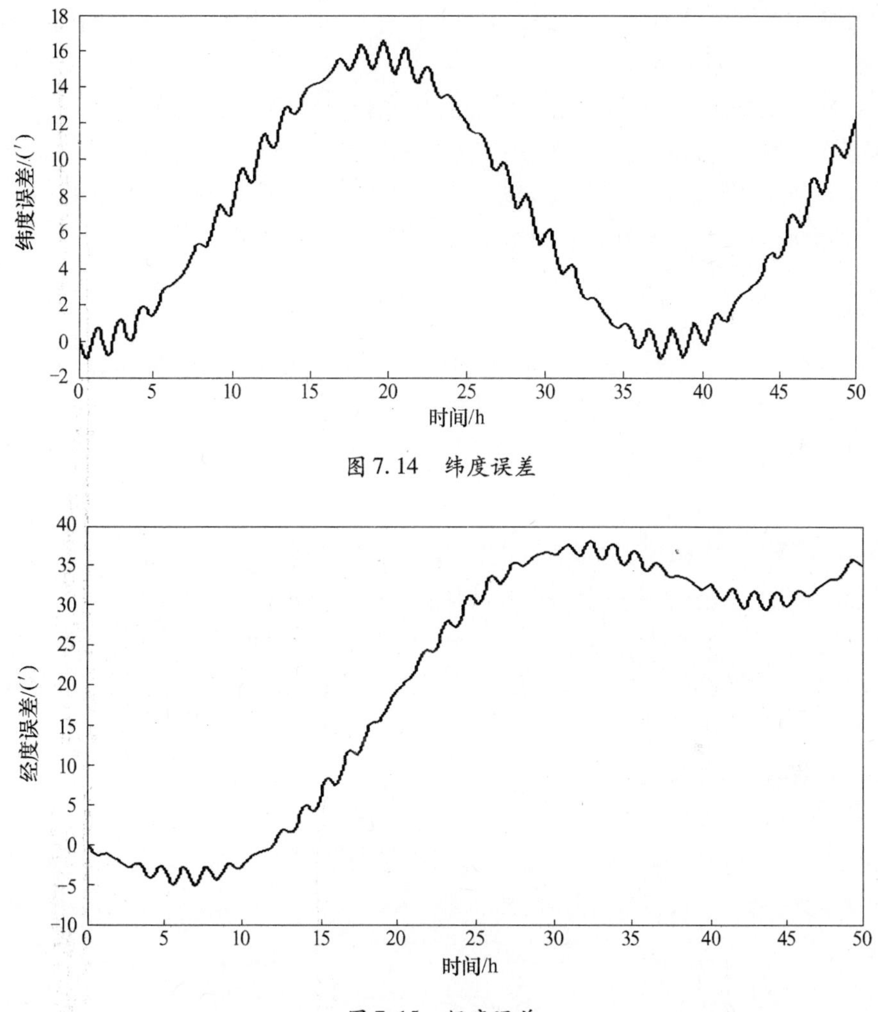

图7.14　纬度误差

图7.15　经度误差

由于MIMU三个通道之间存在相互耦合作用，系统的误差特性不只有舒拉（Schlar Oscillation）振荡周期的特性，还有付科（Fou cault cycle）周期及地球周期的振荡特性，且经度误差曲线符合误差方程所得到的经度误差具有开环的特性。

7.3　MIMU整体标定技术的研究

由于安装误差、零位偏差、标度因数等误差项的存在，作为一个整体，MIMU在使用前必须进行标定。惯性器件的误差由确定性误差和随机误差组成。由于随机误差的变化规律具有随机特性，只能通过统计方法得到它们的统计变化规律，然后利用滤波等方法加以补偿。本节只研究数值大小和变化规律确定不变的确定性误差的标定与补偿。

MIMU 系统整体标定是从捷联系统的整体误差模型着手,通过分别建立系统角速度和线加速度的测量模型,采用速率与多位置实验,整体标定系统惯性器件的安装误差、标度因数、漂移系数等误差项,从而便于对惯性器件的原始输出进行补偿,达到提高 MIMU 系统测量使用精度的目的。

7.3.1 惯性器件误差模型

捷联惯性测量系统中的惯性仪表(陀螺仪,加速度计)由于受环境条件的影响,会在工作中产生误差。理想状态下,即不考虑误差,陀螺仪和加速度计的输出可分别写为

$$G = K_g\omega_b,\ A = K_a a_b \tag{7.25}$$

式中:G、A 分别为陀螺仪、加速度计的输出;K_g、K_a 分别为陀螺仪、加速度计的标度因数;ω_b 为载体的运动角速度; a_b 为载体的运动加速度。

但是,由于仪表中存在各种干扰因素,实际中仪表所承受的角速度、加速度不再单纯是载体的运动角速度、运动加速度;而且当仪表将所承受的角速度、加速度转换成输出信息时,还会由于转换过程中的各种干扰而带来误差。

7.3.1.1 捷联系统的模型方程

首先,为了突出传感器受角速度和线加速度相关干扰的影响,此处不考虑标度因数误差。捷联系统采用单自由度陀螺仪测量角速度。考虑与线运动、角运动有关的误差,忽略由于失调角等项和动态误差项的影响,可得系统常用的角速度输出模型:

$$\begin{cases} D_X = K_g(X)[D_F(X) + \omega_{bX} + E_{XY}\omega_{bY} + E_{XZ}\omega_{bZ} + D_{1X}\omega_{bX} + D_{2X}\omega_{bY} + D_{3X}\omega_{bZ} + \varepsilon_{gX}] \\ D_Y = K_g(Y)[D_F(Y) + \omega_{bY} + E_{YZ}\omega_{bZ} + E_{YX}\omega_{bX} + D_{1Y}\omega_{bX} + D_{2Y}\omega_{bY} + D_{3Y}\omega_{bZ} + \varepsilon_{gY}] \\ D_Z = K_g(Z)[D_F(Z) + \omega_{bZ} + E_{ZX}\omega_{bX} + E_{ZY}\omega_{bY} + D_{1Z}\omega_{bX} + D_{2Z}\omega_{bY} + D_{3Z}\omega_{bZ} + \varepsilon_{gZ}] \end{cases} \tag{7.26}$$

式中:D_X,D_Y,D_Z 分别为 X_b,Y_b,Z_b 轴陀螺仪输出电压(V);$K_g(X),K_g(Y),K_g(Z)$ 为陀螺标度因数(V/((°)·s));$D_F(X),D_F(Y),D_F(Z)$ 为陀螺仪常值漂移((°)/s);$\omega_{bX},\omega_{bY},\omega_{bZ}$分别为载体绕 X_b,Y_b,Z_b 轴转动角速度((°)/s);E_{ij}为绕载体 $j(j=X_b,Y_b,Z_b)$ 轴角速度对 $i(i=X_b,Y_b,Z_b)$ 轴输出量影响的安装误差系数;D_{ij}为陀螺的正交不平衡漂移系数($i=1,2,3,\ j=X,Y,Z$);$\varepsilon_{gX},\varepsilon_{gY},\varepsilon_{gZ}$为随机漂移((°)/s)。同样,系统加速度测量静态输出模型如下

$$\begin{cases} A_X = K_a(X)[k_0(X) + a_{bX} + k_{1Y}(X)a_{bY} + k_{1Z}(X)a_{bZ} + \varepsilon_{aX}] \\ A_Y = K_a(Y)[k_0(Y) + a_{bY} + k_{1Z}(Y)a_{bZ} + k_{1X}(Y)a_{bX} + \varepsilon_{aY}] \\ A_Z = K_a(Z)[k_0(Z) + a_{bZ} + k_{1X}(Z)a_{bX} + k_{1Y}(Z)a_{bY} + \varepsilon_{aZ}] \end{cases} \tag{7.27}$$

式中:A_X, A_Y, A_Z 分别为 X_b, Y_b, Z_b 轴加速度计输出电压(V);$K_a(X), K_a(Y), K_a(Z)$ 为加速度计标度因数(V/g_0);$k_0(X), k_0(Y), k_0(Z)$ 为加速度计偏置(g_0);g_0 为重力加速度;a_{bX}, a_{bY}, a_{bZ} 为 X_b, Y_b, Z_b 轴向惯性加速度(g_0);$k_{1Y}(X), k_{1Z}(X), k_{1Z}(Y)$, $k_{1X}(Y), k_{1X}(Z), k_{1Y}(Z)$ 为安装误差系数;$\varepsilon_{aX}, \varepsilon_{aY}, \varepsilon_{aZ}$ 为随机漂移(g_0)。

7.3.1.2 标度因数静态误差

同时对于陀螺仪,为了突出标度因数的作用,忽略陀螺本身角速度的误差,而且由于温度等因数的影响,仪表的输出不仅含有与角速度成比例的标度因数 K_g,还会含有与角速度平方成正比例的标度因数 $K_g^{(2)}$,所以陀螺仪输出

$$D = K_g(1 + \delta_g)\omega_b + K_g^{(2)}\omega_b^2 \tag{7.28}$$

式中:K_g 为仪表的标度系数; δ_g 为标度因数误差的相对值;$K_g^{(2)}$ 为与角速度平方成正比的标度因数。

对于加速度,可以依此类推

$$A = K_a(1 + \delta_a)a_b + K_a^{(2)}a_b^2 \tag{7.29}$$

7.3.2 MIMU 整体误差系数的标定

在捷联系统输出模型的基础上,重点讨论误差系数的标定与补偿方法。根据捷联系统的工作原理,标定实验可利用三轴转台进行。

7.3.2.1 速率实验

1) 步骤

(1) 转台的三框架位置互相正交,其外框垂直,其余两框架水平;

(2) 安装 MIMU,使其 OX_b, OY_b, OZ_b 分别与中、外、内框架重合,如图 7.16 所示。

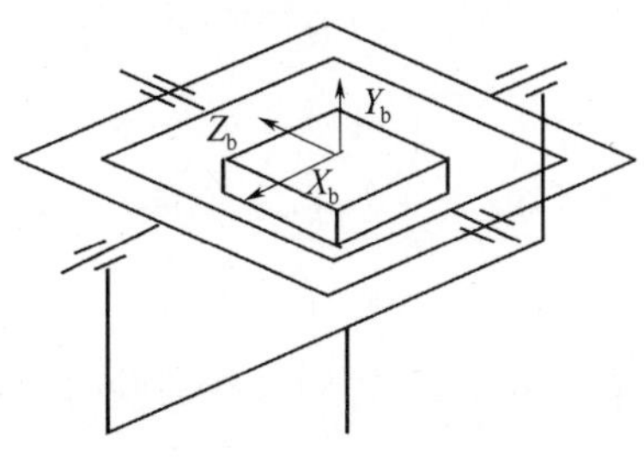

图 7.16 三轴转台示意图

（3）先使转台绕中框架（OX_b）转过90°，使内框架（OZ_b）轴位于垂直位置，然后以常值角速度（角速度可根据实际情况选取）绕外框架旋转，记下转动过程中三个轴的陀螺仪输出。

（4）分别使 OX_b，OY_b 轴处于垂直位置，而后重复上述步骤。

2）速率实验时陀螺仪的输出

（1）当惯性测量装置绕 OZ_b 轴做速率实验时，其输出角速度和输入加速度分别是

$$\begin{cases}\omega_{bZ}(i) = \omega(i) + \omega_e\sin\varphi \\ \omega_{bX}(i) = \omega_e\cos\varphi\cos\varphi_3(t) \\ \omega_{bY}(i) = \omega_e\cos\varphi\sin\varphi_3(t)\end{cases} \quad \begin{cases}a_Z(i) = g_0 \\ a_X(i) = 0 \\ a_Y(i) = 0\end{cases} \tag{7.30}$$

式中：$\omega(i)$为第 i 次转台绕外框架轴转动角速度（$i=1,2,\cdots$）（（°）/s）；ω_e 为地球转动角速度（（°）/s）；φ 为当地纬度；$\varphi_3(t)$为 t 时刻转台中框架与北向的夹角。

将上两式代入式（7.26），考虑式中各轴标度因数的非线性，按式（7.28），令 $\delta_g=0$

$$\begin{aligned}D_X &= K_g(X)\omega_{bX} + K_g^{(2)}(X)\omega_{bX}^2 \\ D_Y &= K_g(Y)\omega_{bY} + K_g^{(2)}(Y)\omega_{bY}^2 \\ D_Z &= K_g(Z)\omega_{bZ} + K_g^{(2)}(Z)\omega_{bZ}^2\end{aligned} \tag{7.31}$$

利用式（7.30）、式（7.31），又考虑到安装误差系数 E_{ij}很小，其平方项属于二阶小量，可略去不计；在转台转动一周时，$\varphi_3(t)$由0变化至2π，在此区间内，凡含有 $\cos\varphi_3(t)$，$\sin\varphi_3(t)$的各项积分均为0。这样捷联系统3个轴的输出量为

$$\begin{cases}D_{XZ} = \begin{bmatrix}[E_{XZ}(\omega(i)+\omega_e\sin\varphi) & [2E_{XZ}(\omega(i)+\omega_e\sin\varphi)D_F(X) \\ +D_F(X)] & +(D_F(X))^2]\end{bmatrix}\begin{bmatrix}K_g(X) \\ K_g^{(2)}(X)\end{bmatrix} \\ D_{YZ} = \begin{bmatrix}[E_{YZ}(\omega(i)+\omega_e\sin\varphi) & [2E_{YZ}(\omega(i)+\omega_e\sin\varphi)D_F(Y) \\ +D_F(Y)] & +(D_F(Y))^2]\end{bmatrix}\begin{bmatrix}K_g(Y) \\ K_g^{(2)}(Y)\end{bmatrix} \\ D_{ZZ} = \begin{bmatrix}\omega(i)+\omega_e\sin\varphi & [\omega(i)+\omega_e\sin\varphi \\ +D_F(Z)+D_Z(Z)g_0 & +D_F(Z)+D_Z(Z)g_0]^2\end{bmatrix}\begin{bmatrix}K_g(Z) \\ K_g^{(2)}(Z)\end{bmatrix}\end{cases} \tag{7.32}$$

式中：D_{XZ}，D_{YZ}，D_{ZZ}分别为第 i 次绕 Z_b 轴做速率实验时，X_b，Y_b，Z_b通道陀螺仪输出电压值（V）。

（2）当惯性测量装置绕 OX_b 轴做速率实验时，可得

$$\begin{cases}\omega_{bZ}(i)=-\omega_e\cos\varphi\sin\varphi_3(t)\\ \omega_{bX}(i)=\omega(i)+\omega_e\sin\varphi\\ \omega_{bY}(i)=\omega_e\cos\varphi\cos\varphi_3(t)\end{cases}\quad\begin{cases}a_{bZ}(i)=0\\ a_{bX}(i)=g_0\\ a_{bY}(i)=0\end{cases}\tag{7.33}$$

$$\begin{cases}D_{XX}=\begin{bmatrix}[(\omega(i)+\omega_e\sin\varphi) & [(\omega(i)+\omega_e\sin\varphi)\\ +D_F(X)+D_X(X)g_0] & +D_F(X)+D_X(X)g_0]^2\end{bmatrix}\begin{bmatrix}K_g(X)\\ K_g^{(2)}(X)\end{bmatrix}\\ D_{YX}=\begin{bmatrix}[E_{YX}(\omega(i)+\omega_e\sin\varphi) & [2E_{YX}(\omega(i)+\omega_e\sin\varphi)(D_F(Y)+D_X(Y)g_0)\\ +D_F(Y)+D_X(Y)g_0] & +(D_F(Y)+D_X(Y)g_0)^2]\end{bmatrix}\begin{bmatrix}K_g(Y)\\ K_g^{(2)}(Y)\end{bmatrix}\\ D_{ZX}=\begin{bmatrix}[E_{ZX}(\omega(i)+\omega_e\sin\varphi) & 2E_{ZX}(\omega(i)+\omega_e\sin\varphi)D_F(Z)\\ +D_F(Z)] & +(D_F(Z))^2\end{bmatrix}\begin{bmatrix}K_g(Z)\\ K_g^{(2)}(Z)\end{bmatrix}\end{cases}\tag{7.34}$$

(3) 当惯性测量装置绕 OY_b 轴做速率实验时,可得

$$\begin{cases}\omega_{bZ}(i)=\omega_e\cos\varphi\cos\varphi_3(t)\\ \omega_{bX}(i)=-\omega_e\cos\varphi\sin\varphi_3(t)\\ \omega_{bY}(i)=\omega(i)+\omega_e\sin\varphi\end{cases}\quad\begin{cases}a_{bZ}(i)=0\\ a_{bX}(i)=0\\ a_{bY}(i)=g_0\end{cases}\tag{7.35}$$

$$\begin{cases}D_{XY}=\begin{bmatrix}[E_{XY}(\omega(i)+\omega_e\sin\varphi) & [2E_{XY}(\omega(i)+\omega_e\sin\varphi)(D_F(X)\\ +D_F(X)+D_Y(X)g_0] & +D_Y(X)g_0)+(D_F(X)+D_Y(X)g_0)^2]\end{bmatrix}\begin{bmatrix}K_g(X)\\ K_g^{(2)}(X)\end{bmatrix}\\ D_{YY}=\begin{bmatrix}[(\omega(i)+\omega_e\sin\varphi) & [(\omega(i)+\omega_e\sin\varphi)\\ +D_F(Y)+D_Y(Y)g_0] & +D_F(Y)+D_Y(Y)g_0]^2\end{bmatrix}\begin{bmatrix}K_g(Y)\\ K_g^{(2)}(Y)\end{bmatrix}\\ D_{ZY}=\begin{bmatrix}[E_{ZY}(\omega(i)+\omega_e\sin\varphi) & [2E_{ZY}(\omega(i)+\omega_e\sin\varphi)(D_F(Z)\\ +D_F(Z)+D_Y(Z)g_0] & +D_Y(Z)g_0)+(D_F(Z)+D_Y(Z)g_0)^2]\end{bmatrix}\begin{bmatrix}K_g(Z)\\ K_g^{(2)}(Z)\end{bmatrix}\end{cases}\tag{7.36}$$

3) 速率试验参数的综合计算

分别绕 X_b,Y_b,Z_b 轴的速率实验,绕每个轴共做 n 种($i=1,2,\cdots,n$)不同常值角速度值,记下每次实验中陀螺的输出 $D_{XX}(i)$,$D_{YY}(i)$,$D_{ZZ}(i)$。若已知3个通道陀螺仪各漂移系数,则可根据式(7.32)中的第三式,式(7.34)中的第一式,式(7.36)中的第二式分别标定捷联系统三个轴的标度因数 $K_g(X)$,$K_g^{(2)}(X)$,$K_g(Y)$,$K_g^{(2)}(Y)$,$K_g(Z)$,$K_g^{(2)}(Z)$。

以绕 Z_b 轴速率实验为例,作完 n 次实验后,将式(7.32)中的第三式写成如下形式的线性回归型方程

$$\boldsymbol{U}=\boldsymbol{AX}+\boldsymbol{\varepsilon}\tag{7.37}$$

式中:$\boldsymbol{A}$ 为角速度矢量;$\boldsymbol{U}$ 为 $n\times1$ 阶测量值;$\boldsymbol{X}$ 为 2×1 阶标度因数矢量;$\boldsymbol{\varepsilon}$ 为 $n\times1$ 阶随机矢量。

实验中已读取各次的陀螺输出电压 $D_{ZZ}(1),D_{ZZ}(2),\cdots$。若陀螺仪的漂移系数 $D_{\mathrm{F}}(Z),D_{\mathrm{Z}}(Z)$ 为已知,则式(7.37)用最小二乘法进行线性回归计算

$$\hat{\boldsymbol{X}}=[\boldsymbol{A}^{\mathrm{T}}\cdot\boldsymbol{A}]^{-1}\boldsymbol{A}^{\mathrm{T}}\boldsymbol{U} \tag{7.38}$$

在求得捷联系统三个轴的标度因数 $K_{\mathrm{g}}(X)$、$K_{\mathrm{g}}^{(2)}(X)$、$K_{\mathrm{g}}(Y)$、$K_{\mathrm{g}}^{(2)}(Y)$、$K_{\mathrm{g}}(Z)$、$K_{\mathrm{g}}^{(2)}(Z)$后,即可按式(7.32)中的第一、二式,式(7.34)中的第二、三式,式(7.36)中的第一、三式求出各次实验中的安装误差系数。

$$\begin{cases}E_{XZ}=\dfrac{D_{XZ}-D_{\mathrm{F}}(X)K_{\mathrm{g}}(X)-K_{\mathrm{g}}^{(2)}(X)[D_{\mathrm{F}}(X)]^2}{K_{\mathrm{g}}(X)(\omega_3(i)+\omega_{\mathrm{e}}\sin\varphi)+2K_{\mathrm{g}}^{(2)}(X)(\omega_3(i)+\omega_{\mathrm{e}}\sin\varphi)D_{\mathrm{F}}(X)}\\ E_{YZ}=\dfrac{D_{YZ}-D_{\mathrm{F}}(Y)K_{\mathrm{g}}(Y)-K_{\mathrm{g}}^{(2)}(Y)[D_{\mathrm{F}}(Y)]^2}{K_{\mathrm{g}}(Y)(\omega_3(i)+\omega_{\mathrm{e}}\sin\varphi)+2K_{\mathrm{g}}^{(2)}(Y)(\omega_3(i)+\omega_{\mathrm{e}}\sin\varphi)D_{\mathrm{F}}(Y)}\\ E_{YX}=\dfrac{D_{YX}-[D_{\mathrm{F}}(Y)+D_X(Y)g_0]K_{\mathrm{g}}(Y)-K_{\mathrm{g}}^{(2)}(Y)[D_{\mathrm{F}}(Y)+D_X(Y)g_0]^2}{K_{\mathrm{g}}(Y)(\omega_3(i)+\omega_{\mathrm{e}}\sin\varphi)+2K_{\mathrm{g}}^{(2)}(Y)(\omega_3(i)+\omega_{\mathrm{e}}\sin\varphi)[D_{\mathrm{F}}(Y)+D_X(Y)g_0]}\\ E_{ZX}=\dfrac{D_{ZX}-D_{\mathrm{F}}(Z)K_{\mathrm{g}}(Z)-K_{\mathrm{g}}^{(2)}(Z)[D_{\mathrm{F}}(Z)]^2}{K_{\mathrm{g}}(Z)(\omega_3(i)+\omega_{\mathrm{e}}\sin\varphi)+2K_{\mathrm{g}}^{(2)}(Z)(\omega_3(i)+\omega_{\mathrm{e}}\sin\varphi)D_{\mathrm{F}}(Z)}\\ E_{XY}=\dfrac{D_{XY}-[D_{\mathrm{F}}(X)+D_Y(X)g_0]K_{\mathrm{g}}(X)-K_{\mathrm{g}}^{(2)}(X)[D_{\mathrm{F}}(X)+D_Y(X)g_0]^2}{K_{\mathrm{g}}(X)(\omega_3(i)+\omega_{\mathrm{e}}\sin\varphi)+2K_{\mathrm{g}}^{(2)}(X)(\omega_3(i)+\omega_{\mathrm{e}}\sin\varphi)[D_{\mathrm{F}}(X)+D_Y(X)g_0]}\\ E_{ZY}=\dfrac{D_{ZY}-[D_{\mathrm{F}}(Z)+D_Y(Z)g_0]K_{\mathrm{g}}(Z)-K_{\mathrm{g}}^{(2)}(Z)[D_{\mathrm{F}}(Z)+D_Y(Z)g_0]^2}{K_{\mathrm{g}}(Z)(\omega_3(i)+\omega_{\mathrm{e}}\sin\varphi)+2K_{\mathrm{g}}^{(2)}(Z)(\omega_3(i)+\omega_{\mathrm{e}}\sin\varphi)[D_{\mathrm{F}}(Z)+D_Y(Z)g_0]}\end{cases} \tag{7.39}$$

由于每次实验的算式中均只含有一个待求的安装误差系数,在分别计算 n 次实验算式中的安装误差系数后,求取其平均值。

7.3.2.2 多位置实验

利用地球转速和重力加速度,通过静态多位置实验,可确定捷联系统中各惯性器件误差模型中的各项误差系数。将系统分别以 X_{b}、Y_{b}、Z_{b} 为转轴做相关安排,以每45°间隔为一读数位置,充分利用地球转速和重力加速度随位置不同的幅度变化,在每个位置上读取陀螺输出电压,连同零位共计24个位置。

1) 步骤

(1) 外框架垂直,中框架和内框架水平,其中内框指北,即初始时,内、中、外三框架转向 φ_1、φ_2、φ_3 均为零,捷联系统三个坐标轴 X_{b}、Y_{b}、Z_{b} 分别指向西、天、北方向,顺次转动内框架,以45°间隔为一读数位置,连同零位共计8个位置(1~8),在

每个位置上读取陀螺输出电压。

(2) 外框架垂直，中框架水平且指向北，即初始 $\varphi_1 = 0°, \varphi_2 = -90°, \varphi_3 = -90°$，捷联系统三个坐标轴 X_b, Y_b, Z_b 分别指向北、西、天方向，顺次转动中框架，以 45°间隔为一读数位置，连同零位共计 8 个位置(9 ~ 16)，在每个位置上读取陀螺输出电压。

(3) 外框架垂直，中框架水平且指向北，即初始 $\varphi_1 = 90°, \varphi_2 = 0°, \varphi_3 = -90°$，捷联系统三个坐标轴 X_b、Y_b、Z_b 分别指向天、南、东方向，顺次转动中框架，以 45°间隔为一读数位置，连同零位共计 8 个位置(17 ~ 24)，在每个位置上读取陀螺输出电压。

2) 多位置实验参数计算

计算时，假设标度因数 $K_g(X)$，各安装误差系数(E_{XY}, E_{XZ})均已由速率实验标定，略去标度因数非线性，即 $K_g^{(2)}(X) = 0, \delta_g(X) = 0$ 且略去动态误差项(即不等惯量项，角加速度项)，则式(7.26)中的第一式可改为

$$\boldsymbol{U} - \boldsymbol{W}\boldsymbol{E} = \boldsymbol{A}\boldsymbol{X} + \boldsymbol{\varepsilon} \tag{7.40}$$

式中：$\boldsymbol{U}$ 为测量角速度；$\boldsymbol{W}$ 为输入角速度；$\boldsymbol{E}$ 为安装误差系数；$\boldsymbol{\varepsilon}$ 为随机漂移；$\boldsymbol{A}$ 为输入加速度；$\boldsymbol{X} = [\boldsymbol{D}_F(\boldsymbol{X})]$ 为漂移系数。

假设 24 个位置实验的各次测量是相互独立的，则式(7.40)可用最小二乘法进行线性回归，可求出漂移系数的最优估值

$$\hat{\boldsymbol{X}} = [\boldsymbol{A}^T \cdot \boldsymbol{A}]^{-1}\boldsymbol{A}^T(\boldsymbol{U} - \boldsymbol{W}\boldsymbol{E}) \tag{7.41}$$

由此可计算出 X_b 通道陀螺漂移系数的最优估值 $\hat{\boldsymbol{D}}_F(\boldsymbol{X})$。

同理，将 24 个位置实验数据分别代入式(7.26)的第二、三式，作与上述同样的分析计算，即可求出捷联系统 Y_b, Z_b 通道陀螺的漂移系数的最优估值。

7.3.2.3 加速度计静态误差系数的标定

与陀螺标定同理，捷联系统加速度计的各项静态误差系数的标定是在多位置实验中同时进行的，即在对陀螺仪静态误差系数标定过程中，同时记录下 3 个通道加速度计的输出电压，而后同样采用线性回归法能够计算出加速度计的各静态误差系数：标度因数，二次项，安装误差等。

7.3.2.4 速率实验和多位置实验数据的迭代计算

首先，根据速率实验数据计算各通道标度因数和安装误差；然后利用已知的标度因数和安装误差，根据多位置实验数据，计算出各通道陀螺仪的漂移系数及其 σ 值，并将已求出的陀螺仪漂移系数再代入速率实验的标定计算式，重新计算出各通道的标度因数和安装误差系数……依次循环，直至各通道的标度因数的相对误差值低于预先规定的值，如图 7.17 所示。

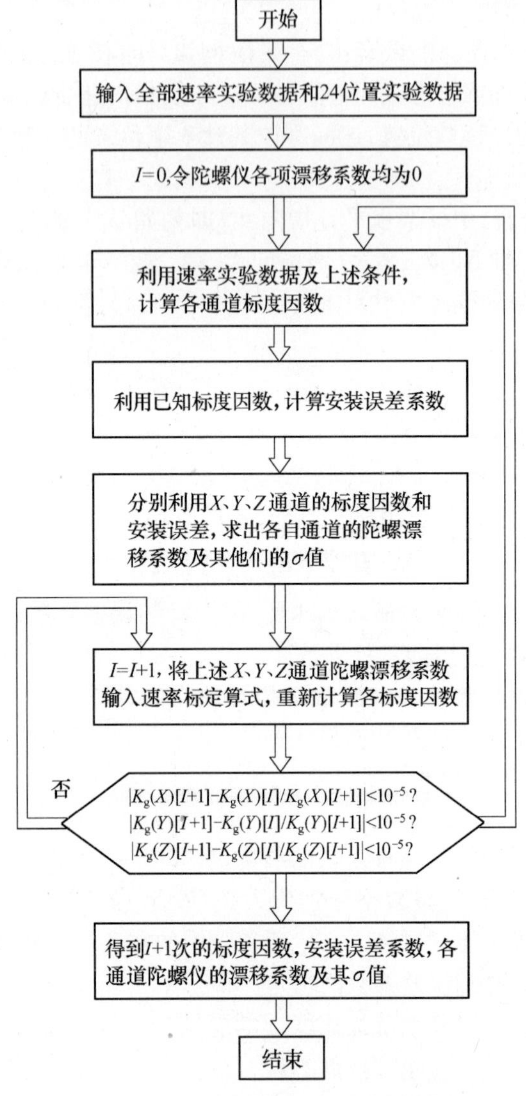

图 7.17　标定数据实验迭代流程

7.4　MIMU 组合导航技术

MIMU 由于测量定位误差随时间积累增长，因而难以完成长期测量工作。这一问题的解决途径通常有两种：一是提高微型惯性器件本身的精度，主要依靠采用新材料、新工艺和新技术来提高现有器件的精度，或研制新型高精度的微型惯性器件,这需要花费大量的人力、物力、财力和时间,而且微型惯性器件精度能否提高受器件工作原理及制造条件的限制;二是采用组合导航技术,通过滤波器设计,与其他长期测量精度保持稳定可靠的辅助测量系统构成组合导航系统来提高 MIMU 测量精度,这是一种行之有效的方法,也是目前导航技术的主要发展方向。在本章中,将对 MIMU 与磁强计、GPS 组合导航及其相关滤波技术开展研究。

7.4.1 滤波算法的研究

7.4.1.1 卡尔曼滤波

自 1960 年以来,卡尔曼(Kalman)滤波(KF)在最优滤波领域得到了广泛的应用。在非线性滤波方面,通过 KF 线性化得到了扩展 Kalman 滤波器(EKF)已成为标准设计方法。

滤波的状态方程和测量方程有如下标准形式

$$\begin{aligned} \dot{\boldsymbol{x}}(t) &= f(\boldsymbol{x}(t),t) + \boldsymbol{w}(t) \\ z &= \boldsymbol{h}(x) + \boldsymbol{v} \end{aligned} \tag{7.42}$$

式中:$\boldsymbol{x}$ 是系统的 n 维状态矢量,并设方差为 $\boldsymbol{P}$;z 为测量值;$\boldsymbol{f}$ 是 n 维矢量函数;$\boldsymbol{h}$ 是 m 维矢量函数;$\boldsymbol{w}$ 是 p 维随机过程噪声,方差为 $\boldsymbol{Q}$;$\boldsymbol{v}$ 是 q 维随机观测噪声,方差为 $\boldsymbol{R}$。EKF 过程如下。

1)初始化

$$\begin{aligned} \hat{\boldsymbol{x}}_0 &= \boldsymbol{E}[\boldsymbol{x}_0] \\ \boldsymbol{P}_0 &= E[(\boldsymbol{x}_0 - \hat{\boldsymbol{x}}_0)(\boldsymbol{x}_0 - \hat{\boldsymbol{x}}_0)^{\mathrm{T}}] \end{aligned} \tag{7.43}$$

2)时间更新方程

$$\begin{aligned} \hat{\boldsymbol{x}}_k^- &= \boldsymbol{f}(\hat{\boldsymbol{x}}_{k-1}) + \boldsymbol{w}_k \\ \dot{\boldsymbol{P}}_k(-) &= \boldsymbol{F}(\hat{\boldsymbol{x}}_k^-,t_k)\boldsymbol{P}_{k-1} + \boldsymbol{P}_{k-1}\boldsymbol{F}^{\mathrm{T}}(\hat{\boldsymbol{x}}_k^-,t_k) + \boldsymbol{Q}(t) \end{aligned} \tag{7.44}$$

3)测量更新方程如下

$$\begin{aligned} \boldsymbol{K}_k &= \boldsymbol{P}_k(-)\boldsymbol{H}_k^{\mathrm{T}}(\boldsymbol{H}_k\boldsymbol{P}_k(-)\boldsymbol{H}_k^{\mathrm{T}} + \boldsymbol{R}_k)^{-1} \\ \hat{\boldsymbol{x}}_k &= \hat{\boldsymbol{x}}_k^- + \boldsymbol{K}_k(z_k - \boldsymbol{h}(\hat{\boldsymbol{x}}_k^-,\bar{\boldsymbol{n}})) \\ \boldsymbol{P}_k &= \boldsymbol{P}_k(-) - \boldsymbol{K}_k\boldsymbol{C}_k\boldsymbol{P}_k(-) \end{aligned} \tag{7.45}$$

式中

$$\boldsymbol{F}_k = \frac{\partial f}{\partial \boldsymbol{x}},\boldsymbol{H}_k = \frac{\partial \boldsymbol{h}}{\partial \boldsymbol{x}}$$

$\boldsymbol{F}_k$,$\boldsymbol{H}_k$ 分别为对状态传递方程和测量传递方程进行线性化的表达式,即通常所说的雅克比矩阵;滤波值 $\hat{\boldsymbol{x}}_k$ 就是状态 $\boldsymbol{x}_k$ 的线性最小方差估计,是无偏估计;

$P_k(-)$表示第 $k-1$ 次方差阵。由于卡尔曼滤波方程采用递推形式,不需要存储任何测量数据,大大节省了内存空间,非常适用于电子计算机计算。

7.4.1.2 UKF(Unscented Kalman Filter)滤波

但从上面 EKF 算法介绍,可以发现 EKF 仅仅提供最优非线性估计的一阶近似,只简单地将所有非线性模型线性化,然后再利用线性卡尔曼滤波方法,而且在实际应中,一方面,如果时间间隔不足够小,线性化有可能产生极不稳定的滤波;另一方面,线性化过程需要计算雅可比矩阵的导数,这在多数情况下不是一件容易的事。为了解决这些问题,Julier 和 Uhlman 提出了一种新的推广卡尔曼滤波——U-卡尔曼滤波(UKF)。与 EKF 相比,UKF 选择一批可表达系统状态均值和方差的采样点,将这些采样点通过非线性变换以三阶精度近似于真实均值和方差。

1) 扩展卡尔曼滤波方法缺陷

1960 年,基于以下两个假设:①状态分布为高斯分布;②高斯分布经过线性运算后还是高斯分布, Kalman 首次提出了卡尔曼滤波。采用状态空间法来描述系统,算法采用递推方式,能处理多维和非平稳的随机过程。由于最初的卡尔曼滤波只适用于线性系统,为了将卡尔曼滤波应用到非线性情况,就产生了 EKF。EKF 通过"线性化"用线性系统去近似非线性系统,对所有的非线性信息用线性近似来代替。

设非线性离散系统状态方程

$$\boldsymbol{X}_k = \boldsymbol{f}(\boldsymbol{X}_{k-1}) + \boldsymbol{W}_k \tag{7.46}$$

式中:$\boldsymbol{f}$ 为状态转移矩阵;$\boldsymbol{W}_k$ 为 r 维系统动态噪声。

观测方程

$$\boldsymbol{y}_k = h(\boldsymbol{X}_k) + \boldsymbol{V}_k \tag{7.47}$$

式中:$\boldsymbol{y}_k$ 为观测矢量;h 是观测模型;$\boldsymbol{V}_k$ 是 r 维量测噪声。

假设噪声 $\boldsymbol{W}_k$ 和 $\boldsymbol{V}_k$ 都是不相关的零均值的高斯白噪声,与初始状态 $\boldsymbol{X}_0$ 也不相关,对 $k-1\geqslant1$,有

$$\begin{cases} E[\boldsymbol{W}_{k-1}] = 0,\ E[\boldsymbol{W}_{k-1}\boldsymbol{W}_{j-1}^{\mathrm{T}}] = \boldsymbol{Q}_{k-1}\delta_{k-1,j-1} \\ E[\boldsymbol{V}_{k-1}] = 0,\ E[\boldsymbol{V}_k\boldsymbol{V}_j^{\mathrm{T}}] = \boldsymbol{R}_k\delta_{k,j} \\ E[\boldsymbol{W}_k\boldsymbol{V}_j^{\mathrm{T}}] = 0,\ E[\boldsymbol{X}_0\boldsymbol{W}_{k-1}^{\mathrm{T}}] = 0,\ E[\boldsymbol{X}_0\boldsymbol{V}_k^{\mathrm{T}}] = 0 \end{cases} \tag{7.48}$$

高斯随机分布基础上,EKF 递推估计如下所示

$$\begin{cases} \hat{\boldsymbol{X}}_k = \hat{\boldsymbol{X}}_k^- + \boldsymbol{K}_k[\boldsymbol{y}_k - \hat{\boldsymbol{y}}_k^-] \\ \boldsymbol{P}_{X_k} = \boldsymbol{P}_{X_k}^- - \boldsymbol{K}_k\boldsymbol{P}_{\tilde{y}_k}\boldsymbol{K}_k^{\mathrm{T}} \end{cases} \tag{7.49}$$

虽然没有假设模型是线性的,但上式为线性递推的,式中最佳迭代解可由下式

给出

$$\hat{X}_k^- = E[F(\hat{X}_{k-1})] \tag{7.50}$$

$$K_k = P_{x_k y_k} P_{\tilde{y}_k \tilde{y}_k}^{-1}, \tilde{y}_k = y_k - \hat{y}_k^- \tag{7.51}$$

$$\hat{y}_k^- = E[H(\hat{X}_k^-)] \tag{7.52}$$

式中:$\hat{X}_k^-$,$\hat{y}_k^-$ 分别为 X_k 和 y_k 的最佳预测。

在线性情况下,卡尔曼滤波可以准确计算这些量。但对非线性模型,EKF 通过近似得到这些值,即

$$\hat{X}_k^- \approx f(\hat{X}_{k-1}) \tag{7.53}$$

$$K_k \approx P_{x_k y_k} P_{\tilde{y}_k \tilde{y}_k}^{-1} \tag{7.54}$$

$$\hat{y}_k^- \approx H(\hat{X}_k^-) \tag{7.55}$$

协方差的确定首先将模型线性化,$X_{k+1} \approx AX_k + BV_k$,$y_k \approx CX_k + DW_k$,然后对此线性系统确定其协方差矩阵,可认为此协方差矩阵就是非线性模型的协方差。换句话说,在 EKF 中,状态分布近似为高斯分布,它通过非线性系统的一阶线性化传递,即 EKF 给出的是最佳估计的一阶近似。虽然,EKF 也可做到二阶,但由于计算的复杂性使其实现比较困难,因此在实际应用中基本不考虑二阶的情况。一阶近似可能将很大的误差引入到变换后的随机变量的真实均值和协方差中,特别是在局部线性化的假设不成立时,线性化会产生极不稳定的滤波。另外,EKF 线性化过程中需要计算雅克比矩阵的导数,这在大多数情况下不是一件简单的事。

2)UT 变换

UKF 解决了 EKF 的近似问题。UKF 与 EKF 的不同之处在于 UKF 方法利用 Unscented 变换来计算被估计量及测量量预测值的均值和方差。Unscented 变换过程是:由被估计量的均值和方差产生一批离散的采样点,这批点经过状态方程和测量方程的传播后,通过加权求和产生预测值的均值和方差。

采样点的生成过程如下:设已知 n 维随机变量 X 的均值 $\bar{X}$ 和方差 P_{xx},X 经过非线性变换 $Y=f(X)$,得到随机变量 Y,其均值 $\bar{y}$ 和方差 P_{yy} 估计如下。

(1)计算 $2n+1$ 个加权 sigma 采样点

$$X_0 = \bar{X}$$

$$X_0 = \bar{X} + (\sqrt{(n+\lambda)P_{xx}})_i, \qquad i = 1, \cdots, n$$

$$X_i = \bar{X} - (\sqrt{(n+\lambda)P_{xx}})_{i-n}, i = 1, \cdots, 2n$$

$$w_0^{\mathrm{m}} = \lambda/(n+\lambda)$$

$$w_0^{c} = \lambda/(n+\lambda) + (1-\alpha^2+\beta)$$

$$w_i^{m} = w_i^{c} = 1/[2(n+\lambda)] \qquad i = 1,\cdots,2n \tag{7.56}$$

式中：$\lambda=\alpha^2(n+k)-n$，α 确定采样点围绕均值的分布程度，k 一般为零；β 包含 X 的验前分布信息（对于高斯分布，$\beta=2$ 为最优）。$(\sqrt{(n+\lambda)P_{xx}})_i$ 是矩阵平方根阵的第 i 行；w_i^{m}，w_i^{c} 是均值和方差的权重。状态变量为单变量时，选择 $k=2$，对状态变量为多变量时，一般选择 $k=3-L$，且应确保矩阵 $(L+\lambda)P_k^a$ 为半正定矩阵。系数 $0\leqslant\alpha\leqslant1$，调节 α 可以减小非线性方程的高阶项影响。

（2）通过非线性变换，得到变换后采样点

$$Y_i = f(X_i) \qquad i = 0,\cdots,2n \tag{7.57}$$

（3）计算均值和协方差估计

$$\dot{\boldsymbol{Y}} = \sum_{i=0}^{2n} w_i^{m}\boldsymbol{Y}_i$$

$$\boldsymbol{P}_{yy} = \sum_{i=0}^{2n} w_i^{c}(\boldsymbol{Y}_i-\overline{\boldsymbol{Y}})(\boldsymbol{Y}_i-\overline{\boldsymbol{Y}})^{T} \tag{7.58}$$

图 7.18 为一个 2 维系统均值与方差估计过程的示意图：图(a)为利用 Monte

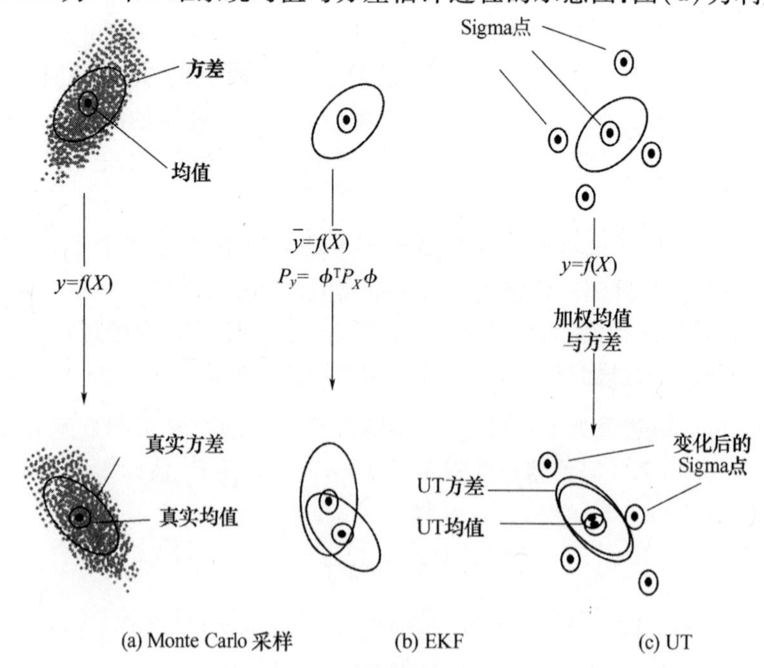

图 7.18　二维系统均值与方差估计

Carlo 采样，生成的真实均值与方差；图(b)为利用线性化生成的均值与方差，其间线性化与 EKF 相同；图(c)为利用 UT。显然，UT 变化比 EKF 线性化更接近于真实非线性状态。

3）UKF 设计

在卡尔曼滤波器的时间更新步骤中，需要递推状态 x 和测量 z 的均值和协方差。将 UT 变换应用于递推过程，其他部分保持不变，就得到了 UKF 滤波器。

(1) 初始化。将过程噪声和测量噪声增广为状态矢量，设增广后矢量维数为 n，$\boldsymbol{x}^{\mathrm{a}}$ 是增广状态矢量，$\boldsymbol{w}$ 和 $\boldsymbol{v}$ 是过程噪声和测量噪声。$\boldsymbol{X}^{\mathrm{a}}$ 是相应的采样点矢量。$\boldsymbol{P}_0$ 是原状态矢量协方差初始估计值，$\boldsymbol{P}_v$ 是过程噪声方差，$\boldsymbol{P}_n$ 是测量噪声方差。

$$\boldsymbol{x}^{\mathrm{a}} = [\boldsymbol{x}^{\mathrm{T}}\boldsymbol{w}^{\mathrm{T}}\boldsymbol{v}^{\mathrm{T}}]^{\mathrm{T}}$$

$$\boldsymbol{X}^{\mathrm{a}} = [(\boldsymbol{X}^{x})^{\mathrm{T}} \quad (\boldsymbol{X}^{w})^{\mathrm{T}} \quad (\boldsymbol{X}^{v})^{\mathrm{T}}]^{\mathrm{T}}$$

$$\hat{\boldsymbol{x}}_0 = \mathrm{E}[\boldsymbol{x}_0]$$

$$\boldsymbol{P}_0 = \mathrm{E}[(\boldsymbol{x}_0 - \hat{\boldsymbol{x}}_0)(\boldsymbol{x}_0 - \hat{\boldsymbol{x}}_0)^{\mathrm{T}}]$$

$$\hat{\boldsymbol{x}}_0^{\mathrm{a}} = \mathrm{E}[\boldsymbol{x}_0^{\mathrm{a}}] = [\hat{\boldsymbol{x}}_0^{\mathrm{T}} \quad 0 \quad 0]^{\mathrm{T}}$$

$$\boldsymbol{P}_0^{\mathrm{a}} = \mathrm{E}[(\boldsymbol{x}_0^{\mathrm{a}} - \hat{\boldsymbol{x}}_0^{\mathrm{a}})(x_0^{\mathrm{a}} - \hat{\boldsymbol{x}}_0^{\mathrm{a}})^{\mathrm{T}}] = \begin{bmatrix} \boldsymbol{P}_0 & 0 & 0 \\ 0 & \boldsymbol{P}_w & 0 \\ 0 & 0 & \boldsymbol{P}_v \end{bmatrix}$$

(2) 计算采样点

$\boldsymbol{X}_{0,k-1}^{\mathrm{a}} = \hat{\boldsymbol{x}}_{k-1}^{\mathrm{a}}$

$\boldsymbol{X}_{i,k-1}^{\mathrm{a}} = \hat{\boldsymbol{x}}_{k-1}^{\mathrm{a}} + (\sqrt{(n+\lambda)\boldsymbol{P}_{k-1}^{\mathrm{a}}})_i, \qquad i = 1,\cdots,n$, 共有 $2n+1$ 个采样点

$\boldsymbol{X}_{i,k-1}^{\mathrm{a}} = \hat{\boldsymbol{x}}_{k-1}^{\mathrm{a}} - (\sqrt{(n+\lambda)\boldsymbol{P}_{k-1}^{\mathrm{a}}})_i \qquad i = n+1,\cdots,2n$

(3) 时间更新方程

$$\boldsymbol{X}_{k|k-1}^{x} = \boldsymbol{F}(\boldsymbol{X}_{k-1}^{x}, \boldsymbol{X}_{k-1}^{w})$$

$$\hat{\boldsymbol{x}}_k^- = \sum_{i=0}^{2n} \boldsymbol{w}_i^{\mathrm{m}} \boldsymbol{X}_{i,k|k-1}^{x}$$

$$\boldsymbol{P}_k^- = \sum_{i=0}^{2n} \boldsymbol{w}_i^{\mathrm{c}} (\boldsymbol{X}_{i,k|k-1}^{x} - \hat{\boldsymbol{x}}_k^-)(\boldsymbol{X}_{i,k|k-1}^{x} - \hat{\boldsymbol{x}}_k^-)^{\mathrm{T}}$$

$$\boldsymbol{Z}_{k|k-1} = \boldsymbol{H}(\boldsymbol{X}_{k|k-1}^{x}, \boldsymbol{X}_{k-1}^{v})$$

$$\hat{\boldsymbol{z}}_k^- = \sum_{i=0}^{2n} \boldsymbol{w}_i^{\mathrm{m}} \boldsymbol{Z}_{i,k|k-1}$$

(4) 测量更新方程

$$P_{\tilde{Z}_k\tilde{Z}_k} = \sum_{i=0}^{2n} w_i^c (Z_{i,k|k-1} - \hat{z}_k^-)(Z_{i,k|k-1} - \hat{z}_k^-)^T$$

$$P_{X_k\tilde{Z}_k} = \sum_{i=0}^{2n} w_i^c (X_{i,k|k-1} - \hat{x}_k^-)(Z_{i,k|k-1} - \hat{x}_k^-)^T$$

$$K = P_{X_k\tilde{Z}_k} P_{\tilde{Z}_k\tilde{Z}_k}^{-1}$$

$$\hat{x}_k^+ = \hat{x}_k^- + K(z_k - \hat{z}_k^-)$$

$$P_k^+ = P_k^- - KP_{\tilde{Z}_k\tilde{Z}_k}K^T$$

$$P_{z_kz_k} = \sum_{i=0}^{2L} W_i^c [Z_{i,k}(-) - \hat{z}_k^-][Z_{i,k}(-) - \hat{z}_k^-]^T$$

$$P_{x_kz_k} = \sum_{i=0}^{2L} W_i^c [\chi_{i,k}^x(-) - \hat{x}_k^-][Z_{i,k}(-) - \hat{z}_k^-]^T$$

$$K_k = P_{x_kz_k} P_{z_kz_k}^{-1}$$

$$\hat{x}_k = \hat{x}_k^- + K_k(z_k - \hat{z}_k^-)$$

$$P_k = P_k(-) - K_k P_{z_kz_k} K_k^T$$

式中：z_k 为第 k 步的测量值。可以看出测量更新方程的最后三式与 EKF 中相应的方程等价，但由于 UKF 提高了预测值的精度，从而改善了滤波性能。

7.4.1.3 联邦(Federated Filter)滤波

随着可供载体装配的导航系统越来越多，非相似导航子系统的增加使量测信息增多。采用常规集中式卡尔曼滤波器对多传感器组合系统进行数据处理时，存在以下问题：①组合信息大量冗余时，计算量将以滤波器维数的三次方剧增，无法满足实时性要求；②导航子系统的增加使故障率也随之增加，在一子系统出现故障而又没有被及时检测出并隔离掉的情况下，整个导航系统都会被污染。Speyer，Bierman 和 Kerr 等人针对这一矛盾，先后提出了分散滤波思想，但仍存在信息量太大、在融合中需要考虑各局部状态估计解的相关性等实际操作困难。1988 年，Carlson 提出了联邦滤波理论(Federated Filtering)[18]，为组合导航系统提供了设计理论。

对于线性定常多传感器组合系统，可用如下离散形式来描述

$$X(k+1) = \boldsymbol{\phi}(k+1,k)X(k) + \boldsymbol{\Gamma}(k)W(k) \tag{7.59}$$

式中：$X(k+1)$ 为系统状态变量；$\boldsymbol{\phi}(k+1,k)$ 为状态的一步传递矩阵；$\boldsymbol{\Gamma}(k)$ 为系统

噪声矩阵；$\boldsymbol{W}(k)$为零均值白噪声系列。

设有 N 个传感器对系统进行独立测量，相应有 N 个局部滤波器，每个滤波器均可独立完成滤波计算。设第 i 个局部滤波器的模型为

$$\boldsymbol{X}_i(k+1)=\boldsymbol{\phi}_i(k+1,k)\boldsymbol{X}_i(k)+\boldsymbol{\Gamma}_i(k)\boldsymbol{W}_i(k) \tag{7.60}$$

$$\boldsymbol{Z}_i(k+1)=\boldsymbol{H}_i(k+1)\boldsymbol{X}_i(k+1)+\boldsymbol{V}_i(k+1) \tag{7.61}$$

式中：$\boldsymbol{Z}_i(k+1)$为第 i 个传感器的观测量；$\boldsymbol{H}_i(k+1)$为第 i 个传感器的观测矩阵；$\boldsymbol{V}_i(k+1)$为独立于 $\boldsymbol{W}(k)$的零均值白噪声系列。

1）基本原理

联邦滤波是一种分块估计，一种建立在信息分配基础上的特殊的分散滤波方法。在联邦滤波器中，子系统包括外部传感器 1，传感器 2，…，传感器 N，标准卡尔曼滤波器分别对应于不同的传感器，形成多个局部滤波器，每个局部滤波器并行工作，并通过全局滤波器进行信息综合、顺序处理，对所有局部滤波器输出产生的滤波结果进行信息融合，给出全局最佳状态估计。

2）基于联邦卡尔曼滤波的信息融合算法

信息融合的目的就是将多个局部滤波器的估计信息按一定方式进行分析与综合，以得到全局最优估计。设局部滤波器 i 的状态估计值为 $\hat{\boldsymbol{X}}_i$、系统噪声协方差阵为 $\boldsymbol{Q}_i$、状态矢量协方差阵为 $\boldsymbol{P}_i$，$i=1,\cdots,N$；在联邦滤波中，各子滤波器的局部估计值及其估计误差协方差阵送入主滤波器，和主滤波器的估计值一起融合得到主滤波器的相应量，记为 $\hat{\boldsymbol{X}}_g$、$\boldsymbol{Q}_g$、$\boldsymbol{P}_g$。联邦滤波器的计算过程如下。

（1）初始化。假设初始时刻全局状态的初始值为 $\hat{\boldsymbol{X}}_0$、其协方差阵 $\boldsymbol{P}_0$，系统噪声协方差阵为 $\boldsymbol{Q}_0$，通过信息分配因子分配到各局部滤波和全局滤波器。

$$\boldsymbol{Q}^{-1}=\boldsymbol{Q}_1^{-1}+\boldsymbol{Q}_2^{-1}+\cdots+\boldsymbol{Q}_N^{-1}+\boldsymbol{Q}_g^{-1},\boldsymbol{Q}_i^{-1}=\beta_i\boldsymbol{Q}^{-1}$$

$$\boldsymbol{P}^{-1}=\boldsymbol{P}_1^{-1}+\boldsymbol{P}_2^{-1}+\cdots+\boldsymbol{P}_N^{-1}+\boldsymbol{P}_g^{-1},\boldsymbol{P}_i^{-1}=\beta_i\boldsymbol{P}^{-1}$$

$$\boldsymbol{P}^{-1}\hat{\boldsymbol{X}}=P_1^{-1}\hat{\boldsymbol{X}}_1+P_2^{-1}\hat{\boldsymbol{X}}_2+\cdots+\boldsymbol{P}_N^{-1}\hat{\boldsymbol{X}}_N+\boldsymbol{P}_g^{-1}\hat{\boldsymbol{X}}_g \quad i=1,2,\cdots,N$$

式中：β_i 满足信息能量守恒原则：$\beta_1+\beta_2+\cdots+\beta_N+\beta_g=1,0\leqslant\beta_i\leqslant1$。

（2）信息的时间更新。

$$\hat{X}_i(k+1/k)=\phi(k+1/k)\hat{X}_i(k)$$

$$\boldsymbol{P}_i(k+1/k)=\boldsymbol{\phi}(k+1,k)\boldsymbol{P}_i(k/k)\boldsymbol{\phi}^{\mathrm{T}}(k+1,k)+\boldsymbol{\Gamma}(k+1,k)\boldsymbol{Q}_i(k)\boldsymbol{\Gamma}^{\mathrm{T}}(k+1,k)$$

$$i=1,2,\cdots,N,m$$

（3）信息的量测更新。第 i 个局部滤波器的量测更新为

$$\boldsymbol{P}_i^{-1}(k+1/k+1)\hat{\boldsymbol{X}}_i(k+1/k+1)=\boldsymbol{P}_i^{-1}(k+1/k)\hat{\boldsymbol{X}}_i(k+1/k)+\boldsymbol{H}_i^{\mathrm{T}}(k+1)$$

$$\boldsymbol{R}_i^{-1}(k+1)\boldsymbol{Z}_i(k+1)$$

$$\boldsymbol{P}_i^{-1}(k+1/k+1) = \boldsymbol{P}_i^{-1}(k+1/k) + \boldsymbol{H}_i^{\mathrm{T}}(k+1)\boldsymbol{R}_i^{-1}(k+1)\boldsymbol{H}_i(k+1) \quad i = 1,2,\cdots,N$$

(4) 信息融合。

$$\hat{\boldsymbol{X}}_{\mathrm{g}} = \boldsymbol{P}_{\mathrm{g}} \sum_{i=1}^{N} \boldsymbol{P}_i^{-1} \hat{\boldsymbol{X}}_i$$

$$\boldsymbol{P}_{\mathrm{g}} = \left(\sum_{i=1}^{N} \boldsymbol{P}_i^{-1} \right)^{-1}$$

式中：下标 g 表示全局估计。

3) 结构分析

根据“信息分配”方法的不同，即信息分配因子 $\beta_i(i=1,2,\cdots,N,m)$ 的取值不同，联邦滤波具有不同的结构。图 7.19 为一般情况下的联邦卡尔曼滤波器的结构图。

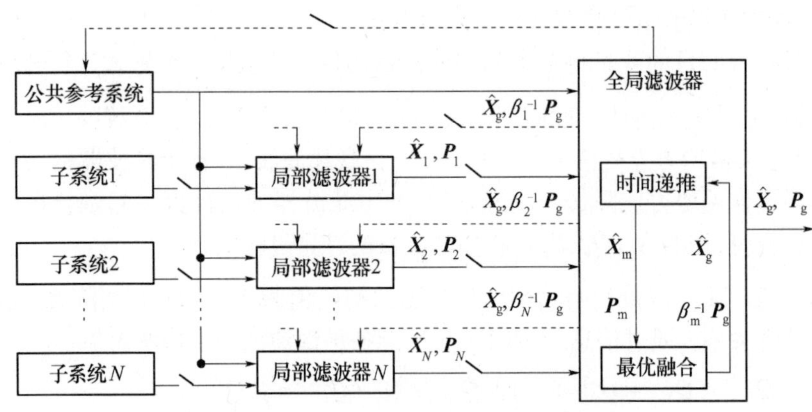

图 7.19 一般联邦卡尔曼滤波器的结构

(1) 无复位(No - Reset)结构。各个局部滤波器持有自身的全部信息，输出由时间更新和量测更新确定，没有反馈重置带来的影响。全局滤波器的输出仅由时间更新确定，只对输入信息进行融合处理但并不保留这些信息，对局部滤波器没有反馈。这种方式由于没有全局最优估计的重置，局部估计精度不高，但换来的是容错鲁棒性，所以也称作容错联邦滤波结构。

(2) 零复位(Zeros - Reset)结构。各局部滤波器向全局滤波器提供的是自从上一次发送数据后所得到的新信息，按公共状态的估计误差方差无穷大(即零信息)的情况处理。全局主滤波器具有长期记忆功能，保留全部融合信息。可以不同时地处理各局部滤波器的数据，对局部滤波器没有反馈。这种结构实现起来比较简单。

(3) 融合复位(Fuse - Reset)结构。全局主滤波器在每一次融合计算以后都要反馈分配信息。各局部滤波器在工作之前要等待从主滤波器来的反馈信息。本结构因为具有反馈作用,使得精度提高,但由于信息相互传播的同时,故障也通过相同的途径传播,因此容错能力下降。

(4) 重调(Rescale)结构。在进行信息融合时,局部滤波器只向全局滤波器提供部分信息,而自己保留剩余的另一部分信息。融合完成后,各局部滤波器将原有的状态估计值和方差都扩大至剩余信息的倒数倍后作为滤波初值,再进行下一个周期的滤波。

7.4.2 MIMU 与磁强计组合

卫星自主导航技术可实现卫星不依赖于地面系统支持的自主运行,不但可以有效地降低地面支持成本,而且可以提高卫星的生存能力。同时,卫星的发展趋向微小型化,要求采用小型化、廉价和满足任务要求的自主导航系统。

三轴磁强计体积小、重量轻,是一种可靠、低成本的姿态敏感器。由于地磁场强度矢量是与地球固连的矢量之一,利用三轴磁强计测量地磁的分量数据,其信号经计算可以获得磁场分量、总量和各种交参数。随着地磁场模型的日趋完善,将 MIMU 与磁强计构成组合系统,可有效估计陀螺漂移,提高组合定姿精度。特别对于低轨微小卫星,有丰富的地磁场资源可以利用,定姿精度要求不高,所以将体积小、重量轻、性能可靠,且具有一定精度水平的 MIMU/磁强计姿态测量组合应用于微小卫星的自主定姿,具有很强的实际意义。

与传统单磁强计定姿系统相比,一方面用陀螺输出代替卫星动力学模型,不需要递推动力学方程,滤波方程大大简化,计算量也显著下降;而且原有动力学递推精度由于受模型自身精度影响很大,无形当中影响了姿态测量精度,陀螺信息的引入提高了测量精度;另一方面通过滤波算法估计陀螺漂移,将陀螺漂移估计反馈给 MIMU,便可得到更精确的角速度测量值,从而能够减小 MIMU 系统误差随时间积累的不足,同时 MIMU 作为完全自主式导航系统,也提高了组合的抗干扰能力。

7.4.2.1 地磁场模型

地球磁场是一个地球物理场,由基本磁场与变化磁场两部分组成。基本磁场来源于地球内部,而变化磁场则与电离层的变化和太阳活动等有关。地球磁场是一个矢量场,自从高斯(Gauss)把球谐分析方法引进地磁学,建立地磁场的数学描述以来,地磁学得到了极大的发展。1965 年,J. Cain 等研究了全球地磁资料的高斯分析,得出全球地磁场模型。国际地磁学与高空大气物理学协会(IAGA)进行以 5 年为间隔的国际地磁参考场(IGRF)研究,到目前为止,已有 21 个 IGRF(1900—

2000)资料供研究使用。IGRF 的研究与制作,使得研究地磁场长期变化成为可能。

已知地磁场的势函数为空间位置的函数[19]

$$\nu(r,\theta,\phi) = a\sum_{n=1}^{k}\sum_{m=0}^{n}(a/r)^{n+1}(g_n^m\cos m\phi + h_n^m\sin m\phi)P_n^m(\cos\theta) \quad (7.62)$$

式中:a 为地球参考球赤道半径,$a=6378.2\text{km}$;r 为空间位置距地心的距离;ϕ 为地理经度;θ 为地心余纬;P_n^m 为施密特函数;g_n^m、h_n^m 称为高斯系数。

由于地磁场强度矢量 $\boldsymbol{B}$ 可以表示成地磁场势函数的负梯度 $\boldsymbol{B} = -\nabla\nu$,由此可以得到地磁场矢量与空间位置的关系式

$$\begin{cases} \boldsymbol{B}_r = -\dfrac{\partial\boldsymbol{\nu}}{\partial r} = \displaystyle\sum_{n=1}^{k}\left(\frac{a}{r}\right)^{n+2}(n+1)\sum_{m=0}^{n}(g^{n,m}\cos m\phi + h^{n,m}\sin m\phi)P^{n,m}(\theta) \\ \boldsymbol{B}_\theta = -\dfrac{\partial\boldsymbol{\nu}}{r\partial\theta} = -\displaystyle\sum_{n=1}^{n=k}\left(\frac{a}{r}\right)^{n+2}\sum_{m=0}^{n}(g^{n,m}\cos m\phi + h^{n,m}\sin m\phi)\frac{\partial P^{n,m}(\theta)}{\partial\theta} \\ \boldsymbol{B}_\phi = -\dfrac{\partial\boldsymbol{\nu}}{r\sin\theta\partial\phi} = \dfrac{-1}{\sin\theta}\displaystyle\sum_{n=1}^{k}\left(\frac{a}{r}\right)^{n+2}\sum_{m=0}^{n}m(-g^{n,m}\sin m\phi + h^{n,m}\cos m\phi)P^{n,m}(\theta) \end{cases} \quad (7.63)$$

利用上述三项表达式,可得到地球固联坐标系中地磁场矢量的表达式。选取 $m=10$,$n=10$ 的地磁场模型。图 7.20 显示了地球坐标系下轨道高度为 400km 的地磁场强度曲线,图 7.21 为地磁场强度的等值曲线,图中的磁场强度单位为 nT。

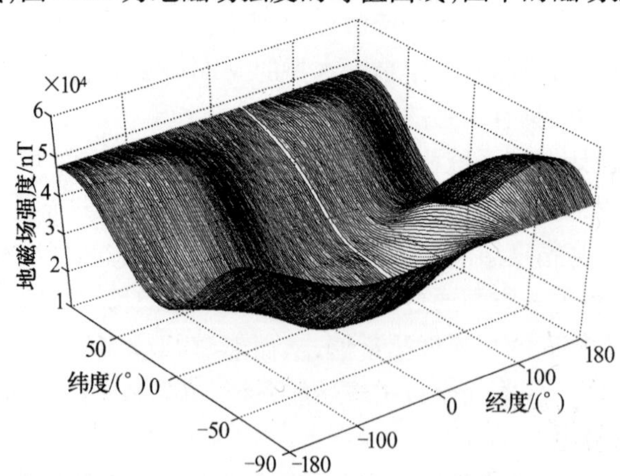

图 7.20　轨道高度为 400km 的地磁场强度曲线

7.4.2.2　磁强计测量原理

三轴磁强计测量地球磁场矢量在载体坐标系中的分量。磁强计的输出是地磁矢量在载体系内的投影,通过和参考系内的已知矢量值相比较,得到卫星的姿态。虽然任一时刻的测量都只包含两轴信息,不能通过单个测量量得到载体三轴姿态。

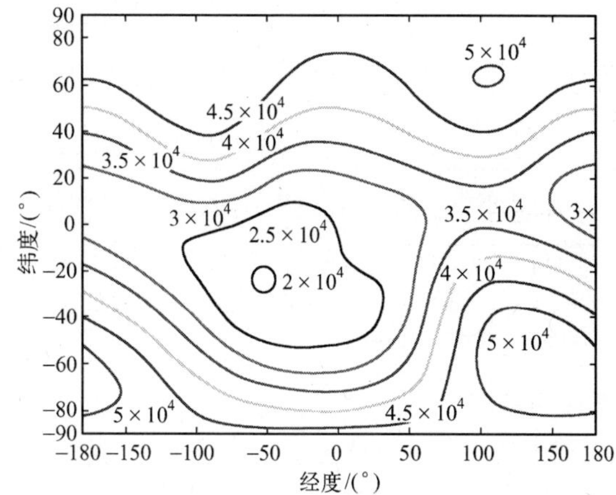

图7.21 轨道高度为400km的地磁场等值曲线

但通过一定时间段内的顺序测量,利用测量量和IGRF的数学模型,可以给出卫星的全部姿态角。在低太阳活动周期内,使用校准过的磁强计,卫星姿态角的测量精度每个轴都可以达到0.5°(1σ)以下。

设S_b代表载体坐标系,S_o代表轨道坐标系,B_X、B_Y、B_Z代表测量出的地磁场在载体坐标系S_b三轴上的分量,而B'_X、B'_Y、B'_Z代表地磁场在轨道坐标系S_o三轴上的分量,航向角、俯仰角和翻滚角分别用ψ、θ、γ来表示。轨道坐标系下的地磁场与测量得到的地磁场关系如下

$$\begin{bmatrix} B_X \\ B_Y \\ B_Z \end{bmatrix} = \begin{bmatrix} 1 & 0 & 0 \\ 0 & \cos\gamma & \sin\gamma \\ 0 & \sin\gamma & \cos\gamma \end{bmatrix} \cdot \begin{bmatrix} \cos\theta & 0 & \sin\theta \\ 0 & 1 & 0 \\ -\sin\theta & 0 & \cos\theta \end{bmatrix} \cdot \begin{bmatrix} \cos\psi & \sin\psi & 0 \\ \sin\psi & \cos\psi & 0 \\ 0 & 0 & 1 \end{bmatrix} \cdot \begin{bmatrix} B'_X \\ B'_Y \\ B'_Z \end{bmatrix} \tag{7.64}$$

7.4.2.3 组合结构

MIMU与磁强计一般有两种组合方式:①输出校正组合方式;②反馈校正组合方式(由图7.22、图7.23)。可以看出,在输出校正组合方式中,滤波的结果直接与惯性系统输出相结合,补偿输出误差,而不影响系统的工作状态,但由于不采用反馈,对滤波器模型误差较敏感,所以要求使用较精确的模型。反馈校正组合方式先利用滤波器估算出误差,然后反馈校正惯性系统,通过在惯性系统内给陀螺进行补偿,控制惯性系统的误差,因而误差始终在模型线性假定范围内。但由于惯性元件工作状态不断变化,可能导致偏离最好的工作区域。

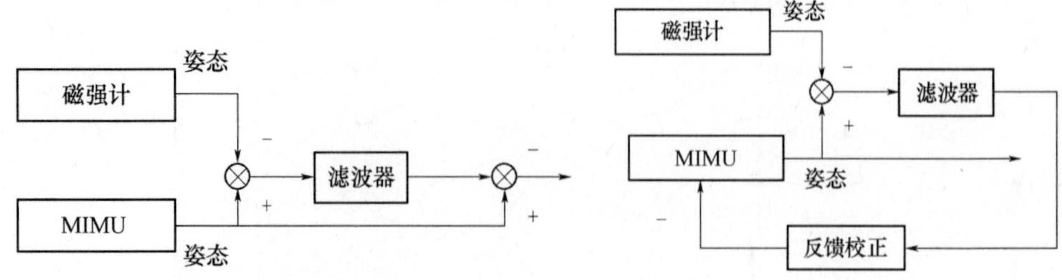

图 7.22　输出校正组合方式　　　　图 7.23　反馈校正组合方式

7.4.2.4　组合定姿算法模型

由于卡尔曼滤波应用范围广,设计方法也简单易行,被成功地应用于设计载体的高精度组合导航系统,所以对于本组合也先采用扩展卡尔曼滤波作为导航算法。根据卫星姿态运动学模型和三轴磁强计测量模型可得出组合系统的姿态数学模型。此处为了简化算法模型,突出 MIMU 系统的主要误差,只考虑 MIMU 系统中陀螺漂移项。

1）运动学模型[20]

$$\dot{\boldsymbol{Q}} = \frac{1}{2}\tilde{\boldsymbol{\omega}}_{\mathrm{bi}} \otimes \boldsymbol{Q}$$

$$\begin{bmatrix} \dot{q}_1 \\ \dot{q}_1 \\ \dot{q}_1 \\ \dot{q}_1 \end{bmatrix} = \begin{bmatrix} 0 & \omega_{\mathrm{biz}} & -\omega_{\mathrm{biy}} & \omega_{\mathrm{bix}} \\ -\omega_{\mathrm{biz}} & 0 & \omega_{\mathrm{bix}} & \omega_{\mathrm{biy}} \\ \omega_{\mathrm{biy}} & -\omega_{\mathrm{bix}} & 0 & \omega_{\mathrm{bix}} \\ -\omega_{\mathrm{bix}} & -\omega_{\mathrm{biy}} & -\omega_{\mathrm{bix}} & 0 \end{bmatrix} \cdot \begin{bmatrix} q_1 \\ q_2 \\ q_3 \\ q_4 \end{bmatrix} \tag{7.65}$$

式中:$\boldsymbol{Q} = [q_1 \quad q_2 \quad q_3 \quad q_4]^{\mathrm{T}}$ 为从惯性坐标系到载体坐标系的姿态四元数;$\tilde{\boldsymbol{\omega}}_{\mathrm{bi}} = [\omega_{\mathrm{bix}} \quad \omega_{\mathrm{biy}} \quad \omega_{\mathrm{biz}}]^{\mathrm{T}}$ 为载体相对于惯性坐标系的角速率。

2）陀螺仪输出模型[21]

$$\boldsymbol{\omega}_{\mathrm{bi}} = \boldsymbol{u} - \boldsymbol{b} - \boldsymbol{\eta}_1 \tag{7.66}$$

式中:ω_{bi}为理想状态下的载体轨道角速率;u 为实际陀螺仪输出;b 为陀螺漂移;$\boldsymbol{\eta}_1$ 为陀螺漂移的高斯白噪声误差。

$$E[\boldsymbol{\eta}_1(t)] = \boldsymbol{0}$$

$$E[\boldsymbol{\eta}_1(t)\boldsymbol{\eta}_1^{\mathrm{T}}(t')] = \boldsymbol{Q}_1(t)\delta(t - t')$$

又由于陀螺漂移 b 不为静态,$\boldsymbol{\eta}_2$ 是陀螺漂移的随机游走噪声,所以

$$\frac{\mathrm{d}}{\mathrm{d}t}\boldsymbol{b} = \boldsymbol{\eta}_2 \tag{7.67}$$

该随机过程的特征满足

$$E[\boldsymbol{\eta}_2(t)] = 0$$

$$E[\boldsymbol{\eta}_2(t)\boldsymbol{\eta}_2^{\mathrm{T}}(t')] = \boldsymbol{Q}_2(t)\boldsymbol{\delta}(t-t')$$

3）磁强计测量模型

$$\boldsymbol{B}_{\mathrm{b}}^{\mathrm{b}} = \boldsymbol{C}_{\mathrm{i}}^{\mathrm{b}} \cdot \boldsymbol{B}_{\mathrm{b}}^{\mathrm{i}} \tag{7.68}$$

式中:$\boldsymbol{B}_{\mathrm{b}}^{\mathrm{b}}$ 为磁强计测量的载体坐标系下的地磁场矢量;$\boldsymbol{B}_{\mathrm{b}}^{\mathrm{i}}$ 为由国际地磁模型(IGRF)计算出的惯性系下的地磁矢量;$\boldsymbol{C}_{\mathrm{i}}^{\mathrm{b}}$ 为惯性坐标系到载体坐标系的姿态矩阵。

4）组合定姿滤波器设计

磁强计和 MIMU 执行定姿任务,利用系统状态方程与磁强计测量方程,通过卡尔曼滤波能够估计出系统的状态变量。利用其结果,可对 MIMU 系统进行漂移项的补偿,从而达到提高系统测量精度的方法。

引入误差四元数定义,令其为由姿态估计值向真实值转动所需的四元数。

$$\delta\bar{\boldsymbol{q}} = \bar{\boldsymbol{q}} \otimes \hat{\bar{\boldsymbol{q}}}^{-1} \approx \begin{bmatrix} \delta\boldsymbol{q} \\ 1 \end{bmatrix} \tag{7.69}$$

式中:$\bar{\boldsymbol{q}} = [\boldsymbol{q} \quad q_4]^{\mathrm{T}}$为真实姿态四元数;$\hat{\bar{\boldsymbol{q}}}$ 为姿态估计四元数;$\delta\bar{\boldsymbol{q}}$ 是误差四元数。

根据系统模型,设状态矢量和估计误差为

状态矢量
$$\boldsymbol{x} = \begin{bmatrix} \bar{\boldsymbol{q}} \\ \boldsymbol{b} \end{bmatrix} \tag{7.70}$$

误差矢量
$$\Delta\boldsymbol{x} = \begin{bmatrix} \delta\boldsymbol{q} \\ \boldsymbol{b} - \hat{\boldsymbol{b}} \end{bmatrix} = \begin{bmatrix} \delta\boldsymbol{q} \\ \Delta\boldsymbol{b} \end{bmatrix} \tag{7.71}$$

由卫星运动方程

$$\frac{\mathrm{d}\bar{\boldsymbol{q}}}{\mathrm{d}t} = \frac{1}{2}\bar{\boldsymbol{\omega}} \otimes \bar{\boldsymbol{q}} \tag{7.72}$$

$$\frac{\mathrm{d}}{\mathrm{d}t}\hat{\bar{\boldsymbol{q}}} = \frac{1}{2}\hat{\bar{\boldsymbol{\omega}}} \otimes \hat{\bar{\boldsymbol{q}}} \tag{7.73}$$

得
$$\frac{\mathrm{d}}{\mathrm{d}t}\delta\bar{\boldsymbol{q}} = \frac{1}{2}[\hat{\bar{\boldsymbol{\omega}}}\otimes\delta\bar{\boldsymbol{q}} - \delta\bar{\boldsymbol{q}}\otimes\hat{\bar{\boldsymbol{\omega}}}] + \frac{1}{2}\delta\bar{\boldsymbol{\omega}}\otimes\delta\bar{\boldsymbol{q}} \tag{7.74}$$

式中
$$\delta\bar{\boldsymbol{\omega}} = \begin{bmatrix} \boldsymbol{\omega} - \hat{\boldsymbol{\omega}} \\ 0 \end{bmatrix}$$

忽略二阶项,从而得到状态误差方程

$$\frac{\mathrm{d}}{\mathrm{d}t}\begin{bmatrix} \delta\boldsymbol{q} \\ \Delta\boldsymbol{b} \end{bmatrix} = \begin{bmatrix} [\hat{\boldsymbol{\omega}}(t)\times] & -\frac{1}{2}\boldsymbol{I}_{3\times3} \\ \boldsymbol{0}_{3\times3} & \boldsymbol{0}_{3\times3} \end{bmatrix} \cdot \begin{bmatrix} \delta\boldsymbol{q} \\ \Delta\boldsymbol{b} \end{bmatrix} + \begin{bmatrix} -\frac{1}{2}\boldsymbol{I}_{3\times3} & \boldsymbol{0}_{3\times3} \\ \boldsymbol{0}_{3\times3} & \boldsymbol{I}_{3\times3} \end{bmatrix} \cdot \begin{bmatrix} \boldsymbol{\eta}_1 \\ \boldsymbol{\eta}_2 \end{bmatrix} \tag{7.75}$$

式中：$[\hat{\boldsymbol{\omega}}(t)\times]$是$\hat{\boldsymbol{\omega}}$的斜对称阵。

磁强计敏感轴分别与卫星本体坐标系的三轴平行，其测量量$\boldsymbol{B}_{\mathrm{b}}$为当地磁场强度在载体坐标系下的三轴分量。由磁强计测量方程，可以得到

$$\hat{\boldsymbol{B}}_{m} = \boldsymbol{C}(\hat{\bar{\boldsymbol{q}}})\boldsymbol{B}_{\mathrm{i}} \tag{7.76}$$

式中：$\hat{\boldsymbol{B}}_{\mathrm{b}}$为$\boldsymbol{B}_{\mathrm{b}}$估计值；$\boldsymbol{C}(\hat{\bar{\boldsymbol{q}}})$为由估计四元数得到的姿态矩阵；$\boldsymbol{B}_{\mathrm{i}}$为由IGRF计算得到的磁场强度。

定义测量矢量为

$$\boldsymbol{Z} = \boldsymbol{B}_{\mathrm{b}} - \hat{\boldsymbol{B}}_{\mathrm{b}} = (\boldsymbol{C}(\delta\bar{\boldsymbol{q}}) - \boldsymbol{I})\hat{\boldsymbol{B}}_{\mathrm{b}} \approx 2[\delta\boldsymbol{q}\times]\hat{\boldsymbol{B}}_{\mathrm{b}} + \boldsymbol{v} \tag{7.77}$$

式中：$[\delta\boldsymbol{q}\times]$为$\delta\boldsymbol{q}$的斜对称阵；$\boldsymbol{v}$为测量噪声。

通过仿真分析得到：MIMU与磁强计组合进行卫星定姿方案是可行的，能够满足中低姿态精度要求。一方面，组合估计出陀螺漂移项，通过修正可以有效减小MIMU测量误差随时间积累的不足；另一方面，当遇到磁场异常时，MIMU可以在短期内单独工作，保证卫星定姿要求。两者互为依靠，可以实现自主导航，满足未来微小卫星发展要求。同时UKF的收敛速度要远快于EKF，并对初始误差不敏感，所以UKF可以应用在卫星快速机动过程中，对卫星姿态的迅速变化进行实时高精度的估计。

7.4.3 MIMU与GPS组合

7.4.3.1 MIMU/GPS组合的意义

利用惯性导航系统进行导航定位具有完全自主式，保密性强；全天候，不受天气限制；机动灵活的优点。但惯导系统的主要缺点是测量定位误差随时间迅速积累增长，因而难以完成长期测量工作。如何解决这个问题一直是国内外惯性导航领域研究的热点：通过采用新材料、新工艺和新技术来提高现有器件的精度，或研制新型高精度的微型惯性器件，虽然可从根本上解决问题，但需要花费大量的人力、物力、财力和时间，而且惯性器件精度能否提高受到技术工艺水平等许多因素的限制。采用组合技术，通过与其他辅助测量系统构建组合导航系统来提高测量精度是一种行之有效的方法。

卫星全球定位系统（GPS）能够提供24h、全球、全天候的高精度、低成本测量定位服务。自诞生以来，它的高精度、全球性就受到了人们的高度重视。但同样，受工作条件等因素的影响，GPS也存在种种不足。

（1）自主性差。GPS为非自主式导航系统，依赖于卫星的无线电信号，导航精度容易受到美国政府的GPS政策和外界环境等多方面的制约。

（2）动态环境可靠性差。GPS 定位要求至少可以接收到四颗卫星的信号。动态环境中尤其是高机动飞行时，多颗卫星同时失锁是可能的；另外，利用 GPS 载波相位观测量进行精密定位，要求无周跳发生，然而，动态环境中由于信噪比的下降及其他原因，易产生周跳。

（3）容易受到干扰。导航星的无线电信号容易受到电离层、地形地物遮挡等因素的影响

（4）接收机数据更新频率低，因而难以满足实时测量的要求。

7.4.3.2 MIMU/GPS 组合的优点

将 MIMU 与 GPS 构成组合系统，可以相互取长补短，克服单系统工作的缺点。

（1）改善系统精度。一方面，高精度 GPS 信息，可用来修正惯性导航系统、控制其误差随时间的积累；另一方面，利用 MIMU 短时间内定位精度较高和数据高采样率的特点，为 GPS 提供辅助信息。利用这些辅助信息，GPS 接收机可保持较低的跟踪带宽，而且在卫星覆盖不好的时段内，惯导系统改善 GPS 重新俘获卫星信号的能力。

（2）加强系统的抗干扰能力。当 GPS 接收机出现故障时，惯导系统可以独立进行导航定位。当 GPS 信号条件显著改善到允许跟踪时，惯导系统向 GPS 接收机提供有关的初始位置、速度等信息，以供在迅速地重新获取 GPS 码和载波时使用。惯导系统信号也可用来辅助 GPS 接收机使其天线方向瞄准 GPS 卫星，从而减小干扰对系统工作的影响。

（3）解决系统实时性问题。惯导系统具有很高的数据更新率，而且在短期内位置、速度解算测量具有一定精度。构造组合系统，通过定期利用 GPS 对惯导系统进行量测更新，能够在保证精度的同时提高组合系统的数据更新率。

7.4.3.3 GPS 工作基本原理

21 颗工作卫星和 3 颗备用卫星组成了 GPS 空间系统。这些卫星均匀分布在等间隔的 6 个近似圆形的轨道面上，轨道高度为 20183km，卫星运行周期为 11h58min。因此，在地球上或近地空间上任何位置、任何时间，至少能观测到 4 颗卫星，为各类用户提供连续三维位置、三维速度和精确时间信息，实施全球、全天候连续导航定位。用户通过 GPS 接收机接收 GPS 卫星播发的信号，获取定位观测值。

下面给出绝对定位中伪距测量法的工作原理。在地球任何时间启动 GPS 接收机，可以至少同时与 GPS 卫星中的 4 颗发生联系。通过精确测量 GPS 接收机与这 4 颗卫星的实际距离，便可解算出当前该 GPS 接收机的准确方位以及与参照坐标系的关系。

由于 GPS 接收机上不配带原子钟，其测量的接收机至 GPS 卫星的距离包括了

时钟差等引入的误差,此距离称为伪距。如图 7.24 所示,接收机 P 与第 i 颗卫星 S_i 的伪距 PR_i 可由下式确定

$$PR_i = R_i + C \cdot \Delta t_{A_i} + C \cdot (\Delta t_u - \Delta t_{S_i}) \tag{7.78}$$

式中:$i=1,2,3,4$;R_i 为第 i 颗卫星至接收机 P 的真实距离;C 为光速;Δt_{A_i}为第 i 颗卫星传播延迟误差和其他误差;Δt_u 为接收机的时钟相对于 GPS 时的偏差;Δt_{S_i}为第 i 颗卫星的时钟相对于 GPS 时的偏差。

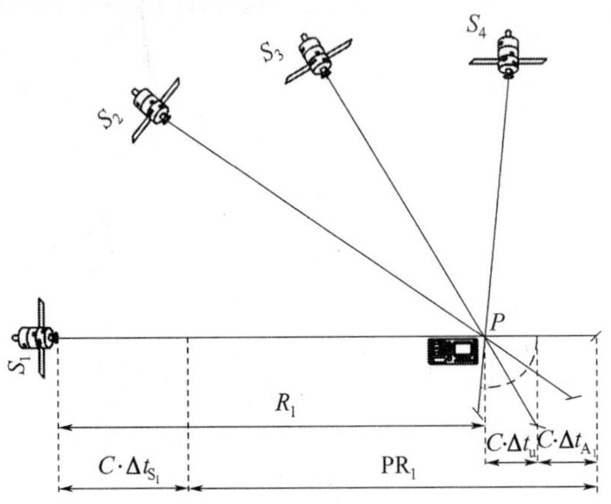

图 7.24 GPS 伪距测量原理图[22]

假设卫星 S_i 和接收机 P 在地心直角坐标系中的位置分别为$(X_{S_i}, Y_{S_i}, Z_{S_i})$和$(X, Y, Z)$,则

$$R_i = \sqrt{(X_{S_i} - X)^2 + (Y_{S_i} - Y)^2 + (Z_{S_i} - Z)^2} \tag{7.79}$$

将式(7.79)代入式(7.78),则

$$PR_i = \sqrt{(X_{S_i} - X)^2 + (Y_{S_i} - Y)^2 + (Z_{S_i} - Z)^2} + C \cdot \Delta t_{A_i} + C \cdot (\Delta t_u - \Delta t_{S_i}) \tag{7.80}$$

式(7.80)中,由于卫星位置$(X_{S_i}, Y_{S_i}, Z_{S_i})$和卫星钟差 Δt_{S_i}由解调卫星电文并通过计算获得;电波传播延迟误差 Δt_{A_i}用双频测量法修正,或利用卫星电文提供的校正参数根据电波传播模型可以估算得到;伪距 PR_i 由接收机测量得到,所以对式(7.79)进行线性化处理,利用迭代法求解线性方程组,即可得到接收机的位置(X, Y, Z),从而完成导航定位。

7.4.3.4 MIMU 与 GPS 组合模式

GPS 接收机与 MIMU 的组合通常有两种形式。一种称为位置速度组合;另一种称为伪距伪距率组合。

位置速度组合模式工作原理如图 7.25 所示。它是利用 GPS 信息重调 MIMU，用 GPS 输出的位置、速度信息与 MIMU 解算得到的位置、速度信息相比较作为测量量，通过滤波处理得到惯性系统误差的最优估计进行系统修正，从而减小惯性系统测量误差随时间积累的缺点。根据结构，位置速度组合模式又分为有反馈与无反馈两种模式。由于 GPS 接收机保持独立性，组合并没有改善 GPS 接收机的抗干扰性及其动态特性。

位置速度组合模式的优点是：①GPS 和 MIMU 保持了各自的独立性；②系统结构简单，GPS 接收机和 MIMU 的独立性强；③组合系统的开发周期短。其不足之处是：①测量精度低于伪距伪距率组合模式；②GPS 的抗干扰性等性能没有得到改善。

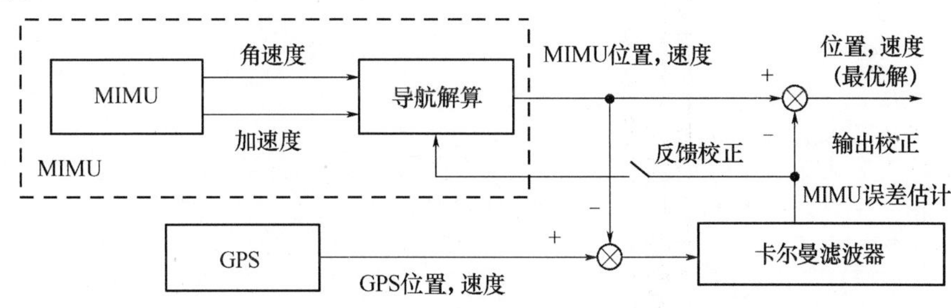

图 7.25　位置速度组合模式

伪距伪距率组合模式工作原理如图 7.26 所示，它是利用 MIMU 输出的位置和速度来估计 GPS 的伪距和伪距率，并与 GPS 输出的伪距和伪距率进行比较，将差值作为综合滤波器的状态，经过滤波器的最优估计，分别给出校正 GPS 和 MIMU 的信息。

伪距伪距率组合模式的优点是：①组合系统测量精度高；②能够对 GPS 接收机的信息完整性进行监测。其不足之处是：组合导航系统的结构比较复杂，受硬件研发条件影响大。

7.4.4 MIMU/GPS/磁强计集中组合

在前面对 MIMU/磁强计组合定姿，MIMU/GPS 组合定位的研究基础上，还可以设计出 MIMU/GPS/磁强计全组合方式的导航系统（图 7.27）。系统能够有效地估计出姿态、速度、位置、陀螺漂移率和加速度计零偏等误差参数，从而通过补偿修正，提供较高精度的导航参数。

7.4.5 MIMU 组合导航的仿真

下面以 MIMU/GPS 组合导航为例了解组合导航的效果（由于篇幅所限，具体

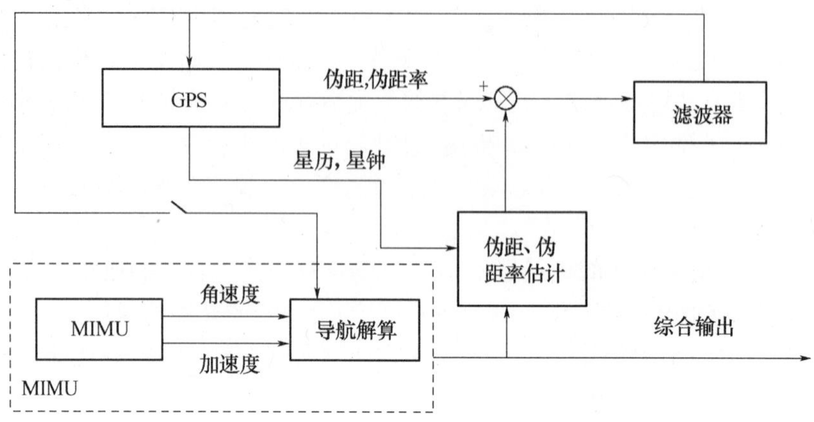

图 7.26 伪距伪距率组合模式工作原理

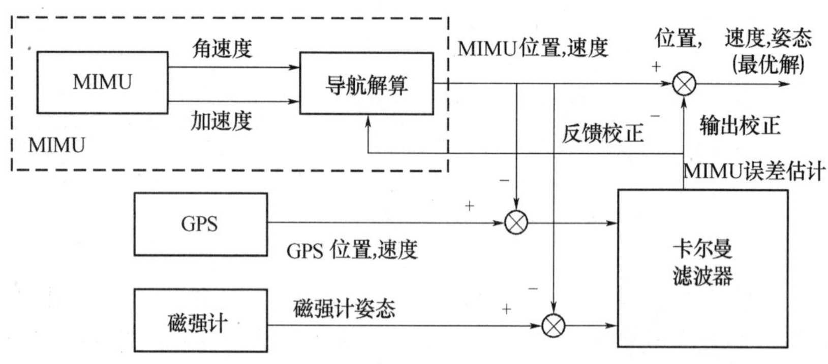

图 7.27 MIMU/GPS/磁强计组合机构示意图

过程略)。

7.4.5.1 集中式 MIMU/GPS 组合

由于伪距伪距率组合结构复杂,受硬件条件影响大,所以采用常规位置速度反馈组合模式构建组合系统。将 GPS 接收机输出的位置、速度信息与 MIMU 经过解算得到的位置、速度信息的差值作为组合滤波器的量测,通过滤波器得到 MIMU 导航误差的最优估计来修正系统输出。图 7.28、图 7.29 分别为 MIMU/GPS 组合的位置误差与速度误差曲线。组合系统的位置误差小于 10m(1σ),速度误差小于 0.3m/s(1σ),与 GPS 精度相当。

图 7.30 为 MIMU/GPS 组合在 90s ~ 100s 过程中 GPS 失锁,没有数据更新时的位置误差曲线。在 100s 处,GPS 数据重新恢复正常。此时的组合系统东向的位置误差为优于 14m,而单独采用 GPS 进行导航,失锁所产生的位置误差为 110m。显然,组合系统提高了系统的可靠性。随着 GPS 有效数据的不断更新,系统定位误

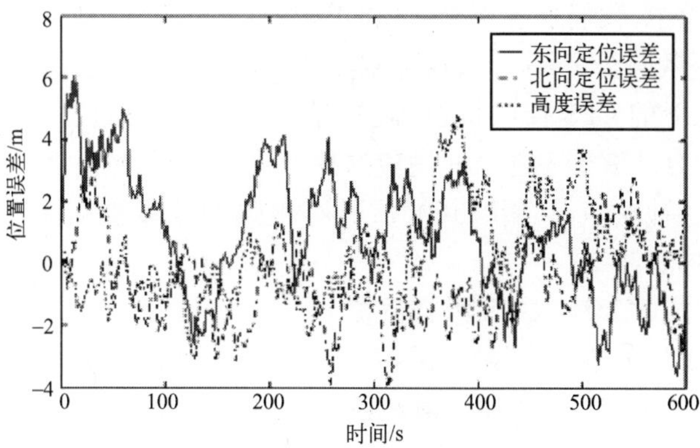

图 7.28 位置误差曲线

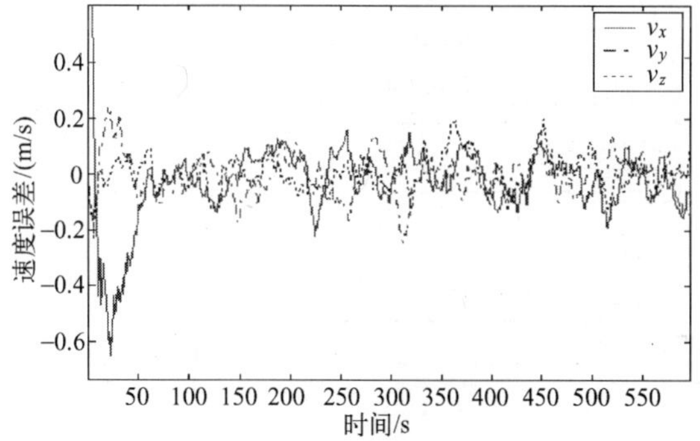

图 7.29 速度误差曲线

差逐渐恢复正常，同样进一步说明了 GPS 更新数据能够有效地减小 MIMU 随时间积累而增长的定位误差。

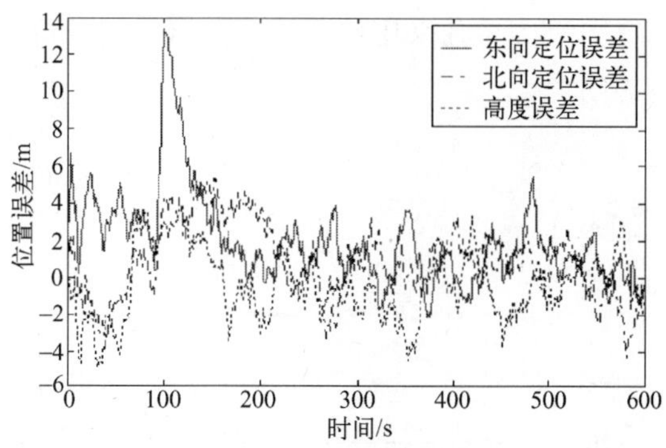

图 7.30 东向位置误差曲线

同时在实验中,我们发现当 MIMU/GPS 组合在 GPS 速度测量信号发生短时间跳变(测量误差激增至5m/s)时,这种剧烈变化导致滤波器发散。而且在实际工作状态,机动情况下的 GPS 接收机也容易出现速度跳变。这种不可预测的突发情况,往往使得组合滤波器不能及时适应这种变化,从而导致发散。

为了克服这种缺陷,利用联邦滤波具有很强的故障检测能力的优点,设计了 MIMU/GPS 联邦滤波结构。

7.4.5.2 联邦式 MIMU/GPS 组合系统

新组合系统如图 7.31 所示。采用两个并行处理的子滤波器。两个子滤波器分别将 GPS 与 MIMU 的位置误差值和速度误差值作为测量信息进行处理,由于采用无反馈形式的联邦滤波结构,所以主滤波器直接将两个子滤波器的输出结果进行融合,从而达到系统的最优估计。

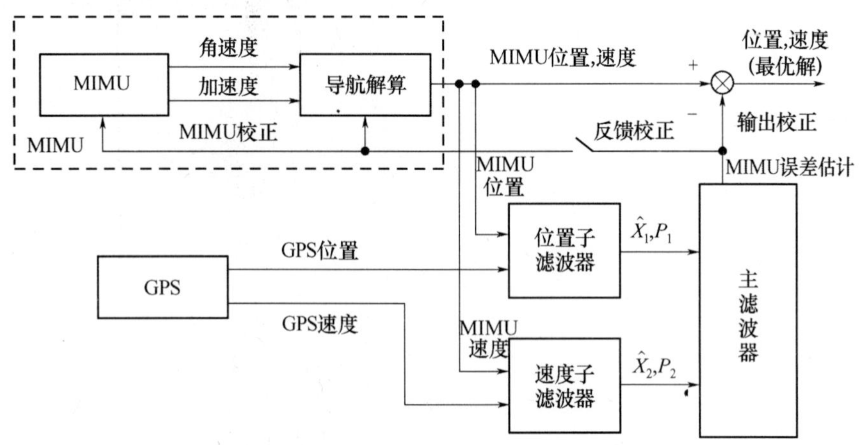

图 7.31 联邦式 MIMU/GPS 组合系统

图 7.32、图 7.33 分别为单独采用位置子滤波器得到的位置、速度误差曲线。

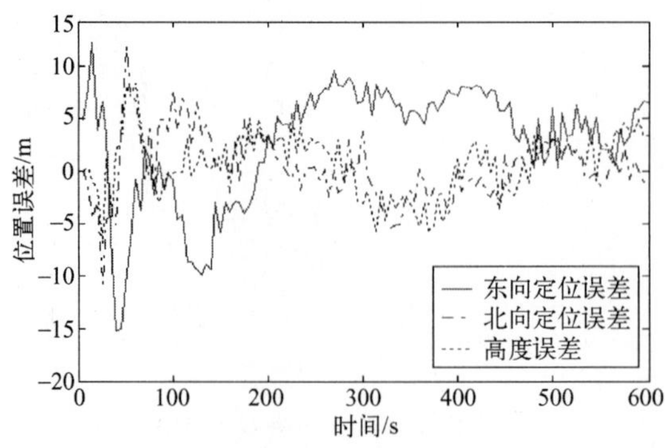

图 7.32 单独采用位置子滤波器的位置误差曲线

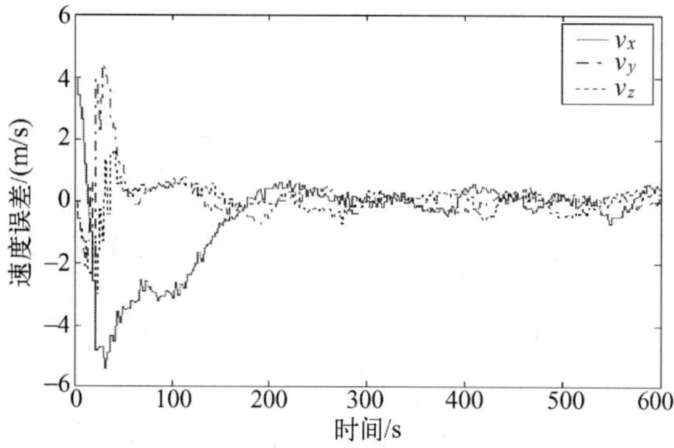

图 7.33　单独采用位置子滤波器的速度误差曲线

图 7.34、图 7.35 分别为单独采用速度子滤波器得到的位置、速度误差曲线。

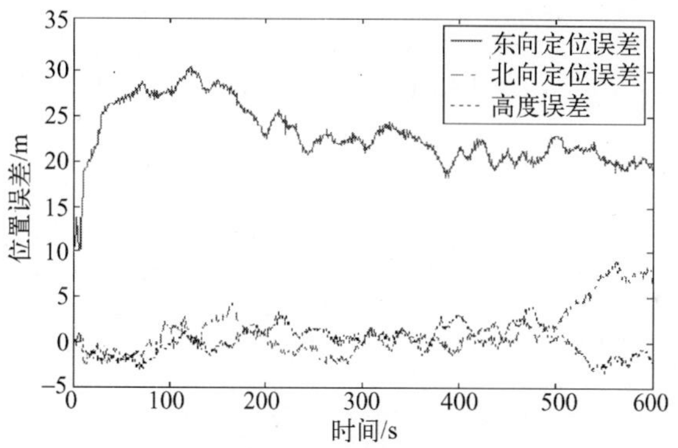

图 7.34　单独采用速度子滤波器的位置误差曲线

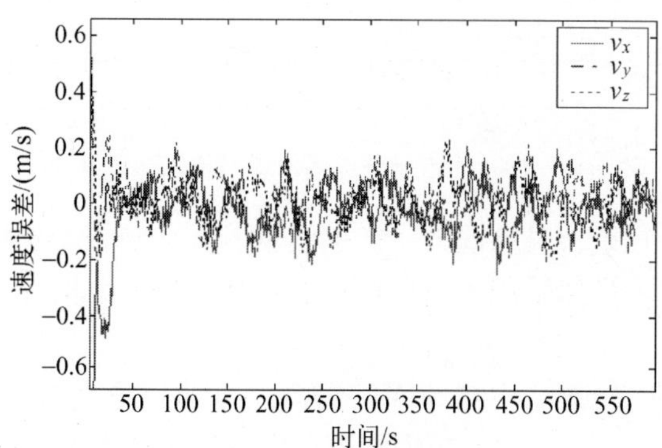

图 7.35　单独采用速度子滤波器的速度误差曲线

我们可以看到,当单独采用位置子滤波器时,定位误差(1σ)优于10m。由于位置组合采用位置信息进行量测更新,所以对于速度误差只具有间接观测能力,速度估计误差较大。当单独采用速度组合时,速度估计具有很高的精度,优于0.3m/s,而基本不具有对位置估计的能力。

图7.36、图7.37分别为采用联邦式滤波器得到的位置、速度误差曲线。

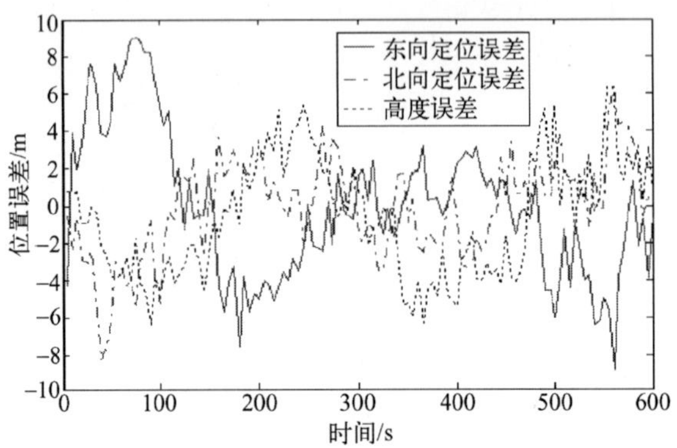

图7.36 采用联邦式滤波器的位置误差曲线

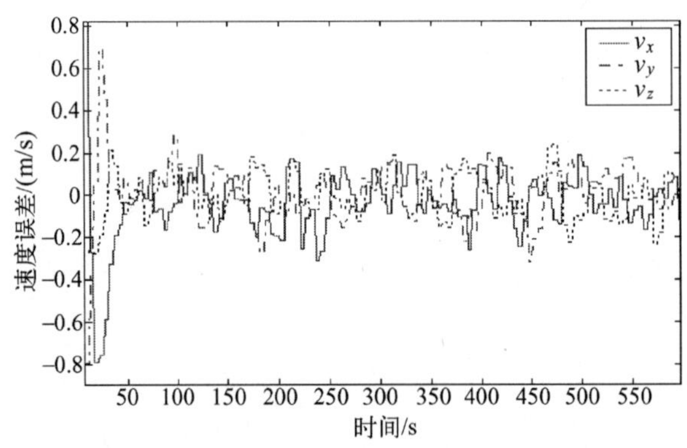

图7.37 采用联邦式滤波器的速度误差曲线

位置、速度联邦组合具有前面子滤波器的优点,与前面集中式滤波相比,考虑到更新时间的变化,虽然采用了无反馈形式的联邦滤波结构,但总体滤波精度与集中式相当。

仿真分析表明:传统集中式MIMU/GPS组合的定位误差小于10m(1σ),速度误差小于0.3m/s(1σ),与GPS精度相当。而且通过仿真过程中,短时间内GPS失锁状态下组合系统定位误差分析,说明了组合系统能够有效地提高系统可靠性。针对GPS接收机速度测量数据跳变将导致滤波发散的问题,利用联邦滤波理论,设计了位置、速度子滤波器的联邦滤波组合结构,结果表明,采用联邦滤波结构的新组合的总体滤波精度与集中式相当,而且具有一定的故障检测能力。

以上组合导航技术已应用于正在研制的纳卫星中,对保证卫星姿态测量、控制的稳定性和可靠性具有重要作用。

7.5 MIMU 模块搭载飞行试验

7.5.1 试验目的

由于 MIMU 将多个微型惯性传感器进行综合集成,从而获得运动物体的综合惯性参数测量,可以提供运动物体的姿态、位置和速度等信息,具有自主性强、不易受外界干扰、数据更新快、稳定性好等优点,进行 MIMU 模块星载试验,旨在进行微加速度计、微陀螺仪的搭载测试分析,建立微型惯性测量组合模型,为微加速度计、微陀螺仪在航天领域的应用及其技术攻关、MIMU 的综合集成提供经验,进行微小卫星姿态、轨道机动轨迹测量,进而与磁强计、GPS 等构建组合导航系统,进行微小卫星自主导航的研究。

7.5.2 MIMU 组合安装

为了充分减小整星体积, MIMU 模块安装在星体的最下方模块——载荷舱,微喷部分环绕在 MIMU 周围,图 7.38 和图 7.39 分别为 MIMU 在整个模块盒的虚拟装配图和实际装配图。

图 7.38　虚拟装配图

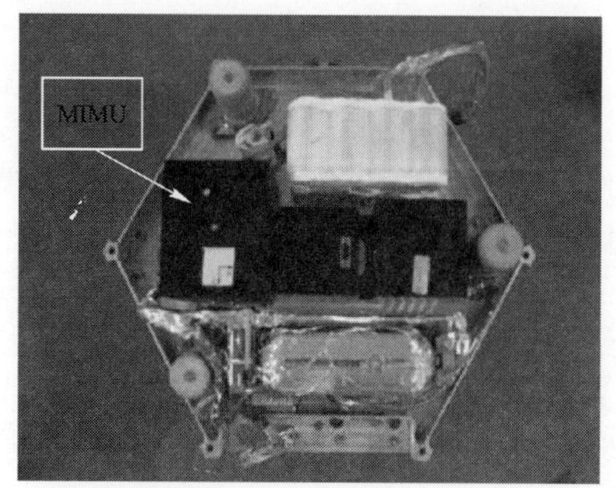

图 7.39　MIMU 在整个纳卫星载荷舱的装配图

7.5.3 工程实现

由于作为“NS－1”纳卫星的搭载载荷，严格甚至苛刻的航天器件标准，对MIMU的可靠性与稳定性都提出了新的要求。根据《航天飞行器研制规范》和《航天清华“NS－1”纳卫星研制规范》，MIMU模块在研制过程中进行了一系列系统测试与环境实验。

7.5.3.1 信号处理电路标定

由于电路部分存在相应的干扰，会影响测量特性，这就要求事先必须对电路进行标定。将已知标准电压和电流信号分别当作陀螺和加速度计的输出信号引入到处理电路，利用精密电压表直接测量电路输出端，便可得到陀螺与加速度计信号处理通道的输入与输出之间的关系，从而进行电路标定。采用标定结果修正MIMU测量结果可以尽量减少电路对系统测量结果的影响。

7.5.3.2 MIMU系统整体标定

根据前面“MIMU整体标定技术的研究”的内容，建立组合传感器数学模型特性，进行整体标定。通过利用三轴转台，如图7.40所示，进行速率与位置实验，从而标定出MIMU一共33个误差系数，包括3个陀螺标度系数，6个陀螺安装误差系数，3个陀螺常值漂移系数，9个陀螺的正交不平衡漂移系数，6个加速度计安装误差系数，3个加速度计零位偏差系数，3个加速度计标度系数。

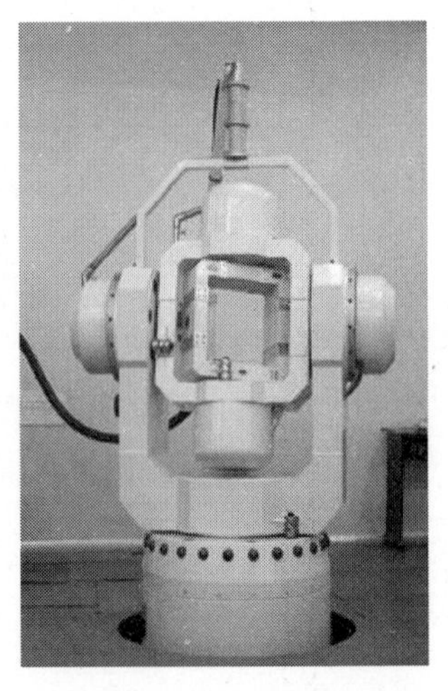
图7.40　三轴转台

7.5.3.3 标定验证测量

根据上述标定结果我们进行了标定结果验证实验。利用单轴转台（精确到0.0001°/s）进行了MIMU测量性能实验。通过比较标准输入转速与标定修正前后的MIMU测量信号，验证标定结果。实验结果表明，经过标定修正后的MIMU，其测量性能与三维位置定位，相比未曾经过标定修正的结果，精度有了很大的提高：测量性能提高一个数量级；5s 3.5m行程，定位精度保持在15cm。但实验结果也说明，虽然经过标定，但MIMU定位误差仍随时间的积累而迅速增加。没有其他长期测量精度稳定可靠的测量系统辅助，MIMU只能在短时间内定位测量。

7.5.3.4 空间环境实验

按照空间环境要求，根据《卫星环境测试实验要求》，MIMU先后随纳卫星整星进行了热循环、热真空、振动等环境实验（图7.41～图7.43）。

图7.41　整星热循环实验

图7.42　整星振动实验

图7.43　整星热真空实验

循环温度范围为 -25℃ ~ +55℃，每个循环在高低温极值温度各保温2h，完成4个循环，共20h。振动实验分为正弦振动、随机振动和半正弦冲击三个内容。热真空实验条件为：真空度 1.5×10^{-3}Pa，温度范围 -65℃ ~ +55℃，完成4个循环，每个循环在高低温极值温度保温6h。环境实验的顺利完成，证明了MIMU系统的可靠性，适合航天飞行的要求。

该试验卫星已于2004年4月在西昌卫星发射基地成功发射，完成了包括MIMU在内各主要分系统的测试。遥测数据表明，MIMU系统工作正常，空间试验取得圆满成功。

参考文献

[1] Pavlath G A. Fiber - optic Gyroscope[C]. Proceedings of the IEEE LEOS Annual Meeting, 1994: 237 - 238.

[2] Perlmutter M S. A Tactical Fiber Optic Gyro With All - Digital Signal Proceeding[C]. Proceedings of SPIE, 1994:192 - 205.

[3] 毛刚,顾启泰等. 微型惯性测量组合发展综述[J]. 导航, 1999, 35 (2): 8 - 14.

[4] Kraft M. Micro - machined inertial sensors: The state - of - the - art and a look into the future[J]. Measurement and Control, 2000, 33 (6): 164 - 168.

[5] Madni A M, Bapna D. Solid - state six degree of freedom motion sensor for field robotic applications[C]. IEEE International Conference on Intelligent Robots and Systems, Victoria, Can, Oct, 1998:1389 - 1398.

[6] Tkachenko A I. Satellite correction equations for a strapdown inertial system[J]. Journal of Automation and Information Sciences, 1997, 29 (1): 91 - 99.

[7] Kalman R E. A new approach to linear filtering and prediction problem[J]. Journal of Basic Eng(ASME), 1960, 82D: 35 - 46.

[8] Kalman R E, Bucy C S. New results in linear filtering and prediction theory[J]. Journal of Basic Eng (ASME), 1961, 83D:95 - 108.

[9] Sunahara Y. An approximate method of state estimation for nonlinear dynamical systems[C]. Proceedings of Joint Automatic Control Conference, University of Colorado, 1969:161 - 172.

[10] Fisher J L. A Factorized Extended Kalman Filter[C]. SPIE'1985:119 - 129.

[11] Song T L, Speyer J L. The modified gain extended Kalman filter and parameter identification in linear system [J]. Automation, 1986, 22(1): 59 - 75.

[12] Ruokonen T. Failure Detection Performance Analysis of the Optimal Nonlinear Filter for Identification Problem [C]. Proceedings of. Am Control Conf. 1989, 876 - 878.

[13] Algrain M C, Saniie J. Interlaced Kalman Filtering of 3 - D Angular Motion Based on Euler's Nonlinear Equations[J]. IEEE Trans. AES, 1994, 30(1): 175 - 185.

[14] Ruth A. Satellite Angular Rate Estimation from Vector Measurements[J]. Journal of Guidance, Control and Dynamics, 1998, 21(3): 450 - 457.

[15] Simon Julier, Uhlmann J K. Reduced Sigma Point filtering for the Propagation of Means and Covariances through Nonlinear Transformations[C]. Proceedings of the American Control Conference, May 2002: 887 - 892.

[16] Wan E, van der Merwe R. The Unscented Kalman Filter for Nonlinear Estimation[C]. Alberta, Canada: Proceedings of IEEE Symposium 2000 (AS - SPCC), Oct. 2000: 153 - 158.

[17] Kerr T H. Decentralized filtering and redundancy management for multi - sensor navigation[J]. IEEE Trans. On Aerospace and Electronic Systems,1987, AES - 23(1):83 - 119.

[18] Carlson N A. Federated Filter for Fault Tolerant Integrated Navigation Systems[C]. Proceedings of IEEE PLANS'88, 1988: 110 - 119.

[19] Titterton D H, Weston J L. Strapdown inertial navigation technology[M]. London: Peter Peregrinus Ltd., 1997: 19 - 318.

[20] 邓正隆,惯性导航原理[M].哈尔滨:哈尔滨工业大学出版社,1994.
[21] Lefferts E J, Markley F L. Kalman Filtering for Spacecraft Attitude Estimation[J]. Journal of Guidance, Control, and Dynamics, 1982, 15 (3):417 – 427.
[22] 邱宗德. 微型星载 GPS 接收机的设计[D]. 北京: 清华大学精密仪器系, 2003:16 – 20.

第8章 微推进技术

8.1 概 述

8.1.1 发展微推进系统的必要性

随着微小卫星技术不断成熟及其应用领域的不断扩大，微小卫星星座和卫星编队飞行受到世界各国的重视，因而，对星载微推进系统提出了越来越迫切的需求。

首先，随着卫星体积和重量的减小，必然要求卫星各子系统体积和重量减小。作为配备在微小卫星上的推进系统，要首先满足卫星整体的体积和重量要求。而且，从经验来看，传统的推进系统体积和重量都很大，往往是卫星上重量和体积所占比重最大的子系统，因此，推进系统的体积和质量的减小，成为卫星进一步小型化的重要瓶颈。如果要使微小卫星具有轨道机动功能，就必须研制新型的满足卫星需求的微推进系统。

其次，以微小卫星星座和卫星编队飞行技术为代表的分布式空间卫星网的发展和应用，要求研制微推进系统。微小卫星编队飞行，微卫星星座可以完成许多复杂昂贵的大卫星所无法完成的工作，如组成分布式星载载波雷达、卫星三维立体成像、高分辨力合成孔径对地遥感等。要完成上述任务，就必然对卫星间相对轨道位置的保持、高精度的姿态控制提出较高的要求。编队飞行的微小卫星要定期进行位置保持以维持期望队形，其目标是维持卫星间的相对位置，而不是保持各卫星的绝对位置，所以需要的冲量非常小，大小仅需克服星群中受气动力矩最强和最弱的卫星间的气动阻力差。在每个卫星执行任务期间，估计每隔10s到100s需要提供1μNs到1mNs的冲量来克服上述气动阻力差，如此小而精确的冲量，是现有的传统推进系统很难提供的[1,2]。

另外，微推进系统可以作为微小卫星，特别是20kg以下的纳/皮卫星的姿态控制执行器，如果合理使用，可以减少控制系统的执行部件数量，提高纳/皮卫星的集成度。纳/皮卫星，由于其体积和重量小，转动惯量小，在太空中所受的干扰力矩也小，根据其姿态控制的精度和稳定度要求不同，克服干扰力矩所需要的推力大小一般在 mN 量级。而现有推进系统推力往往较大,很少能够满足要求,因此,需要研究高精度小推力的微推进系统。

同时,微米/纳米技术、微电子技术和 MEMS 工艺的发展,为微推进系统的研制提供了技术上的支持。随着上述技术的发展,越来越多的微型系统应用到了航天设备中,大大提高了卫星的集成度和功能密度。这些新型系统的应用,也带动着微米/纳米技术的进一步发展。

总之,微米/纳米技术的不断发展和微小型卫星技术的需求牵引,为微推进系统的研究和研制提供了技术保障和应用市场。

8.1.2 国内外微推进技术研究概况

微推进系统与传统的大型推进系统比较,一般来讲,具备以下两个特征:①能够产生比较小的推力(100mN 量级或更小)和冲量(μNs ~ mNs);②体积和重量都相对比较小,重量一般为千克量级或更小。常常,也把只具备特征①的推进系统称作微推进系统。

推进系统实际上就是一种将不同形式的能量转化为动能的机械系统。按照所利用的能量形式不同,大致分成 4 类[3]:

(1) 冷气推进系统——使用储存在高压容器中的高压气体(氮、氦、氢等)的势能,加速推进剂气体,使其从喷管高速喷出,产生推力。

(2) 化学推进系统——利用推进剂工质的催化反应和燃烧所释放出化学键固有的化学能,加速反应产物(通常为燃气),反应产物再通过喷管高速排出,产生推力。

(3) 电推进系统——使用电能,如电热能、电磁能或静电手段加速推进剂工质,形成高速射流而产生推力。

(4) 核能推进系统——由核裂变(或聚变)产生的能量使推进剂工质(通常为惰性反应物质,如氢、氦)加热到高温,然后反应物从喷管高速喷出,产生推力。

传统的冷气推进系统、化学推进系统和电推进系统已经被世界各国广泛研究并有许多实际飞行的经验。核能推进系统是目前正在研究中的一种新型的推进系统,如美国宾夕法尼亚州立大学(Pennsylvania State University)正在研究反质子催化的微裂变/聚变推进(antiproton - catalyzed micro - fission/fusion propulsion)。除此之外,美国、欧洲和日本等许多国家还提出了激光推进(laser propulsion)和太阳能推进(solar propulsion)的新概念。[3,4]

微推进系统,是一种特殊的推进系统。目前国内外研究的微推进系统,主要集中在对传统的冷气推进、化学推进和电推进系统的小型化与基于先进 MEMS 技术的微型化。下面分别介绍这几种微推进系统的原理和研究概况。

1) 冷气推进器(Gas Thruster)

冷气推进是目前微小卫星和纳型卫星上最常用、技术最成熟的推进系统,它由推进剂储箱、减压阀、电磁阀、推进剂输送管路、喷嘴几部分组成。气体推进可用的推进剂很多,液氮、液氨、氟利昂、氦气或丁烷等,它是靠推进剂储箱中工质自身的压强产生推力的。它的工作原理简单,产生推力 10mN 至 100mN 量级,在 Surrey 大学发射的多颗微小卫星中都成功地使用。图 8.1 是 Surrey 大学 2000 年发射的 SNAP-1 卫星上成功使用的气体推进器,它的具体性能指标见表 8.1[5,6]。

 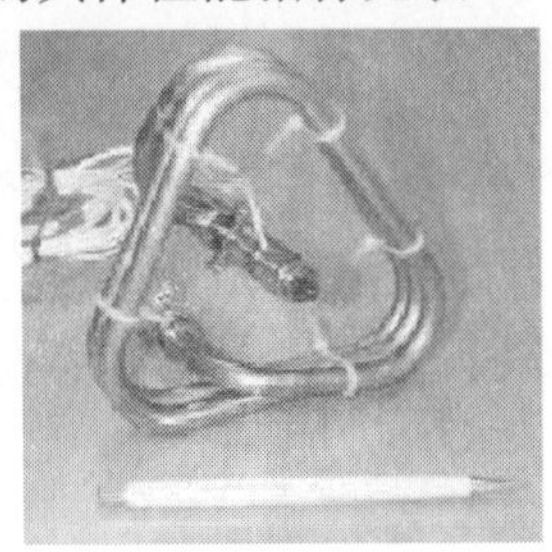

图 8.1 SNAP-1 卫星气体推进器[6](右图为局部拆开视图)

表 8.1 典型气体推进系统性能指标[5]

推进系统类型	SNAP-1 气体推进(丁烷)
推力形式	连续
推力/mN	45@0℃,120@40℃
比冲/s	>60
质量/kg	<0.5

2) 脉冲等离子推进器(PPT)

PPT 是最早被研究的电推进之一。在 20 世纪 50 年代脉冲等离子推进技术开始被发展、应用,1964 年第一次在 Soviet Zond-2 卫星上使用,进行飞行试验[7]。它由于是依靠电磁场加速等离子体产生推力,所以属于电磁式电推进。图 8.2 是它的原理示意图。

从图 8.2 可以看出,PPT 系统包括:固体推进剂棒、推进剂供给弹簧、推进剂止推挡圈、电火花发生器和阴阳电极等。常用的推进剂有聚丙烯、聚甲醛树脂、特富龙等。实验表明特富龙的性能最好,适合长寿命的 PPT 使用。PPT 的工作原理是:电路给电容充电至足够高的电压(约 2kV),闭合晶闸管开关,阴极棒和阳极套筒之间高压放电,产生高温热流使推进剂前端曝露部分分解,分解后的气体被电离,在很薄电离层内的自身磁压和气体动压的共同作用下,气体被加速喷射产生推力。

从第一个 PPT 飞行试验开始,由于 PPT 产生的推力很小,没有应用背景,研究

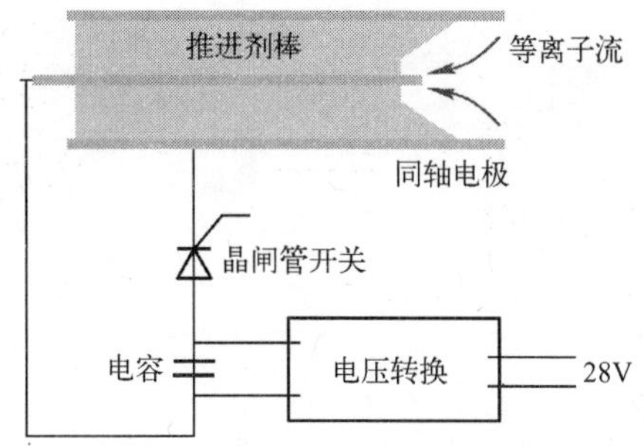

图 8.2 脉冲等离子推进器原理[8]

长期处在无人关注的状态。但是,从 20 世纪 90 年代开始,由于微小卫星和卫星编队飞行技术的发展,PPT 以其设计简单、成本低、鲁棒性好,能够产生微小推力、适合微小型卫星编队飞行应用需求,又引起了研究人员的关注。AFRL 正在开发一种质量小于 100g 的微型 PPT(μPPT,图 8.3)期望应用在微/纳卫星编队飞行和特殊姿态控制中[8]。表 8.2 给出两种典型的 PPT 系统的性能参数。

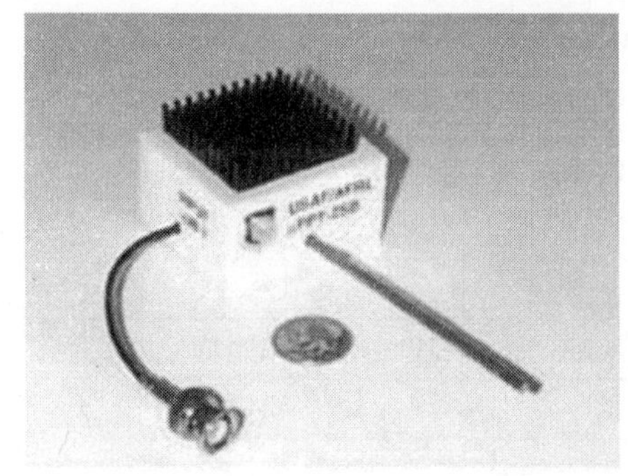

图 8.3 AFRL 研制的 μPPT 样机原型[8]

表 8.2 典型 PPT 推进系统性能指标

推进系统类型	DawgStar PPT[9]	μPPT at AFRL[8]
推力形式	脉冲	脉冲
推力/μN	<112	~10
比冲/s	500	
最小冲量脉冲/N s	5.6×10^{-5}	
推功比/(μN/W)	8.3	
质量/kg	3.95	<0.1

3) 场效应离子推进器(FEEP)

FEEP 属于静电式电推进,它是依靠高压静电场加速带电离子产生推力。目前,还没有查到 FEEP 用于飞行试验的资料。典型的 FEEP 原理如图 8.4 所示。

FEEP 主要包括:发射器(包含推进剂储腔)、加速电极、中和器。推进剂为熔点较低的金属,如铯、铟等。固体推进剂储存在发射器储腔内,当要工作时,加热储腔,使推进剂液化。由于毛细作用的影响,液体金属流向发射器出口的狭缝。在发射器出口和加速电极间加高压(8kV ~ 15kV)电场使金属离子克服表面张力加速飞出产生推力。电场是由在发射器上加正电压,在加速器上加负电压形成的。中和器发射电子束中和喷出的带电金属离子,降低羽流污染。

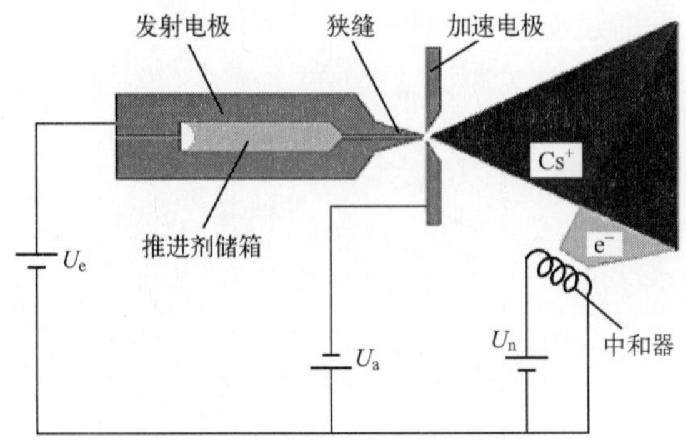

图 8.4 场效应离子推进器原理[10]

铯有低的熔点(大约29℃),低的逃逸能(2.14eV),高的原子质量(约2.207×10^{-25}kg),是FEEP较为理想的推进剂工质之一。FEEP推力的大小正比于工作电压,也是加速电极狭缝长度的函数。狭缝宽一般为1μm,长度在1mm~15mm的狭缝一般能够产生0.1μN到大于100μN的推力。[11]

FEEP对于微小卫星应用最大的问题就是有过高的工作电压。表8.3给出两种典型的FEEP系统性能参数。

表 8.3 典型 FEEP 推进系统性能指标[9]

推进系统类型	Slit Emitter FEEP(铯)	FEEP(铟)
推力形式	连续	连续
推力/μN	0.1~1200	1~100
比冲/s	7000~11000	10000
最小冲量脉冲/N s	1×10^{-9}	$<1\times10^{-8}$
推功比/(μN/W)	16~20	15
质量/kg	2.2	2.5

4) 胶体推进器(Colloid Thruster)

胶体推进器是另一种较早被研究的电推进,属于静电式。20世纪60、70年代,国际上对于它的研究开展得比较多。但是,由于它的工作电压更高,要想获得大的推进,系统体积庞大,所以研究一度陷于低潮。和PPT不同,直到目前国际上还没有听说过有胶体推进器的飞行试验。近来,随着技术的发展,对胶体推进器的研究又开始重新升温。图8.5是胶体推进器的原理示意,I表示冲量。

胶体推进器包括带电粒子发射器、抽取电极、加速网和中和器四部分。它的工作原理和FEEP类似,同样使用高电压加速带电粒子产生推力。它的工质多为导电液体,如甘油、碘化钠等。在5kV~10kV电压形成的强电场作用下,推进剂被抽出形成雾状带电粒子流,并被加速网加速。为了防止喷射出的粒子对卫星造成离子污染,需要用中和器将其电量中和。抽取电极和加速电极既可以是正电势也可以是负电势,分别会形成不同电极性的粒子流。

典型的胶体推进器性能参数见表 8.4。

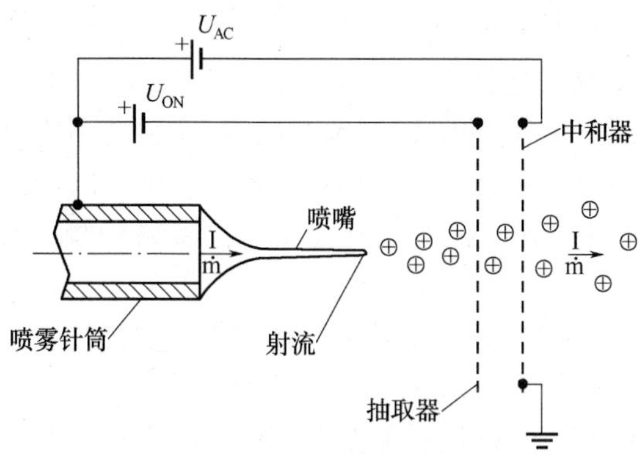

图 8.5　胶体推进器原理[9]

表 8.4　典型胶体推进系统性能指标[9]

推进系统类型	胶体推进
推力形式	连续
推力/μN	0.5 ~ 25500
比冲/s	500 ~ 1500
最小冲量脉冲/Ns	5×10^{-7}
推功比/(μN/W)	10
质量/kg	0.5

5) 霍耳推进器(Hall Thruster)

霍耳推进器属于静电式电推进。它在俄罗斯、欧洲、美国和日本被广泛研究、发展和应用,是技术和应用都比较成熟的电推进。1974 年它第一次被用于 Meteor - 8 卫星的轨道控制,从此开始在许多卫星上使用。它的推力一般在毫牛量级,微牛量级推力的霍耳推进技术需要进一步发展。图 8.6 是霍耳推进器的原理示意图。

霍耳推进器的基本结构是由环形电磁线圈、阳极注入器、等离子腔和阴极组成。阴极发射的电子最初在电场力的作用下向阳极运动,运动过程中被等离子腔中的磁场捕获。气体推进剂(通常为氙气)从阳极注入等离子腔,在那里由于电子的作用被等离子化。一旦阳极气体被等离子化,即在电场作用下加速飞出,产生推力。典型的霍耳推进器的性能参数见表 8.5。

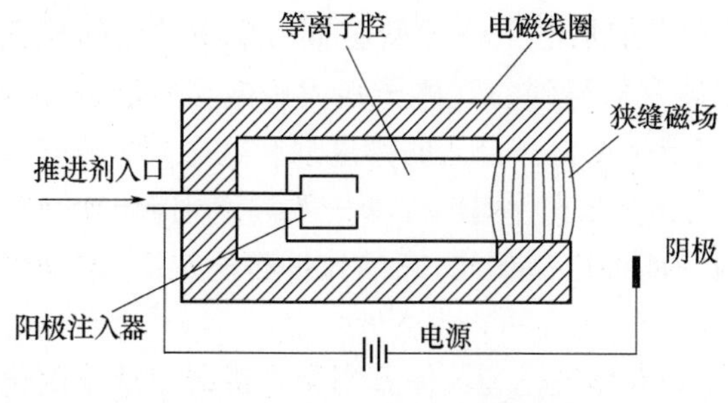

图 8.6　霍耳推进器原理[9]

表 8.5　典型霍耳推进系统性能指标[9]

推进系统类型	霍耳推进(氙气)
推力形式	连续
推力/μN	$>4 \times 10^3$
比冲/s	>1200
最小冲量脉冲/N s	1×10^{-3}
推功比/(μN/W)	60
质量/kg	0.9

6）MEMS 推进器（MEMS Thruster）

上面介绍的推进系统主要是大型推进系统的小型化而非微型化。随着 MEMS 技术的发展，在 20 世纪 90 年代出现了基于 MEMS 技术的微型化推进系统，称为 MEMS 推进系统。目前国内外在研 MEMS 推进系统主要有 MEMS 电推进（典型的又分电热式和静电式两种）和 MEMS 化学推进两大类。

（1）电热式 MEMS 电推进器。电热式电推进结构简单，易于 MEMS 工艺实现，是目前 MEMS 电推进的研究热点之一。它的工作原理有两种，一种是利用电阻加热器将推力室中的气体加热，再经过喷嘴将气体喷出产生推力。为了减少泄漏率，这种推进器一般仍要利用电磁阀来控制气流的通断，这使整个系统的体积难以缩小。

图 8.7 为 MIT 的 Robert L. Bayt 研制的 MEMS 电热式气体微推进的结构。利用硅片本身具有电阻这一性质，采用 DRIE 工艺，在体硅上制作出加热电阻，从而使微推进器具有立体加热效果。实验表明，当推进器工作在 420℃时，其比冲可以达到 83s[12]。

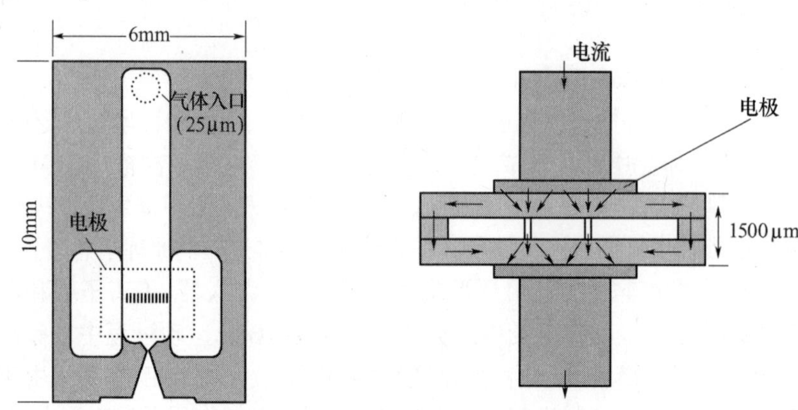

图 8.7 电阻电热式气体微推进器[12]

另一种电热式 MEMS 电推进是利用加热电阻将硅型腔推力室中的液体或固体加热到相变温度，当液体蒸发或固体升华得到的气体压强大于微阀所能承受的压力时，微阀打开，气体通过喷嘴喷出产生推力。合适的推进剂有氨盐、水、液氨和肼等。这种推进器大大降低了对阀的密封度的要求，所以一般都使用 MEMS 阀，降低了系统的重量和体积。同时，与气体推进器相比，它的比冲有所提高，但是仍然不大，而且功耗较高。

图 8.8 和图 8.9 分别是 JPL 研制的液体气化和固体升华微推进器。液体汽化方式微推进器，由薄膜加热器、微型喷口等组成。其性能目标为：比冲 75s ~ 125s，

推力 0.5mN,功率 <5W,效率≥50%,质量为几克。固体升华方式微推进器,由推进剂储箱、微阀、微过滤器、微型喷口等组成,微型喷口利用 MEMS 技术中的体硅工艺制作。其性能目标为:比冲 50s ~ 75s,推力 0.5mN,功率 <2W/mN,质量为几克。

图 8.8　液体汽化 MEMS 微推进器[13]

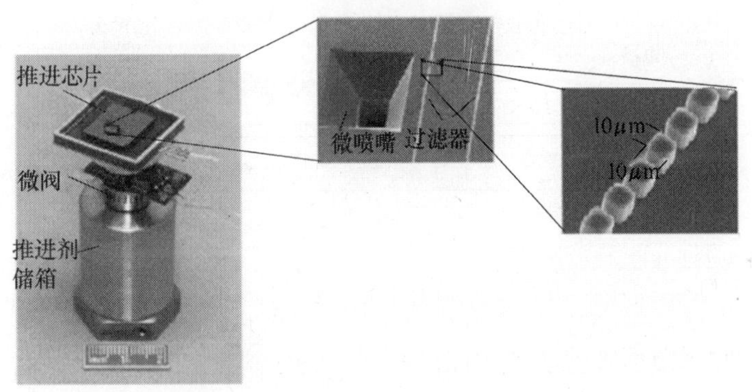

图 8.9　固体升华 MEMS 微推进器[13]

1999 年,清华大学微米纳米技术研究中心研制出国内第一只基于 MEMS 工艺的水蒸发微推进器。它由两片硅片组,上层硅片用体硅加工工艺制造出喷口,下层硅片上制作有金属 Ti 做成的加热电阻,采用水作工质。在工作电压为 30.2V 时,可以产生的最大推力为 2.8N。图 8.10 是这种微推进器的结构示意图和实物照片。

(2) 静电式 MEMS 电推进器。静电式 MEMS 电推进有场效应离子发动机和胶体推进器两种。

基于 MEMS 的场效应离子发动机的工质为低熔点的液态金属,如铯、铟等,其结构原理如图 8.11 所示,在硅基底上加工出若干层电极,分别加上不同的高压,形成强电场,使液态金属电离,带正电的金属原子被电场加速喷射而出产生推力,电子被外部电源中和。它的优点是功率小、比冲很高,甚至可以达到上万秒,推力极

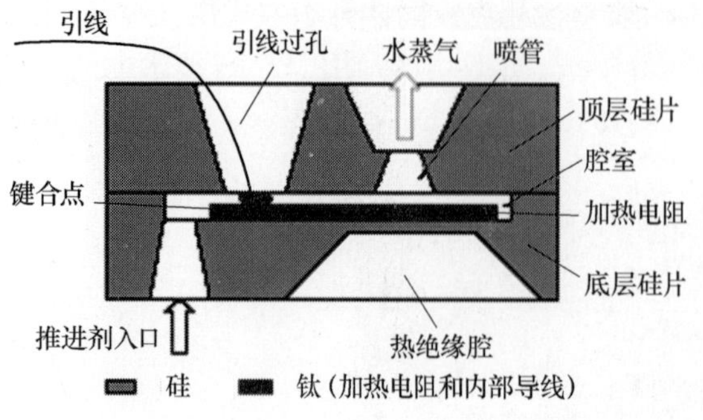

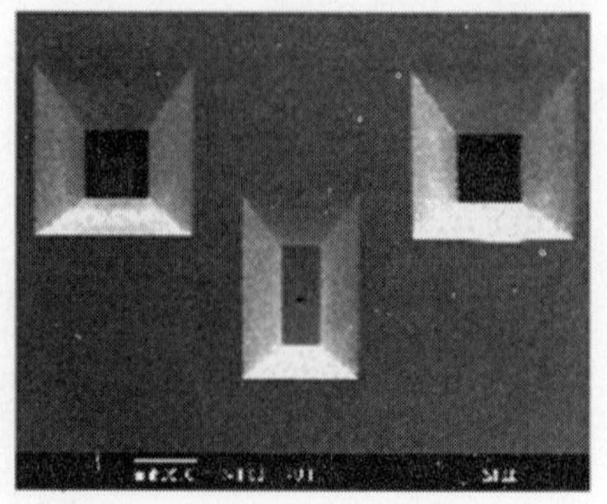

图 8.10 水蒸发推进器[14]

小而精确,容易控制。但是它的工作电压相对较高,另外,铯原子会轰击其他结构表面并沉积下来造成铯污染。

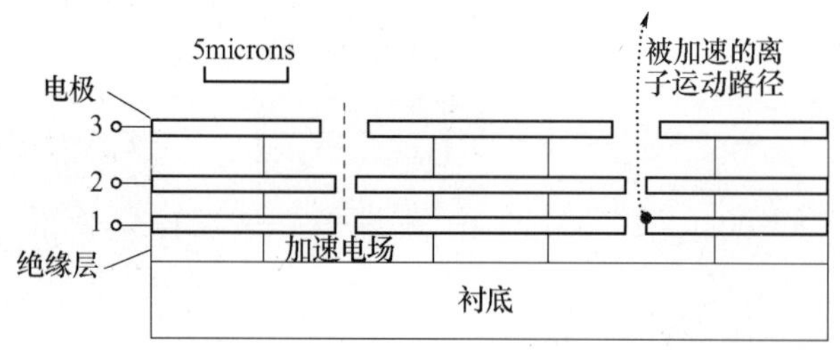

图 8.11 场效应离子发动机原理[15]

MEMS 胶体微推进器的工作原理基本与场效应粒子推进器相同,只是推进剂为液态非金属,被加速的是微小带电液滴,它的工作电压更高,推力密度也有所增加。但是,它的比冲比场效应离子发动机小,而比电热式推进器高数倍。图 8.12 所示是美国 Stanford 大学研制的高级胶体微型推进器,用于绿宝石星座中的纳卫星轨道保持[16]。推进单元为三层 MEMS 结构,分别是源极、绝缘层和抽取极。源

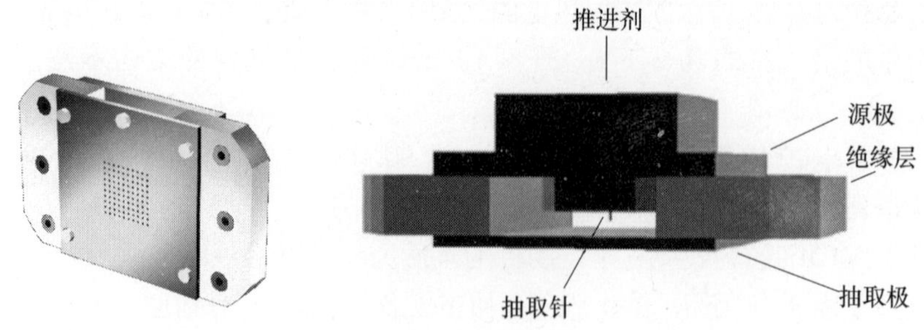

图 8.12 高级胶体微型推力器[17,18]

极和抽取极材料是铜，绝缘层是 0.5cm 厚的氮化硼，不锈钢微喷嘴从源极伸出，推进剂为丙三醇或异丙基酒精。工作时在源极加正电压，抽取极加负电压，在电场的作用下，推进剂液滴加速产生推力。该推进器能够实现小规模位置控制，可以提供千分之一牛顿量级的矢量推进，约 1000s 的比冲。[17,18]

（3）MEMS 化学推进器。典型的 MEMS 化学微推进器是数字式微推进阵列，它利用 MEMS 工艺，采用 SoC 技术，将寻址驱动电路、点火器、工质储箱、燃烧室、微型阀和微喷嘴集成在一片芯片中。它采用固体或液体推进剂，如双基固体硝化纤维等。这类推进器的比冲比电热式电推进要高，但是比静电式和电磁式电推进要低，典型的比冲值为 100s ~ 300s。

图 8.13 为 Darpa 与 TRW 公司合作研制的数字微型推进系统。它的芯片由三层硅和玻璃组成，在一个标准的 24 管脚陶瓷双排电子封装里，共有 15 个独立的推力器，在中间 3 ×5 排列，导线与每个推力器上的加热电阻相连[19]。其内部的结构分为三层，顶层为喷嘴；中间层为推进剂储存单元储腔，可加注各种类型的推进剂；底层为点火器，即加热电阻。

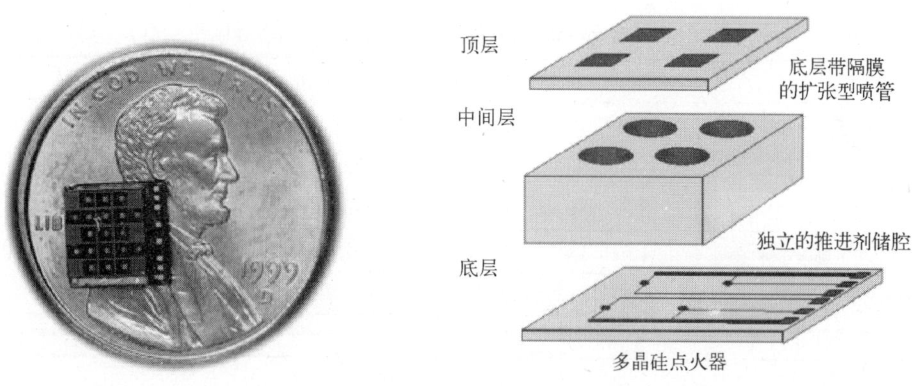

图 8.13　数字微型推力器样机及单元结构图[19]

美国 Honeywell 中心和 Princeton 大学等合作研究的 MEMS 兆单元微型推进阵列如图 8.14 所示。MEMS 推进阵列由集成在 1.3 英寸（1 英寸 = 2.54cm）×1.3 英寸硅片上的间距为 51μm ×51μm 的 512 ×512 个独立的推进单元阵列组成。每个单元都有独立的加热丝，加热丝同轴的排列在注有燃料的空腔上方，并与 RICMOS电路集成为一体，使得每个单元都可单独寻址并点火工作。点火采用两级方案使燃料燃烧引爆产生推力，首先加热约 1ng 的热爆斯蒂酚酸，斯蒂酚酸爆燃释放出大量热量，利用此热量引燃上方空腔中的硝化纤维混合物，硝化纤维迅速气化并喷射出来产生推力。[1]

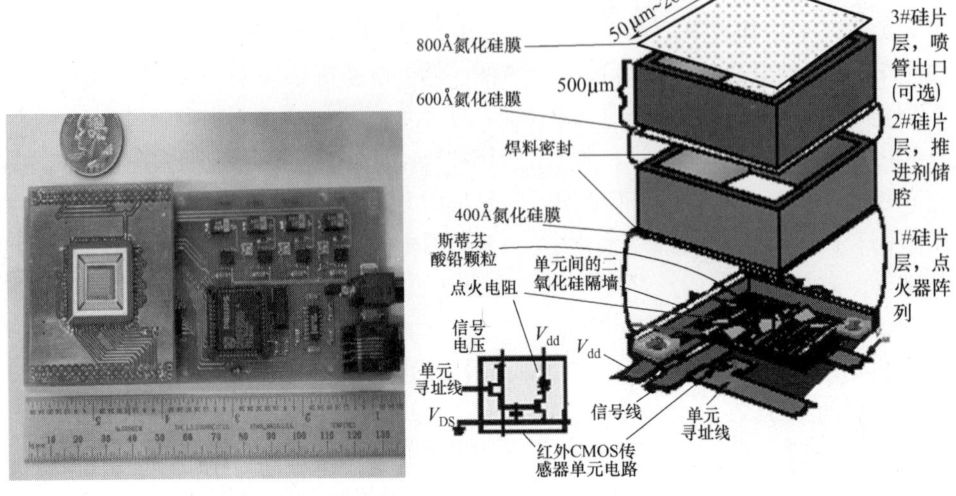

图 8.14　MEMS 兆单元微型推进阵列样机及其单元结构[1]

三种典型的 MEMS 推进器性能参数见表 8.6。

表 8.6　典型 MEMS 推进系统性能指标[9]

推进系统类型	MEMS 化学推进	MEMS 静电式电推进	MEMS 液体蒸发电推进
推力形式	脉冲	脉冲	连续
推力/μN	1 ~ 100000	1 ~ 100000	~ 500
比冲/s	100 ~ 300	500 ~ 2000	50 ~ 75
最小冲量脉冲/Ns	1×10^{-9}	1×10^{-9}	
推功比/(μN/W)	1000	>1000	500
质量/kg	2.41×10^{-3}		

8.1.3　微推进系统比较

从上述国内外微推进系统的发展情况来看,各种微推进系统都在被研究和逐步应用,不同原理的微推进系统各有自己的优势和不足。

气体推进系统是目前用于微小卫星的最为成熟的推进系统,它的结构和原理简单,工作可靠,已成功地用于目前已经发射的带有推进系统的许多微小卫星中,如 Surry 大学研制的 Snap－1 卫星等。但是气体推进系统体积较大,集成度不高,由于需要笨重的推进剂储罐,质量大,同时它的比冲很低,这是它用于微小卫星的不利因素,需要进一步提高集成度和减轻重量。

PPT 系统设计简单,成本低,工作稳定性好。尤其是 PPT 系统技术比较成熟,曾在许多卫星上使用,工作可靠。而且PPT系统有较高的比冲,能够提供微小的可重复脉冲冲量,这些特性都比较适合于微小型卫星编队飞行轨道保持使用。但是,PPT系统不足之处在于系统固有重量较大,存在羽流污染问题,推功比不高。另外,PPT工作的物理原理复杂,工作过程是复杂的电磁效应和电热效应,需要进一步深入研究。美国华盛顿大学由大学卫星计划资助研制的微型脉冲等离子体推力器将应用于ION－F纳星星座的UW DawgStar卫星中。

FEEP也有许多优点使它适合于微小卫星的相对位置保持和轨道保持。它有很高的比冲,推力极小,能提供微小的脉冲冲量。虽然没有正式的FEEP用于太空飞行试验,但是铟离子发射技术曾经在1991年发射的MIR卫星、1992年发射的GEOTAIL卫星和1997年发射的EQUATOR－S卫星上进行过实验,说明此项技术已经达到太空飞行要求。FEEP的缺点是它的推功比低,有很高的工作电压(≈10kV),同时它也存在羽流污染问题。另外,受阴极发射管的寿命限制(≈28000h),它的工作寿命有限,当然这对于短工作寿命的微小卫星来讲不是问题。

胶体推进系统也是一种可应用于微小卫星的非常有发展前景的推进系统。它设计简单,因此成本低,工作稳定性高。它使用惰性推进剂,有利于长时间的保存和长期的任务。胶体推进比冲较高,能提供宽的推力和比冲范围。它的不足在于低的推功比,比FEEP更高的工作电压,同时,FEEP一样存在羽流污染和阴极发射器寿命限制的问题。

霍耳推进系统的优点包括它有较高的比冲,高的推功比。同时,霍耳推进器是电推进中发展最为成熟的推进系统。它在大量的卫星中使用,有较低的羽流污染风险。它的缺点就是质量和体积较大,结构复杂,而且也受阴极发射器寿命限制,这些对在微小卫星上使用不利。

MEMS推进器是微推进系统发展的一个新方向,它与MEMS技术结合,开创了微小卫星特别是纳/皮卫星推进系统研究的新途径。MEMS推进的突出优点就是重量和体积小,集成度高,功耗低,可批量制造,成本低。对于不同原理的MEMS推进器,有不同的优点和不足。电热式MEMS电推进,无污染,原则上可以使用任何推进剂,它的问题是比冲很低,往往存在泄漏。静电式MEMS电推进,如离子推进和胶体推进,比冲较高,功率小,推功比大,但是存在工作电压高,控制系统复杂和存在羽流污染问题。对于MEMS化学推进器,特别是固体化学推进阵列,它由于没有运动部件,无泄漏,工作可靠性高。另外,它的推力易调整,能够提供小而精确的冲量。它的不足是与电推进相比,比冲不高。总之,与MEMS技术相结合,研制微型推进器,是一种新的技术,但发展还不成熟,需要进一步研究和试验。MEMS化学微推进阵列准备在美国的TechSat21计划纳卫星编队飞行中作飞行试验,而由Stanford大学研制的MEMS胶体微型推进器,也将用于绿宝石星座中的纳卫星轨道保持[16,18]。

微推进的选择主要根据实际卫星功能要求和任务需求来定。图 8.15 列出了各种微型推进器的推力、总冲和所能提供的机动能力。

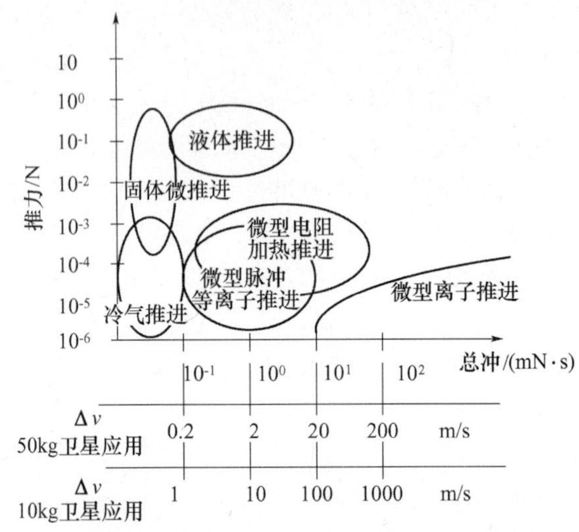

图 8.15 部分微推进器性能比较[20]

8.2 固体化学微推进器设计与仿真

8.2.1 结构与工作原理

固体化学推进器单元结构如图 8.16 所示，推进器分为三层，为三明治结构。

底层为点火器层（也称“头部”），在玻璃基底上制作出电阻点火器阵列，电阻为 Pt 薄膜电阻。

中间层为燃烧室，由单晶硅作为结构材料。由于采用底部点火方案，因此在燃烧室周围设计对称分布燃气导气孔。导气孔的存在，使点燃后的燃气能顺利排出燃烧室，保证了燃气的流通。同时该结构可以增大燃烧室的压力，有利于推进剂的燃烧。

顶层为喷管层，采用单晶硅作为结构材料，二元收敛扩张结构。

整个推进器芯片采用单元阵列式形式，阵列规模根据实际需要选择，同时受工艺水平限制。各推进单元可以独立寻址点火，也可以组合点火，阵列结构如图 8.17。图 8.18 是推进器阵列芯片封装模型。最小冲量脉冲可以通过设计时调整燃烧室的大小来确定。整个推进器没有可动部件，工作可靠性高。

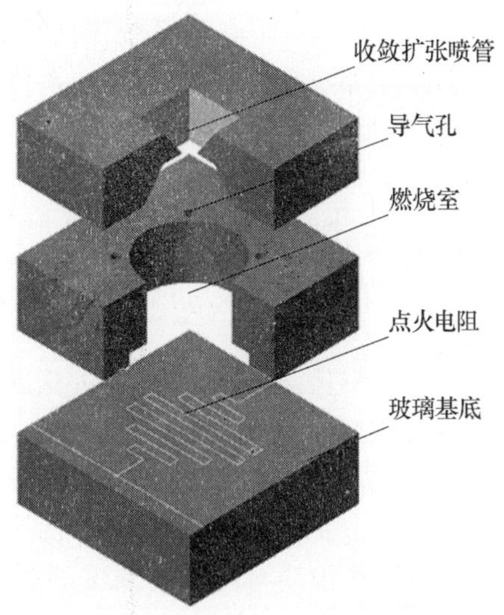

图8.16 固体化学推进器单元示意图

图8.17 推进阵列结构示意

图8.18 推进器封装模型

8.2.2 燃烧室结构力学和传热仿真

推进剂在燃烧室内燃烧,产生高温高压燃气,燃气对燃烧室壁作用,会导致燃烧室发生变形并产生机械应力和热应力。为了保证燃烧室工作的可靠性,就必须进行燃烧室工作状态下的结构力学和力热耦合仿真计算,通过计算,得出燃烧室壁最大应力 σ_{max} 并与硅材料的屈服应力 σ_s 比较。结构设计时,要保证 $\sigma_{max} < \sigma_s$。

推进器工作时,不是所有单元同时点燃,往往是单个单元或几个单元组合点火。工作单元必然会对相邻未工作单元产生热作用。在工作单元高温燃气作用下,如果相邻未工作单元燃烧室温度上升到了推进剂分解温度以上,就会造成推进剂的分解甚至误点燃,这里称作“热串扰”。为了保证相邻燃烧室之间不会产生热串扰,在结构设计的时候,必须进行传热仿真计算,为校验推进器工作的热可靠性提供保证。式(8.1)、式(8.2)分别给出了在微系统中传导和对流的热传递公式，从式中可以看出，单位面积上的热传导和热对流速度与系统的特征尺度成反比，在微尺度下，热传导和热对流作用大大增强[21,22]。

$$\frac{q_k}{A} = \frac{k}{L}(\Delta T) \tag{8.1}$$

$$\frac{q_c}{A} = N_u \frac{k}{L}(\Delta T) \tag{8.2}$$

式中：q_k 为传导热传递速度；q_c 为对流热传递速度；A 为接触面积；k 为材料或流体的热导率；N_u 为流体的 Nusselt 数。

在进行推进阵列设计的时候，阵列的集成度即单位面积单元数也是需要关心的一个问题。影响集成度的原因主要有应力、传热和工艺三个方面，结构力学和力热耦合仿真研究主要是考察应力和传热对阵列集成度的影响程度，一般采用有限元方法(FEA)进行仿真分析。

8.2.3 工艺流程及加工结果

固体化学推进器阵列为三层结构，分别在玻璃和硅衬底上加工出点火器、燃烧室和喷管，然后进行键合或黏接集成。硅片选用的是 300μm 厚的双面抛光(100)单晶硅，玻璃选用的是 500μm 厚的 Pyrex7740 专用键合玻璃。工艺流程如下(图 8.19)。

1) 底层点火器层

(1) 选取玻璃衬底，采用通用光刻机用 AZ1500 光刻胶进行光刻，将掩模版上的导线、焊盘和电阻图案转移到光刻胶上，并用 HF 酸缓冲液在玻璃上腐蚀出浅槽。

(2) 采用磁控溅射工艺依次溅射 Cr, Pt, Au, 溅射的厚度约为 10nm, 50nm, 50nm。

(3) 用超声剥离工艺，将导线、焊盘和电阻图案以外的金属层剥离掉，形成导线、焊盘和电阻图案。

(4) 二次光刻，将腐蚀 Au 的图案转移到光刻胶上，形成腐蚀窗口。

(5) 利用金腐蚀工艺腐蚀掉电阻表面的 Au 形成铂电阻。

2) 中间燃烧室层

(1) 采用厚度 300μm 轻掺 n 型(100)硅片，用热生长工艺生长一层 900nm 的氧化硅层，作为刻蚀掩膜层。

(2) 光刻将扩散窗口图案转移到光刻胶上，形成二氧化硅腐蚀窗口并用 HF 酸缓冲液腐蚀二氧化硅层形成窗口。

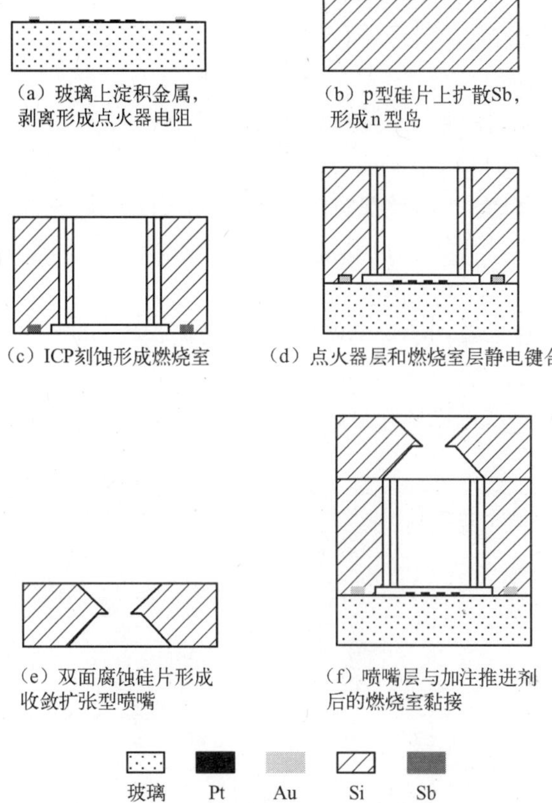

图8.19 微推进器阵列工艺流程

(3) 利用扩散工艺通过窗口扩散B在n型硅中形成p型岛,并腐蚀掉二氧化硅掩蔽层。

(4) 用热生长工艺生长一层900nm的二氧化硅层,作为掩蔽层。

(5) 光刻将刻蚀盲孔的窗口转移到光刻胶上,形成腐蚀窗口。用HF酸缓冲液腐蚀刻蚀窗口的二氧化硅,露出下面的硅。

(6) 采用ICP刻蚀工艺用光刻胶和二氧化硅作掩模刻蚀硅形成推进器的盲孔。

(7) 光刻将通孔的图案转移到光刻胶上,形成刻蚀窗口。用HF酸缓冲液腐蚀氧化层,形成刻蚀窗口。

(8) 采用ICP刻蚀工艺用光刻胶和二氧化硅作掩模刻蚀硅形成推进器的燃烧室通孔。利用HF酸缓冲液将二氧化硅掩模层腐蚀掉。

3) 顶层喷管层

(1) 采用(100)P 型 300μm 厚硅衬底上双面热氧化法生长氧化硅(6000Å)层作为刻蚀掩膜层。

(2) 光刻将入口的腐蚀图形转移到光刻胶上形成喷嘴入口窗口,用 HF 酸缓冲液腐蚀出二氧化硅窗口。

(3) 光刻将出口的腐蚀图形转移到光刻胶上形成喷嘴出口窗口,用 HF 酸缓冲液腐蚀出二氧化硅窗口。

(4) 用 EPW 或 KOH 各向异性腐蚀液进行喷嘴的腐蚀,腐蚀到形成喷嘴形状。

4) 用硅玻阳极键合工艺将硅基燃烧室层与玻璃基点火器层键合在一起,划片,成独立管芯。

5) 将键合好的点火器和燃烧室两层加注固体复合推进剂,利用环氧树脂胶将喷管层黏接到燃烧室上。

图 8.20 是加工完成的固体化学微推进器芯片,图 8.21、图 8.22 是该芯片管芯的局部 SEM 照片。

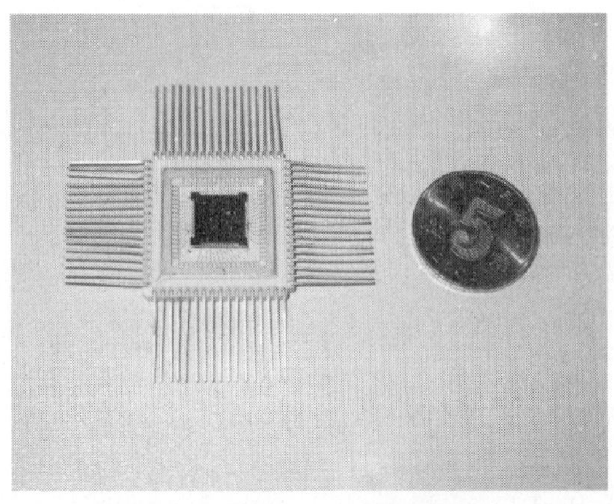

图 8.20 封装好的推进器芯片

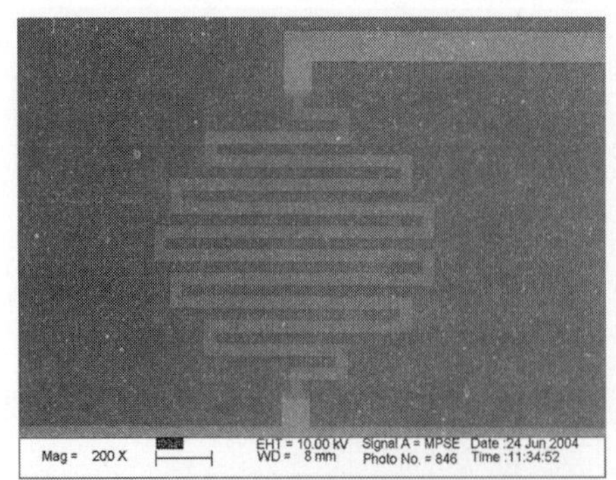

图 8.21 点火器电阻

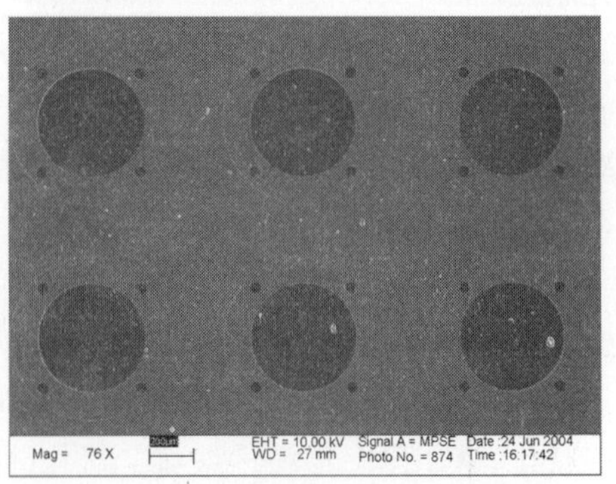

图 8.22 ICP 刻蚀燃烧室腔

8.2.4 推进剂选择

推进剂的选择对 MEMS 化学微推进器的设计和制造至关重要,因为选择不同的推进剂,既影响了 MEMS 工艺的难度,更决定了推进器的极限比冲和推力等性能。在推进剂选择时既要考虑到推进剂选择的一般原则,也要注意 MEMS 推进阵列的特殊要求,主要把握以下原则。

(1) 要有高的能量密度。

(2) 燃烧性能好。

(3) 有利于推进器的结构实现。

(4) 经济性好,易于加注,不会对 MEMS 工艺造成太大困难。

(5) 在微尺度下组分尽量均匀。

(6) 性能稳定,具有好的物理安定性和化学安定性。

化学推进剂总得来说分为两大类:液体推进剂和固体推进剂。相对于固体推进剂来说,液体推进剂比冲较高,但需要将还原剂和氧化剂分离存储,在工作的时候通过专门设备供给,在燃烧室内混合点燃,实现燃烧。整个系统设计要包含微泵,微阀等,系统的复杂度提高,需要考虑各个子系统的性能,如微阀的泄漏等问题。所以液体推进剂往往只使用在对比冲有严格要求,同时要求燃烧可控的场合。而固体推进剂存储方便,在室温下还原剂与氧化剂能够混合存储,化学稳定性高,比冲密度高,体积小,能够极大地简化系统的设计,同时它也不会对 MEMS 工艺造成太大困难。根据以上推进剂选择的基本原则,综合考虑两类推进剂的性能指标,固体推进剂为适用于 MEMS 推进系统的较理想推进剂之一。

固体推进剂通常也可以分为两大类(图 8.23):均质推进剂和异质推进剂。在均质推进剂中燃料组元和氧化剂组元互相均匀结合,形成一种胶体溶液的结构,其组成成分和性能在整个基体上都是均匀的。其中,单基推进剂是以硝化纤维(NC)为基本组元的胶体结构。双基推进剂(DB)是以硝化纤维(NC)和硝化甘油(NG)为基本组元的胶体结构。在异质推进剂中则与此相反。燃料和氧化剂虽然也要求混合均匀,但是只能在微细颗粒的条件下尽量均匀。从微细结构看,其组成和性质是不均匀一致的,是机械的混合物。黑火药是早期使用的一种典型的异质推进剂,由硫磺、木炭和硝酸钾组成的机械混合物,现在已经基本上不用。现代复合推进剂也是按此类似的原则组成的,一般由氧化剂、黏接剂、金属燃料、固化剂、增塑剂等组成,已经广为采用。改性双基推进剂(CMDB)是在双基推进剂的基础上加入某些异质成分来改善双基推进剂的性能,因而也属于异质推进剂[23-26]。

从推进单元推力和冲量的均匀性考虑,双基推进剂是比较理想的选择。但是

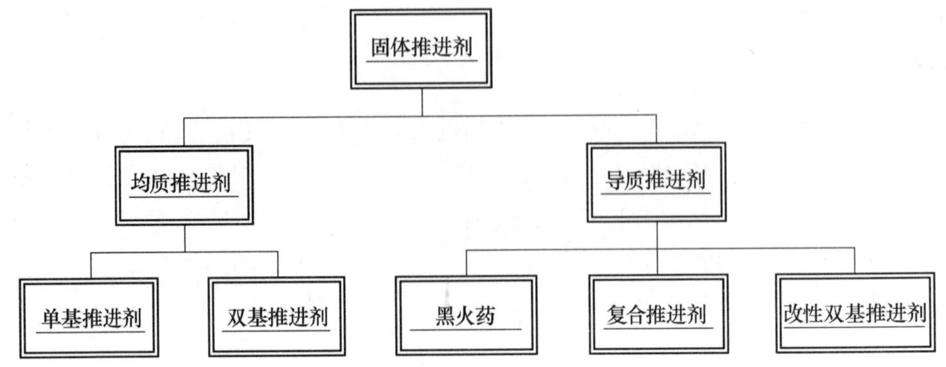

图 8.23 固体推进剂的分类

双基推进剂点火比较困难，对燃烧室压强要求比较严格。同时，双基推进剂能量比较低，由于硅基燃烧室热损失比较大，容易造成推进剂燃烧不充分和能量损失较大，很难达到基本冲量要求。

复合推进剂，能量比较高，燃点温度低。通过一定的工艺手段，尽量减小配方中固体颗粒粒度并充分搅拌混合，能够提高其均匀性。国外研制的 MEMS 化学推进器中曾经采用过的复合推进剂有 AP/HTPB，AP/GAP 等。改性双基推进剂，通过在双基推进剂中加入高能量易点燃的氧化剂成分，能够改善双基推进剂性能，同时还能保证一定程度上的推进剂组分的均匀性[27]。因此，复合推进剂和改性双基推进剂是 MEMS 固体化学推进器较为理想的推进剂。

8.3 性能仿真建模与分析

8.3.1 铂膜电阻桥点火器传热分析与建模

传统的固体化学火箭发动机，点火器设计主要是分析从点火药爆燃到推进剂点火这一段时间的物理和化学过程，关心的是点火药燃气温度，点火气流密度和流速对点火延迟时间的影响。由于点火过程是一个非常复杂的过程，一般来讲要建立全过程仿真模型并求解比较困难。在推进器点火器设计和分析时往往要经过若干假设，假定点火过程是一个一维非稳态传热过程，利用点火温度准则，忽略点火发生之前的一切相变和化学反应，建立带对流边界条件的单元件热传导模型，求出解析解，根据此来定性地分析各因素对点火延迟期的影响并给出近似定量值[28]。

对于 MEMS 固体化学推进器，点火器设计不仅关心点火延迟期，还关心电阻桥丝、点火电压等指标对点火前推进剂温度变化的影响，因此需要针对 MEMS 点火器的结构建立热传导模型。为了定性并近似定量地分析各因素对点火阶段温度分布的影响,主要是推进剂表层的温度的影响,找出对点火延迟时间影响的主要因素,因此建立一维热传导模型来分析。

在推进器单元中,推进剂,薄膜电阻点火桥丝和玻璃基底构成了三明治结构,电阻桥丝是发热元件。可以把推进剂和玻璃基底看作两个一维半无界热传导体,电阻桥丝的生热率作为两个物体公共边界的对流边界条件。

电阻桥丝通电后的电功率为

$$P = \frac{U^2}{R} = \frac{U^2}{R_s}\frac{b}{L} \tag{8.3}$$

式中:U 是加在电阻桥丝两端的电压;R_s 是方电阻;b 是电阻丝宽度;L 是电阻丝等效长度。该功率可以分为两部分,一部分是传给推进剂的热功率 P_p,另一部分是传给玻璃基底的热功率 P_{gl},即

$$P = P_p + P_{gl} \tag{8.4}$$

推进剂边界的热流密度可表示为

$$q_p = \frac{P_p}{S} \tag{8.5}$$

针对推进剂部分,一维半无界热传导方程如下

$$\frac{\partial T_p}{\partial t} = a_p \frac{\partial^2 T_p}{\partial t^2} \tag{8.6}$$

式中:$a_p = \dfrac{\lambda_p}{\rho_p c_{pr}}$为推进剂的热扩散率,$\lambda_p$,$\rho_p$,$c_{pr}$分别为推进剂的热传导率、密度和比热容。

初始条件

$$T_p(z,t) = T_0 \qquad 0 \leqslant z < \infty, t = 0 \tag{8.7}$$

第二边界条件

$$-\lambda_p \frac{\partial T_p}{\partial z} = q(t) = \begin{cases} 0 & (t = 0) \\ q_p & (t > 0) \end{cases} \tag{8.8}$$

式中:T_0 为初始温度;q_p 为点火电阻丝传给推进剂的热流密度。

方程(8.6)两边同乘以 $-\lambda_p$,并对 z 求导,得

$$\frac{\partial}{\partial t}\left(-\lambda_p \frac{\partial T_p}{\partial z}\right) = a_p \frac{\partial^2}{\partial z^2}\left(-\lambda_p \frac{\partial T_p}{\partial z}\right) \tag{8.9}$$

因为,$q = \lambda \dfrac{\partial T_p}{\partial z}$为热流密度,引入过余热流密度 $q_\theta = q_p - q$,方程(8.9)可化为

$$\frac{\partial q_\theta}{\partial t} = a_p \frac{\partial^2 q_\theta}{\partial z^2} \tag{8.10}$$

相应的边界条件(8.8)变为

$$q_\theta(t) = \begin{cases} q_p & t = 0 \\ 0 & t > 0 \end{cases} \tag{8.11}$$

求解方程(8.10)可以有分离变量法,拉普拉斯变化法等,这里采用分离变量法求解。假设方程(8.10)的解有如下形式

$$q_\theta = X(t)Y(z) \tag{8.12}$$

式中:$X(t)$仅是t的函数,为书写方便记作X;$Y(z)$仅是z的函数,记作Y。将式(8.12)代入式(8.10),得

$$\frac{1}{a_p X}\frac{\partial X}{\partial t} = \frac{1}{Y}\frac{\partial^2 Y}{\partial z^2} \tag{8.13}$$

方程(8.13)中,左边只是时间变量的函数,右边只是空间变量的函数,因此要使方程成立,只有两边都等于一个常数。从物理上考虑,要保证当$t\to\infty$时,q有实际的物理意义,令$\frac{1}{a_p X}\frac{\partial X}{\partial t}=\frac{1}{Y}\frac{\partial^2 Y}{\partial z^2} = -\beta^2$,因而方程(8.13)变为两个独立的常微分方程

$$\begin{cases} \dfrac{\partial X}{\partial t} + a_p X\beta^2 = 0 & (8.14) \\ \dfrac{\partial^2 Y}{\partial z^2} + Y\beta^2 = 0 & (8.15) \end{cases}$$

解之,得

$$X = C_1 e^{\int -a_p\beta^2 dt} = C_1 e^{-a_p\beta^2 t} \tag{8.16}$$

$$Y = D_1 e^{i\beta z} + D_2 e^{-i\beta z} \tag{8.17}$$

将式(8.16)、式(8.17)代入式(8.12),得

$$q_\theta = C_1 e^{-a_p\beta^2 t}(D_1 e^{i\beta z} + D_2 e^{-i\beta z}) \tag{8.18}$$

这是方程的一个特解,因为对于任意β值,式(8.18)都是方程(8.10)的解,又方程(8.10)为线性方程,解满足叠加原理,因此,方程的通解为

$$q_\theta = \sum_{(\beta)} C_{1\beta} e^{-a_p\beta^2 t}(D_{1\beta} e^{i\beta z} + D_{2\beta} e^{-i\beta z}) \tag{8.19}$$

因为这里没有任何边界条件,$\beta\in(-\infty, +\infty)$,所以$(D_{1\beta}e^{i\beta z} + D_{2\beta}e^{-i\beta z})$可以简化为$D_\beta e^{i\beta z}$;又$\beta$可以连续取值,可以用对$\beta$的积分代替式(8.19)的求和公式,

于是式(8.19)化为

$$q_\theta = \int_{-\infty}^{+\infty} C_{1\beta} \mathrm{e}^{-a_p\beta^2 t} D_\beta \mathrm{e}^{\mathrm{i}\beta z} \mathrm{d}\beta = \int_{-\infty}^{+\infty} C(\beta) \mathrm{e}^{\mathrm{i}\beta z - a_p\beta^2 t} \mathrm{d}\beta \tag{8.20}$$

由边界条件式(8.11),当 $t=0$ 时,$q_\theta = q_p$,代入式(8.20)

$$q_p = \int_{-\infty}^{+\infty} C(\beta) \mathrm{e}^{\mathrm{i}\beta z} \mathrm{d}\beta \tag{8.21}$$

根据傅里叶反变换公式,得

$$C(\beta) = \frac{1}{2\pi}\int_{-\infty}^{+\infty} q_p \mathrm{e}^{-\mathrm{i}\beta\zeta} \mathrm{d}\zeta \tag{8.22}$$

将式(8.22)代入式(8.20),得

$$\begin{aligned} q_\theta &= q_p \int_{-\infty}^{+\infty}\int_{-\infty}^{+\infty}\left(\frac{1}{2\pi}\mathrm{e}^{\mathrm{i}\beta(z-\zeta)-a_p\beta^2 t}\right)\mathrm{d}\beta\mathrm{d}\zeta \\ &= q_p \int_{-\infty}^{+\infty} \frac{1}{2\sqrt{a\pi t}} \mathrm{e}^{-\frac{(z-\zeta)^2}{4a_p t}} \mathrm{d}\zeta \\ &= \frac{q_p}{2\sqrt{a\pi t}}\left(\int_0^{+\infty} \mathrm{e}^{-\frac{(z-\zeta)^2}{4a_p t}}\mathrm{d}\zeta + \int_{-\infty}^{0} \mathrm{e}^{-\frac{(z-\zeta)^2}{4a_p t}}\mathrm{d}\zeta\right) \\ &= \frac{q_p}{2\sqrt{a\pi t}}\int_0^{+\infty}\left(\mathrm{e}^{-\frac{(z-\zeta)^2}{4a_p t}} - \mathrm{e}^{-\frac{(z+\zeta)^2}{4a_p t}}\right)\mathrm{d}\zeta \end{aligned} \tag{8.23}$$

因为边界条件 q_p 是常数,所以上式积分第一项代入 $\zeta = z + 2\beta\sqrt{a_s t}$,第二项代入 $\zeta = -z + 2\beta\sqrt{a_s t}$[29],于是得

$$\begin{aligned} q_\theta &= \frac{q_p}{\sqrt{\pi}}\int_{-\frac{z}{2\sqrt{a_p t}}}^{+\infty} \mathrm{e}^{-\beta^2}\mathrm{d}\beta - \frac{q_0}{\sqrt{\pi}}\int_{\frac{z}{2\sqrt{a_p t}}}^{+\infty} \mathrm{e}^{-\beta^2}\mathrm{d}\beta \\ &= \frac{q_p}{\sqrt{\pi}}\int_{-\frac{z}{2\sqrt{a_p t}}}^{\frac{z}{2\sqrt{a_p t}}} \mathrm{e}^{-\beta^2}\mathrm{d}\beta \\ &= \frac{2q_p}{\sqrt{\pi}}\int_0^{\frac{z}{2\sqrt{a_p t}}} \mathrm{e}^{-\beta^2}\mathrm{d}\beta \\ &= q_p \cdot \mathrm{erf}\left(\frac{z}{2\sqrt{a_p t}}\right) \end{aligned} \tag{8.24}$$

式中:$\mathrm{erf}(x) = \frac{2}{\sqrt{\pi}}\int_0^x \mathrm{e}^{-\beta^2}\mathrm{d}\beta$ 为误差函数。

由式(8.24)得

$$q = q_p - q_\theta = q_p\left[1 - \mathrm{erf}\left(\frac{z}{2\sqrt{a_p t}}\right)\right] = q_p \cdot \mathrm{erfc}\left(\frac{z}{2\sqrt{a_p t}}\right) \tag{8.25}$$

又知,过余温度,

$$T_\theta = T_p - T_0 \tag{8.26}$$

所以可得温度分布函数是

$$\begin{aligned} T_p &= T_0 + T_\theta = T_0 + \left(-\int_z^{+\infty} \frac{q}{\lambda_p}\mathrm{d}z\right) \\ &= T_0 + \left(-\frac{q_p}{\lambda_p}\int_z^{+\infty} \mathrm{erfc}\left(\frac{z}{2\sqrt{a_p t}}\right)\right) \\ &= T_0 + \frac{2q_p\sqrt{a_p t}}{\lambda_p}\mathrm{ierfc}\left(\frac{z}{2\sqrt{a_p t}}\right) \end{aligned} \tag{8.27}$$

式中:ierfc(x)是积分过余误差函数,$\mathrm{ierfc}(x)=\frac{1}{\sqrt{\pi}}\mathrm{e}^{-x^2}-x\cdot\mathrm{erfc}(x)$[29]。所以,推进剂温度分布函数:

$$\begin{aligned} T_p(z,t) &= T_0 + \frac{2q_p\sqrt{a_p t}}{\lambda_p}\left[\frac{1}{\sqrt{\pi}}\mathrm{e}^{-\frac{z^2}{4a_p t}} - \frac{z}{2\sqrt{a_p t}}\cdot\mathrm{erfc}\left(\frac{z}{2\sqrt{a_p t}}\right)\right] \\ &= T_0 + \frac{2q_p}{\lambda_p}\sqrt{\frac{a_p t}{\pi}}\left[\mathrm{e}^{-\frac{z^2}{4a_p t}} - \frac{z}{2}\sqrt{\frac{\pi}{a_p t}}\cdot\mathrm{erfc}\left(\frac{z}{2\sqrt{a_p t}}\right)\right] \end{aligned} \tag{8.28}$$

式(8.28)即方程(8.6)的解。

当$z=0$时,$T_p(0,t)$即推进剂与电阻接触面的边界的温度

$$T_p(0,t) = T_0 + \frac{2q_p}{\lambda_p}\sqrt{\frac{a_p t}{\pi}} \tag{8.29}$$

在求解方程的时候,没有考虑电阻的熔断,实际情况是,当$T_{melt}>773.15\mathrm{K}$时,电阻熔断,热流密度$q=0$。

同时,上述推导的前提条件是在推进剂未燃烧,没有发生任何相变和化学反应。实际推进剂的燃点是$T_{ig}=543.15\mathrm{K}\sim653.15\mathrm{K}$。根据点火温度准则,我们认为当$T(0,t)>T_{ig}$时,推进剂开始燃烧。

综合上面的考虑,式(8.29)改写为

$$T_p(0,t) = T_0 + \frac{2q_p}{\lambda_p}\sqrt{\frac{a_p t}{\pi}} \qquad T_p(0,t) \leqslant T_{ig} \tag{8.30}$$

对于玻璃基底,可以建立与推进剂一样的一维热传导方程

$$\frac{\partial T_{gl}}{\partial t} = a_{gl}\frac{\partial^2 T_{gl}}{\partial t^2} \tag{8.31}$$

式中：$a_{gl}=\dfrac{\lambda_{gl}}{\rho_{gl}c_{gl}}$为推进剂的热扩散率，$\lambda_{gl}$，$\rho_{gl}$，$c_{gl}$分别为玻璃的热传导率、密度和比热容。

初始条件

$$T_{gl}(z,t) = T_0 \qquad 0 \leqslant z < \infty,\ t = 0 \tag{8.32}$$

第二边界条件

$$-\lambda_{gl}\frac{\partial T_{gl}}{\partial z} = q(t) = \begin{cases} 0 & t = 0 \\ q_{gl} & t > 0 \end{cases} \tag{8.33}$$

式中

$$q_{gl} = \frac{P_{gl}}{S} \tag{8.34}$$

是点火电阻丝传给玻璃基底的热流密度；T_0 为初始温度。

同理，可以解出

$$T_{gl} = T_0 + \frac{2q_{gl}\sqrt{a_{gl}t}}{\lambda_{gl}}\mathrm{ierfc}\left(\frac{z}{2\sqrt{a_{gl}t}}\right) \tag{8.35}$$

当 $z=0$ 时，得到边界的温度

$$T_{gl}(0,t) = T_0 + \frac{2q_{gl}}{\lambda_{gl}}\sqrt{\frac{a_{gl}t}{\pi}},\ T_{gl}(0,t) \leqslant T_{melt} \tag{8.36}$$

因为推进剂和玻璃基底共边界，所以

$$T_{gl}(0,t) = T_p(0,t) \tag{8.37}$$

将式(8.30)、式(8.35)带入式(8.37)，得到

$$\frac{q_p}{q_{gl}} = \frac{\lambda_p\sqrt{a_{gl}}}{\lambda_{gl}\sqrt{a_p}} = \xi \tag{8.38}$$

又根据式(8.3)、式(8.4)和式(8.34)，得到

$$q_{gl} + q_p = \frac{P}{S} = \frac{P}{bL} \tag{8.39}$$

由式(8.38)，式(8.39)解得

$$q_p = \frac{\xi}{1+\xi}\frac{P}{bL} \tag{8.40}$$

将式(8.3)、式(8.40)代入到式(8.30)，得到推进剂边界温度随时间变化的函数

$$T_p(0,t) = T_0 + \frac{2\xi}{1+\xi}\frac{U^2}{\lambda_p R_s L^2}\sqrt{\frac{a_p t}{\pi}} \qquad T(0,t) \leqslant T_{ig} \tag{8.41}$$

考虑实际情况是三维热传导,加上模型修正系数 $k,0<k<1$,得到

$$T_p(0,t) = T_0 + k \cdot \frac{2\xi}{1+\xi}\frac{U^2}{\lambda_p R_s L^2}\sqrt{\frac{a_p t}{\pi}} \qquad T(0,t) \leqslant T_{ig} \tag{8.42}$$

从而,推进器点火延迟时间可表示为

$$\begin{aligned} t_{delay} &= \frac{\pi(1+\xi)^2\lambda_p^2 R_s^2 L^4}{4k^2\xi^2 U^4 a_p}(T_{ig}-T_0)^2 \\ &= \frac{\pi(1+\xi)^2\lambda_p^2 b^2 L^2}{4k^2\xi^2 P^2 a_p}(T_{ig}-T_0)^2 \end{aligned} \tag{8.43}$$

当 $T_p(0,t)=T_{ig}$时,由式(8.3)和式(8.42)可以得到点火功率和点火电压分别为

$$P = \frac{(1+\xi)\lambda_p bL(T_{ig}-T_0)}{2k\xi}\sqrt{\frac{\pi}{a_p t}} \tag{8.44}$$

$$U = \left[\frac{(1+\xi)\lambda_p R_s L^2(T_{ig}-T_0)}{2k\xi}\sqrt{\frac{\pi}{a_p t}}\right]^{\frac{1}{2}} \tag{8.45}$$

从式(8.41)、式(8.42)可以看出,如果推进剂特性不变,在初温一定的情况下,要想减小点火延迟时间,有以下几种办法。

(1) 增大点火电压即增大点火功率,因为 $t \propto \frac{1}{U^4} \propto \frac{1}{P^2}$,这是效果最明显的办法。

(2) 由于 $t \propto R_s^2$,可以减小点火电阻桥丝的方电阻值。在 U 一定的情况下,这种办法增大了点火功率。

(3) 减小电阻丝宽度 b 和长度 L,即减小电阻面积。这种做法实际上是在点火功率不变的情况下,增大了热流密度。但是,若电阻桥丝与推进剂接触面积过小,则也不利于推进剂端面的同时点燃。

(4) 增大 ξ。因为 $\xi \propto \sqrt{\frac{1}{\rho_{gl}c_{gl}\lambda_{gl}}}$,所以其实质是减小基底材料的热导率、密度和质量比热,即尽量减小基底材料造成的热损失。

从式(8.44)和式(8.45)可以看出,在推进剂特性和点火延迟时间一定的情况下,不考虑实际芯片中导线分压造成的功率损耗,则点火功率和点火电压受以下条件影响:

（1）推进剂初温高，则点火功率和点火电压小。

（2）通过减小电阻丝宽度 b 和长度 L，可以降低点火功率。减小电阻丝长度 L 和方电阻值 R_s，能够降低推进器点火电压。电阻丝宽度 b 对点火电压没有影响。

（3）增大 ξ，即减小基底材料的热导率、密度和质量比热，可以减小基底材料造成的热损失，从而能够降低点火功率和点火电压。

8.3.2 燃气流动的集总参数模型与仿真计算

采用根据质量守恒方程，能量守恒方程和气体状态方程建立的一维集总参数模型进行仿真计算。此模型的优点是考虑了激波对燃气流的影响，同时考虑了燃烧室内的热传递。

模型分析的对象是从燃烧面到喷管喉部之间燃烧室内的燃气。为了使模型满足一定的精确性，同时又有简单易用，建模前假设以下条件成立：

（1）燃烧室内燃气的压强和温度是均匀的，可以近似认为是滞止状态。

（2）燃气满足理想气体定律。

（3）喷嘴扩张段燃气为一维等熵流。

（4）燃烧室内燃气压强随推进剂燃速的变化可以忽略。

1）质量守恒方程

对于燃烧室内的燃气，质量一直在发生变化，其质量 m 满足以下方程

$$\frac{\mathrm{d}m}{\mathrm{d}t} = q_{\mathrm{in}} - q_{\mathrm{out}} \tag{8.46}$$

式中：q_{in} 和 q_{out} 分别是单位时间内推进剂燃烧进入燃烧室的气体质量和通过喷管喉部流出的燃气质量。

（1）流入气体。单位时间内流入的燃气质量与推进剂燃速 $\frac{\partial x}{\partial t}$，燃烧截面积 $A_{c(x)}$ 以及固体推进剂密度 ρ 之间满足式（8.47），x 为燃面坐标。

$$q_{\mathrm{in}} = \frac{\partial x}{\partial t} A_{c(x)} \rho \tag{8.47}$$

而推进剂燃速，可以根据固体推进剂燃速经验公式（8.48）求出。

$$\frac{\partial x}{\partial t} = a P^n \times 10^{-3} \tag{8.48}$$

式中：a 为推进剂燃速系数；单位 mm/s；n 为推进剂燃速压强指数；P 为燃烧室内燃气压强。

（2）流出气体。单位时间内从喷管喉部流出气体的质量和喉部燃气的流速有关，要分燃气是亚音速流和音速流两种情况分别计算。

对于收敛扩张型喷管，管内流体的临界压强比 b_c 满足

$$b_c = \left(1 + \frac{\gamma - 1}{2} Ma_e^2\right)^{-\gamma/(\gamma-1)} \tag{8.49}$$

式中：喷管出口燃气马赫数 Ma_e 可由式(8.50)确定

$$\frac{A_e}{A_t} = \frac{1}{Ma_e}\left(\frac{2}{\gamma + 1}\right)^{(\gamma+1)/2(\gamma-1)} \left(1 + \frac{\gamma - 1}{2} Ma_e^2\right)^{(\gamma+1)/2(\gamma-1)} \tag{8.50}$$

当环境压强 $P_a/P \leqslant b_c$ 时，燃气在喉部能够达到声速，燃气的质量流速

$$q_{\text{out}} = \sqrt{\frac{\gamma}{r}\left(\frac{\gamma + 1}{2}\right)^{(\gamma+1)/2(1-\gamma)}} \frac{P}{\sqrt{T}} A_t \tag{8.51}$$

当 $P_a/P > b_c$ 时，喉部燃气为亚声速，燃气质量流速满足

$$q_{\text{out}} = \sqrt{\frac{\gamma}{r}\left(\frac{\gamma + 1}{2}\right)^{(\gamma+1)/2(1-\gamma)}} \frac{P}{\sqrt{T}} A_t \sqrt{1 - \left(\frac{(P_e/P) - b_c}{1 - b_c}\right)^2} \tag{8.52}$$

式中：A_e 为喷管出口截面积；A_t 为喷管喉部截面积；γ 为燃气比热比；r 为燃气的气体常数；T 为燃烧室内的燃气温度；P_e 为喷管出口燃气压强。

2）能量守恒方程

假设燃烧室内的燃气温度、压强和密度是均匀的，则根据能量守恒定律，室内燃气满足

$$m\frac{\mathrm{d}T}{\mathrm{d}t} + T\frac{\mathrm{d}m}{\mathrm{d}t} = -\gamma T q_{\text{out}} + \frac{\phi}{C_v} \tag{8.53}$$

式中，C_v 为燃气的定容比热容；ϕ 表示燃烧室内燃气热量的变化，它由三部分组成，ϕ_{in} 为推进剂燃烧产生的热量，ϕ_{con} 为燃气对流的热损失，ϕ_{rad} 为燃气辐射热损失，满足式(8.54)

$$\phi = \phi_{\text{in}} - \phi_{\text{con}} - \phi_{\text{rad}} \tag{8.54}$$

推进剂燃烧生成的热量满足

$$\phi_{\text{in}} = q_{\text{in}} h_c \tag{8.55}$$

式中：h_c 为推进剂燃烧焓；可由试验或热力学计算得到。

对流热损失满足公式

$$\phi_{\text{con}} = h S_c(x)(T - T_w) \tag{8.56}$$

式中：h 为对流换热系数；$S_c(x)$ 为换热表面积；T_w 为燃烧室壁面温度。

辐射换热热损失满足公式(8.57)

$$\phi_{\text{rad}} = \sigma \varepsilon S_r(x)(T^4 - T_w^4) \tag{8.57}$$

式中:σ 为黑体辐射的玻耳兹曼常数;ε 为热辐射系数;$S_r(x)$ 为辐射换热面积。

3) 理想气体状态方程

微分方程式(8.46)、式(8.53)有三个未知数 m, T, x。为了求出数值解,需给出第三个方程,组成微分方程组。假设燃气为理想气体,则满足

$$P = \frac{mrT}{V(x)} \tag{8.58}$$

式中

$$r = \frac{R}{m_g} \tag{8.59}$$

m_g 为燃气的平均分子量。

由方程式(8.46)、式(8.53)和式(8.58)组成一阶常微分方程组,给定初始条件 x_0、m_0、T_0 可求唯一解。

4) 推力和冲量计算

通过求解一阶常微分方程组,可以得到 T、P 随时间的变化关系。假设燃气在喷管扩张段为一维等熵流,则推进器推力可表示为式(8.60)

$$F = \frac{1}{2}(P_eA_e(1 + \gamma Ma_e^2) - A_eP_a)(1 + \cos\theta_e) \tag{8.60}$$

式中:θ_e 为喷管扩张段的扩张半角,这里 $\theta_e = 35.3°$。从式(8.60)可以看出,要求推力 F,必须先求得 P_e 和 Ma_e。

推进单元冲量由式(8.61)决定:

$$I = \int_0^t F\mathrm{d}t \tag{8.61}$$

5) P_e 和 Ma_e 的确定

根据边界面管中等熵流动的定律,分三种情况讨论。

(1) $P_a/P > b_c$ 喷管扩张段为亚声速流,则

$$P_e = P_a \tag{8.62}$$

$$Ma_e = \sqrt{\frac{2}{\gamma - 1}\left(\left(\frac{P_e}{P}\right)^{(1-\gamma)/\gamma} - 1\right)} \tag{8.63}$$

(2) $P_a/P \leqslant b_c$,喷管扩张段完全为超声速流,则

$$P_e = P\left(1 + \frac{\gamma - 1}{2}Ma_e^2\right)^{-\gamma/(\gamma-1)} \tag{8.64}$$

而 Ma_e 可由式(8.65)确定

$$\frac{A_e}{A_t}=\frac{1}{Ma_e}\left(\frac{2}{\gamma+1}\right)^{(\gamma+1)/2(\gamma-1)}\left(1+\frac{\gamma-1}{2}Ma_e^2\right)^{(\gamma+1)/2(\gamma-1)} \tag{8.65}$$

(3) $P_a/P \leqslant b_c$ 喷管扩张段完全为存在右激波的超声速流，则首先要确定激波的位置。假设激波为正激波，激波面截面积为 A_s，激波上游燃气马赫数为 Ma_{n0}，则

$$\frac{A_s}{A_t}=\frac{1}{Ma_{n0}}\left(\frac{2}{\gamma+1}\right)^{(\gamma+1)/2(\gamma-1)}\left(1+\frac{\gamma-1}{2}Ma_{n0}^2\right)^{(\gamma+1)/2(\gamma-1)} \tag{8.66}$$

激波下游燃气的马赫数 Ma_{n1} 可表示为

$$Ma_{n1}=\sqrt{\frac{1+((\gamma-1)/2)Ma_{n0}^2}{\gamma Ma_{n0}^2-((\gamma-1)/2)}} \tag{8.67}$$

激波下游燃气滞止压强

$$P_{i1}=\left(\frac{2\gamma}{\gamma+1}Ma_{n0}^2-\frac{\gamma-1}{\gamma+1}\right)^{-1/(\gamma-1)}\left(\frac{2}{\gamma+1}\frac{1}{Ma_{n0}^2}+\frac{\gamma-1}{\gamma+1}\right)^{-\gamma/(\gamma-1)}P_{i0} \tag{8.68}$$

式中：P_{i0} 为激波上游燃气滞止压强，即 $P_{i0}=P$。

又存在公式

$$\frac{A_e}{A_s}=\frac{Ma_{n1}}{Ma_e}\left(\frac{1+\frac{\gamma-1}{2}Ma_e^2}{1+\frac{\gamma-1}{2}Ma_{n1}^2}\right)^{(\gamma+1)/2(\gamma-1)} \tag{8.69}$$

根据公式(8.69)可求 Ma_e，将 Ma_e 代入到下式，求 P_e。

$$P_e=\left(1+\frac{\gamma-1}{2}Ma_e^2\right)^{-\gamma/(\gamma-1)}P_{i1} \tag{8.70}$$

如果满足

$$P_e=P_a \tag{8.71}$$

则假设成立；否则，给 A_s 一个微小增量，继续按照式(8.66)～式(8.71)求解，直至 $A_s=A_e$，转到情况(2)。

根据上面的理论模型，利用 MATLAB 的 SIMULINK 可实现对特定结构和推进剂参数的推力单元进行性能仿真，SIMULINK 流程图如图 8.24 所示。

8.4 微推进器测试

8.4.1 微推进器测试概述

微推进器推力测量是一项难度很大的工作，这是主要是由推进器自身的特点

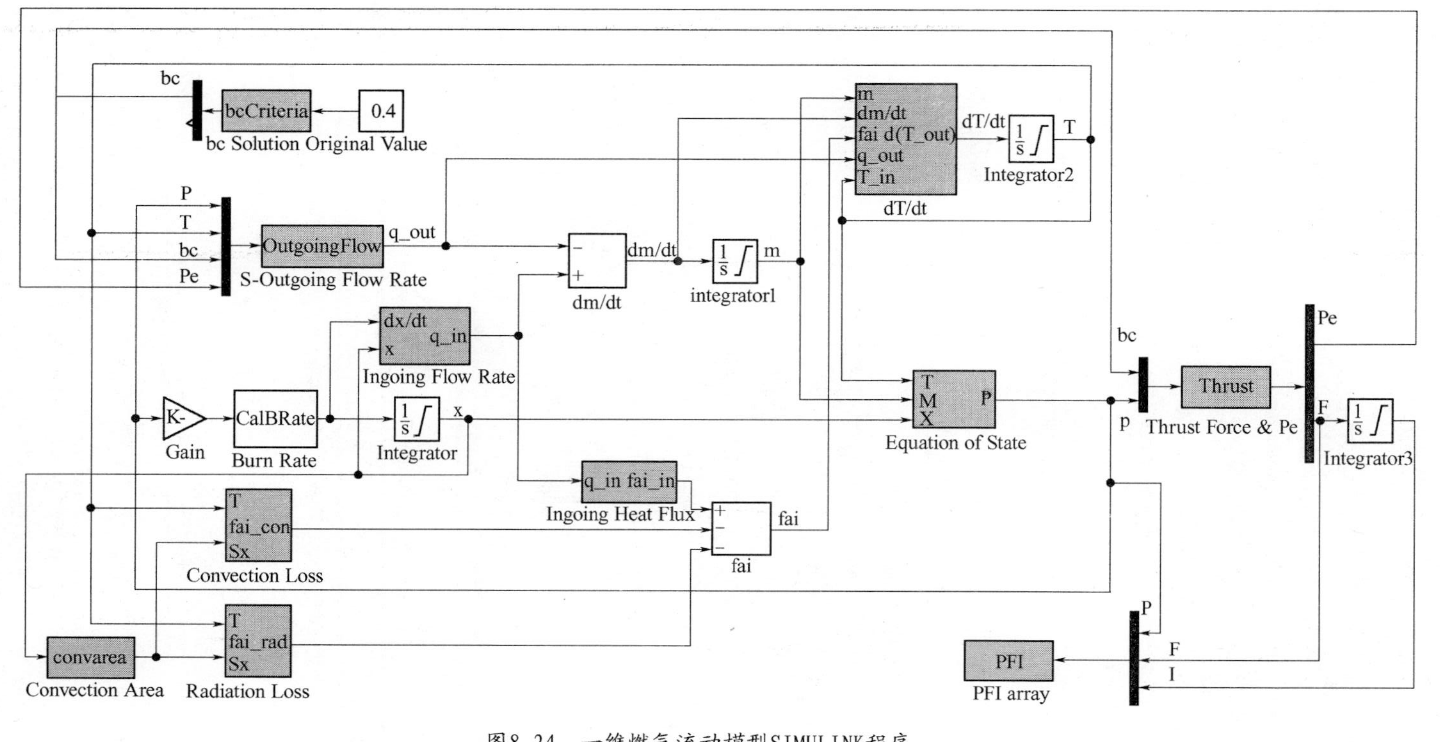

图 8.24　一维燃气流动模型SIMULINK程序

造成的。微推进器推力非常小,一般推力在几个微牛到几十毫牛之间,因而微推力测量的挑战性主要在以下方面。

(1) 推重比非常小。相对于安装在推力测试平台上的推进器和相关设备的重量,要测试的推力或冲量非常小,这就需要测试台架对微小推力的作用非常敏感,因此对测试系统设计有很高的要求。

(2) 影响推力测试精度的因素很多。对于介于微牛至几十毫牛之间的推力,许多情况下可以忽略的因素往往就容易将其淹没。测试台架的摩擦、电路的连接等因素也会对测量带来误差。

因此进行测试方案设计的时候要充分分析测试系统可能达到的分辨力、误差和推力范围。

微推力测试包括平均推力测试和脉冲冲量测试,一般是基于推力台架进行的测试,其实质是通过观察在微推力作用下推力台架的力学行为从而间接地测量推力或脉冲冲量。根据推力测量范围的不同,测试方法也有不同。对于几十毫牛量级的推力测试,大多采用称重式台架或摆式台架;对于毫牛量级的测试,常常采用扭摆结构,双摆结构或四臂配重结构。

利用台架测试微推力的方法涉及到时间尺度问题,如果台架固有频率远远大于微推进器推力脉冲频率,则可以用台架测试平均推力,冲量是推力对时间的积分;如果台架固有频率远小于微推进器推力脉冲频率,则可以测量脉冲冲量,且台架的阻尼或弹簧效应可以忽略;如果台架固有频率与微推进器推力脉冲频率相当,则需要消除推进器作用下台架固有频率对测试推力的影响,因为台架的振动幅值与台架的固有频率有关,因此在设计台架的时候一般要保证台架固有频率与推进器脉冲频率相当的情况。

表8.7列出了微推进器推力测量的基本类型、原理和实现形式。

表8.7 微推进器推力测量方案基本类型[30]

基本类型	基本原理	实现形式
天平结构	将推进器及其附件的重量预先平衡,再由测量远件产生相应的平衡力来平衡推进器产生的微推力	天平
刚性摆	采用扭转力矩平衡原理测量	正向摆,异型摆,倒摆
柔性摆	采用扭矩平衡或推力平衡原理测量	扭丝吊摆,平行四边形结构,单摆
无摩擦转台	用无摩擦的方式支撑平台,通过测量微推力产生的转矩,或平衡转矩的平衡力来达到测量目的	浮动平台,转轴支撑平台

8.4.2 激光干涉刚性摆测量系统原理

MEMS 固体化学推进器推力形式为脉冲推力，推力作用时间很短，一般为数毫秒到数十毫秒，单元冲量真空中为百微牛秒，大气压下为数十微牛秒，因此选择使用激光干涉刚性摆测量系统进行冲量测量。标准测量系统原理图如图 8.25 所示。推进器固定在刚性摆摆锤平面上，脉冲推力的反冲作用使摆产生振动，利用双频激光干涉仪测量振动的振幅，从而得出冲量的大小。

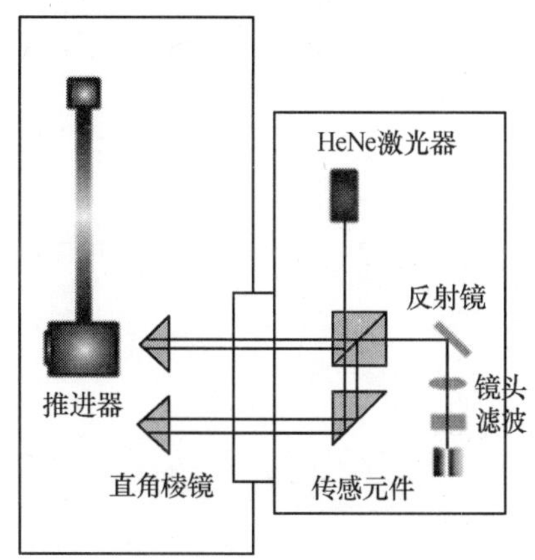

图 8.25　激光干涉测量系统原理图

利用清华大学精密仪器与机械学系的双频激光干涉测量系统搭建了微冲量测试平台，单摆振幅由计算机自动采样记录，采样频率 10Hz。所用隔振试验平台隔振频率 3Hz。推进器固定在步进精度为 50nm 的精密工作台上，通过计算机控制自动靠近刚性摆摆锤平面，以保证喷管平面与摆锤平面的间隙。图 8.26 为测试平台照片。

图 8.26　测试平台照片

8.4.3 微冲量测试及数据分析

利用上述测试系统，对所研制的36阵列的固体化学微推进器进行了测量，由于单单元点火产生的脉冲冲量太小，对刚性摆造成的振幅很容易被摆的自由振荡的振幅淹没，因此测量时采取了多单元同时点火的办法。图8.27～图8.36给出了10次测量的刚性摆振动曲线。表8.8为微推进冲量测量结果分析。

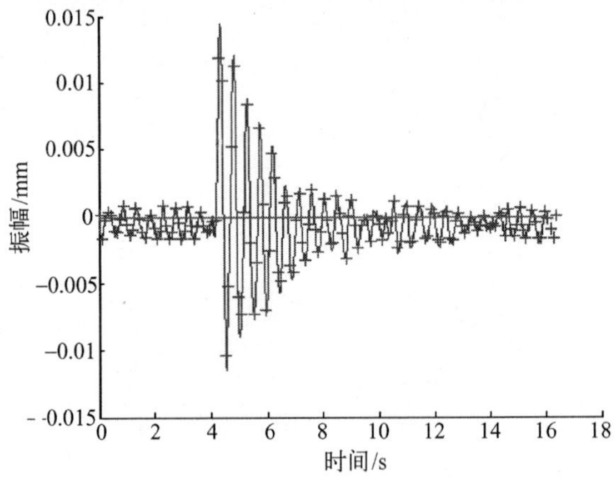

图8.27 测量曲线a(3单元)

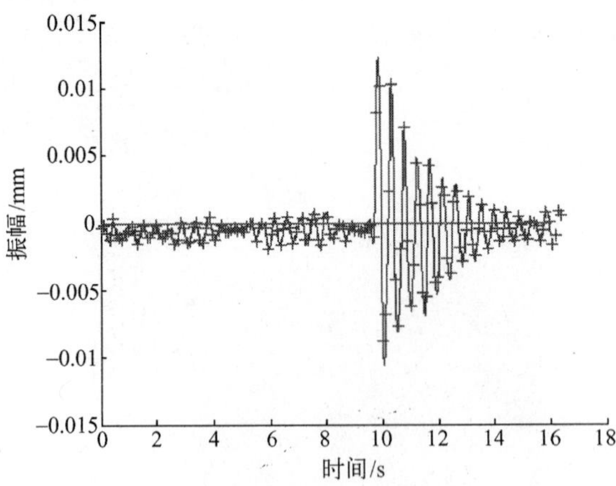

图8.28 测量曲线b(3单元)

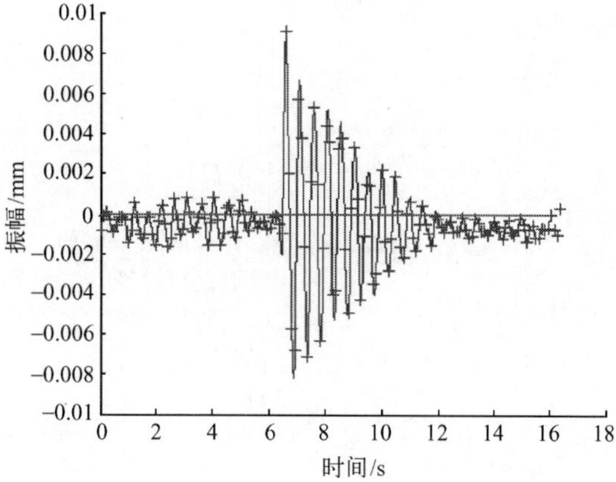

图 8.29　测量曲线 c(3 单元)

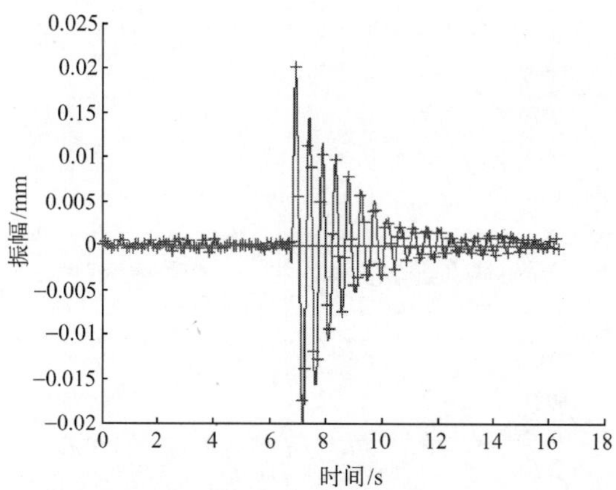

图 8.30　测量曲线 d(4 单元)

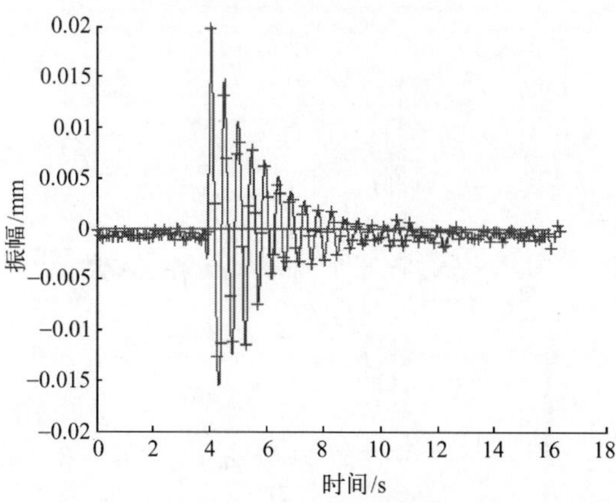

图 8.31　测量曲线 e(4 单元)

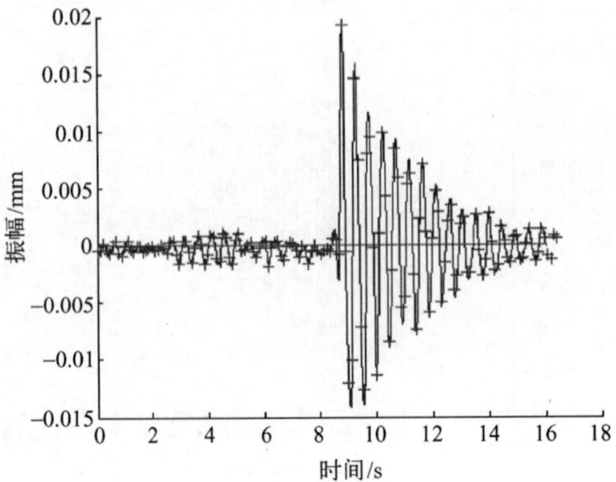

图 8.32 测量曲线 f(4 单元)

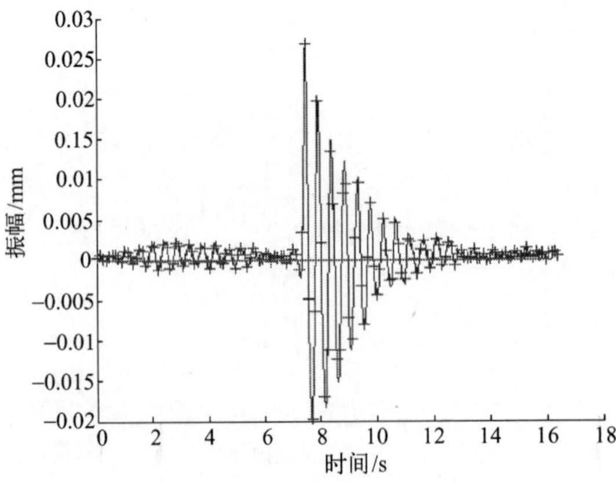

图 8.33 测量曲线 g(5 单元)

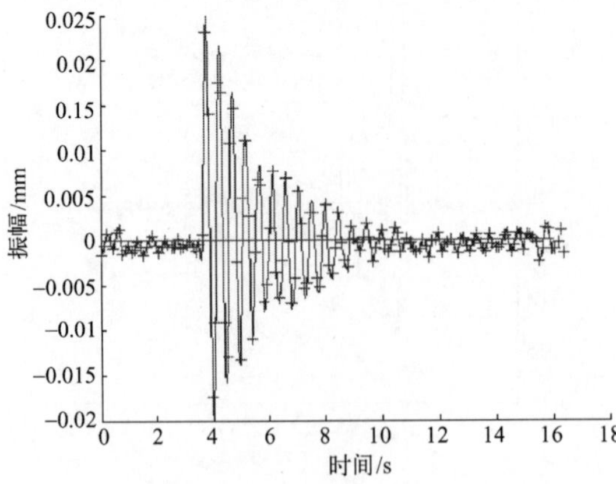

图 8.34 测量曲线 h(5 单元)

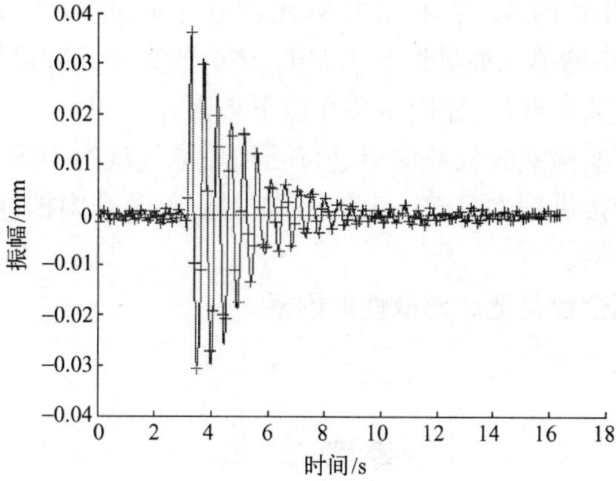

图 8.35　测量曲线 i(5 单元)

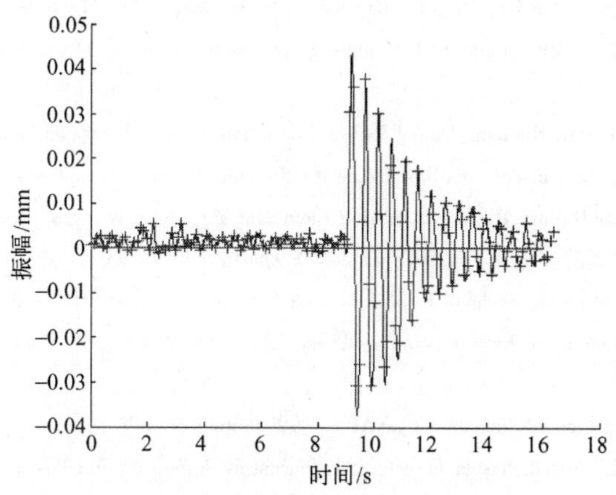

图 8.36　测量曲线 j(7 单元)

表 8.8　微推进冲量测量结果

序号	单元数	最大振幅/μm	单摆自振幅/μm	测量误差	单孔冲量均值/μNs
1	3	14.43	1.61	0.1116	7.2169
2	3	12.31	1.56	0.1267	6.15663
3	3	9.12	1.64	0.1798	4.5612
4	4	19.87	1.13	0.0569	7.4532
5	4	20.56	0.7	0.0340	7.7121
6	4	19.19	1.59	0.0829	7.1982
7	5	26.82	2.06	0.0768	8.0481
8	5	24.93	1.64	0.0658	7.4810
9	5	36.16	1.81	0.0501	10.8509
10	7	43.63	5.39	0.1235	9.3518

测量10次，得到的43个单元的单元冲量平均值为7.603μNs，标准偏差1.683μNs，其中最小的单元冲量值为4.5612μNs，最大单元冲量值为10.8590μNs。

测量值有一定的离散性，原因主要在以下方面：

(1) 测量是在实验室大气环境中进行受到环境气流的干扰，有随机误差。

(2) 由于复合推进剂本身有一定的不均匀性，使各孔内推进剂装填不匀，从而造成各单元冲量不均。

(3) 燃烧不完全也是造成离散性的因素。

参考文献

[1] Daniel W Youngner, Son Thai Lu, Edgar Choueiri, et al. MEMS Mega-pixel Microthruster Arrays for Small Satellite Stationkeeping[C]. 14th Annual/USU Conference on Small Satellites, AIAA. Logan, Utah, 2000, SSC00 - X - 2.

[2] Carole Rossi, Mehdi Djafari Rouhani, Daniel Esteve. Prediction of the performance of a Si-micromachined microthruster by computing the subsonic gas flow inside the thruster[J]. Sensors and Actuators. 2000, 87: 96 - 104.

[3] George P Sutton, Oscar Biblarz. Rocket Propulsion Elements[M]. John Wiley & Sons, Inc., 2001.

[4] 唐飞. 一种硅微推进器的理论及实验研究[D]. 清华大学博士论文. 2003.

[5] Underwood C, Richardson G, Savignol J. SNAP - 1: A Low Cost Modular COTS - Based Nano - Satellite - Design, Construction, Launch and Early Operations Phase[C]. 15th AIAA/USU Conference on Small Satellites, 2001, SSC01 - VI - 7.

[6] [OL] http://www.sstl.co.uk/docunents/SNAP - 1%20Propulsion.pdf.

[7] Burton RL, Turchi PJ. Pulsed Plasma Thruster[J]. Journal of Propulsion and Power. 1998, 14(5): 716 - 735.

[8] Greg Spanjers. New Satellite Propulsion System Has Mass Below 100 Grams[OL]. http://www.afrlhorizons, com/Briefs/Dec01/PR0109.html. 2003.

[9] Rachel Leach, Kerry L Neal. Discussion of Micro - Newton Thruster Requirements for a Drag - Free Control System[C]. 16th Annual/USU Conference on Small Satellites. 2002, SSC02 - VIII - 1.

[10] [OL] http://www.centrospazio.cpr.it/FEEPPrinciple.html.

[11] Marcuccio S., Genovese A, Andrenucci M. Experimental Performance of Field Emission. Microthrusters[J]. Journal of Propulsion and Power. 1998, 14: 774 - 781.

[12] Robert L Bayt. Analysis, Fabrication and Testing of a MEMS - based Micropropulsion System[D]. MIT, 1999.

[13] John Anderson, John Blandino, John Brophy, et al. Phase - change Micro - thrusters[OL]. http://www.islandone.org/APC/Micropropulsion/01.html. 2003.

[14] Ye X Y, Tang F, Ding H Q, et al. Study of a Vaporizing Water Micro - thruster[J]. Sensors and Actuators A: Physical. 2001, 89(1 - 2): 159 - 165.

[15] Siegfried W. Jason, Henry Helvajjian, William W Hansen, et al. Microthrusters for Nanosatellites. The 2nd International Conference on Integrated Micro Nanotechnology for Space Applications[C]. Pasadena, CA, April 11 - 15, 1999.

[16] Kim Luu, Maurice Martin, Mike Stallard, et al. University Nanosatellite Distributed Satellite Capabilities to Support TechSat 21[C]. 13th AIAA/USU Small Satellite Conference, Logan UT, Aug. 23 -26, 1999.

[17] Pranajaya Freddy M, Cappelli M. Progress On Colloid Micro - thruster Research and Flight Testing[R]. Reach Report, 1999:1 -8.

[18] Maurice Martin, Howard Schlossberg, Joe Mitola, et al. University Nanosatellite Program[C]. IAF Symposium. Redondo Beach, C A, APRIL 19 -21, 1999:1 -8.

[19] David H, Siegfried W, Ronald B, et al. Digital Micropropulsion[J]. Sensors and Actuators A: Physical, 2000, 80(2):143 -154.

[20] Rossi C. Micropropulsion for Space - A Survey of MEMS - based Micro Thrusters and their Solid Propellant Technology[R]. Research Report, CNRS, France. 2003:274.

[21] Dana Teasdale. Solid Propellant Microrockets[D]. Master Thesis of UCB. 2000.

[22] 俞佐平,陆煜. 传热学[M]. 北京:高等教育出版社,1995.

[23] 侯林法主编. 复合固体推进剂[M]. 北京:宇航出版社,1992.

[24] 郑子浩. 固体火箭推进剂[M]. 长沙:国防科技大学出版社,1981.

[25] 火炸药重点实验室编. 火炸药手册[M]. 1980.

[26] 达维纳 A. 固体火箭推进剂技术[M]. 张德雄等译. 北京:宇航出版社,1997.

[27] 张景春. 固体推进剂化学及工艺学[M]. 长沙:国防科技大学出版社,1987.

[28] 范存杰,李逢春. 微型固体火箭发动机用短点火延迟点火器研究[J]. 推进技术. 1995,3:42 -45.

[29] Eckert E R G, Drake R M. Analysis of Heat and Mass Transfer[M]. McGraw Hill Book Co. 1972.

[30] 刘向阳,范宁军,李科杰. 微推进器推力测试的现状及发展趋势[J]. 测控技术. 2004,23(5):18 -20.

第9章　磁强计技术

9.1 概　述

9.1.1 磁强计的概念、功能和应用

磁强计(Magnetometer)又称磁传感器、磁敏感器,是用来测量磁感应强度(磁场强度)的传感器,它是各类飞行器、航天器中一个重要的传感器部件。在其他领域中也有极为广泛的应用,比如工业、农业、国防,以及生物、医学、宇航、星际研究等,可以说目前几乎任何技术领域都离不开磁场测量[1,2]。

在国防的装备和武器的开发研制、运行工作和管理维护方面,磁强计更有其用武之地。例如,磁性扫雷、舰船消磁、搜索武器、磁波通信、磁探测、导弹磁导,以及水雷、地雷、炸弹探测器和磁导航等方面,也都离不开磁场测量技术。并且,磁强计有着其他类型的传感器不具备的特性,适合在恶劣和有限制的工况条件下正常工作。

在航空航天领域,磁强计可以用来测量飞机、卫星等飞行器本体位置的地磁场强度矢量信息,并且依据地球磁场参考模型和局部地区磁场参考模型,通过一定的算法可以获取一定精度的角度信息——因而在飞行器姿态确定系统中广泛使用,特别是在纳型皮型等微小卫星中获得更普遍的使用[4,5]。

9.1.2 磁强计的原理和分类

对磁强计按照不同的准则可以进行不同的分类[1]。

如果从采用的物理效应的角度看,就可以分为:①采用法拉第电磁感应定律制作的传感器,称为感应式磁强计;②利用电流在磁场作用下有洛仑兹力产生制作的传感器,称为磁力式磁强计;③利用在磁场作用下导体的电阻率发生变化制作的传感器,称为磁致电阻式;④依据法拉第磁光效应研制的磁强计,称为磁光式,如光泵磁强计;⑤依据约瑟夫森效应研制的磁传感器,称为超导量子干涉器件;等等。[2]

更多的,是从检测技术的角度出发,从具体依据的测量方法的不同而进行分类。这种分类方法和上面的分类有重合也有差别,有些磁强计尽管采用的物理效应是相同的,但是从检测方法的角度看是有区别的。这是因为磁场的各种测量方

法都是建立在与磁场有关的各种物理效应和物理现象的基础之上。目前测量磁场的方法有好几十种。一些较为基本、应用广泛和具有发展前途的大体上可分成以下几种:力和力矩法,利用铁磁体或载流体在磁场中所受的洛仑兹力进行测量;电磁感应法,以法拉第电磁感应定律为基础,可以测量直流、交流和脉冲磁场,通常有冲击检流计、磁通计、电子积分器、转动线圈磁强计、振动线圈磁强计等[2];霍耳效应法;磁致电阻效应法;磁共振法;弱连接超导效应法(SQUID);磁通门法;磁光法;磁致伸缩法等。

还可以从另外一些角度来分类:如能否测量磁场的矢量信息,可以分为能够测量磁场沿磁强计敏感轴这一分量的矢量式传感器,和只能测量磁场矢量的幅值的标量式(全量式)传感器。

从测量对象空间分布特性来讲,又可分为两类,一类是能够测量空间某一点磁场信息的点磁场敏感器;另一类是只能测量空间某一个区域内平均磁场信息的磁强计。这和磁强计的敏感元件的尺寸有关,没有统一的划分标准,如果敏感元件的敏感方向的尺寸相对测量范围而言足够小,就可以看成是能够进行点磁场的测量。

另外,还有一种重要的分类方法,这是从各种具体磁强计的敏感范围和敏感分辨力的角度来看的。测量的磁场一般可以分为三类:弱磁场(<1mGs(0.1nT))、中磁场(1mGs~10Gs)和强磁场(>10Gs)。这种划分是以地磁场的强度为标记来区分的。根据需要,相对应的用来测量磁场的磁强计也被区分为三类:高灵敏度磁强计、中灵敏度磁强计和低灵敏度磁强计。图 9.1 和表 9.1 列举了一些主要磁强计在敏感方面和应用方面的比较[3]。

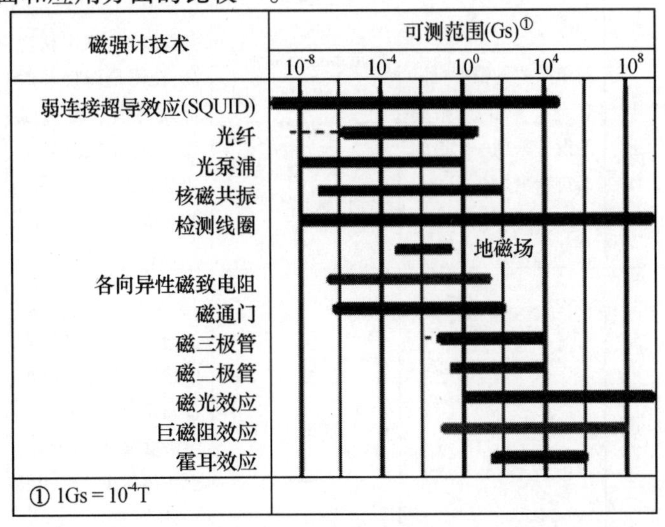

图 9.1 各类磁强计的敏感范围

表 9.1　磁强计的分类和主要应用

10^{-5}Gs　　　　　　　　　1Gs

高灵敏类型	中灵敏类型	低灵敏类型
定义： 实现由地磁场或者永磁体感生的磁场大小(或磁场梯度)的测量	定义： 实现地磁场或永磁体自身产生的磁场大小、方向的测量	定义： 实现比地磁场更强的磁场的测量
主要应用 • 脑磁测量 • 磁场异常检测	主要应用： • 磁罗盘 • 军事装备 • 矿藏勘探	主要应用： • 非接触开关 • 电流检测 • 磁性介质的读取
常见的传感器种类： • 超导量子干涉仪(梯度计) • 光泵浦磁强计	常用的传感器种类： • 检测线圈磁强计 • 磁通门磁强计 • 磁致电阻磁强计	常见的传感器种类： • 检测线圈磁强计 • 霍耳效应传感器

表 9.2 列出了各种类型磁场测量方法的比较。

表 9.2　常规尺度下几种典型的磁场测量方法

测量方法	性能指标			优缺点	
	分辨力	测量精度	测量范围	优点	缺点
磁共振法	分辨力高，可达 pT 级	简单装置的精度可以达到 1×10^{-4}；精密的设备采用一定措施后可达 1×10^{-5}	测量最低磁场强度为 1×10^{-4}T(用电子注入动态极化法可使这一最低极限达到 1×10^{-7}T)	共振线窄、稳定精度高，在测量弱磁场时可以提高一个数量级。是目前磁场绝对测量方法中精度最高的方法	整个测量范围内要换好几种不同共振频率探头，不便于进行连续测量，结构复杂，尺寸大
霍耳效应法	低，约 100μT	1×10^{-4}	1×10^{-4}T ~ 10T	能在极低温度(4.2K)和极高温度(573K)下进行测量。灵敏度高、线性度好、探头体积小。尺寸很小，IC 工艺	零位误差、霍耳电势、内阻存在温度系数并且受输入电流的影响以及制造时的不等位电势和自激零电势

（续）

测量方法	性能指标			优缺点	
	分辨率	测量精度	测量范围	优点	缺点
电磁感应法	高，约10nT	$1\times10^{-4}\sim1\times10^{-5}$	从零到可能的最大值	能测量畸形磁场，测量范围宽、线性度好能对恒定磁场进行点测量	测量恒定磁场时测量线圈必须在磁场当中运动；尺寸大
磁通门法	高，约10pT	1×10^{-3}（测量10^{-3}以下的磁场分辨力可达10^{-8}T～10^{-9}T）	测量0.01T以内的磁场	灵敏度高、结构简单、牢靠、结构可以做得很小巧	
光泵法	低，约μT	1×10^{-10}	测量磁场的范围是5×10^{-6}T～1×10^{-3}T	灵敏度高、体积小、可连续测量和绝对测量；并具有直读和自动记录的特点	只能测量标量强度，而无法测量磁场矢量的分量值
磁致电阻法	较高10nT～1nT	1×10^{-3}		灵敏度高、功耗小、结构简单，IC工艺（有发展前途）	
超导量子干涉器件法	分辨力为1×10^{-14}T希望能达到1×10^{-15}T以上			迄今为止灵敏度最高的磁场测量方法在弱磁场测量中具有独特的优点	干涉仪的两块超导体之间夹以10Å左右的绝缘层，较难实现，尺寸结构大，需要低温（4K），成本高昂

9.2 地磁场模型

卫星（或者）姿态的获取器件主要有惯性测量单元（IMU）、GPS、磁强计、太阳敏感器、红外地球轮廓仪、星敏感器等。满足纳型、皮型这类微小卫星要求的主要有微型惯性测量单元（MIMU）、太阳敏感器和微型磁强计（MEMSMAG）。GPS通过差分的方式也能获得卫星的姿态信息，但是安装进行差分求解两个GPS接收机时，需要较长安装距离，微小卫星不适合采用。红外地球轮廓仪和星敏感器属于光学测量，光学结构部分体积较大也不适用于微小卫星领域。通过微型磁强计的测量可以获取2°～0.5°以内的定姿精度，通过MIMU和MEMSMAG的联合定姿技术可以获取0.05°以内的定姿精度[4,5]。

微型磁强计测量获取的是卫星本体坐标系下即时的地磁场矢量信息，需要建立卫星的姿态运动学和动力学模型，与地磁场参考模型（WMM）比对，经过信息处理才能获取卫星的姿态信息，一般采用扩展卡尔曼滤波技术（EKF）或者是采样卡尔曼滤波技术（UKF）。原理图如图 9.2 所示。

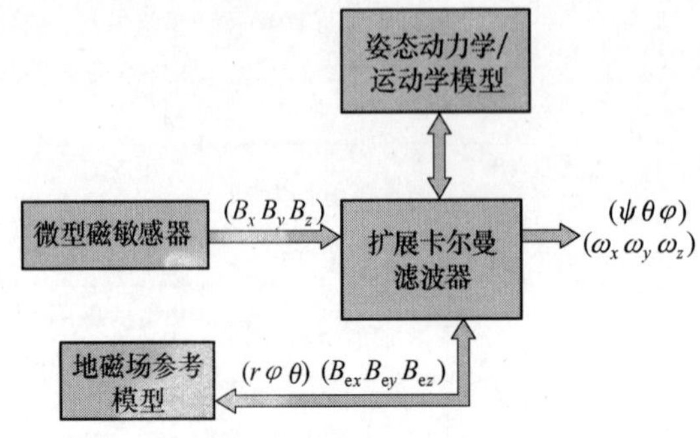

图 9.2　微型磁强计定姿原理图

这里就需要涉及到几个方面的内容，主要是地磁场参考模型的现状和微型磁强计的研究现状。图 9.3 是国际地磁学和天文学联合会（IAGA）发表的现在的地磁场模型（IGRF2000：2000 年—2005 年；2005 年—2010 年的模型也已经公布——IGRF10）[6-10]。

IAGA 同时发表了任意点地磁矢量（包括三轴的分量、磁偏角和磁倾角）的计算理论和方法。名义上的磁场强度是 0.5Ga（=50000nT），在地球表面，磁场强度最大约为 0.7Gs，最小约为 0.2Gs。在东经 120°、北纬 34°海拔 100km 的绝对位置，2000 年的磁场强度是总强度 47852nT，水平强度 30713nT，磁偏角 −5.16°，磁倾角 50.07°。微型空间武器平台的预定高度在 400km～800km，这就要求磁强计的测量范围大致在 −60μT～+60μT 之间。地磁场的年均变化率大致是 ±40nT 之内，磁偏角和磁倾角的年均变化率大致在 ±3′之内。

假设地磁场是由内部源引起的，地磁势函数 $V(r,\theta,\varphi,t)$ 可表示成高斯球谐函数的形式

$$V(r,\theta,\varphi,t) = R_{\mathrm{E}}\sum_{n=1}^{N}\left(\frac{R_{\mathrm{E}}}{r}\right)^{n+1}\sum_{m=0}^{n}\{g_{nm}(t)\cos(m\varphi) + h_{nm}(t)\sin(m\varphi)\}P_n^m(\theta)$$

式中：R_{E} 为地球平均半径，6371.2km；r 为地心距，km；θ 为余纬度，地理纬度的互补值 90°−纬度；φ 为经度；g_{nm}、h_{nm} 为高斯系数；$P_n^m(\theta)$ 规范化的 n 次 m 阶 Legendre 多项式。

地磁场的磁通密度函数 $B(r,\theta,\varphi,t)$ 可表示成

$$B(r,\theta,\varphi,t) = -\nabla V(r,\theta,\varphi,t)$$

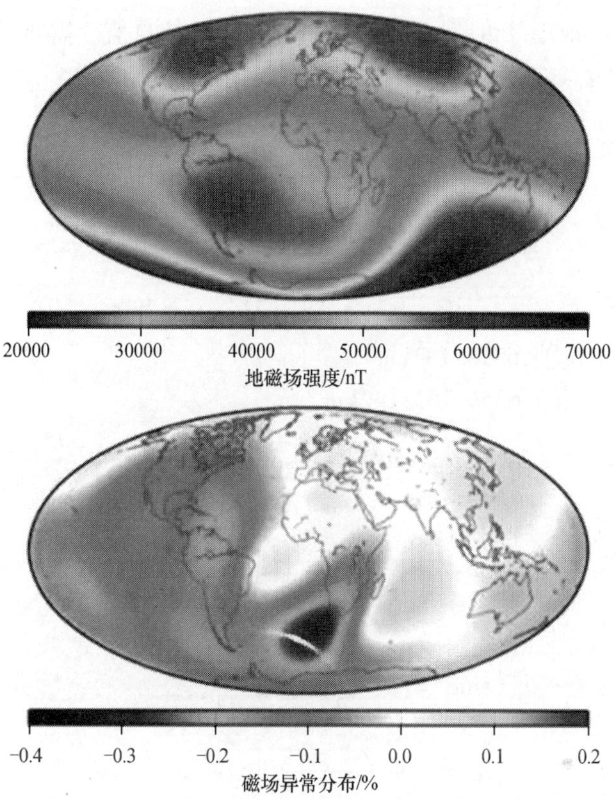

图 9.3　当前的地磁场模型和地磁场强度

在球坐标系(r,θ,φ)中的表示：

$$
\begin{cases}
B_r(r,\theta,\varphi,t) = -\dfrac{\partial V(r,\theta,\varphi,t)}{\partial r} \\
\quad = \displaystyle\sum_{n=1}^{N}(n+1)\left(\frac{R_E}{r}\right)^{n+2}\sum_{m=0}^{n}\{g_{nm}(t)\cos(m\varphi)+h_{nm}(t)\sin(m\varphi)\}P_n^m(\theta) \\
B_\theta(r,\theta,\varphi,t) = -\dfrac{1}{r}\dfrac{\partial V(r,\theta,\varphi,t)}{\partial \theta} \\
\quad = \displaystyle\sum_{n=1}^{N}\left(\frac{R_E}{r}\right)^{n+2}\sum_{m=0}^{n}\{g_{nm}(t)\cos(m\varphi)+h_{nm}(t)\sin(m\varphi)\}\frac{\mathrm{d}P_n^m(\theta)}{\mathrm{d}\theta} \\
B_\varphi(r,\theta,\varphi,t) = -\dfrac{1}{r\sin\theta}\dfrac{\partial V(r,\theta,\varphi,t)}{\partial \varphi} \\
\quad = \dfrac{1}{\sin\theta}\displaystyle\sum_{n=1}^{N}\left(\frac{R_E}{r}\right)^{n+2}\sum_{m=0}^{n}m\{g_{nm}(t)\cos(m\varphi)+h_{nm}(t)\sin(m\varphi)\}P_n^m(\theta)
\end{cases}
$$

从上式获得的是基于球坐标系(r,θ,φ)的 B 信息，我们感兴趣的是基于地理坐标系(λ,φ,h)（地理纬度、地理经度、海拔高度）的信息值。需要进行坐标转换。

首先，由当地点的(λ,φ,h)求得其在(r,θ,φ)中的值

$$\begin{cases}\cos\theta = \dfrac{\sin\lambda}{\sqrt{Q^2\cos^2\lambda + \sin^2\lambda}} \\ \sin\theta = \sqrt{1-\cos^2\theta} \\ Q = \dfrac{h\sqrt{a^2-(a^2-b^2)\sin^2\lambda}+a^2}{h\sqrt{a^2-(a^2-b^2)\sin^2\lambda}+b^2} \\ a\text{:半长轴,6378.137km} \\ b\text{:半矩轴,6356.7523142km}\end{cases}$$

$$r^2 = h^2 + 2h\sqrt{a^2-(a^2-b^2)\sin^2\lambda} + \frac{a^4-(a^4-b^4)\sin^2\lambda}{a^2-(a^2-b^2)\sin^2\lambda}$$

求得(B_r,B_θ,B_φ)，然后利用

$$\begin{cases}\cos\alpha = \dfrac{h+\sqrt{a^2\cos^2\lambda+b^2\sin^2\lambda}}{r} \\ \sin\alpha = \dfrac{(a^2-b^2)\cos\lambda\sin\lambda}{r\sqrt{a^2\cos^2\lambda+b^2\sin^2\lambda}} \\ \alpha = \lambda+\theta-\dfrac{\pi}{2}\end{cases}$$

可以求得在当地坐标系（地理坐标系）下的磁通密度分量

$$\begin{cases}B_X(\lambda,\varphi,h,t) = -\cos\alpha B_\theta(r,\theta,\varphi,t) - \sin\alpha B_r(r,\theta,\varphi,t) \\ B_Y(\lambda,\varphi,h,t) = B_\varphi(r,\theta,\varphi,t) \\ B_Z(\lambda,\varphi,h,t) = \sin\alpha B_\theta(r,\theta,\varphi,t) - \cos\alpha B_r(r,\theta,\varphi,t)\end{cases}$$

还可以求得

当地水平磁通密度

$$B_H(\lambda,\varphi,h,t) = \sqrt{B_X^2(\lambda,\varphi,h,t) + B_Y^2(\lambda,\varphi,h,t)}$$

当地该点的全磁通密度

$$B_F(\lambda,\varphi,h,t) = \sqrt{B_H^2(\lambda,\varphi,h,t) + B_Z^2(\lambda,\varphi,h,t)}$$

磁偏角

$$B_D(\lambda,\varphi,h,t) = \arctan\left(\frac{B_Y(\lambda,\varphi,h,t)}{B_X(\lambda,\varphi,h,t)}\right)$$

磁倾角

$$B_{\mathrm{I}}(\lambda,\varphi,h,t) = \arctan\left(\frac{B_Z(\lambda,\varphi,h,t)}{B_{\mathrm{H}}(\lambda,\varphi,h,t)}\right)$$

栅格变化量

$$B_{\mathrm{G}}(\lambda,\varphi,h,t) = \begin{cases} B_{\mathrm{D}}(\lambda,\varphi,h,t-\varphi) & \lambda \geqslant 0 \\ B_{\mathrm{D}}(\lambda,\varphi,h,t)+\varphi & \lambda < 0 \end{cases}$$

9.3 微小型化磁强计在纳星中的应用

IAGA 同时发表了任意点地磁矢量(包括三轴的分量、磁偏角和磁倾角)的计算理论和方法[11]。名义上的磁场强度为0.5Gs(50000nT),在地球表面,磁场强度最大约为0.7Gs,最小约为0.2Gs。在东经120°、北纬34°(北京附近)海拔100km的绝对位置2000年的磁场强度是总强度47852nT,水平强度30713nT,磁偏角-5.16°,磁倾角50.07°。

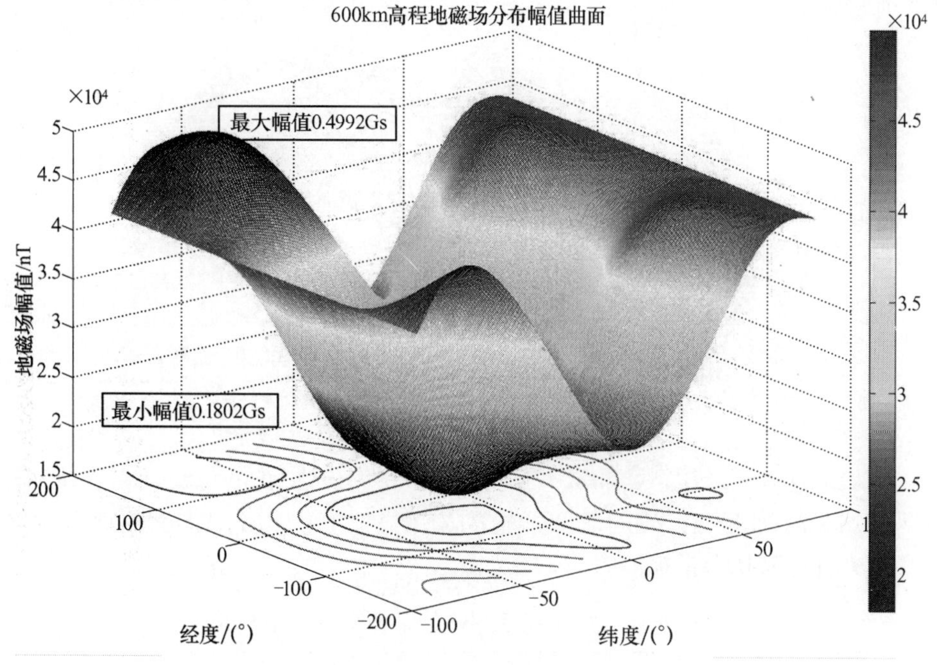

图 9.4 600km 高度的地磁场分布

微小卫星的轨道高度大致在600km左右,利用WMM2005模型通过Matlab计算可以获得纪元20081217时的地磁场(矢量幅值)分布如上图所示。幅值的最大值为0.4992Gs,最小值为0.1802Gs。地磁场的年均变化率大致是±40nT之内,磁偏角和磁倾角的年均变化率大致在 ±3′之内。

依据上述模型，将磁强计的测量范围确定在 -60μT ~ +60μT 之间。通过对现有的微小型化的磁强计商品器件调研可以发现，有几种勉强能够满足微小卫星的使用。

磁强计一般由敏感元件、转换元件和其他元件（包括电源部分、信号调理部分等）组成。敏感元件是传感器的核心部分，它直接感知环境磁场的某一磁学量，并输出与被测量具有某种确定关系的其他物理量的环节。转换元件又称为转换器、变换器，一般不直接感受被测量，而是将敏感元件输出的物理量转换为电学量输出的环节。信号调理环节，主要指能把电学量（电压、电流等）转换为容易被显示、记录、处理和控制的有用的或者是符合某种规定的电信号的环节。常用电路包括微弱信号发大器、电桥、信号发生器、调制和解调电路、滤波和移相电路、阻抗匹配和转换电路等。

美国 APS 公司的小型化磁通门磁强计，型号：APS Model 534。其实物图如图 9.5 所示。

图 9.5　APS Model 534 实物图

该磁强计属于采用精密加工手段研制的微小型磁强计，在 NS -1 卫星上有过航天应用实例，能进行三轴的地磁场测量，采用模拟信号输出，内部经过改造，附加了测温元件。其技术指标如表 9.3 所列。

表 9.3　APS Model 534 磁强计技术指标

量程　-1Gs ~ +1Gs	灵敏度　4.00 V/Gs
噪声　$<1\times10^{-6}$ Gs RMS/$\sqrt{\text{Hz}}$	尺寸　20mm × 20mm × 70mm
带宽　DC ~ 400 Hz（-3 dB）	质量　30g
线性度　±0.1%（全量程）	电源　±5V ~ ±12 V(DC)(20 mA)

9.4 AMR 磁强计

9.4.1 AMR 磁强计原理和实现

系统的原理框图如图 9.6 所示。其中的磁敏感元件是利用了市场上可以购买到的基于 AMR 原理(各向异性磁致电阻)的一轴和两轴磁敏感器芯片,通过组合成三轴的微型 AMR 磁强计模块(MARM)可实现三轴地磁磁场强度的检测。通过差分放大和 A/D 转换环节实现模拟信号的精确放大和数字输出。

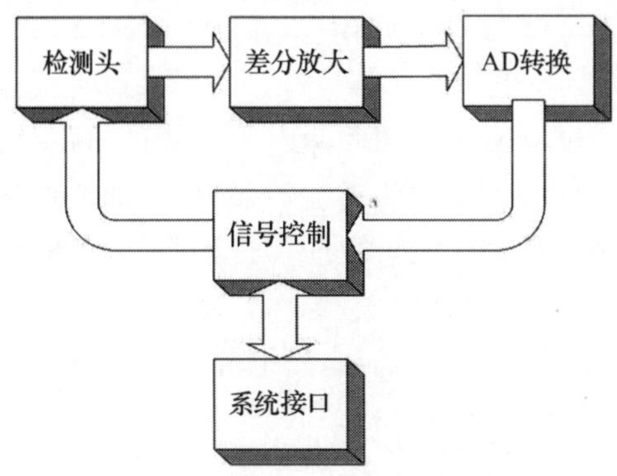

图 9.6　MAMRM 三轴磁敏感器模块原理图

针对微小卫星的 任务需求,总共进行了四次原理设计,其中有三轮进行了实物的研制(Ver1、Ver2、Ver3),如图 9.7 所示。

(a) VER 1

(b) VER 2

(c) VER 3

图 9.7　MAMRM 三轴磁敏感器

磁敏感器模块(图 9.8)由磁敏元件和周边电子元器件组成,其电路板通过一个安装盒放置在星体外部。功能为感应地磁矢量,产生与地磁矢量对应的模拟电压输出。电路内部包含一个利用磁致电阻效应实现的阻性电桥,将磁物理量变换成电压量经仪表放大器差分放大、低通滤波和运放驱动输出。另外,TTC(遥控遥测子系统)测温电路也放置其中。TTC 测温电路电源(+5V)由 PDM 提供,其模拟电压输出直接通过导线传递给 TTC 模块,温度传感器的地(GND)和 MAG 子系统公用。磁强计探头电路主要由 TTC 测温芯片、稳压器、AMR 芯片、模拟信号调理器件组成。TTC 测温芯片拟采用 AD22100。由于 AMR 芯片(Honeywell 公司的

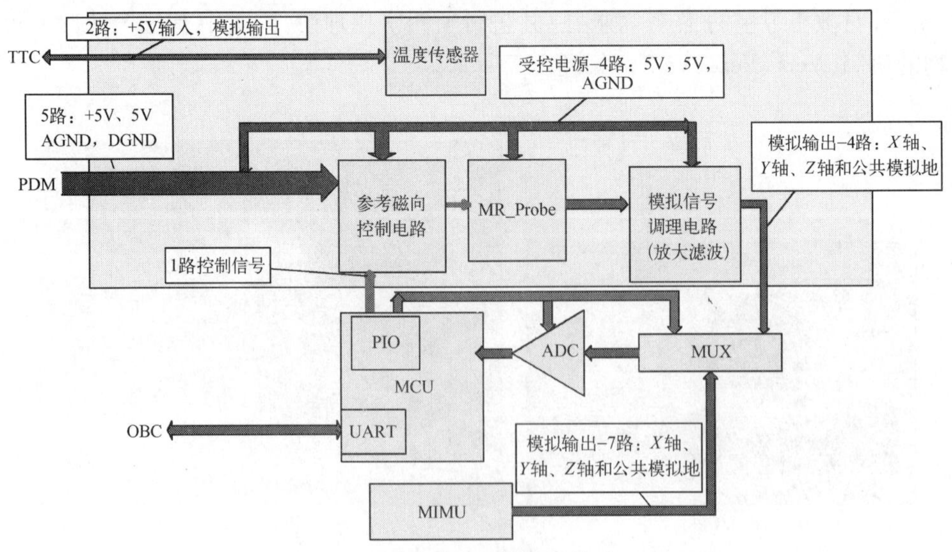

图 9.8　磁敏感器模块的工作原理图

HMC1001/1002)内部为一个阻性电桥结构，电源的不稳定会对其输出产生影响，所以需要稳压器对其 +5V 电源进行稳压。信号调理器件包括仪表放大器、低通滤波器和运放。AMR 的差分模拟输出经由仪表放大器预放大实现单端输出至低通滤波器滤除噪声，再由运放驱动电缆输出至星体内 MUX 端口。参考磁向控制电路，由 ADCS 控制，产生能使磁敏感元件中的磁场方向翻转的脉冲信号，目的是通过对同一方向正反两次测量，提高测量的精准度。此外也能防止被外部强磁场意外磁化，降低磁测量性能。

9.4.2 系统主要参数的标定

检测系统，测定磁强计模块的主要参数指标，如灵敏度和零点偏差。检测系统主要是一个三维的 Helmholtz 线圈及其驱动和电流监视电路，如图 9.9(a)所示。

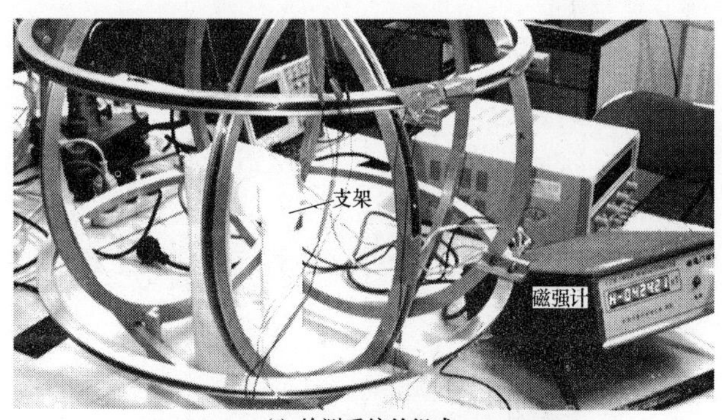

(a) 检测系统的组成

(b) 标准磁强计和待测磁强计

图 9.9 参数标定检测系统

以现有的精度为 1nT 的磁通门磁强计作为基准，通过调节三轴中电流的大小和方向来屏蔽外磁场，并且在一位方向上线性调节电流，改变驱动磁场的方向和大小，该磁场由标准磁强计记录，并记录下对应的磁强计模块的输出电压。通过线性拟合，获得磁强计模块三轴的标定参数。如 X 轴的输入输出曲线如图 9.10 所示。并且，X 轴的地磁强度可用如下的表达式来线性拟合：

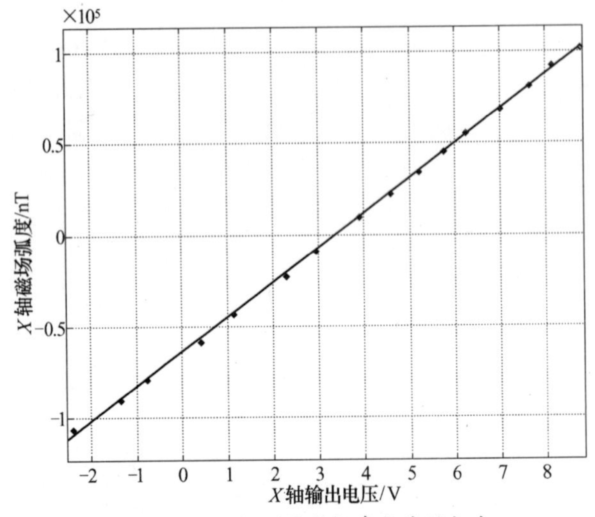

图 9.10　X 轴测量数据参数线性拟合

X 轴:B(单位:nT) = 1896 × U(单位:V) + 6475,线性度 0.9997

9.5　磁强计定轨和定姿原理

9.5.1　利用该系统进行轨道确定

随着地磁场模型的日趋完善和信号分析余处理技术的不断发展成熟,可以利用地磁对近地卫星进行导航[12]。利用三周磁强计测量地磁场强度矢量($\boldsymbol{B}$)在卫星本题坐标系中的三维分量及其变化率,通过卡尔曼滤波技术来计算卫星的位置和速度的估计值,进而获得卫星的轨道根数。

取卫星的位置和速度参数 $\boldsymbol{X} = (x, y, z, \dot{x}, \dot{y}, \dot{z})^{\mathrm{T}}$ 为系统状态参量建立系统状态方程。

$$\dot{\boldsymbol{X}} = \boldsymbol{F}(\boldsymbol{X}, t)\boldsymbol{X} + \boldsymbol{W}$$

线性化,有

$$\Delta\dot{\boldsymbol{X}} = \frac{\partial \boldsymbol{F}(\boldsymbol{X}, t)}{\partial X}\bigg|_{x=\hat{X}(k/k-1)} \Delta\boldsymbol{X} + \boldsymbol{W} = \boldsymbol{A}(\boldsymbol{X}, t_k)\Delta\boldsymbol{X} + \boldsymbol{W}$$

磁强计的量测模型

$$y(k) = \boldsymbol{N}[\boldsymbol{B}(\boldsymbol{X}(k), t_k)] + v(k)$$

离散化有

$$Z(k)=\Delta y(k)=\frac{\partial N(B)}{\partial X}\Big|_{X=\hat{X}(k/k-1)}\Delta X(k)+V(k)=H(k)\Delta X(k)+V(k)$$

所以,三轴磁强计定轨模型为

$$\begin{cases}\Delta X(k)=\Phi(k,k-1)\Delta X(k-1)+W(k)\\ Z(k)=H(k)\Delta X(k)+V(k)\end{cases}$$

式中:$\Phi(k,k-1)$为状态转移矩阵;$H(k)$为量测矩阵。由卡尔曼滤波器可以获得 $\Delta\hat{X}(k)$,因此可以给出在 k 时刻的 $X(k)$

$$X(k)=\hat{X}(k/k-1)+\Delta\hat{X}(k)$$

获得 t_k 时刻卫星在地心惯性坐标系中的位置和速度状态量,即可确定出卫星的轨道根数。

9.5.2 利用该系统进行姿态确定

除了可以利用三轴磁强计获取一定精度下的位置、速度状态量,从而确定卫星的轨道根数外,磁强计更主要的应用是确定卫星的姿态。为了获取卫星的姿态信息,首先要知道卫星轨道的信息,即轨道根数,建立卫星当前的轨道坐标系。

针对 MEMS 卫星,有以下几种途径获得上述信息:

(1) 地面观测站监控和跟踪系统。

(2) 利用三轴磁强计自身估计轨道根数。

(3) 星载 GPS 子系统。

获取姿态信息的粗略方法,利用卫星当前的位置参数,求得当地的地磁场强度矢量,和卫星本体三轴磁强计的量测值矢量比较,获得当时的姿态信息。

更精确的方法,是利用磁强计的轨道根数和本体三轴磁强计的量测值,设计卡尔曼滤波器,获取最佳的姿态估计。

进行姿态确定需要用到的坐标系有:

轨道坐标系—— $+X_o$ 卫星运动方向,$+Y_o$ 轨道平面的法向,$+Z_o$ 由地心指向卫星。

星体坐标系—— $+X$ 正常飞行状态与 $+X_o$ 重合,$+Y$ 正常飞行状态与 $+Y_o$ 重合,$+Z$ 重力梯度杆伸展方向,正常飞行状态与 $+Z_o$ 重合。

正常工作时,星体指向要求是:

星体坐标 $+X$,$+Y$,$+Z$ 分别和轨道坐标 $+X_o$,$+Y_o$,$+Z_o$ 重合。

姿态确定的精度要求是,俯仰:1°(1σ),翻滚:0.5°(1σ),偏航:1°(1σ)。

由于 MEMS 卫星不需要对地指向,再从姿态精度(优于 1°)以及质量小、功耗低方面考虑,可选用磁强计来进行姿态确定。

参照 NS－1 的磁强计设计，根据三轴 1°的指向精度要求，可以选用一个三轴磁通门磁强计测量地球磁场矢量在卫星星体坐标系中的分量。利用测量量和国际地磁参考场(IGRF)的数学模型，可以给出卫星的全部姿态角，再通过卡尔曼滤波技术可以估计姿态角速率。在低太阳活动周期内，使用校准过的磁强计，卫星姿态角的测量精度每个轴都可以达到 0.5°(1σ)以下。在卫星发射入轨后，卫星处于翻滚状态时，仍可以用磁强计和速度卡尔曼滤波器给出卫 星相对轨道坐标系的三个姿态角速率。在轨校准算法可以实时地修正磁强计的偏移误差和安装误差。

卫星的姿态动力学方程为

$$\boldsymbol{I}\dot{\boldsymbol{\omega}} = \boldsymbol{N}_{\mathrm{GG}} + \boldsymbol{N}_{\mathrm{M}} + \boldsymbol{N}_{\mathrm{D}} - \boldsymbol{\omega} \times (\boldsymbol{I\omega} + \boldsymbol{h}) - \dot{\boldsymbol{h}} \tag{9.1}$$

式中：$\boldsymbol{I}$ 为卫星对质心的惯性张量；$\boldsymbol{N}_{\mathrm{GG}} = \frac{3\mu}{R^3}\left[I_{zz} - \frac{I_{xx}+I_{yy}}{2}\right](z_0 \cdot z)(z_0 \times z)$ 为重力梯度力矩矢量；$\boldsymbol{N}_{\mathrm{M}} = M \times B$ 是磁力矩矢量；$\boldsymbol{N}_{\mathrm{D}}$ 是姿态扰动力矩矢量；$\boldsymbol{h}$ 是反作用飞轮的动量矩矢量。

卫星的姿态运动学方程为

$$\begin{bmatrix} \dot{q}_1 \\ \dot{q}_2 \\ \dot{q}_3 \\ \dot{q}_4 \end{bmatrix} = \frac{1}{2}\begin{bmatrix} 0 & \omega_{oz} & -\omega_{oy} & \omega_{ox} \\ -\omega_{oz} & 0 & \omega_{ox} & \omega_{oy} \\ \omega_{oy} & -\omega_{ox} & 0 & \omega_{oz} \\ -\omega_{ox} & -\omega_{oy} & -\omega_{oz} & 0 \end{bmatrix}\begin{bmatrix} q_1 \\ q_2 \\ q_3 \\ q_4 \end{bmatrix} \tag{9.2}$$

式中：$[\omega_{ox} \quad \omega_{oy} \quad \omega_{oz}]^{\mathrm{T}}$ 为卫星相对轨道坐标系的角速度；$[q_1 \quad q_2 \quad q_3 \quad q_4]^{\mathrm{T}}$ 为描述卫星姿态的四元数。

估计姿态角速率的卡尔曼滤波算法如下：

设采样周期为 T_{s}，令 $\boldsymbol{\Gamma} = T_{\mathrm{s}}\boldsymbol{I}^{-1}$，用 $\boldsymbol{x}_k$ 表示第 k 个采样周期内卫星相对轨道坐标系的角速度矢量 $\omega(k)$，定义系统的状态协方差矩阵 $\boldsymbol{P}_k = \boldsymbol{E}\{\boldsymbol{x}_k \cdot \boldsymbol{x}_k^{\mathrm{T}}\}$，于是状态矢量的传播为

$$\hat{\boldsymbol{x}}_{k+1/k} = \hat{\boldsymbol{x}}_{k/k} + \boldsymbol{\Gamma}\boldsymbol{u}_k$$

式中：$\boldsymbol{u}_k$ 为第 k 个采样周期内磁强计测量量(卫星所受的磁力矩矢量)。

扰动协方差矩阵的传播为

$$\boldsymbol{P}_{k+1/k} = \boldsymbol{P}_{k/k} + \boldsymbol{Q}$$

式中：$\boldsymbol{Q}$ 为系统噪声协方差矩阵。

增益更新为

$$\boldsymbol{K}_{k+1} = \boldsymbol{P}_{k+1/k}\boldsymbol{H}_{k+1}^{\mathrm{T}}[\boldsymbol{H}_{k+1}\boldsymbol{P}_{k+1/k}\boldsymbol{H}_{k+1}^{\mathrm{T}} + \boldsymbol{R}]^{-1}$$

式中：$\boldsymbol{R}$ 为测量噪声协方差矩阵

$$\boldsymbol{H}_{k+1}=T_{\mathrm{s}}\begin{bmatrix}0 & -\omega_z(k) & \omega_y(k)\\ \omega_z(k) & 0 & -\omega_x(k)\\ -\omega_y(k) & \omega_x(k) & 0\end{bmatrix}$$

系统状态更新为

$$\hat{\boldsymbol{x}}_{k+1/k+1}=\hat{\boldsymbol{x}}_{k+1/k}+\boldsymbol{K}_{k+1}(\boldsymbol{y}_k-\boldsymbol{H}_{k+1}\hat{\boldsymbol{x}}_{k+1/k})$$

协方差更新为

$$\boldsymbol{P}_{k+1/k+1}=[1-\boldsymbol{K}_{k+1}\boldsymbol{H}_{k+1}]\boldsymbol{P}_{k+1/k}$$

磁强计的实时自校准算法如下：

取矢量误差为

$$\begin{aligned}\boldsymbol{e}(k)&=\boldsymbol{y}_{\mathrm{model}}(k)-\boldsymbol{y}_{\mathrm{calib}}(k)=\boldsymbol{A}(k)\boldsymbol{B}_0(k)-[\boldsymbol{G}(k)\boldsymbol{B}_{\mathrm{m}}(k)+\boldsymbol{b}(k)]\\&=\boldsymbol{A}(k)\boldsymbol{B}_0(k)-\boldsymbol{\varphi}^{\mathrm{T}}(k)\boldsymbol{\theta}(k)\end{aligned}$$

$$\boldsymbol{\varphi}^{\mathrm{T}}(t)=[B_{\mathrm{mx}}\quad B_{\mathrm{my}}\quad B_{\mathrm{mz}}\quad 1]$$

式中：$\boldsymbol{A}(k)$是第 k 个采样周期内从轨道坐标到星体坐标的姿态转换矩阵；$\boldsymbol{G}(k)$是增益矩阵；$\boldsymbol{B}_0(k)$是第 k 个采样周期内模型的磁场向量；$\boldsymbol{B}_{\mathrm{m}}(k)$是第 k 个采样周期内未校准的磁强计测量量；$\boldsymbol{b}(k)$是第 k 个采样周期内待确定的偏调量。

实时自校准算法：

计算 $\boldsymbol{\varphi}(k)$和 $\boldsymbol{e}(k)$；更新增益矢量 $\boldsymbol{K}(k)=\boldsymbol{P}(k-1)\boldsymbol{\varphi}(k)[\lambda+\boldsymbol{\varphi}^{\mathrm{T}}(k)\boldsymbol{P}(k-1)\boldsymbol{\varphi}(k)]^{-1}$；

更新参数矢量 $\boldsymbol{\theta}(k)=\boldsymbol{\theta}(k-1)+\boldsymbol{K}(k)\boldsymbol{e}(k)$；

更新协方差矩阵 $\boldsymbol{P}(k)=[1-\boldsymbol{K}(k)\boldsymbol{\varphi}^{\mathrm{T}}]\boldsymbol{P}(k-1)/\lambda$。

参考文献

[1] 毛振珑，磁场测量[M]. 北京：原子能出版社，1985 年 5 月.
[2] 赵英俊，杨克冲，非晶态合金传感器技术与应用[M]. 武汉：华中理工大学出版社.
[3] LENZ. A Review of Magnetic Sensors[J]. in Proceedings of IEEE, 1990973 -989.
[4] 尤政. 纳/皮卫星中的 MEMS 技术研究[R]. 863 计划项目最终科学技术报告，2001 年 9 月.
[5] 尤政. MEMS 卫星科学技术报告[R]. 北京：清华大学，2001.
[6] Popovic R S. The future of magnetic sensors[J]. Sensors and Actuators A, 56(1996): 39 -55.
[7] Schneider. A New Perspective on Magnetic Field Sensing[J]. Honeywell, Inc. :19.
[8] Rikpa. Review of fluxgate sensors[J]. Sensors and Actuators A, 33(1992): 129 -141.
[9] Susan McLean, Susan Macmillan. The US/UK World Magnetic Model for 2005 -2010[R]. British Geological Survey NOAA National Geophysical, 2005.

[10] Quinn. The Derivation of World Magnetic Model 2000[R]. United States Geological Survey,2000.

[11] Quinn John M. THE JOINT US/UK 2000 EPOCH WORLD MAGNETIC MODEL and the GEOMAG/MAGVAR ALGORITHM[R]. U. S. Geological Survey MS 966 Geomagnetics Group, Federal Center, Denver CO 80225 - 0046, USA and British Geological Survey Geomagnetics Group, Murchison House, West Mains Road, Edinburgh EH9 3LA, SCOTLAND, 1999.

[12]曹红松. 姿态测试用磁通门磁强计的设计[J]. 弹道学报, 2002, 14(2): 79 - 83.

第 10 章　MEMS 继电器

10.1　概　述

10.1.1　发展 MEMS 继电器技术的背景与意义

继电器是一种基础性电子控制元件，在航空航天、军用电子装备、信息产业及国民经济的其他自动控制设备中具有重要作用。它具有控制系统（又称输入回路）和被控制系统（又称输出回路），通常应用于自动控制电路中，在电路中起自动调节、安全保护、转换电路等作用。继电器按结构及工作原理分为两类：主要包括电磁继电器、热敏干簧继电器（EMR）和半导体固态继电器（SSR）等，有无触点是其本质区别。

近年来，随着半导体加工技术的不断发展，IC 芯片的尺度已进入深亚微米量级，集成度越来越高，与此相比，继电器在微型化方面技术进步的速度远远不够，其体积和功耗已经成为相关系统进一步提高工作能力的瓶颈，可以说微型化机电继电器在军事领域需求广泛，具有非常好的应用前景。

10.1.2　国内外 MEMS 继电器技术研究概况

MEMS 继电器是由传统继电器逐步发展而来的。早在 1978 年，K. E. Peterson 博士研制出世界上第一个 MEMS 继电器[1]。至今，国内外许多研究机构都开展了 MEMS 继电器的研究，国外如 NASA、DARPA、德国 Munich 理工大学、MCNC、美国 AD 公司和东北大学、MIT 林肯实验室等都开展了不同程度的相关研究，国内也有研究机构开展相关研究，例如上海交通大学、北京工业大学等。

与传统机电式继电器相比，MEMS 继电器具有体积小、功耗低、响应快、隔离度高、负载能力强的特点，并且最终可以实现类似半导体技术的集成批量生产制造。MEMS 的淀积、腐蚀工艺已经能够制作三维可动的机械部件，为研制微型机械式继电器提供了基本的技术条件。

MEMS 继电器有两种主流分类方法。①根据驱动原理划分，主要有静电型、电磁型、热机械型等；另外还有热磁型[2]、移动水银滴型[3]等。②根据电极接触方式划分，分为垂直接触和水平接触方式，采用垂直接触方式的 MEMS 继电器在开关频率、接触电阻、绝缘电阻等重要参数比水平接触方式更优[4]，具体参数对比见表 10.1。

表 10.1 直接触与水平接触继电器主要性能指标

典型指标	水平接触	垂直接触
开关时间/μs	30	5
接触电阻/kΩ	1	3×10^{-3}
绝缘电阻/Ω		10^{10}
驱动电压/V	50～260	20～100
开关电流/mA	1	50
接触电极材料	硅	金属
活动电极材料	硅	多层材料

目前 MEMS 继电器代表性产品是松下电工的 MEMS 继电器“ME－X”，该产品采用高效率磁气电路与 MEMS 技术，融合了超小型接点及衔铁等机械性结构制作出混合型尖端机械继电器，如表 10.2 所列；欧姆龙开发的一种超小型射频继电器的原型产品，可转换高达 20GHz 信号，显微机械加工继电器（MMR）尺寸为 1.8mm × 1.8mm × 1mm；TeraVicta Technologies 公司推出新款工作频率为 0～26.5 GHz 的 SPDT MEMS 开关——TT1244。MEMS 继电器产业化正处于起步状态，继电器的尺寸大多为 cm 级，mm 级的还大多未能进入大规模生产阶段。

表 10.2 松下电工 MEMS 继电器“ME－X”技术参数

规格	项目	概要
产品编号	AMEX1001	
线圈规格	额定操作电压	3V（DC）（单线圈自锁）
	额定耗电量	100mW
接点规格	接点构成	1a1b
	接点材料	Au 系列
	接点接触电阻（初期）	300mΩ（典型值）
	接点允许负载	10mA，1.5V（DC）（电阻负荷）
高频特性（初期、50Ω 系列、约 6GHz）	插入损益	0.5dB（典型值）
	隔离度	28dB（典型值）
寿命	电气寿命	1000 万次以上（10mA 1.5V（DC）电阻负荷时）
耐电压（检测电流 10mA）	接点间（初期）	100V/min 以上

10.1.3 不同驱动方式 MEMS 继电器简介

MEMS 继电器从驱动原理上可分为静电型、电磁型、热驱动型和移动液态型等,下面分别介绍各种驱动方式中的一些典型结构。

10.1.3.1 静电型继电器

静电型驱动是最常用的驱动方式,优点是加工工艺易实现、功耗小、速度相对较快、对驱动材料无特殊要求等;缺点是所需驱动电压比较高。静电型继电器的结构主要有两种:悬臂梁式结构和梳齿式结构,电极接触方式分为水平接触和垂直接触两种。

图 10.1 是一种典型的单端固支型悬臂梁式微继电器结构示意图。上极板为活动电极,下极板为固定电极。开关合上后在上下极板间加驱动电压,在极板间产生电场,电场静电力的吸引会使上极板向下弯曲,与接触电极接触,继电器闭合。开关断开,静电场消失,上极板依靠弹性回复原状,与接触电极断开,实现继电器的开态。单端型悬臂梁式继电器的驱动电压一般为 20V ~90V。

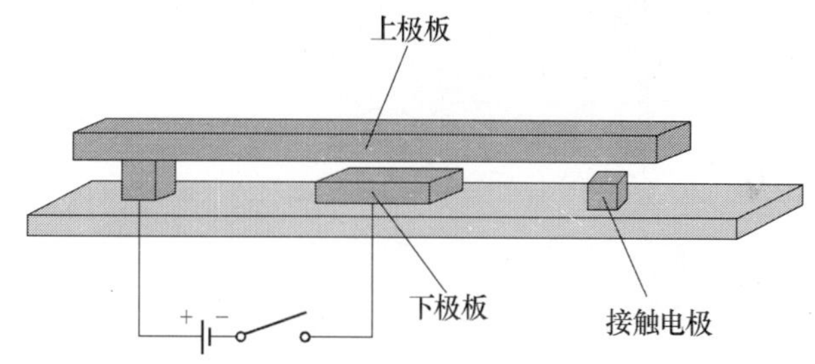

图 10.1 单端固支型悬臂梁式微继电器结构示意图

图 10.2(a)是美国 S. Majumder 等人制作的单端悬臂梁式继电器实物的 SEM 照片[5],图 10.2(b)是其结构示意图。该继电器有两个接触电极,分别连接输入和输出信号,这样设计的优点是开关部分信号不会通过驱动部分,减少干扰。上极板下拉后其前端与两个接触电极同时接触,使两接触电极导通,继电器处于闭合状态。该继电器的驱动电压为 80V,接触电阻小于 1Ω,寿命可达 10^{10}次。

2004 年 Noriyo Nishijima 和 Juo - Jung Hung 等人提出了一种改进型的单端悬臂梁式继电器[6],如图 10.3 所示,其上极板分为 5 部分,从左到右依次是支点、梁 A、触点部分、梁 B 以及驱动电极。

图 10.3 所示结构中下拉电极在支点和接触电极之间,其示意图如图 10.4(a)所示,而图 10.3 所示结构将下拉电极放在了接触电极的外面,其示意图如图 10.4(b)所示。图 10.4(a)所示结构继电器闭合时只有触点相接触,上下极板不接触,

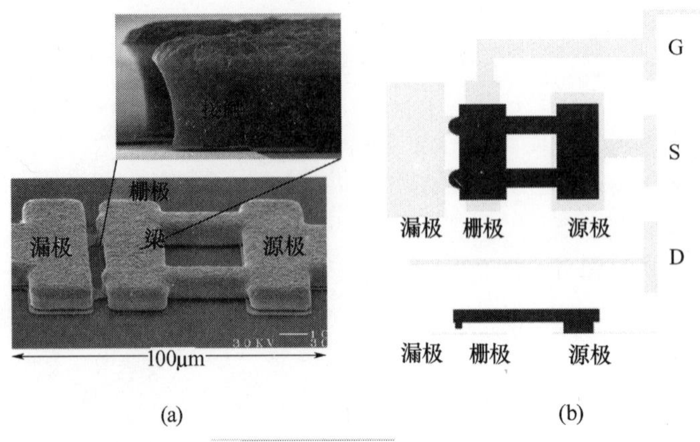

图 10.2 单端悬臂梁式继电器 SEM 照片(a)及继电器结构图(b)

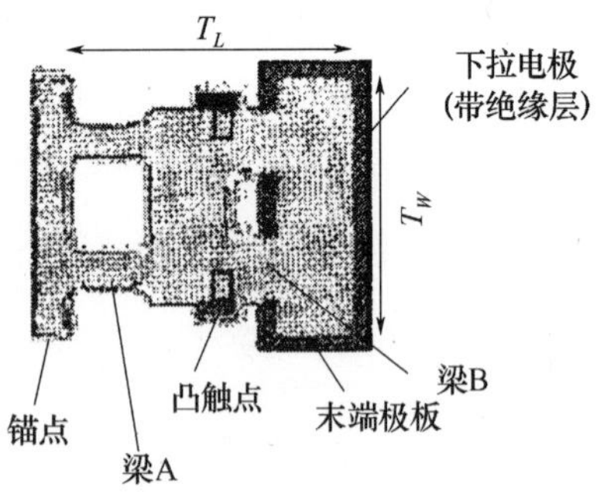

图 10.3 继电器顶视图(T_L 长 190μm ~ 220μm,T_W 为 160μm ~ 220μm)

如图 10.4(c)所示,而图 10.4(b)中所示继电器闭合时上下极板先接触,而后触点才闭合,如图 10.4 (d)所示。这样设计的优点是可以在不减小回复力的情况下减小下拉电压,因为回复力大小主要是由梁 A 决定,而下拉行为由梁 A 和梁 B(图 10.3)共同决定,且梁的弹性系数与长度的三次方成正比,因此弯曲两段梁比单独弯曲一根梁所需的力要小,同时也增大了触点的接触力,使闭合状态更稳定。

实验表明该继电器的驱动电压为 30V,比图 10.2 所示继电器的驱动电压小,但与普通电路所能提供电压相比仍偏高,不易于与电路集成。

图 10.5 是 M. A. Grbtillat 等人于 1994 年研制的双端固支型 MEMS 继电器,该继电器的驱动部分和工作电路分离[7]。驱动电压为 50V ~ 75V,工作频率为 20kHz ~ 75kHz;释放时间 4μs,吸合时间 1μs。与单端固支型相比,双端固支型继电器回复力大,不易发生触点异常吸合现象,但其下拉电压一般比单独固支型高。

扭转梁式微继电器一般可承受负载较小,它一般用于光转换中,如光调节器、三维扫描装置中等。扭转梁式微继电器可实现双稳态,但其制作工艺较为复杂、使

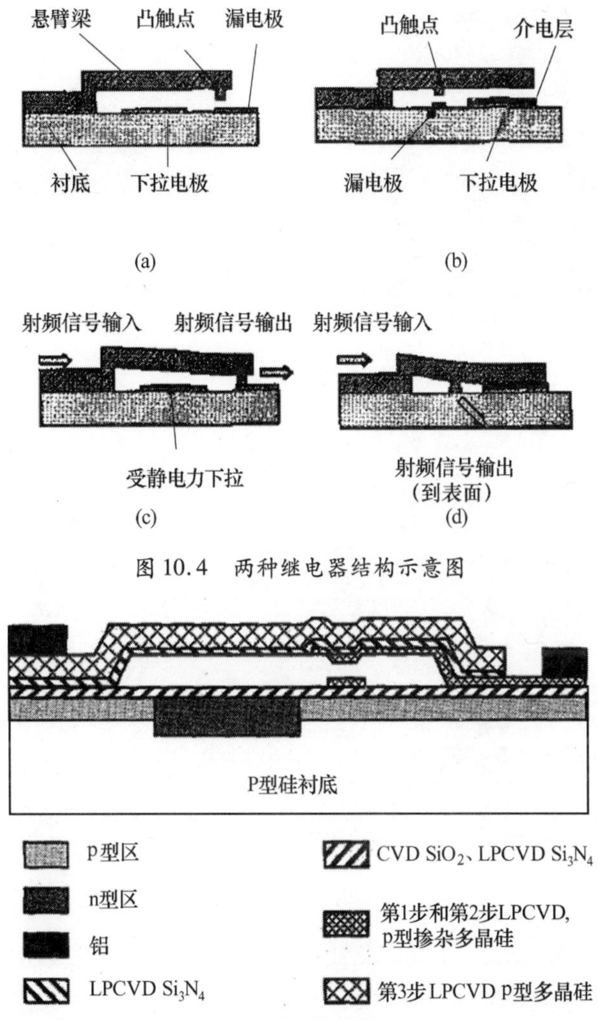

图 10.4　两种继电器结构示意图

图 10.5　双端固支多晶硅结构的静电型 MEMS 继电器

用条件要求较高,因而被关注较少。

图 10.6 所示是一个用铜金属材料的悬臂梁式微继电器,它与普通单端式微继电器的工作原理相同,上电极是一根完整的悬臂梁。但这类微继电器有几个问题:①电弧的存在会使触点焊接,影响继电器的使用寿命;②铜氧化会影响继电器的转换周期;③接触电阻影响继电器的性能。较小的接触电阻既可缓解触点焊接问题,又可降低继电器功耗。接触材料、接触力、接触面积都会影响接触电阻的大小。为了降低接触电阻,Han - Sheng Lee, Chi H. Leung 等人又设计了多子梁结构继电器[8],如图 10.7 所示,包含四根子梁。

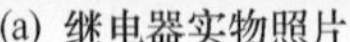
(a) 继电器实物照片

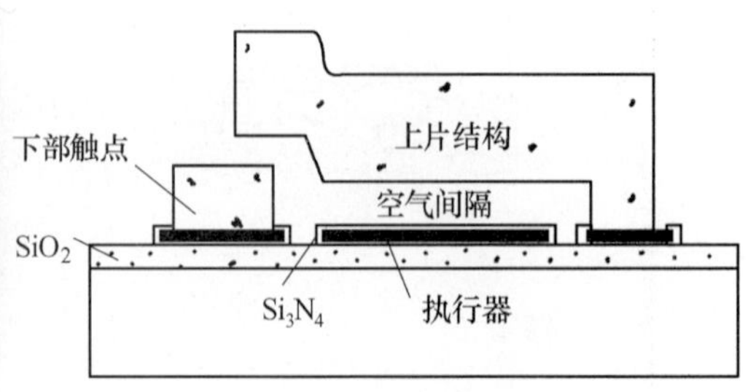

(b) 继电器剖视图

图 10.6　金属悬臂梁式继电器

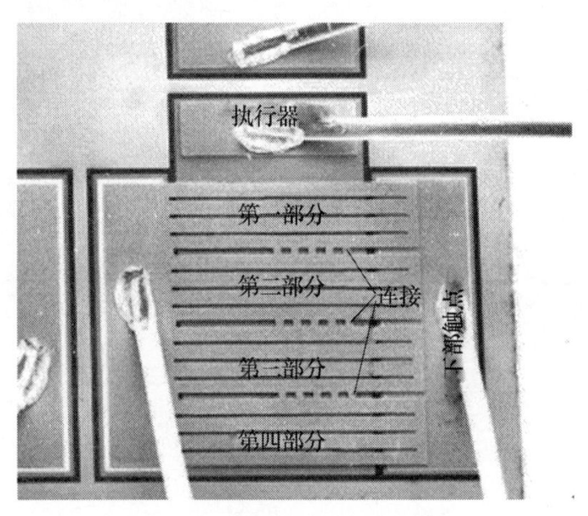

图 10.7　四子梁式微继电器

四子梁式继电器中各子梁间不是刚性连接的,各子梁具有一定的独立性,因此与单独的一根悬臂梁相比弹性更大,且通过实验得出该继电器的接触电阻为30mΩ,比前面介绍的单根悬臂梁式微继电器的接触电阻小 40mΩ,在 1A 负载下运行 300 个周期才出现触点黏合现象。

梳齿式继电器可增大平行平板的相对面积,相同的驱动电压下可获得更大的静电力,但结构比悬臂梁式继电器复杂,工艺相应也要复杂。梳齿式驱动的最常见的驱动失效是指状电极间的相互碰撞。

图 10.8 给出了一种单极四掷的梳齿式静电继电器[9],该继电器的体积是 2.55mm×2.39mm×0.56mm,驱动电压仅需 15V,10mW 负载下可循环多达 100 万次,6GHz 的插入损耗小于 0.31dB。

结合以上分析,静电型继电器主要包括两种结构:一是采用电流直接流经悬臂梁结构,其控制电压与负载电压一体,如 Han－Sheng Lee 等人研制的全金属悬臂

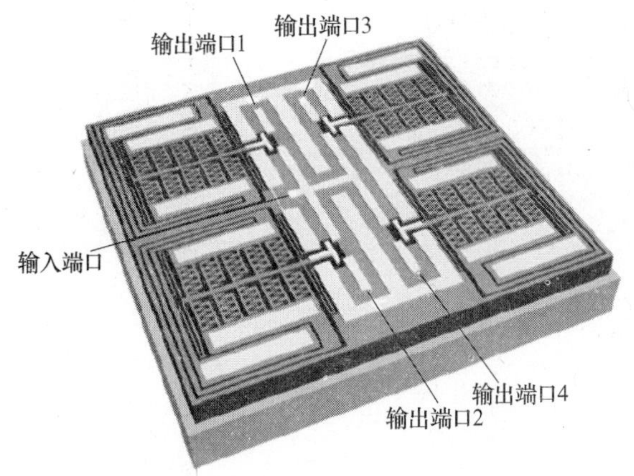

图 10.8 单极四掷梳齿式静电继电器

梁静电继电器(图 10.6);另一种结构是悬臂梁结构分为触点区域和上极板所在区域,触点区域通过同时与信号传输线输入输出部分接触以实现导通,而极板所在区域单独给出驱动电压以控制继电器的开关,如图 10.9 所示。

图 10.9 驱动电压与信号传输分立的微电磁继电器示意图

10.1.3.2 电磁式微继电器

静电执行器的驱动力一般较小,为了得到大的驱动力必须提供较高的驱动电压。而电磁式驱动器在较小的驱动电压(可达 5V)下便可获得较大的驱动力,易于与 IC 电路集成,其缺点是功耗较大,制作工艺较静电式复杂,且不可用于磁敏感电路中。

针对电磁式微继电器的功耗大的问题,2001 年 M. Ruan 和 J. Shed 等人设计出一款双稳态式电磁微继电器,如图 10.10 所示[10]。这种继电器只需要在状态转换阶段提供电流,稳定状态不消耗能量,降低了功耗。目前这种继电器已经在手持设备上使用。

2007 年上海交通大学的付世、丁桂甫等人也提出了一种新式的双稳态式电磁微继电器[11],其结构如图 10.11 所示。与传统悬臂梁式继电器相比,这种结构的

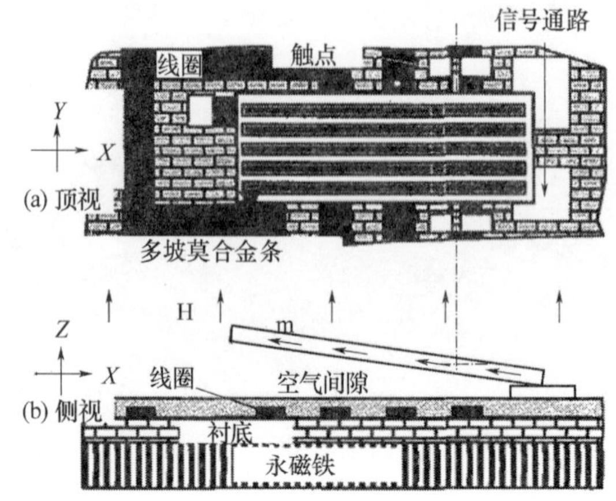

图 10.10 双稳态式电磁微继电器

继电器不用考虑悬臂梁在接近或离开基底过程中空气对悬臂梁产生的阻尼作用，因此响应时间快。但继电器制作复杂且转动过程中对轴会产生较大的磨损消耗，因此稳定性有待加强。实验测试这种继电器的过流能力强，最高可实现2A的过流能力。

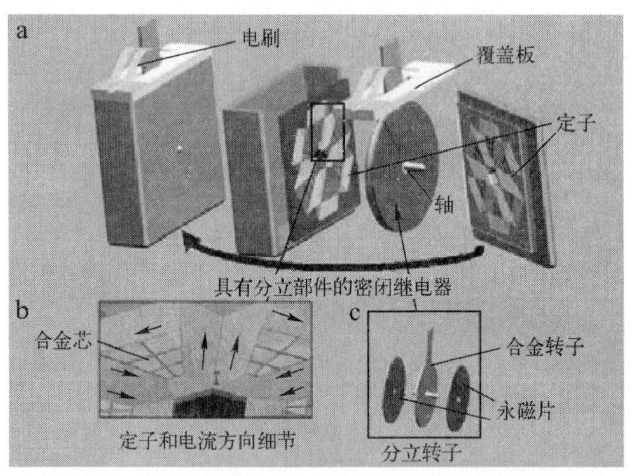

图 10.11 一种新式的双稳态式电磁微继电器结构原理图

10.1.3.3 热驱式微继电器

热力驱动是依靠驱动器材料在通电后膨胀变形产生位移的一种驱动方式，这种驱动方式所需电压较小，但功耗较大且驱动频率较低。

2005 年 Jin Qiu, Jeffrey H. Lang 等人设计了一种结构的双稳态热驱微继电器[12]，如图 10.12 所示，这种继电器只在状态转换时通电，从而降低了功耗，且承载电流最大可达 3A；但其转换频率较低，最大仅为 5Hz。

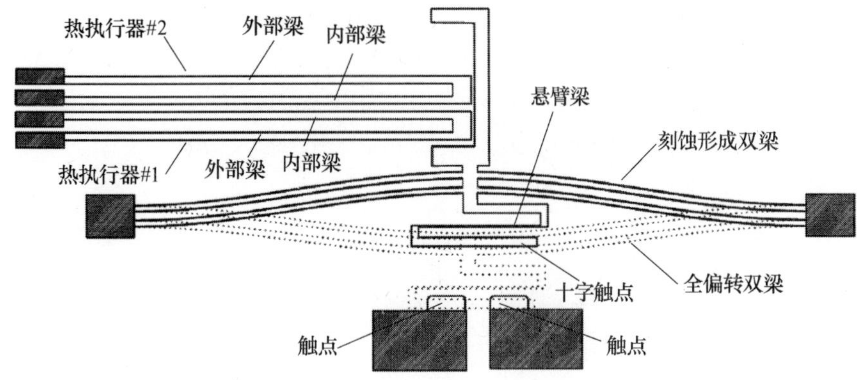

图 10.12 双稳态热驱微继电器

10.1.3.4 液态继电器

液态继电器一般是依靠加热气体使其膨胀来推动导电液滴移动位置来实现继电器的开关。

图 10.13 所示是一种典型的液体继电器[13]，它利用水银液滴的移动实现电路通断，其优点在于两信号电极通过液态金属接触，摩擦力小，对触点的损耗小，但气泡的形成、水银液滴移动控制及密封是该类型继电器需要解决的主要问题。

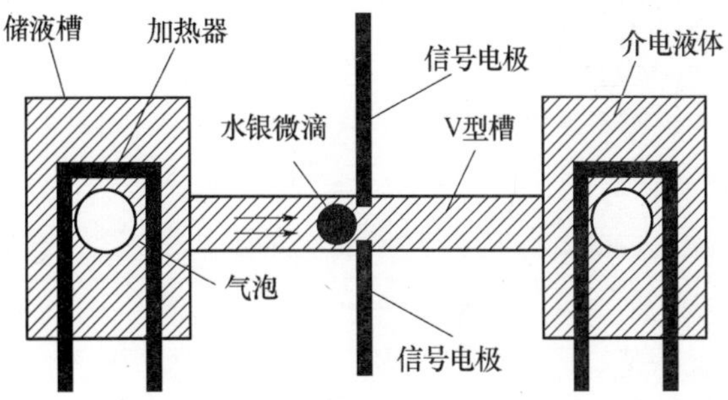

图 10.13 液态继电器

10.1.3.5 混合动力型

单一驱动方式的继电器各有利弊，而混合型继电器可取多种驱动方式的优点，克服相互的缺点和不足是今后 MEMS 继电器发展的主要方向。

图 10.14 所示是一种静电、电磁混合型常开微继电器[14]，继电器由可动梁、触点以及永磁体组成。这种混合型继电器依靠电磁力和静电力共同驱动，驱动电压为 6V ~ 12V，比纯静电型继电器的驱动电压低，且不需要制作线圈，因此制作工艺比电磁型简单。

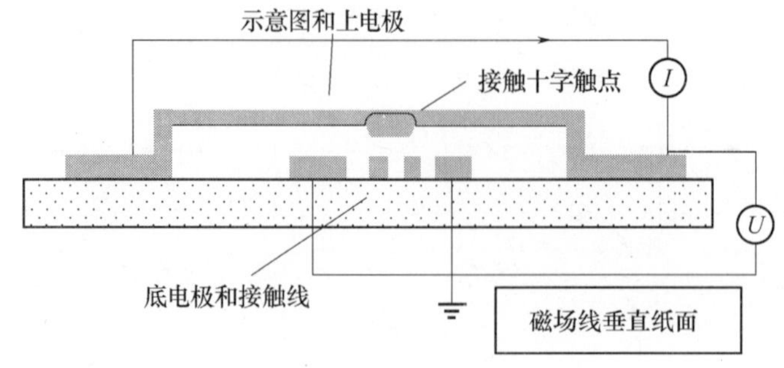

图 10.14 静电、电磁混合型微继电器

10.2 MEMS 继电器设计

10.2.1 MEMS 电磁继电器材料

MEMS 双稳态电磁继电器中涉及的主要材料包括线圈、软磁体与永磁体磁性薄膜材料,为提高继电器的开关响应速度和稳定开关特性,软磁材料和永磁材料应分别具有矫顽力小和剩磁感应强度小等特点以及直线型退磁曲线。为利于器件微型化,应尽量选用磁导率高的软磁材料和磁能积高的永磁材料。目前 MEMS 电磁型继电器研究的主要问题是结构复杂、加工困难,这是软磁材料及永磁材料的加工工艺兼容性差造成的,因此本节主要介绍软磁材料和永磁材料及工艺制备。

10.2.1.1 软磁薄膜材料

软磁薄膜材料包括软磁薄膜的材料选择、加工工艺选择、薄膜制备及测试。

图 10.15 所示典型的磁滞回线及基本磁化曲线,其中,H_c、M_r、H_s、M_s 分别是材料的矫顽力、剩磁化强度、饱和磁感应强度以及饱和磁化强度。

软磁材料磁滞回线狭长,矫顽力、剩磁感应强度和磁滞损耗均较小。起始值小于 H_s 的不同磁滞回线的正顶点连成的曲线称为材料的基本磁化曲线,这条曲线任一点的斜率即材料在对应外磁感应强度下的磁导率。对于软磁材料来讲,磁滞回线很窄,在工程计算中就用它来代表材料的磁性能,一般磁导率 μ、B_s 等都是由这条曲线上求得[15]。

软磁材料大体可以分为三类:Fe 基合金、Ni 基合金、Co 基合金。软磁材料的发展先后经历了以采用熔融技术制备的金属软磁材料(如坡莫合金等)和铁氧体软磁材料(如 MnZn,NiZn 系等)为代表的传统晶体材料、非晶态软磁合金、纳米晶软磁合金(如 Finement)等三个主要阶段。目前,非晶和纳米晶软磁合金薄膜材料

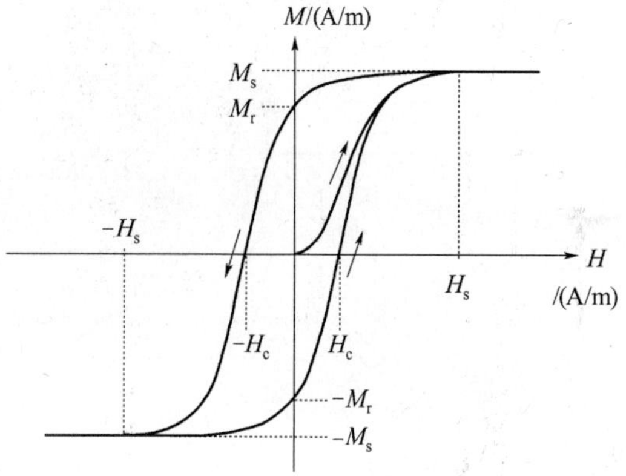

图 10.15　磁滞回线及基本磁化曲线

的生产一般采用液相急冷技术，由熔融态合金在旋转的辊面上急冷直接形成数十微米厚的薄带，厚度不易调控、表面粗糙[16]，且与 MEMS 工艺不兼容，故目前非晶和纳米晶软磁合金薄膜的加工工艺无法与 MEMS 工艺兼容，仍然需要在传统晶体软磁材料中进行材料选择。

在 MEMS 工艺中，通过微电铸获得软磁性功能结构的方式已经比较普遍 。国外研究者 William P T 等采用微电铸工艺进行了镍铁合金、镍钴合金、镍钴钼合金等软磁材料的制备与测试研究[17]，通过磁参量测试及对比得出：镍铁合金薄膜的相对磁导率最高（500～1000）并且矫顽力最小（1Oe～5Oe，约 80A/m～400A/m）。虽然镍铁合金薄膜的相对磁导率远小于其块材的相对磁导率，但在与 MEMS 工艺兼容的软磁薄膜材料中，镍铁合金是最适合应用于 MEMS 电磁开关器件的材料，并且用量很少不需考虑成本。

采用微电铸工艺制备镍铁合金薄膜。通过反复调整工艺参数设置，能够得到厚度均匀、薄膜应力小、磁性能较好的样品。

1）镍铁合金薄膜样品制备

合金微电铸原理如图 10.16（a）所示。合金微电铸是利用电化学方法使两种或两种以上的金属在阴极（镀件）表面上共沉积的过程，是一种氧化—还原反应。镍和铁的原子结构很接近，都是铁副族元素，它们的标准电势分别是 -0.25V 和 -0.44V，从电化学电极电位来看，它们在单盐溶液中有可能实现共沉淀；图 10.16（b）是微电铸实验装置。

镍铁合金微电铸溶液主要由 Ni^{2+}、Fe^{2+}、$SO_4{}^{2-}$、H^+ 等组成，其配方如表 10.3 所列。通过反复操作，获得平整光亮镍铁合金的基本操作条件如下：镀液 pH 值控制在 3.4～3.6 之间，温度设定在 63℃，直流电，阴极电流密度为 $3A/dm^2$～4

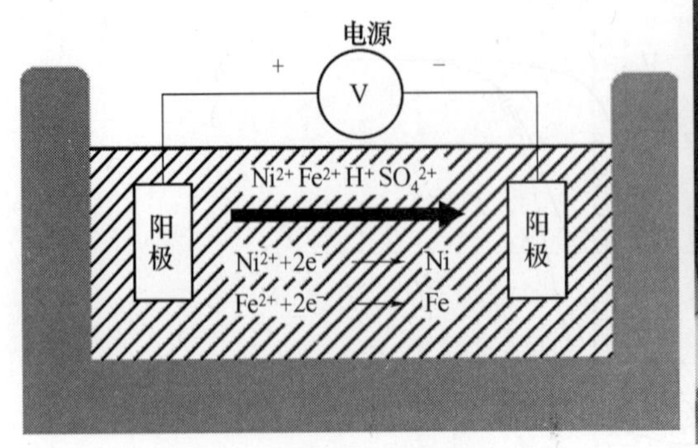

(a) 镍铁合金微电铸原理

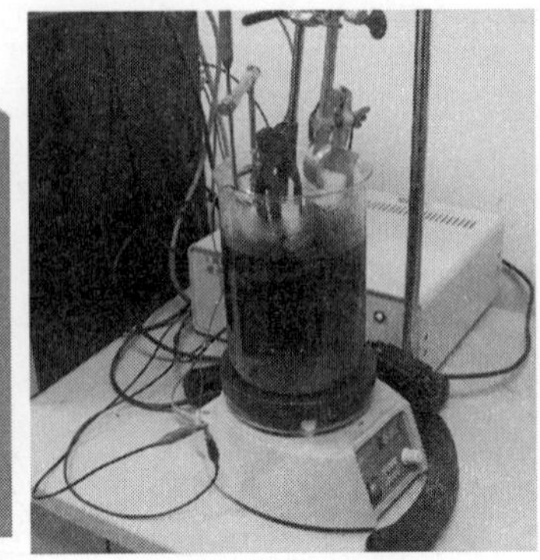

(b) 微电铸实验装置

图 10.16 镍铁合金微电铸原理及实验装置

A/dm^2，磁力搅拌速度中等(30r/min ~ 40r/min)。

表 10.3 镍铁合金微电铸溶液基本配方

成 分	含量/(g/L)	成 分	含量/(g/L)
$Ni\ SO_4 \cdot 6H_2O$	200	$NaC_{12}H_2SO_4$	0.1
$FeSO_4 \cdot 7H_2O$	15	$H_3C_6H_5O_7$	10
NaCl	25	H_3BO_3	40
$C_7H_4O_3NSNa \cdot 2H_2O$	4	$Na_3C_6H_5O_7 \cdot 2H_2O$	20

2）微电铸操作条件参数控制及操作

电解液的 pH 值对沉积层的质量影响很大:太高会加速三价铁离子的形成,也会使 $Ni(OH)_2$ 形成沉淀;太低会加速铁阳极的化学溶解,并在阴极上产生大量气泡,产生析氢反应而降低阴极电流效率。光亮镍铁合金微电铸溶液 pH 值应该严格控制在 3.5 左右。微电铸过程中,pH 值不断升高,每隔一段时间都应以精确 pH 试纸或 pH 计测定 pH 值,并根据需要补充稀硫酸或者稀盐酸。

镀液温度过低会降低沉积层光亮度、平整性和沉积速率;温度过高会导致稳定剂溶液分解,促使二价铁离子氧化成三价铁离子,导致沉积层脆性增加,机械性能下降,光亮镍铁微电铸温度宜控制在 63℃ 。

电流密度过大会导致沉积层表面针孔及麻点增多,并且颗粒大,降低电流密度能够明显减少沉积层表面针孔以及麻点,颗粒小。如图 10.17(a)和(b)所示,在电流密度为 20A/dm^2 和 1A/dm^2 时的镀膜表面状况对比,显然电流密度为 20 A/dm^2 时,表面有很多针孔和麻点,当电流密度降至 1A/dm^2 时,沉积层表面基本没有针孔和麻点,并且颗粒很小。在保证沉积层质量并兼顾效率的条件下,电流密度取 5A/dm² 左右为宜。

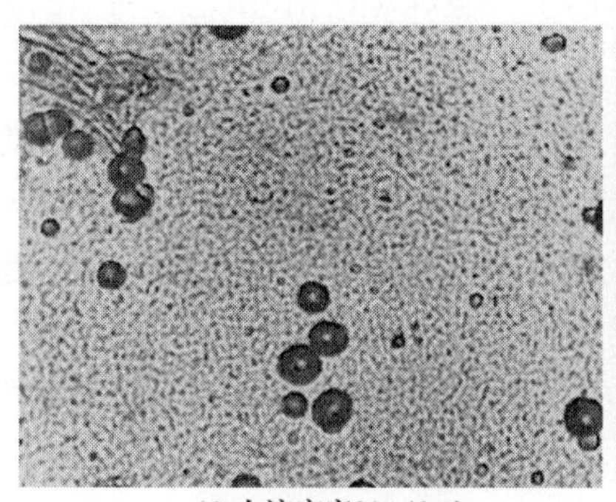
(a) 电流密度20A/dm²

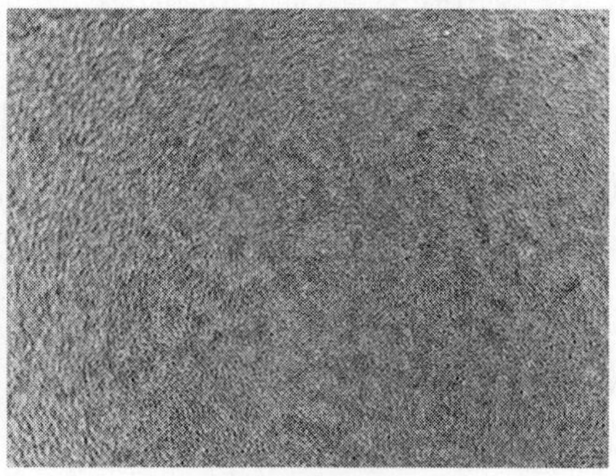
(b) 电流密度1A/dm²

图 10.17 电流密度大小对镍铁沉积层表面质量的影响

合理的搅拌能加速微电铸溶液进入微小结构中且使溶液 pH 值分布均匀从而降低析氢反应发生的可能,而微电铸溶液中一般都存在杂质铁和铜等,加速搅拌会造成铁离子与铜离子发生氧化,造成杂质沉淀,因此,一方面从控制搅拌速度入手,另一方面在每次微电铸后都要对微电铸溶液进行过滤。

3) 微电铸薄膜应力及析氢反应

在微电铸镍铁合金薄膜过程中,需要重点关注两个问题,即微电铸过程中产生的薄膜应力与析氢反应。

(1) 薄膜应力。微电铸过程中,薄膜中会引入应力,厚度越大内应力越大,应力积累到一定程度可能会导致薄膜从基底上脱落,内应力的存在使得软磁性薄膜材料在 MEMS 中的应用受到限制。微电铸结束后,可以通过观察微电铸金属周围的光刻胶表面状况来判断应力的大小,如果金属周围的光刻胶表面有明显的裂纹(与未微电铸之前相比),那么沉积的金属层中应力较大,需添加一些光亮剂进行有效调节。

在电沉积过程中加光亮剂可以调整沉积层应力、提高表面平整度,例如糖精或者糖精钠、1-4 丁炔二醇或者其衍生物如“791”光亮剂等。对于 MEMS 加工,光亮剂的添加应该遵循以下原则:①多次少量;②尽量减少光亮剂类型,如确实需要两种以上的光亮剂,则应研究各种光亮剂在微电铸过程中的消耗速度,否则容易引起各种光亮剂成分失衡,反而导致内应力增大。一般以初级光亮剂和次级光亮剂搭配为宜,并且要按时添加。不能主要依赖添加光亮剂来调节薄膜应力,否则其含量带来的影响是不可逆的。

对于电沉积产生的应力,目前比较受到广泛认可的是氢气理论,即在电沉积过程中，氢离子进入沉积层中的晶格，导致晶格扩张，电铸结束以后，氢离子离开沉积层晶格，使晶格收缩，从而使沉积层产生张应力。此外，pH 值、电流密度、温度以及杂质对内应力的影响也很大。

（2）析氢反应。镍的标准电极电位比氢的标准电极电位低，氢原子比镍原子先得到电子以气态析出，故析氢反应是电沉积单金属镍和镍铁合金过程中不可避免的现象。析氢反应对电沉积金属层造成的后果一般有两种，一是在铸层表面有针孔和麻点；二是产生氢脆现象，降低铸层韧性。

对于 MEMS 开关结构，析氢反应造成的影响却不止于这些，一是降低成品率；二是降低器件可靠性。MEMS 结构尺寸一般都在微米量级，析氢反应严重时大量气泡附着在阴极表面，一般气泡的直径与微电铸图形的尺寸不相上下，因此，造成大量被氢气泡附着的单元失效，并减少了实际电铸面积，导致实际电铸面积是一个变量，因而没有被氢气附着的单元铸层厚度不可控，实际成品率大大下降。对于活动结构，铸层韧性下降直接导致可靠性以及寿命的降低。

10.2.1.2 永磁薄膜材料

永磁材料的磁滞回线较宽，矫顽力大、剩磁感应强度大。铁氧体永磁材料、稀土永磁材料、过渡金属基永磁材料等几类永磁材料在 MEMS 电磁器件中均有应用[18]。

磁滞回线位于第二象限内的曲线段称为退磁曲线，永磁材料主要工作在这条曲线上。退磁曲线和回复线是永磁材料的基本特性曲线，如图 10.18(a)所示，一般永磁材料并不沿退磁曲线 $B_r mm'H_c$ 工作，而是沿回复线 mr 工作，即工作点在回复线上。回复线的斜率即称为回复磁导率，一般用 μ_{rec} 表示，显然 μ_{rec} 表征了磁体在动态工作条件下的稳定性。一般希望回复线与退磁曲线重合，永磁体工作在线性状态，器件性能参数稳定可测，如图 10.18(b)所示，工作点 $D(B_d, H_d)$ 亦呈周期性往复变化，定义在磁体的退磁曲线上工作点 D 往复变化的轨迹为磁体的动态回复线，μ_{rec} 越小，磁体在动态工作条件下的稳定性就越好。

对于毫米左右量级永磁薄膜，均可用块状永磁体经过适当加工获得，但是对于微型器件中需要厚度在百微米量级以下的磁体，无法用块状永磁体加工。因为现有的块状高性能永磁材料都比较脆，其可分割的尺寸是有限的，通常的极限在 100μm 左右。微米量级厚度的永磁体必须以薄膜形态直接淀积在要求提供磁场的元器件上，才能适应各种微电子和微机械系统高性能和高可靠性的要求。目前以薄膜形式淀积的主要是过渡金属基永磁材料，如 AlNiCo、FeCrCo、MnAl、PtCo、PtFe 等，主要通过溅射或者微电铸的方法进行制备。优点是抗腐蚀剂氧化与 MEMS 加工工艺兼容，缺点是矫顽力较低，剩磁感应强度和磁能积均较小，退磁曲

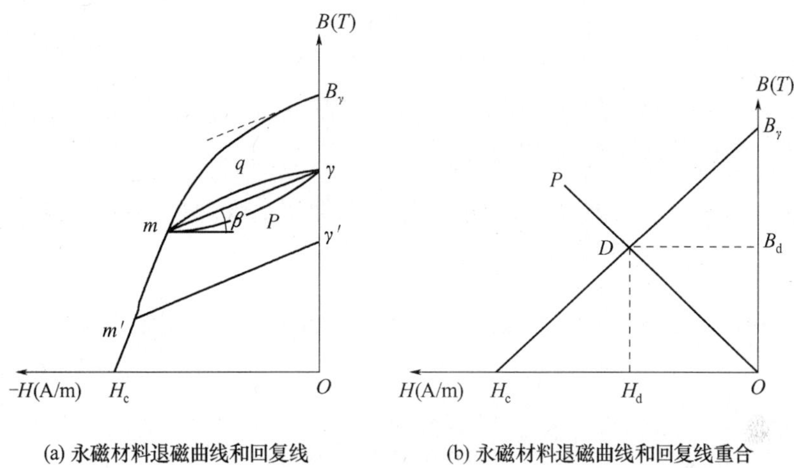

图 10.18　永磁材料的基本特性曲线

线一般与回复线不重合,例如,国内学者蒋洪川等研究在室温下进行 CoNiMnP 的微电铸,但其垂直薄膜方向的矫顽力只有 59.7kA/m,剩磁感应强度 0.57T,磁能积 11.3kJ/m^3。

10.2.2　结构设计

在进行结构设计时,需综合考虑各种影响因素。需要着重考虑两方面因素的影响:一是结构设计本身的合理性;二是加工工艺能够满足结构设计需求。

10.2.2.1　静电驱动悬臂梁

悬臂梁接触式开关如图 10.19 所示,开关的一端固定,另一端自由悬空。悬臂

图 10.19　悬臂梁接触式开关

梁和下电极间形成一个电容,当偏压加在悬臂梁和下电极之间时,就会在悬臂梁上产生一个下拉的静电力。现设悬臂梁宽度(此也为上极板宽度)为 w,下电极宽度为 W,两者即为上下极板正对区域的边长,则平行板电容的大小可表示为

$$C = \frac{\varepsilon_0 w W}{g + \frac{t_d}{\varepsilon_r}} \tag{10.1}$$

式中:t_d和ε_r分别是绝缘层的厚度和相对介电常数;g 是悬臂梁到下电极间的间距。因此存在于平行板电容间的静电力

$$F = \frac{1}{2}U^2 \frac{\mathrm{d}C(g)}{\mathrm{d}g} = -\frac{\varepsilon_0 \varepsilon w W U^2}{2(g + \frac{t_d}{\varepsilon_r})^2} \tag{10.2}$$

式中:ε 表示由于下电极与悬臂梁底层二氧化硅绝缘层之间接触不紧密而引起电容的减小,有

$$\varepsilon = \begin{cases} 1(g = 0) \\ 0.4 \sim 0.8(g \neq 0) \end{cases} \tag{10.3}$$

$g = 0$ 表示加偏压后悬臂梁被拉下,悬臂梁的底层二氧化硅和下电极相接触时的间距。

当静电力等于或大于到悬臂梁所具有的回复力,即 $F = -kx$ 时

$$F = -\frac{\varepsilon_0 \varepsilon w W V^2}{2\left(g + \frac{t_d}{\varepsilon_r}\right)^2} = -k(g_0 - g) \tag{10.4}$$

有驱动电压

$$V = \sqrt{\frac{2k}{\varepsilon_0 w W}(g_0 - g)\left(g + \frac{t_d}{\varepsilon_r}\right)^2} \tag{10.5}$$

式中:g_0为无偏压时,悬臂梁和下电极的间距。悬臂梁的弹性系数为

$$k = \frac{2}{3}Ew\left(\frac{t}{l}\right)^2 \tag{10.6}$$

式中:E 为悬臂梁材料弹性模量;t 为悬臂梁厚度;l 为悬臂梁长度。

当悬臂梁被拉到

$$g = \frac{2}{3}g_0 \tag{10.7}$$

此时有开关的闭合电压为

$$U_{th} = \sqrt{\frac{2k}{3\varepsilon_0 w W}g_0\left(\frac{2}{3}g_0 + \frac{t_d}{\varepsilon_r}\right)^2} \tag{10.8}$$

此后悬臂梁迅速下落,直到和下电极紧密接触,这时悬臂梁上的接触金属和信

号线直接接触将信号导通。

10.2.2.2 电磁驱动结构

对于电磁驱动结构，设计是否合理主要体现在以下几个方面：

（1）镍铁薄膜应工作在磁导率较大的外磁场范围内。如图 10.20 所示，镍铁薄膜磁特征参量测试结果表明镍铁合金薄膜的相对磁导率随外磁场变化而变化，迅速增大后逐渐减小，直到最后接近真空磁导率。为最大程度地利用镍铁薄膜并且减小活动电极尺寸，镍铁薄膜应工作在磁导率较大的范围内。根据图 10.20 相对磁导率随外磁场变化的规律，选定 500A/m ~ 1500A/m 作为活动电极工作的基准磁场，在这个磁场范围内，镍铁薄膜的相对磁导率在 420 ~ 280 之间变化，镍铁合金薄膜的利用率比较高。

（2）线圈的中心线间距 d_{cc} 大小适当。在有限面积范围上，d_{cc} 越大，线圈匝数就越少，线圈产生的磁场强度值波动就越大，d_{cc} 越小，为满足活动电极的长度

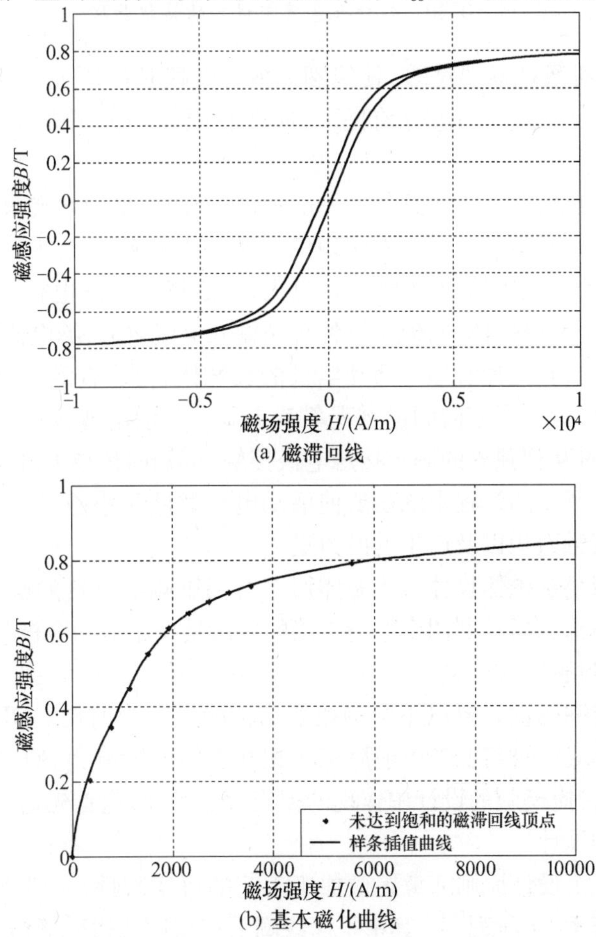

(a) 磁滞回线

(b) 基本磁化曲线

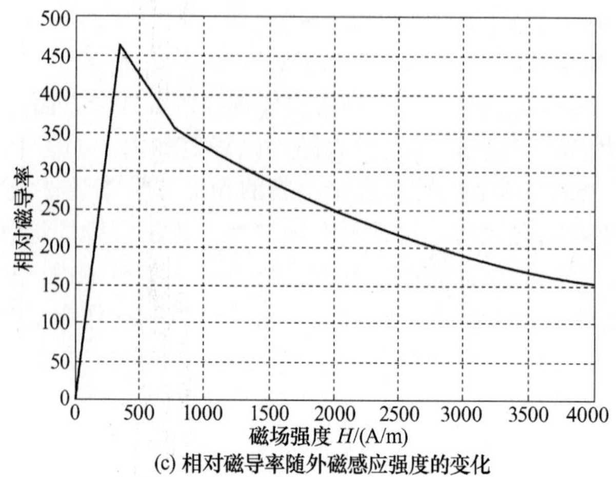

(c) 相对磁导率随外磁感应强度的变化

图 10.20　镍铁合金薄膜样品的特征曲线

覆盖范围,线圈匝数就需要增多,使线圈总的导线段长度增大,功耗也相应增大。因此,在能够保证工艺顺利进行前提下,应在有限面积范围上合理布局,使功耗更小。

(3) 扭梁的扭转角 α 大小适当。一般地讲,当两个平面间夹角很小时,可以近似认为两个平面是平行的。继电器实现稳定开关动作须考虑:① α 过小,永磁场利用效率过低,导致永磁体体积增大;② α 过大,永磁场沿活动电极磁化方向分量增大,可以有效减小永磁体体积,但是导致线圈输入电流增大,继电器功耗增加。

(4) 活动电极长宽比合适。活动电极的长宽比越大,软磁体沿宽度方向的退磁现象就越明显,沿长度方向的退磁现象就不显著。活动电极与固定接触电极接触时,同时与一对互相独立的固定接触电极接触,接触面积越大,接触电阻越小,因此设计活动电极宽度的过程中既需要使活动电极宽度越小越好,又要考虑其与固定接触电极的接触面积以及产生的磁力矩。

(5) 尽量减小永磁体尺寸。永磁体尺寸直接影响继电器的微型化程度,因此应最大限度提高永磁场的利用率。最直接的办法是减小活动电极与永磁体磁极的距离,这主要与封装形式有关。

(6) 平面线圈的设计要以不影响扭摆结构的尺寸为前提。MEMS 工艺中,所有结构在同一基底上时需要考虑前后工序相互之间的影响,它们之间的位置存在一个对应关系,在掩模版的设计中体现的很充分。因此,应首先进行扭摆结构的设计再进行线圈的设计。

综合以上 6 个设计原则并考虑微加工工艺的可实现性,一组典型的继电器特征参数设计如表 10.4 所列[19],其中平面线圈采用规则八边形结构。

表 10.4 继电器特征参数

结 构	参数	结 构	参数
运动间距 $g/\mu m$	4~16	线圈线宽 $w/\mu m$	15
活动电极长度 $l_m/\mu m$	700~800	线圈间距 $d_{cc}/\mu m$	20
活动电极宽度 $w_m/\mu m$	170~200	线圈厚度 $t_c/\mu m$	1~1.5
扭梁长度 $l/\mu m$	180~200	固定接触电极/μm^2	<100×100
扭梁宽度 $w/\mu m$	100~150	永磁体直径 $\Phi/\mu m$	<10000
扭梁厚度 $t/\mu m$	2~8	永磁体厚度/μm	<1500
软磁体厚度 $t_m/\mu m$	4~25	软磁体距永磁体高度 $h_0/\mu m$	500~700

10.2.3 接触设计

10.2.3.1 接触材料选择

电接触材料的选择是影响继电器电接触性能的关键,选择电接触性能出色的接触材料是提高电接触性能最明显的途径。

电接触材料已有近百年的发展历史，最初使用纯金、纯银、纯铂作结点材料，20 世纪 40 年代开始采用 Ag-Cu、Au-Ag、Pt-Ir 、Pt-Ag 等合金，20 世纪 60 年代以来发展了多元贵金属和各种贵金属复合材料。大部分接触性能出色的接触材料的工艺处理流程与 MEMS 加工工艺不兼容,例如,银及银合金接触电极生产常用的烧结溶渗、挤压、退火等工艺的温度很高(达 1000℃多),这对大多数 MEMS 器件的制备影响较大,实际上 MEMS 继电器接触材料选择范围很小。

对于 MEMS 继电器,随着接触电极间的电压以及通过接触电极的电流增大,熔焊、材料转移等现象愈明显,导致继电器的电寿命急速下降。进行接触材料选择时,需依照以下基本条件:良好的导电导热性及耐电孤烧损、抗熔焊、耐磨损、低而稳定的接触电阻、不与使用介质起化学变化、有一定的强度和易于机械加工等通性。

纵观 MEMS 继电器的发展历程,贵金属及其合金材料是 MEMS 继电器接触材料的首选,贵金属不易氧化,电导率和热导率很高,用量很少,不用考虑成本的问题。贵金属材料金的熔点很高,材质软,表面不易生成氧化膜,因此一直是比较理想的 MEMS 继电器接触材料选择。

德国学者 Schimkat 对硬度依次增大的 Au、AuNi5、Rh 三种金属材料进行接触性能测试对比[20],结果表明,三种材料保持稳定接触需要的最小力依次增大、接触电阻依次增大、吸附力却依次减小,如表 10.5 所列。显然,AuNi5 和 Rh 比 Au 更适合做接触材料。限于工艺等因素,MEMS 继电器接触材料的工艺研究一直比较缓慢,因此,目前大部分继电器中采用的仍然是 Au。

表 10.5　Au、$AuNi_5$、Rh 三种材料接触特性

特性	Au	$AuNi_5$	Rh	单位
F_{min}	<0.1	0.3	0.6	mN
$R(F_{min})$	<30	<100	<1000	mΩ
F_{ahdh}	2.7	0.3	<0.1	mN

与用于传统机电继电器中的接触材料一样,在贵金属中添加少量其他材料得到的合金材料能显著改善纯贵金属的接触特性,比如力学性能、熄弧能力、硬度均有所提高。未来,贵金属基合金材料是 MEMS 继电器接触材料的一个重要发展方向,而这些材料的应用则取决于 MEMS 工艺的兼容性。

10.2.3.2　接触电极设计

接触电极的工作状况直接影响接触电阻大小并且决定继电器电寿命,因此,接触电极的设计尤为重要。对于普通机电继电器,一般采用 Holm 模型描述接触电阻与接触力之间的关系。

根据 Holm 模型,接触电阻的大小受接触面影响很大。接触电阻是接触力,接触面积以及接触面清洁度等的函数。在稳定区域,它随着接触力的增大而减小,与接触面积成反比,接触面越清洁,接触电阻越小。因此,在尽量增大接触电极面积的前提下,合理布局。

与普通机电继电器多样的触头形式相比,在 MEMS 继电器的触点结构中,采用最多的形式是活动接触电极与固定接触电极均是平面结构,工艺也一般是平面工艺,这种结构形式的工艺一般不很复杂,应用较广泛。

10.3　MEMS 继电器动力学建模与仿真分析

10.3.1　静电型 MEMS 继电器

10.3.1.1　静电型继电器驱动电压

对于图 10.21 所示结构,梁宽(即静电继电器的宽度)为 w,下电极宽度 W,当上电极与下电极之间距离为 h,所加电压为 U 时,上电极与下电极之间的静电力为

$$F_e = \frac{1}{2}U^2 \cdot \frac{dC(h)}{dh} = -\frac{1}{2} \cdot \frac{\varepsilon_0 A U^2}{h^2} \tag{10.9}$$

式中:$A = w \times W$,即上下极板相对的面积。

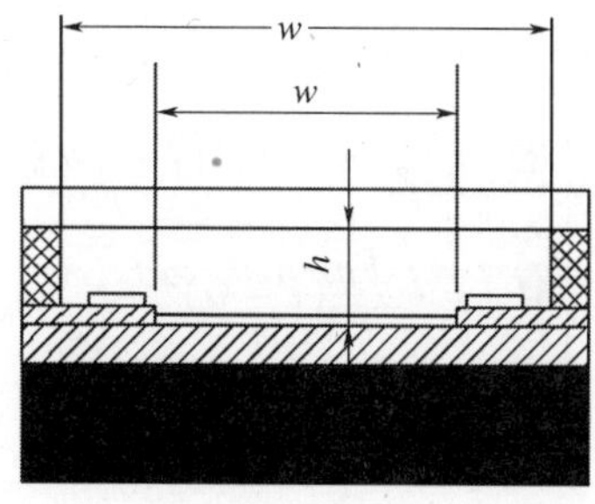

图 10.21　双端固支梁静电微继电器结构示意图

随着施加电压 U 的增加，上电极与下电极之间的静电力 F_e 也随之增大，距离 h 减小，而 h 的减小又使上下电极之间的静电力 F_e 增加，同时也使梁抵抗静电力的弹性回复力增加。当上电极被下拉到 $2/3h$ 处时，静电力的增加将远远大于回复力的增加，使这种平衡被打破，上电极下塌，即使上电极完成了下拉的过程。

能使上电极被下拉到 $2/3h$ 处的电压，即为继电器的驱动电压，其表达式为

$$U_{\text{pull-down}} = \sqrt{\frac{8k}{27\varepsilon_0 A}h_0^3} \tag{10.10}$$

式中：k 是梁的等效弹性系数；ε_0 是真空或空气介电常数，其值为 8.854×10^{-12} F/m；h_0 为 h 的初始值。

10.3.1.2　双端固支梁的弹性系数

双端固支梁的弹性系数由两部分组成，一部分由梁的刚度引起，它与材料的特性如弹性模量和转动惯量有关；另一部分是由梁的平均残余应力引起，其表达式为

$$k = k_c + k_\sigma \tag{10.11}$$

式中：k_c 是由梁的材料及结构决定的弹性系数；k_σ 是由梁的残余应力引起的弹性系数。

对于图 10.22 所示的在有垂直集中载荷 F 作用下的双端固支梁，梁挠度可表示为

$$y = \frac{M_A x^2}{2EI} + \frac{R_A x^3}{6EI}(x \leqslant a) \tag{10.12}$$

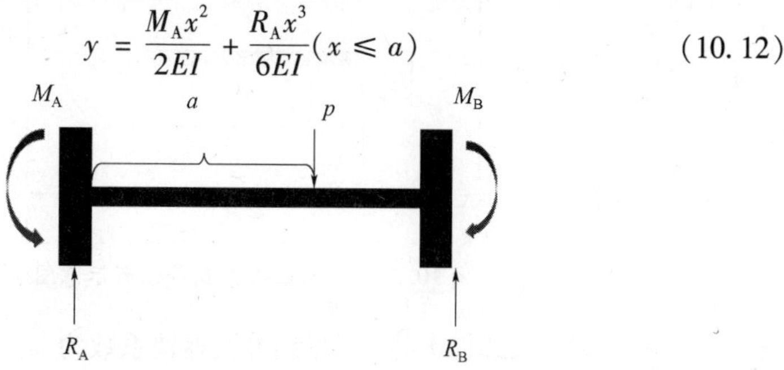

图 10.22　集中载荷 F 作用下的双端固支梁

式中

$$\begin{cases} R_A = \dfrac{F}{l^3}(l-a)^2(l+2a) \\ M_A = -\dfrac{Fa}{l^2}(l-a)^2 \\ I = \dfrac{wt^3}{12} \end{cases} \tag{10.13}$$

y 为位于 x 处的挠度($x \leqslant a$);l 为梁的长度;M_A 和 R_A 分别是梁 A 端的力矩和垂直作用力,单位分别为 N · m 和 N;I 为梁的转动惯量;w 和 t 分别是梁截面长方形的宽度和高度;E 为梁材料的弹性模量。

由于梁的载荷是分布载荷,把 $x = l/2$ 代入式(10.12),可得到集中载荷加载梁上 a 点处时,梁中心的挠度。对于所设计的继电器下拉电极位于双端固支梁正下方的情况,应用叠加原理,利用积分来计算两端固支梁中间部位的挠度,可表示为

$$y = \frac{2}{EI}\int_{l/2}^{x}\frac{\zeta}{48}(l^3 - 6l^2a + 9la^2 - 4a^3)\,\mathrm{d}a \tag{10.14}$$

式中:ζ 是单位长度上的载荷,总载荷 $F = \zeta W$;$x = (W + l)/2$,则等效弹性系数可表示为

$$k_c = -\frac{F}{y} = -\frac{\zeta W}{y} = 32Ew\left(\frac{t}{l}\right)^3 \frac{1}{8(x/l)^3 - 20(x/l)^2 + 14(x/l) - 1} \tag{10.15}$$

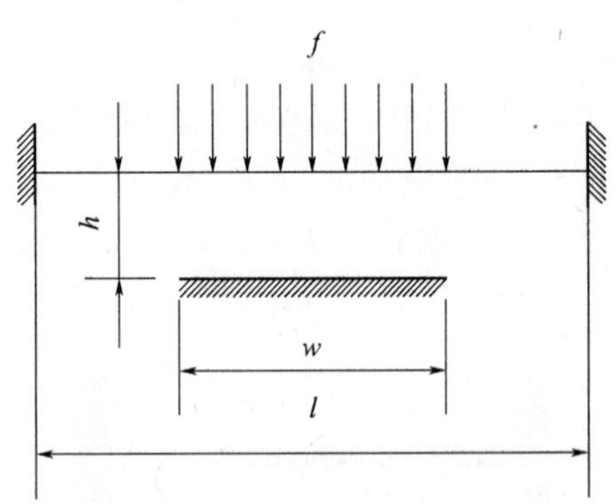

图 10.23 双端固支梁载荷分布示意图

把 $x = (W + l)/2$ 代入式(10.15)可得到等效弹性系数为

$$k_c = 32Ew\left(\frac{t}{l}\right)^3 \frac{1}{(W/l)^3 - 2(W/l)^2 + 2} \tag{10.16}$$

利用式(10.16)进行计算,画出 k_c 与 W 的关系如图 10.24 所示。从图中可以看出,增加受力的集中性,即减小 W 有利于降低双端固支梁的弹性系数,但是对于静电型继电器来说,减小 W 意味着降低了上电极所受静电力。

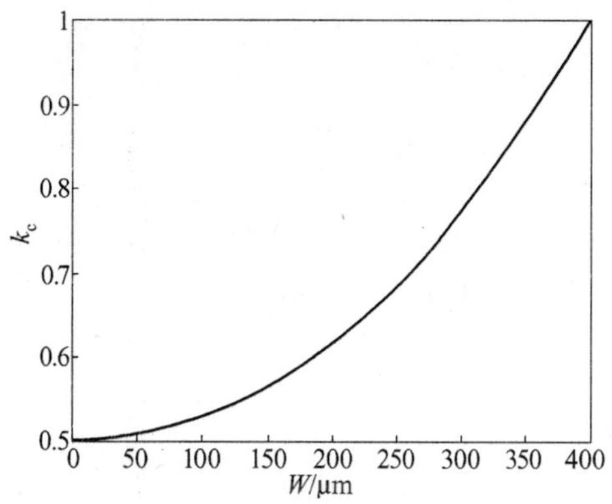

图 10.24 k_c—W 关系图

当 $l = 400\mu m, w = 50\mu m, t = 1\mu m$ 时,h_0 和 W 对驱动电压的影响如图 10.25 所示。从图中可以看出驱动电压 $U_{pull-down}$ 随着上下电极之间的距离 h_0 增加而迅速增加,并且,随着下拉电极的宽度 W 的增加而减小。当 $W > 250\mu m$ 后,W 的增加对 $U_{pull-down}$ 的影响已经很小了,设计中把 W 定为 $250\mu m$,并把 h_0 定为 $4\mu m$。

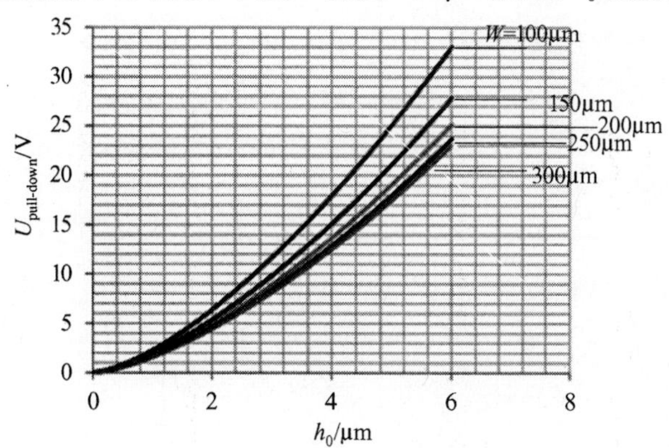

图 10.25 $W - h_0 - U_{pull-down}$ 关系图

当 $W = 250\mu m, h_0 = 4\mu m$ 时,l 和 t 对驱动电压的影响如图 10.26 所示,从中可以看出,随着上电极的长度 l 的增加和上电极厚度 t 的降低,驱动电压 $U_{pull-down}$ 也有所下降。但是,驱动电压 $U_{pull-down}$ 的下降随着 l 的增加而逐渐变缓慢,在 $l > 500\mu m$ 时,l 对驱动电压的影响已经相对较小。当 l 过大,会影响继电器的尺寸限制,而过小的 t 会使上电极对应力梯度的敏感性大大提高,从而使其发生翘曲问题。考虑工艺上实现的可能性以及前面所定的 W 和 h_0，设计中把 l 定为 400μm，t 定为 1μm。

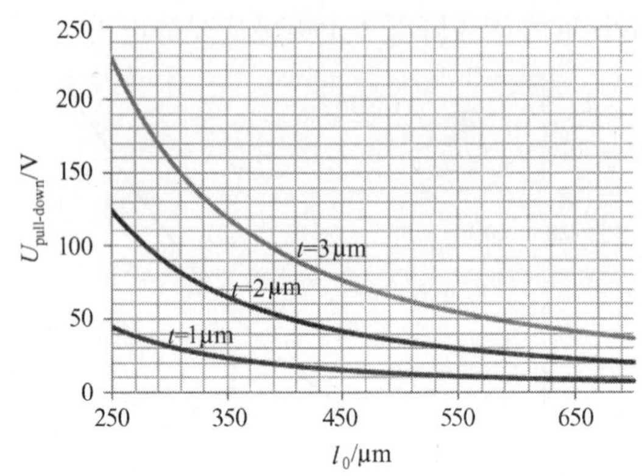

图 10.26　$t-l-U_{pull-down}$ 关系图

弹性系数 k_σ。

双端固支梁的弹性系数 k_σ 主要由梁内的平均应力 σ_0 所影响，k_σ 与 σ_0 的关系式如下

$$k_\sigma = 8\sigma_0(1-\nu)w\left(\frac{t}{l}\right)\frac{1}{3-2(x/l)} \tag{10.17}$$

式中：ν 为梁材料的泊松比。

通常为了工艺实现中提高牺牲层释放的速度和减小压膜阻尼的影响，需要在梁上刻孔，同时孔的存在，又释放了一部分梁的平均应力，即较低了弹性系数 k_σ，其平均应力大约降为

$$\sigma' = (1-\mu)\sigma_0 \tag{10.18}$$

式中：μ 是带孔梁的带状效率，定义为 $\mu = l/p$，l 和 p 如图 10.27 所示。

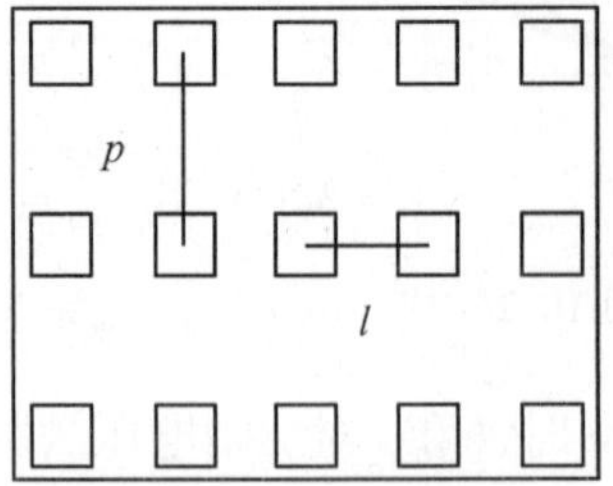

图 10.27　$p-l$ 示意图

在本设计中使用 5μm × 5μm 的孔，$p = 20$μm，$l = 10$μm，带状效率 $\mu = 50\%$，可使梁的应力降低到原来应力的 1/2。另外，不同工艺的应力差别也很大，在常用的

三种制作金属薄膜的工艺中,蒸发镀膜的应力最大,其次是溅射,电镀的应力最低。本设计中所应用的镀膜,金属内应力大约为 -50MPa ~ 60MPa。

10.3.1.3 设计实例

1) 选定参数

通过 10.3.1.2 节的分析,确定各项参数如表 10.6 所列。

表 10.6 双端固支型静电驱动继电器参数

上极板长度 l/μm	400
上极板厚度 t/μm	1
下极板长度 W/μm	250
极板宽度 w/μm	50
上下极板间距离 h_0/μm	4

验证参数

把参数代入式(10.16),可得

$$k_c = 32Ew\left(\frac{t}{l}\right)^3 \frac{1}{(W/l)^3 - 2(W/l)^2 + 2} = 0.9741 \quad (\text{N/m}) \tag{10.19}$$

把参数代入式(10.17),$\sigma_0 = \sigma_{0\max} = 2.2\text{GPa}$,可得

$$k_{\sigma\max} = 8\sigma_{0\max}(1-\nu)w\left(\frac{t}{l}\right)\frac{1}{3-2(x/l)} = 14.18 \quad (\text{N/m}) \tag{10.20}$$

则

$$k = k_{\sigma\max} + k_c = 15.16 \quad (\text{N/m}) \tag{10.21}$$

把 k 代入式(10.10),可得

$$U_{\text{pull-down}} = \sqrt{\frac{8k}{27\varepsilon_0 A}h_0^3} = 50.97 \quad (\text{V}) \tag{10.22}$$

2) 结构建模

利用 Ansys 软件对所设计的结构进行仿真研究,由于上极板带减阻尼孔的情况模拟起来较为复杂,可以先模拟上极板不开孔的情况。若是上极板不开孔能够满足下拉条件,那带孔的情况必然能满足下拉条件。建立模型后,对上极板的位移和模态分别进行了模拟分析:

(1) 位移分析。首先建立耦合场模型如图 10.28 所示。

得到的位移结果如图 10.29 所示。

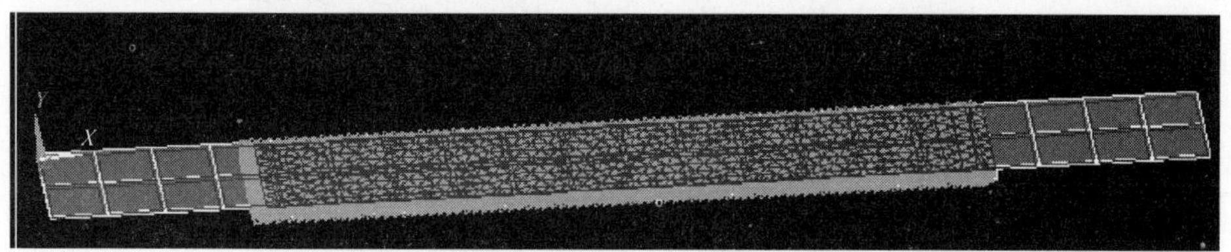

图 10.28 耦合场模型

从图中可以看出中心位移为 2.88μm,超过了极板间距 4μm 的 2/3,因此是可以完成下拉的。

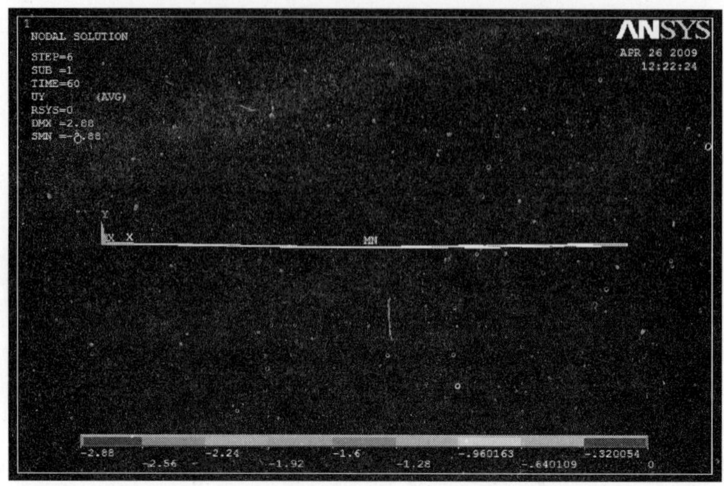

图 10.29　上极板位移

（2）模态分析。设计的继电器也在高频的情况下也能够使用,因此对其进行了模态分析,进一步探索继电器在较高频段的振动模态。分析结构如图 10.30 所示。

从图中观察可知当继电器进入二阶模态的时候,就已经无法正常工作了。因此该类型继电器的使用频率至少要低于 50kHz,才能保持正常使用。

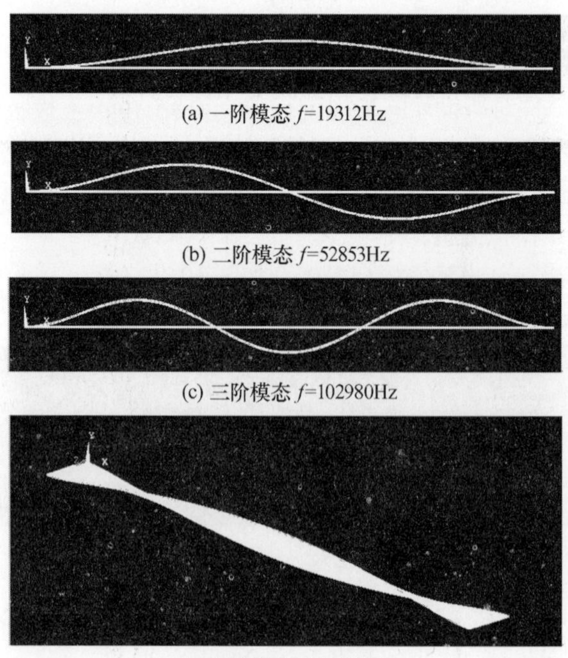

(a) 一阶模态 f=19312Hz

(b) 二阶模态 f=52853Hz

(c) 三阶模态 f=102980Hz

(d) 四阶模态 f=129540Hz

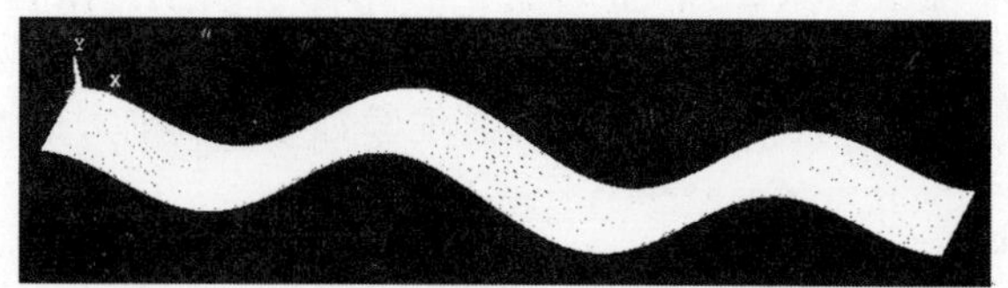

(e) 五阶模态 f=169300Hz

图 10.30　各阶模态示意图

10.3.2　电磁型 MEMS 继电器

本节以表 10.4 中的电磁继电器参数为依据，进行动力学、空气阻尼、磁场强度及模态等方面的建模分析，从而体现电磁继电器设计分析的一般方法。

10.3.2.1　动力学建模及分析

图 10.31 是活动电极的动力学几何模型，笛卡儿坐标系原点位于活动电极的形心，x 轴与活动电极长度方向夹角为 θ，y 轴与扭梁轴心线重合。活动电极以角速度 ω 在两个稳定状态之间绕 y 轴顺时针或者逆时针旋转，转动角度为 α。永磁场方向与 z 轴平行。

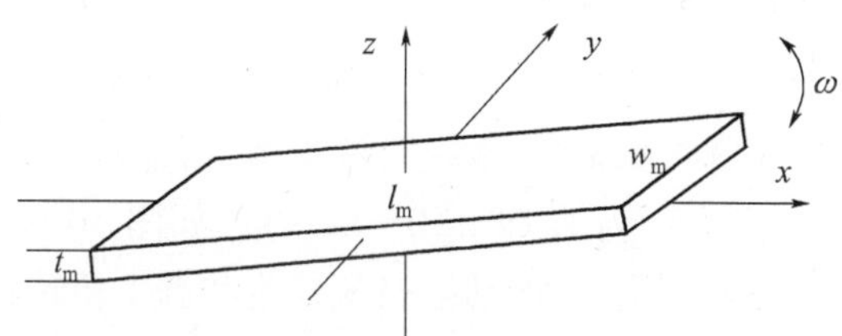

图 10.31　活动电极与坐标轴的位置关系

假定活动电极在翻转过程中仅仅受到永磁场的作用，则可以用一个典型的二阶动态模型描述活动电极的运动过程，不包括与接触电极吸合上的运动过程，当触点闭合以后，活动电极动能为零，不产生反弹。

设活动电极转动角度为 $\alpha(t)$，$0 \leqslant \alpha(t) \leqslant 2\theta$，活动电极的动力学模型如下

$$I_y \frac{\mathrm{d}^2\alpha(t)}{\mathrm{d}t^2} + 2K_\alpha \alpha(t) = T_{\mathrm{mag}} + T_{\mathrm{d}} \tag{10.23}$$

式中：I_y 为活动电极绕扭梁轴心的转动惯则 $I_y = \sum \int_{V_\mathrm{m}} (x^2 + z^2)\mathrm{d}m$，$V_\mathrm{m}$ 为活动电极的体积；m 为其质量；K_α 为扭梁刚度；当图 10.31 所示活动电极转角 $\alpha(t) \leqslant \theta$ 时，$T_{\mathrm{mag}} = \mu_0\mu_\mathrm{r}H_{\mathrm{pz}}^2 V_\mathrm{m}(\theta - \alpha(t))$，而活动电极转角 $\alpha(t) > \theta$ 时，$T_{\mathrm{mag}} = \mu_0\mu_\mathrm{r}H_{\mathrm{pz}}^2 V_\mathrm{m}$

$(\alpha(t)-\theta)$，H_{pz}为永磁场强度；T_d 为活动电极下降过程空气阻尼中对活动电极产生的阻尼力矩，$T_d = C\dfrac{d\alpha}{dt}$，$C$ 为阻尼系数，其他参数定义同前。因而，活动电极的动力学模型变为

$$\begin{cases} I_y \dfrac{d^2\alpha(t)}{dt^2} + 2K_\alpha\alpha(t) = \mu_0\mu_r H_{pz}^2 V_m(\theta - \alpha(t)) + T_d & \alpha(t) \leqslant \theta \\ I_y \dfrac{d^2\alpha(t)}{dt^2} + 2K_\alpha\alpha(t) = \mu_0\mu_r H_{pz}^2 V_m(\alpha(t) - \theta) + T_d & \alpha(t) \leqslant \theta \end{cases} \tag{10.24}$$

10.3.2.2 空气阻尼分析

活动电极运动过程，一端向下运动，另外一端向上运动，由于空气流场的存在，导致活动电极绕扭梁轴心运动时，活动电极向下运动的一端与固定电极平面之间的气体压强分布变化，形成空气压膜阻尼效应，即空气阻尼力矩的存在，空气阻尼力矩产生于活动电极表面的压力分布[21]。假设活动电极扭转过程中，下降端的空气为不可压缩及黏度不变的气体，MEMS 器件中空气阻尼通常将非线性化的压膜雷诺方程线性化[22]，得到压膜雷诺方程

$$\frac{\partial}{\partial x}\left(h^3\frac{\partial P}{\partial x}\right) + \frac{\partial}{\partial y}\left(h^3\frac{\partial P}{\partial y}\right) = 12\eta_0\frac{\partial h}{\partial t} \tag{10.25}$$

式中：P 是作用在活动电极上的空气阻尼压强；h 是空气膜的平均厚度，指活动电极下表面与接触电极所在平面之间的空气膜厚度，与活动电极转角大小有关；η_0 为空气动力黏度，常温下大小为 1.79×10^{-5} Pa · s。如图 10.32 所示，以活动电极的初始状态是稳定状态 1 为例，当活动电极从稳定状态 1 扭转到稳定状态 2 时，活动电极下降端压缩其下方空气，其中，h_0 为扭梁轴心离固定电极的高度，ω 为活动电极转动角速度。

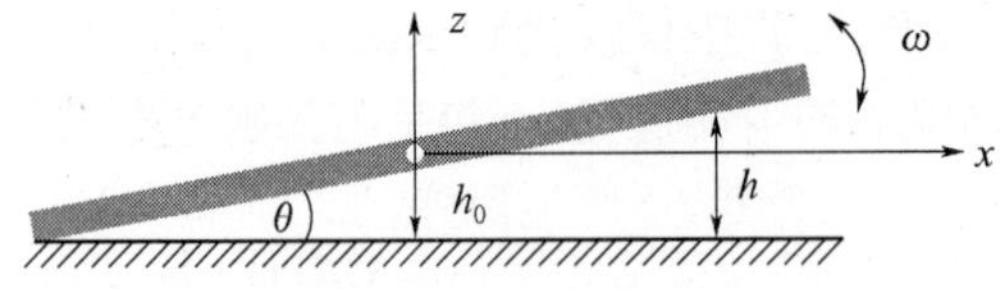

图 10.32 空气压缩模型

由于活动电极绕 y 轴转动，空气阻尼压强 P 沿 y 轴方向分布一致，因此，$\partial P/\partial y = 0$。活动电极与 x 轴初始夹角为 θ，那么 $h = h_0 + (\theta - \alpha(t))x$，则压膜雷诺方程变为

$$\frac{\partial^2 P}{\partial x^2} + \frac{3}{h}(\theta - \alpha(t))\frac{\partial P}{\partial x} = -\frac{12\eta_0}{h^3}\omega x \tag{10.26}$$

式中：角速度 $\omega=\alpha'(t)$；由 $P(0)=P(0.5l_{\rm m})=0$，可解得空气阻尼压强 $P(x)$，由于扭梁绕 y 轴转动，因此，活动电极下降端受到的空气阻尼力矩

$$T_{\rm d}=\iint_A P(x)x{\rm d}A=\iint_A P(x)x{\rm d}x{\rm d}y \tag{10.27}$$

式中：A 指活动电极下降端表面，从而，可得阻尼系数 $C=\dfrac{T_{\rm d}}{\omega}$。

空气阻尼对活动电极动态响应的影响主要体现在活动电极向下运动过程中产生的空气阻尼力矩对开关时间以及运动速度的影响，这主要取决于空气阻尼力矩与主动力矩的大小对比。当主动力矩与空气压阻尼力矩大小相差不多时，空气压膜阻尼对活动电极运动的影响不能忽略；当主动力矩远大于空气阻尼力矩时，空气阻尼力矩可以忽略。

10.3.2.3 永磁场强度以及扭梁刚度变化对活动电极开关时间的影响

以下以增大永磁场强度为例研究不同的磁力矩对活动电极开关时间的影响，图 10.33 示出活动电极的开关时间与永磁场强度的关系。当磁力矩增大时，活动电极开关速度增大，速度增大比例几乎等同磁场的增大比例；而磁力矩太小，活动电极将无法到达固定接触电极。因此，适当增大永磁场可以有效提高活动电极开关速度，但活动电极吸合速度越快，接触电极的寿命越短且容易回弹，这与追求快响应速度的要求是一对矛盾。

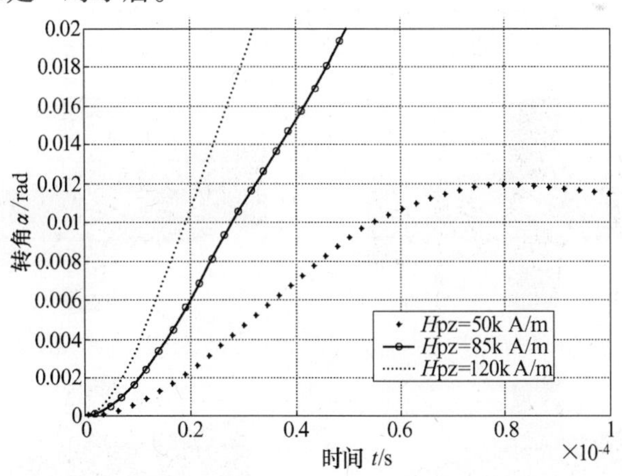

图 10.33 磁力矩对活动电极开关时间的影响

如图 10.34 所示，扭梁刚度 K_α 对活动电极开关时间有直接影响。从图中可以看出，刚度越大，活动电极响应时间越长。因此，在保证扭梁的扭矩小于最大许用扭矩前提下，应适当减小刚度以提高活动电极响应速度。

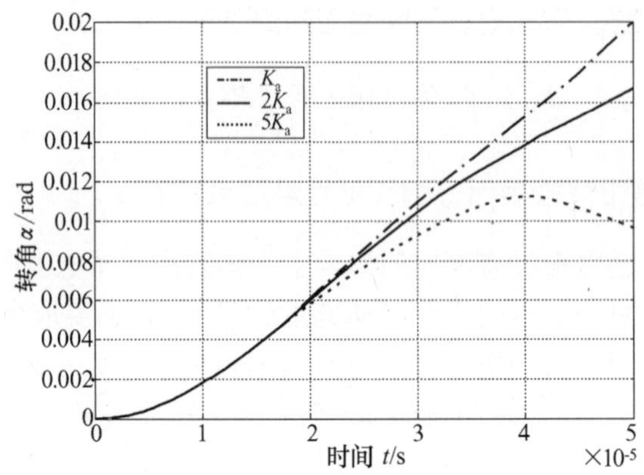

图 10.34　扭梁刚度对扭转角速度的影响

10.3.2.4　模态分析

模态是机械结构的固有振动特性，每一个模态具有特定的固有频率、阻尼比和模态振型。模态分析是结构动态设计及故障诊断的重要方法，用以确定分析对象各阶共振频率和振型。采用有限元软件 Ansys 进行分析，以单元 Solid98 建立分析模型。以表 10.4 中的结构参数为例进行无阻尼的有限元分析，一阶至四阶模态振型如图 10.35 所示，各阶模态频率见表 10.7。

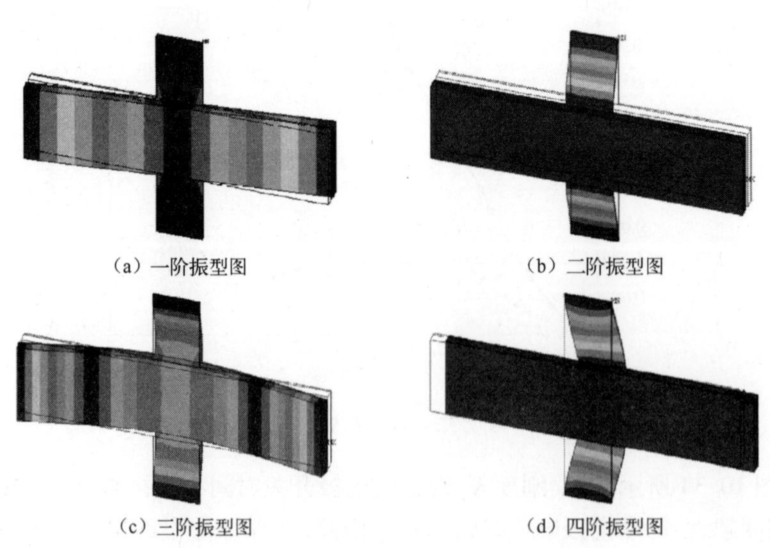

图 10.35　活动结构的一阶至四阶振型图

表 10.7 一阶至四阶谐振频率值(Hz)

一阶谐振频率	二阶谐振频率	三阶谐振频率	四阶谐振频率
4525	14088	0.16944×10^6	0.19245×10^6

从振型图看,第一模态为沿扭梁长度方向(y 轴)的扭转运动,没有其他方向的运动,这也验证了由重力、电磁力等引起的弯曲挠度可以忽略的分析;二阶模态的谐振频率为 14088Hz,几乎是一阶谐振频率的 4 倍。活动电极沿其厚度方向平动并带动扭梁发生弯曲;结构的二阶以上模态的谐振频率远大于一阶扭转运动的谐振频率,目标工作模态与非目标工作模态的隔离较好,那么一阶转动模态不易受到其他高阶模态干扰。

10.3.2.5 瞬态分析

以表 10.4 中的结构参数为例,采用 MEMS 仿真软件 CoventoreWare 对活动电极进行瞬态仿真计算,分析结果如图 10.36 所示。其中,永磁场强度 $H_{pz}=85$ kA/m, 吸合电流约 100mA,开关时间约 100μs。

在线圈输入端输入脉冲电压信号,得到活动电极端部三个方向的磁化强度与输入输出信号的对比结果。其中,i 是线圈输入端的输入电流信号,单位是安(A);m_x、m_y、m_z 分别代表活动电极长度(x 轴)、宽度(y 轴)、厚度(z 轴)三个方向的磁化强度,单位是特斯拉(T);h_x 表示线圈产生的 x 方向磁感应强度,h_z 是活动电极所处磁场的 z 方向磁感应强度,单位是安每米(A/m);r_y 是活动电极绕 y 轴的转角输出,单位是弧度(rad)。

从图 10.36 可以看出,线圈在脉冲信号作用下产生脉冲形式的 x 方向磁场,活动电极实现状态的翻转,并在脉冲信号结束以后继续保持扭转角不变,直到下一个转换脉冲到来。

在脉冲作用期间,m_x 的幅值最大约为 0.8T,m_y 的幅值数量级为 10^{-6},m_z 的幅值在 0.12T 左右。从图中可以看出,$\boldsymbol{H}_{pz}$和 $\boldsymbol{H}_{coil-x}$在脉冲信号持续过程中,均对 m_x 产生了叠加效应,脉冲结束以后,m_x 有微弱减小,主要是因为此时 $H_{coil-x}=0$。y 方向磁化强度仅与 $\boldsymbol{H}_{coil-y}$有关,脉冲信号结束以后,y 方向磁化强度为零。虽然活动电极的厚度比长度和宽度都小得多,但由于 H_p 远大于 H_{coil}任意一个分量,因此虽然厚度尺寸远小于长度与宽度,但与 m_x 相比,m_z 不能忽略。同时由于长度远大于厚度,因此,活动电极的易磁化方向仍然是长度方向,即 x 方向,m_x 比 m_z 大的多。

仿真结果表明软磁体的磁化方向受很多因素影响,尺寸以及沿这个尺寸方向的磁场幅值都是重要决定因素。

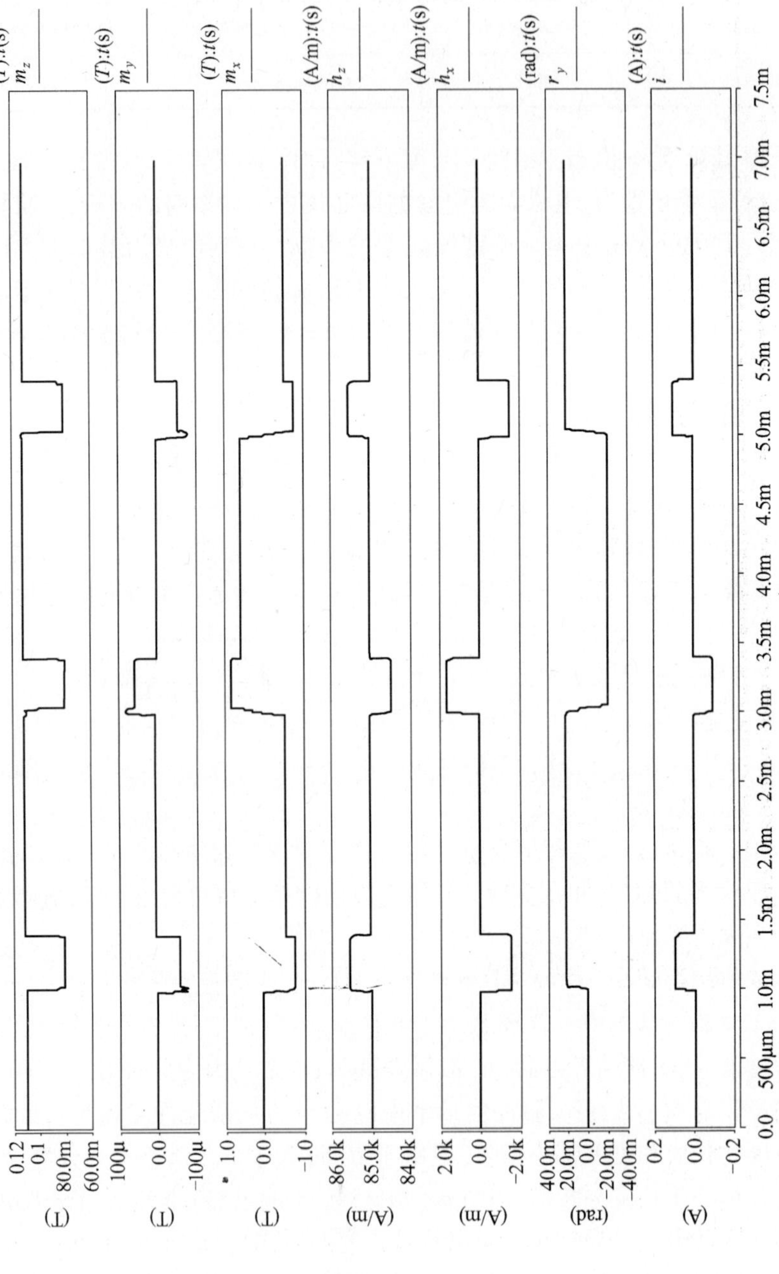

图10.36 瞬态分析结果

10.4 MEMS 继电器加工工艺

10.4.1 静电驱动型

采用金属桥膜结构，牺牲层释放工艺[23]。高阻 Si 衬底工艺流程如图 10.37 所示。版图设计如图 10.38 所示。结构梁的版图如图 10.39 所示。

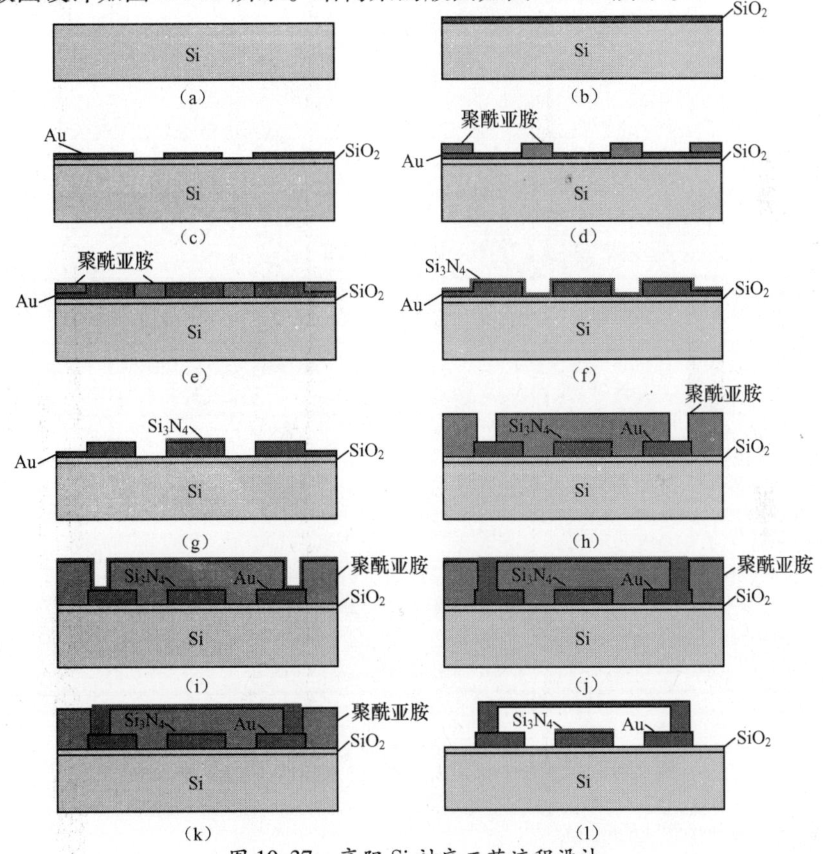

图 10.37 高阻 Si 衬底工艺流程设计

(a) 选用高阻硅(Si)做衬底。(Layer1)；(b) 热氧化一层 5000Å 的 SiO_2 做钝化层；(c) 溅射 500Å 的 Ti 作为附着层，溅射 1000Å 的 Au，通过正胶剥离工艺形成电镀的种子层；(d) 旋涂一层 2μm 的聚酰亚胺，光刻用正胶显影液腐蚀聚酰亚胺，保证露出金底层，作为电镀模具；(e) 电镀 Au，约 1.8μm，电镀层高度接近聚酰亚胺层高度；(f) 腐蚀去除聚酰亚胺，用($KI+I_2$)溶液刻蚀除去边缘 Au 种子层，用双氧水浸泡去除 TiW 附着层。PECVD(参考 300℃)淀积 Si_3N_4，保证厚度为 3000Å，并且上表面平坦，表面光洁度 <10Å，形成介电层；(g) 刻蚀去除周边部分 Si_3N_4，露出金层。(layer4，阳版，第三次光刻)；(h) 旋涂聚酰亚胺(6.3μm)，要求聚酰亚胺上表面平坦，并图形化聚酰亚胺。为溅射上电极做准备；(i) 分步溅射 Au，每步 0.25μm，总厚度为 1μm，要求溅射金属层应力尽量小，结构释放后不产生屈曲；(j) 电镀锚点区(电镀区扩 2μm)，与溅射层键合，要求电镀的锚点与结构层连接牢固；(k) 光刻，图形化 Au 结构层；(l) 去除聚酰亚胺，释放结构。

图 10.38 版图设计

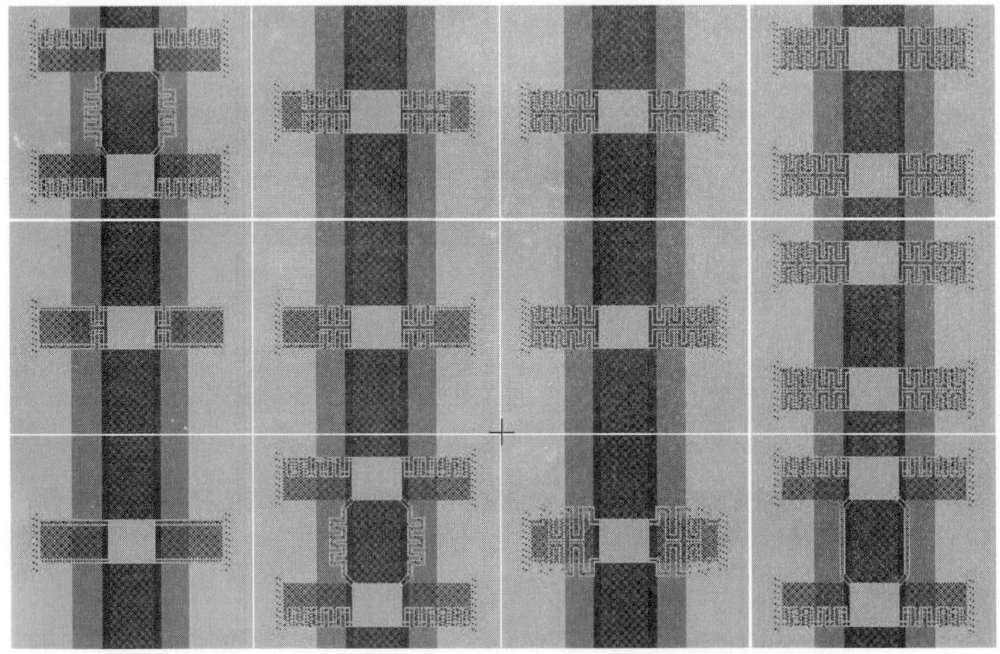

图 10.39 包含多种结构梁的版图

10.4.2 电磁驱动型

图 10.40 所示为电磁型 MEMS 继电器微加工工艺结构示意图[19]。其中,支柱对扭摆结构起支撑作用并因此产生活动电极的运动间隙,它是重要的辅助结构,线圈及固定接触电极位于扭摆结构的下方。

10.4.2.1 关键工艺

整个工艺中,线圈加工和软磁材料等加工关键工艺步骤的具体实现关系到继电器的整体加工效果和参数性能,以下将对这两个关键工艺进行探讨。

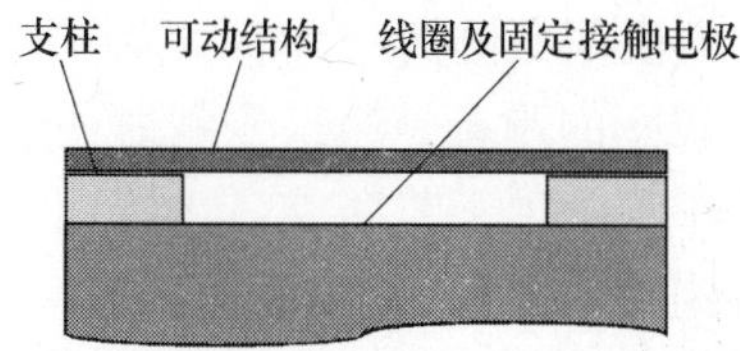

图 10.40　继电器微加工工艺结构示意图

1）线圈加工

金属薄膜图形化的常用手段是湿法腐蚀、剥离以及电镀。要增大线圈导线的载流能力就必需提高线圈导线的截面积,仅增加导线宽度会增大线圈尺寸,导致继电器结构尺寸增大并且降低了磁场强度的均匀性,不利于结构的微型化以及活动电极极化。因此,合适的方法是增大线圈厚度。

由于线圈厚度较大,采用剥离工艺容易导致金属线圈整体随着光刻胶从基底脱落,因此,分别采用湿法腐蚀方法和电镀方法进行线圈的加工,并对加工质量进行评估比较,最终选用电镀方法进行平面线圈以及固定接触电极的加工。

(1) 湿法腐蚀。在 MEMS 工艺中,湿法腐蚀以操作简单、腐蚀速率快等优点广泛应用于各种结构中。因此,首先采用湿法腐蚀方法进行平面线圈的加工。工艺流程依次为:①采用磁控溅射在玻璃片表面依次溅射 Cr/Au 作为电镀种子层, 厚度为 30/150 nm;②采用电镀工艺制备 Au 层,厚度 $t_c \approx 1\mu m$,线宽 $w = 12\mu m$,中心线间距 $d_{cc} = 26\mu m$,导线段间距 s 是 $14\mu m$;③涂光刻胶,图形化线圈及焊盘,采用湿法腐蚀工艺刻蚀线圈。

如图 10.41(a)所示,腐蚀结束以后,线宽 w 不到 $10\mu m$,导线段间距 S 接近 $16\mu m$。根据线圈产生磁场的特点,在电流不变的情况下增大中心线间距使磁场分布变得稀疏,因此这种加工效果影响继电器的负载能力。

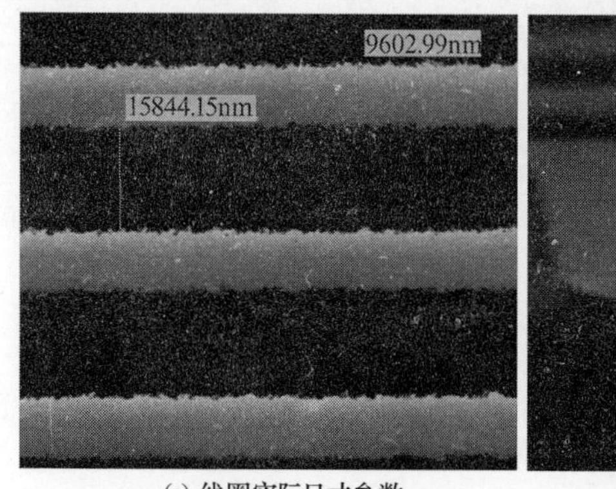

(a) 线圈实际尺寸参数

(b) 腐蚀后的线圈横截面

图 10.41　采用湿法腐蚀工艺加工的平面线圈 SEM 图

图 10.41(b)显示线圈的横截面侧掏严重,从材料力学角度对这种工艺效果进行分析和探讨。在工艺中,线圈的制备是通过先溅射种子层后进行电镀再湿法腐蚀的工艺完成的,底部金是采用溅射工艺而成,晶粒尺寸小,晶界密度大,导致晶界间的缺陷也多,从而使腐蚀需要的能量低,因而腐蚀速率高;上部金是采用电镀工艺加工,电镀形成的晶粒越来越大,晶界少,缺陷也少,导致腐蚀速率低。

(2) 电镀。电镀在 MEMS 工艺中是常用的金属图形化方法,最大优势是快速和准确得到所需的图形。采用电镀方法制作平面线圈的制作顺序及方法与采用湿法腐蚀的方法略有不同。主要步骤为:①溅射种子层 Ti/Au,厚度为 50nm/100nm;②涂光刻胶,曝光,显影;③电镀,去胶;④氩离子物理溅射去种子层,这种工艺常称为反溅工艺。

电镀能够精确控制线圈的尺寸及精度,是能够得到较高尺寸精度的金属化成型方法。但这种方法也有缺点,即在氩离子物理溅射工艺时,线圈及固定接触电极表面也受到高速的离子轰击,表面材料亦有损失,因此需要严格控制反溅时间。

图 10.42 所示为采用 400 倍的同一光学显微镜采集两种不同加工方案获得的线圈图像,其中图 10.42(a)中线圈导线版图宽度为 15μm,图 10.42(b)中线圈导线版图宽度为 12μm。图 10.42(a)采用电镀法,图 10.42(b)采用湿法腐蚀的方法,明显地,图 10.42(a)中的平面线圈比图 10.42(b)中的边缘整齐、且表面质量好,改善电镀溶液配方可以提高平面线圈的表面质量,但是很难改善侧掏现象。

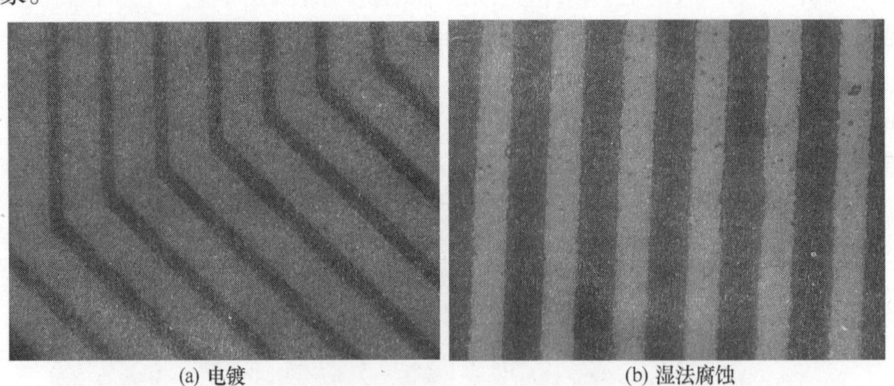

(a) 电镀　　(b) 湿法腐蚀

图 10.42　采用电镀和湿法腐蚀工艺制作的平面线圈对比

综合以上分析,电镀法更适合本例中的继电器结构,因而最终采用电镀方法进行平面线圈的制作。

2) 软磁材料加工

MEMS 磁传感器或者执行器通常采用微电铸方法进行几微米至几十微米厚度

的软磁材料淀积。微电铸工艺常用的光刻胶有正性光刻胶 AZ1500、AZ4620、负性光刻胶 SU-8 等,其中后者厚度可以高达 500μm 左右,AZ4620 一般用于 10μm 左右的结构,其突出特点是能够得到均匀的厚膜结构,因而被国内外研究人员广泛使用。

通常在微电铸过程中,一般要求光刻胶厚度要稍大于微电铸薄膜的厚度,从而可以达到较好的电镀效果,不考虑光刻胶在光刻及微电铸过程中受各种因素影响从而导致图形边缘的一些微弱变形,电镀后金属薄膜图形尺寸与光刻图形基本一致。本例中,活动电极图形比较简单,沉积层均匀、厚度达到要求即满足条件,以下着重阐述采用 AZ1500 系列光刻胶进行实验的工艺过程。

在 AZ 系列光刻胶里,1500 系列广泛用于薄膜光刻工艺中,常见厚度一般为 2μm 左右,而文中镍铁薄膜的厚度要大于 2μm。因此,为验证工艺设计可行,并测量微电铸薄膜向两侧生长与向上生长的速度对比,设计了一套测试工艺,其中光刻胶图形厚度低于目标薄膜厚度。

微电铸时,当薄膜材料厚度超出光刻胶厚度时,薄膜继续生长将不再受到光刻胶的限制,不但沿厚度方向生长,也同时沿两侧生长,也即最终薄膜图形截面为蘑菇形状,如图 10.43 所示。w 为光刻图形截面宽度尺寸,a 为薄膜宽度方向侧向生长的宽度尺寸,另外为便于叙述,设 a' 为薄膜长度方向侧向生长的尺寸,a 和 a' 的大小与电镀时间长度有关。

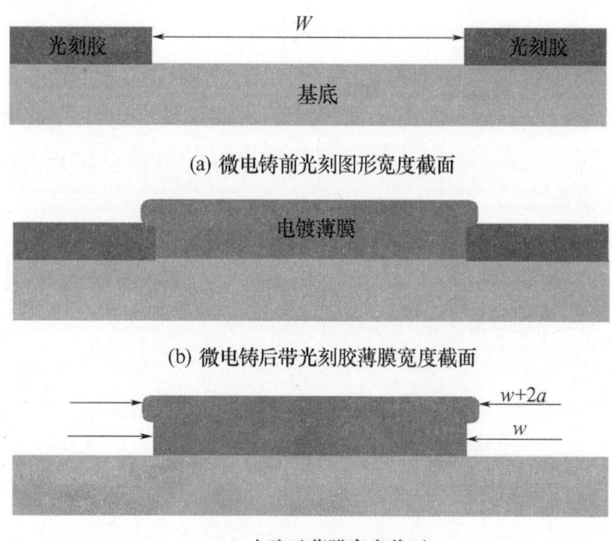

图 10.43　采用 AZ1500 光刻胶的微电铸过程

工艺流程依次为：①进行硅片的热氧化，氧化厚度约4300Å；②在氧化后的硅片表面溅射Cr/Au，溅射厚度为200Å/900Å，分别用时3min/8min；③进行涂胶及光刻，在1次以上涂胶过程中，为提高基底的亲和能，每次光刻后都要先在100℃温度下烘2min，扫底膜采用RF等离子干法去胶2min；④采用台阶仪测试光刻胶的厚度，备份。

为考察当微电铸薄膜厚度大于或者等于光刻胶厚度时的微电铸效果，总共进行了四组实验，即总共采用1#～4#等4组硅片，每组硅片涂胶厚度均与其他组不同，1#～4#的目标厚度分别为2μm、3μm、5μm、7μm。为尽量验证实际设计尺寸，考虑薄膜在超出光刻胶厚度时将侧向生长，实验采用图形尺寸分别为780μm×180μm、840μm×180μm、850μm×190μm。分别进行上述步骤，光刻以后的具体参数如表10.8所列。

表10.8 采用AZ1500光刻胶进行软磁材料微电铸实验的涂胶参数

序号	光刻胶厚度/μm		涂胶方式	转速/(Rad/min)	时间/min	涂胶次数
1#	边缘2.28	中心2.30	旋涂	3000	5	1
2#	边缘3.02	中心2.85	旋涂	3000	5	1
3#	边缘5.40	中心5.46	旋涂	3000	8	2
4#	边缘8.83	中心7.54	旋涂	3000	10	3

从表10.8中可得，光刻胶的厚度随着涂胶次数的增多，硅片边缘与中心处的差别越来越大。厚度差别的原因有很多，例如工艺操作人为因素、台阶仪测试时的测试点的选择因素、胶台旋转是否平衡等，但是多次涂胶造成的光刻胶表面起伏累积是最主要的原因。因而，随着光刻胶的厚度以及涂胶次数的增长，光刻胶片内厚度均匀性变得越来越差。

在进行微电铸工艺以前，在100℃下，烘片20min，并扫底膜。采用第10.2节中表10.3的微电铸配方以及工艺进行微电铸，其中微电铸温度60℃，电流密度10mA/cm^2，微电铸时间约66min，pH值3.25。

如图10.44所示，以光刻胶一致性较好的3#样片为例，说明微电铸样品截面形貌及尺寸，光刻胶图形尺寸分别为780μm×180μm及840μm×180μm。

由于微电铸形成的薄膜图形微小，待测样品薄膜SEM样品截面成像角度不完全垂直，故测量尺寸会略有出入，但数据基本可信。从图10.44(a)和(c)示出微电铸薄膜截面呈现蘑菇状的局部图，薄膜截面下部分光刻胶图形宽度截面测量尺寸w分别约等于180μm和179μm，光刻胶图形截面尺寸180μm，考虑测试人为误差，认为微电铸薄膜位于光刻胶图形内的厚度等于光刻胶的厚度。如图10.44(b)和(d)所示，位于光刻胶厚度之上的微电铸薄膜厚度测试结果约为5.5μm，而a分别

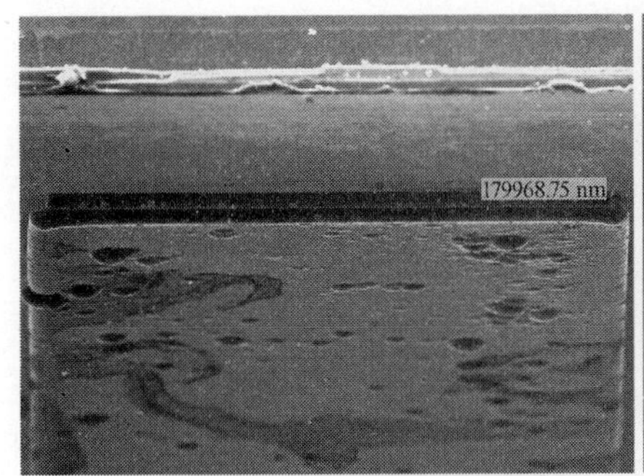

(a) 780μm×180μm总体截面SEM图

5515.36 nm
5043.58 nm

(b) 780μm×180μm薄膜截面SEM图

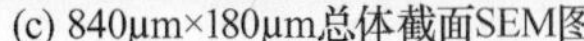

(c) 840μm×180μm总体截面SEM图

(d) 840μm×180μm薄膜截面SEM图

图 10.44 微电铸软磁材料样品截面 SEM 图

约等于 5.04μm 和 4.9μm，二者大小很接近。

图 10.44 仅给出了宽度截面的相关尺寸对比，为更全面考察微电铸薄膜在光刻胶之上的生长速度对比，需要给出 a' 尺寸。由于薄膜样品微小，制作长度截面较困难，故而通过测试薄膜的整体尺寸来间接获得 a' 尺寸，从而估算出大概范围。如图 10.45 所示，一个完整的镍铁薄膜样品俯视图，其光刻胶图形尺寸为 850μm × 190μm，薄膜测量尺寸约为 860μm × 204μm，宽度方向比实际图形尺寸增加约 14μm，长度方向比实际图形尺寸增加约 10μm，即 a 和 a' 分别约等于 7μm 和 5μm。

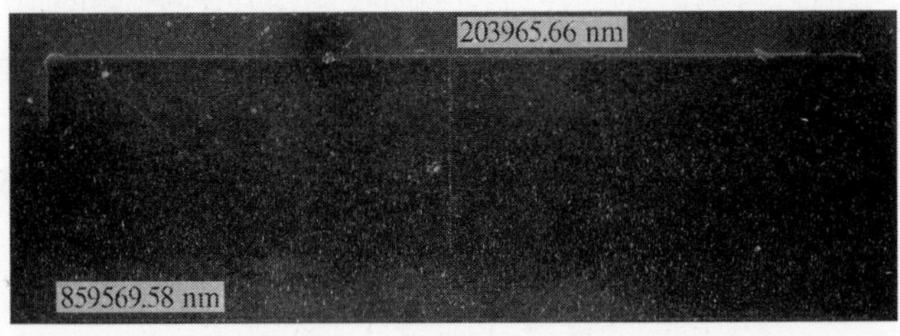

图 10.45 850μm × 190μm 总体尺寸 SEM 图

考虑成像角度误差及人为操作误差,可以得出结论:当微电铸薄膜厚度超出光刻胶厚度时,薄膜垂直生长与侧向生长速度应该非常接近。

10.4.2.2 微加工工艺流程

在关键工艺可实施的前提下,进行了工艺流程可行性分析,整个工艺流程各阶段任务基本明确。以采用成熟工艺为准则,结合 MEMS 工艺水平现状,进行详细工艺流程的设计。各步骤主要工艺流程如下:

(1) 基底备片。选用 4 英寸 7740 玻璃片作为基底,厚度为 500μm,对玻璃片进行清洗以及烘干,如图 10.46(a)所示;

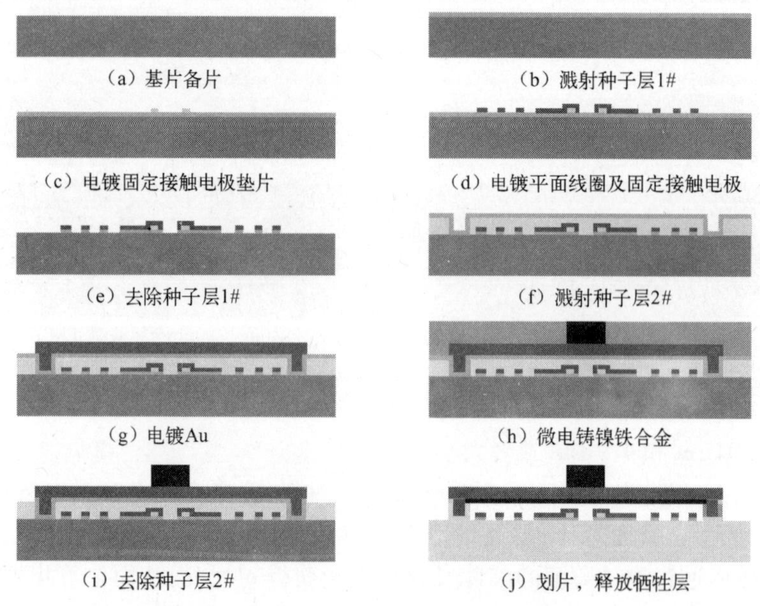

图 10.46 微加工工艺流程

(2) 溅射种子层 1#。在玻璃基底上溅射 Ti/Au 复合金属层,厚度为 50/100nm,作为电镀固定接触电极垫片以及平面线圈的种子层,如图 10.46(b)所示。

(3) 光刻 1#。涂正性光刻胶 AZ4330,曝光,显影,形成固定接触电极垫片图形。

(4) 电镀固定接触电极垫片。电镀 Au 固定接触电极垫片,厚度 0.3μm,去胶,如图 10.46(c)所示。

(5) 光刻 2#。涂正性光刻胶 AZ4330,曝光,显影,形成平面线圈以及固定接触电极图形。

(6) 电镀平面线圈及固定接触电极。电镀 Au 平面线圈以及固定接触电极,厚度 1.2μm,去胶,如图 10.46(d)所示。

(7) 去除种子层 1#。反溅刻蚀种子层 1#,平面线圈以及固定接触电极形成,如图 10.46(e)所示。

(8) 光刻 3#。涂光敏型聚酰亚胺,厚度 5.5μm,曝光、显影、形成扭梁支柱图形。

(9) 溅射种子层 2#。溅射 Ti/Au,50/150nm,作为活动结构的种子层,同时也是接触电极所在层,如图 10.46(f)所示。

(10) 光刻 4#。涂正性光刻胶 AZ4330,厚度 30μm,曝光,显影,形成活动结构图形。

(11) 电镀 Au。电镀 Au 形成活动结构,厚度 5.5μm,如图 10.46(g)所示。

(12) 光刻 5#。涂正性光刻胶 AZ4620,曝光,显影,形成活动电极图形。

(13) 微电铸镍铁合金。微电铸镍铁合金,厚度 24μm,用丙酮去胶,如图 10.46(h)所示。

(14) 去除种子层 2#。反溅刻蚀种子层 2#,露出聚酰亚胺,如图 10.46(i)所示。

(15) 划片,释放牺牲层。划片,去除光敏型聚酰亚胺,释放活动结构,如图 10.46(j)所示。

(16) 封装。压焊引线,封装。

(17) 粘接永磁体。将精密加工而成的永磁薄片粘接在管壳正上方。

10.4.2.3 版图设计

在工艺流程设计结束之后,需要进行掩模版的设计与绘制。

掩膜版设计必须尽量降低工艺流程的特点对图形尺寸参数的不利影响,这是掩模版设计的基本准则。同时,掩膜版设计需充分考虑每一步工艺的不同要求以及工艺特点,例如光刻胶类型及特点、工艺类型、图形转移、套刻操作、划片、压焊引线等需求,以及正负掩模版、不同层间对应关系。

为便于操作人员快速对准相邻两层间的套刻关系,掩膜版对准符号采用准十字,如图 10.47 所示,对准符号的重叠图案。综合考虑工艺流程各种因素,按照光刻顺序,从第二张版图开始,每张版图上的对准符号边缘依次比上一张版图的对准符号增宽 10μm,如图 10.47 中十字边缘颜色由内至外逐渐变浅,颜色最深的图形是第一张掩模版的对准图形。

在综合以上因素的基础上,使用 Tanner EDA L – Edit 软件工具进行掩模版的绘制。根据工艺流程可知,完成继电器的微加工,共需要进行 5 次光刻,共需要设计 5 张不同的掩模版,总共设计了 4 组不同结构尺寸的图形,如图 10.48 所示。每组结构与其他结构以划片槽区分,完成加工后每组单独封装。

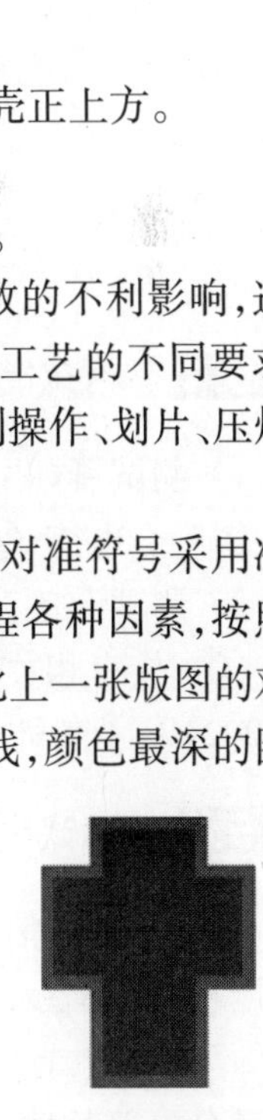

图 10.47 对准符号

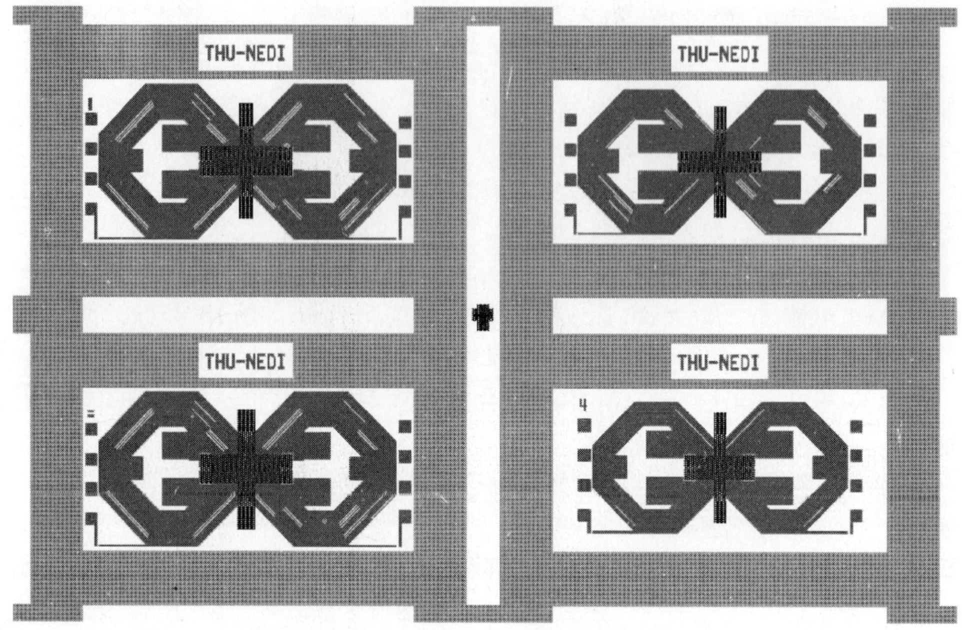

图 10.48　版图图形全局

10.5　MEMS 继电器测试

10.5.1　测试目标及设备

1）测试目标

①吸合电流；②释放电流；③开关时间；④接触电阻；⑤开关电流。

2）测试设备

①焊接有相关元器件的测试电路板；②信号发生器 Agilent 33120A；③示波器 TDS2024B；④微机电源 WD990A；⑤万用表。

10.5.2　测试电路及参数

继电器测试信号应具有以下特征：①含有正负脉冲。②在正负脉冲之间，有零信号。将方波输入 RC 微分电路，当时间常数 $\tau = RC$ 远小于输入方波信号的脉宽时，即可输出具有以上两个特征的测试信号。如图 10.49 所示，方波信号 U_s 作为 RC 微分电路的输入 U_i，U_R 即是输出的脉冲信号。一般地，当 τ 小于方波信号脉宽 t_w 的五分之一到十分之一时，微分电路就成立，其方程如式（10.28）所示。

$$U_R = RC\frac{dU_i}{dt} \tag{10.28}$$

以电磁继电器为例，测试电路的连接如图 10.50 所示，图中不规则曲线代表连接焊盘的金线。

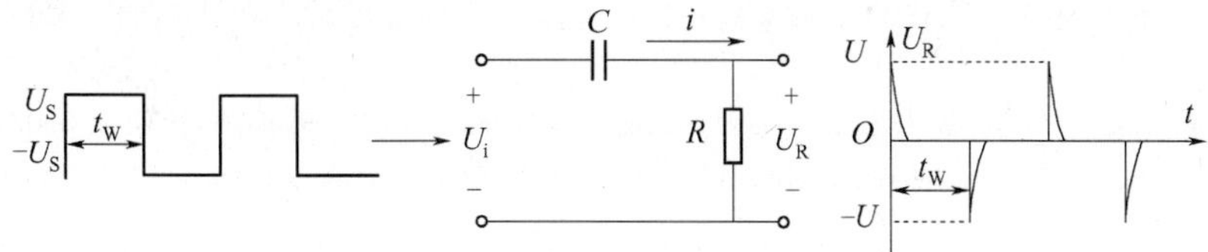

图 10.49 采用 RC 微分电路产生需要的脉冲信号

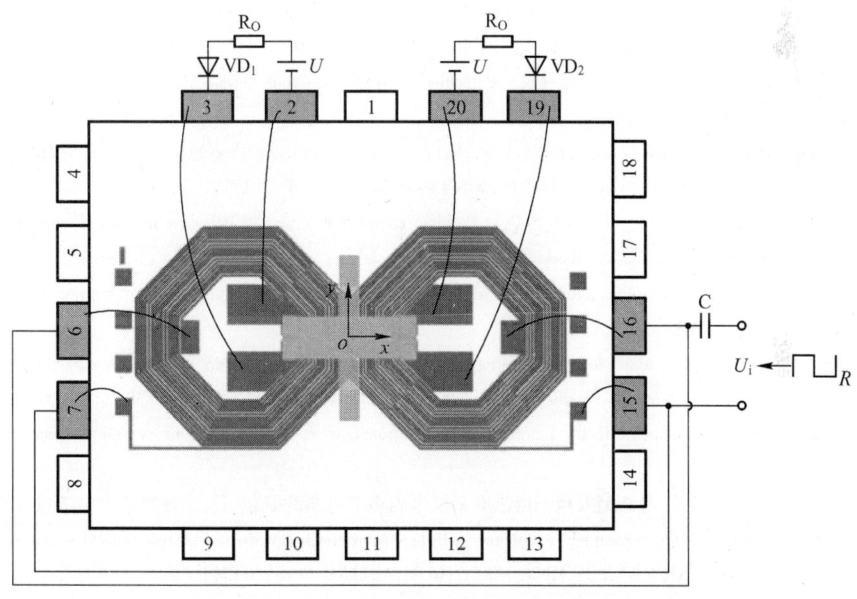

图 10.50 LCC20 封装管脚与测试电路连接示意图

单个线圈电阻约在 34Ω ~ 60Ω 之间，双线圈并联电阻一般在 17Ω ~ 30Ω 之间，又信号发生器输出电阻约 50Ω，R 大于线圈并联电阻时则进一步降低信号源利用率，故忽略 R，如图 10.50 所示。在理想情况下，继电器开关时间的仿真结果为几十微秒至百微秒，实际很多因素都导致开关时间延长，C 采用耐压值 100V 的 100μF 和 220μF 电解电容，RC 微分电路的时间常量约 3.7ms ~ 6.6ms。用万用表的二极管挡量发光二极管的管压降，约在 1.68V ~ 1.85V 之间。接触回路分压电阻 R_0 电阻值分别为 100、3.3kΩ、5.6kΩ。

参考文献

[1] 尤政,李慧娟,张高飞. MEMS 微继电器及其关键问题研究现状[J]. 压电与声光(2006),28(3):278 -281.

[2] Etsu H, Yuji U, Akinori W. Thermally controlled magnetization microrelay[C] Stockholm,Sweden,Transducers '95, Eurosensors IX, The 8th International Conference on Solid - State Sensors and actuators,June25 -29,1995:361 -364.

[3] Jonathan S, Scott S, Kim C J. A liquid - filled microrelay with a moving mercury microdrop. Journal of microelectromechanical systems. 1997,6(3):208 -216.

[4] Ignaz S,Bernd H. Comparison of lateral and vertical switches for application as microrelays[J]. Journal of Micromeching and Microengneering,1999,9(2):146 -150.

[5] Majumder S, Lampen J, Morrison R et al. A Packaged, High - Lifetime Ohmic MEMS RF Switch[J]. Microwave Symposium Digest,2003.

[6] Nishijima Noriyo,Hung Juo - Jung, Gabriel M. Rebeiz. Alow - voltage high contact force RF - MEMS switch [J]. Microwave Symposium Digest,2004 IEEE MTT - S International, 2. IEEE, 2004.

[7] Gretillat M - A, Thiebaud P, de Rooij N F,et al. Electrostatic Polysilicon Microrelays Integrated with MOSFETs [J],Proceedings of IEEE MEMS Workshop 94,1994.

[8] Lee Han - Sheng,Chi H Leung,Jenny Shi,et al. Electrostatically actuated copper - blade microrelays[J]. Sensor and Actuators,2002.

[9] Kang S, Kim H C, K Chun. A low - loss, single - pole, four - throw RF MEMS switch driven by a double stop comb drive[J]. JOURNAL OF MICROMECHANICS AND MICROENGINEERING,2009.

[10] Ruan M, Shed J, Wheeler C B, Latching microelectromagnetic relays[J]. Sensors and Actuators,2001:346 -350.

[11] 付世,丁桂甫,王艳.一种新型双稳态微机电系统电磁微继电器的研制[J].上海交通大学学报,2006.

[12] Jin Qiu,Jeffrey H Lang, Alexander H Slocum, A Bulk - Micromachined Bistable Relay With U - Shaped Thermal Actuators[J]. JOURNAL OF MICROELECTROMECHANICAL SYSTEMS,2005.

[13] Jonathan Simon, Scott Saffer, Chang - Jin (CJ) Kim. A Liquid - Filled Microrelay with a Moving Mercury Microdrop[J]. JOURNAL OF MICROELECTROMECHANICAL SYSTEMS,1997.

[14] Shan Guan, Karl Vollmers, Arunkumar Subramanian, et al. Design and fabrication of a gold electroplated electromagnetic and electrostatic hybrid MEMS relay[J]. JOURNAL OF APPLIED PHYSICS,2005.

[15] 王宝龄. 电磁电器设计基础. 北京:国防工业出版社,1989.

[16] 郭占成,刘宇星,刘美凤. 电沉积 Fe、Ni 基合金箔的组织形貌及磁性能. 中国有色金属学报,2004,14(2):275 -279.

[17] William P T,Michael S,Henry B,et al. Electroplated soft magnetic materials for microsensors and microactuators[C]. Transducer'97,Chicago,1997:1445 -1449.

[18] Chin T S. Permanent Magnet Films for Applications in Microelectromechanical Systems[J]. Journal of Magnetism and Magnetic Materials,2000,209:77.

[19] 李慧娟. MEMS 双稳态电磁继电器设计与工艺研究[D] 北京:清华大学,2008.

[20] Schimkat Joachim. Contact materials for microrelays. Micro Electro Mechanical Systems, 1998. MEMS 98. Proceedings. ,The Eleventh Annual International Workshop on. IEEE,1998.

[21] Andrews M, Turner G, Turner G. A Comparison of Squeeze – film Theory with Measurements on a Microstructure[J]. Sensors and Actuators A, 1993,36:79 – 87.

[22] Pan Feixia, K Joel, P Eric,et al. Squeeze Film Damping Effect on the Dynamic Response of a MEMS Torsion Mirror[J]. Journal of Micromechanics and Microengineering, 1998, 8:200 – 208.

[23] 陈俊收. MOS 型共面波导的 Ka 波段 MEMS 电容式开关的研究[D]. 北京:清华大学,2012.

缩 略 语

英文缩写	英 文 全 名	中 文 名 称
A/D	Analog – To – Digital	模/数
ADC	Analog – to – digital conversion	模数转换器
ADCS	Attitude Determination and Control Subsystem	姿态确定与控制子系统
AFRL	Air Force Research Laboratory	美国空军实验室
AFT	Architecture Framework Technology	体系结构框架技术
AMR	Anisotropic Magneto – Resistance	各向异性磁致电阻
BCF	Body Coordinate Frame	本体坐标参考
BCM	Battery Charge Management	电池充电管理
BCR	Battery Charge Regulator	电池充电调节器
BPSK	Binary Phase Shift Keying	二进制相移键控调制
CAN	Controller Area Network	控制器局域网络
CDR	Critical Design Review	关键设计评审
CMD	Command	指令
CMOS	Complementary Metal Oxide Semiconductor	互补金属氧化物半导体
CO	Collaborative Optimization	协作优化
CPU	Central Processing Unit	中央处理器
CRF	Celestrial Coordinate Frame	天球坐标参考
CZ – 2C	ChangZheng 2C	长征 –2C
DARPA	Defense Advanced Research Projects Agency	美国国防部先进研究项目局
DPRAM	Dual Port RAM	双口 RAM
DPSK	Differential Phase Shift Keying	差分移相键控调制
EGSE	Electrical Ground Support Equipment	电子地面支持设备
EIS	Electro Image System	相机
EKF	Extended Kalman Filter	扩展卡尔曼滤波器
EMR	Electromechanical Relay	机电继电器

（续）

英文缩写	英文全名	中文名称
EPROM	Erasable Programmable Read – Only Memory	可擦除可编程只读存储器
FEEP	Field Emission Electric Propulsion	场效应离子推进器
FEIC	Future Extraction and Image Correlation	预测提取和图像相关算法
FIFO	First Input First Output	先进先出
FM	Frequency Modulation	频率调制
FPGA	Field Programmable Gate Array	现场可编程逻辑门阵列
FRR	Flight Readiness Review	飞行准备就绪评审
GA	Genetic Algorithm	遗传算法
GPS	Global Positioning System	全球定位系统
HDLC	High – Level Data Link Control	高级数据链路控制
IAGA	International Association of Geomagnetism and Aeronomy	国际地磁学和天文学联合会
IDEF	ICAM DEFinition Method	（一种建模方法）
IGRF	International Geomagnetic Reference Field	国际地磁参考场
IMU	Inertial Measurement Unit	惯性测量组合
INS	Inertial Navigation System	惯性导航系统
JPL	Jet Propulsion Laboratory	喷气推进实验室
MDO	Multidisciplinary Design Optimization	多学科设计优化
MEMS	Micro Electro Mechanical Systems	微机电系统
MEMSMAG	MEMS Magnetometer	微型磁强计
MGSE	Monitor Ground Support Equipment	监控地面支持设备
MIMU	Miniature Inertial Measurement Unit	微型惯性测量组合
MM	Magnetometer	磁强计
MMR	Micro Machined Relay	显微机械加工继电器
MRPs	Modified Rodrigues Parameters	修正罗德里格参数
MT	Magnetic Torque	磁力矩
MW	Momentum Wheel	动量轮
NS – 1	Nano – Satellite	纳卫星一号
OBC	On Board Computer	星上计算机

（续）

英文缩写	英文全名	中文名称
OODM	Object – Oriented Data Model	面向对象的数据模型方法
PCM	Power Control Module	电源调节模块
PDM	Power Dispatch Module	电源分配模块
PECVD	Plasma Enhanced Chemical Vapor Deposition	等离子体化学气相沉积
PM	Phase Modulation	调相
PPT	Pulse Plasma Thruster	脉冲等离子推进器
PROM	Programmable Read – Only Memory	可编程只读存储器
QPSK	Quadrature Phase Shift Keying	四相位正交相移键控调制
QUEST	Quaternion Estimation	四元数估计
RAM	Random Access Memory	随机存储器
RF	Radio Frequency	无线射频
RICOMS	Radiation Insensitive Complementary Metal Oxide Semiconductor	辐射不敏感 CMOS 电路
RMS	Root Mean Square	均方根
RPM	Revolutions Per Minute	每分钟转数
SCF	Star Tracker Coordinate Frame	星敏感器坐标参考
SDIDE	Spacecraft Distributed Design Environment	卫星分布式设计优化环境系统
SEM	Scanning Electron Microscope	扫描电子显微镜
SQUID	Superconducting QUantum Interference Device	超导量子干涉器件
SRAM	Static Random Access Memory	静态随机存储器
SS	Sun Sensor	太阳敏
SSR	Solid State Relay	固态继电器
ST	Star Tracker	星敏感器
TLM	Telemetry	遥测
TM/TC	Telemetry/Telecontrol	遥测遥控
TMR	Triple Modular Redundancy	三模冗余
TTC	Telemetry and Telecontrol	遥测遥控
UKF	Unscented Kalman Filtering	无迹卡尔曼滤波
UTC	Universal Time Coordinate	协调世界时
WMM	World Magnetic Model	地磁场参考模型
WOD	World Orbit Database	全球轨道数据包

内 容 简 介

近年来，以 MEMS 为代表的微米纳米技术发展迅速，本书在国内首次系统介绍了作者研制的空间微系统，如基于 MEMS 技术的微型磁强计、微型惯性测量单元、太阳敏感器、星敏感器、微推进器与微继电器等，在此基础上，详述了作者主持研制我国第一颗纳卫星设计、研制、集成测试与在轨运行的相关核心技术。

In recent years, The micro/nano – technology is developed very rapidly, specially for MEMS. The space microsystem developed by authors is introduced systematic in this book firstly in nation, such as MEMS micro – magnetometer , MIMU, micro – sun sensor, micro – star sensor, micro – propeller, micro – relay and etc. Based on these space microsystem, the state first Nanosatellite (NS – 1) designed and developed by authors is introduced. The core technology of Nanosatellite design, module development, integrate and test, tele – meter and tele – command on the orbit are introduced in detail also.